潘品英　著

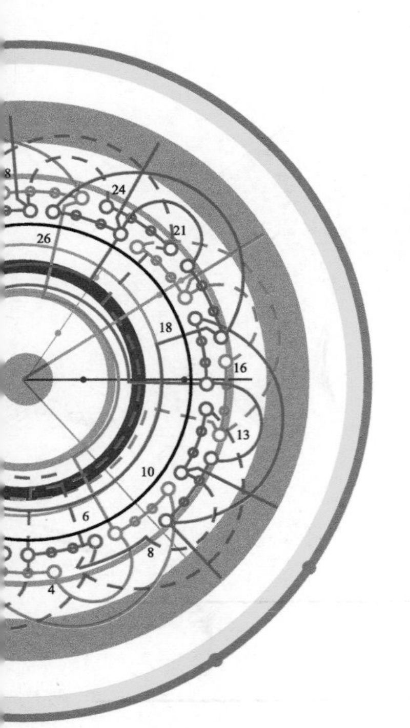
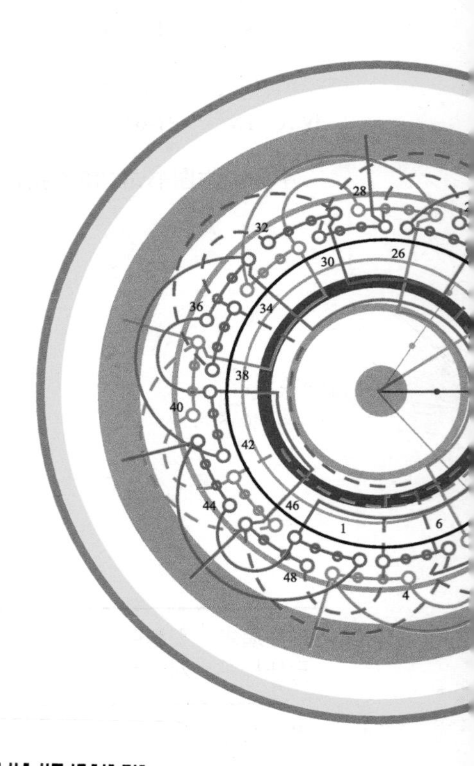

电动机绕组全彩图总集

（变极多速篇）

化学工业出版社
·北京·

图书在版编目（CIP）数据

电动机绕组全彩图总集．变极多速篇／潘品英著．
—北京：化学工业出版社，2019.7（2024.1 重印）
ISBN 978-7-122-34247-8

Ⅰ.①电… Ⅱ.①潘… Ⅲ.①电动机-绕组-图集
Ⅳ.①TM320.31-64

中国版本图书馆 CIP 数据核字（2019）第 060592 号

责任编辑：高墨荣
责任校对：刘 颖
装帧设计：张 辉

出版发行：化学工业出版社（北京市东城区青年湖南街 13 号 邮政编码 100011）
印 装：涿州市般润文化传播有限公司
787mm×1092mm 1/16 印张 $22^{1}/_{2}$ 字数 665 千字 2024 年 1 月北京第 1 版第 4 次印刷

购书咨询：010-64518888 售后服务：010-64518899
网 址：http：//www.cip.com.cn
凡购买本书，如有缺损质量问题，本社销售中心负责调换。

定 价：128.00 元

前言

本书是采用绕组端面模拟画法的单绕组双速、三速电动机绕组彩图专集，并以《电机绕组端面模拟彩图总集》为基础拓展，内容主要包括两大部分：第一部分是国产标准的新老系列常规接法变极电动机，虽然变极接法简单，无论是倍极比或非倍极比，几乎都用△/2Y反向变极接法，而 Y/2Y 接法常见用于电梯双速，国产三速系列也仅有 3Y/⟁/⟁、2Y/2△/2△及 2Y/2Y/2Y 三种接法；第二部分是⧍/2△、⟁/⟁、3Y/4Y、2Y+3Y/3Y 及⧍-△/2Y 等新颖型式的变极接法，全新概念的 2Y/△、2Y/Y 等反常规的变极接法及其 Y+2Y/Y 等补救接法。此外，本书还把最新出现的△/△变极拓展成系列图例；并把编者研学自创的⟁/3Y 及⟁/⟁- Ⅱ换相变极纳入书中。从而铸就了本书特色的诸多亮点。

（1）变极图例量多冠群书。本书共分十章三十节；绕组采用主、副图对应，总共收入变极电动机绕组 213 例，新增绕组 112 例，超过全书半数，合计彩图 534 幅；

（2）人无我有、人有我精。书中加注“*”者为新增图例，并在原有旧例校验过程中删去重复图例，还对个别不良分组进行调整处理；

（3）图式先进、分布层次清晰醒目。变极绕组采用编者原创画法及手绘彩图制版，线圈分布层次及布接线一目了然；

（4）变极接法详尽、分析明了易懂。本书收入变极接法 20 余种，对其变极切换过程电流方向的极性变化都作了详尽分析；

（5）绕组具有实用性、新例实用更超前。图例资料取自国产系列及读者实修记录，故有很强的实用性，新绕组则根据实例拓展开发而有超前性。所以本书既可用于电动机修理人员必备的工具书，也适合大中院校有关专业师生及设计人员选用参考。

由于水平所限，书中不妥之处在所难免，敬请读者批评指正。

潘品英　于韶关

目 录

第一章 变极电动机基本知识与变极接法

第二章　双速电动机4/2极绕组端面布接线图

第三章　双速电动机 8/2、8/4 极绕组端面布接线图

第四章　双速电动机 12/6 极绕组端面布接线图

第五章　电梯类倍极比双速电动机绕组

第六章　双速电动机 6/4 极绕组端面布接线图

第七章　双速电动机8/6极绕组端面布接线图

第八章　其他倍极比及非倍极比双速绕组

第九章　单绕组三速变极电动机端面布接线图

第十章　单相变极双速电动机绕组端面布接线图

附录

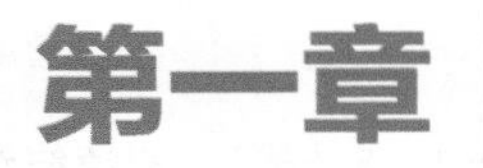

第一章 变极电动机基本知识与变极接法

变极电动机是指一套定子绕组通过外部接线的改变来变换定子磁场极数、进而变速的交流异步电动机，故又称为单绕组多速电动机。变极电动机有双速、三速和四速，但实用上以双速应用最多，其次是三速；单绕组四速机绕组实施起来局限比较多，故实际应用也较少，也未见列入国产系列。不过四速机则多见于双绕组四速，即由两套独立的双速，或由一套三速加一套单速组成的四速机。所以，双速变极是多速变极的基础。

第一节 变极电动机的调速原理

单绕组双速电动机是通过外部接线来改变定子绕组极数获得调速的电动机。它具有普通三相异步电动机的结构简单、绕组嵌绕容易、工作运行可靠等优点。通常在加工机床、冶金起重以及电梯等用于变速拖动。

一、变极电动机绕组的结构参数

变极电动机属三相异步电动机的特殊型式，其绕组结构与单速机形成磁极的极性规律是相同的，但其结构也有不尽相同的地方。下面就其绕组结构参数进行解述。

（1）定子槽数 Z　国产系列双速电动机是根据型谱标准选用定子铁芯槽数的，变极电动机采用槽数规格有24槽、36槽、48槽、54槽、60槽、72槽；但随着中外交流，非标产品中出现了18槽、45槽、90槽、96槽的双速电动机。

（2）双速极数 $2p$　极数代表电动机转速等级，它直接决定电动机磁场转速。双速电动机以分式表示极数，而本书统一将多级数置于分子位，少极数于分母位。如4/2极即表示该双速为4极与2极的转速转换。

（3）总线圈数 Q　双速电动机布线不采用空槽，当采用双层布线时 $Q=Z$；单层布线则 $Q=Z/2$。

（4）线圈组数 u　是指构成双速绕组所含的线圈组组数。

（5）每组圈数 S　即每组线圈所含的线圈个数，但双速绕组每组圈数可以相等，也可以不等。

（6）极相槽数 q　是指每极每相绕组所占的槽数，即 $q=Z/2pm$。由于双速有两种极数，故 q 值也与极数对应而用分式表示。

（7）变极接法　双速绕组变换极数时三相绕组有多种接法，其变换过程也比较复杂，详细见下节介绍。而变极接法也与极数相对应，用分式表示，如△/2Y、Y/2Y等。

（8）绕组极距τ　极距有两种型式，这里的绕组极距是指每极绕组所占槽数，即以槽数表示的结构参数，它由下式确定

$$\tau=\frac{Z}{2p}\text{（槽）}$$

双速绕组有两种极距，也与极数对应用分式表示。

（9）线圈节距y　是指单个线圈两有效边跨占的槽数，俗称“跨距”。规范表示为y=7，或称线圈节距y=1—8（槽）。双速绕组对线圈节距的取值较宽，一般在两个τ值之间，但也有超出这个范围的。

（10）每槽电角α　电角度是表示每对磁极用角度表示的量，即每一对磁极为360°电角度，也就是说，2极电动机转子在定子中旋转一周是360°电角度，这时它也等于几何角度360°。但4极电动机有两对（p=2）磁极，即有360°×p=720°电角度，这时转子转一周就是720°电角了，可见除2极外其余极数的电角度都不等于几何角度。而电动机定子槽是均布于铁芯内径，所以，定子每槽电角度可由下式计算

$$\alpha=\frac{360°\times p}{Z}\quad\text{或}\quad\alpha=\frac{180°\times 2p}{Z}$$

电角度是计算绕组系数的重要参数。而双速绕组有两种每槽电角，也对应于双速极数用分式表示。

（11）绕组系数K_{dp}　电动机绕组系数是综合每极线圈分布和节距缩短（或增长）对电磁转换所产生影响的因素，它等于分布系数K_d与节距系数K_p的乘积，即

$$K_{dp}=K_dK_p$$

式中　K_d——绕组分布系数，它与每极相槽数和每槽电角度有关，一般来说，q值越大则K_d值越小。由于双速绕组分布结构复杂，用普通三相绕组的计算方法有时会出现较大误差，甚至无法实施。所以本书除部分采用资料数据外，大部分均采用笔者自创的相轴归纳法进行测算。

K_p——绕组节距系数，双速绕组采用双层布线时可由下式计算

$$K_p=\sin(90°\times y/\tau)$$

（12）出线根数c　电动机双速绕组变极接法不同，则其输出特性也不相同，所以，双速电动机的工作特性要根据变极接法来决定。然而，由于对工作特性不同的要求，使变极电动机的接法很多，而不同接法所引出线根数也不同。为满足变极改接，目前最少出线是6根，最多的三速出线25根。

二、双速绕组的变极原理

双速电动机变极绕组是三相电动机绕组的特殊结构型式，虽然双速绕组源于三相单速绕组，但为了适应极数的改变而具有不同的特点。

1. 变极绕组的特征

（1）单速绕组布线型式具有多样性，既有单层、双层还有单双层，而且单层还分多种型式，但变极绕组几乎都用双层叠式，只有个别绕组采用单层布线。

（2）一般三相绕组要求三相结构相同，且每相线圈组数相等，而变极绕组每相线圈组数可以相等，也可不等，但三相线圈数则必须相等。

（3）一般单速机极少采用庶极绕组，但变极绕组采用庶极型式成为常态。

（4）双速绕组变极时总有一半线圈的电势极性（电流方向）需要反向。

（5）单速绕组一般都采用短节距线圈，但双速绕组变极时常出现长节距线圈。

（6）单速绕组每相只分支路，而变极绕组不但有支路，还要将变极时需反向和不反向的线圈分在相应的变极段。

2.绕组变极原理

单绕组双速电动机变极的基本方法是反向法，即通过改变接线型式使绕组的一半线圈电流方向改变来产生相应的磁场极数，这就是变极的反向法。

（1）倍极比反向变极原理　反向变极法简称反向法，它是通过改变一半线圈的电流极性（方向）来形成相应的绕组磁极来达到变极的目的。由于电流流过线圈（导线）时会在线圈两侧产生磁场，其极性用右手螺旋定则（安培定则）确定。例如，图1-1是两只线圈安排在定子铁芯槽中的示意画法，其中图（a）是二极电动机一相绕组，当电流通过时，若某瞬间电流从U_1流入，各线圈有效边产生的磁场极性所示（图中“⊗”符号表示磁力线进入纸面；“⊙”表示从纸面流出），这时在同一铁芯上的不同源异极性磁场便被抵消，而同极性磁场（图中红圈）趋增强而形成S、N两极。

如果改变接法，使之如图（b）所示，同样电流从U_1流入，则线圈电流所形成的磁场就构成4个增强的磁极。从而使原来的2极绕组变成4极。这就是反向变极原理。

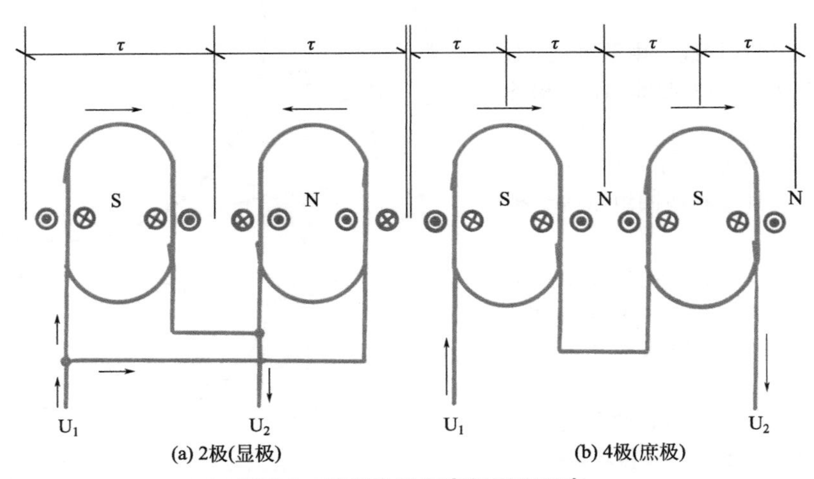

(a) 2极(显极)　　(b) 4极(庶极)

图1-1　倍极比反向变极原理示意

（2）倍极比双速绕组　由图（a）可见，两线圈（组）并联形成一相2极绕组；这时，两（组）线圈极性（上方箭头）是相反的，而且，一相线圈（组）数等于极数，即$u_\phi=2p$。具有这种特征的绕组称为显极绕组，又称60°相带绕组。

变极绕组中，显极绕组的主要特征：

① 每相绕组的线圈组数（$u/3$）等于极数，即 $u/3=2p$。

② 双层布线时，显极绕组每组线圈数等于极相槽数，即 $S=q$。

③ 同相相邻线圈组的极性（线圈组端部电流方向）相反。

如果将图1-1（a）改接成串联如图（b），则左侧线圈（组）电流方向不变，而右侧反向；则上方极性箭头也随之反向，即相邻两线圈（组）极性相同，这就变成庶极（120°相带）绕组。由此可总结出庶极绕组主要特征：

① 每相绕组的线圈组数等于极数的一半，即 $u/3=2p/2=p$。

② 双层布线时庶极绕组每组线圈数等于2倍极相槽数，即 $S=2q$。

③ 同相相邻线圈（组）的极性相同。

此外，综观图1-1（a）和图1-1（b）可见，绕组磁极的形成取决于线圈有效边在槽中的电流方向。下面再用绕组实例图来说明双速绕组反向变极的本质。

图1-2是12槽4/2极双速U相2极绕组布接线。由图可见，U相两组线圈是并联接线，设电流从2U进入，由4U流出，U相各槽线圈有效边电流是从槽7、8和5′、4′（“′”表示为该槽上层边）流入形成一极，再从槽10′、11′和1、2流出形成另一极。再看线圈组端部的极性（箭头）是相反的，而且每相线圈组数等于极数，故此2极绕组为显极。

如果改变接法使两组线圈串联如图1-3所示，并使电流从4U进入，这时槽7、8，10′、11′及槽1、2，4′、5′便分别形成4极。由此可见，绕组每相只有2组线圈，且线圈组箭头极性是同向的，可见它完全符合庶极4极绕组的基本特性。

（3）非倍极比反向变极原理　非倍极比系指6/4、8/6等比值不为整数的双速电动机绕组，其变极方法与倍极比反向变极基本相同。如图1-4所示，其中图1-4（a）是绕组且是并联接线。同样设电流从U_1进入，各槽线圈有效边电流如图所示，根据安倍定则，在有效边两侧产生磁场，如将不同源的异性磁场互相抵消，则趋于增强的同极性磁场便形成4极。显然，它符合显极绕组的基本特征。

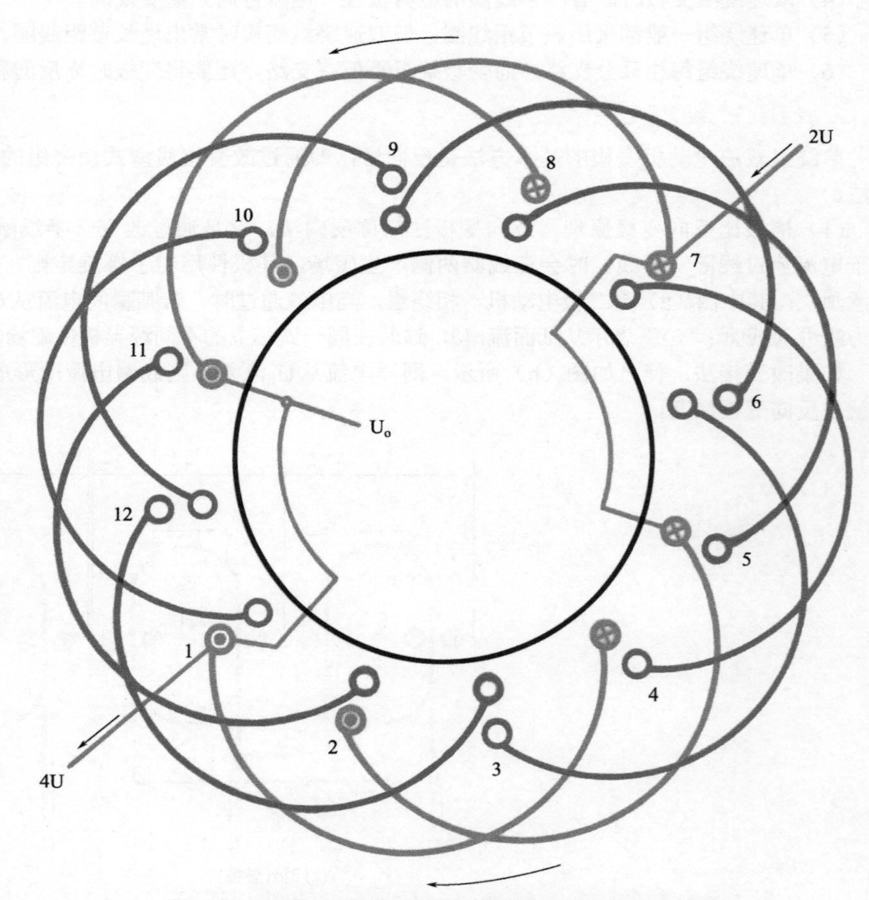

图1-2　12槽4/2极双速U相2极绕组（显极）布接线

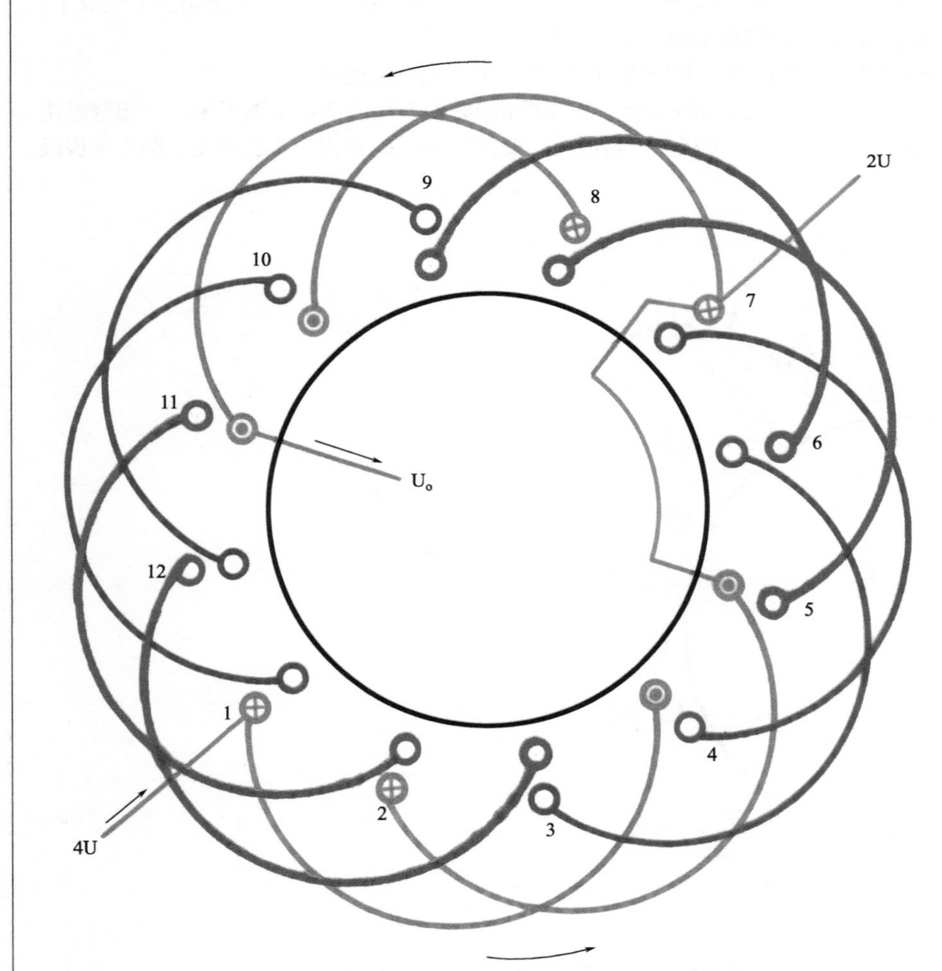

图1-3　12槽4/2极双速U相4极绕组（庶极）布接线

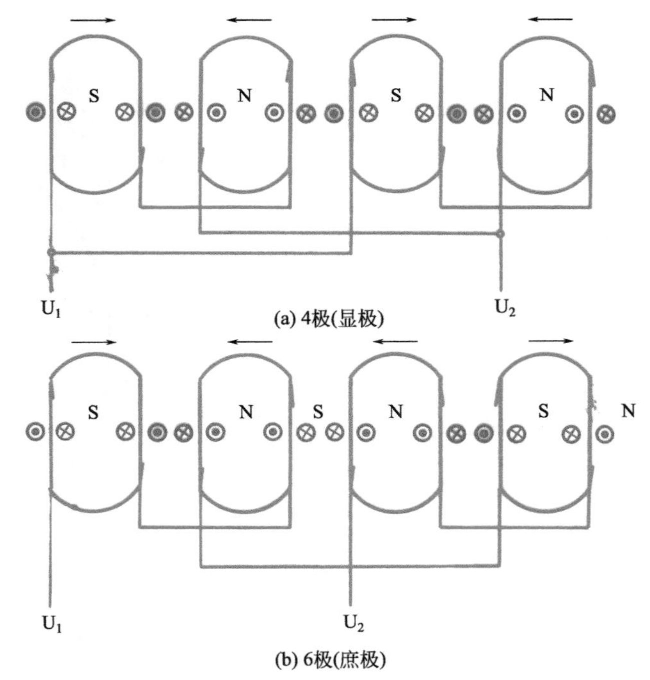

图1-4　非倍极比反向变极原理示意

下来再看图1-4（b），它将接线改为一路串联，这时在有效边两侧产生的磁场极性是左侧两线圈不变，但右侧两线圈极性（上方箭头）变反了，故其线圈两侧磁场极性也随之改变，当不同源异极磁场（绿色）抵消之后，此绕组就形成6极（红色）磁场。

这就是非倍极比反向变极原理，为使其变极更接近于实物，下面也用24槽6/4极一相绕组为例展开说明反向变极的过程。

（4）非倍极比双速绕组　非倍极比双速的出现约比倍极比晚约十年。图1-5是24槽6/4极一相绕组6极时的布接线图，由图可见，一相绕组由不等圈的线圈组构成，绕组分为两个（变极）段。6极时电流由6U进入，至4U为一变极段，再经另一变极段后从U_o流出。电流串走于两个变极段

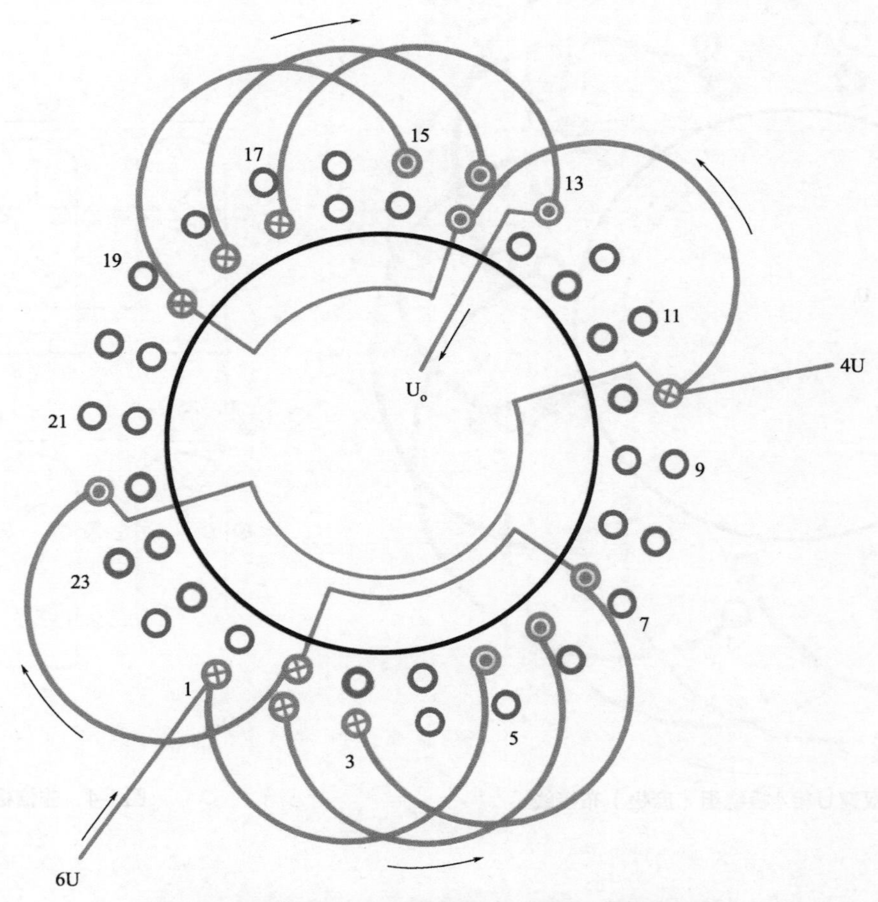

图1-5　24槽6/4极一相绕组6极（庶极）的布接线图

之后，线圈形成的极性如图所示。这时在铁芯上所形成的磁极对称分布于定子圆周6个方位，即构成6极绕组。由图可见，6极是由4组线圈产生的；而且4组线圈极性也不符合显极绕组的特征。所以此6极是庶极绕组。

如果改变接法，使两个变极段（组）并联如图1-6所示，则电流从4U流入后分流于两个支路，则U相各槽线圈有效边的磁场极性将如图产生4极。这时，对照图1-5可见，变极时有一半线圈的极性（电流方向）改变，而且相邻线圈组之间的极性（端部箭头）是相反的；另外，4极是由4组线圈产生的，即线圈组数等于极数。显然这是显极绕组。

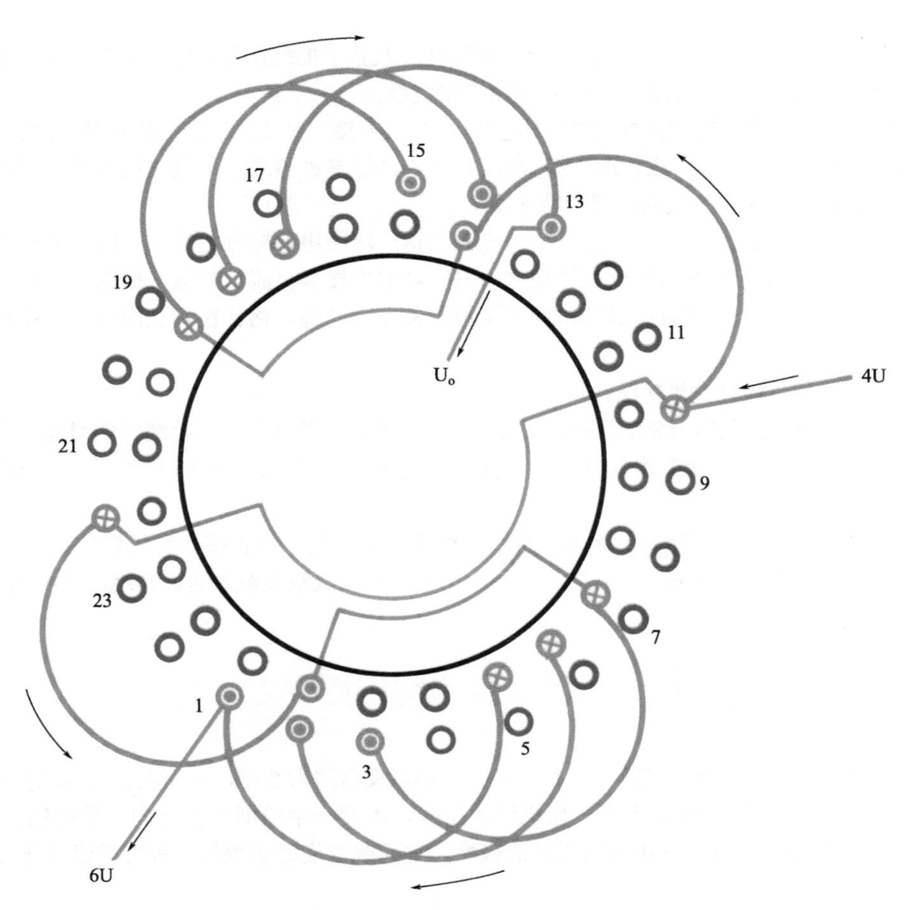

图1-6　24槽6/4极一相绕组4极（显极）布接线图

对照倍极比双速，非倍极比的线圈分布就显得很不规整，而且常由不等圈的线圈组组成，也就是说，它会出现不同源（不同一组线圈）的异极性有效边掺杂于两极之间，使不同源异极性磁漏增加。所以非倍极比双速的电磁损耗比倍极比大，故振噪也会较大。

此外，在正规排列的反向变极双速中，往往会使某极数绕组系数较高，而另一极数绕组系数过低，从而影响两种转速下的出力均衡。所以，为了改善性能，可以通过人为因素设计来提高另一极数的绕组系数，这就是反向变极非正规分布双速绕组。这在系列产品中常有应用。但这属于设计问题，本书不做讨论。

（5）换相变极与双节距变极

① 换相变极双速绕组　采用人为干预的非正规分布双速绕组虽能使两种极数下的绕组系数趋于接近，但毕竟要以降低另一极数的分布系数为代价。为使两种极数的绕组系数都能达到最高值，通常双速绕组采用换相变极。

所谓换相变极，其实就是将两套60°相带绕组通过相应的接法将其连接，使其成为一套双速绕组。双速的换相变极接法有△/△、△/△-Ⅱ、3Y/4Y、3Y/3Y、Y+3Y/3Y、△/2△、△/△、△/3Y、△/△、3Y/△等多种型式。不过，换相变极虽属另一种变极型式，但它在变极过程依然离不开反向变极原理，因此，也可以说它是反向变极的特殊型式。

换相变极的缺点是出线多，导致控制线路复杂且费用高，从而成为获得广泛应用的瓶颈。所以在国产变极电动机系列中应用不多，而目前在系列产品中，仅见4/2极的△/△接法，而且还是配套用于三速绕组。但随着中外技术交流，非标变极电动机产品选用换相变极却比较普遍，特别是近年研发新的换相变极接法，不仅引出线少，而且绕组结构和调速控制都非常简练，估计在不久的将来，换相变极电动机会成为双速电动机的主流产品。

由于换相变极接法很多，其变极过程将通过变极接法在后面介绍。

② 双节距变极双速绕组　双节距变极是以庶极绕组为基础，在三相槽电势对称条件下将双叠绕组的线圈组分解演变成具有两种节距、由大小线圈构成的变极绕组，故又称变节距变极。双节距变极基础是反向变极，也属反向变极的一种特殊型式。双节距变极一般用于倍极比双速，常与另一绕组组成双绕组多速机。

双节距变极实际应用也不多，单层的双节距固定为3和9，而且无型式上的变化，只有槽数和极数的扩展。双节距变极的优点是分布系数较高，出线也略少于换相变极，而且是单层布线，线圈数比双层少一半，也便于组合成双绕组多速。其绕组接线和变极原理在下节介绍。

第二节　双速绕组反向变极接法

双速绕组有反向变极、双节距变极和换相变极。然而，所有变极方法都以反向法为基础，下面就以反向法变极接线和变换过程作详细介绍。

反向法又称电流反向法或电势反向法。它是通过改变一相绕组的接线，改变一半线圈电流方向，使绕组从某极数变换成另一极数的变极方法。因此，它是通过电动机外部接线的变换来改变三相绕组磁场的极性，进而改变绕组极数的一种阶梯级调速方法。目前，反向变极采用的接法有8种。

一、反向变极△/2Y（2△/4Y、3△/6Y）接法

1. △/2Y接法双速绕组简化接线图

△/2Y接法是双速绕组应用最早，使用最普遍的基本接法之一，是国产系列双速电动机主要采用的接法，故常称之为常规变极接法。它适用于倍极比和非倍极比变极。双速绕组接线的表示型式为分式，它与极数相对应，如“4/2极△/2Y接法”。其中分子代表多（D）极数，分母代表少（S）极数，亦即多极数在前，少极数标示在后；此型式在笔者所著中统一采用。因此，标题：“8/4极△/2Y接法双速绕组”应解读为：双速绕组是8/4极，对应8极是一路△形接法，变4极时是二路Y形接法。

双速简化接线示意图是由代表三相绕组（线圈）的线段和线圈号，构成简单而典型的几何图形来表示三相双速绕组的接线关系。它由主图和端接图组合而成。示意图一般采用双速接法中并联支路较少的接法为基础图形来绘制。例如接法为△/2Y时，示意图取主图图形为一路△形为基础，如图1-7所示。

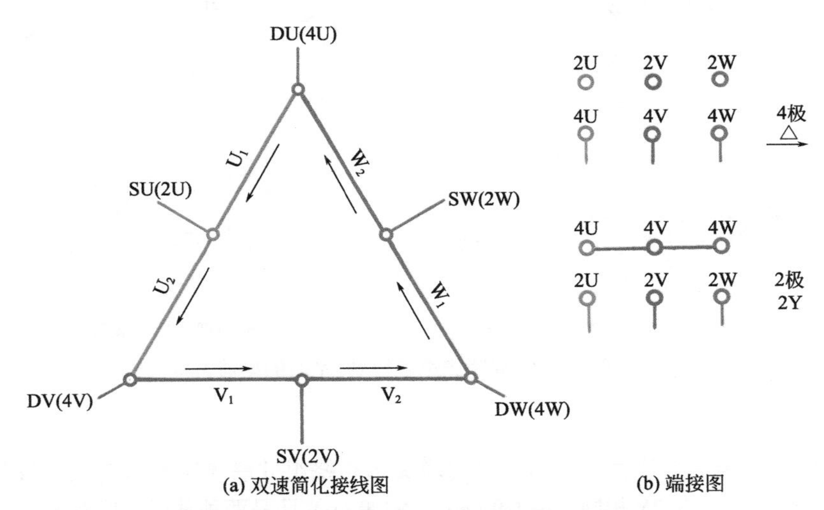

(a) 双速简化接线图　　(b) 端接图

图1-7　△/2Y接法双速绕组简化接线示意图

注：图中“D”代表双速绕组的多极数；“S”代表少极数。例如4/2极双速D=4，S=2。另引出端DU、DV、DW及SU、SV、SW也应标示相应极数。如4/2极双速标示为4U、4V、4W；2U、2V、2W。全书同此解

图1-7（a）三角形代表多极数时三相绕组的接法，每相绕组分成两部分，每相中间抽出少极数引出端SU、SV、SW。而每相两部分线圈一般称为变极段或变极组。图1-7（b）是双速绕组引出线的端接图，它代表两种极数时三相绕组的接法。

2. △/2Y双速绕组变极切换分析

图1-7是4/2极△/2Y接线双速简化接线图，4极时端接图显示为△形接法，这时2U、2V、2W端子空置不接，电源由4U、4V、4W接入，三相绕组电流极性（方向）如图1-7（a）箭头所示。通常将电流方向设定为正方向，并标示在该极数端接图之下；但因这种简单图形的电流方向已习以为常，故也有不标示的。若变极到2极，则把电源改接到2U、2V、2W，并把4U、4V、4W短接成星点。这时三相电流方向便如图1-8（a）箭头所示。对照图1-7（a）可见，当变换极数时，三相电流方向如图1-8（a）。对照图1-7可见，当变换极数时，三相接法改成2Y，这时“1”段绕组全部电流反向。这时如将2Y用典型画法表示即如图1-8（b）所示。

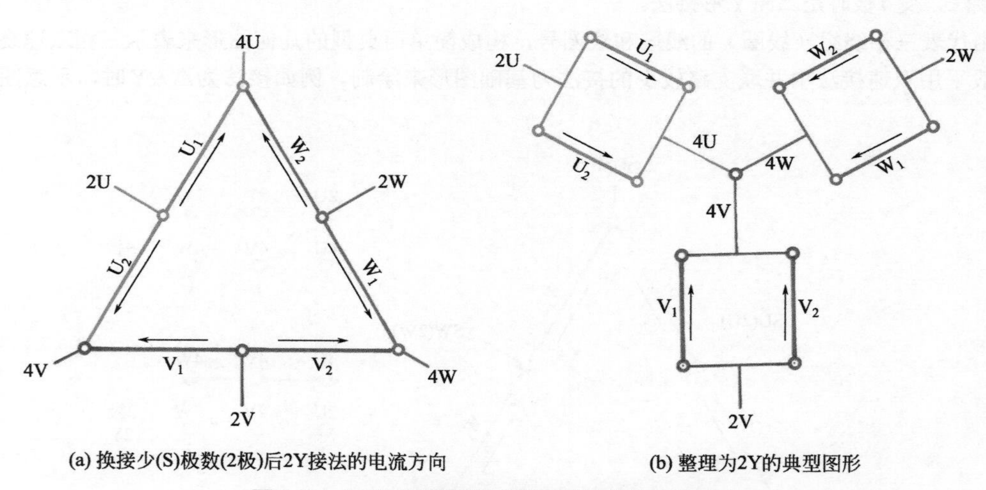

(a) 换接少(S)极数(2极)后2Y接法的电流方向　　(b) 整理为2Y的典型图形

图1-8　△/2Y双速绕组变换到2Y时的电流方向

3. △/2Y双速的并联接法

双速电动机功率较大时，为了减少线圈的并绕根数，通常采用增加每相绕组并联支路数来解决。目前在国产系列双速中的并联接法有2△/4Y，3△/6Y，其绕组型式、变换原理均与△/2Y相同。图1-9（a）、图1-9（b）即是两种并联接线双速的简化接线示意图，而端接图与基本型式△/2Y相同。

4. △/2Y双速的调速电路

双速绕组调速变换有用接触器、转换开关或专用控制开关进行调速转换。本书仅介绍用接触器调速的主电路。对△/2Y接法的双速控制一般要用3台接触器、具体电路如图1-10所示。图中KM_1是低速（多极数）电源接触器，KM_2是高速（少极数）电源接触器。低速工作时合上KM_1便可启动运行；但转换高速时必须先断开KM_1，然后闭合KM_2和KM_3方可工作。所以，在控制线路设计时必须考虑高、低速转换的联锁。

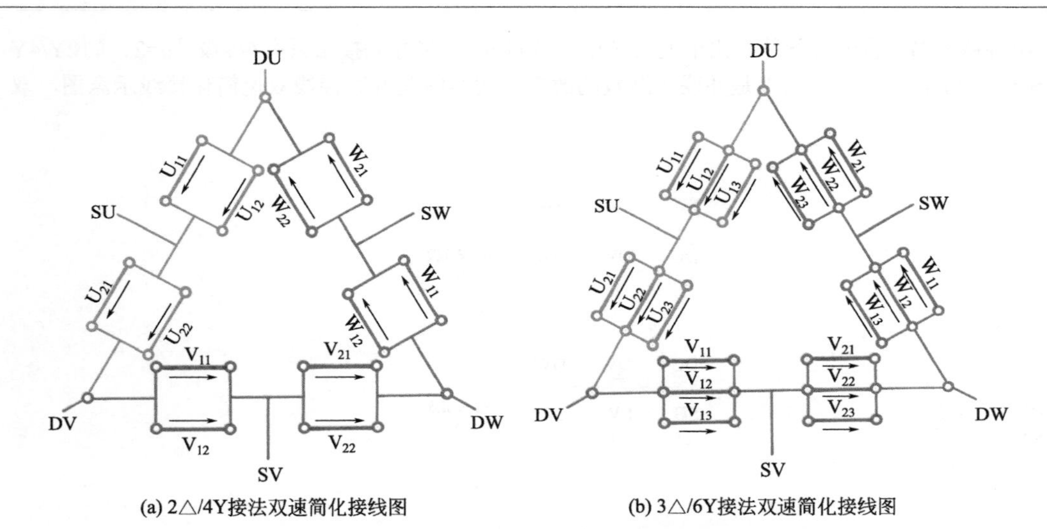

(a) 2△/4Y接法双速简化接线图　　(b) 3△/6Y接法双速简化接线图

图1-9　△/2Y双速的并联接线示意图及其电流正方向

图1-10　△/2Y双速电动机接触器调速电路

二、反向变极Y/2Y（2Y/4Y、3Y/6Y）接法

1. Y/2Y接法双速绕组简化接线图

Y/2Y双速接法也是应用较早的基本接线型式之一，但在一般用途国产双速系列产品中未见实例，倒是在专用系列的电梯双速电动机中作为主要的接法。同样在非标产品中也较常见。它既用于倍极比，也用于非倍极比双速。

Y/2Y双速简化接线图也是主图与端接图组合而成，与极数的对应关系与△/2Y相同，但Y/2Y接法中多极数的接法是一路Y形，所以简化接线示意图以一路Y形为基础图形，如图1-11所示。图1-11（a）是主图，其中DU、DV、DW代表多极数三相引出端；同理，每相也由变极组“1”和“2”组成，中间抽头SU、SV、SW代表少极数引出端。图1-11（b）是端接图，表示两种极数时的端子接线。

2. Y/2Y双速绕组变极切换分析

由图1-11可知，多极数（D）时三相接成一路星形（Y），即端子SU、SV、SW不接，电源从DU、DV、DW端接入；这时三相绕组的电流方向视作正方向，如图1-11（a）箭头所示。当改接到少极数时，将DU、DV、DW端连成星点，而电源改从少数极端2U、2V、2W接入。这时三相绕组电流改变如图1-12（a）所示。对照图1-11（a）可见，这时三相都有一半线圈（U_1、V_1、W_1）电流反向。若绘制成2Y的典型图形则如图1-12（b）所示。

3. Y/2Y双速的并联接法

双速电动机功率较大时，电流大而导线截面也大，采用导线的并绕根数过多时会造成技术难度和工艺难度增加，为此常用增加并联支路数来减少并绕根数，使之绕组嵌绕工艺得以改善。双速绕组并联路数a的选用条件要比单速机苛刻，故目前Y/2Y并联接法只有6/4极（a=2）的2Y/4Y和12/6极（a=3）的3Y/6Y两种。其绕组极数变换原理与Y/2Y相同，不同的仅是并联支路数的改变。图1-13是并联接线双速简化接线示意图，双速变换端接图与Y/2Y相同。

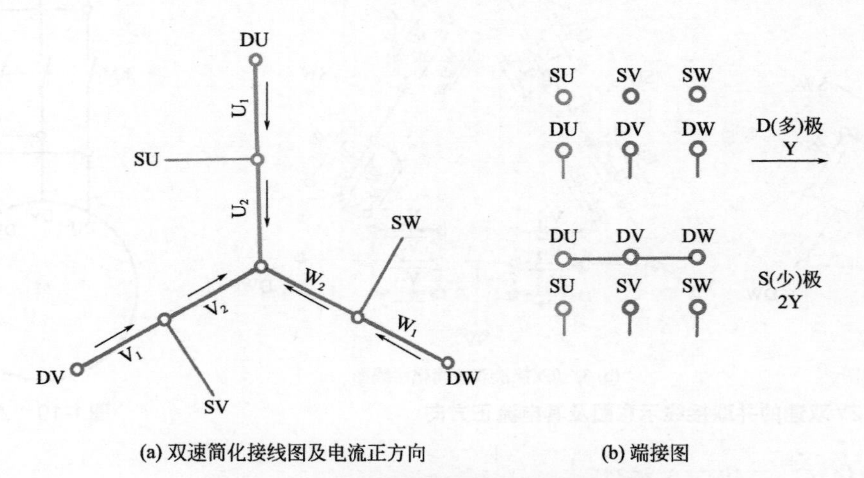

(a) 双速简化接线图及电流正方向　　(b) 端接图

图1-11　Y/2Y接法双速绕组简化接线示意图

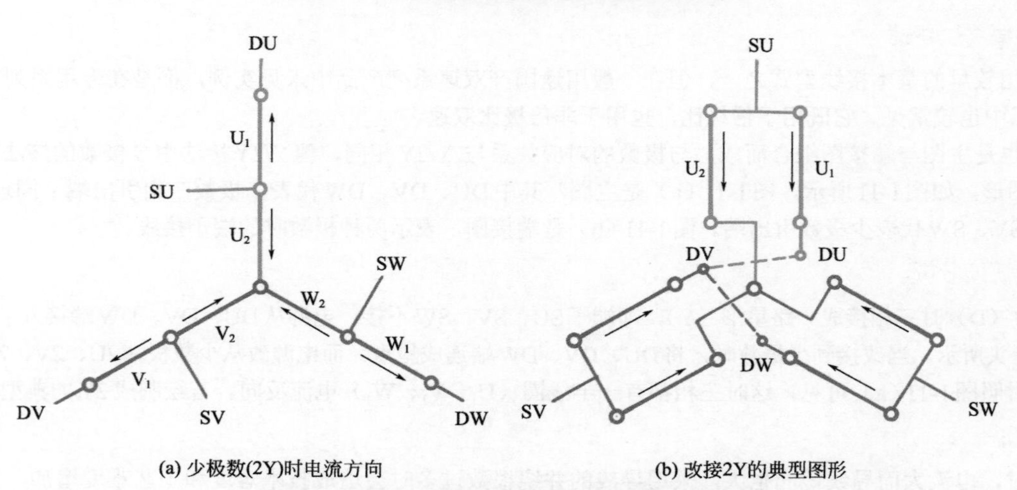

(a) 少极数(2Y)时电流方向　　(b) 改接2Y的典型图形

图1-12　Y/2Y双速绕组变换到2Y时的电流方向

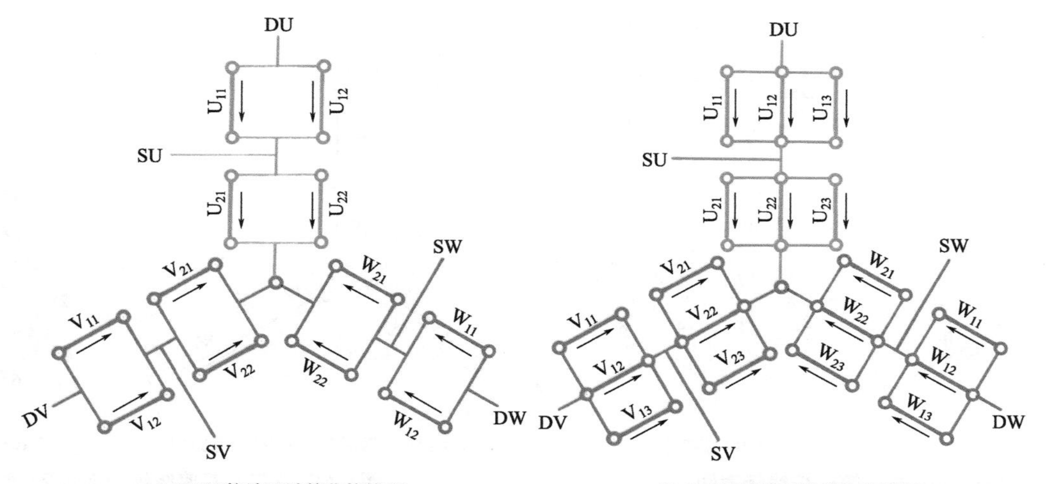

图1-13　Y/2Y双速的并联接线示意图及其电流正方向

4.Y/2Y双速的调速电路

Y/2Y接法双速电机引出线6根，调速电路也与△/2Y相同，可参阅图1-10所示。

三、反向变极Y/2△接法

1. Y/2△接法双速绕组简化接线图

Y/2△接法双速引出线8根，也是较早出现的接线型式，因出线较多，实际应用有限，只见用于JDO2-31-8/2双速。简化接线图以一路Y形为基础，画出简化接线示意图如图1-14所示。其中图1-14（a）是主图，它表示三相绕组在多（D）极数时的电流正方向；图1-14（b）则是端接图。

2. Y/2△双速绕组变极切换分析

根据端接图改接到少（S）极数2△接法时，三相绕组变极段“1”的线圈反向，这时电流方向如图1-15（a）所示。对照上图1-15（a）可见，变极后有一半线圈U_1、V_1、W_1反向。为了更清晰地反映2△接法，绘制成典型图形如图1-15（b）所示。

3. Y/2△双速的调速电路

Y/2△接法双速引出线8根，常规设计的调速电路需要大小接触器5台，笔者设计只需4台。调速电路如图1-16所示。图中QS是电源总开关；KM_D是多极数（低速）工作接触器；KM_{S1}是少极数（高速）工作电源接触器；KM_2、KM_3是换接高速时将引出端1、3、7；2、4、6及5、8分别连接的接触器。工作时先合上总开关QS，这时一相电源带电，低速启动、工作时再闭合KM_D，在接通其余两相电源的同时短接3、6端。若变换高速时，

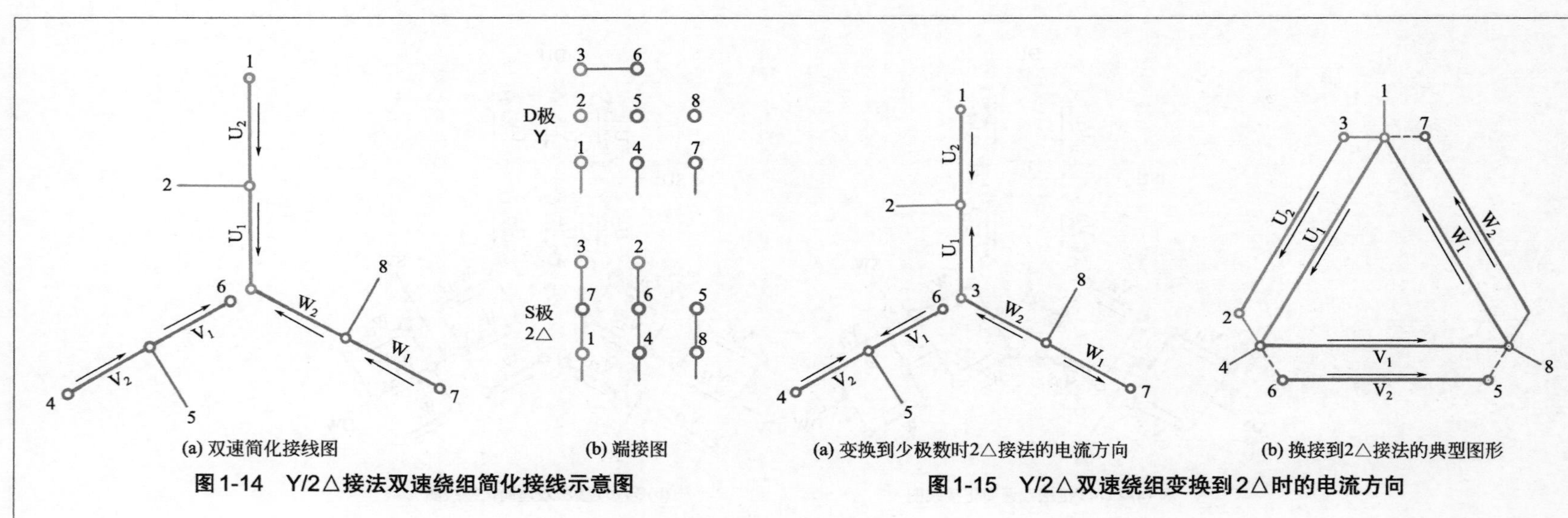

(a) 双速简化接线图　(b) 端接图

图 1-14　Y/2△接法双速绕组简化接线示意图

(a) 变换到少极数时2△接法的电流方向　(b) 换接到2△接法的典型图形

图 1-15　Y/2△双速绕组变换到2△时的电流方向

图 1-16　Y/2△双速电动机接触器调速电路

应先断开电源接触器KM_D，然后再闭合KM_{S1}、KM_2、KM_3，即变换到高速运转。

此电路的L_1相直接由总开关控制，故检修时必须断开总开关，不过这也是常规检修安全规程的规定，不属额外要求。

四、反向变极2Y/2Y接法

1. 2Y/2Y接法双速绕组简化接线图

2Y/2Y接线双速引出线9根，由于出线多，调速控制比较繁琐，故国产系列中没有实例。简化接线图以二路Y形为基础画出，如图1-17所示。其中图1-17（a）是主图；图1-17（b）是2Y/2Y的端接图。

2. 2Y/2Y双速绕组变极切换分析

根据端接图将多（D）极数端DU与U，DV与V，DW与W连接，作为三相电源端，再把三相少（S）极数端SU、SV、SW连成星点，构成2Y接法双速多极数的简化接线图及其电流正方向如图1-18（a）所示。改换到少数极时则要把SU与U，SV与V，SW与W分别连接，再把DU、DV、DW接成星点，即如图1-18（b）所示，则双速进入高速工作。对照两图可见，变极时，三相变极段U_2、V_2、W_2电流方向不变，但需要改变电流方向的仍是U_1、V_1、W_1。

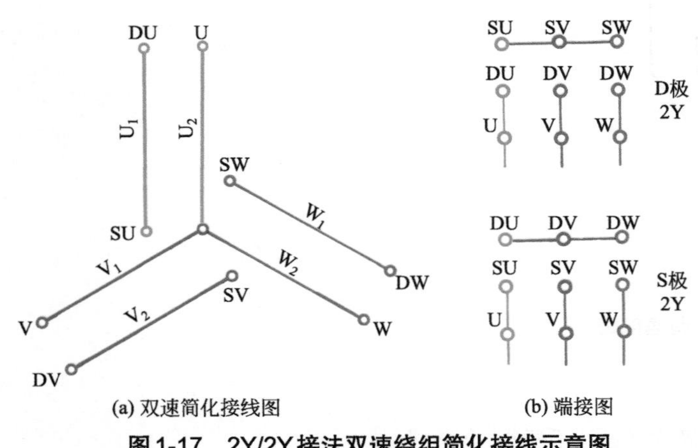

(a) 双速简化接线图　(b) 端接图

图1-17　2Y/2Y接法双速绕组简化接线示意图

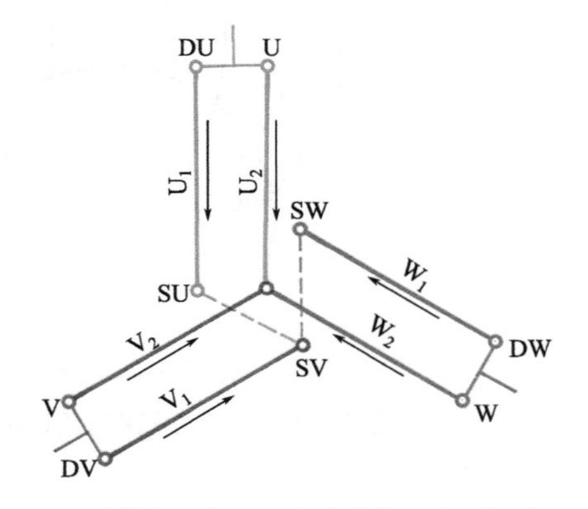

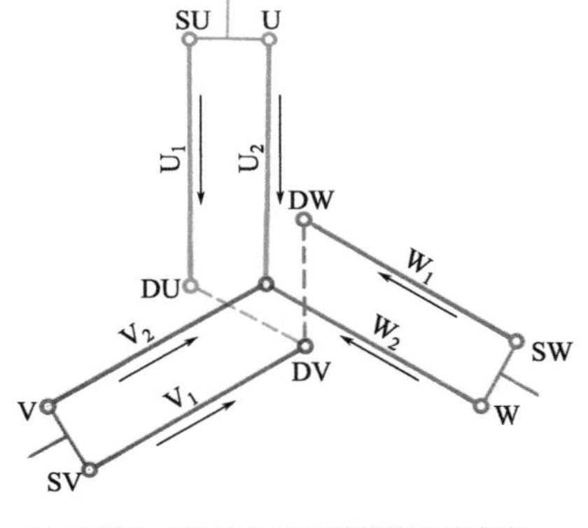

(a) 变极前2Y接法多(D)极数绕组电流正方向　(b) 变极后2Y接法少(S)极数绕组电流方向

图1-18　2Y/2Y双速绕组两种极数的电流方向

3. 2Y/2Y双速的调速电路

2Y/2Y接法双速调速电路要用5台接触器，如图1-19所示。其中KM是电源接触器，容量按额定电流选择，而KM_{D2}、KM_{S2}是并联接触器，容量可比KM少一半；KM_{D1}、KM_{S1}是星点接触器，其容量可再小一级。

工作时合上电源开关QS，再闭合电源接触器KM及KM_{D1}、KM_{D2}则双速电动机低速启动、运行。若转换到高速，则要先断开上述三个接触器，然后再闭合KM、KM_{S1}、KM_{S2}，使双速进入高速（少极数）运行。

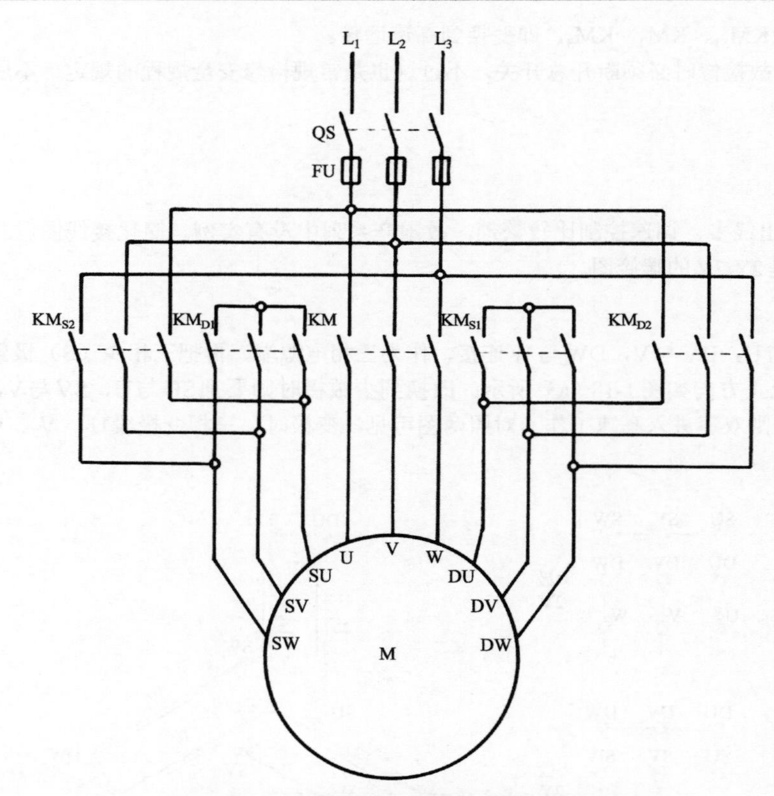

图1-19　2Y/2Y双速电动机接触器调速电路

五、反向变极△/2△接法

△/2△接法双速绕组取自傅丰礼、唐孝镐著《异步电动机设计手册》一书，以后简称《设计手册》，全书同。

1. △/2△接法双速绕组简化接线图

△/2△接线双速应用于低转速的中、远极比变极，它可使两种极数下的气隙磁密比得到较合理的分布，所以目前应用于14/8极、16/6极双速绕组。多极数时采用内角星形（△）接线，故双速绕组简化接线图以此为基础绘制如图1-20所示。

2. △/2△双速绕组变极切换分析

当电源从多极端DU、DV、DW接入，抽头SU、SV、SW留空不接时，三相绕组构成内角星形，这时三相绕组进入多极数（低速）运行。三相电动正方向如图1-20中箭头所示。若变换到高速（少极数），即使DU与SV、DV与SW、DW与SU连接，即三相绕组构成二路△形（2△）。这时三相电流中的U_1、V_1、W_1反向，如图1-21所示。

3. ⩓/2△双速的调速电路

⩓/2△双速引出线6根，调速控制比较方便，而且从低速到高速的切换无需切断电源，从而使调速过渡转换平稳。另外，此接法的双速控制仅需2台接触器，这点就优于前面介绍的几种变极接法。图1-22是⩓/2△接法双速的接触器调速电路。由于低速转矩较大，故一般都采用低速启动后再转高速运转。所以，操作时先闭合KM_D，电动机低速启动、工作；如需转到高速，只要再合上KM_S即可。

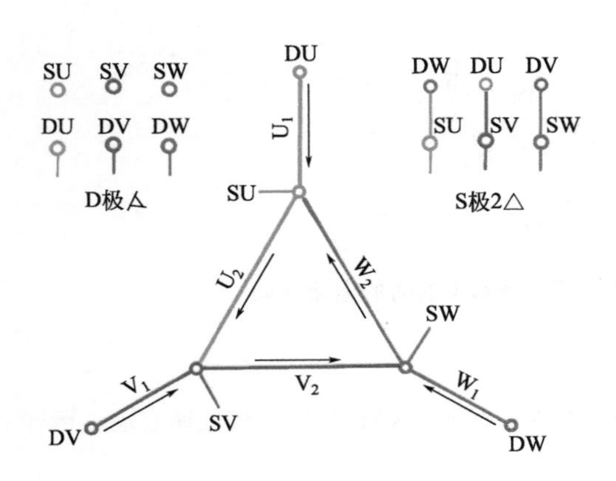

图1-20　⩓/2△接法双速绕组简化接线示意图

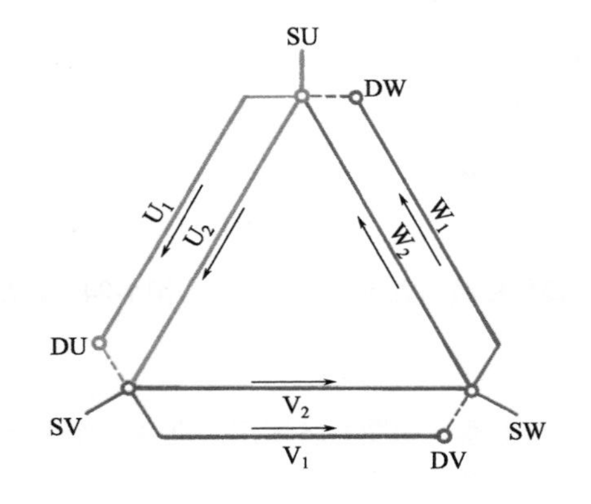

图1-21　⩓/2△双速绕组变换到2△时的电流方向

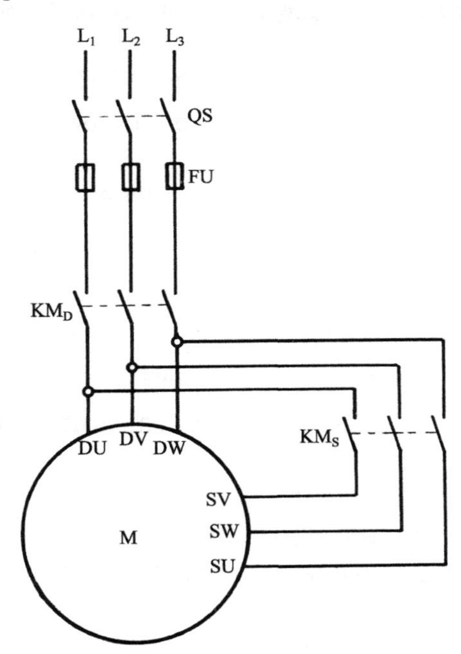

图1-22　⩓/2△双速电动机接触器调速电路

六、反向变极⩓/⩓接法

本双速接法也是取自《设计手册》。

1. ⩓/⩓接法双速绕组简化接线图

当变极比过大（如10/2）时采用⩓/2△接法就可能会因气隙磁密比过大而导致双速绕组电磁数据失调，这时可用⩓/⩓接法。它也是以多极数的内角星形（△）为基础形态绘制，如图1-23所示。这时三相绕组每相由两个变极段组成，即变极时以不变向部分U_2、V_2、W_2接成△形；而变极需反向部分U_1、V_1、W_1则串接于三角之端，从而构成内角星形三相绕组，三相电流正方向如图中箭头所示。

2. △/◬双速绕组变极切换分析

设电源从多极端DU、DV、DW接入，三相抽头SU、SV、SW留空不接，这时三相绕组构成内角星形（△）接法的多极数（低速）绕组，绕组的电流正方向见图1-23所示。当换接到高速时，将三相的DU、DV、DW短接为星点，这时三相绕组就变成内星角形（◬），而电源将从SU、SV、SW进入，绘制成典型图形即如图1-24所示。对照两图可见，变极时各相的变极段“1”的线圈U_1、V_1、W_1全部反向。

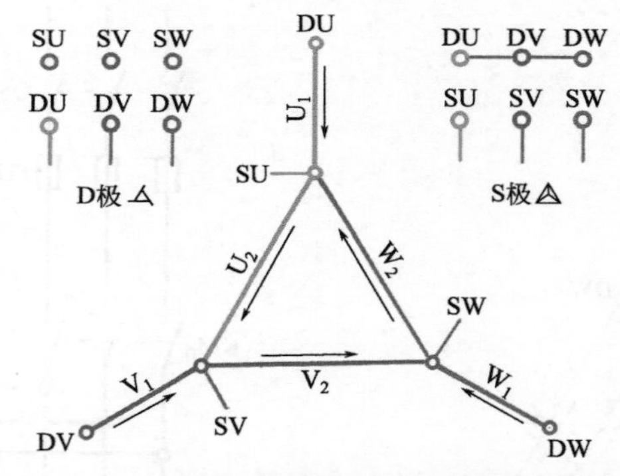

图1-23 △/◬接法双速绕组简化接线示意图

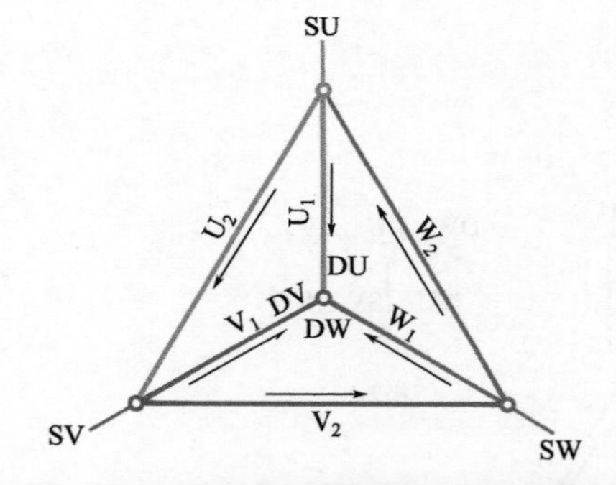

图1-24 △/◬双速绕组变换到◬的时的电流方向

3. △/◬双速的调速电路

△/◬接线双速引出线6根，调速主电路需用3台接触器，如图1-25所示。准备工作先合上总开关QS，再闭合KM_D则电动机低速启动、运行；如提速则先断开KM_D后再闭合KM_{S1}及KM_{S2}，电动机进入高速运行。

七、反向变极△-△/2Y接法

1. △-△/2Y接法双速绕组简化接线图

△-△/2Y接法是具有延边三角形启动功能的△/2Y双速。它在反向变极△/2Y接法的基础上将原来8极时的三角形的角点分拆开，作为移接端，从而根据需要接成不同的接法。本例是某设备专用的双速，是由修理者提供拆线资料整理绘制而成。本书收入仅此一例，用于48槽8/4极双速；因此，图中出线标号用具体极数（8U、8V、8W…）标示。

△-△/2Y双速简化接线由主图1-26（a）和端接图1-26（b）组成，引出线9根，基本图形是延边三角形（△），如图1-26所示。图中4U、4V、4W是三相绕组中间抽头。由于双速变到4极时是2Y接法，所以，此绕组抽头比例必须是β=1∶1而无法改变。

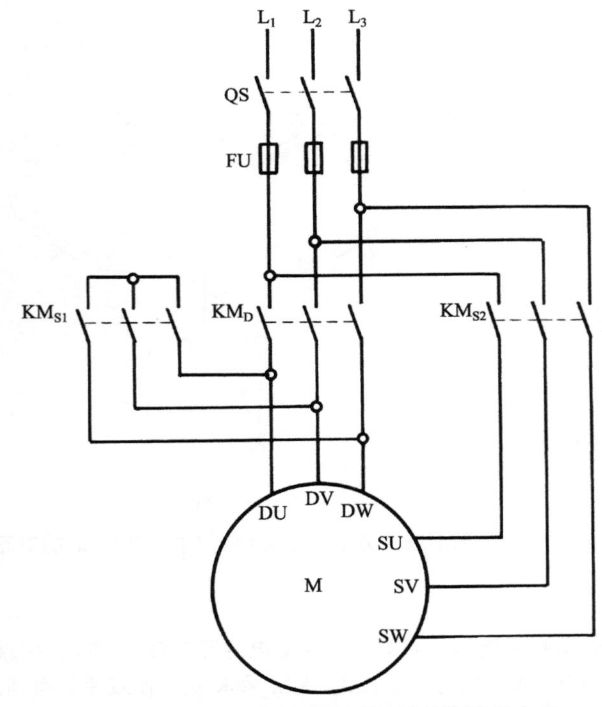

图 1-25 △/◬双速电动机接触器调速电路

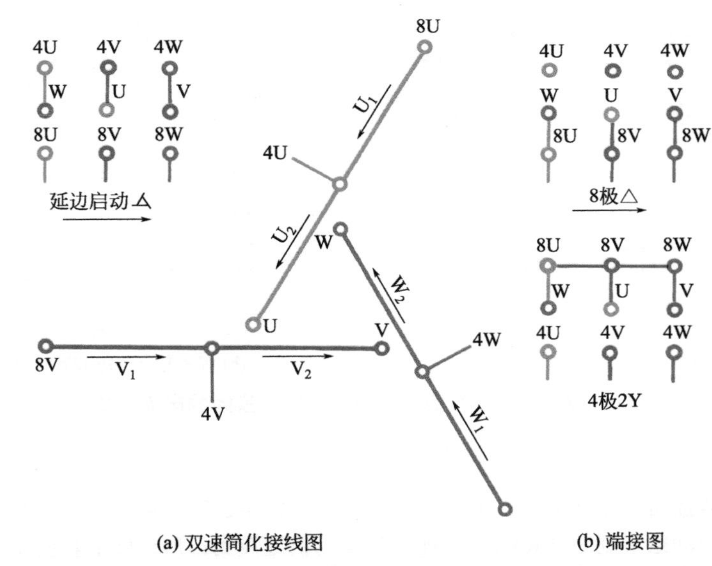

(a) 双速简化接线图 (b) 端接图

图 1-26 △-△/2Y 接法双速绕组简化接线示意图

2. ⩟-△/2Y 双速绕组变极切换分析

由图1-26可见，简化接线示意图是典型的延边三角形启动绕组，它以8极为基础，即启动时9个端子的连接如图左上所示，使三相绕组接成⩟形，电源从8U、8V、8W接入，这时电动机以8极转速挡启动，三相绕组电流方向如图中箭头所示。转入运行时端子连接如图右上方，这时绕组接成一路△形，如图1-27（a）所示。则电动机以8极运转，其电流正方向如箭头所示，即电流正方向与启动时相同。若加速到4极，则端接变换如图1-26的右下方。这时三相绕组变换到二路星形（2Y），其电流方向改变如图1-27（b）所示。对照图1-27（a）、（b）可见，变极时"1"段绕组电流全部反向，符合反向变极的特征。画出典型图形则如图1-28所示。

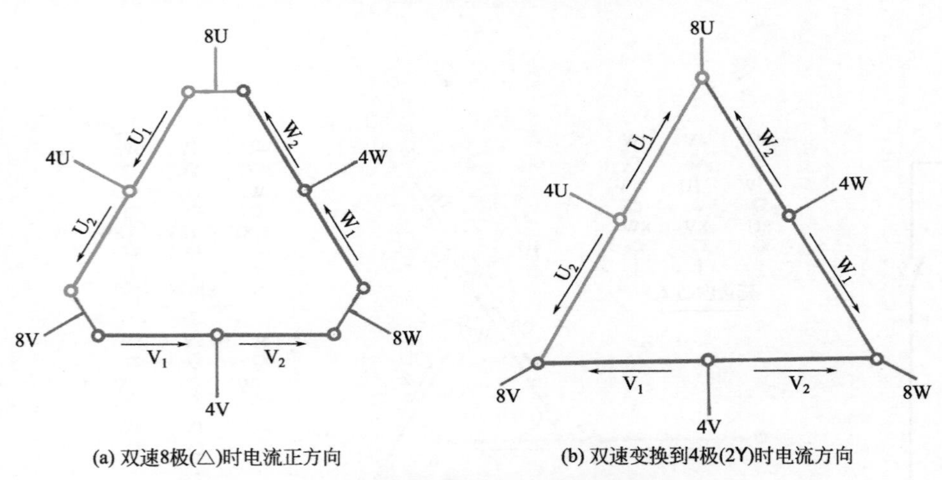

(a) 双速8极(△)时电流正方向

(b) 双速变换到4极(2Y)时电流方向

图1-27 ⩟-△/2Y双速绕组8/4极变换时的电流方向

图1-28 双速绕组变换到4极（2Y）时的电流方向

3. ⩟-△/2Y 双速的调速电路

本例双速带有延边启动功能，引出线较多，需用5台接触器控制。主回路接线如图1-29所示。启动时先合上电源开关QS，再闭合接触器KM_1和KM_3；启动结束则闭合KM_1和KM_2，使电动机过渡到△形运转；若要使电动机加速到4极，则再闭合KM_4、KM_2和KM_5，使双速变换到2Y接法。

八、反向变极Y-△/2Y接法

1. Y-△/2Y 接法双速绕组简化接线图

本例双速接法是取自某读者新近修理的一台电动机。它是在△/2Y的基础上解开三角形角点，从而使引出线增至9根，但却增加了Y形启动功能。本书也仅此一例，故引出端也以具体极数标示。Y-△/2Y接法双速简化接线图的基本形态是开口三角形，如图1-30所示。因是双速，具有三种功能，即Y形启动，△形运转、2Y加速，所以图1-30（b）端接图由三组端接图组成。

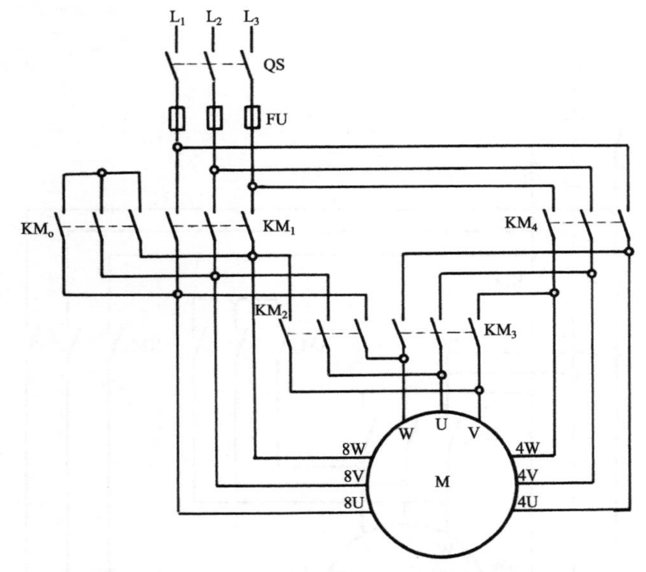

图1-29 ⅄-△/2Y双速电动机接触器调速电路

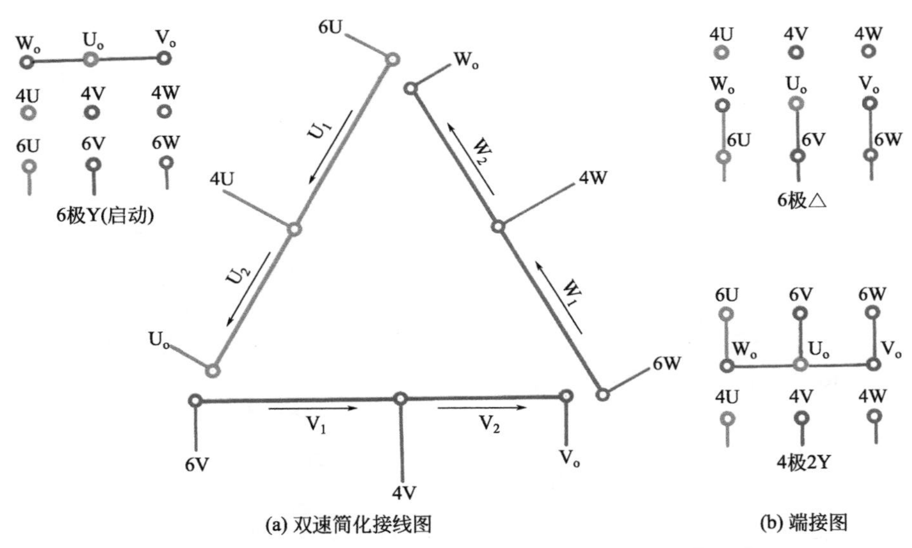

(a) 双速简化接线图　　(b) 端接图

图1-30 Y-△/2Y接法双速绕组简化接线示意图

2. Y-△/2Y双速绕组变极切换分析

如果将图1-30按左上方端接图连接起来，三相绕组就如图1-31（a）所示，构成一路Y形启动绕组。这时Y形绕组所处极数与△形相同，仍是6极，故三相绕组电流方向与简化接线图相同。当启动完成后，三相电源接入端不变，而端子改接如右上方端接图，这时三相绕组构成一路△形，如图1-31（b）所示。若运行需要提速时，再改端子如图1-30（b）的右下方端接图，则电源改由4U、4V、4W接入，三相接线构成二路Y形，其电流方向改变如图1-32（a），即变极时，U_1、V_1、W_1段绕组电流极性与正方向相反。为使读者看得更清楚，依据电流方向不变原则，将图1-32（a）改绘成2Y接法的典型图形如图1-32（b）所示。

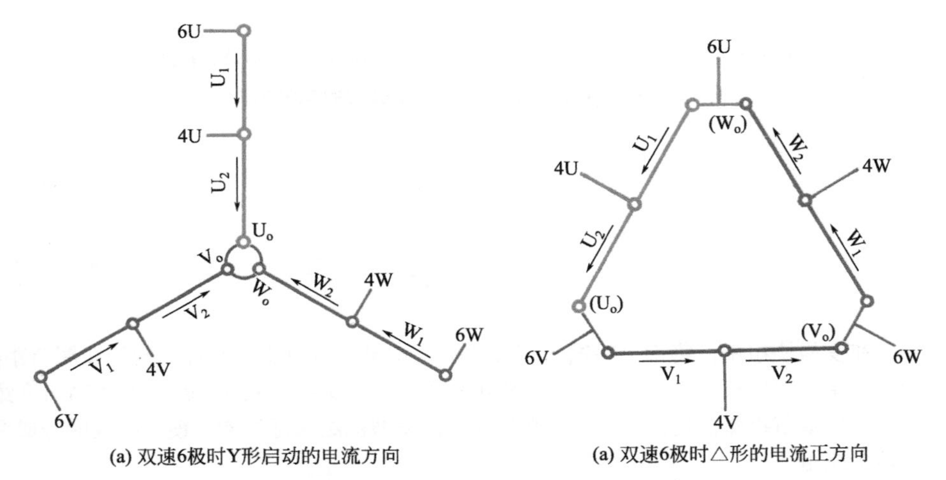

(a) 双速6极时Y形启动的电流方向　　(a) 双速6极时△形的电流正方向

图1-31 Y-△/2Y双速绕组6极时的电流方向

3. Y-△/2Y双速的调速电路（图1-33）

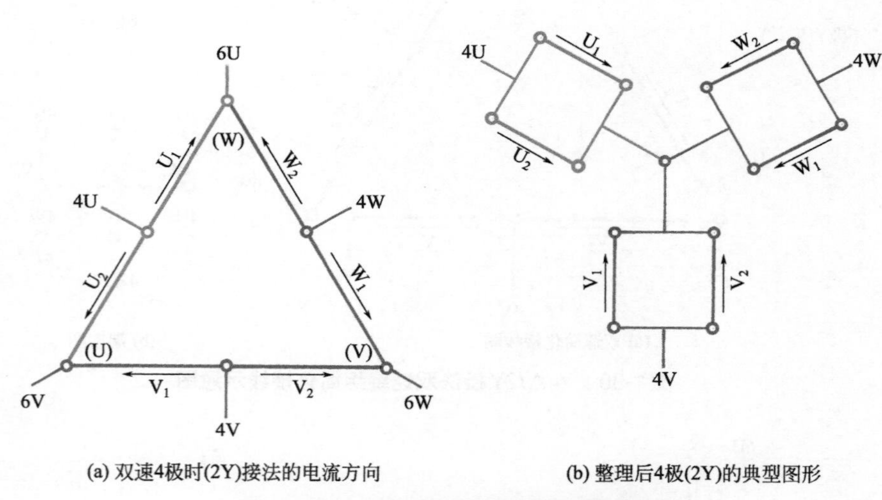

(a) 双速4极时(2Y)接法的电流方向　　(b) 整理后4极(2Y)的典型图形

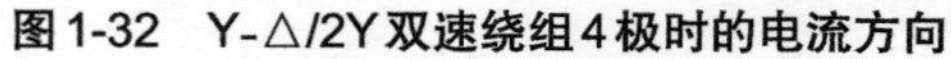

图1-32　Y-△/2Y双速绕组4极时的电流方向

图1-33　Y-△/2Y双速电动机接触器调速电路

第三节　双速绕组单层双节距变极接法

在变极绕组中，将部分线圈组端部改变，使单一节距变成两种不同的线圈节距的变极绕组称为双节距变极法。双节距变极有单层和双层两种型式，由于双层双节距只依附于三速绕组使用，而未见用于双速绕组，故本节只介绍单层双节距变极。

单层双节距变极是在庶极绕组基础上，改变线圈组端部结构，使一组线圈分成两种不同节距，即小节距y_s=3，大节距y_d=9，再利用反向法来获得倍极绕组。

一、双节距变极原理与过程

单层双节距变极的演变过程如图1-34所示，其中图1-34（a）是二路并联的一相庶极绕组示意，采用端面布接线的展开画法，小圆圈代表定子槽及槽中线圈的有效边，弧线是线圈端部。由图可见，两组线圈极性相同，若设电流从U_1流入，则定子便形成4个磁极如图1-34（a）。如果保留接线不变，把线圈组的交叠端部改成两种节距的同心线圈如图1-34（b）所示，则各槽电流极性也不变，显然这时形成的磁场仍是4极不变。要是再把同心线圈分解成2个单圈组如图1-34（c）所示，磁场还是4极未变。这时再把接线改成一路如图1-34（d），则原绕组各槽线圈不变，但所形成的就变成了双节距的8个磁极了。这就是双节距变极的原理过程。

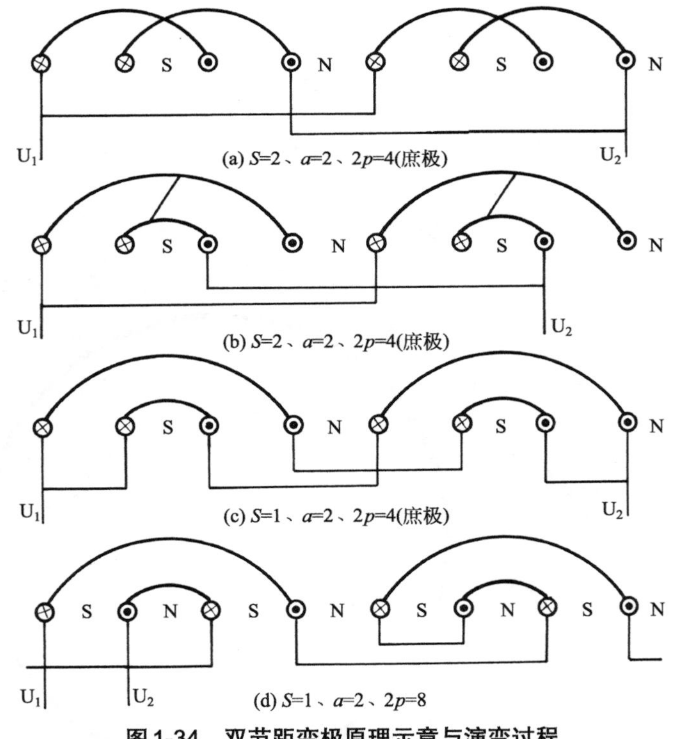

图1-34　双节距变极原理示意与演变过程

二、双节距变极的接线和接法

双节距双速是单层布线结构，故具有嵌线方便，端部处于同一平面而无交叠，故其端部厚度较小，常与另一套双速组合成双绕组四速机。此绕组双节距是不变的，即线圈大节距y_d=9，小节距y_s=3，从结构形态上类似于同心式，但其实大、小两线圈是各自构成单圈组。而每相绕组接线规律是：同相大线圈与相邻小线圈反极性串联。下面以实际示例进行接线介绍。

图1-35是24槽8/2极双速U相绕组接线。绕组以奇数槽号代表线圈号，并把同心双距线圈称作一单元。接线从多极（8U）开始进入1单元的大圈1（正极性），由槽10出来后，反向接到相邻的2单元小线圈19（反极性）。而本例每相只有2个单元，故每个变极段也只有2只（一大一小）线圈。如是更多极数的话，就“大正小反”把一相的半数线圈串联后引出少数极（2U）出线。当中间抽头出线后，应从本单元大线圈（正极性）为起始点，如本例2U从槽13开始，然后仍按“大正小反”把余下线圈连接，直至全部线圈接完，则一相绕组接线完成。其余两相按此类推接线。

当三相接线完成后，便可按要求接成星形或角形。这时由图可见，单层双节距的绕组极性规律与其他所有绕组型式都不同，即同一单元内的大小线圈极性是相反的，故相邻单元大线圈与小线圈极性也是相反的；只有相邻单元大线圈之间或小线圈之间极性是相同的。

三、双节距变极接法和简化接线图

单层双节距双速目前只有△/2Y和Y/2Y接法，其变极仍属反向法。因此，它的简化接线示意图画法和变极切换分析与反向法相应接法相同，但由于单层布线，每只线圈都有2个槽号，为便于标示，本书特将奇数槽号代表线圈号，这样，图1-35的单层双节距简化接线图就如图1-35（b）所示。但由于单层双节距双速绕组结构有别于其他型式，不能把线圈号等同于槽号。所以，简化接线图上的极性“−”号只能视作线圈号，否则容易发生误会。此外，单层双节距双速的调速电路与反向法变极相同，即△/2Y可参考图1-10，Y/2Y可参照图1-12。

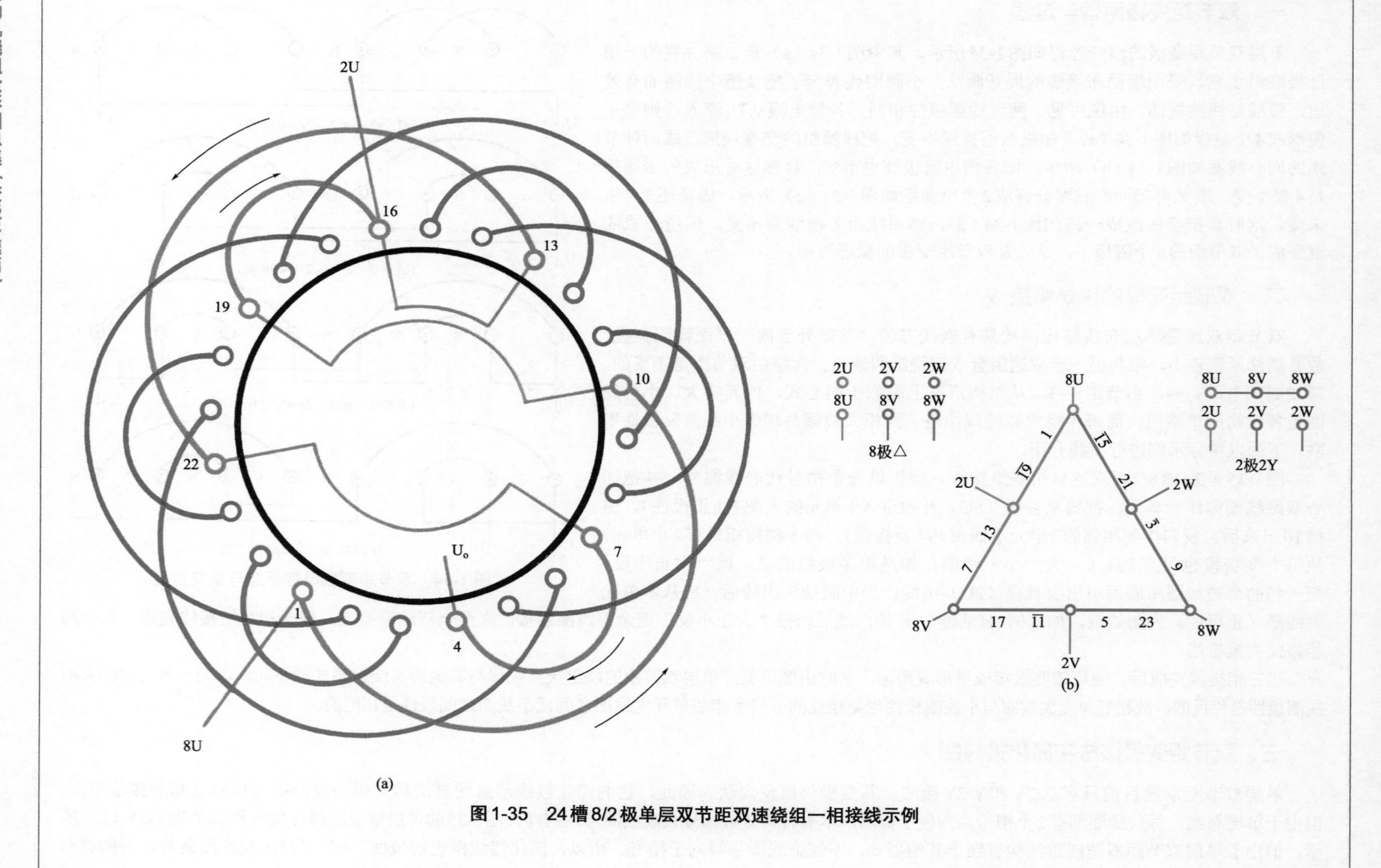

图1-35　24槽8/2极单层双节距双速绕组一相接线示例

第四节　双速绕组换相变极接法

反向变极最大的不足是两种极数的绕组分布系数相差过大，即使人为因素实施不规则分布来拉近分布系数的差距，但毕竟要以降低另一极数的分布系数为代价，因此它不能同时取得很高的绕组系数。因此，如果要求双速负载都能获得较高的功率输出，通常都采用换相变极法。它是将两种极数的绕组都按60°相带来设计，使每极相线圈的分布、接线都按普通单速机的要求安排。所以，换相变极可使两种极数之下都可使分布系数保持较高，从而弥补了反向法变极的不足。但由于长期以来，换相法双速的引出线多的致命缺点，限制了它在双速机中应用，因此，常用三速以上变极电动机配用。但近年，换相变极电动机绕组有了惊人的进步，出现了引出线6根，且调速控制比△/2Y简单方便的△/△等换相变极接法；而笔者也依此设计了各种槽数规格的双速绕组，在本书中率先填补空白，供读者参考选用。

一、换相法双速绕组的变极原理

换相法是将两种极数的60°相带绕组统合到一套采用外部端线改接的变极绕组，它采用双层叠式布线。下面用实例来说明换相变极原理。

例如，某36槽4/2极换相变极双速绕组，

2极时每组圈数　$S_2=q_2=36/2\times3=6$圈

　　线圈组数　$u_2=2pm=6$组

4极时每组圈数　$S_4=q_4=36/4\times3=6$圈

　　线圈组数　$u_4=2pm=3$组

如果用方块代表1组线圈，则2极绕组就如图1-36（a）所示；4极方块图如图1-36（b）所示。把图1-36（a）二极绕组中的每组分拆成2组，使线圈组数变成12组如图1-37（a）所示。这时其线圈组分布形态近似4极，但从U相接线可见，它的电磁极性依然是2极未变。这时，2极的特征就是同极性两小组线圈靠在一起。

现在回过头再看图1-36（b）4极绕组，如果要使4极变成2极，就要将线圈组的极性重新布局改接，使其适应新的极数而改变相别如图1-37（b）所示，这样，原绕组就从4极变换到2极。这就是换相变极的基本原理。

然而，在实际应用时是通过相应的换相变极接法来实施线圈组换相的。早年的接法主要是△/△换相接法，随后又用3Y/4Y及其改进型3Y/3Y。到21世纪初《设计手册》面世才推出一批新开发的换相变极绕组。目前，换相变极已从最初的单一接法发展到近十种接法。此外，换相变极与反向变极不同的是，反向变极必须要有一半线圈反向，但不用变相；而换相变极根据不同的接法，有部分线圈换相的同时也反向，但反向线圈不局限于半数，而且有的是全部反向，有的则全部不反向。

下面就换相变极采用的接法逐一介绍。

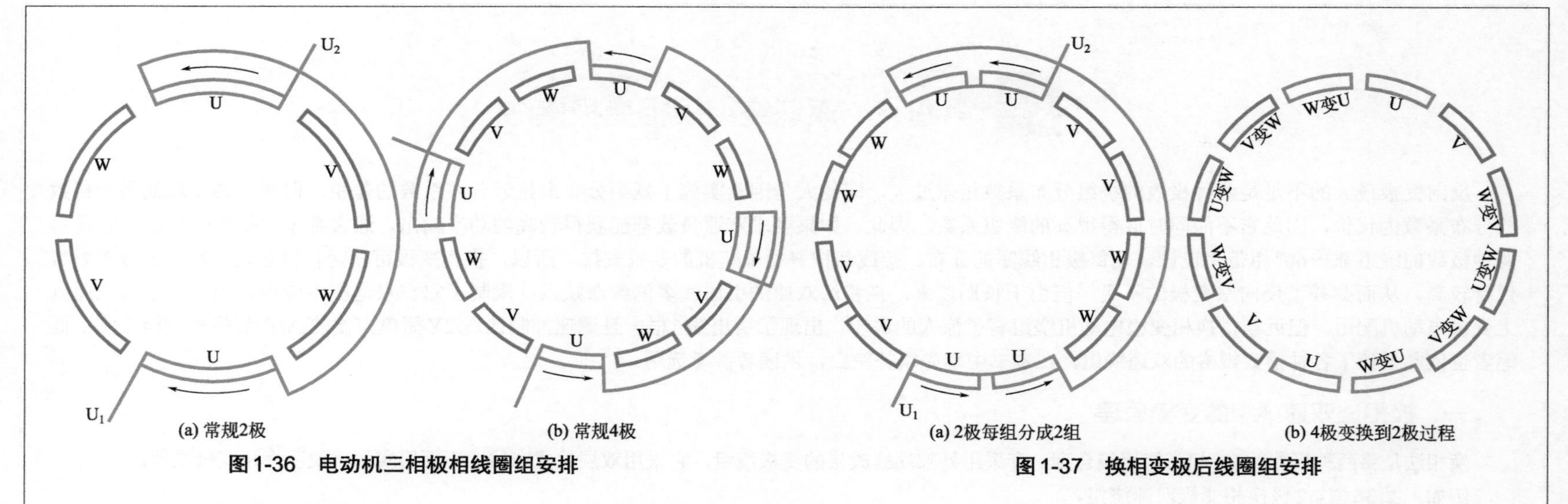

图1-36　电动机三相极相线圈组安排　　图1-37　换相变极后线圈组安排

二、换相变极◬/◬接法

1. ◬/◬接法双速绕组简化接线图

◬/◬双速以内星角形（◬）为基础的变极，而◬形接线是由角形和星形两部分绕组构成，它们之间的相位互差30°电角，故称30°相带绕组或称三相正弦绕组。因其每相分成两部分之后，分布系数各自计算，故总体来说其绕组系数会高于60°相带绕组。

图1-38是◬/◬接法换相变极双速绕组接线示意图，其中图1-38（a）是主图，它是指导绕组接线的简化接线图，图中实线代表的线圈是少（S）极数绕组；虚线代表多（D）极数绕组。同样，线条的色彩就代表不同极数下的线圈相别，如黄色U相，绿色V相，红色W相。

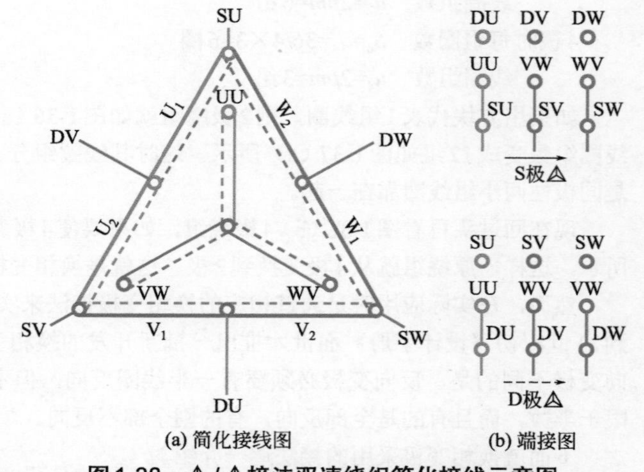

图1-38　◬/◬接法双速绕组简化接线示意图

注：图中“S”代表少极数；“D”代表多极数（全书同）

2. ◬/◬双速绕组变极切换分析

如果把两种极数的接法分离开来就如图1-39所示。其中图1-39（a）是少极数时的绕组接法。根据前面的端接图把SU与UU，SV与VW，SW与WV连接后就构成◬接法，若设电源从SU、SV、SW接入，这时图1-39（a）就是少极数时◬接线三相绕组的相别关系，而箭头所指就是简化接线图的电流正方向。如果改变到多极数，则如端接图所示，把UU与DU，WV与DV，VW与DW连接，并把图倒过来，再将电源从DU、DV，DW接入，则多极数绕组便如图1-39（b）所示；这时它的电流方向和各变极段线圈的相别都有所改变；就U相来说，原来UU方向和相别都没变；原来U_1变成V相（绿色）且方向改变了；原U_2还是黄色没变，但方向也改变了。其余二相的相别和方向也有不同的改变，而且三相绕组改变情况也是不同的。

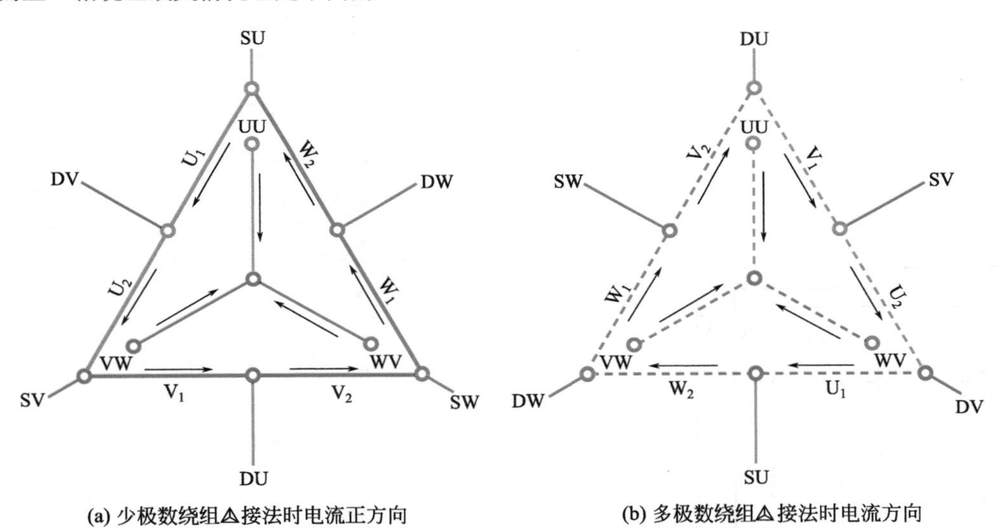

(a) 少极数绕组△接法时电流正方向　　(b) 多极数绕组△接法时电流方向

图1-39　△/△双速绕组两种极数时的电流方向

3. △/△双速的调速电路

△/△接法双速引出线9根，调速主电路需要4台接触器，其接线如图1-40所示。图中KM_{D1}和KM_{S1}分别是低速和高速的电源接触器，而KM_{D2}和KM_{S2}则分别是根据端接图连接相应端子的接触器。准备工作时先合上电源总开关QS，低速启动、运行时闭合接触器KM_{D1}和KM_{D2}；若提速则要先断开KM_{D1}和KM_{D2}，再合上KM_{S1}和KM_{S2}，则双速转换到高速（少极数）运行。

三、换相变极3Y/4Y接法

1. 3Y/4Y接法双速绕组简化接线图

3Y/4Y接法也是较早应用的换相变极接法，不过在国产标准系列中没有实例，但在修理中见用于纺织机械，而且只见用于6/4极非倍极比双速，简化接线图如图1-41所示。图中用单线画出的U_o、V_o、W_o是调整绕组，它只在4极时参与运行，是4极绕组的一个支路。这时4极各支路的相别由图中实线所示。换接成6极时U_o、V_o、W_o的线圈不参与工作，3Y由三相的基本绕组构成三个支路，如图中虚线所示。变极时，除去U、V、W三个支路无须变相外，其余支路都要换相。

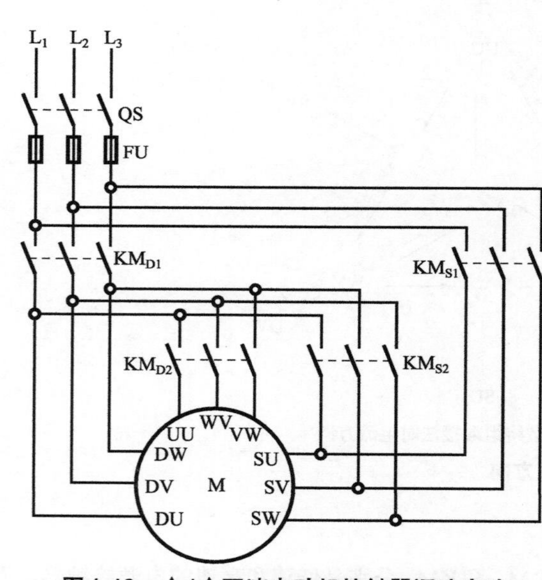

图1-40 △/△双速电动机接触器调速电路

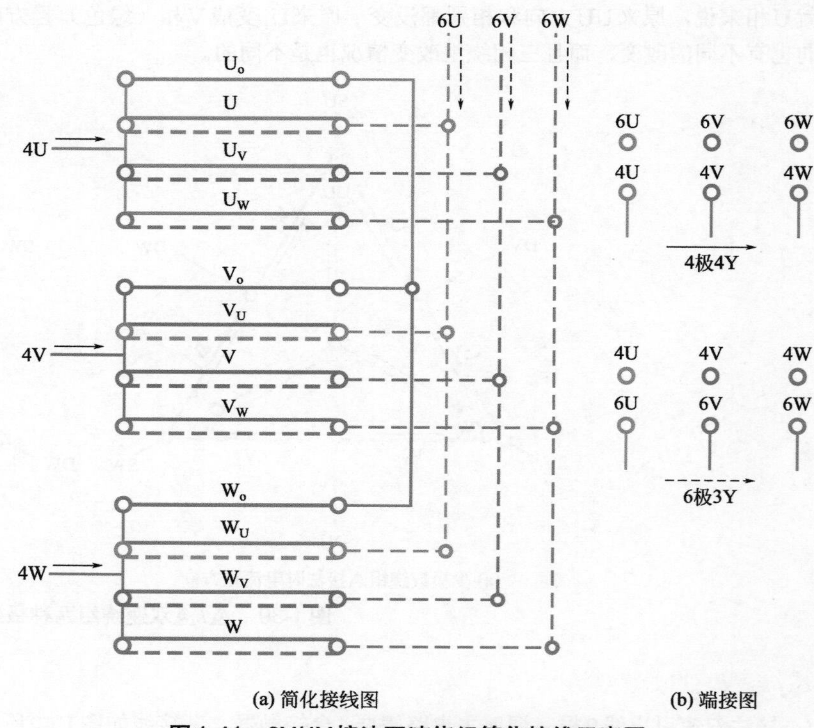

图1-41 3Y/4Y接法双速绕组简化接线示意图

2. 3Y/4Y双速绕组变极切换分析

3Y/4Y接法只有6/4极双速绕组，故简化接线图直接标示极数如图1-41（a）所示，如果将图1-41（a）中的实线和虚线分离则如图1-42（a）所示，其中实线是4Y接法的4极绕组，每相由4个支路分别接成4个星点。当电源从4U、4V、4W接入，这时实线箭头所指是电流正方向。变换到6极则如图1-42（b）所示，电源从6U、6V、6W接入，这时电流方向如虚线箭头所示，即三相电流全部反向。同样，基本绕组中除U、V、W之外，其余支路全部换相。而变换到6极之后，调节绕组U_o、V_o、W_o虽然不参与工作，但它仍通过星点自行短接而构成闭合回路，理想情况时电流为零，但如果电源电压不平衡，定、转子气隙不均匀，或三相绕组电阻出现偏差等，都有可能在内部产生环流而使电流增大，运行时发出噪声和振动。

3. 3Y/4Y双速的调速电路

3Y/4Y接法双速引出线仅6根，故调速电路要比△/△接法简便，只用2台接触器就可以完成调速控制。具体线路如图1-43所示。准备工作时先合上电源QS，再闭合接触器KM_6，则电动机低速启动、运行；要提速时必须先断开KM_6，然后再闭合KM_4，电动机转换到高速运行。

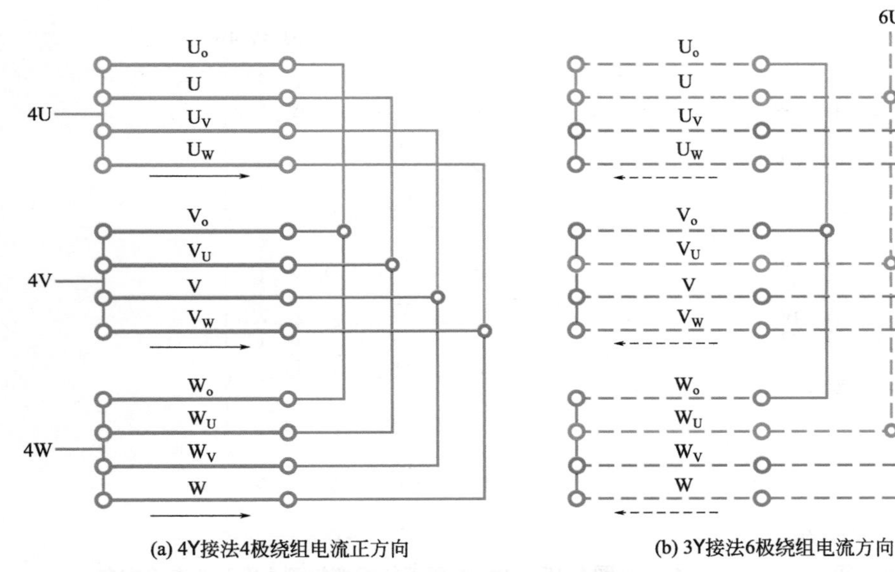

(a) 4Y接法4极绕组电流正方向

(b) 3Y接法6极绕组电流方向

图 1-42 3Y/4Y 双速绕组两种极数时的电流方向

图 1-43 3Y/4Y 双速电动机接触器调速电路

四、换相变极 3Y/3Y 接法

1. 3Y/3Y 接法双速绕组简化接线图

3Y/3Y 接法是在 3Y/4Y 的基础上拿掉调整绕组 U_o、V_o、W_o 而构成的改进型接法。改进后，当换接到 4 极时就可避免因不良影响而导致出现环流。不过话又说回来，3Y/4Y 接法 6/4 极的电磁结构还是比较合理的，改成两种极数都采用 3Y 接法将会给电磁设计增加难度，如果磁密比控制不好便可能出现某极数运行正常而另一极数欠压、出力不足或电动机过压磁饱和等弊端。

图 1-44 是 3Y/3Y 接法 6/4 极双速简化接线图。每一支路代表一变极组，每变极组由虚、实线表示，其中实线（包括相色）代表 6 极绕组；虚线（包括相色）代表 4 极绕组。例如，U_W 的黄色实线代表此变极组（支路）6 极时属 U 相，红色虚线则代表变 4 极时属 W 相。此外，它的变极组标为 U、V、W 没有脚注是表示变极不变相，其余用大写字母和脚注表示需换相，即大写字母是 6 极时相别，脚注是变 4 极时的相别。另外，本例 3Y/3Y 接法，因星点由三个并列的星点构成，故端接图上无须另行外接星点。

2 .3Y/3Y 双速绕组变极切换分析

3Y/3Y 是 3Y/4Y 接线的改进型式，由简化接线图可见，6 极电源从 6U、6V、6W 接入，每相分三个支路，接成三个星点（4U、4V、4W）。这时 6 极绕组正电流如图 1-44 箭头所示。当变换到 4 极时，电源改接到 4U、4V、4W，如图 1-45 所示，也是 3 路并联，但电流方向全部反向，这与反

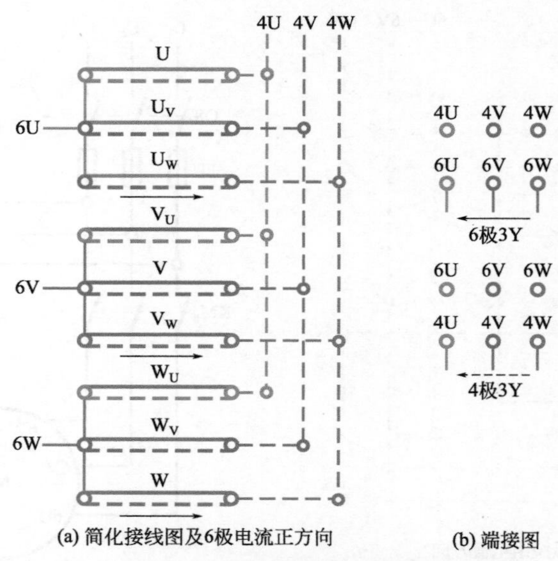

(a) 简化接线图及6极电流正方向　(b) 端接图

图1-44　3Y/3Y接法双速绕组简化接线图

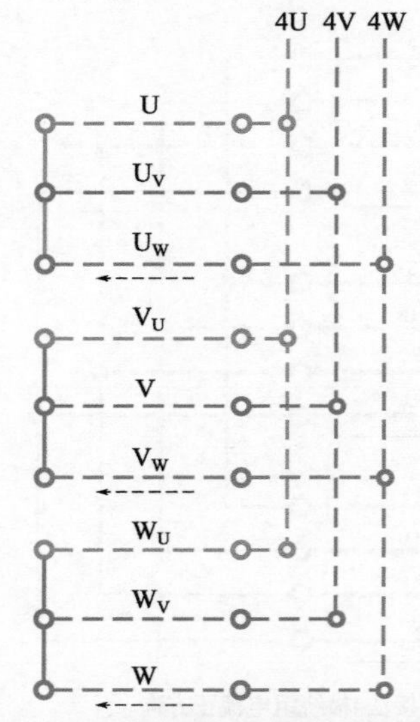

图1-45　3Y/3Y双速绕组变换到4极时的电流方向

向变极的一半线圈反向有所不同。不过这是3Y/3Y接法的特例，而其他换相变极接法也难见有全部反向的。此外，3Y/3Y变极时有三分之二线圈（U_V、U_W，V_U、V_W，W_U、W_V）需要换相，而三分之一线圈（U、V、W）不变相。

3. 3Y/3Y双速的调速电路

3Y/3Y接法换相变极出线6根，端接图和调速控制与3Y/4Y相同，也用2台接触器控制，因此调速主电路也相同，可参考图1-43的3Y/4Y调速电路。

五、换相变极△/2△接法

1. △/2△接法双速绕组简化接线图

△/2△接法取自《设计手册》，是一种新颖的换相变极接法，多极数时采用一路内角星形（△），变少数极则改接二路内角星形（2△）接法。双速绕组简化接线如图1-46所示。其中图1-46（a）是简化接线图及多极时的电流正方向，绕组实线相色代表多极数时相属；虚线代表少极数时相属。图1-46（b）是换相变极的接线端接图。

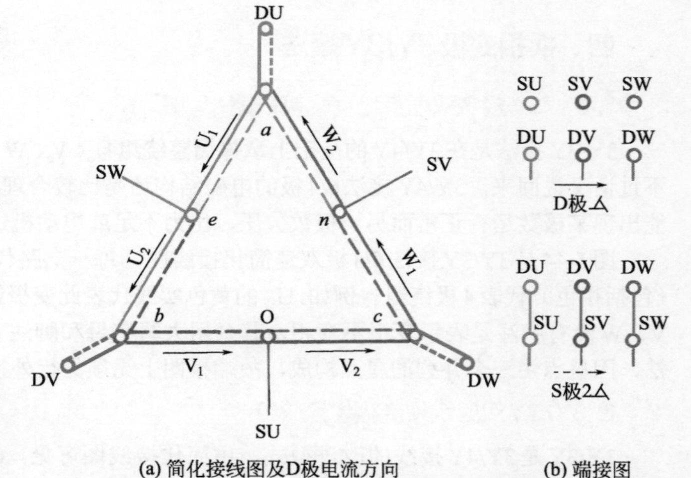

(a) 简化接线图及D极电流方向　(b) 端接图

图1-46　△/2△接法双速绕组简化接线示意图

2.△/2△双速绕组变极切换分析

图1-46（a）中，内三角形部分称为基本绕组，其余线圈则是调整绕组。由图可见，这种换相变极的接线切换比较复杂，低速时多极数绕组电源从DU、DV、DW接入，舍去每相中间抽出的线圈SU、SV、SW，使绕组构成一路△形进入低速工作。这时三相绕组（实线所示）部分的电流正方向如图中箭头标示。换接到高速时，电源无须改接，但必须将调整绕组与三相延边分别并联，即DU与SU、DV与SV、DW与SW并联，这时高速绕组变换成二路内角星形（2△），三相调整绕组加入运行，而DU、DV、DW仍保持工作且电流方向不变；但内三角形绕组则全部变反向，如图1-47（a）所示。这时，原来基本绕组的变极组也全部换相，如U_1变红（W相），U_2变绿（V相），V_1变黄（U相），V_2变红（W相），W_1变绿（V相），W_2变黄（U相）。将其换接成2△典型图形即如图1-47（b）所示。

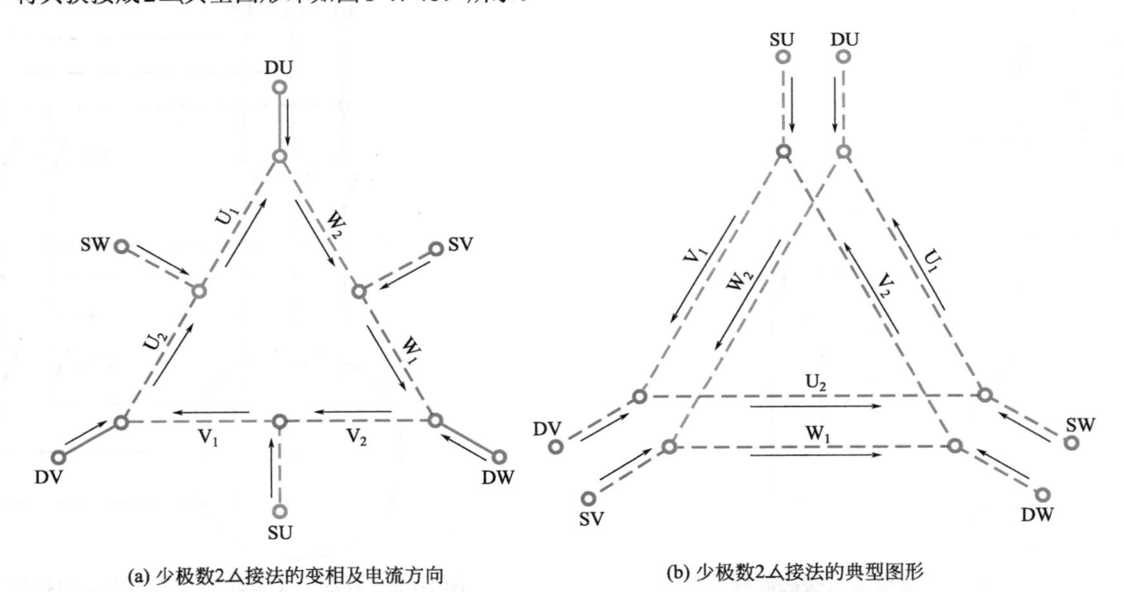

(a) 少极数2△接法的变相及电流方向

(b) 少极数2△接法的典型图形

图1-47　△/2△双速绕组变换到少极数时2△接法的电流方向

3. △/2△双速的调速电路

△/2△双速引出线6根，双速调速电路较为简单，而且可实现不断电切换，既提高切换的可靠性，又能避免因换挡断电而产生过大的电流冲击。另外，△/2△接法双速有同转向和反转向两种方案，所以在调速线路上也有所差别。

（1）△/2△同转向双速调速电路　如果工作时两种转速都需要同转向，△/2△双速可实行不断电切换，这时双速主电路如图1-48所示。准备启动前先合上电源总开关QS，再合上KM_D，电动机低速启动并运行；变换转速时，只要再闭合接触器KM_S即可进入高速运行。

（2）△/2△反转向双速调速电路　如果△/2△双速设计为反转向时，而负载却需要两种转速同转向工作，这时可将反转向的双速按图1-49进行调速控制，即在同转向双速电路上增加一台接触器KM_{S1}，将高速时的电源两相调反，使之反转来调顺转向。但此电路不能做到不断电切换。因此，启动前先合上电源总开关QS，然后闭合接触器KM_D，电动机低速启动、运行；换接到高速时，必须先断开KM_D，然后才能闭合KM_{S1}和KM_{S2}，电动机换接到高速运行。

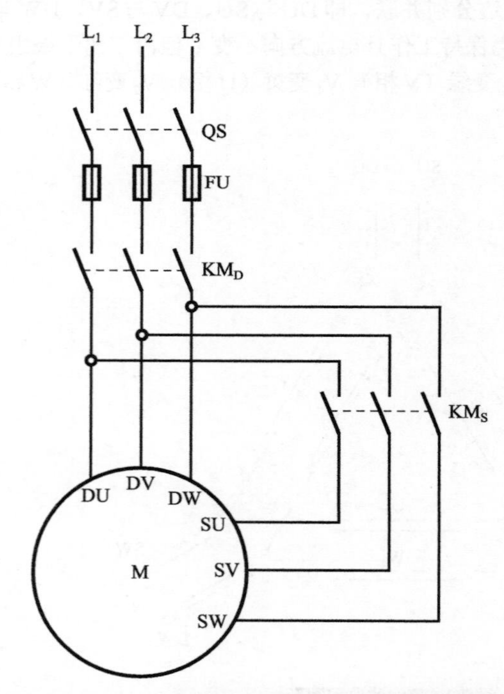

图1-48　△/2△（同转向）双速电动机接触器调速电路

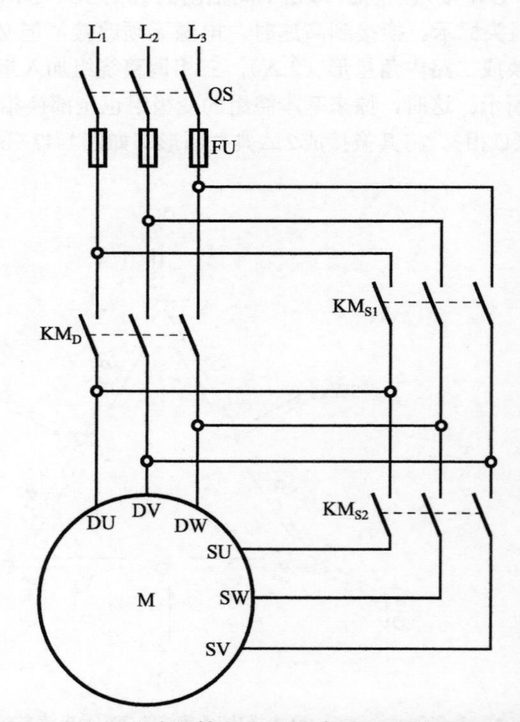

图1-49　△/2△（反转向）双速电动机接触器调速电路

六、换相变极◬/◬-Ⅱ接法

1. ◬/◬-Ⅱ接法双速绕组简化接线图

在网上见过一台12/4极双速电动机图片，看不清铭牌，又见有人求取36槽12/4极绕组图，但其他参数一概不知。笔者就想设计出6根出线的12/4极绕组，但无论用现有的反向法和换相法接线都无法完成，只设计出9根出线的双速。本双速接线是换相变极，但它有别于前面介绍的◬/◬接法，故笔者将其设定为“Ⅱ”型，双速绕组简化接线如图1-50所示。其中图1-50（a）为主图，它的基本图形是内星角形（◬），图中实线及相色代表12极绕组，虚线是变换4极后的绕组及相色。图1-50（b）是◬/◬-Ⅱ接法变换极数的端接图。

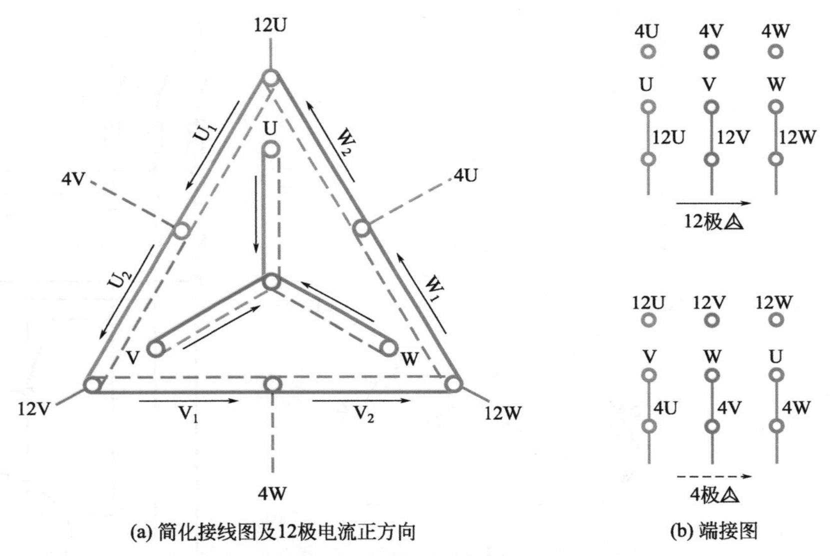

(a) 简化接线图及12极电流正方向　　(b) 端接图

图1-50　△/△-Ⅱ接法双速绕组简化接线示意图

2. △/△-Ⅱ双速绕组变极切换分析

由图1-50（a）的简化接线图可见，留空4U、4V、4W不接，再将U与12U，V与12V，W与12W连接后，从12U、12V、12W接入电源，则电动机接成△形。这时三相绕组各变极段电流正方向如图中箭头所示。如果保持图1-50（a）的形态，电源改从4U、4V、4W接入后，4极△接法的电流方向及绕组相别就如图1-51（a）所示。如将此图与图1-50（a）的12极对照可见，变极后，三相绕组各变极组的电流方向全部不变。将其整理后，4极绕组的典型图形如图1-51（b）所示。由此可见，变极后△形部分的U_1、V_1、W_1不变相；而U_2变V，V_2变W，W_2变U。Y形部分则全换相，即原U变红（W相），V变黄（U相），W变绿（V相）。

3. △/△-Ⅱ双速绕组调速电路

△/△-Ⅱ双速引出线9根，调速电路需用4台接触器如图1-52所示。其中KM_{D1}、KM_{S1}是低速和高速电源接触器；KM_{D2}、KM_{S2}是Y形与△形连接接触器。操作时先合上电源总开关QS，再闭合KM_{D1}、KM_{D2}，电动机低速启动并运行。如需提速则必须先断开KM_{D1}和KM_{D2}后，再闭合KM_{S1}和KM_{S2}，电动机换接到高速运行。

七、换相变极△/3Y接法

△/3Y接法适用于6/4极，6极时为△形接法，4极变换成3Y接法。构成此双速的条件是双层布线，而且槽数应满足下式

$$Z/q=\text{整数}$$

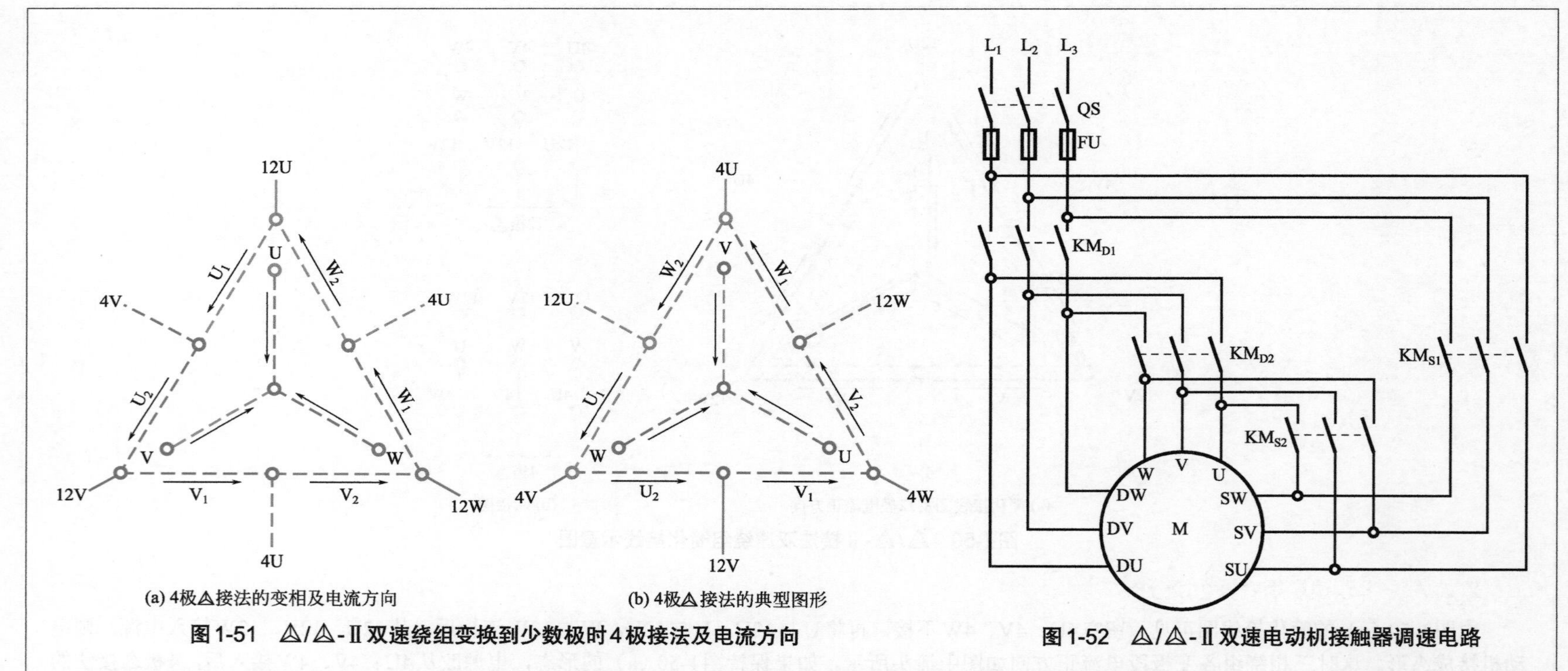

(a) 4极$\triangle$接法的变相及电流方向

(b) 4极$\triangle$接法的典型图形

图1-51　$\triangle$/$\triangle$-Ⅱ双速绕组变换到少数极时4极接法及电流方向

图1-52　$\triangle$/$\triangle$-Ⅱ双速电动机接触器调速电路

此绕组属换相变极，引出线6根，绕组结构及调速电路也较简单，而且可实施不断电换挡；不过其适应性有局限，目前只适用于非倍比的6/4极双速。

1. $\triangle$/3Y接法双速绕组简化接线图

$\triangle$/3Y接法简化接线图的形态是内星角形（$\triangle$），如图1-53所示，因其只用于6/4极，故图中端号用具体极数标示。图中实线代表$\triangle$接法的6极绕组相别，虚线则是变换到4极时3Y接法的相别。

2. $\triangle$/3Y双速绕组变极切换分析

绕组6极时留空4U、4V、4W不接，电源从6U、6V、6W接入，则6极时各变极段的电流正方向如图1-53（a）中箭头所示。变换4极时，三相绕组接成3Y，即电流仍从6U、6V、6W接入，而4U、4V、4W接成星点，这时电流方向如图1-54（a）所示。由于4极时原△形解体，故△形部分电流方向改变，即U_2、V_2、W_2不但方向改变，而且还要换相；而U_1、V_1、W_1则相别和电流方向都不改变。星形部分的方向和相别都不变。若将其整理成3Y的典型图形即如图1-54（b）所示。

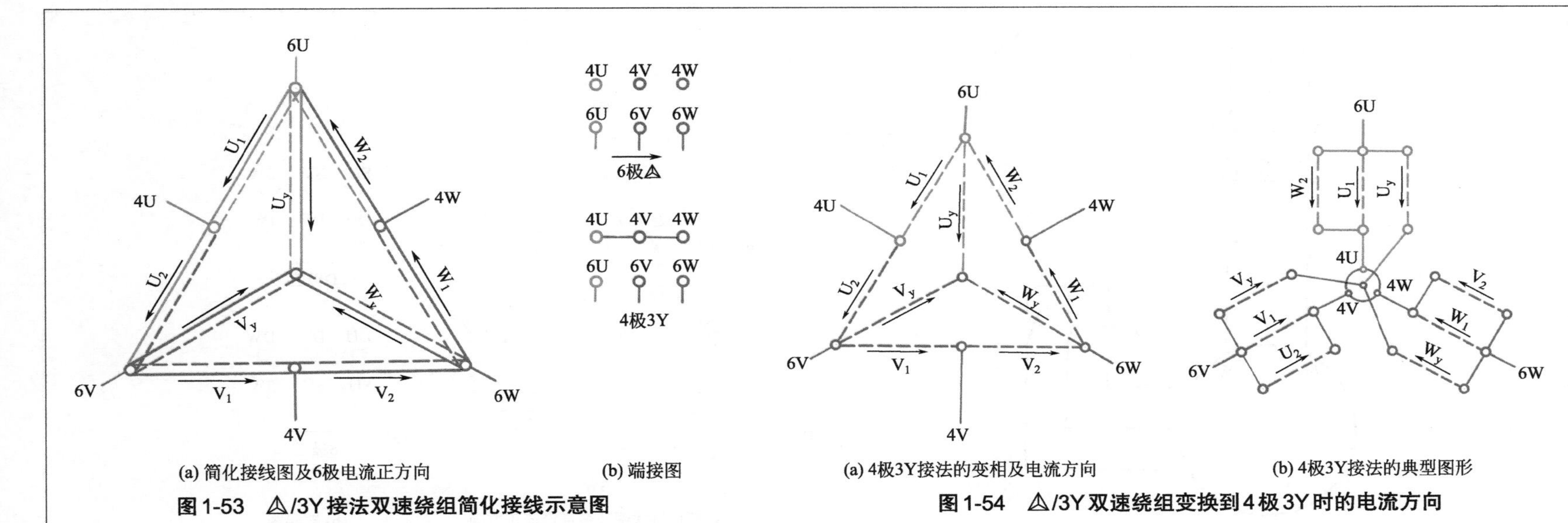

(a) 简化接线图及6极电流正方向　(b) 端接图

图1-53　△/3Y接法双速绕组简化接线示意图

(a) 4极3Y接法的变相及电流方向　(b) 4极3Y接法的典型图形

图1-54　△/3Y双速绕组变换到4极3Y时的电流方向

3. △/3Y双速绕组调速电路

△/3Y接法6/4极双速调速控制只要2台接触器，而且可实施不断电转换，是最理想的变极接法，只可惜其适用范围较窄，只用于6/4极双速。调速电路如图1-55所示。操作时先合上电源总开关QS，再闭合KM_6则电动机低速启动、运行；提速时无需切断电源，只要再把KM_4接触器闭合，把电动机引出端4U、4V、4W接成星点即可。

八、换相变极△/△接法

△/△双速接线，结构简单，引出线仅6根，故调速控制也十分简便，而且变极的适应范围也广，既适用于倍极比，也可用于某些非倍极比的变极，对双速电动机的应用起到革命性的作用。在今后的应用中有可能取代△/2Y等常规接法。

双速采用△/△接法对适应性还是有一定局限的。因为双速绕组电磁设计模式有两种。一是取定磁密算出匝数；另一是取定匝数校验磁密，但总的原则是铁芯各部磁通密度必须限制在合理范围。然而，△/△接法的双速如能合理选用绕组系数，通过电磁校验一般不成问题，但如果要求两种极数下有相同的输出特性，即使磁密比接近1，则有一定困难。所以，△/△接法的双速不适宜用于两种转速都要求负载特性相同的场合。

本书收入的△/△双速十余例是笔者据此自创开发出来的新绕组，供读者参考。

1. △/△接法双速绕组简化接线图

△/△接法双速绕组的简化接线图的基本形态是△形，它的两种极数都采用一路△形换相变极。简化接线示意图如图1-56所示。图中绕组用双线条表示三相变极组，其中实线代表多（D）极数时的线圈及相别；虚线代表变少（S）极后的线圈及其相别。而箭头则是多极数时的电流正方向。

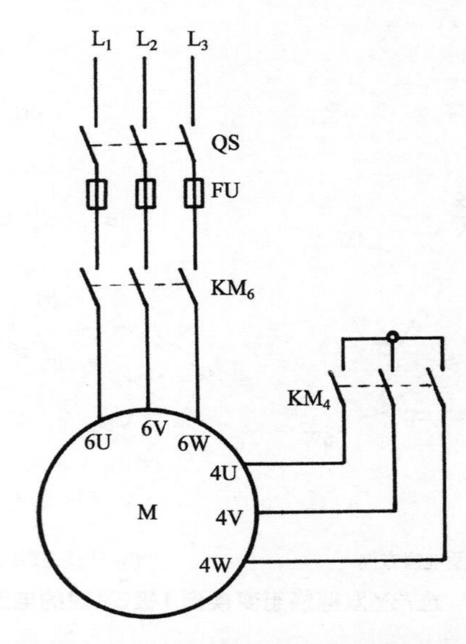

图1-55 ⊿/3Y双速电动机接触器调速电路

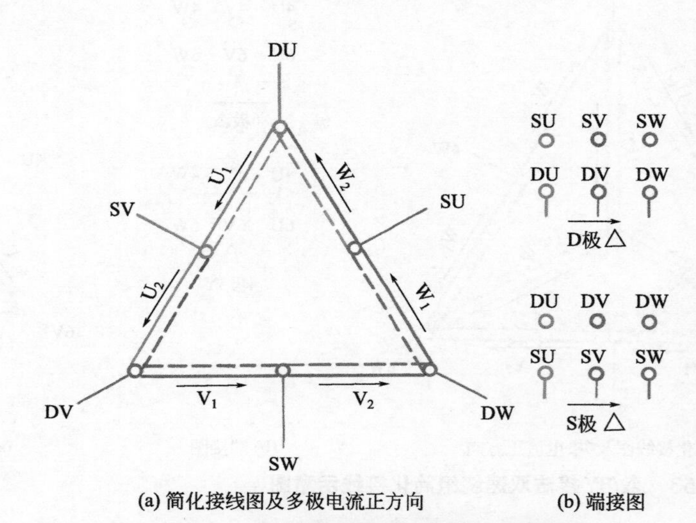

(a) 简化接线图及多极电流正方向　(b) 端接图

图1-56 △/△接法双速绕组简化接线示意图

2.△/△双速绕组变极切换分析

△/△双速以多（D）极数△形为基本形态，如图1-56（a）中实线所示。当变换到少（S）极数时，DU、DV、DW不接，电源改由SU、SV、SW接入，这时将图中虚线分离便如图1-57（a）所示。这时可见，从多极数变到少极数时，三相绕组全部电流与正方向相同，没有变向；但原来三相中的W_2、V_2、U_2相别改变了，而U_1、V_1、W_1的线圈的相属没变。如将图1-57（a）各相整理后绘成少极数的△形接法典型图形便得图1-57（b）所示。

3.△/△双速绕组调速电路

△/△与⊿/3Y接法都是引出线6根的双速，用2台接触器便可变换调速，不同的是△/△接法无法实施不断电切换，所以操作有所不同，调速电路如图1-58所示。操作时先合上电源QS，再闭合KM_D，电动机低速启动、运行；提速时要先断开KM_D，然后再闭合KM_S，变换到高速运行。

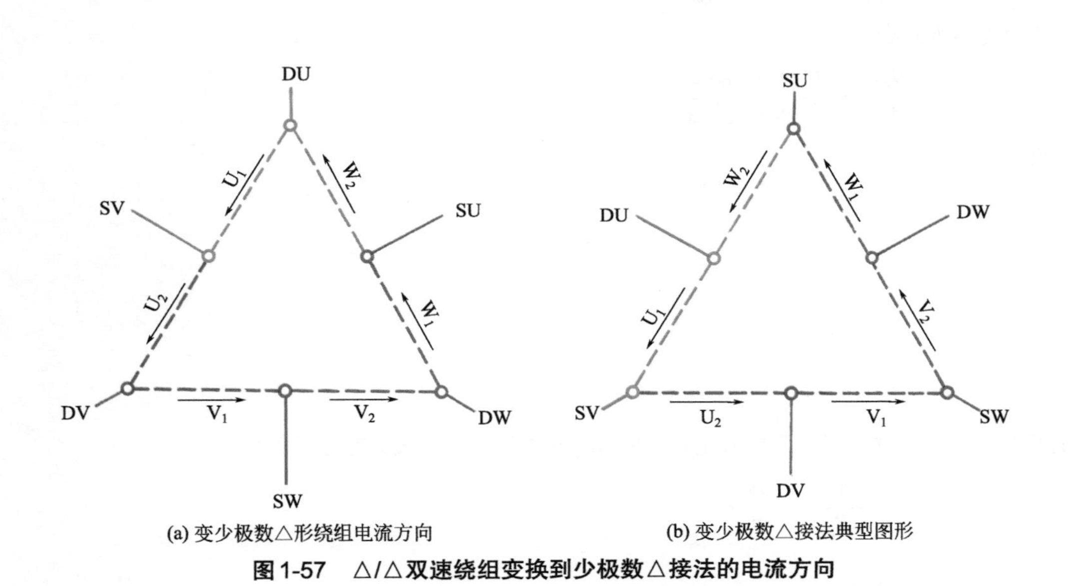

(a) 变少极数△形绕组电流方向　　(b) 变少极数△接法典型图形

图 1-57　△/△双速绕组变换到少极数△接法的电流方向

图 1-58　△/△双速电动机接触器调速电路

第五节　反常规变极及补救接法

电动机设计就是根据要求的技术条件决定绕组匝数和导线规格，而匝数的多少主要取决于铁芯各部磁通密度；但各部磁密与电动机气隙磁密有直接关系，所以，一般常以气隙磁密 B_g 作为关键参数来衡量电动机的电磁关系。而对于变极电动机而言，气隙磁密的合理范围应在 B_g=0.5～0.8T 之间。如果磁密过高就会造成磁饱和而引起电动机过热。这时就要增加匝数使 B_g 降下来。若磁密过低，则说明匝数过多，电动机处于欠压运行状态，工作时显得无力，达不到额定输出。

变极双速电动机只有一套绕组，也就是说，这个匝数必须要使两种极数的磁密都在合理范围，绝对一点来说就是要一样，即磁密比 $B_{gD}/B_{gS}\approx 1$。这样就可以使两种极数工作时都能有理想的输出特性。但是，当极数改变时，将会引起磁密变化，而气隙磁通 B_g 与极对数（p，极数的一半）之间有如下关系：

$$\frac{B_{gD}}{B_{gS}}=\frac{U_D p_D W_S K_{dpS}}{U_S p_S W_D K_{dpD}}$$

而每相串联匝数 $W=NZ/2ma$，代入上式则磁密比也可用下式表示

$$\frac{B_{gD}}{B_{gS}}=\frac{U_D p_D N_S a_D K_{dpS}}{U_S p_S N_D a_S K_{dpD}}$$

式中 U——绕组每相电压，△形相电压等于电源电压；

p——极对数；

W——每相绕组串联匝数；

N——每槽导线数；

a——每相并联支路数；

K_{dp}——绕组系数；

D——多极数；

S——少极数。

然而，当极数改变时，几乎所有参数都可能有变化。但为方便解释，我们假定 U、N、K_{dp} 都不变，则上式就有如下关系

$$\frac{B_{gD}}{B_{gS}}=\frac{p_D}{p_S}$$

如果设双速是8/4极，即磁密比

$$\frac{B_{gD}}{B_{gS}}=\frac{p_8}{p_4}=\frac{4}{2}=2$$

这样的话，两种极数的匝数是一样的，如果接法也一样，假定以2极（少极数）为基准选定合理的 B_{g2} 值，则多极数的 $B_{g4}=2B_{g2}$，即多极数磁密肯定超高；反之选4级（多极数）为基准，则 $B_{g2}=B_{g4}/2$，则少极数的磁密肯定过低。这就是说这样的双速绕组不能成立。

以上说明，当极数改变时，磁密比是呈极比等级变化的。例如，6/4极时磁密比是1.5，而8/2极则高达4。然而，如何将磁密比减下来，根据磁密比关系式有三个可变项，即并联支路数 a、每相电压 U 及绕组系数。其中改变并联支路数对磁密比影响最大。例如，8/4极选用Y/2Y，即8极为Y接（a=1），4极2Y接（a=2），其余参数不变，代入关系式则得

$$\frac{B_{g8}}{B_{g4}}=\left(\frac{U_8 N_4 K_{dp8}}{U_4 N_8 K_{dp4}}\right)\frac{p_8 a_8}{p_4 a_4}=\frac{4\times1}{2\times2}=1$$

由此可见，少极数选用多路并联可使磁密比降下来。此外，每相电压 U 也是可改变磁密比的参数，而绕组每相电压的改变是通过选用接法来改变的。例如，当电源电压为380V时，若三相绕组是△形，则每相电压 U=380V；若改接为Y形，则 $U=380/\sqrt{3}=220$V。此外，绕组系数也是影响磁密比的可变参数，它是通过选择线圈节距来实现 K_{dp} 值改变的。因此，若选8/4极绕组系数 K_{dp8}=0.676，K_{dp4}=0.956；再选8/4极为△/2Y接法，则磁密比

$$\frac{B_{g8}}{B_{g4}}=\frac{U_8p_8N_4a_8K_{dp4}}{U_4p_4N_8a_4K_{dp8}}=\frac{380\times4\times N\times1\times0.676}{220\times2\times N\times2\times0.956}=1.22$$

此值无论选谁为基准极，都可通过磁密校验，故此8/4极双速方案成立。所以，为了顺应双速磁密的变化特点，为确保双速的电磁性能正常发挥，国产系列双速电动机都选用△/2Y或Y/2Y变极接法，故本书将这种多极数用单路、少极数用多路并联接法称为常规接法。

然而，近年在修理中却发现与此相悖的4/2极2Y/Y、8/4极2Y/△的双速接法。本书把这种接法称之为反常规接法。

无疑反常规接法将给正常的电磁设计带来难度，无论如何设置都难使两种极数下获得理想的输出特性。所以它只适用于某些负载特性特殊的场合。例如升降电梯等负载，这时可选高速挡（少极数）为基准极，以确保其输出特性用于正常电梯的升降运行。低速挡则是电梯启动和就位平层。这样低速挡负载对功率输出的要求极低，即使欠压运行也能满足其功率要求；再者，欠压运行对电梯启动和停机的冲击更小，且易做到平稳启动和准确就位。所以，2Y/△接法适宜于类似负载特性的场合。

一、反常规变极2Y/△接法

1. 2Y/△接法双速绕组简化接线图

2Y/△接法属于反向变极中的反常规接法，双速仍以一路△形为基础形态绘制简化接线图，与常规不同的是一路△形是少极数接法，而多极数是2Y接法。这种反常规接法双速只适用于以高速为基准极作为正常工作，而低速空载或对功率要求极低的负载场合。图1-59是其简化接线图。其中图1-59（a）是主图，图中黄色实线代表U相绕组，绿色实线代表V相绕组，红色实线代表W相绕组。而SU、SV、SW是少（S）极数引出端；DU、DV、DW是多（D）极数引出端。三相变极组的箭头是少极数△形接法时的电流正方向。

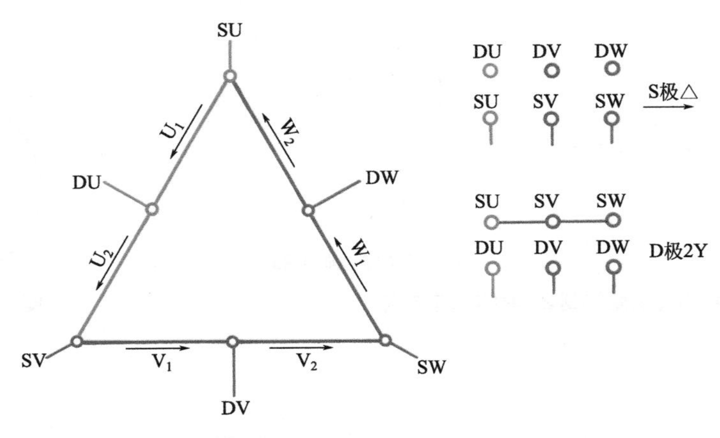

(a) 简化接线图及少极数(△形)电流正方向　(b) 端接图

图1-59　2Y/△反常规接法双速绕组简化接线示意图

2. 2Y/△双速绕组变极切换分析

2Y/△接法是属反向变极，变极时只有线圈反向而无须变相。图1-60的电流正方向是电流从SU、SV、SW流入而形成的。若换接成多极数时，将SU、SV、SW外接成星点，再从DU、DV、DW接入电源，这时变极绕组构成2Y接法，则多极数绕组的电流方向如图1-60（a）所示。由图1-60（a）可见，变极后三相绕组中的U_1、V_1、W_1反向，而其余无须反向。2Y接法的典型图形如图1-60（b）所示。

3. 2Y/△双速绕组调速电路

2Y/△接法双速的引出线6根，采用3台接触器接成调速电路，如图1-61所示。这时操作程序是启动之前先合上电源总开关QS，然后同时闭合接触器KM_{D1}、KM_{D2}，使电动机在低速挡启动、运行；若要提速则必须先断开KM_{D1}、KM_{D2}，然后再闭合KM_S，电动机变换到高速（少极数）运行。

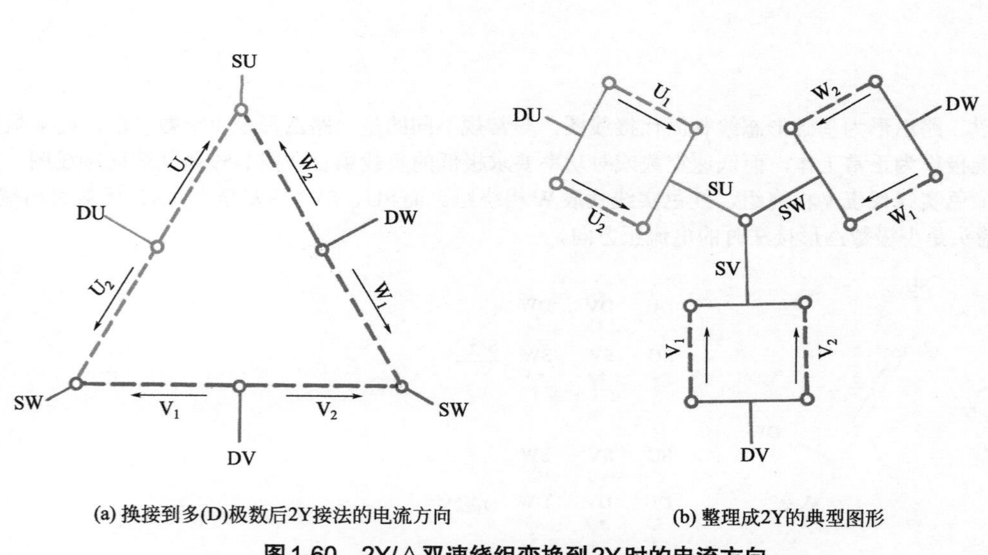

(a) 换接到多(D)极数后2Y接法的电流方向

(b) 整理成2Y的典型图形

图1-60　2Y/△双速绕组变换到2Y时的电流方向

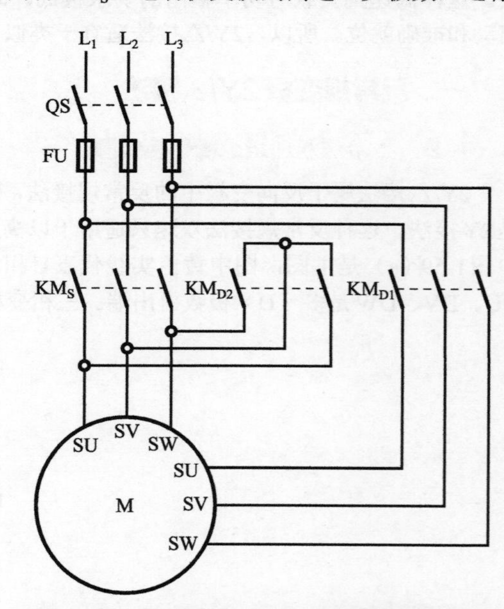

图1-61　2Y/△双速电动机接触器调速电路

二、反常规变极2Y/Y接法

1. 2Y/Y接法双速绕组简化接线图

2Y/Y也是反向变极的反常规接法，简化接线图也是用一路Y形为基础形态，它的弊端也和2Y/△接法一样，不能兼顾两种极数下都有较理想的输出特性，而只能选某一转速下正常工作，而另一转速作辅助运行。图1-62是2Y/Y接法双速绕组的简化接线图；其中图1-62（a）是主图，图中黄、绿、红三色分别代表U、V、W三相绕组的相别。图1-62（b）是两种极数端子的变换接法，当电源从SU、SV、SW接入，则三相绕组为一路Y形接法，即绕组产生少（S）极数，这时电流正方向如图1-62（a）箭头所示。

2. 2Y/Y双速绕组变极切换分析

2Y/Y虽是反常规接法，但其变极本质仍属反向法，即变极时必有一半线圈反向。当变换到多极数时，三相电源从DU、DV、DW接入如图1-63所示。这时，三相各变极组的电流方向就如图1-63（a）所示。对照电流正方向可见，每相中的U_1、V_1、W_1的电流反向。如果将图1-63（a）整理成2Y典型图形便得图1-63（b）所示。

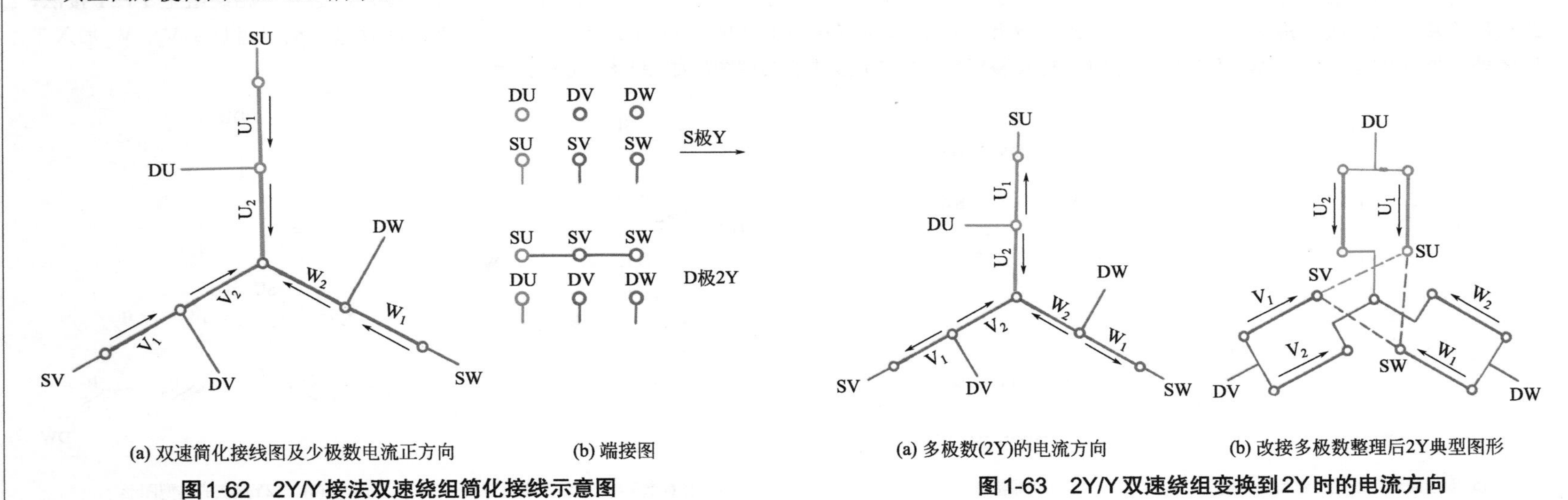

(a) 双速简化接线图及少极数电流正方向　(b) 端接图

图1-62　2Y/Y接法双速绕组简化接线示意图

(a) 多极数(2Y)的电流方向　(b) 改接多极数整理后2Y典型图形

图1-63　2Y/Y双速绕组变换到2Y时的电流方向

3. 2Y/Y双速绕组调速电路

2Y/Y接法双速电动机引出线6根，调速电路与2Y/△接线相同，可参考图1-61调速电路。

三、反常规变极Y+2Y/Y补救接法

在Y+2Y/Y接法中，2Y/Y是基本绕组，前面所加的Y部分是附加调整绕组。基本绕组2Y/Y是反常规接法，它的磁密比与电动机绕组参数关系如前所述。因此，当磁密比过大而不能通过磁密校验时，可在多极数的2Y接法上串入调整绕组。这就是反常规变极的补救接法。串入调整绕组补救作用有三种：一是从少极到多极由于调整绕组的加入，改变了匝比的格局，即多极数时因每相串联匝数W的增加会使磁密比降低；二是由于调整绕组串联于基本绕组之外，也相应使多极数（2Y）时的相电压（U_D）降低，也使磁密比进一步减小；三是串入的调速绕组限流作用缓解了因磁密高造成的发热效应。

1. Y+2Y/Y接法双速绕组简化接线图

虽然Y+2Y/Y是反常规补救接法，但它仍属反向法变极，故变极时只有反向线圈而没有变相线圈。图1-64是Y+2Y/Y接法双速绕组的简化接线示意图，它以少（S）极数为基础的Y形图，即少极数时电源从SU、SV、SW接入，并留空DU、DV、DW不接；这时每相绕组由两个变极组串联而成，即少极数时只有基本绕组工作，其电流正方向如图1-64（a）箭头所示。

2. Y+2Y/Y双速绕组变极切换分析

由图1-64（b）端接图可知，当少极数变到多极数时，SU、SV、SW接成星点，而三相电源从DU、DV、DW接入，这时三相绕组呈Y+2Y接法，即每相除基本绕组改接成2Y之外，还串入调整绕组（Y），这时三相电流如图1-65（a）所示。由图可见，这时除调整绕组U_o、V_o、W_o加入工作之外，原来的U_1、V_1、W_1还改变了方向。将其整理后，Y+2Y接法的典型图形如图1-65（b）所示。

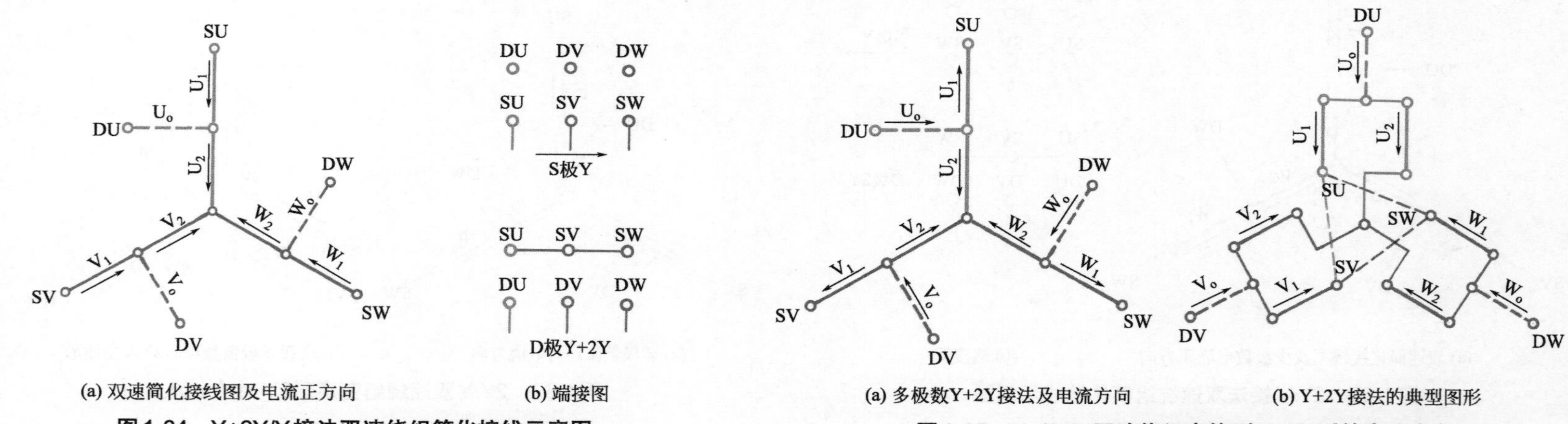

(a) 双速简化接线图及电流正方向　(b) 端接图

图1-64　Y+2Y/Y接法双速绕组简化接线示意图

(a) 多极数Y+2Y接法及电流方向　(b) Y+2Y接法的典型图形

图1-65　Y+2Y/Y双速绕组变换到Y+2Y时的电流方向

3. 2Y+2Y/Y并联补救接法

并联补救是将Y+2Y/Y接法中的附加调整绕组Y改为二路并联，即2Y；而基本绕组2Y/Y不变。改为二路并联后，调整绕组的线圈规格与基本绕组相同，从而改善了修理中的工艺性。图1-66（a）、图1-66（b）是2Y+2Y/Y接法的简化接线图，其变极切换原理与Y+2Y/Y相同。图中实线箭头代表少极数电流正方向；虚线箭头代表多极数电流方向。

4. Y+2Y/Y双速绕组调速电路

Y+2Y/2Y（2Y+2Y/Y）接法调速电路需用3台接触器，调速主电路如图1-67所示。操作要点是，工作时先合上电源总开关QS，然后闭合接触器KM_{D1}、KM_{D2}，电动机低速启动、运行；变速时要先断开KM_{D1}和KM_{D2}，然后再闭合接触器KM_S，电动机变换到高速运行。

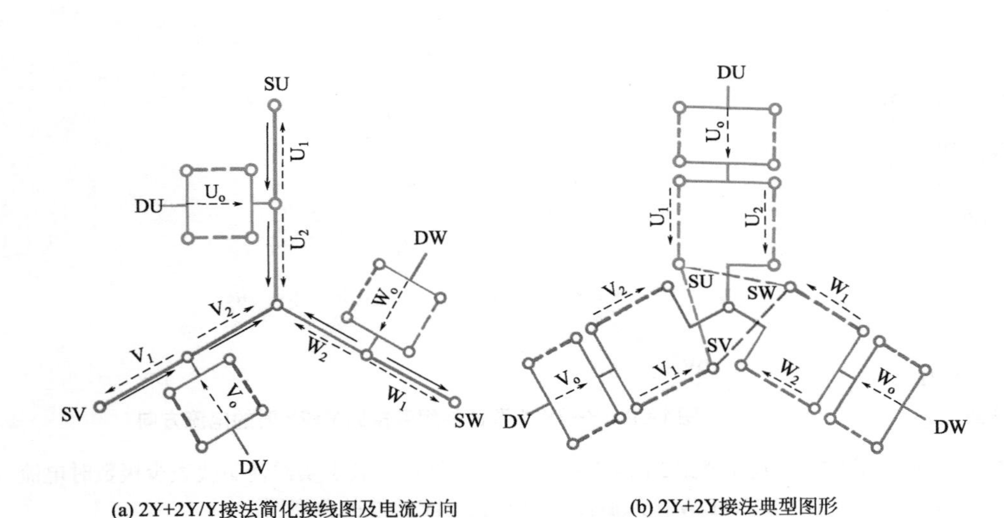

(a) 2Y+2Y/Y接法简化接线图及电流方向　　(b) 2Y+2Y接法典型图形

图1-66　2Y+2Y/Y接法双速绕组简化接线示意图

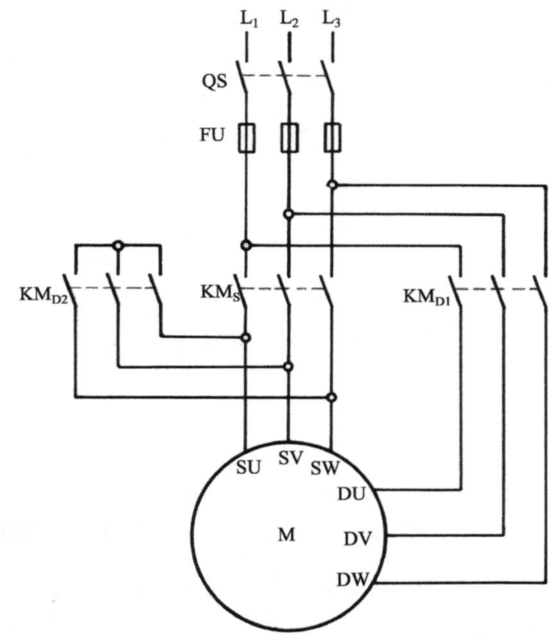

图1-67　Y+2Y/Y双速电动机接触器调速电路

四、反常规变极Y+2Y/△补救接法

1. Y+2Y/△接法双速绕组简化接线图

Y+2Y/△与Y+2Y/Y接法特征基本相同，也是反向法的反常规补救接法，不同的是少数极接法改用△形，因此它属于2Y/△接法的反常规补救。图1-68是Y+2Y/△的双速绕组简化接线图。图中实线箭头代表少（S）极数电流正方向。

2. Y+2Y/△双速绕组变极切换分析

前面介绍过2Y/△反常规接法，为了改善双速中的多极数的电动机性能，并使双速通过电磁校验，在2Y之前附加调整绕组Y，从而构成Y+2Y/△变极接法。由图1-68可见，简化接线图中的虚线所示是变多极数时Y+2Y接法的电流方向。对照电流正方向可见，变极后除增加调整绕组之外，三相变极组U_1、V_1、W_1都要反向，这也符合反向变极需一半线圈反向的要求。将图整理后，Y+2Y的典型图形便如图1-69所示。

3. Y+2Y/△双速的并联接法（2Y+4Y/2△）

双速电动机功率较大时，采用一路接线则并绕根数过多，增加绕组嵌绕工艺的难度，为此常采用增加并联支路数以缓解，而实用上2Y+4Y/2△便

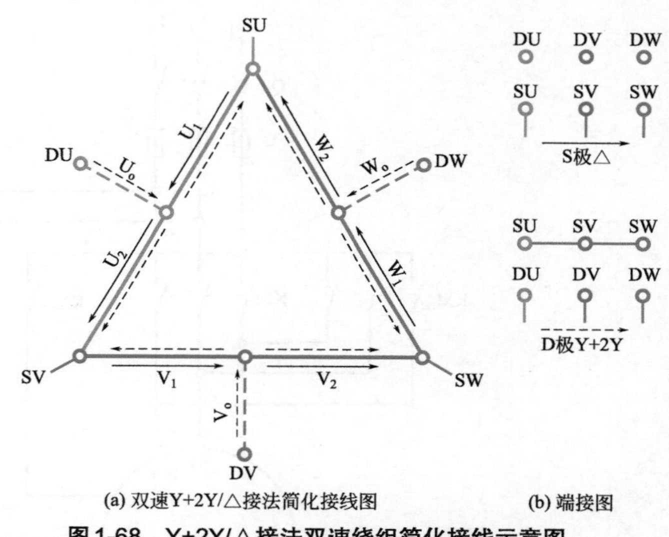

(a) 双速Y+2Y/△接法简化接线图　　(b) 端接图

图1-68　Y+2Y/△接法双速绕组简化接线示意图

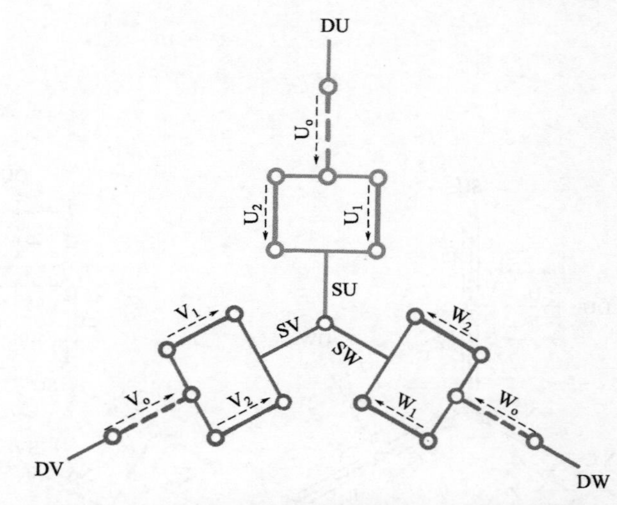

图1-69　Y+2Y/△双速绕组变换到Y+2Y时的电流方向

是a=2的并联接法。它的端接图和变极切换原理都与Y+2Y/△相同。图1-70是双速绕组2Y+4Y/2△的简化接线图。其中实线箭头代表少极数时电流正方向，虚线箭头代表多极数时电流方向。图1-71则是多极数时电源从DU、DV、DW接入后接法变为2Y+4Y接法的典型图形。

4. Y+2Y/△双速绕组调速电路

Y+2Y/△与2Y+4Y/2△接法的调速电路相同，需用3台接触器，主电路及操作要点均与图1-67相同。

五、换相变极Y+3Y/3Y补偿接法

1. Y+3Y/3Y接法双速绕组简化接线图

3Y/3Y是换相变极接法，不属反常规变极，但由前面介绍可知，双速变极选用相同的变极接法时，无论基准极选多极还是少极，根据磁密比关系式，即使能通过磁密校验，但未必都能接近1。这时，如果机械设备要求两种转速下都有接近的输出特性时，采用3Y/3Y接法就很难达到。

这时可选少极数为基准极，确保高速时电动机有较好的工作特性；这时为避免多极数的磁密过高，在3Y之前串联一路Y形的调整绕组作为多极数的补偿，从而增加的匝数使磁密比减下来的同时又增加了限流作用，使低速工作特性得到改善。由于基本绕组不属于反常规，其补救的作用较轻，为与之区别，就把基本接法相同（3Y/3Y）的补救改称补偿接法。

Y+3Y/3Y接法双速绕组简化接线图如图1-72所示。图中3Y部分是基本绕组，每变极组由双线表示，其中实线及相色代表多（D）极数的线圈及相别；虚线及相色代表少（S）极数线圈及相别；另外，变极组字母也代表相别，如单字母代表不换相；双字母前、后代表多、少极时相别。调整绕组U_0、V_0、W_0不换相，但只有多极数时与3Y串联，而少极数时在星点之外，不通电。

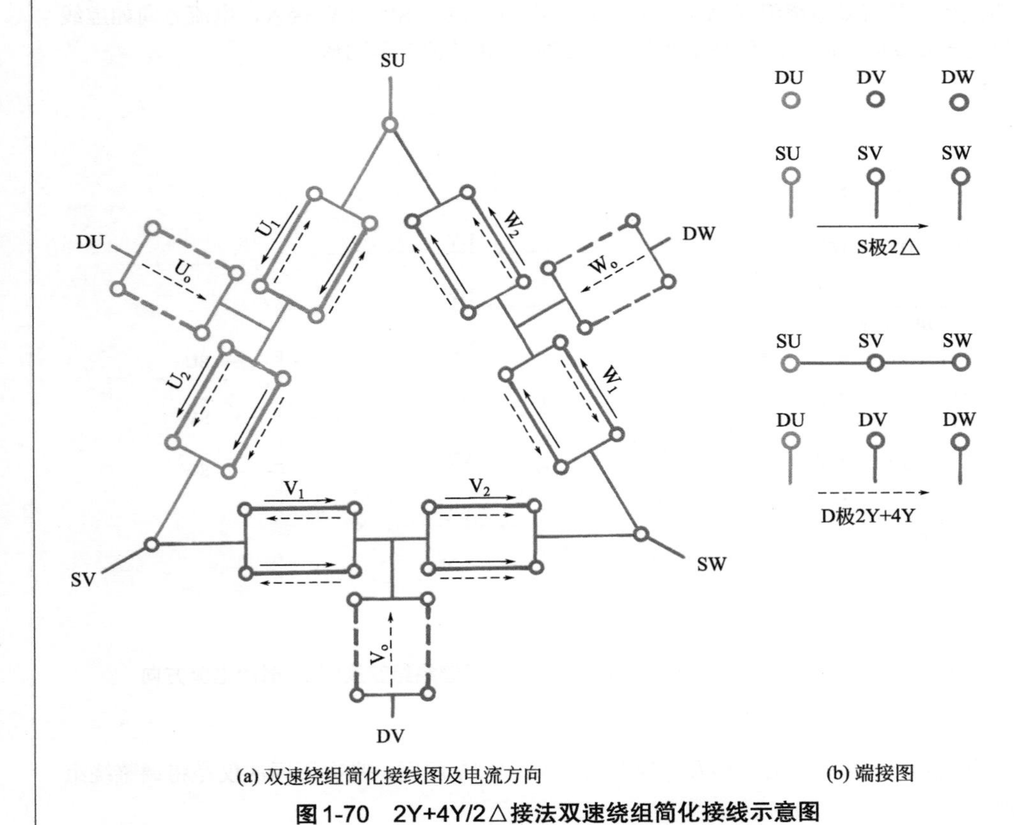

(a) 双速绕组简化接线图及电流方向　　(b) 端接图

图1-70　2Y+4Y/2△接法双速绕组简化接线示意图

图1-71　2Y+4Y/2△双速绕组变换到2Y+4Y时的电流方向

2. Y+3Y/3Y双速绕组变极切换分析

本双速的基本绕组是3Y/3Y，即两种极数均是3Y接法，但变极过程有部分绕组换相。多极数时要串入附加调整绕组（Y），其电流正方向如图1-72中实线箭头所示。变极到少极数时，调整绕组排除在星点之外，只有基本绕组（3Y）运行；这时电源从SU、SV、SW接入，电流方向如虚线箭头所指。由此可见，变极时除部分变极组换相外，基本绕组全部要反向。图1-73便是变换到少极数时3Y接法的典型图形。

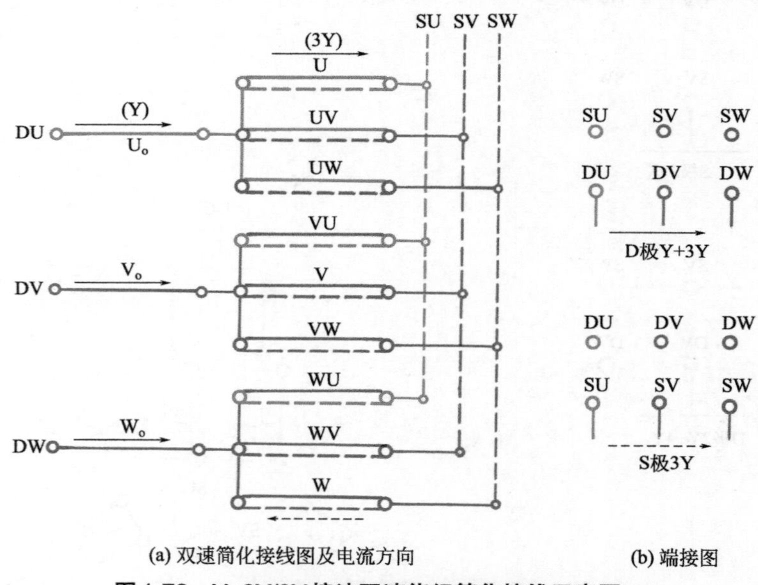

(a) 双速简化接线图及电流方向　　(b) 端接图

图1-72　Y+3Y/3Y接法双速绕组简化接线示意图

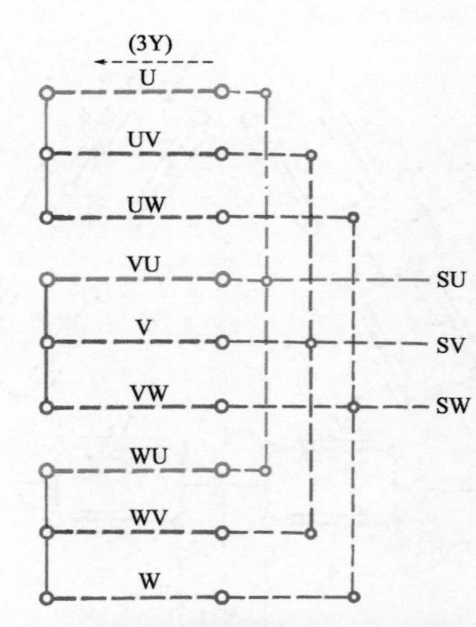

图1-73　Y+3Y/3Y双速绕组变换到3Y时的电流方向

3. 2Y+3Y/3Y并联补偿接法

并联补偿就是在3Y/3Y基本绕组之外，串入二路并联的调整绕组（2Y）。它的结构及切换分析与Y+3Y/3Y相同，唯有不同的仅是将调整绕组从一路串联改为二路并联，其双速绕组简化接线图如图1-74所示。

如将电源改从SU、SV、SW接入则三相绕组变成少极数，这时只有基本绕组3Y通电工作，而调整绕组排除在星点之外。绘制成典型3Y绕组即如图1-75所示。

4. Y+3Y/3Y双速绕组调速电路

Y+3Y/3Y和2Y+3Y/3Y接法双速电动机引出线6根，调速电路相同，只需2台接触器，调速电路如图1-76所示。操作要点是启动前合上总开关QS，然后闭合KM_D，电动机低速启动、运行。变速时必须先断开KM_D才能闭合KM_S，电动机转换到高速运行。

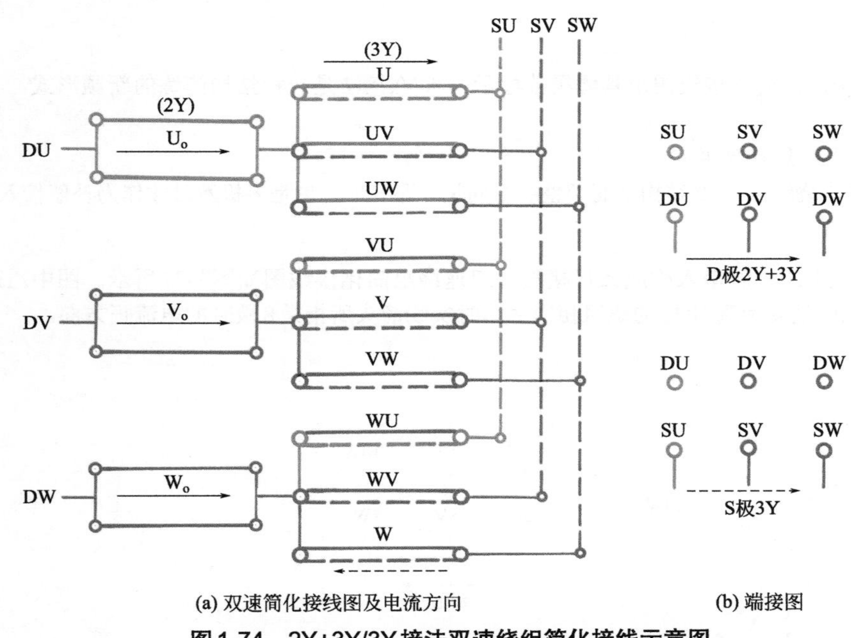

(a) 双速简化接线图及电流方向　　(b) 端接图

图1-74　2Y+3Y/3Y接法双速绕组简化接线示意图

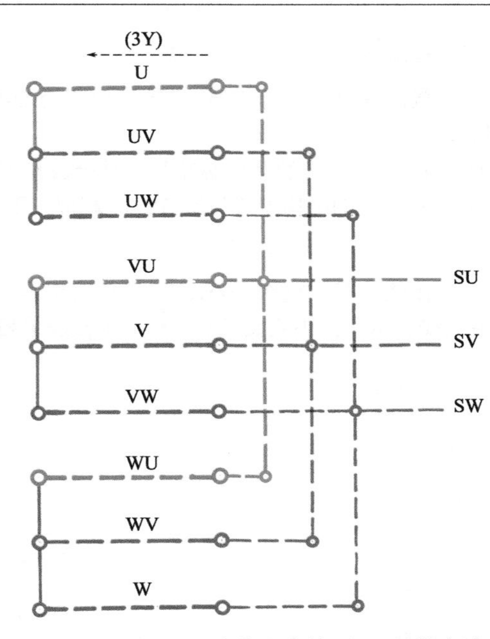

图1-75　2Y+3Y/3Y双速绕组变换到3Y时的电流方向

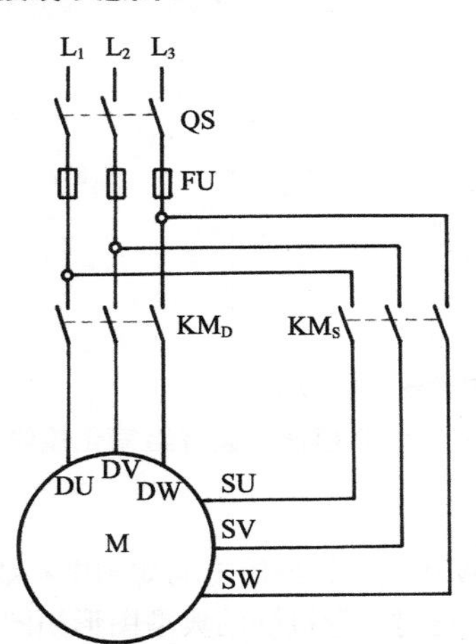

图1-76　Y+3Y/3Y（2Y+3Y/3Y）双速电动机接触器调速电路

六、换相变极⊿/△补偿接法

⊿/△接法取自《设计手册》，属换相变极绕组，本书仅此一例，故简化接线图用具体极数标示。⊿/△接法是一种结构简练的新颖形式，具有如下特点：

① 构成⊿/△接法的条件必须是两种极数都不是3的倍数，如本例是10/8极；

② ⊿/△接法的结构型式与Y+3Y/3Y相似，不同在于⊿/△的基本绕组是△/△结构；而调整绕组同是一路Y形，也是多极数时才作为补偿接入。

1. ⊿/△接法双速绕组简化接线图

⊿/△接法的基本绕组是△/△，调整绕组是一路Y形，当变换到10极时串入构成⊿形接法。双速绕组简化接线图如图1-77所示。图中△形变极组用双线表示，其中实线及相色代表8极绕组相别；虚线及相色则是变换到10极的绕组相别；这时实线箭头所指是8极时的电流正方向。

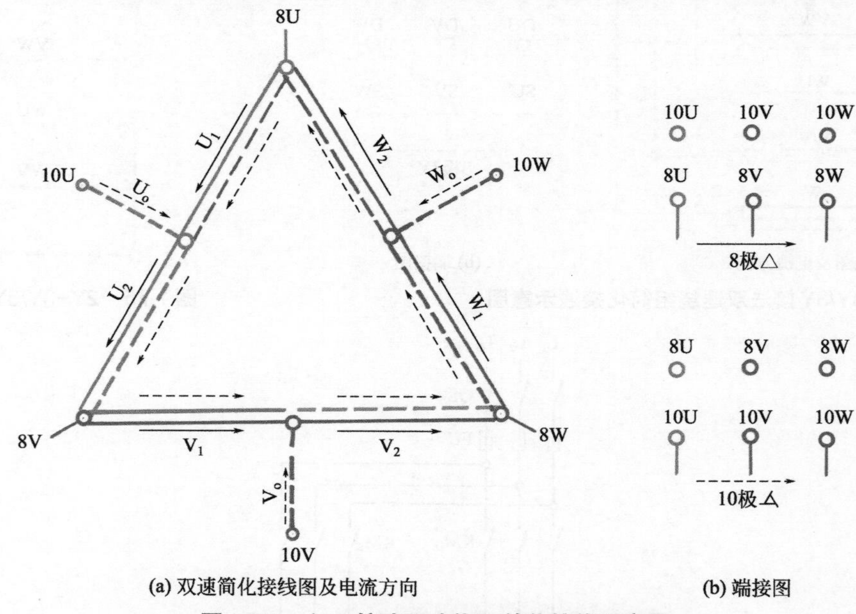

(a) 双速简化接线图及电流方向　　(b) 端接图

图1-77　⊿/△接法双速绕组简化接线示意图

2. ⊿/△双速绕组变极切换分析

由图1-77可见，8极是一路△形，电源从8U、8V、8W接入，正电流方向如图中实线箭头所示，变换到10极时，电源改从10U、10V、10W接入，即将调整绕组U_o、V_o、W_o串入△形，构成⊿形接法，这时⊿形接法的典型图形如图1-78所示。这时比较可见，基本绕组（△形）在变极时电流方向是不变的，但U_1、V_1、W_1变极时需换相。

3. ◬/△双速绕组调速电路

本双速引出线6根，由于引出线少，调速线路也较为简练，仅用2台接触器即可，但不能实施不断电切换。调速电路如图1-79所示。操作时先合上电源开关QS，再闭合接触器KM_{10}，电动机低速启动、运行；变速时要先断开KM_{10}，然后再闭合KM_8，则转换到高速运行。

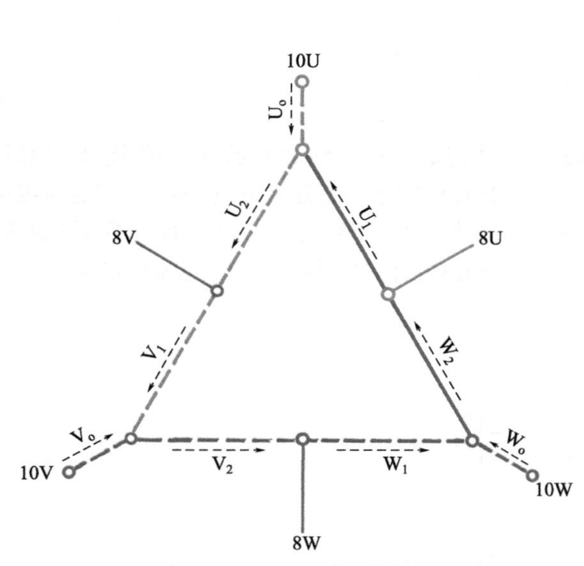

图1-78　◬/△双速绕组变换到10极时的电流方向

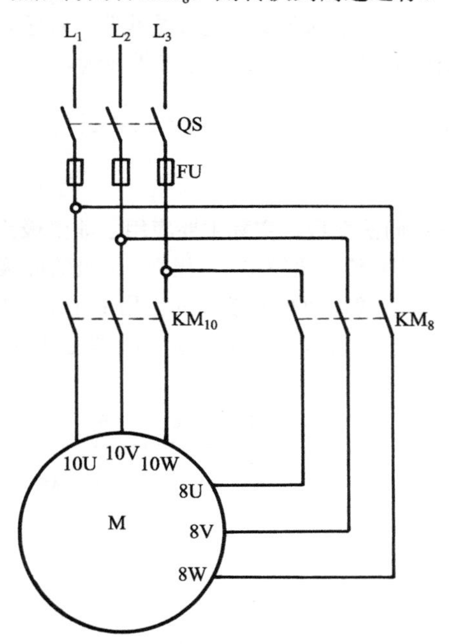

图1-79　◬/△双速电动机接触器调速电路

第六节　三速电动机绕组的变极接法

三速电动机有两种结构型式，一是由互相独立的一套双速和一套单速绕组组合而成三速输出；另一种则是由一套变极绕组输出三速，即单绕组变极三速。两种型式在国产系列中都得到应用。本节介绍的是后者。单绕组三速通常是以某极数为基准，通过相应的变极方法获取其他两种极数。实施单绕组三速的接线可以引申出很多方法，但若绕组内部结构繁琐，而引出线又过多时，将造成调速控制使用的不便而影响其推广应用。故目前获得实际应用的接法主要是4种，其中用得最多的，且在国产系列中占有一席之地的有2Y/2Y/2Y三速及2Y/2△/2△三速；还有3Y/◬/◬和2Y/2Y/2△换相变极三速。

三速绕组由黄、绿、红三色代表U、V、W相，其中粗线条代表线束，即绕组或线圈；细线是连接线，属单线条。三速绕组引出线较多，且无法用相别和极数来标记，故其引出线用线号标记。

另外，三速电动机的调速主要是介绍其主电路调速的基本结构原理接线。为了便于读图，调速电路用彩色绘制，其中黑色为总电源部分；黄色为低速（多极数）线路；绿色是中速极数线路；红色是高速（少极数）线路。因主电路并不包括二次线路，故对电动机的保护装置、联锁控制及正反转等，均未作考虑，故其操作程序仅供参考。

一、三速绕组反向变极2Y/2Y/2Y接法

1. 2Y/2Y/2Y接法三速绕组简化接线图

此三速接法是反向法变极，实际主要应用于非倍极比8/6/4极三速。通常这种三速都是选4极为基准极的60°相带绕组，然后再用反向法排出6极和8极，其中6极是非倍极比绕组；8极则为4极的庶极绕组，即120°相带绕组。2Y/2Y/2Y接法三速引出线9根，在三速绕组中属出线比较合理的接法，其调速变极也较简而得到较多的应用；不足之处是非基准极数的绕组系数较低，从而影响它的功率发挥，不过这也是反向变极的通病。图1-80所示是它的简化接线图。其中图1-80（a）是三速变极的端接图，图1-80（b）是三速绕组简化接线示意图及电流正方向。

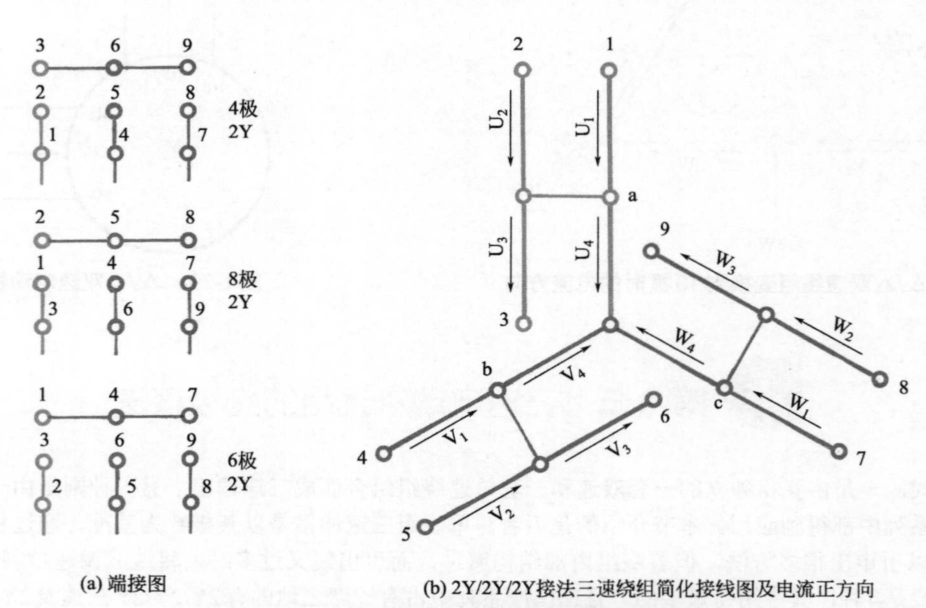

(a) 端接图　　(b) 2Y/2Y/2Y接法三速绕组简化接线图及电流正方向

图1-80　2Y/2Y/2Y接法三速绕组简化接线示意图

2. 2Y/2Y/2Y三速绕组变极切换分析

根据4极端接图分别将1—2、4—5、7—8端连接，再把3、6、9端接成星点，而电源从1、4、7接入，便得4极绕组简化接线如图1-81（a）所示。因简化接线图（图1-79）是以4极为基础绘制，所以，4极接线的三相绕组电流方向便与正方向相同。若将1—3、4—6、7—9分别连接，再把2、5、8连成星点，电源从3、6、9接入则得到8极2Y接法如图1-81（b）所示。这时U_4、V_4、W_4极性是固定不变的，与4极比较可见，变8极后U_1、V_1、W_1也未改变方向，但三相中的变极组U_3、U_4，V_3、V_4，W_3、W_4电流均反向。这样便符合反向变极要求一半线圈电流反向的特征。如果要变6极，即将端线2—3、5—6、8—9分别连接，然后再把1、4、7接成星点，使电源从2、5、8接入，则三相绕组构成6极2Y接线如图1-81（c）所示。这时对照8极可见，除U_4、V_4、W_4极性不变外，还有U_3、V_3、W_3是不变的。而U_1、U_2，V_1、V_2，W_1、W_2则都要反向。同样也符合反向变极的特征。

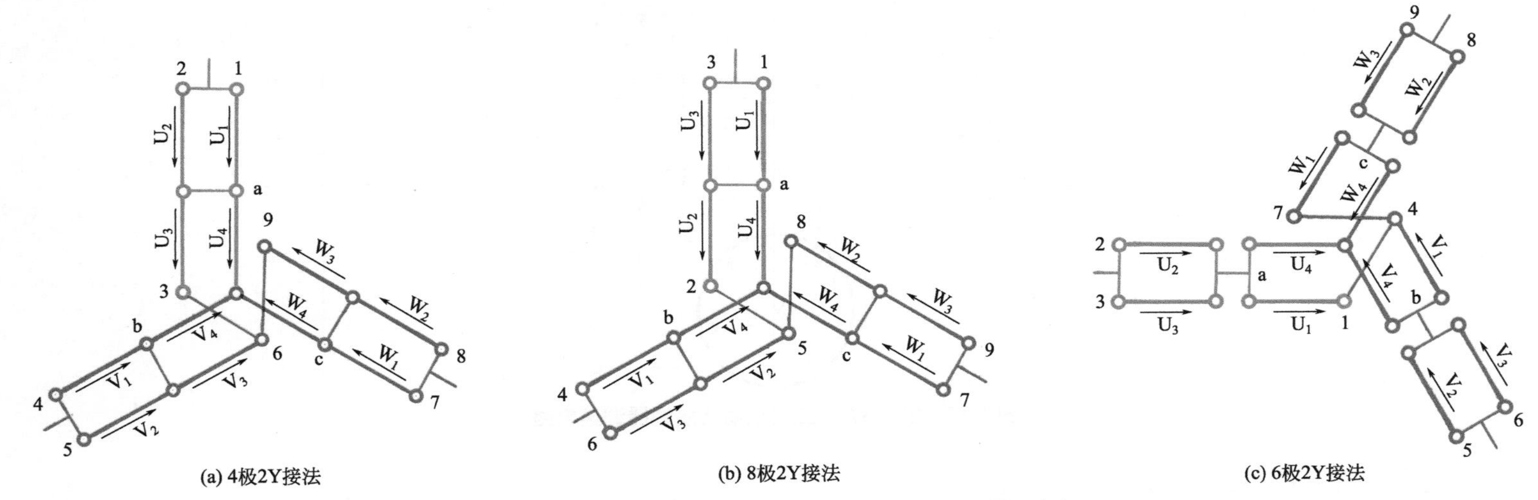

图1-81　2Y/2Y/2Y三速绕组8/6/4极变极接线及电流方向

3. 2Y/2Y/2Y三速的调速电路

图1-82所示是2Y/2Y/2Y三速的调速主电路。它由9台接触器控制，其中KM_{80}、KM_{60}、KM_{40}是星点连接，如果电动机功率不大时可用中间继电器代替。启动时先合上电源QS，然后同步闭合低速（8极）接触器KM_{80}、KM_{81}、KM_{82}，则电动机按低速启动、运行。要转到中速挡之前应停掉8极接触器，然后再同步闭合KM_{60}、KM_{61}、KM_{62}，则电动机提速到中速（6极）运行。如需要进一步加速，同样要先停掉中速接触器，再同步闭合KM_{40}、KM_{41}、KM_{42}，这时电动机就转换到高速（4极）运行。

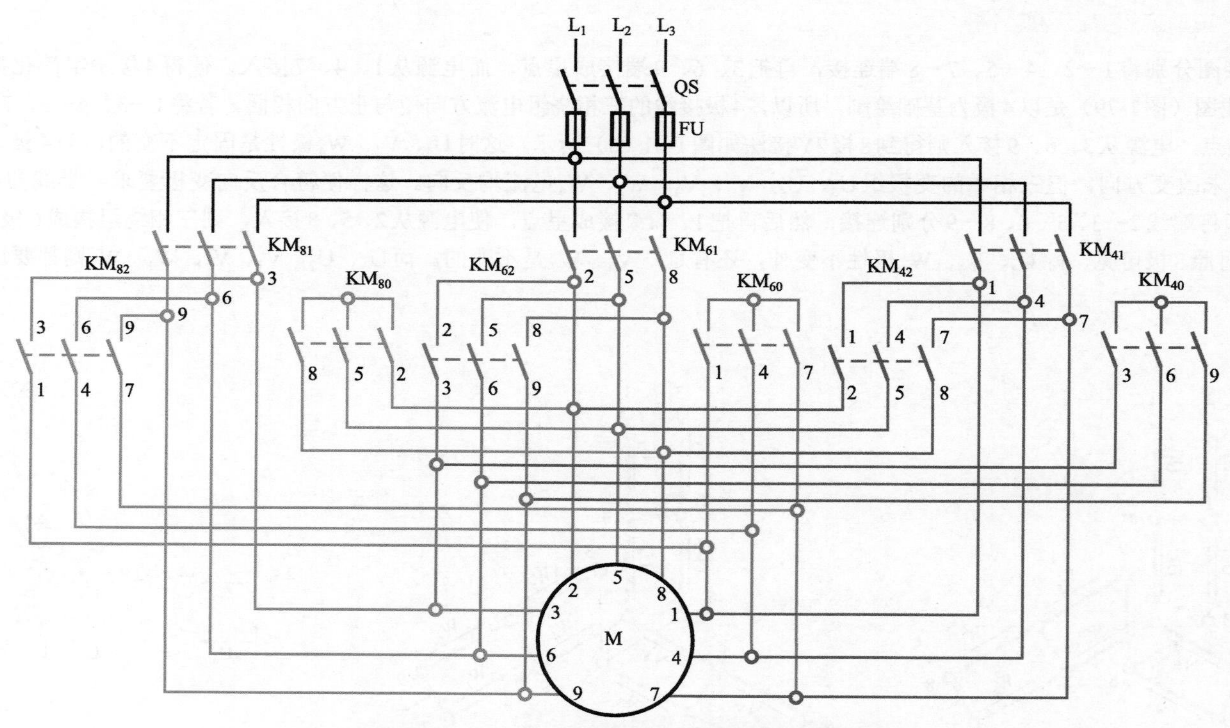

图1-82　2Y/2Y/2Y三速电动机接触器调速电路

二、三速绕组双节距变极2Y/2△/2△接法

2Y/2△/2△三速接法有反向变极和换相变极两种型式，这里介绍的是反向变极三速，它的布线又分双层叠式和双节距布线两种，但其接线和极数变换过程则是一样的。

1. 2Y/2△/2△接法三速绕组简化接线图

这种接法既用于倍极比8/4/2极三速，也用于非倍极比8/6/4极三速。2Y/2△/2△接法反向变极时，采用双层叠式布线时应用于8/6/4极，如是双节距布线则应用于8/4/2极三速，引出线均为9根，绕组简化接线图及其正方向如图1-83所示。由于此接法有两种极数规格，故简化图中绕组极数用“D”代表多极数；“Z”代表中速极数；“S”代表少极数。三速变极的简化接线图以少极数为基准。图1-83（a）是三速接线变换端接图；图1-83（b）是三速绕组简化接线示意图及其电流正方向。此外，简化图中相号上方的“O”代表该组线圈是小节距线圈（即y=6），其余节距y=12。

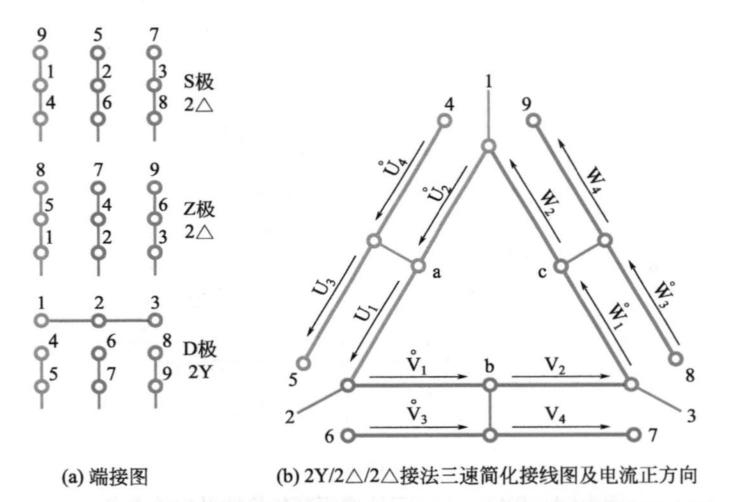

(a) 端接图　　(b) 2Y/2△/2△接法三速简化接线图及电流正方向

图1-83　2Y/2△/2△接法（双节距变极）三速绕组简化接线示意图

2. 2Y/2△/2△三速绕组变极切换分析

将图1-83按少（S）极数端子连接，即把1、4、9，2、5、6，3、7、8分别连接，电源从1、2、3接入便得到少（S）极数接线如图1-84（a）所示。将图与简化接线图对比可见，少极数时的电流方向与正方向是相同的。如果再把1、5、8，2、4、7，3、6、9分别连接，便得到中（Z）速极数2△接法如图1-84（b）所示。这时实际上就是把外三角的4与5，6与7，8与9调换一下，即将U_3、U_4，V_3、V_4，W_3、W_4换位反向，而内三角则不作任何改变。这时对照图1-84（a），也是一半线圈改变了电流方向，符合反向变极的特征。如果需要进一步提速，则如图1-83（a）D极的端子4与5，6与7，8与9分别连接起来，再把1、2、3连成星点，则简化接线如图1-84（c）所示，构成2Y的多（D）极数接线。

3. 2Y/2△/2△三速的调速电路

2Y/2△/2△反向变极调速主电路由10台接触器组成，其中KM_D、KM_Z、KM_S是低、中、高速电源接触器。接触器KM_{Z1}和KM_{S1}分别由2台（三极）接触器组合而成，操作时并列运行。调速主电路如图1-85所示。启动时应先将电源QS合上，然后以低速挡（多极数）启动，这时，闭合低速电源接触器KM_D，同时同步闭合变换端接接触器KM_{D1}和星点接触器KM_{D0}，则三速电动机按低速启动、运行。若要变速至中速时要先将低速系统停掉，再闭合中速电源接触器KM_Z，这时将会同步闭合变极端接的组合接触器KM_{Z1}，则三速换接到中速挡运行。如需再提速，同样要断开KM_Z等中速系统，然后再换接到少极数系统，即闭合高速电源接触器KM_{S1}，然后同步闭合其他接触器，则三速电动机转换到高速挡运行。

三、三速绕组换相变极2Y/2△/2△接法

换相变极三速有两种结构类型，一种是三速中的三种极数都是采用换相变极；另一种是其中仅有一组双速采用换相变极。

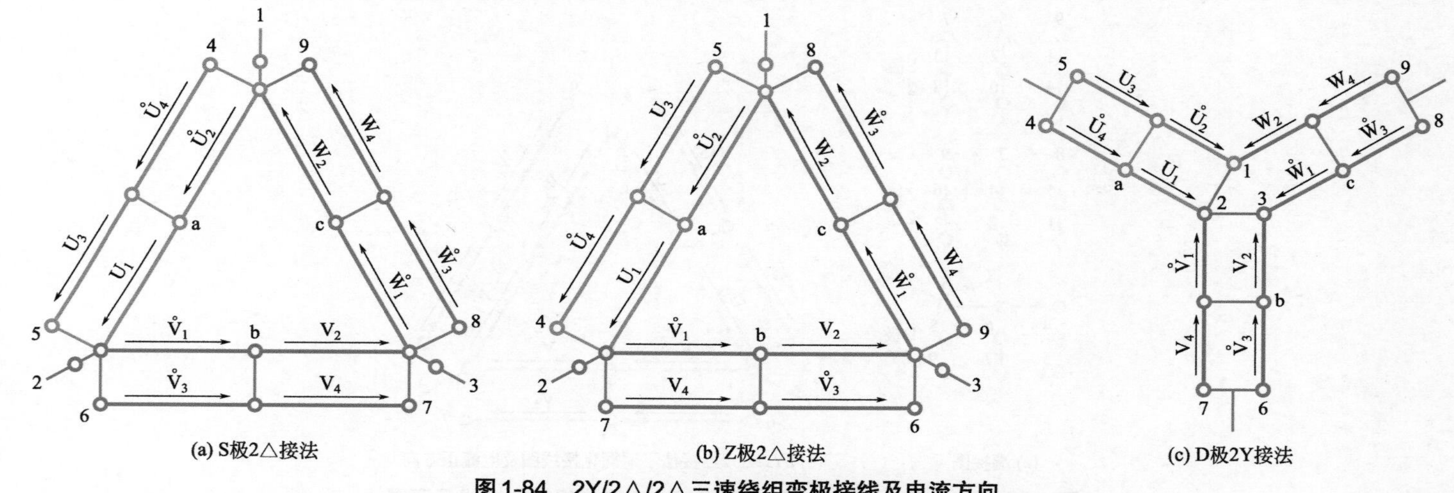

图 1-84　2Y/2△/2△三速绕组变极接线及电流方向

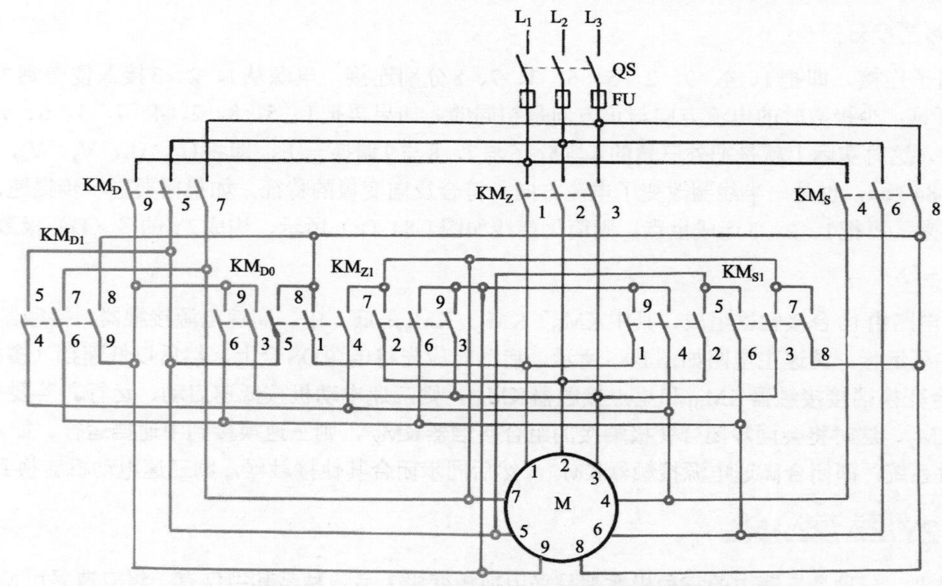

图 1-85　2Y/2△/2△（反向变极）三速电动机接触器调速电路

1. 2Y/2△/2△接法三速绕组简化接线图

2Y/2△/2△换相变极用于倍极比8/4/2极三速，其中4/2极是换相变极，而8极则由4极用反向法获得的庶极绕组。在国产系列中应用于JDO2-32-8/4/2、JDO2-51-8/4/2三速。此三速引出线12根，简化接线如图1-86所示。

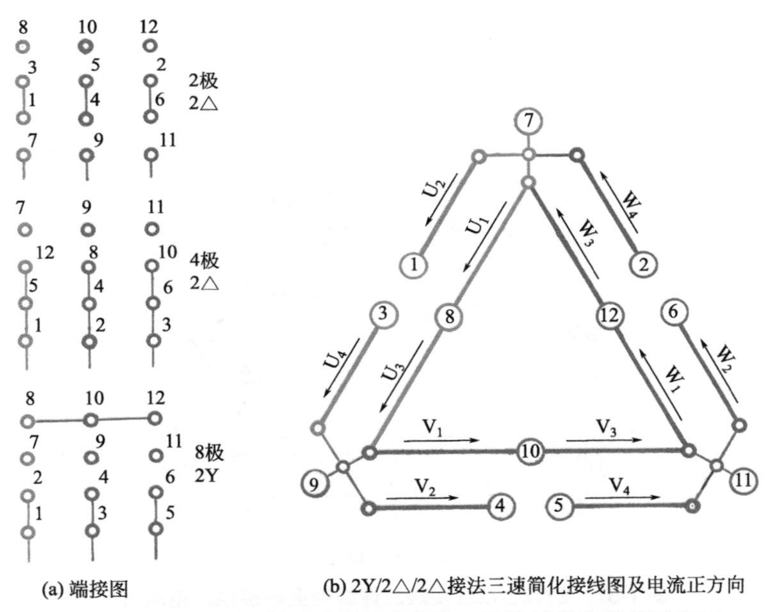

图1-86　2Y/2△/2△接法（换相变极）三速绕组简化接线示意图

2. 2Y/2△/2△三速绕组换相变极切换分析

根据端接图将简化接线图中的1—3、4—5、2—6连接，电源从7、9、11接入便得2极绕组接线如图1-87（a）所示。这时电流方向与正方向相同。

从2极变到4极用换相法，这时依4极端接图分别把1、5、12，2、4、8，3、6、10连接，便得2△接线的4极绕组如图1-87（b）所示。对照图1-87（a）可见，各变极组中，U_1、U_2，V_1、V_2，W_1、W_2没有变相，但其中U_1从⑦—⑧；V_1从⑨—⑩；W_1从⑪—⑫也没有改变方向，但U_2、V_2、W_2电流方向反了。其余变极组则分别换相，如原来2极时的W_3、W_4变到U相；U_3、U_4变成V相；V_3、V_4则变成W相，而且U_4、V_4、W_4变4极后还改变了方向。

由于换相变极后，4极依然是60°相带绕组，所以可用反向法使4极变到8极（庶极）。这时只要按端接图的1—2、3—4、5—6分别连接，再把星点8、10、12连接起来就构成二路星形（2Y）的8极绕组如图1-87（c）所示。若将其与4极绕组对照，它仍保持4极时各绕组的相属不变，但三相中的U_1、U_2，V_1、V_2，W_1、W_2既不变相也不反向，但U_3、U_4，V_3、V_4，W_3、W_4均改变了电流方向，即符合反向变极的特征。

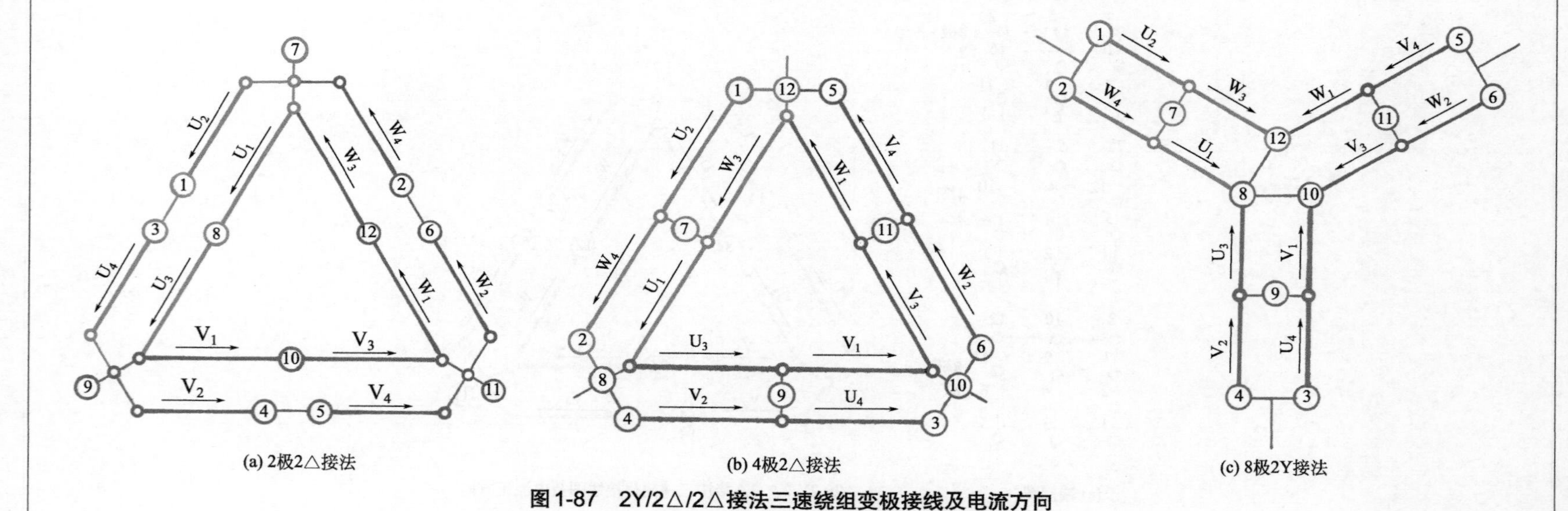

图1-87　2Y/2△/2△接法三速绕组变极接线及电流方向

3. 2Y/2△/2△换相变极三速的调速电路

2Y/2△/2△换相变极三速调速电路如图1-88所示。它由3台电源接触器KM_8、KM_4、KM_2和5台换接接触器组成。操作时先合上电源QS，在闭合8极电源KM_8的同时，同步闭合星点接触器KM_{80}和端接接触器KM_{81}，使1—2、3—4、5—6分别连通，则电动机低速（8极）启动、运行。

若需提中速，则应先断开8极电源及系统，然后闭合中速（4极）电源KM_4及端线改换接触器KM_{41}、KM_{42}，则电动机转换到4极运行。

如要再提速，同样得先停掉中速系统和电源，然后再同步闭合KM_2、KM_{21}，则电动机提速到2极运行。

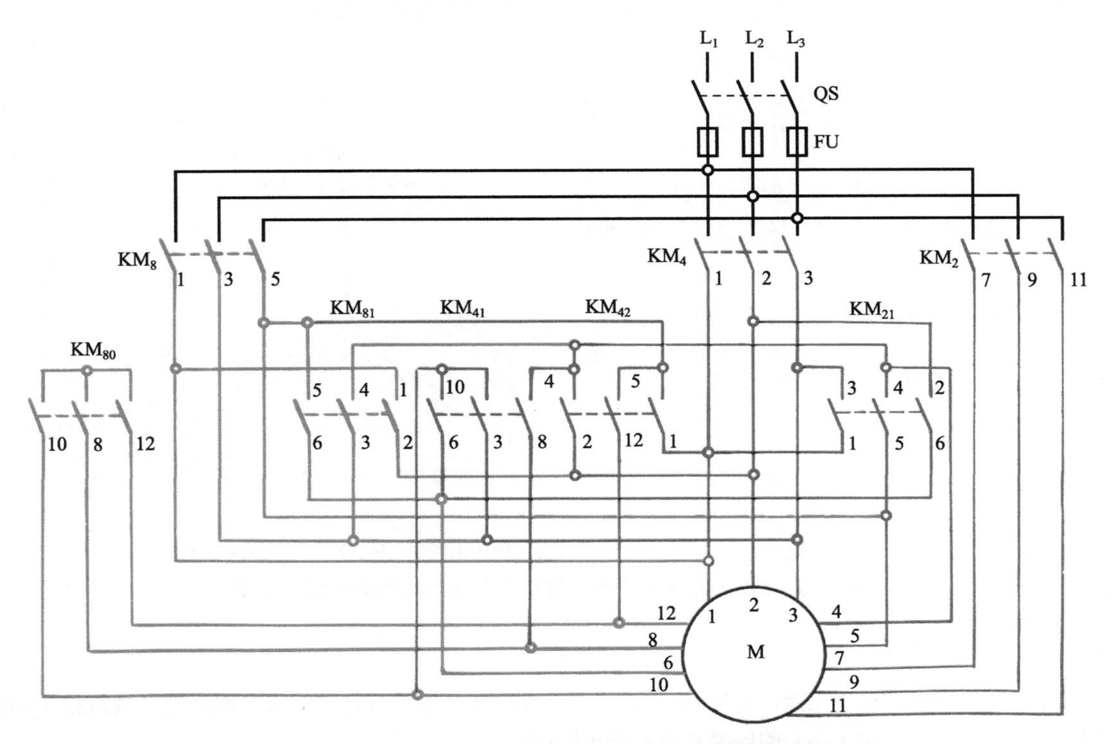

图1-88 2Y/2△/2△（换相变极）三速电动机接触器调速电路

四、三速绕组换相变极3Y/◬/◬接法

1. 3Y/◬/◬接法三速绕组简化接线图

这种接法用于6/4/2极三速，是全部采用换相变极的典型范例，在国产系列中应用于JDO2-41-6/4/2、JDO3-140S-6/4/2等。变极绕组引出线较多，有13根，三速绕组简化接线如图1-89所示。其基本形态是内星角形，图中箭头所示是电流正方向。

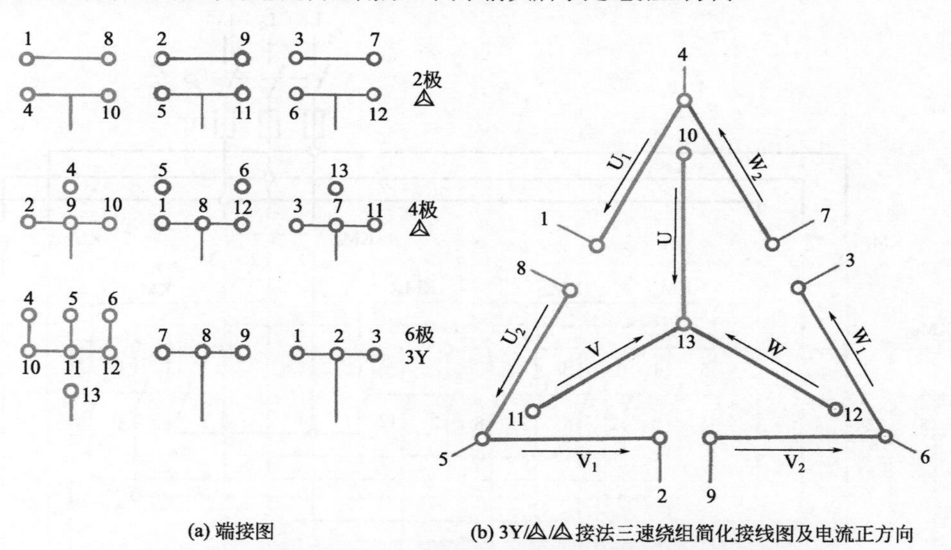

(a) 端接图　　(b) 3Y/◬/◬接法三速绕组简化接线图及电流正方向

图1-89　3Y/◬/◬接法（换相变极）三速绕组简化接线示意图

2. 3Y/◬/◬三速绕组换相变极分析

根据2极端接图，分别将1—8、2—9、3—7连接，再把10—4、11—5、12—6分别连接，并接入电源，便构成◬接法的2极绕组，如图1-90（a）所示。这时可见，2极绕组的电流方向与图1-89（b）的电流正方向是相同的。

4/2极是换相变极，而4极也是一路◬形，这时可按端接图把2—9—10、1—8—12、3—7—11分别连接后引入电源，则三相绕组变极及极性如图1-90（b）所示。这时，Y形部分的U相不变，而V与W变极组换相，但电流方向仍不变。△形部分原U_2和W_1没有变化，而原U_1和W_2分别变到V相，而且电流都反向；原V相则全部换相，其中V_1换到U相，V_2换到W相，而且方向也变反了。

6/4极也是换相变极，但6极变成三路星形（3Y）。这时按端接图将10—11—12接成星点，使原Y形部分三相绕组接成三路并联，作为6极绕组的U相，而电源从13接入，如图1-90（c）所示。这时U相由U、V、W并联而成，除原U不用变相而V、W都变成U相，而且三部分绕组都改变了

电流方向。而6极的V相由W_2、U_2、V_2组成，这时将7—8—9连接作为电源接入端，也使V相并为三路，而4、5、6则成为V相的星点。这时比较图1-90（b）可见，W_2没变相（对4极而言），U_2从U相变成V相，V_2则从4极时的W相变回V相；而且三个支路绕组都改变电流方向。至于6极的W相则由U_1、V_1、W_1组成，将端子1—2—3连接，使之成为三路并联，如图1-90（c）所示，而三个支路的另一端4、5、6是星点。这时也可见，W相中除W_1不变相，而U_1从原（4极）的V相变过来；V_1是原U相变来；但W相的三个支路绕组均不用反向。

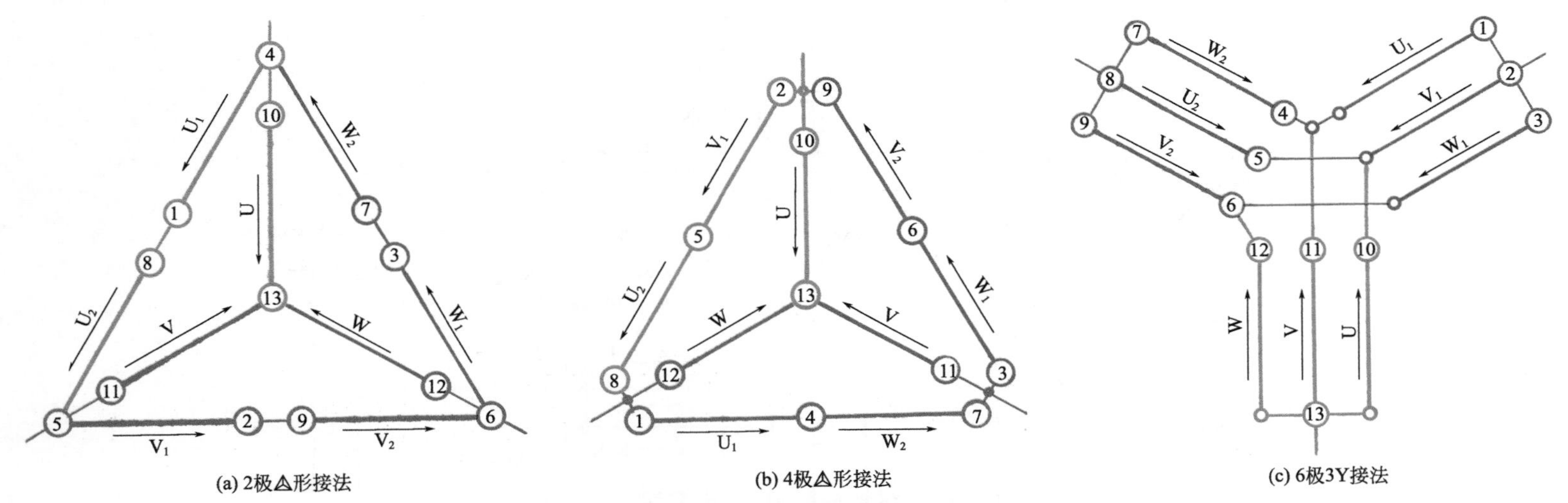

图1-90　3Y/△/△接法三速绕组变极接线及电流方向

3. 3Y/△/△换相变极三速的调速电路

3Y/△/△三速调速主电路如图1-91所示。线路由10台接触器组成，其中KM_6、KM_4、KM_2是三速电源接触器，其余归属于三速的端子变极换接接触器。因接触器过多而图幅宽度所限，无法如前面那样将图横向展开，所以把6极三台接触器竖置，再把2极和4极接触器叠置安排；另外由于线条过密，所以又将部分相隔较远的同号线条进行简化处理，看图时使圈内号码相同者相接即可。

调速启动仍以低速开始，即启动时先合上电源QS，然后同期闭合6极的全部接触器KM_6、KM_{61}、KM_{62}、KM_{63}，即6极（低速）系统启动、运行。如果需提中速，则先断开6极系统，再同步闭合4极接触器KM_4、KM_{41}、KM_{42}，电动机便提速至4极运行。

若再加速，同样是先断开4极系统，然后同步闭合接触器KM_2、KM_{21}、KM_{22}，则电动机便运行于2极高速。

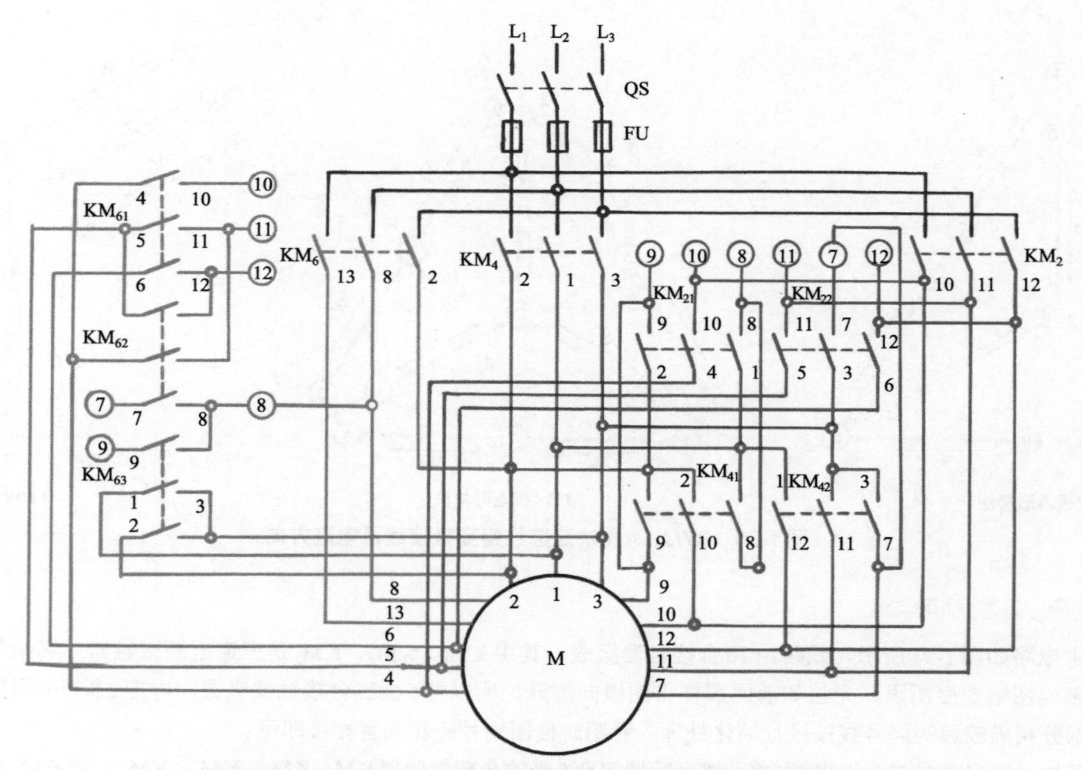

图 1-91　3Y/△/△（换相变极）三速电动机接触器调速电路

第七节 单相双速电动机绕组的变极接法

单相电动机的调速方式主要有两种，一是抽头调速；二是变极调速。抽头调速在家电中常见，主要用于转矩随转速降低而迅速减小的风扇类负载，如调速电风扇等。它的调速特点是：既方便又经济。但若负载极轻时，调速效果极差，甚至无法调速。所以它不适用于电风扇之外的负载。如果要求转速降低而电动机仍能输出较大转矩时，就得采用变极调速。

然而，由式$n \approx 60f/p$可知，交流电动机转速大致取决于绕组极（对）数，即改变电动机的磁极对数（p）就可改变电动机转速。而变极是可通过绕组的特殊设计，再通过改变外部接线（如串联、并联），把一相绕组中部分线圈的极性（电流方向）改变来实现的。单相电动机的变极主要采用反向法，即改变部分线圈的电流方向，进而改变绕组极数的方法。但是，变极调速既有优点也有缺点，下面就是单相变极电动机变极调速的特点：

① 变极调速是用一套变极绕组通过外部引出端的改接来获得两种极数的转速，其调速方便有效；

② 变极调速只能改变电动机的极数来改变转速，所以只能按极数变速，而无法得到平滑均匀的调速；

③ 单相变极绕组主要是倍极比调速，按理也可设计成非倍极比双速；但因技术掌握不够成熟，故本书放弃收入非倍极比双速；

④ 变极调速较之抽头调速具有机械特性硬、效率高等优点，而且可根据负载特性而选用恒转矩或恒功率的调速特性；

⑤ 变极绕组一般只适用于笼型转子的异步电动机。

单相变极双速电动机绕组图用双色绘制，其中主绕组为红色，副绕组用绿色；而粗线条代表线把（绕组、线圈），细线条代表绕组或线圈的连接线及引出线。

一、单相反向变极1/1-L接法

1. 1/1-L接法双速绕组简化接线图

单相1/1-L接法属反向法变极，可用于4/2极双速，两种极数均是1路L形接线。双速绕组简化接线如图1-92所示。其中图1-92（a）是转换变极的端接图；图1-92（b）是4/2极的简化接线示意图及电流正方向。

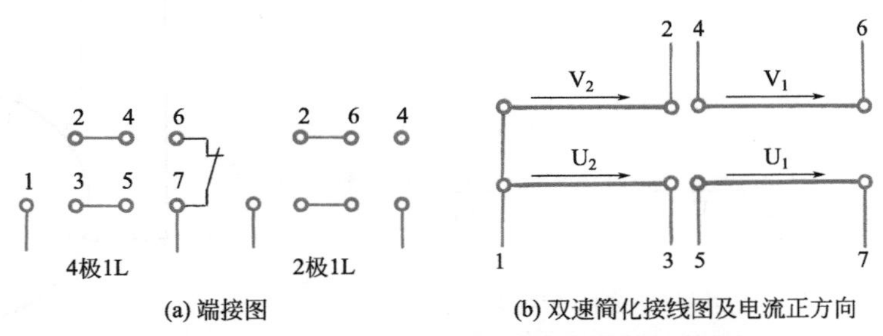

图1-92 单相1/1-L接法双速绕组简化接线示意图

2. 1/1-L双速绕组变极切换分析

如将简化接线图主绕组（红色）水平横置，再把副绕组（绿色）竖起，按图1-92（a）将端子3与5、2与4分别连接，电源从1、7进入，则4极绕组如图1-93（a）所示。由图可见，这时的4极绕组构成典型的“L”形，而且电流方向不变（即与电流正方向相同）。若换接到2极时，则依端接图将电源改接到1、5，并把2与6、3与7分别连接，便如图1-93（b）所示，2极绕组也构成1路L形。但这时U_1和V_1的线圈电流反向了，即如图1-93所示，原来U_1是从5流向7，现在是从7流向5；同样副绕组V_1也反向了。

3. 1/1-L双速的调速电路

1/1-L双速引出线7根，本书仅收入1例，是启动型双速，调速电路需用3台接触器，但考虑单相双速功率较小，对启动开关的接入用中间继电器KA_4代替。其调速控制主电路如图1-94所示。启动时先合上电源开关QS，这时电源N线直接接入电动机端子1，随即闭合4极接触器KM_4，在接通电源端子7及连接端子2—4、3—5使主绕组通电的同时，也将KA_4闭合，双速电动机自带的启动开关KR把副绕组电源同时接入，则电动机按低速（4极）启动。当转速达到整定值时KR自动断开，电动机由主绕组进入4极运行。若要提速则必须在断开KM_4的同时闭合KM_2接触器，使电源换接到端子5，再连通端子2—6、3—5，则电动机进入高速（2极）运行。

这种线路设计是只能低速启动，再过渡到高速运行，所以高速时副绕组一直不参与工作。

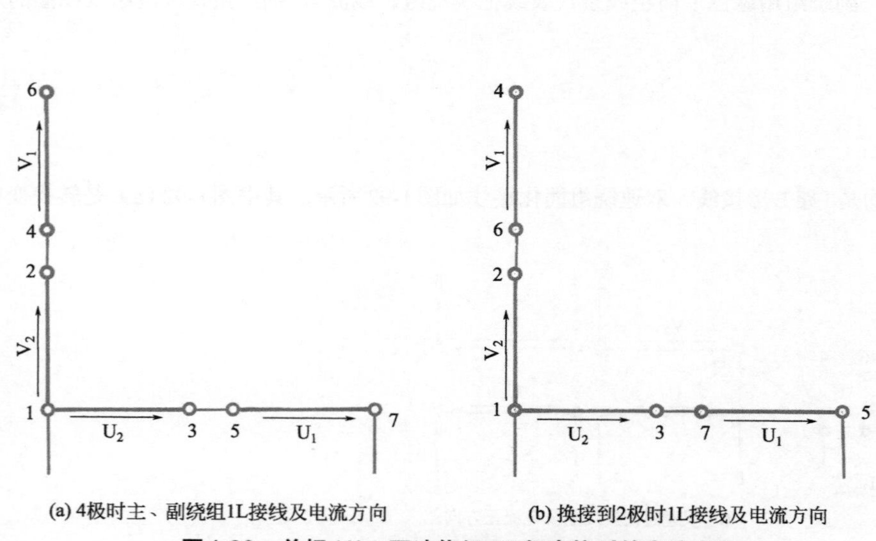

(a) 4极时主、副绕组1L接线及电流方向　　(b) 换接到2极时1L接线及电流方向

图1-93　单相1/1-L双速绕组4/2极变换时的电流方向

图1-94　单相1/1-L（启动型）双速电动机接触器调速电路

二、单相反向变极1/2-L1（单电容）接法

1. 1/2-L1接法双速引出线6根

本接法是笔者早年设计的反向法变极，用于运行型倍极比双速，其特点是两种极数使用同一只电容器。双速绕组简化接线如图1-95所示。其中图1-95（a）是双速变换接线的端接图；图1-95（b）是简化接线示意图及多（D）极数时的电流正方向。

其实，本接法同样适用于启动型，只不过本书并未收入启动型双速绕组。如用于启动型时，只需把电容器换成双速电动机自带的启动开关即可。

2. 1/2-L1双速的变极切换分析

如果将上图的主绕组（红色）横置画出，再把副绕组（绿色）竖于左侧，然后连接端子2—1如图1-96（a）所示，单相电源从端1和5接入，即构成双速绕组多（D）极数的简化接线图。这时可见，主、副绕组的变极组的电流方向应与电流正方向相同。如果换接到少（S）极数时，连接端子4—3，再连接1—5、2—6，使主绕组和副绕组分别构成二路并联，然后电源改由3和5接入，便构成2L接法如图1-96（b）所示。这时，对照图1-96（a）可见，变极后U_1和V_1段的电流方向已改变。

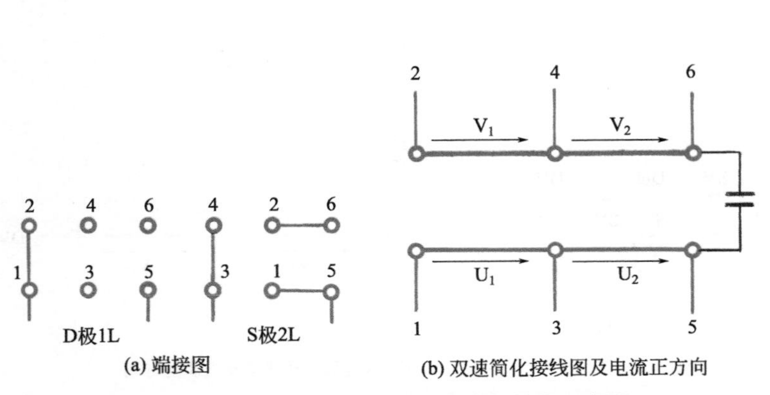

图1-95 单相1/2-L1接法双速绕组简化接线示意图

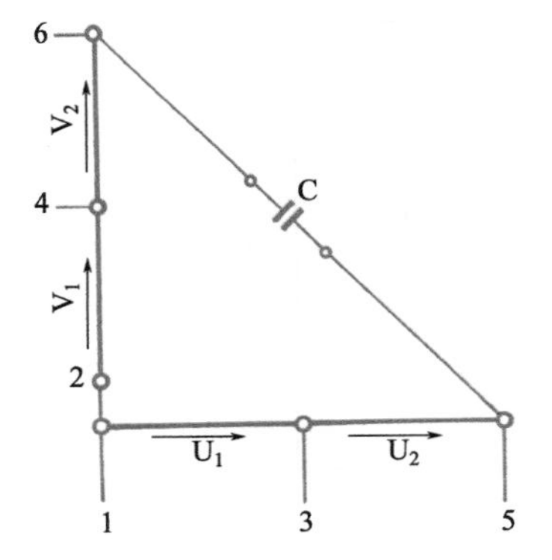

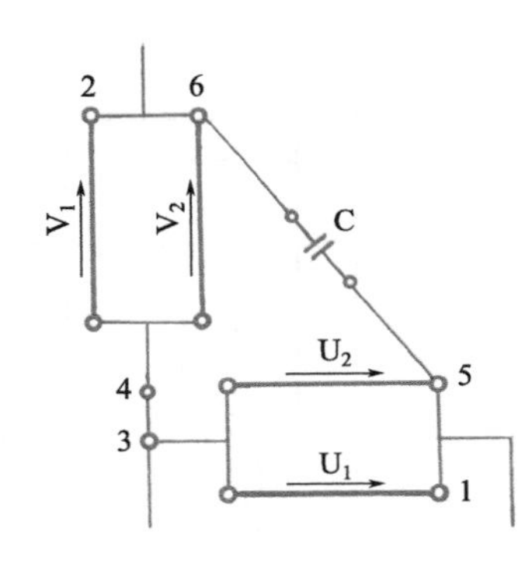

图1-96 单相1/2-L1双速绕组D/S极变换时的电流方向

3. 1/2-L1（单电容）双速的调速电路

1/2-L1单电容双速调速电路如图1-97所示。主电路切换仅用2只接触器，但少（S）极数接触器KM_S需要4对触头的，如果运行型电动机功率不大的话可选用中间继电器代替；若电流较大就要选用2只接触器并联运行了。操作时先合上电源开关QS，这时双速电动机的引出端直接接通，启动时再闭合KM_D，则副绕组端子2与1连通，同时另一电源端子5也被接通则电动机按多（D）极数启动、运行。如需提速则在断开KM_D的同时闭合少（S）极数接触器KM_S，将1—5、2—6、3—4分别连接，则另一对触头接通电源端子3，电动机便提速运行于少（S）极数。

三、单相反向变极1/2-L2（双电容）接法

1. 1/2-L2接法（双电容）双速绕组简化接线图

1/2-L2接法是笔者最近研发的变极方法，它也是串并联L形接法，不同的是它可以给两种极数的绕组配接合适的电容器，使两种极数下的运行特性能充分发挥。另外，本接法的引出线比上法也少1根。双速绕组简化接线如图1-98所示。它以副绕组（绿色）横置画出，再把主绕组（红色）于左侧竖起，从而构成“L”形示意。

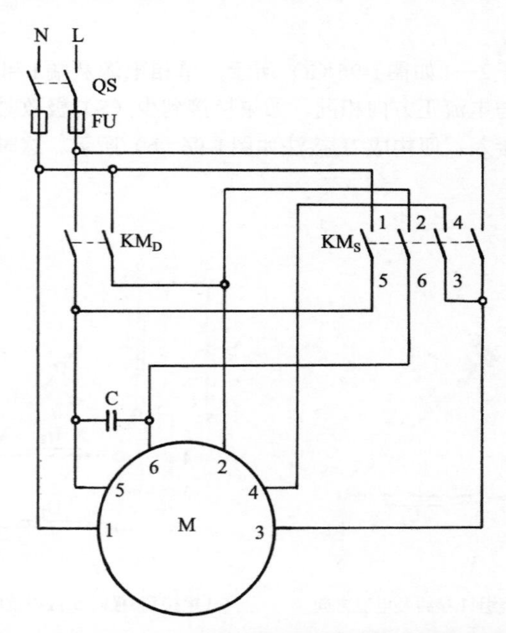

图1-97　单相1/2-L1（单电容）双速电动机接触器调速电路

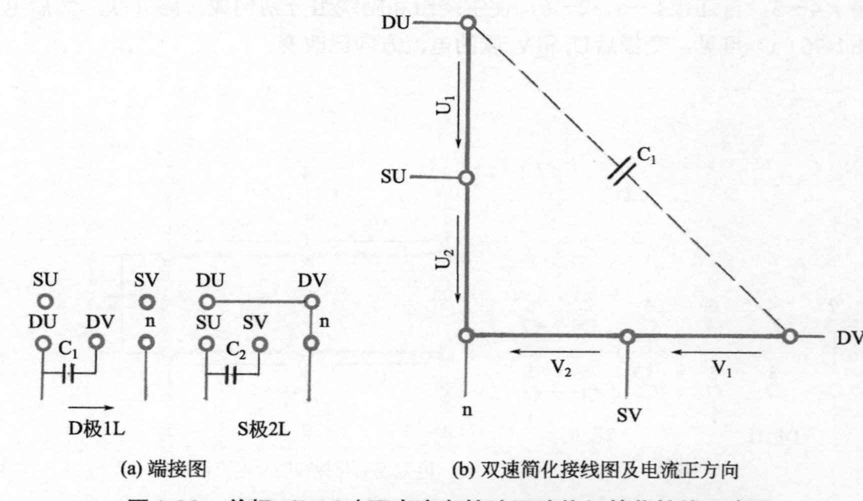

图1-98　单相1/2-L2（双电容）接法双速绕组简化接线示意图

其中图1-97（a）是双速变换的端接图，图1-97（b）是倍极比运行型双速绕组简化接线示意图。因此接法适用于倍极比，即可用于4/2极，也可用于8/4极，故引出端号用“D”代表多极数；“S”代表少极数。而图中箭头所指是电流正方向。

2. 1/2-L2双速绕组变极切换分析

由于简化接线图是以多（D）极数为基础画出的，所以它也是多（D）极数时的绕组接线图。这时接线如图1-98（a）左侧端子，即电容器C_1接在DU和DV两端，电源从DU、n接入；这时电流正方向即是多（D）极数时的电流方向。

如需转换到少（S）极数运行时，端接如图1-98（a）右侧，即将端子DU、DV、n连成一点，电容器C_2改接到SU、SV；这时主、副绕组各自构成二路并联（2L）接法，则双速变换到少（S）极数绕组接线图，如图1-99所示。由图可见，变极后U_1和V_1段的绕组极性变反了。

3. 1/2-L2（双电容）接法双速调速电路

1/2-L2（双电容）双速的调速电路如图1-100所示。它由2台接触器组成，其中一台要求是4副触头，如无合适接触器，而电容运转电动机容量又不大时，可用10A中间继电器代替；要是继电器电流不能满足就只能多加一台接触器与KM_S并联运行了。操作时先合上电源开关QS，再闭合接触器KM_D，电源接通后，电容器C_1也同时接上，电动机便多（D）极数启动、运行。若需加速则先断开KM_D，再闭合少（S）极数接触器KM_S，这时在接通电源的同时，把DU、DV、n三端子连通，而高速运转电容器C_2也接入后，双速电动机便按少（S）极数加速运行。

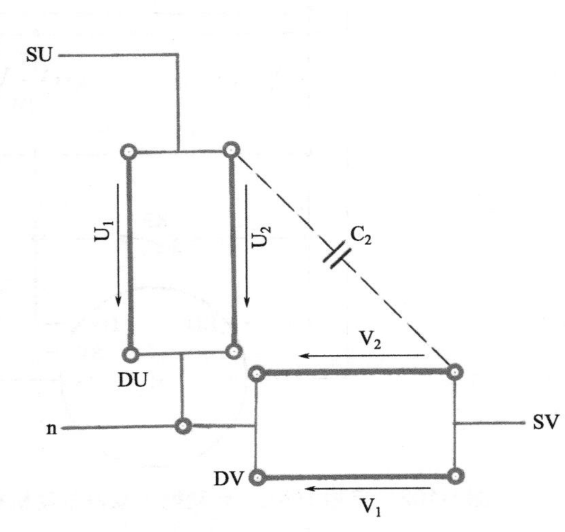

图1-99　1/2-L2双速绕组换接到S极时2L接线及电流方向

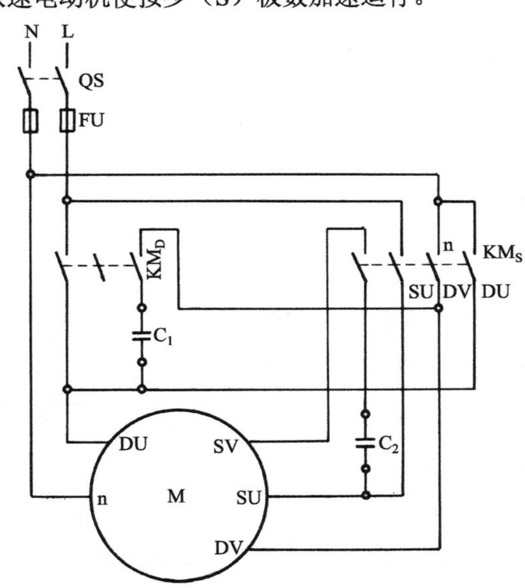

图1-100　单相1/2-L2（双电容）双速电动机接触器调速电路

四、单相反向变极1/2-L（启动型）接法

1. 1/2-L接法（启动型）双速绕组简化接线图及其变极切换

启动型双速绕组与1/2-L双电容接法基本相同，不同的仅是启动元件，即电容电动机启动用电容器，而启动型电动机改用启动自动开关（KR）。所以，将图1-98中的电容器改换成KR，便成为启动型双速绕组的简化接线图，如图1-101所示。

由于启动型双速变极切换过程与双电容接法相同，从D极切换到S极的接线图可参考图1-98。不同的只是取消了图中电容器C_2。至于具体的切换可参考前面叙述，这里就不予重复了。

2. 1/2-L（启动型）接法双速调速电路

1/2-L（启动型）双速的调速只用2台接触器，调速主电路如图1-102所示。启动时先合上电源开关QS接通电源端子n，再闭合多极数电源接触器KM_D，即另一电源端DU通电，这时启动开关触点是常闭的，它将副绕组接入电源后，电动机开始启动，当转速达到启动开关整定值时自动断开，使副绕组退出电路，电动机进入主绕组在低速挡单独运行。若要提速则先断开KM_D，与此同时闭合接触器KM_S。这样，主绕组便改接成二路并联（2L），即双速换接到高速运行。

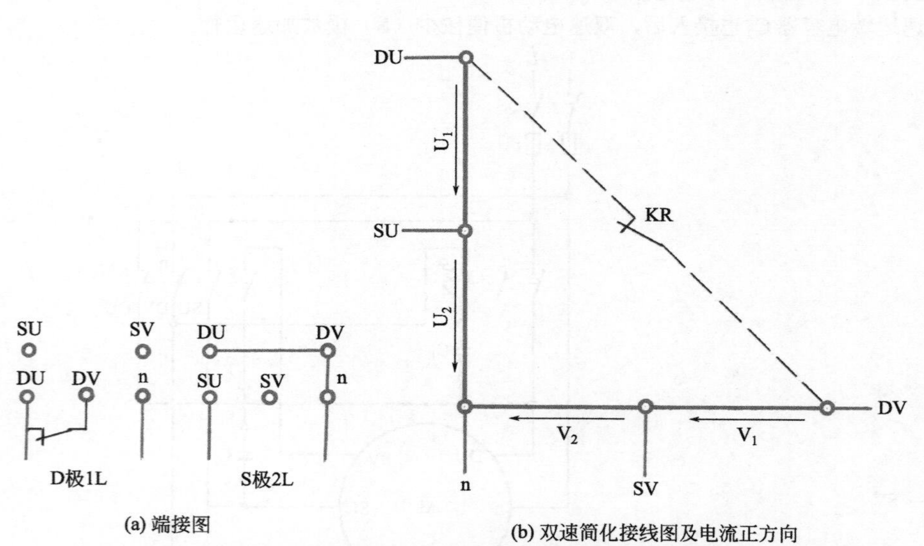

图1-101　单相1/2-L接法（启动型）双速绕组简化接线示意图

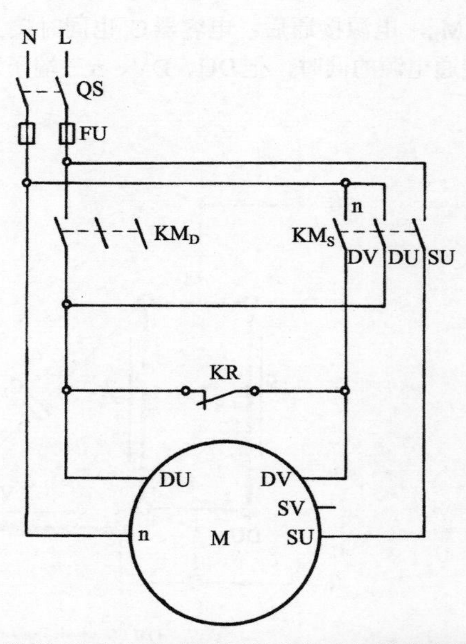

图1-102　单相1/2-L（启动型）双速电动机接触器调速电路

下面再说明一点，由于电动机转矩与转速成反比，即转速低时转矩较大。所以，双速电动机通常都采用转矩大的低速挡启动。本调速电路也缘于此设计，因此不能在高速挡启动。

第二章 双速电动机 4/2 极绕组端面布接线图

本章收入各种槽数规格的4/2极倍极比双速绕组，是单绕组双速最先出现和使用的变极电动机。由于4/2极在双速中属高转速电动机，故多在小功率电动机中应用，不过随着发展，现在功率较大的72槽电动机中也有采用4/2极双速。目前4/2极变速已用于24、36、48、60及72等定子槽数。4/2极的变极方式除△/2Y、Y/2Y、2△/4Y、2Y/2Y等反向变极接法外，还采用◬/◬、△/△等换相变极接法；此外，还有近年才出现的2Y/△和2Y/Y等反常规的接法。

本章共收入4/2极双速绕组23例。下面以槽数为序编排4/2极双速绕组。

第一节 4/2 极 24（18）槽倍极比双速绕组

本节是4/2极双速24（含18）槽规格电动机绕组，其中采用反向变极△/2Y接法3例，2Y/2Y接法2例；采用换相变极△/△接法1例。共计双速绕组6例。下面是收入本节4/2极双速电动机绕组简化接线图及其端面布接线图。

一、4/2极24槽（y=6）△/2Y接法双速绕组

1.绕组结构参数

定子槽数	Z=24	双速极数	$2p$=4/2
总线圈数	Q=24	变极接法	△/2Y
线圈组数	u=6	每组圈数	S=4
每槽电角	α=30°/15°	线圈节距	y=6
绕组极距	τ=6/12	极相槽数	q=2/4
分布系数	K_{d4}=0.83		K_{d2}=0.96
节距系数	K_{p4}=1.0		K_{p2}=0.707
绕组系数	K_{dp4}=0.83		K_{dp2}=0.68
出线根数	c=6		

2.绕组布接线特点

本例是倍极比正规分布方案，采用△/2Y变极接法，以2极为基准排出，反向法获得4极。双速由6组线圈组成，每组4个连绕线圈，故具有线圈组数少、接线简便等优点、变极时具有反转向可变矩特性。主要应用于YD-90S-4/2等。

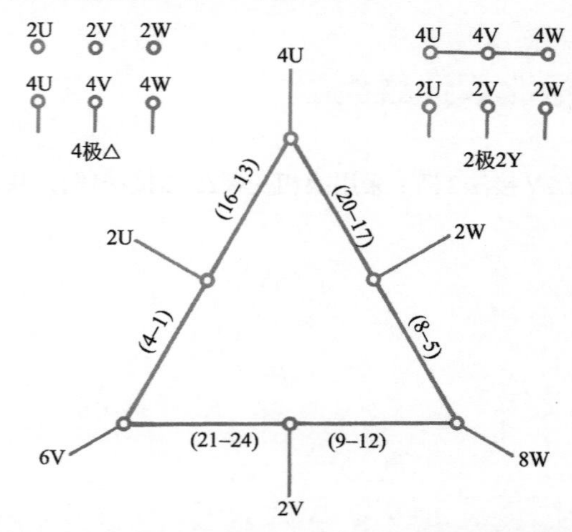

图2-1（a） 4/2极24槽（y=6）△/2Y双速简化接线图

3.双速变极接法与简化接线图

本例采用△/2Y变极接法，即4极时三相绕组接为△形，而2Y接线时是2极。变极绕组简化接线图如图2-1（a）所示。

4. 4/2极双速△/2Y绕组端面布接线图

本绕组是双层叠式布线，端面布接线如图2-1（b）所示。

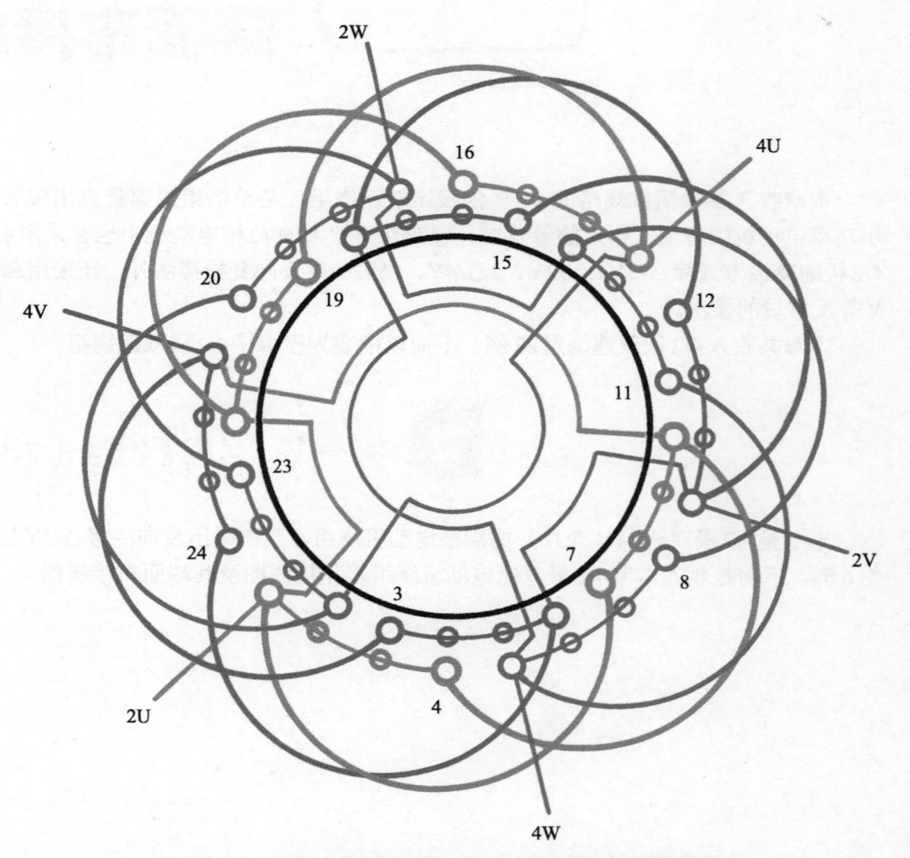

图2-1（b） 4/2极24槽(y=6)△/2Y接法双速绕组

二、4/2极24槽（y=6）2Y/2Y接法双速绕组

1.绕组结构参数

定子槽数	Z=24	双速极数	$2p$=4/2
总线圈数	Q=24	变极接法	2Y/2Y
线圈组数	u=6	每组圈数	S=4
每槽电角	α=30°/15°	线圈节距	y=6
绕组极距	τ=6/12	极相槽数	q=2/4
分布系数	K_{d4}=0.83	K_{d2}=0.96	
节距系数	K_{p4}=1.0	K_{p2}=0.707	
绕组系数	K_{dp4}=0.83	K_{dp2}=0.68	
出线根数	c=9		

2.绕组布接线特点

本例是倍极比双速绕组，2极是60°相带绕组，以2极为基准，用反向法取得4极，两种极数采用反转向方案；绕组变极排列方案同上例，但接线采用2Y/2Y变极，实际输出功率比P_4/P_2=1.22，转矩比T_4/T_2=2.44。此绕组在国产系列中无应用，仅供改绕参考。

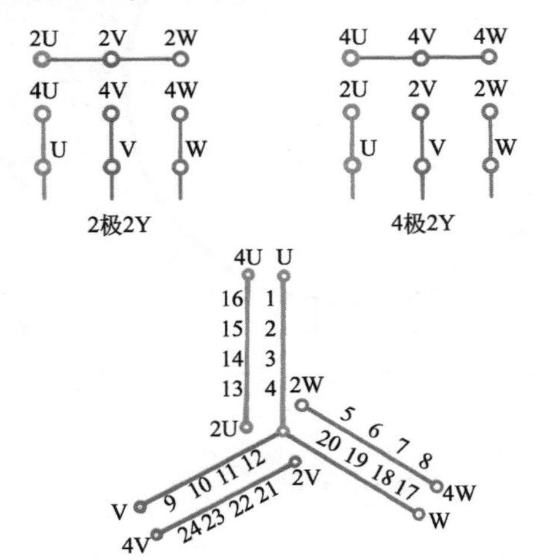

图2-2（a） 4/2极24槽2Y/2Y双速简化接线图

3.双速变极接法与简化接线图

本例采用2Y/2Y变极接法，即4极和2极都是2Y接法。变极绕组简化接线图如图2-2（a）所示。

4. 4/2极双速2Y/2Y绕组端面布接线图

本例是双层叠式布线，其绕组端面布接线如图2-2（b）所示。

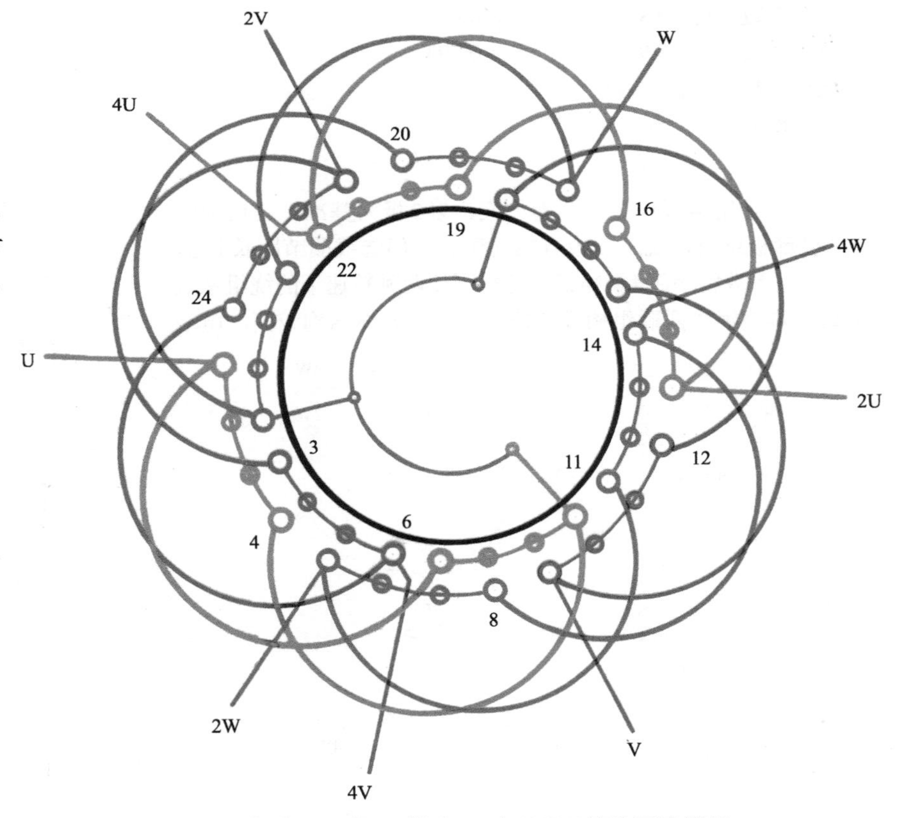

图2-2（b） 4/2极24槽（y=6）2Y/2Y接法双速绕组

三、4/2极24槽（y=7）△/2Y接法双速绕组

1. 绕组结构参数

定子槽数	Z=24	双速极数	$2p$=4/2
总线圈数	Q=24	变极接法	△/2Y
线圈组数	u=6	每组圈数	S=4
每槽电角	α=30°/15°	线圈节距	y=7
绕组极距	τ=6/12	极相槽数	q=2/4
分布系数	K_{d4}=0.83	K_{d2}=0.96	
节距系数	K_{p4}=0.966	K_{p2}=0.793	
绕组系数	K_{dp4}=0.802	K_{dp2}=0.76	
出线根数	c=6		

2. 绕组布接线特点

本绕组采用倍极比正规分布方案，以2极为基准，用反向法排出4极庶极绕组，绕组变极方案同例一，但选线圈节距长1槽，故2极节距系数稍增而4极略减，这样可使两种转速下的绕组系数较接近。本绕组由四联组构成，每相两组，整体结构较简。电动机适用于可变转矩输出的负载。转矩比T_4/T_2=1.82，功率比P_4/P_2=0.913。主要应用实例有YD802-4/2等。

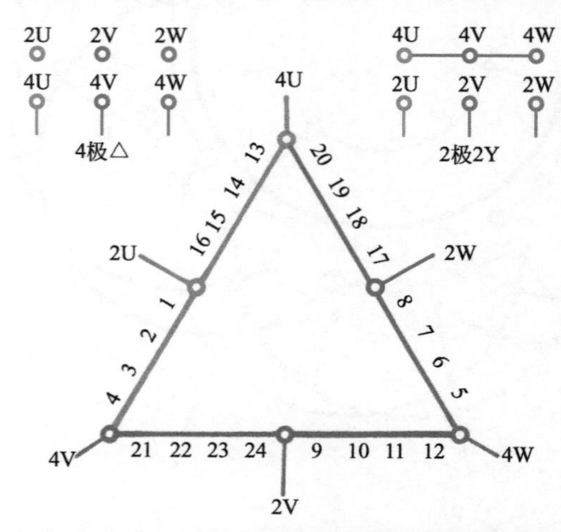

图2-3（a） 4/2极24槽△/2Y双速简化接线图

3. 双速变极接法与简化接线图

本例双速绕组采用△/2Y变极接法，即4极时三相接成△形，2极时改接为2Y。变极绕组简化接线如图2-3（a）所示。

4. 4/2极双速△/2Y绕组端面布接线图

本双速绕组采用双层叠式布线，端面布接线如图2-3（b）所示。

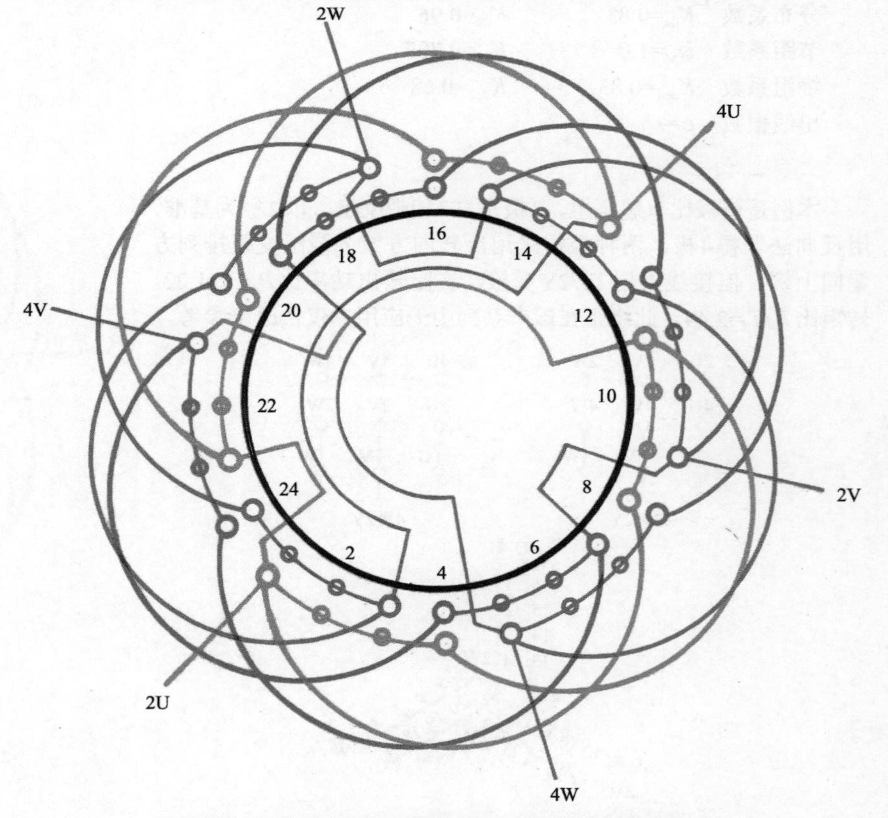

图2-3（b） 4/2极24槽(y=7)△/2Y接法双速绕组

四、4/2极24槽（y=7）2Y/2Y接法双速绕组

1. 绕组结构参数

定子槽数	Z=24	双速极数	$2p$=4/2
总线圈数	Q=24	变极接法	2Y/2Y
线圈组数	u=6	每组圈数	S=4
每槽电角	α=30°/15°	线圈节距	y=7
绕组极距	τ=6/12	极相槽数	q=2/4
分布系数	K_{d4}=0.83		K_{d2}=0.96
节距系数	K_{p4}=0.966		K_{p2}=0.79
绕组系数	K_{dp4}=0.802		K_{dp2}=0.76
出线根数	c=9		

2. 绕组布接线特点

本例是倍极比正规分布双速绕组，2极为基准极，属60°相带绕组，反向获取4极庶极绕组。本例取线圈节距y=7，较之例二使2极的绕组系数略有提高，从而使两种转速下的绕组系数接近，进而使双速的出力趋于均匀。绕组接法属于恒功输出，实际输出比P_4/P_2=1.06，转矩比T_4/T_2=2.11。由于小容量电机变极需出线9根，增加了控制的难度，故应用较少。

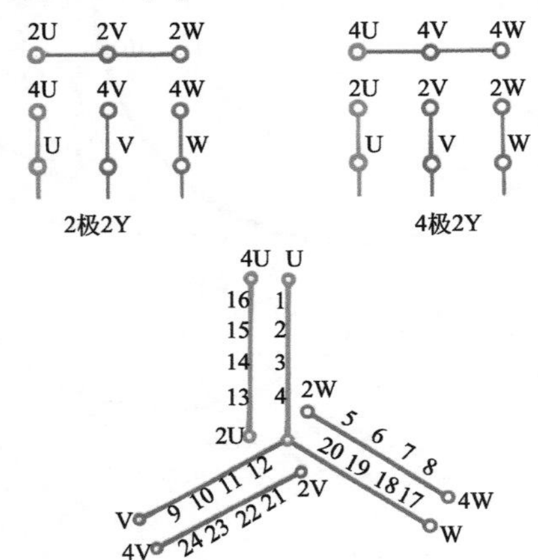

图2-4（a） 4/2极24槽2Y/2Y双速简化接线图

3. 双速变极接法与简化接线图

本例采用2Y/2Y变极接法，即4极和2极都是2Y接线，故出线9根。变极绕组简化接线如图2-4（a）所示。

4. 4/2极双速2Y/2Y绕组端面布接线图

本例是双层叠式布线，端面布接线如图2-4（b）所示。

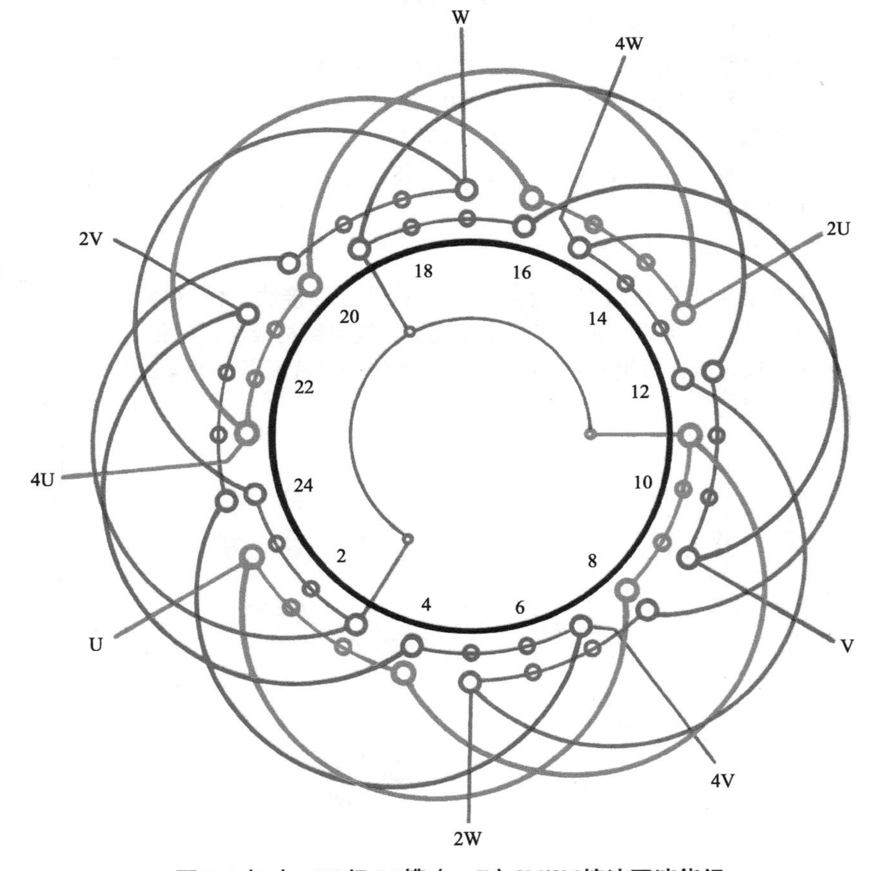

图2-4（b） 4/2极24槽（y=7）2Y/2Y接法双速绕组

五、* 4/2极24槽（y=7）△/△接法（换相变极）双速绕组

1.绕组结构参数

定子槽数	Z=24	双速极数	$2p$=4/2
总线圈数	Q=24	变极接法	△/△
线圈组数	u=4	每组圈数	S=4
每槽电角	α=30°/15°	线圈节距	y=7
绕组极距	τ=6/12	极相槽数	q=2/4
分布系数	K_{d4}=0.837		K_{d2}=0.829
节距系数	K_{p4}=0.966		K_{p2}=0.793
绕组系数	K_{dp4}=0.808		K_{dp2}=0.658
出线根数	c=6		

2.绕组布接线特点

本例绕组是倍极比双速绕组，变极采用△/△接法，4极和2极都是一路角形接线，属不规则换相变极，绕组结构较简，每相由两组线圈组成，每组有4只连绕线圈。本例是笔者根据36槽4/2极修理资料展伸而设计，供读者参考。

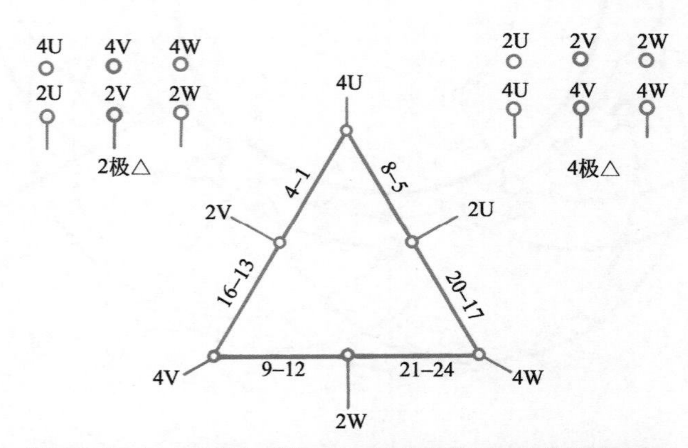

图2-5（a） 4/2极24槽△/△(换相变极)双速简化接线图

3.双速变极接法与简化接线图

本例是换相变极，采用△/△变极接法，即两种极数均为△形接线。变极绕组简化接线如图2-5（a）所示。

4. 4/2极双速△/△绕组端面布接线图

本例采用双层叠式布线，端面布接线如图2-5（b）所示。

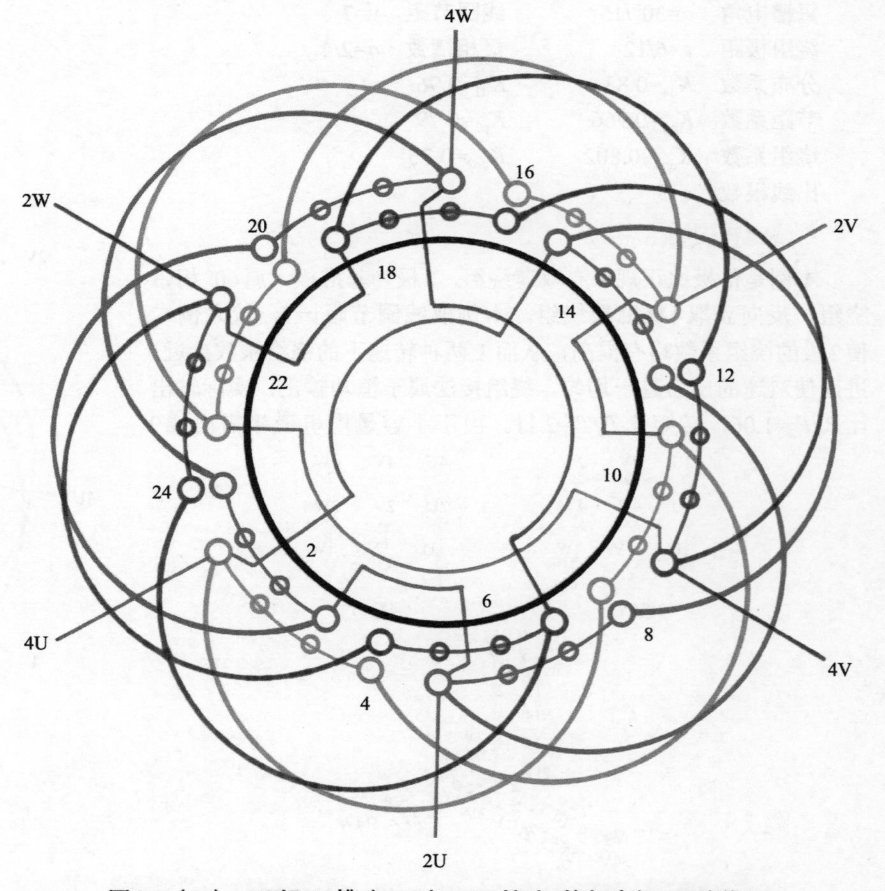

图2-5（b） 4/2极24槽（y=7）△/△接法(换相变极)双速绕组

六、4/2极24槽（y=7）△/2Y接法（单层布线）双速绕组

1.绕组结构参数

定子槽数	Z=24	双速极数	$2p$=4/2
总线圈数	Q=12	变极接法	△/2Y
线圈组数	u=6	每组圈数	S=2
每槽电角	α=30°/15°	线圈节距	y=7
绕组极距	τ=6/12	极相槽数	q=2/4
分布系数	K_{d4}=0.808	K_{d2}=0.766	
节距系数	K_{p4}=0.966	K_{p2}=0.79	
绕组系数	K_{dp4}=0.78	K_{dp2}=0.605	
出线根数	c=6		

2.绕组布接线特点

本例是倍极比正规分布反向变极双速绕组，变极接法是△/2Y，采用单层布线。每相由两个变极组构成，每变极组由一组隔槽串联的双圈组组成。此绕组具有线圈组少，而嵌接线较方便的优点，但隔槽安排线圈，使之绕组系数降低。

3.双速变极接法与简化接线图

本例采用△/2Y变极接法，4极时三相绕组接成△形，2极则换接为2Y。变极绕组简化接线如图2-6（a）所示。

4. 4/2极双速△/2Y绕组端面布接线图

本例采用单层隔槽叠式布线，端面布接线如图2-6（b）所示。

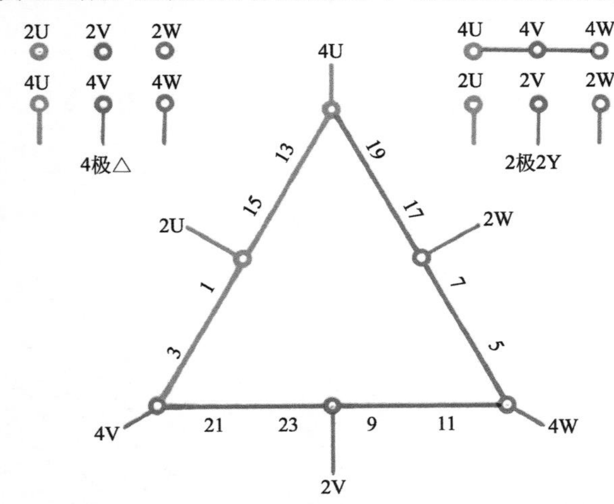

图2-6（a） 4/2极24槽△/2Y双速简化接线图

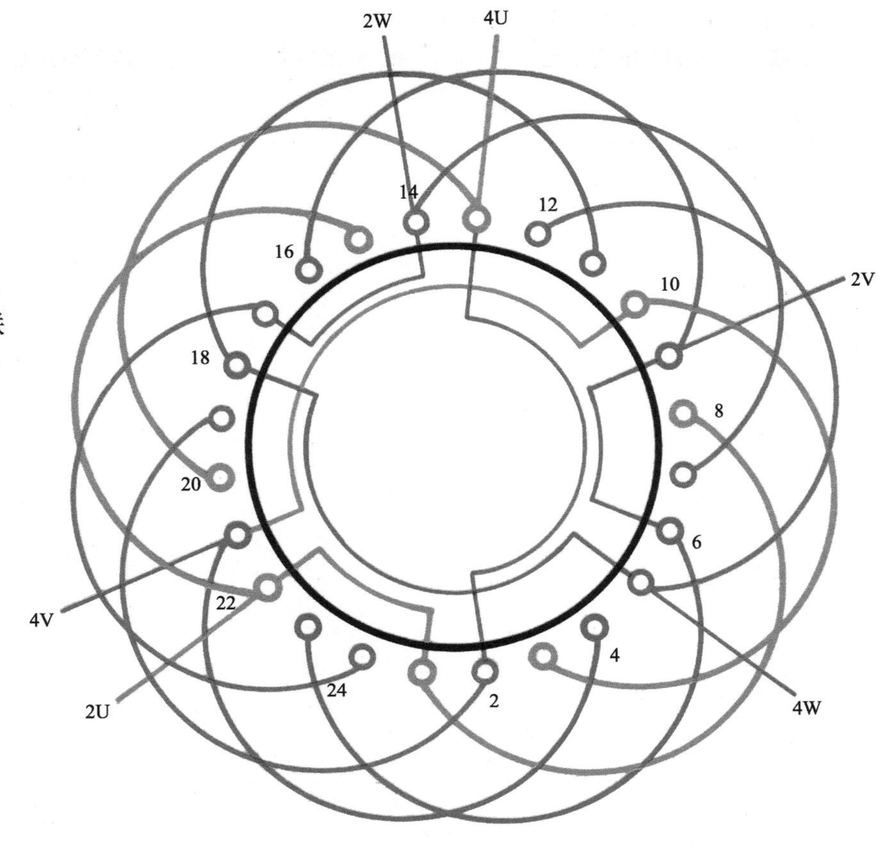

图2-6（b） 4/2极24槽（y=7）△/2Y接法双速绕组

第二节　4/2 极 36 槽倍极比双速绕组

本节是4/2极36槽倍极比双速绕组，其中采用反向法变极△/2Y接法有3例，采用换相变极△/△和△/△接法的各有1例；另外，还有2例是反向变极2Y/Y、2Y/△反常规接线的双速绕组。

本节收入的4/2极36槽双速共计7例，除1例采用单层布线外，其余均为双层叠式。下面展示双速绕组的简化接线图及其端面布接线图。

一、4/2极36槽（y=9）△/2Y接法双速绕组

1.绕组结构参数

定子槽数	Z=36	双速极数	$2p$=4/2
总线圈数	Q=36	变极接法	△/2Y
线圈组数	u=6	每组圈数	S=6
每槽电角	α=20°/10°	线圈节距	y=9
绕组极距	τ=9/18	极相槽数	q=3/6
分布系数	K_{d4}=0.83	K_{d2}=0.96	
节距系数	K_{p4}=1.0	K_{p2}=0.707	
绕组系数	K_{dp4}=0.83	K_{dp2}=0.676	
出线根数	c=6		

2.绕组布接线特点

本例绕组是倍极比正规分布反转向变极，2极为60°相带，以此为基准反向获得4极（庶极）绕组。绕组结构较简，每相均由2个6联组构成。输出特性属可变转矩，转矩比T_4/T_2=1.06，功率比P_4/P_2=1.84。主要应用实例如YD160M-4/2，是双速电动机产品常用绕组。

3.双速变极接法与简化接线图

本例采用最常用的△/2Y变极接法，即4极时三相绕组接成一路△形，2极改接为二路Y形。变极绕组简化接线如图2-7（a）所示。

4. 4/2极双速△/2Y绕组端面布接线图

本例采用双层叠式布线，端面布接线如图2-7（b）所示。

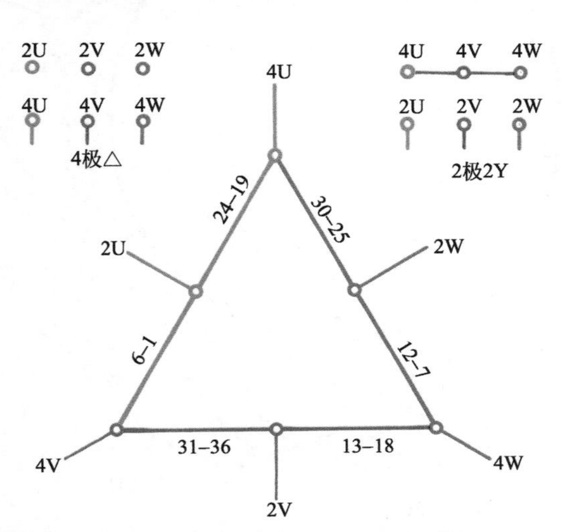

图2-7（a） 4/2极36槽△/2Y双速简化接线图

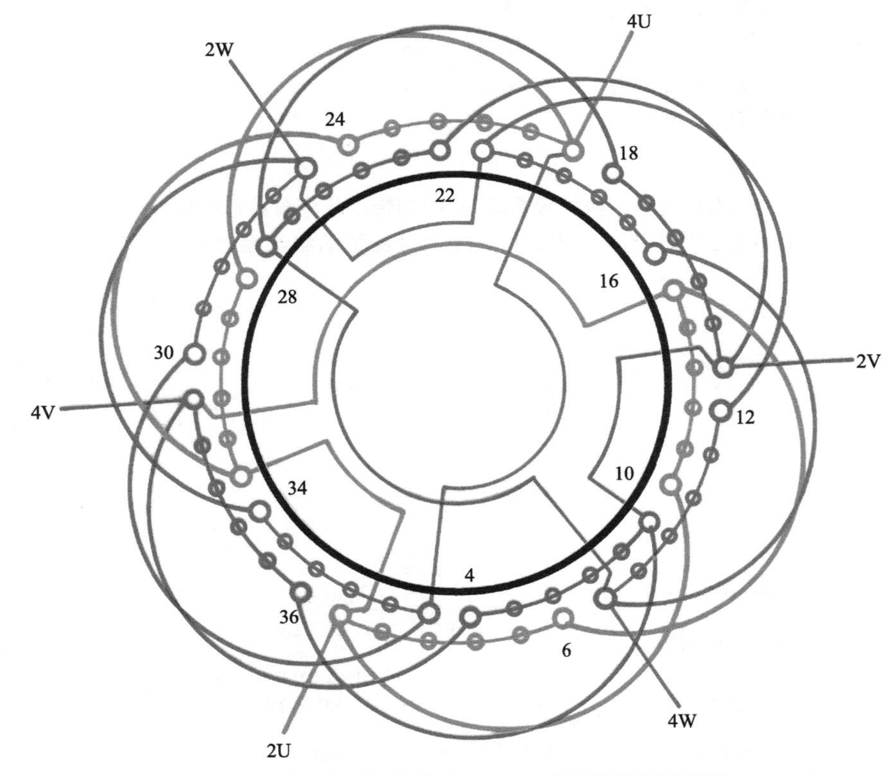

图2-7（b） 4/2极36槽（y=9）△/2Y接法双速绕组

二、4/2极36槽（y=9）△/△接法（换相变极）双速绕组

1.绕组结构参数

定子槽数	Z=36	双速极数	$2p$=4/2
总线圈数	Q=36	变极接法	△/△
线圈组数	u=9	每组圈数	S=4
每槽电角	α=20°/10°	线圈节距	y=9
绕组极距	τ=9/18	极相槽数	q=3/6
分布系数	K_{d4y}=0.925		K_{d2y}=0.981
节距系数	K_{d4D}=0.911		K_{d2D}=0.966
绕组系数	K_{dp4}=0.918		K_{dp2}=0.688
出线根数	c=9		

2.绕组布接线特点

此绕组为换相变极，两种极数均是60°相带，故分布系数很高，但选用节距使2极时节距系数低而致使两种极数的绕组系数相差较大。本例是同转向变极方案，绕组整体结构较简；但出线9根，使变速控制线路较繁。

(虚线绕组为星形部分)

图2-8（a） 4/2极36槽△/△（换相变极）双速简化接线图

3.双速变极接法与简化接线图

本例是△/△接线换相变极，即两种极数均用△（内星角形）接线。变极绕组简化接线如图2-8（a）所示。

4. 4/2极双速△/△绕组端面布接线图

本例采用双层叠式布线，绕组由Y形和△形两种规格的线圈构成。绕组端面布接线如图2-8（b）所示。

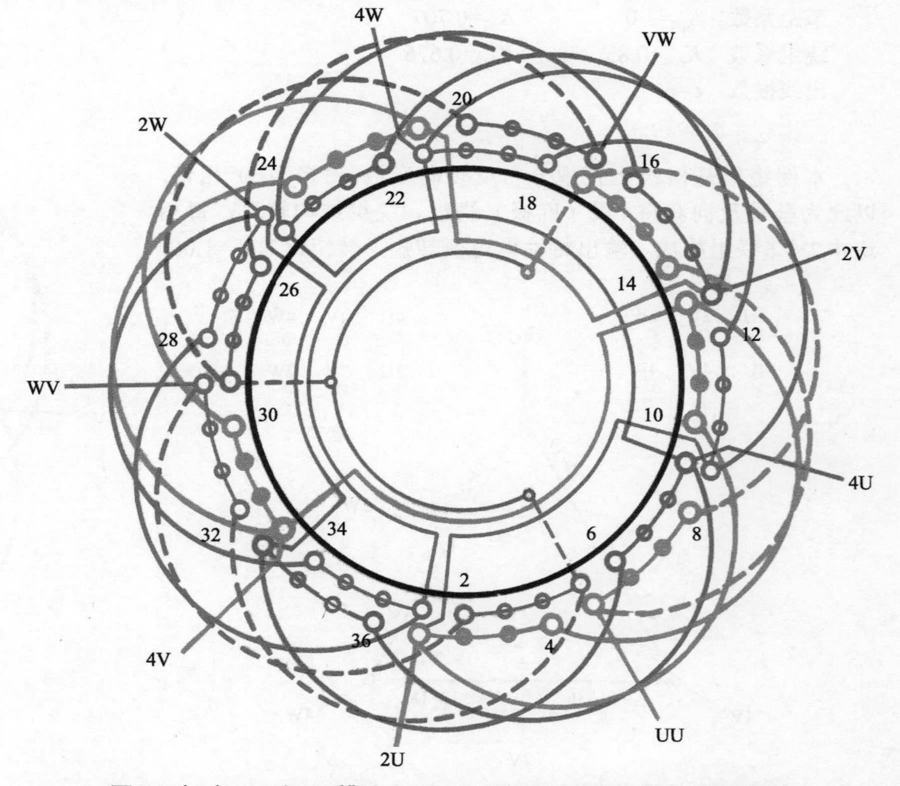

图2-8（b） 4/2极36槽（y=9）△/△接法（换相变极）双速绕组

三、4/2极36槽（y=10）△/2Y接法双速绕组

1.绕组结构参数

定子槽数	Z=36	双速极数	$2p$=4/2
总线圈数	Q=36	变极接法	△/2Y
线圈组数	u=6	每组圈数	S=6
每槽电角	α=20°/10°	线圈节距	y=10
绕组极距	τ=9/18	极相槽数	q=3/6
分布系数	K_{d4}=0.831	K_{d2}=0.956	
节距系数	K_{p4}=0.985	K_{p2}=0.766	
绕组系数	K_{dp4}=0.818	K_{dp2}=0.732	
出线根数	c=6		

2.绕组布接线特点

本例是倍极比正规分布变极绕组，两种转速的转向相反。绕组由六联组线圈组成，每相仅有两组线圈。绕组2极为60°相带，反向获得4极；属可变转矩特性，转矩比T_4/T_2=0.967，功率比P_4/P_2=1.93。主要应用实例如YD132S-4/2等。

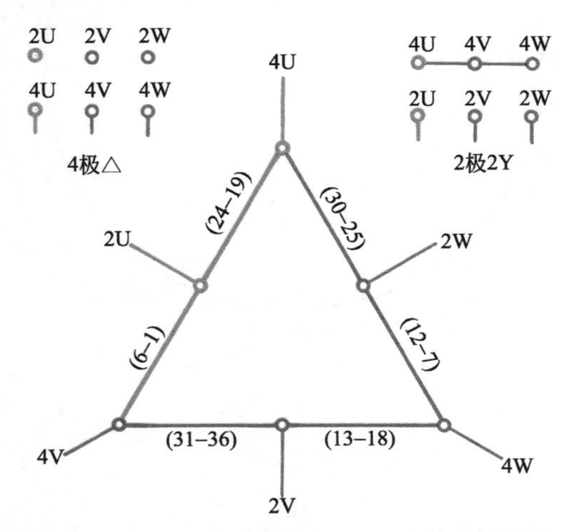

图2-9（a） 4/2极36槽△/2Y双速简化接线图

3.双速变极接法与简化接线图

本例采用△/2Y变极接法，4极时为△形接法，2极换接到2Y。变极绕组简化接线如图2-9（a）所示。

4. 4/2极双速△/2Y绕组端面布接线图

本例采用双层叠式布线，双速绕组布接线如图2-9（b）所示。

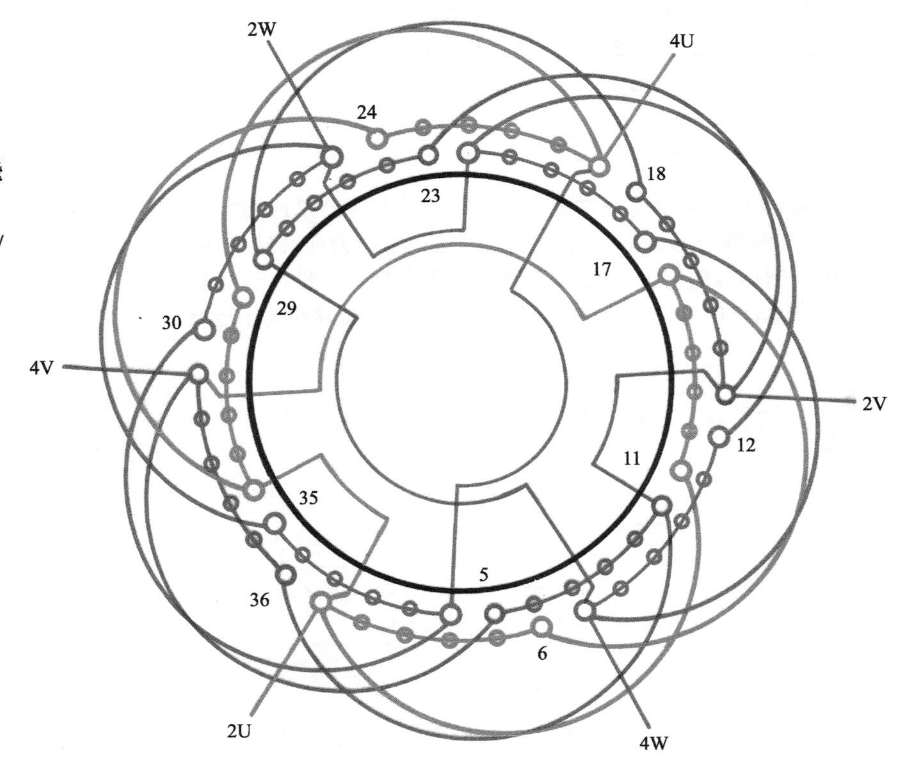

图2-9（b） 4/2极36槽（y=10）△/2Y接法双速绕组

四、* 4/2极36槽（y=10）2Y/Y接法（反常规）双速绕组

1.绕组结构参数

定子槽数	Z=36	双速极数	$2p$=4/2
总线圈数	Q=36	变极接法	2Y/Y
线圈组数	u=6	每组圈数	S=6
每槽电角	α=20°/10°	线圈节距	y=10
绕组极距	τ=9/18	极相槽数	q=3/6
分布系数	K_{d4}=0.831		K_{d2}=0.956
节距系数	K_{p4}=0.985		K_{p2}=0.766
绕组系数	K_{dp4}=0.819		K_{dp2}=0.732
出线根数	c=6		

2.绕组布接线特点

本例4/2极接线采用反常规方案，常规是4/2极Y/2Y接线；而本例则4/2极2Y/Y反之。因此它适宜低速正常出力而高速只能辅助工作。例如本例用于车床，4极作为进刀车削，故设计时以4极为基准，当4极磁场正常时则2极将处于磁密过低而导致欠压运行，所以常用作空载快速退刀运行。但必须注意，常规的Y/2Y不能改接成4/2极2Y/Y运行。

3.双速变极接法与简化接线图

本例是2Y/Y接线，即4极时为2Y接法，2极则换成Y接。变极绕组简化接线如图2-10（a）所示。

4. 4/2极双速2Y/Y绕组端面布接线图

本例采用双层叠式布线，端面布接线如图2-10（b）所示。

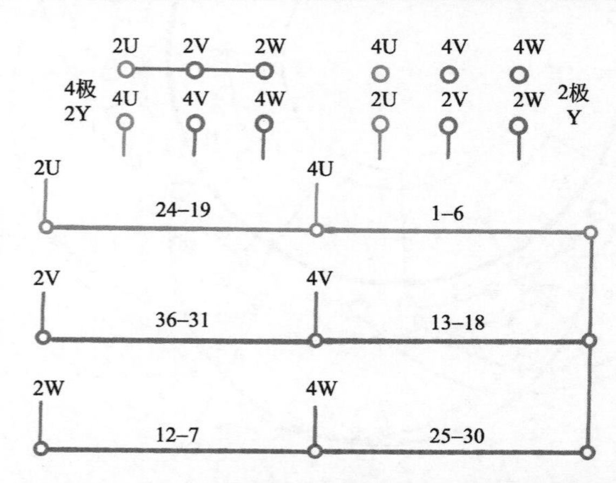

图2-10（a） 4/2极36槽2Y/Y（反常规）双速简化接线图

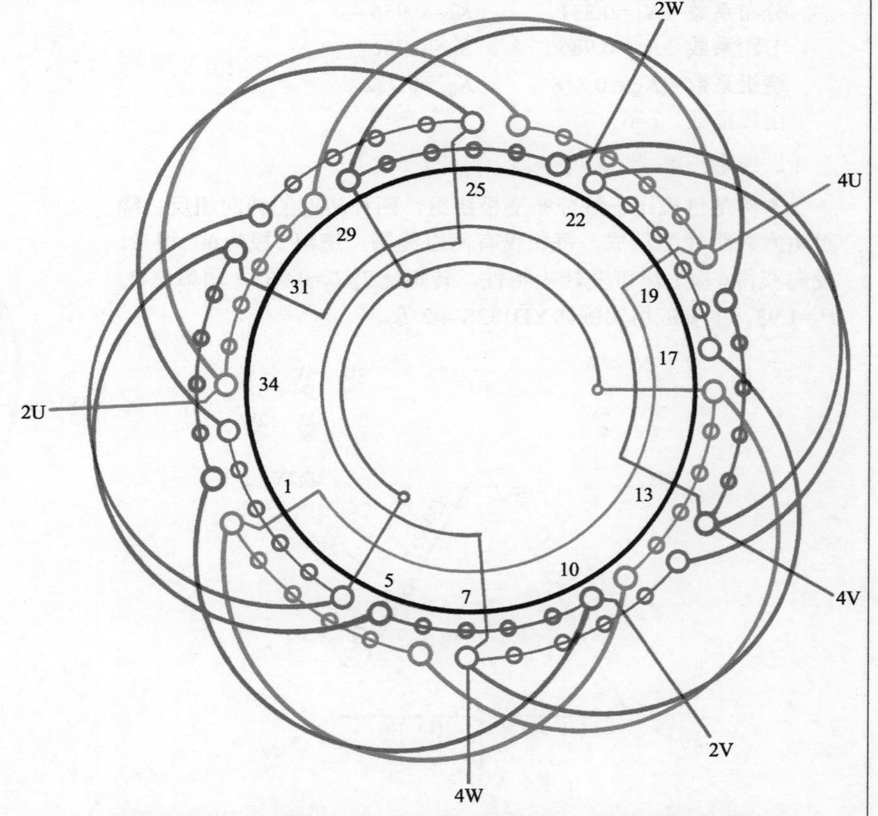

图2-10（b） 4/2极36槽（y=10）2Y/Y接法（反常规）双速绕组

五、* 4/2极36槽（y=10）2Y/△接法（反常规）双速绕组

1.绕组结构参数

定子槽数	Z=36	双速极数	$2p$=4/2
总线圈数	Q=36	变极接法	2Y/△
线圈组数	u=6	每组圈数	S=6
每槽电角	α=20°/10°	线圈节距	y=10
绕组极距	τ=9/18	极相槽数	q=3/6
分布系数	K_{d4}=0.831	K_{d2}=0.956	
节距系数	K_{p4}=0.985	K_{p2}=0.766	
绕组系数	K_{dp4}=0.819	K_{dp2}=0.732	
出线根数	c=6		

2.绕组布接线特点

本绕组与上例都是反常规方案，常规合理的双速接法应是4/2极△/2Y，而这种反常规接线将使功率输出光顾一头；如上例用于车床则以4极为基准。而本例不知用途，但按铭牌得知功率为1.5/4.7kW，似乎正常工作于2极，这时即以2极为基准设计，而4极（1.5kW）只能作极短时的运行，就算空载也不能时间过长，否则烧毁。这种绕组只能用于专用设备，移作他用必毁无疑。

3.双速变极接法与简化接线图

本例2极为△形接法，4极则接成2Y。变极绕组简化接线如图2-11（a）所示。

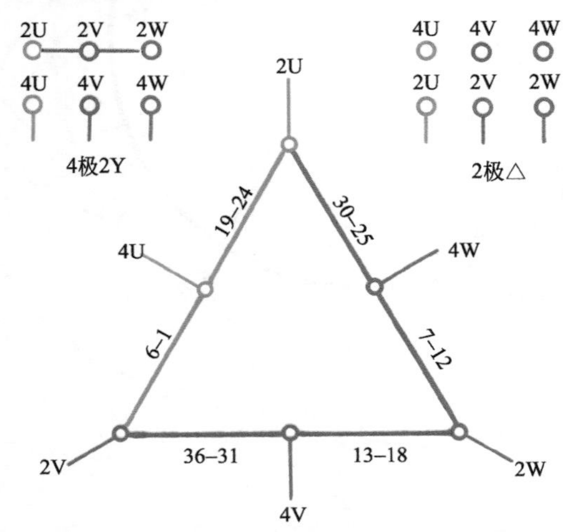

图2-11（a） 4/2极36槽2Y/△（反常规）双速简化接线图

4. 4/2极双速2Y/△接线双速绕组

本例是双层叠式布线，端面布接线如图2-11（b）所示。

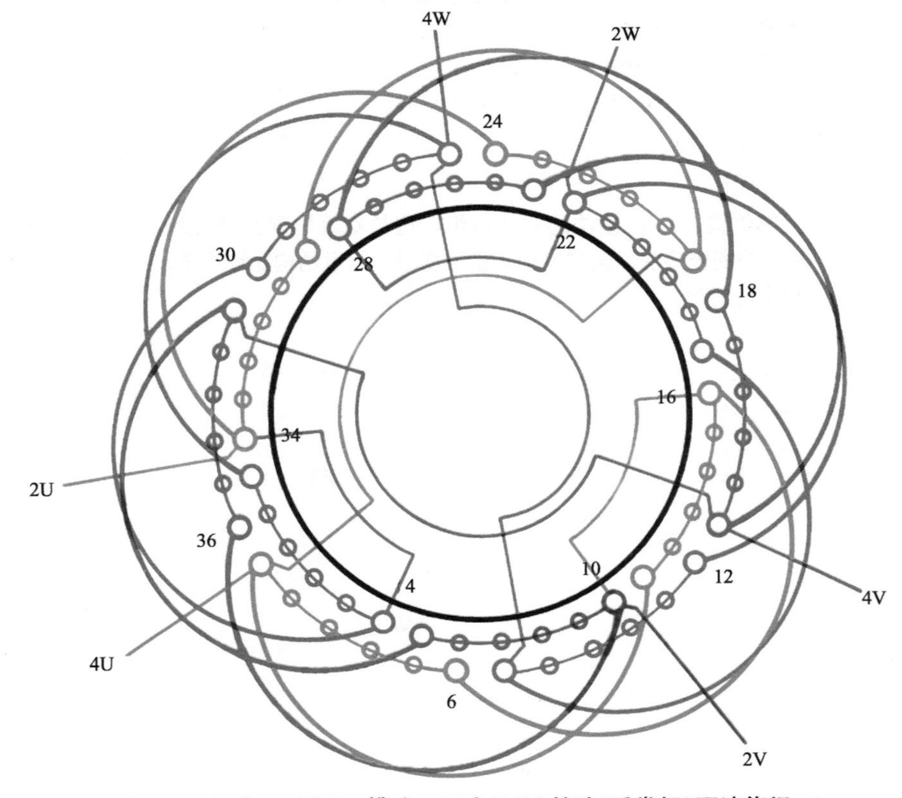

图2-11（b） 4/2极36槽（y=10）2Y/△接法(反常规)双速绕组

六、* 4/2极36槽（y=10）△/△接法（换相变极）双速绕组

1.绕组结构参数

定子槽数	Z=36	双速极数	$2p$=4/2
总线圈数	Q=36	变极接法	△/△
线圈组数	u=6	每组圈数	S=6
每槽电角	α=20°/10°	线圈节距	y=10
绕组极距	τ=9/18	极相槽数	q=3/6
分布系数	K_{d4}=0.831		K_{d2}=0.828
节距系数	K_{p4}=0.985		K_{p2}=0.766
绕组系数	K_{dp4}=0.819		K_{dp2}=0.634
出线根数	c=6		

2.绕组布接线特点

本例属倍极比△/△接法的双速绕组，这是新近出现在修理场所的一种新的变极接法，属120°相带换相变极，绕组结构比较简单，而且控制十分方便。

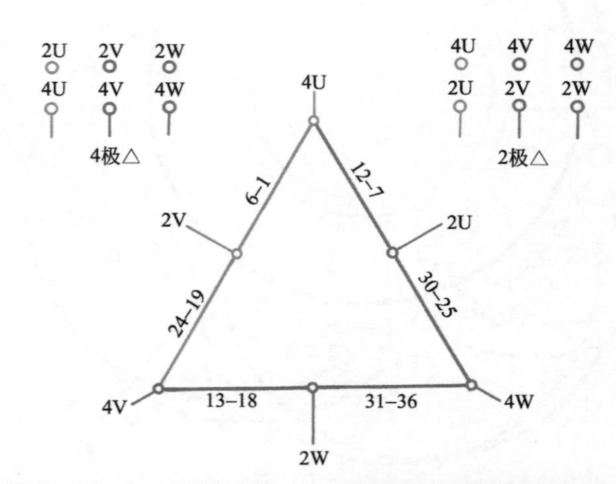

图2-12（a） 4/2极36槽△/△(换相变极)双速简化接线图

3.双速变极接法与简化接线图

本例采用新近出现的△/△换相变极接线，4极和2极均为一路△形。变极绕组简化接线如图2-12（a）所示。

4. 4/2极双速△/△绕组端面布接线图

本例是双层叠式布线，绕组端面布接线如图2-12（b）所示。

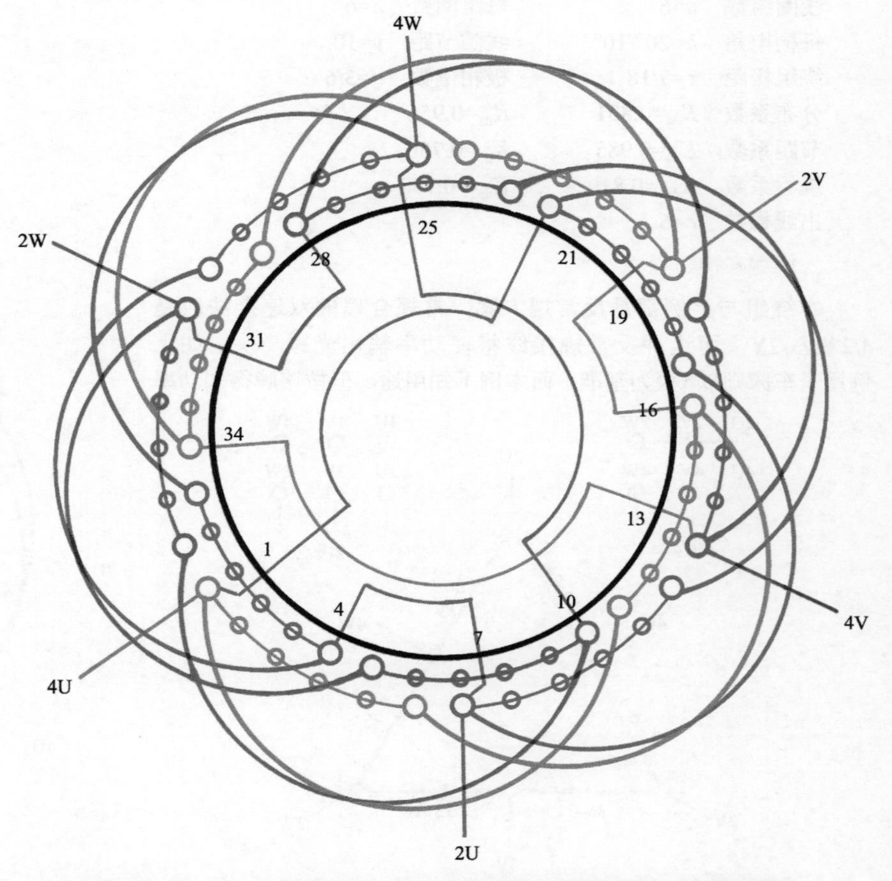

图2-12（b） 4/2极36槽（y=10)△/△接法（换相变极）双速绕组

七、4/2极36槽（S=3）△/2Y接法（单层布线）双速绕组

1. 绕组结构参数

定子槽数	Z=36	双速极数	$2p$=4/2
总线圈数	Q=18	变极接法	△/2Y
线圈组数	u=6	每组圈数	S=3
每槽电角	α=20°/10°	线圈节距	y=13、9、5
绕组极距	τ=9/18	极相槽数	q=3/6
分布系数	K_{d4}=0.844		K_{d2}=0.679
节距系数	K_{p4}=1.0		K_{p2}=0.707
绕组系数	K_{dp4}=0.844		K_{dp2}=0.48
出线根数	c=6		

2. 绕组布接线特点

本例是正规分布反向变极倍极比双速绕组，变极接法△/2Y；但采用单层隔槽同心式布线。每组由三个隔槽同心线圈组成，它用的线圈数比双层少一半，但隔槽分布的绕组系数低，故宜慎用。

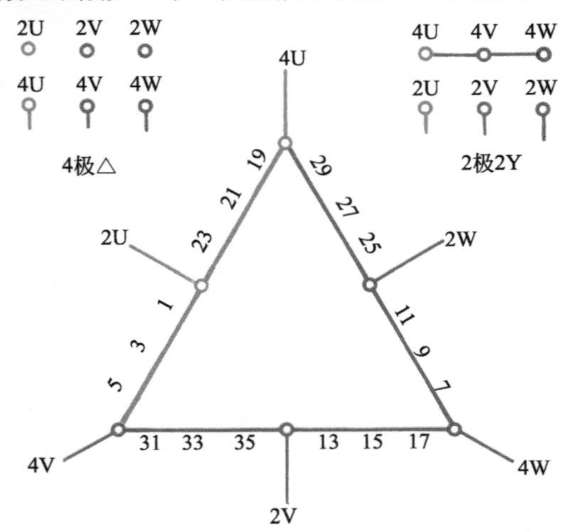

图2-13（a） 4/2极36槽△/2Y（单层布线）双速简化接线图

3. 双速变极接法与简化接线图

本例采用△/2Y接法，4极为一路△形，2极改换成二路Y形。变极绕组简化接线如图2-13（a）所示。

4. 4/2极双速△/2Y绕组端面布接线图

本例采用单层隔槽同心式布线，端面布接线如图2-13（b）所示。

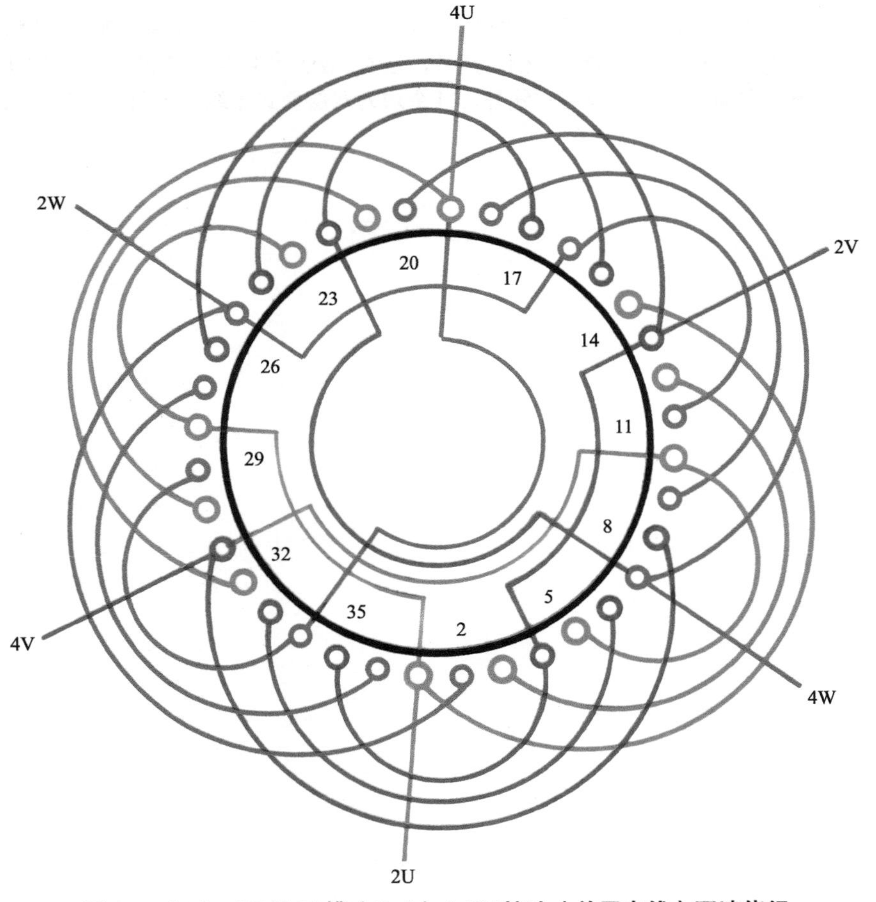

图2-13（b） 4/2极36槽（S=3）△/2Y接法（单层布线）双速绕组

第三节　4/2 极 48 及以上槽数倍极比双速绕组

本节4/2极双速包含3种槽数规格，其中48槽双速5例，60槽4例，72槽1例。若按变极方式计则有反向法变极Y/2Y接法3例，△/2Y接法4例及其扩展的并联2△/4Y接法2例。此外，还有2例是采用换相变极的△/△接法。

本节除48槽有1例单层布线外，其余均为双层叠式布线。下面所列是收入的10例4/2极双速绕组的简化接线图和端面布接线图。

一、4/2极48槽（y=12）△/2Y接法双速绕组

1. 绕组结构参数

定子槽数	Z=48	双速极数	$2p$=4/2
总线圈数	Q=48	变极接法	△/2Y
线圈组数	u=6	每组圈数	S=8
每槽电角	α=15°/7.5°	线圈节距	y=12
绕组极距	τ=12/24	极相槽数	q=4/8
分布系数	K_{d4}=0.831	K_{d2}=0.956	
节距系数	K_{p4}=1.0	K_{p2}=0.707	
绕组系数	K_{dp4}=0.831	K_{dp2}=0.676	
出线根数	c=6		

2. 绕组布接线特点

本例是倍极比双速绕组，采用反向法变极；2极是基准极60°相带绕组，4极是庶极，两种转速的转向相反。此绕组结构简单，仅由6组线圈组成，引出线6根，控制接线也比较方便。本绕组适用于可变转矩负载特性的场合。转矩比T_4/T_2=1.065，功率比P_4/P_2=2.13。主要应用如YD180L-4/2。

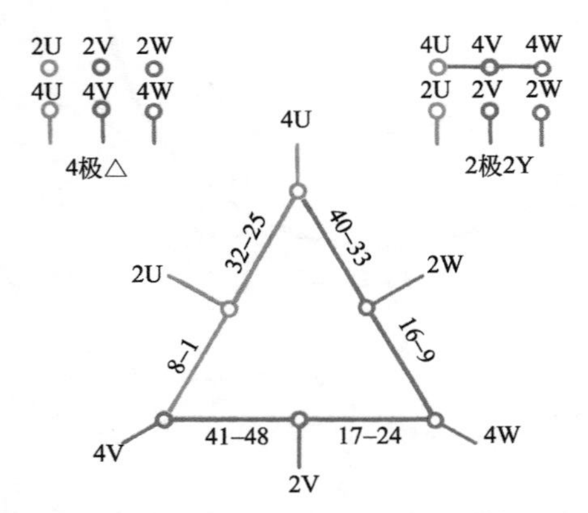

图2-14（a） 4/2极48槽△/2Y双速简化接线图

3. 双速变极接法与简化接线图

本例采用△/2Y变极接法，4极时三相接成△形；换接到2极时为2Y接线。变极绕组简化接线如图2-14（a）所示。

4. 4/2极双速△/2Y绕组端面布接线图

本例采用双层叠式布线，端面布接线如图2-14（b）所示。

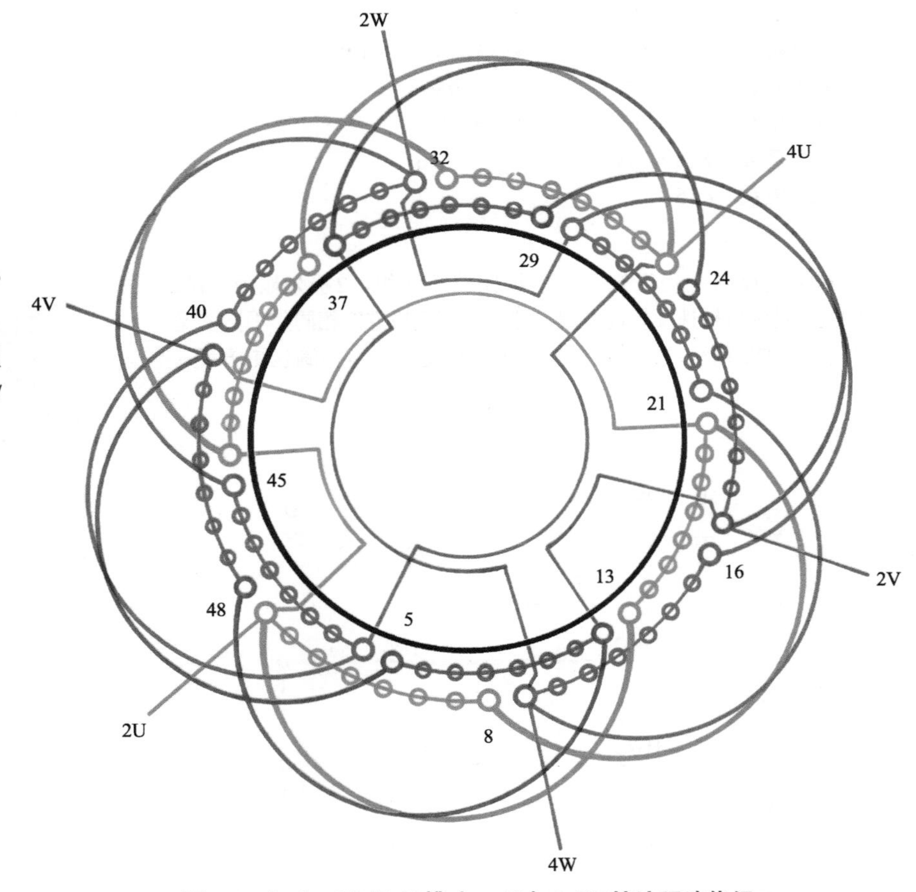

图2-14（b） 4/2极48槽（y=12）△/2Y接法双速绕组

二、* 4/2极48槽（y=12）Y/2Y接法双速绕组

1.绕组结构参数

定子槽数	Z=48	双速极数	$2p$=4/2
总线圈数	Q=48	变极接法	Y/2Y
线圈组数	u=6	每组圈数	S=8
每槽电角	α=15°/7.5°	线圈节距	y=12
绕组极距	τ=12/24	极相槽数	q=4/8
分布系数	K_{d4}=0.831		K_{d2}=0.956
节距系数	K_{p4}=1.0		K_{p2}=0.707
绕组系数	K_{dp4}=0.831		K_{dp2}=0.676
出线根数	c=6		

2.绕组布接线特点

本例是反向变极正规分布倍极比双速绕组，2极为显极，4极是庶极，是两种转速反转向方案，即与上例变极方案相同，不同的是本例采用Y/2Y接法，故其内部接线更为简便，调速控制也更方便。

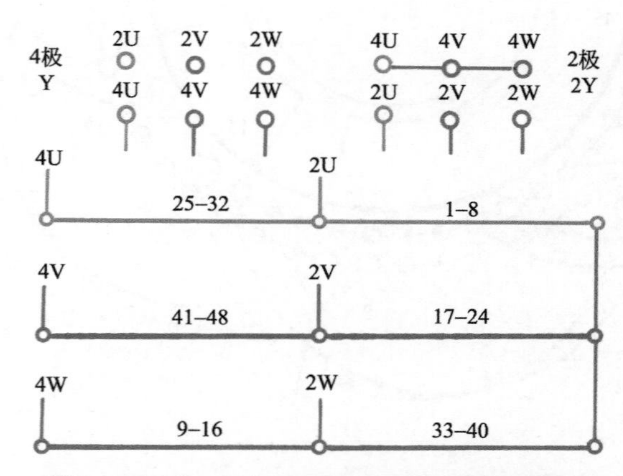

图2-15（a） 4/2极48槽Y/2Y双速简化接线图

3.双速变极接法与简化接线图

本例采用变极接法为Y/2Y，即4极时接成一路Y形，这时星点在机内。转换2极时将4U、4V、4W连接成星点，而电源从2U、2V、2W输入。简化接线如图2-15（a）所示。

4. 4/2极双速Y/2Y绕组端面布接线图

本例是双层叠式布线，端面布接线如图2-15（b）所示。

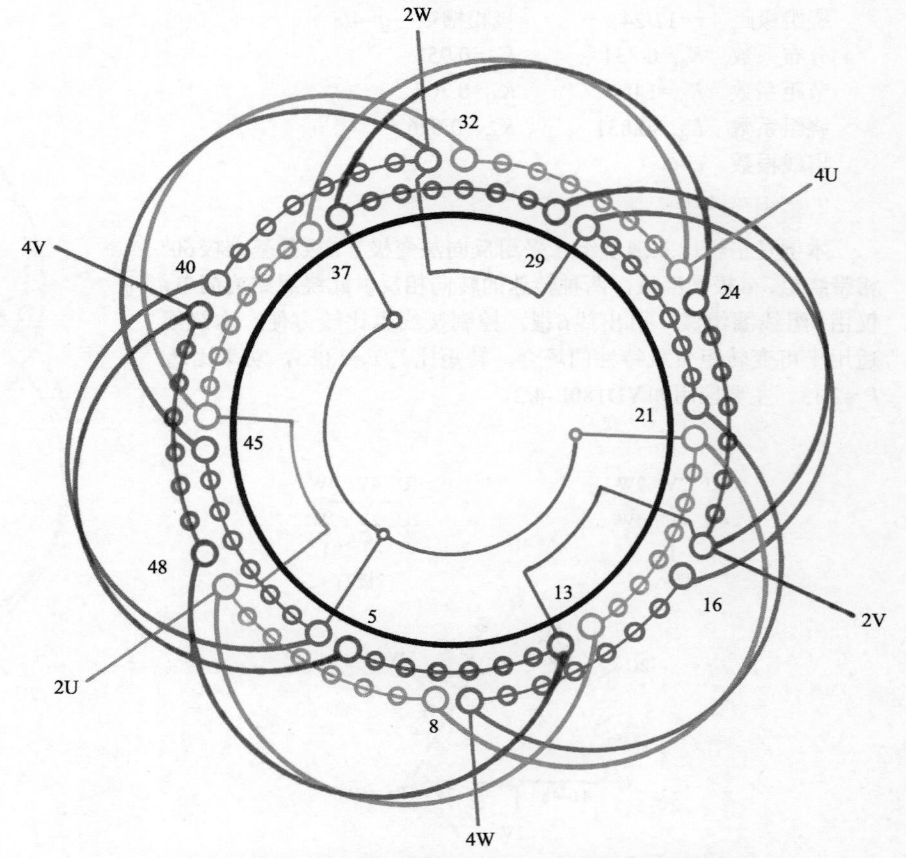

图2-15（b） 4/2极48槽（y=12）Y/2Y接法双速绕组

三、* 4/2极48槽（y=12）2△/4Y接法双速绕组

1.绕组结构参数

定子槽数	Z=48	双速极数	$2p$=4/2
总线圈数	Q=48	变极接法	2△/4Y
线圈组数	u=12	每组圈数	S=4
每槽电角	α=15°/7.5°	线圈节距	y=12
绕组极距	τ=12/24	极相槽数	q=4/8
分布系数	K_{d4}=0.831	K_{d2}=0.956	
节距系数	K_{p4}=1.0	K_{p2}=0.707	
绕组系数	K_{dp4}=0.831	K_{dp2}=0.676	
出线根数	c=6		

2.绕组布接线特点

本例是反向变极正规分布绕组，变极方案同上两例，但由于功率较大而采用多路并联。因此本例就把原来每组8圈改为每组4圈，从而使双速接法改为2△/4Y。本绕组依然属于可变转矩特性，转矩比T_4/T_2=1.065，功率比P_4/P_2=2.13。

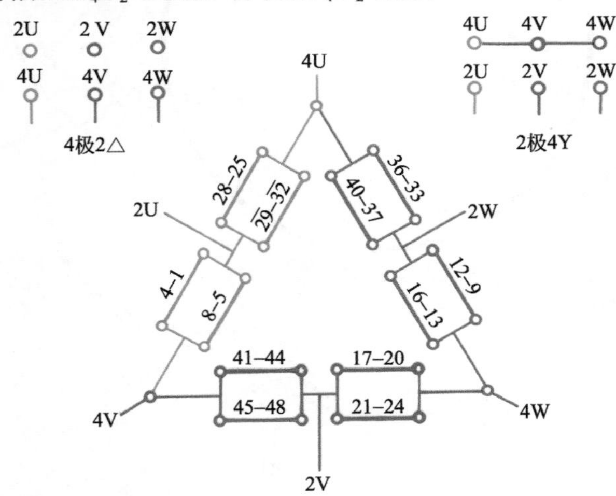

图2-16（a） 4/2极48槽2△/4Y双速简化接线图

3.双速变极接法与简化接线图

本例采用2△/4Y变极接法，即4极时为二路△形，2极则改接成四路Y形。变极绕组简化接线如图2-16（a）所示。

4. 4/2极双速2△/4Y绕组端面布接线图

本例是双层叠式布线，端面布接线如图2-16（b）所示。

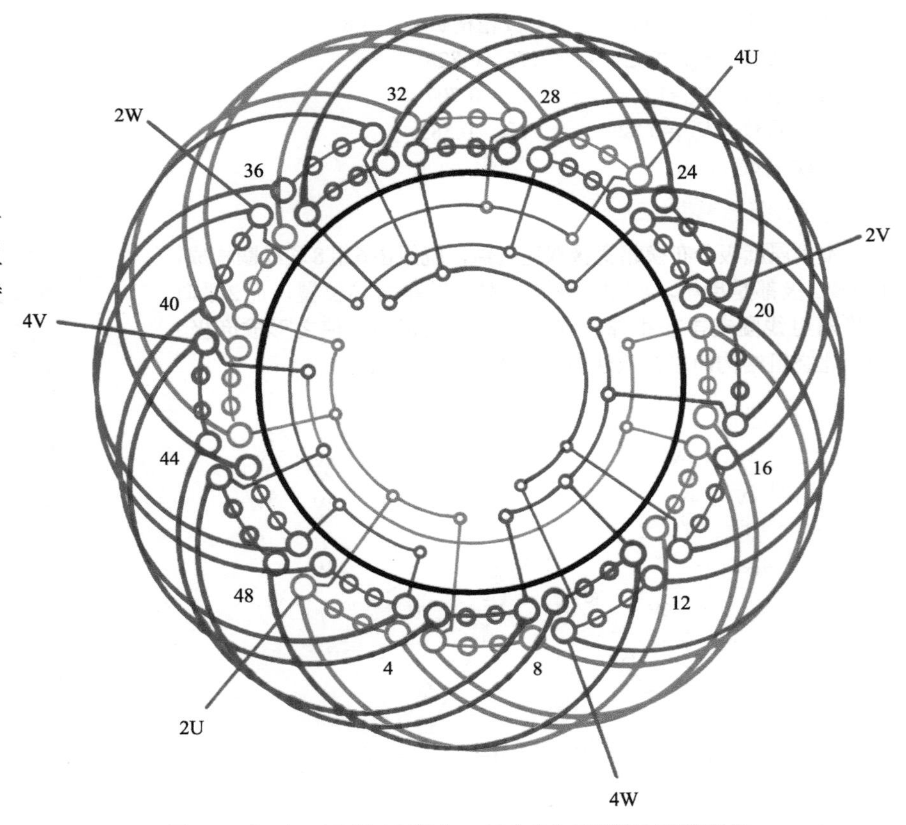

图2-16（b） 4/2极48槽（y=12）2△/4Y接法双速绕组

四、* 4/2极48槽（y=12）△/△接法（换相变极）双速绕组

1.绕组结构参数

定子槽数	Z=48	双速极数	$2p$=4/2
总线圈数	Q=48	变极接法	△/△
线圈组数	u=6	每组圈数	S=8
每槽电角	α=15°/7.5°	线圈节距	y=12
绕组极距	τ=12/24	极相槽数	q=4/8
分布系数	K_{d4}=0.829		K_{d2}=0.828
节距系数	K_{p4}=1.0		K_{p2}=0.707
绕组系数	K_{dp4}=0.829		K_{dp2}=0.585
出线根数	c=6		

2.绕组布接线特点

本例属庶极分布换相变极双速绕组，绕组由6组8联线圈构成，4极和2极都是庶极。4极时两组线圈安排在对称位置，而2极时则将两组线圈安排在相邻位置，而且极性相同，使之形成庶极2极。此绕组结构简单，双速转换的控制也极方便。

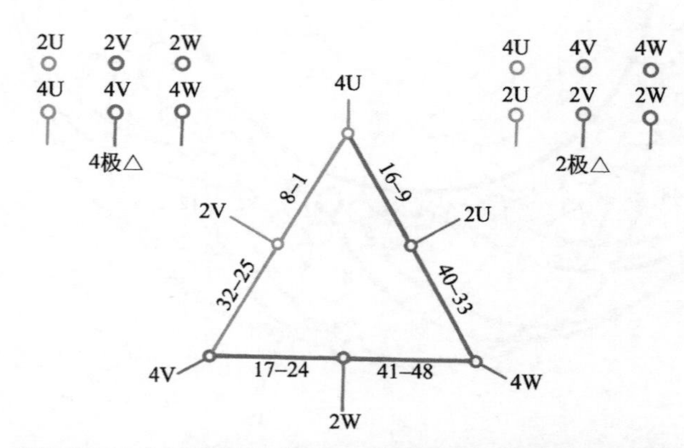

图2-17（a） 4/2极48槽△/△(换相变极)双速简化接线图

3.双速变极接法与简化接线图

本例采用△/△换相变极接法，即4极和2极都是一路△形。变极绕组简化接线如图2-17（a）所示。

4. 4/2极双速△/△绕组端面布接线图

本例绕组是双层叠式布线，端面布接线如图2-17（b）所示。

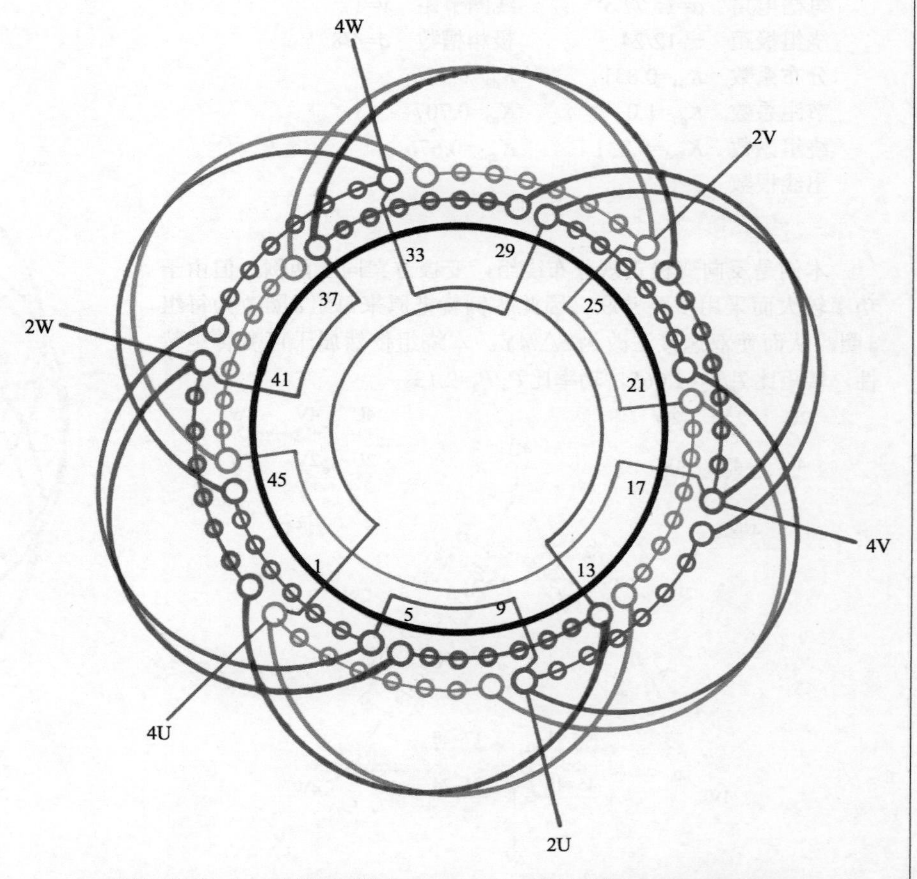

图2-17（b） 4/2极48槽（y=12）△/△接法(换相变极)双速绕组

五、4/2极48槽（S=4）△/2Y接法（单层布线）双速绕组

1.绕组结构参数

定子槽数	Z=48	双速极数	$2p$=4/2
总线圈数	Q=24	变极接法	△/2Y
线圈组数	u=6	每组圈数	S=4
每槽电角	α=15°/7.5°	线圈节距	y=17、13、9、5
绕组极距	τ=12/24	极相槽数	q=4/8
分布系数	K_{d4}=0.83		K_{d2}=0.608
节距系数	K_{p4}=0.991		K_{p2}=0.659
绕组系数	K_{dp4}=0.82		K_{dp2}=0.401
出线根数	c=6		

2.绕组布接线特点

本例是用单层同心式布线的倍极比双速绕组，由于隔槽分布，2极时绕组系数特别低，故只宜用于4极正常运行而2极辅助工作的场合。此绕组线圈组数少，接线简便，但无论是高、低速，其绕组系数都相比较低，不利于节约，故宜谨慎选用。

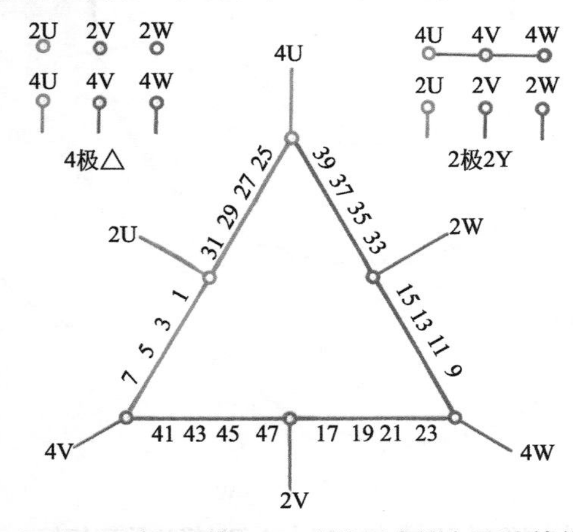

图2-18（a） 4/2极48槽△/2Y（单层布线）双速简化接线图

3.双速变极接法与简化接线图

本例采用△/2Y变极接法，即4极时为△形，2极换接为2Y。变极绕组简化接线如图2-18（a）所示。

4. 4/2极双速△/2Y绕组端面布接线图

本例是单层隔槽同心式布线，端面布接线如图2-18（b）所示。

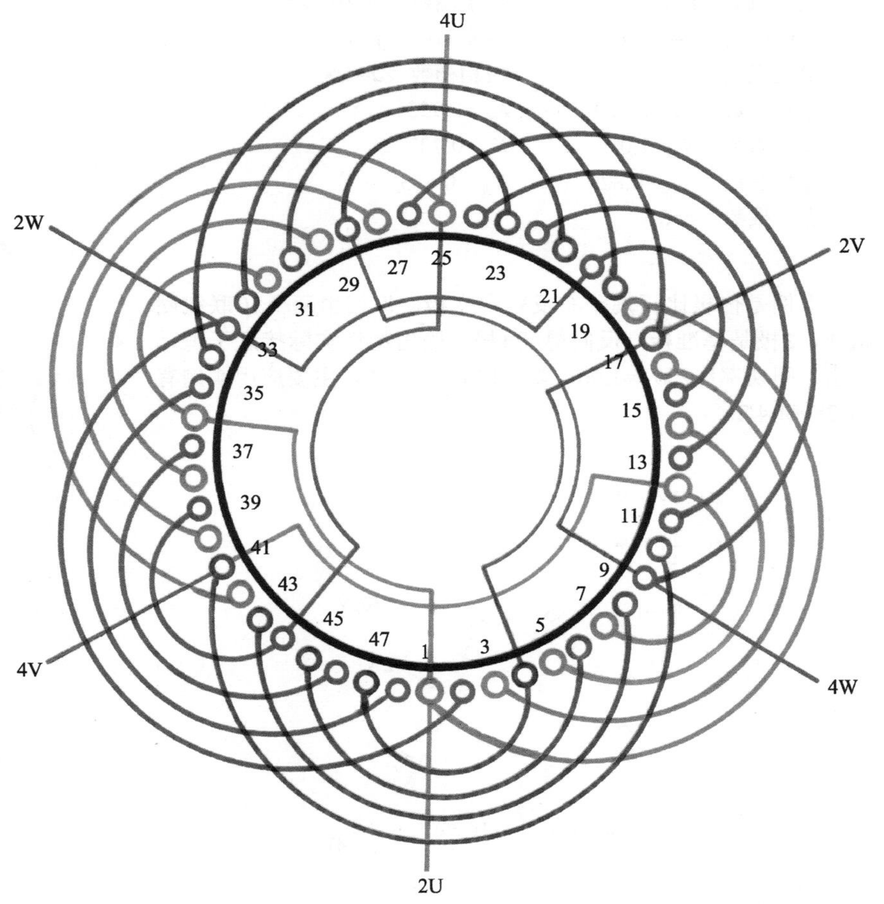

图2-18（b） 4/2极48槽（S=4）△/2Y接法（单层布线）双速绕组

六、4/2极60槽（y=15）△/2Y接法双速绕组

1.绕组结构参数

定子槽数	Z=60	双速极数	$2p$=4/2
总线圈数	Q=60	变极接法	△/2Y
线圈组数	u=6	每组圈数	S=10
每槽电角	α=12°/6°	线圈节距	y=15
绕组极距	τ=15/30	极相槽数	q=4/8
分布系数	K_{d4}=0.829		K_{d2}=0.955
节距系数	K_{p4}=1.0		K_{p2}=0.707
绕组系数	K_{dp4}=0.829		K_{dp2}=0.675
出线根数	c=6		

2.绕组布接线特点

本例是倍极比正规分布反转向变极，每相由两个10联线圈组成，2极是基准极，反向得庶4极。输出特性实际接近于恒功输出，即功率比P_4/P_2=1.06，转矩比T_4/T_2=2.12。主要应用实例有YD280M-4/2。

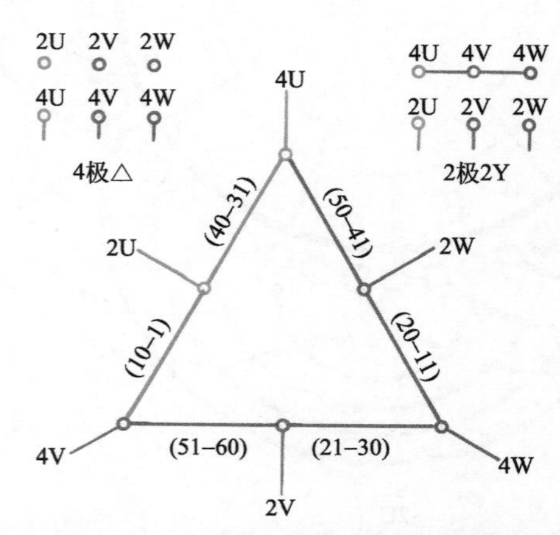

图2-19（a） 4/2极60槽△/2Y双速简化接线图

3.双速变极接法与简化接线图

本例采用△/2Y变极接法，即4极时为一路△形；2极转换为二路Y形。变极绕组简化接线如图2-19（a）所示。

4. 4/2极双速△/2Y绕组端面布接线图

本例是双层叠式布线，绕组端面布接线如图2-19（b）所示。

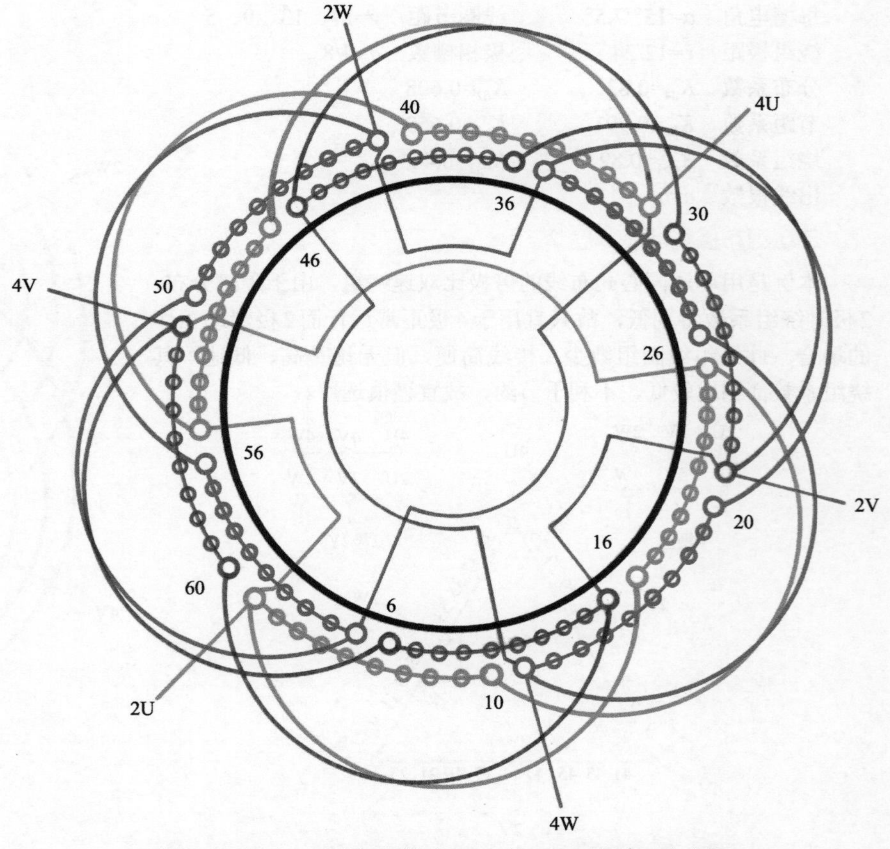

图2-19（b） 4/2极60槽（y=15）△/2Y接法双速绕组

七、* 4/2极60槽（y=15）Y/2Y接法双速绕组

1. 绕组结构参数

定子槽数 Z=60　　双速极数 $2p$=4/2

总线圈数 Q=60　　变极接法 Y/2Y

线圈组数 u=6　　每组圈数 S=10

每槽电角 α=12°/6°　　线圈节距 y=15

绕组极距 τ=15/30　　极相槽数 q=5/10

分布系数 K_{d4}=0.829　　K_{d2}=0.955

节距系数 K_{p4}=1.0　　K_{p2}=0.707

绕组系数 K_{dp4}=0.829　　K_{dp2}=0.675

出线根数 c=6

2. 绕组布接线特点

本例是倍极比正规分布反向变极双速绕组，绕组由6个10联线圈组成，采用Y/2Y变极接线，绕组连接比较简单。输出特性为可变转矩，转矩比T_4/T_2=2.12，功率比P_4/P_2=1.06，接近于恒功输出。

3. 双速变极接法与简化接线图

本例采用Y/2Y变极接法，4极时为一路Y接，星点在机内；2极改为二路Y形，另一路星点为外接。变极绕组简化接线如图2-20（a）所示。

4. 4/2极双速Y/2Y绕组端面布接线图

绕组布线采用双层叠式，端面布接线如图2-20（b）所示。

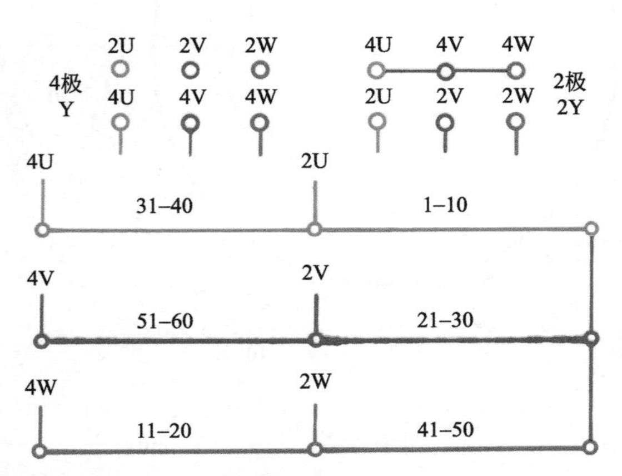

图2-20（a） 4/2极60槽Y/2Y双速简化接线图

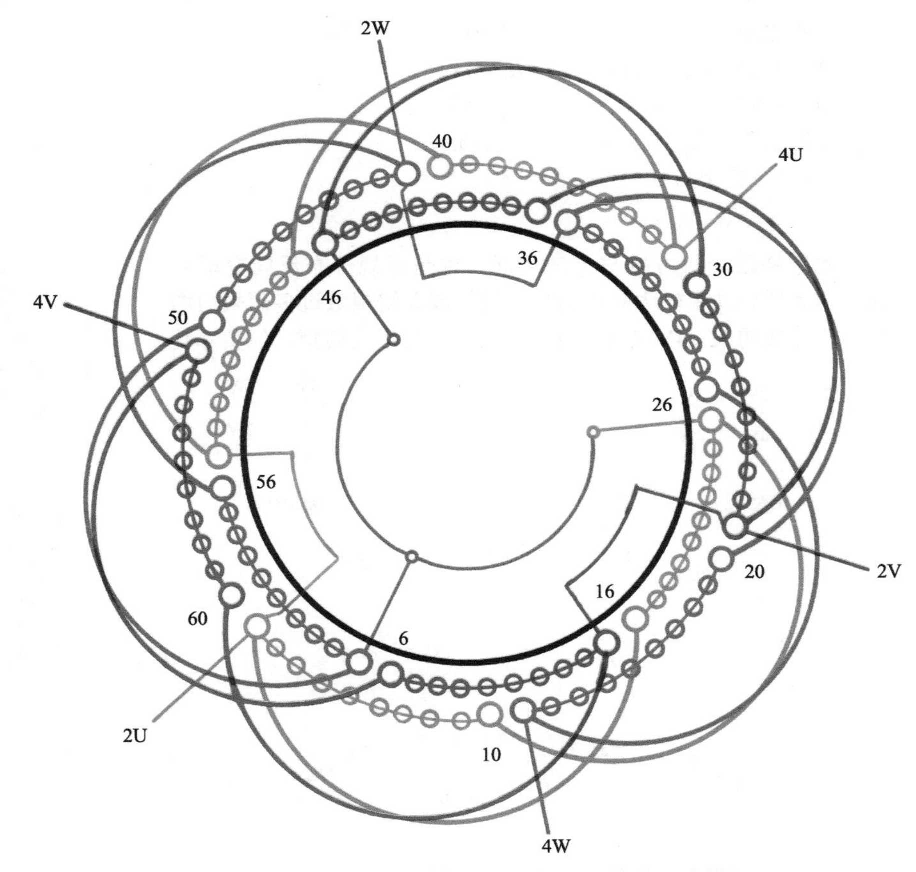

图2-20（b） 4/2极60槽（y=15）Y/2Y接法双速绕组

八、* 4/2极60槽（y=15）2△/4Y接法双速绕组

1.绕组结构参数

定子槽数	Z=60	双速极数	$2p$=4/2
总线圈数	Q=60	变极接法	2△/4Y
线圈组数	u=12	每组圈数	S=5
每槽电角	α=12°/6°	线圈节距	y=15
绕组极距	τ=15/30	极相槽数	q=5/10
分布系数	K_{d4}=0.829		K_{d2}=0.955
节距系数	K_{p4}=1.0		K_{p2}=0.707
绕组系数	K_{dp4}=0.829		K_{dp2}=0.675
出线根数	c=6		

2.绕组布接线特点

本例绕组变极方案与上例相同，也是正规分布反向变极双速，但为适应功率较大时所用导线过粗或并绕根数过多而采用增加并联路数的2△/4Y接线。同样输出特性为可变转矩，但实际功率比P_4/P_2=1.06，即接近于恒功输出。

3.双速变极接法与简化接线图

本例采用2△/4Y的并联接法，4极时为二路角（2△）形；2极则是四路星（4Y）形接线。变极绕组简化接线如图2-21（a）所示。

4. 4/2极双速2△/4Y绕组端面布接线图

本例是双层叠式布线，绕组端面布接线如图2-21（b）所示。

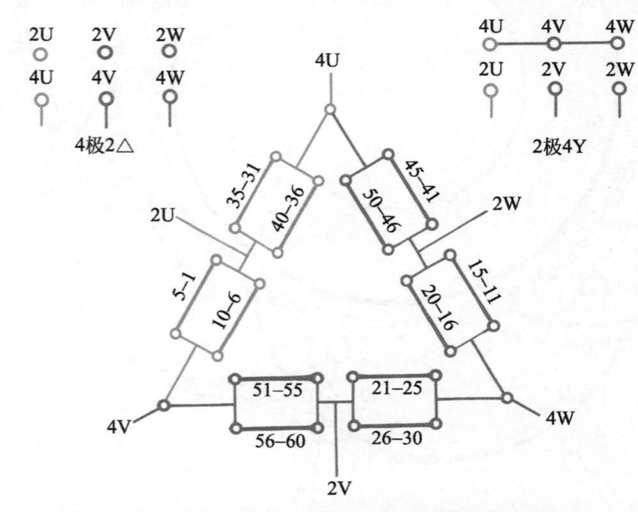

图2-21（a） 4/2极60槽2△/4Y双速简化接线图

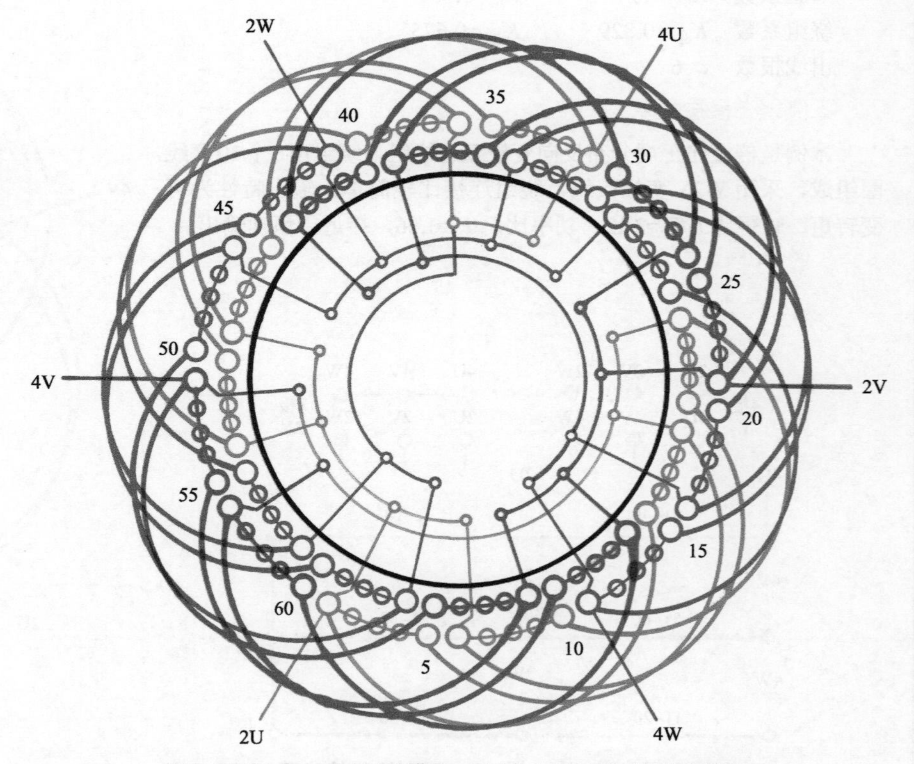

图2-21（b） 4/2极60槽（y=15）2△/4Y接法双速绕组

九、* 4/2极60槽（y=15）△/△接法（换相变极）双速绕组

1.绕组结构参数

定子槽数	Z=60	双速极数	$2p$=4/2
总线圈数	Q=60	变极接法	△/△
线圈组数	u=6	每组圈数	S=10
每槽电角	α=12°/6°	线圈节距	y=15
绕组极距	τ=15/30	极相槽数	q=5/10
分布系数	K_{d4}=0.829		K_{d2}=0.827
节距系数	K_{p4}=1.0		K_{p2}=0.707
绕组系数	K_{dp4}=0.829		K_{dp2}=0.585
出线根数	c=6		

2.绕组布接线特点

本例绕组采用庶极分布，属于一种新型的换相变极接法，即2极和4极都是一路△形。绕组结构和接线都较简单，而且调速控制也方便。

3.双速变极接法与简化接线图

本例双速绕组属换相变极，接法是△/△，即4极和2极均为一路角形。变极绕组简化接线如图2-22（a）所示。

4. 4/2极双速△/△绕组端面布接线图

本绕组采用双层叠式布线，端面布接线如图2-22（b）所示。

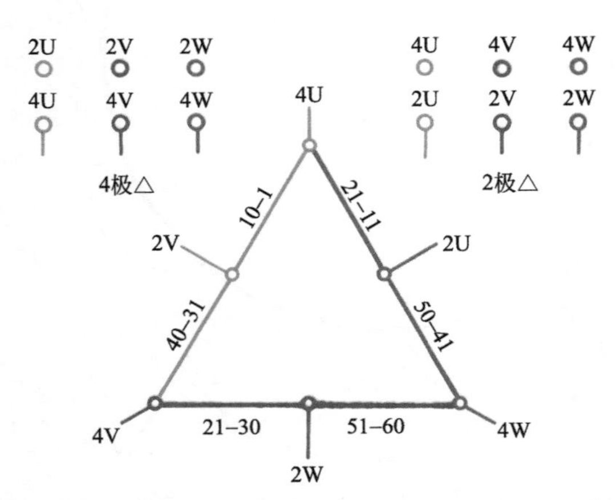

图2-22（a） 4/2极60槽△/△(换相变极)双速简化接线图

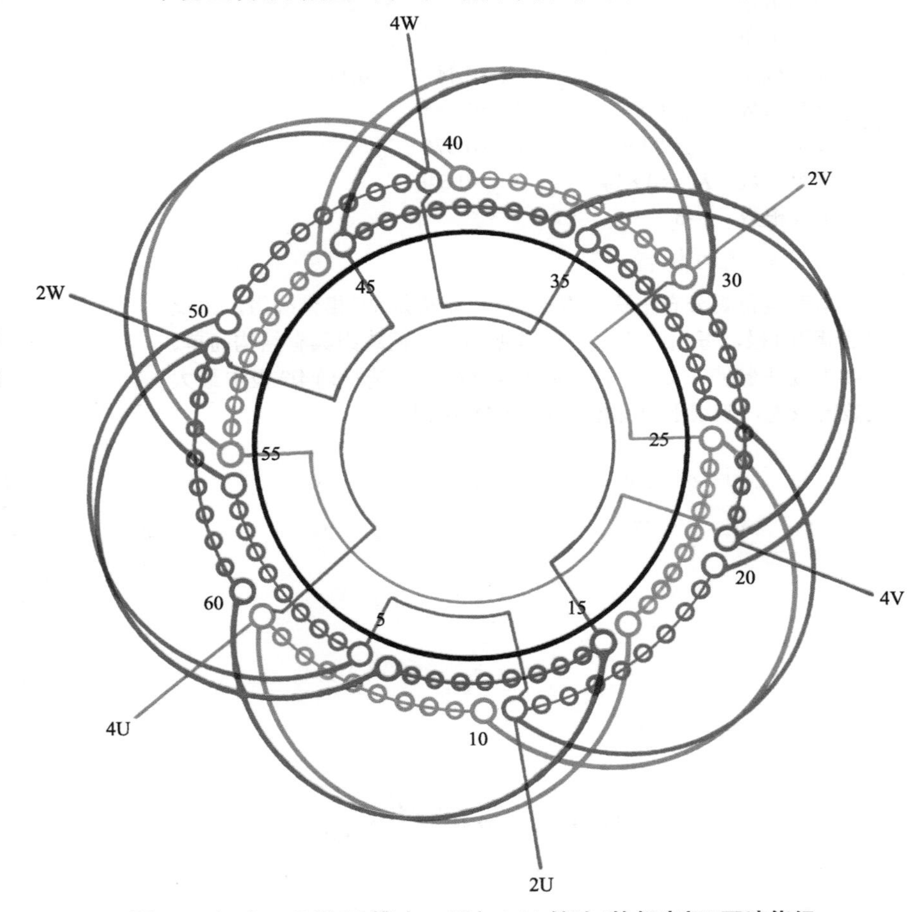

图2-22（b） 4/2极60槽（y=15）△/△接法(换相变极)双速绕组

十、4/2极72槽（y=17）△/2Y接法双速绕组

1.绕组结构参数

定子槽数	Z=72	双速极数	$2p$=4/2
总线圈数	Q=72	变极接法	△/2Y
线圈组数	u=6	每组圈数	S=12
每槽电角	α=10°/5°	线圈节距	y=17
绕组极距	τ=18/36	极相槽数	q=6/12
分布系数	K_{d4}=0.837		K_{d2}=0.955
节距系数	K_{p4}=0.996		K_{p2}=0.676
绕组系数	K_{dp4}=0.834		K_{dp2}=0.646
出线根数	c=6		

2.绕组布接线特点

本例是正规分布倍极比双速绕组，2极是60°相带绕组，由反向法获得4极，每相由两个12联线圈组成。此绕组具有结构简单、接线方便等特点，是属可变转矩负载特性。是目前4/2极中最大槽数的双速，应用于电梯电动机的配套绕组。

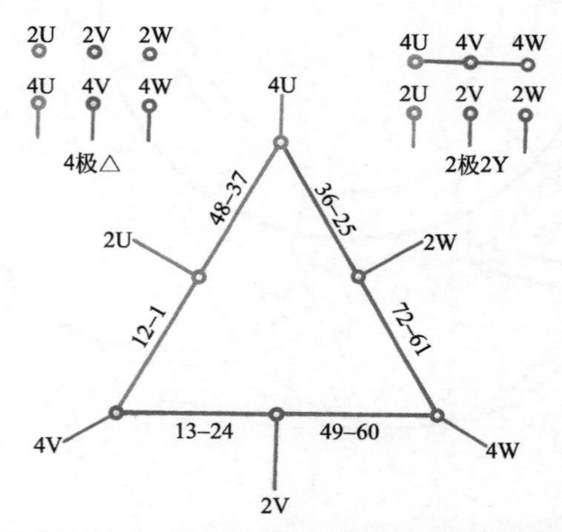

图2-23（a） 4/2极72槽△/2Y双速简化接线图

3.双速变极接法与简化接线图

本例采用△/2Y变极双速，4极时为一路△形，2极换接成二路Y形。变极绕组简化接线如图2-23（a）所示。

4. 4/2极双速△/2Y绕组端面布接线图

本例是双层叠式布线，双速绕组端面布接线如图2-23（b）所示。

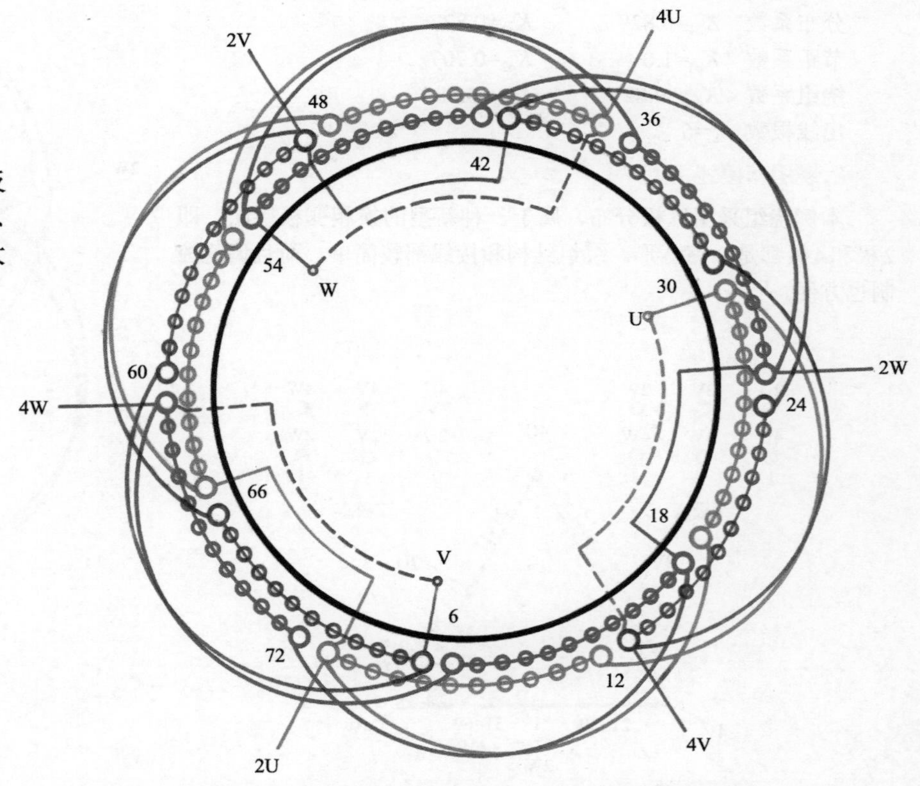

图2-23（b） 4/2极72槽（y=17）△/2Y接法双速绕组

第三章　双速电动机 8/2、8/4 极绕组端面布接线图

本章收入各槽数倍极比的8/2极和8/4极双速绕组，其中8/2极属远极比双速，因其转速相差较大，且2极又属高转速，故8/2极一般用于功率不太大的电动机，而且实际应用也不多；在标准产品中仅见于JDO2系列老产品。8/4极是中、高速转换，与8/2极相反，它的应用特别广泛，因此规格也特别多，故按槽数分五节介绍。

本章涉及的变极接法除常用的Y/2Y、△/2Y常规接法外，还有它的并联接法2Y/4Y和2△/4Y；及带延边启动反向变极△/2Y接法。此外，本章还有◬/◬、△/△、⊿/⊿和⊿/2⊿等换相变极接法，以及新近发现的2Y/△等反常规变极的接法。

第一节　8/2 极倍极比各槽规格双速绕组

本节包括8/2极各槽规格的双速绕组10例，其中18槽和24槽各2例，36槽5例，48槽1例。虽然图例不多，但采用的变极接法不少，有如Y/2Y、△/2Y及Y/2△等反向变极接法，也有⊿/2⊿的换相变极接法；此外还有采用△/2Y的双节距变极型式。下面是8/2极双速绕组的简化接线图和端面布接线图。

一、8/2极18槽（y=7）△/2Y接法双速绕组

1. 绕组结构参数

定子槽数	Z=18	双速极数	$2p$=8/2
总线圈数	Q=18	变极接法	△/2Y
线圈组数	u=12	每组圈数	S=1、2
每槽电角	α=80°/20°	线圈节距	y=7
绕组极距	τ=2.25/9	极相槽数	q=0.75/3
分布系数	K_{d8}=0.647		K_{d2}=0.78
节距系数	K_{p8}=0.985		K_{p2}=0.94
绕组系数	K_{dp8}=0.637		K_{dp2}=0.733
出线根数	c=6		

2. 绕组布接线特点

本例绕组由单、双圈构成，每相两个变极组，每变极组有1单圈组和1双圈组串联而成；8极时线圈全部为正。此绕组具有线圈组数较少的优点，但两种极数下的绕组系数都较低。本绕组未见应用实例，仅作为72槽32/8极的扩展图模。

3. 双速变极接法与简化接线图

本例采用△/2Y变极接法，即8极时为一路角形，变换2极则改为二路Y形。变极绕组简化接线如图3-1（a）所示。

4. 8/2极双速△/2Y绕组端面布接线图

本例采用双层叠式布线，端面布接线如图3-1（b）所示。

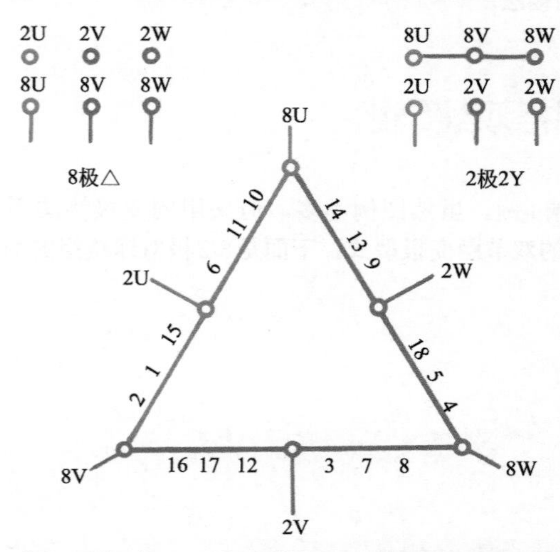

图3-1（a） 8/2极18槽△/2Y双速简化接线图

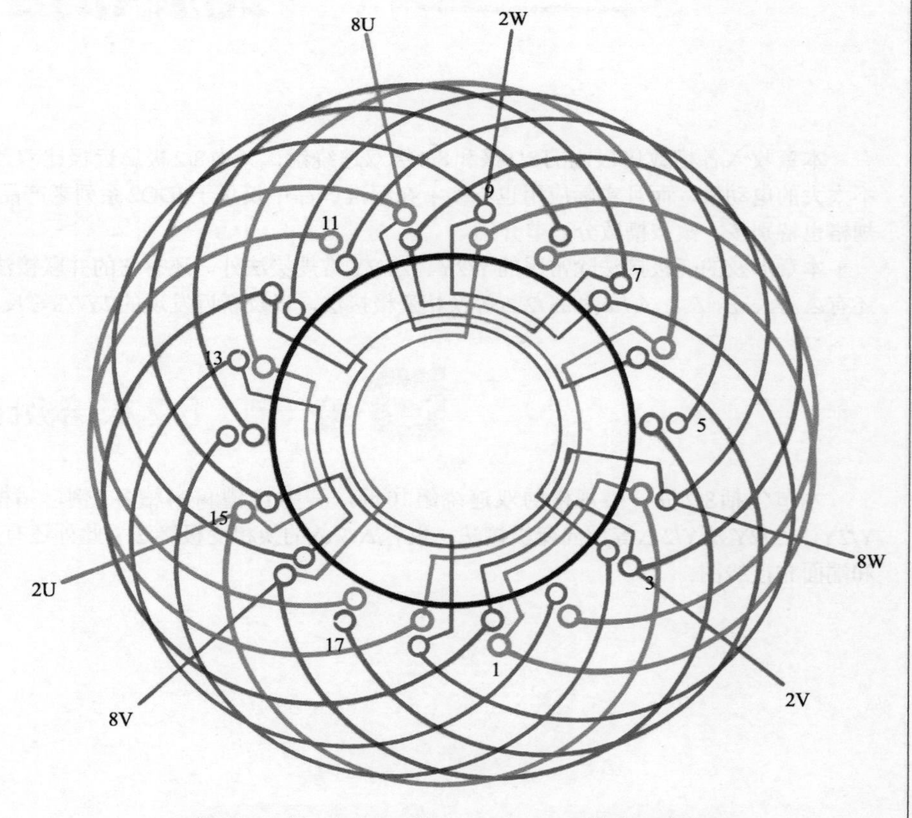

图3-1（b） 8/2极18槽（y=7）△/2Y接法双速绕组

二、8/2极18槽（y=7）Y/2Y接法双速绕组

1.绕组结构参数

定子槽数　Z=18　　双速极数　$2p$=8/2
总线圈数　Q=18　　变极接法　Y/2Y
线圈组数　u=18　　每组圈数　S=1
每槽电角　α=80°/20°　　线圈节距　y=7
绕组极距　τ=2.25/9　　极相槽数　q=0.75/3
分布系数　K_{d8}=0.862　　K_{d2}=0.778
节距系数　K_{p8}=0.985　　K_{p2}=0.94
绕组系数　K_{dp8}=0.849　　K_{dp2}=0.731
出线根数　c=6

2.绕组布接线特点

本例为Y/2Y变极接法，而绕组全部采用单圈布线，故使线圈组数较上例增加，以致接线较繁，但绕组系数则略高于上例。此绕组也无双速实例，仅用作72槽32/8极双速绕组的图模。

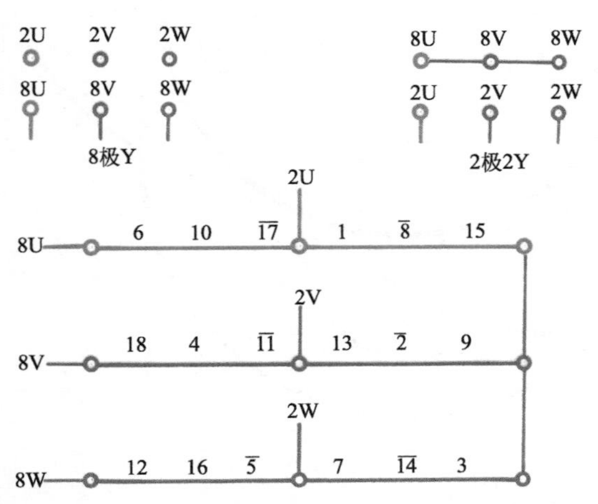

图3-2（a） 8/2极18槽Y/2Y双速简化接线图

3.双速变极接法与简化接线图

本双速绕组采用Y/2Y变极接法，即8极时是三相接成Y形，而2极换接成2Y。变极绕组简化接线如图3-2（a）所示。

4. 8/2极双速Y/2Y绕组端面布接线图

本例绕组是双层叠式布线，端面布接线如图3-2（b）所示。

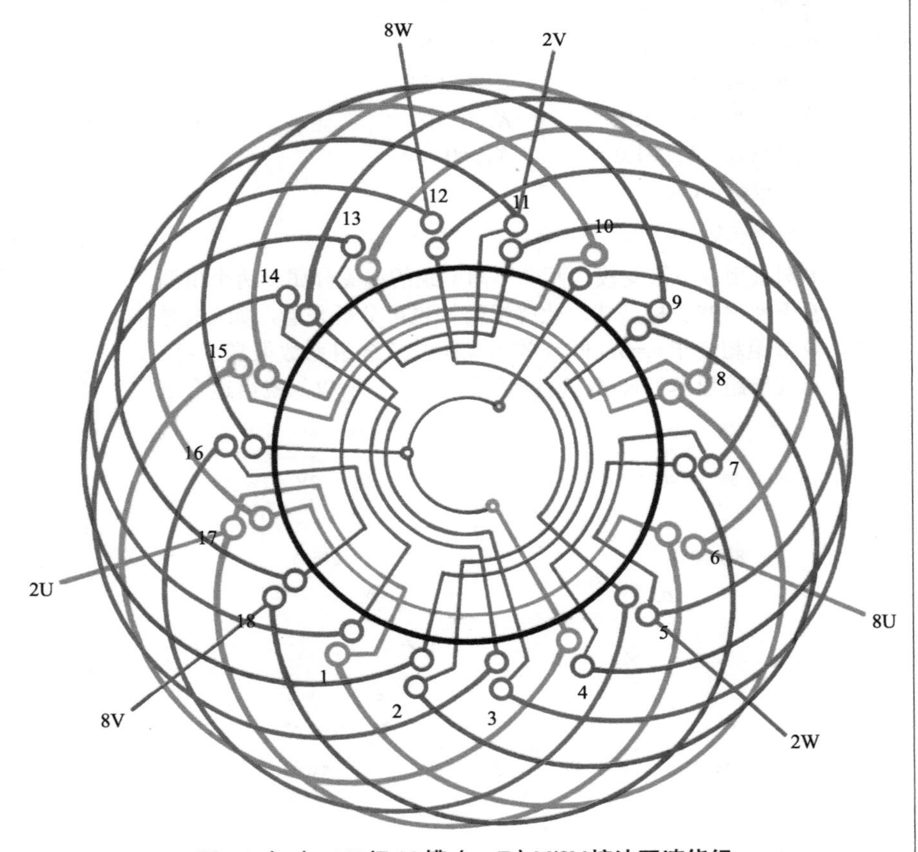

图3-2（b） 8/2极18槽（y=7）Y/2Y接法双速绕组

三、8/2极24槽（y=9、3）△/2Y接法（单层双节距变极）双速绕组

1.绕组结构参数

定子槽数	Z=24	双速极数	$2p$=8/2
总线圈数	Q=12	变极接法	△/2Y
线圈组数	u=12	每组圈数	S=1
每槽电角	α=60°/15°	线圈节距	y=9、3
绕组极距	τ=3/12	极相槽数	q=1/4
分布系数	K_{d8}=1.0		K_{d2}=0.654
节距系数	K_{p8}=1.0		K_{p2}=0.707
绕组系数	K_{dp8}=1.0		K_{dp2}=0.462
出线根数	c=6		

2.绕组布接线特点

本例采用双节距变极，两个不同节距的线圈分属于两个单圈组，属于特殊的变极型式。此绕组结构也可分解来看，如8极时其等效节距相当于y_8=3，即等效为满距，故绕组系数很高；而2极时等效节距相当于y_2=6，而绕组系数很低。所以，绕组适合于低速正常工作，高速则用于辅助运行的场合。

3.双速变极接法与简化接线图

本例采用△/2Y接法双节距布线的特殊型式变极。变极绕组简化接线如图3-3（a）所示。

4. 8/2极双速△/2Y绕组端面布接线图

本例是单层双节距布线，端面布接线如图3-3（b）所示。

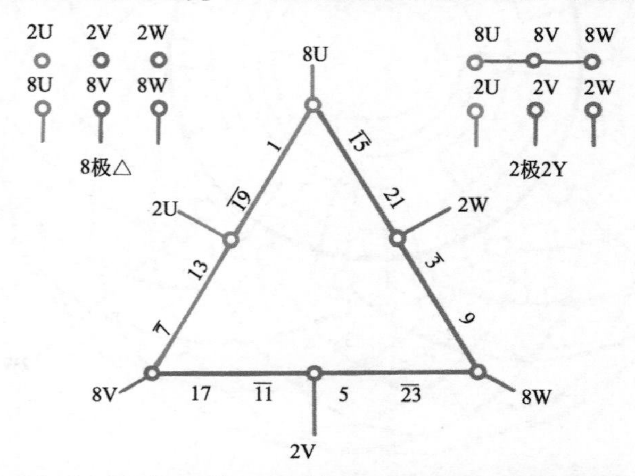

图3-3（a） 8/2极24槽△/2Y(单层双节距变极)双速简化接线图

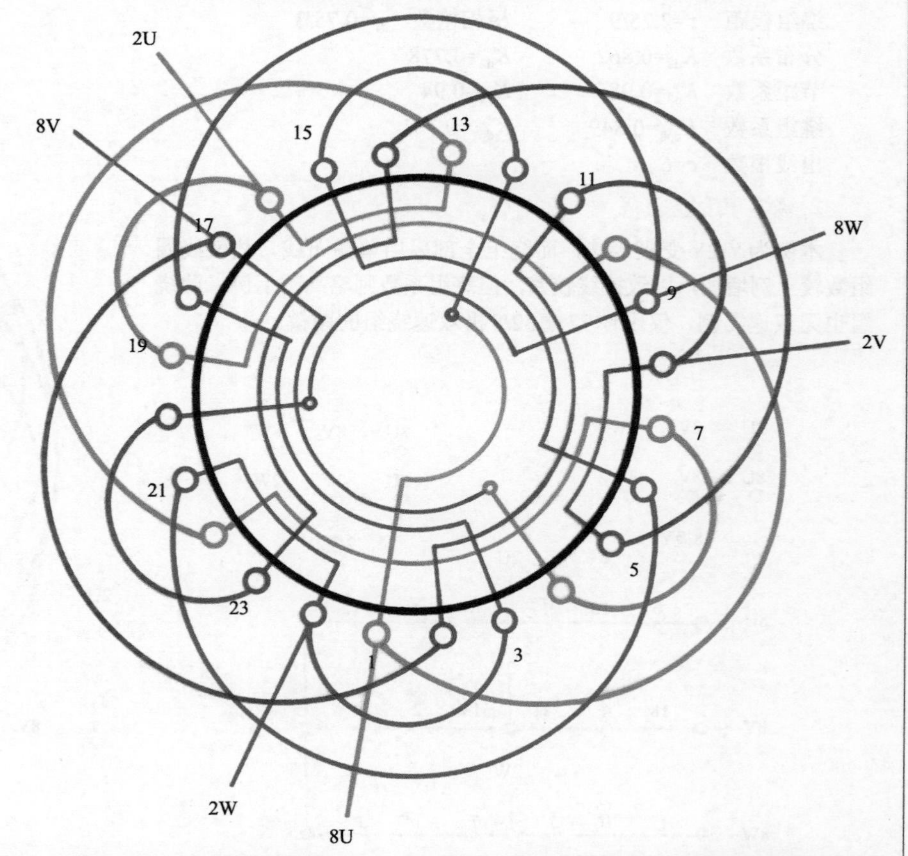

图3-3（b） 8/2极24槽（y=9、3）△/2Y接法（单层双节距变极）双速绕组

四、* 8/2极24槽（S=2）△/2Y接法（单层同心式布线）双速绕组

1.绕组结构参数

定子槽数	Z=24	双速极数	$2p$=8/2
总线圈数	Q=12	变极接法	△/2Y
线圈组数	u=6	每组圈数	S=2
每槽电角	α=60°/15°	线圈节距	y=11、9
绕组极距	τ=3/12	极相槽数	q=1/4
分布系数	K_{d8}=0.75	K_{d2}=0.957	
节距系数	K_{p8}=0.866	K_{p2}=1.0	
绕组系数	K_{dp8}=0.65	K_{dp2}=0.957	
出线根数	c=6		

2.绕组布接线特点

本例是单层布线的同心式双速绕组，绕组结构简单；全绕组由6组同心线圈组成，每相只有2组线圈。接线以8极为基准，使2组双圈同极性串联，再接成一路△形；而2极时电源从每相中点接入，并把8U、8V、8W连成星点，从而构成二路Y形接线。

3.双速变极接法与简化接线图

本例双速绕组采用△/2Y变极接法，即8极时为△形，2极再换接成2Y。变极绕组简化接线如图3-4（a）所示。

4. 8/2极双速△/2Y绕组端面布接线图

本例是单层同心式布线，绕组端面布接线如图3-4（b）所示。

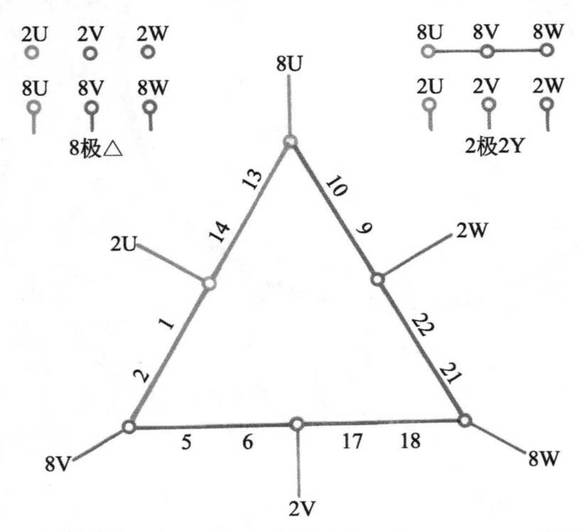

图3-4（a） 8/2极24槽△/2Y（单层同心式布线）双速简化接线图

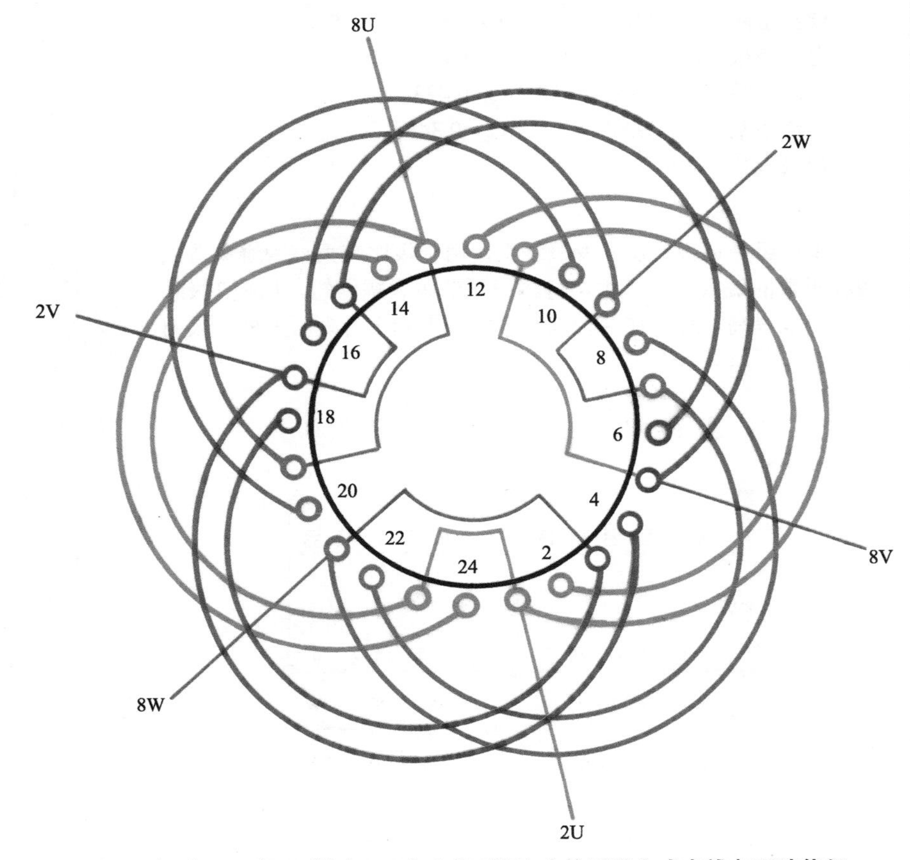

图3-4（b） 8/2极24槽（S=2）△/2Y接法（单层同心式布线）双速绕组

五、8/2极36槽（y=5）Y/2Y接法双速绕组

1.绕组结构参数

定子槽数　Z=36　　双速极数　$2p$=8/2

总线圈数　Q=36　　变极接法　Y/2Y

线圈组数　u=18　　每组圈数　S=2

每槽电角　α=40°/10°　　线圈节距　y=5

绕组极距　τ=4.5/18　　极相槽数　q=1.5/6

分布系数　K_{d8}=0.902　　K_{d2}=0.823

节距系数　K_{p8}=0.985　　K_{p2}=0.423

绕组系数　K_{dp8}=0.888　　K_{dp2}=0.348

出线根数　c=6

2.绕组布接线特点

本绕组是远极比反向变极绕组，由于极比较大，为避免造成两种极数的磁密相差过大，特将线圈节距大幅缩短，以使2极时磁密得以提高，从而使两种极数下的磁密趋于合理。另外，采用小节距可使嵌线方便。

3.双速变极接法与简化接线图

本例双速绕组采用Y/2Y接法，即8极时为一路Y形，2极则换接成二路Y形。变极绕组简化接线如图3-5（a）所示。

4. 8/2极双速Y/2Y绕组端面布接线图

本例绕组采用双层叠式布线，端面布接线如图3-5（b）所示。

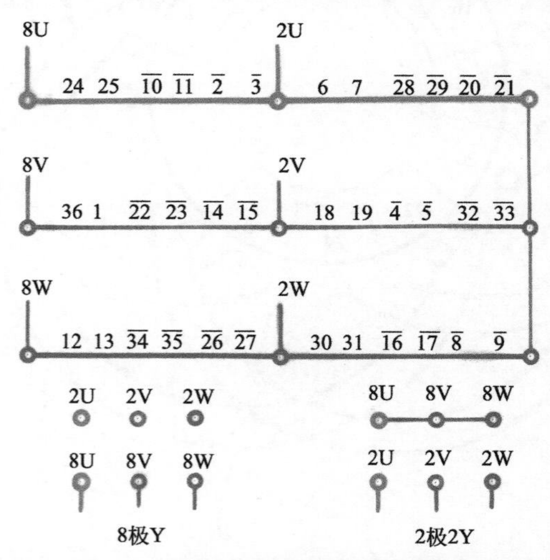

图3-5（a） 8/2极36槽Y/2Y双速简化接线图

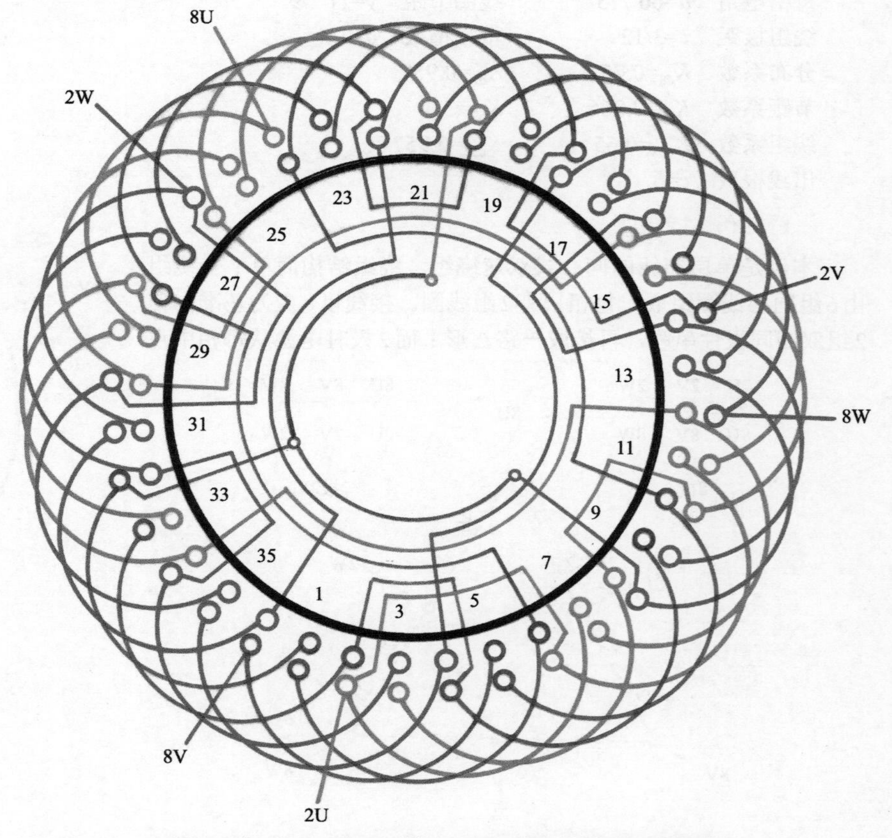

图3-5（b） 8/2极36槽（y=5）Y/2Y接法双速绕组

六、8/2极36槽（y=15）Y/2Y接法双速绕组

1.绕组结构参数

定子槽数	Z=36	双速极数	$2p$=8/2
总线圈数	Q=36	变极接法	Y/2Y
线圈组数	u=24	每组圈数	S=2、1
每槽电角	α=40°/10°	线圈节距	y=15
绕组极距	τ=4.5/18	极相槽数	q=1.5/6
分布系数	K_{d8}=0.945	K_{d2}=0.765	
节距系数	K_{p8}=0.866	K_{p2}=0.966	
绕组系数	K_{dp8}=0.82	K_{dp2}=0.74	
出线根数	c=6		

2.绕组布接线特点

本绕组每相由8组单、双圈线圈组构成，分为两个变极组。此绕组是以8极为基准极，采用非正规分布排列双速。本例绕组不但线圈组数多，接线较繁，而且选用节距较大，故工艺性较差，但绕组系数接近，适用于两种转速下出力相当的场合。变速特性属恒矩输出；转矩比T_8/T_2=1.11，功率比P_8/P_2=0.554。

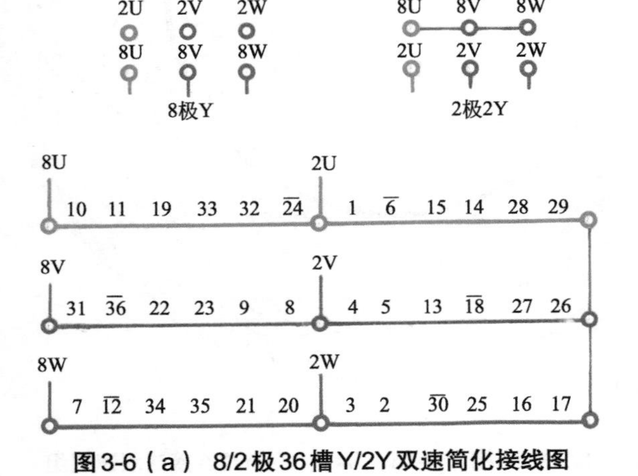

图3-6（a） 8/2极36槽Y/2Y双速简化接线图

3.双速变极接法与简化接线图

本例采用Y/2Y变极接法，8极时用Y形，2极换接成2Y。变极绕组简化接线如图3-6（a）所示。

4. 8/2极双速Y/2Y绕组端面布接线图

本例采用双层叠式布线，端面布接线如图3-6（b）所示。

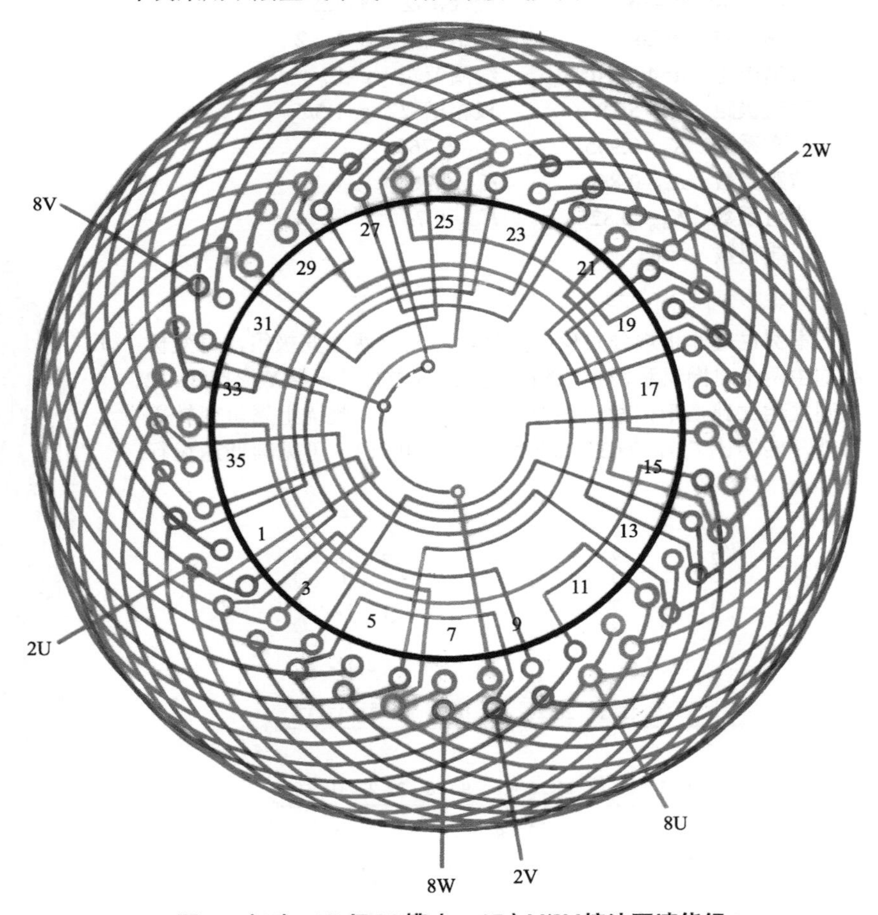

图3-6（b） 8/2极36槽（y=15）Y/2Y接法双速绕组

七、8/2极36槽（y=15，S=1、2）Y/2△接法双速绕组

1.绕组结构参数

定子槽数	Z=36	双速极数	$2p$=8/2
总线圈数	Q=36	变极接法	Y/2△
线圈组数	u=24	每组圈数	S=1、2
每槽电角	α=40°/10°	线圈节距	y=15
绕组极距	τ=4.5/18	极相槽数	q=1.5/6
分布系数	K_{d8}=0.945	K_{d2}=0.765	
节距系数	K_{p8}=0.866	K_{p2}=0.966	
绕组系数	K_{dp8}=0.82	K_{dp2}=0.74	
出线根数	c=8		

2.绕组布接线特点

本例也是非正规分布反向变极，每相有两个变极组，每变极组均由两个单圈组和两个双圈组构成。8极时是一路Y形接线，2极则采用二路△形，故出线要比上例多2根。此绕组属可变转矩特性，转矩比T_8/T_2=0.631，功率比P_8/P_2=0.319。可见其低速运行的功率输出比很低，仅有高速输出的三分之一。

图3-7（a） 8/2极36槽Y/2△双速简化接线图

3.双速变极接法与简化接线图

本例采用Y/2△变极接法，即8极时为Y形；变换2极为2△形。变极绕组简化接线如图3-7（a）所示。

4. 8/2极双速Y/2△绕组端面布接线图

本例采用双层叠式布线，端面布接线如图3-7（b）所示。

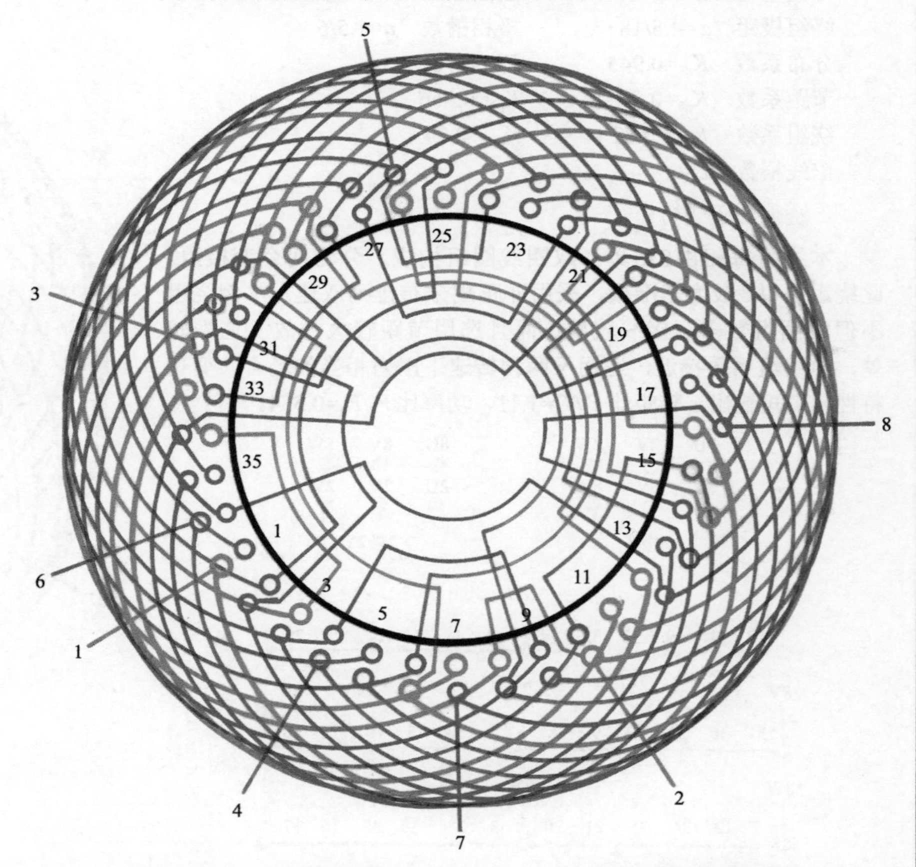

图3-7（b） 8/2极36槽（y=15，S=1、2）Y/2△接法双速绕组

八、8/2极36槽（y=15、S=3）Y/2△接法双速绕组

1.绕组结构参数

定子槽数	Z=36	双速极数	$2p$=8/2
总线圈数	Q=36	变极接法	Y/2△
线圈组数	u=12	每组圈数	S=3
每槽电角	α=40°/10°	线圈节距	y=15
绕组极距	τ=4.5/18	极相槽数	q=1.5/6
分布系数	K_{d8}=0.844	K_{d2}=0.70	
节距系数	K_{p8}=0.866	K_{p2}=0.966	
绕组系数	K_{dp8}=0.731	K_{dp2}=0.676	
出线根数	c=8		

2.绕组布接线特点

本例是正规分布变极方案，两种转速的转向相同。绕组以8极为基准排出120°相带的庶极绕组，再反向得2极。每变极组由2个三联组构成，绕组接线较简，但绕组系数稍低且比较接近。绕组属可变转矩特性，转矩比T_8/T_2=0.311，功率比P_8/P_2=0.616。应用实例有JDO2-31-8/2等。

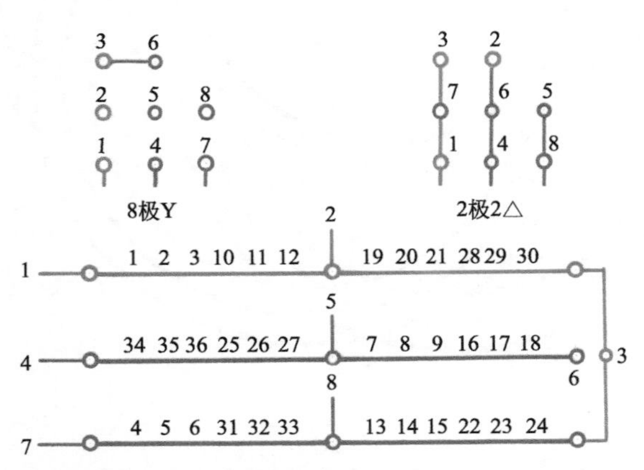

图3-8（a） 8/2极36槽Y/2△双速简化接线图

3.双速变极接法与简化接线图

本例双速绕组采用Y/2△变极接法，即8极为一路Y形，变换2极时改为二路△形。变极绕组简化接线如图3-8（a）所示。

4. 8/2极双速Y/2△绕组端面布接线图

本例是双层叠式绕组，端面布接线如图3-8（b）所示。

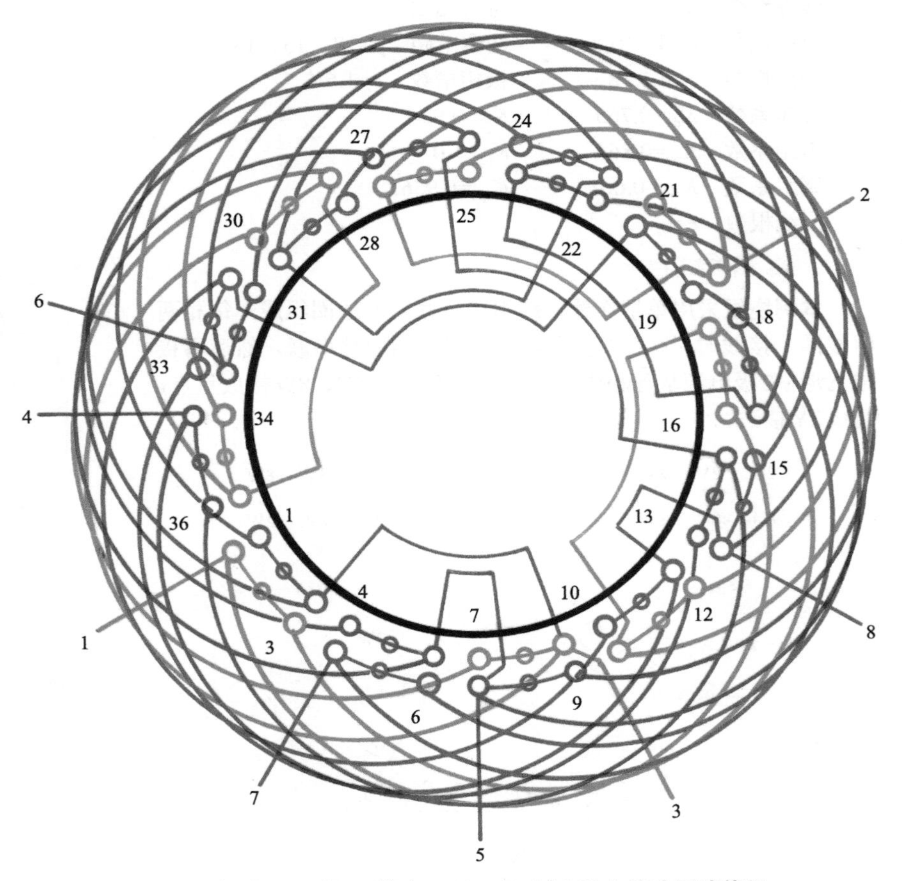

图3-8（b） 8/2极36槽（y=15、S=3）Y/2△接法双速绕组

九、* 8/2极36槽（S=3）△/2Y接法（单层同心式布线）双速绕组

1.绕组结构参数

定子槽数	Z=36	双速极数	$2p$=8/2
总线圈数	Q=18	变极接法	△/2Y
线圈组数	u=6	每组圈数	S=3
每槽电角	α=40°/10°	线圈节距	y=17、15、13
绕组极距	τ=4.5/18	极相槽数	q=1.5/6
分布系数	K_{d8}=0.765	K_{d2}=0.956	
节距系数	K_{p8}=0.866	K_{p2}=1.0	
绕组系数	K_{dp8}=0.663	K_{dp2}=0.956	
出线根数	c=6		

2.绕组布接线特点

本例绕组采用单层布线，绕组由三联同心线圈组成，每相两组线圈，接线时以8极为基准，将两组线圈顺接串联，然后再接成△形；2极电源从各相中点接入，并将8U、8V、8W接成星点，构成2Y接法。

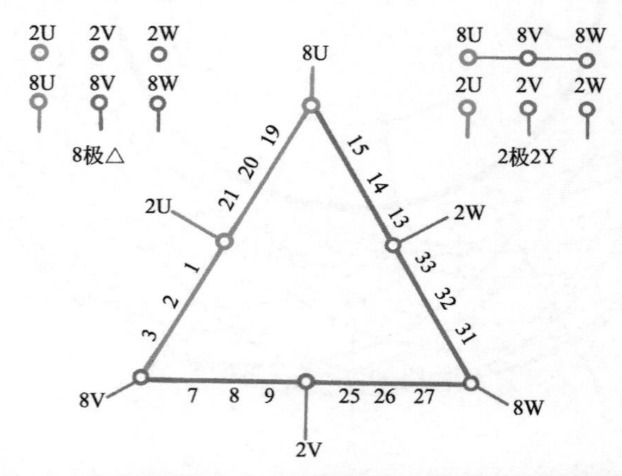

图3-9（a） 8/2极36槽△/2Y（单层同心式布线）双速简化接线图

3.双速变极接法与简化接线图

本例采用△/2Y变极接法，8极时接成一路△形，2极则接成二路Y形。变极绕组简化接线如图3-9（a）所示。

4. 8/2极双速△/2Y绕组端面布接线图

本例是单层同心式布线，端面布接线如图3-9（b）所示。

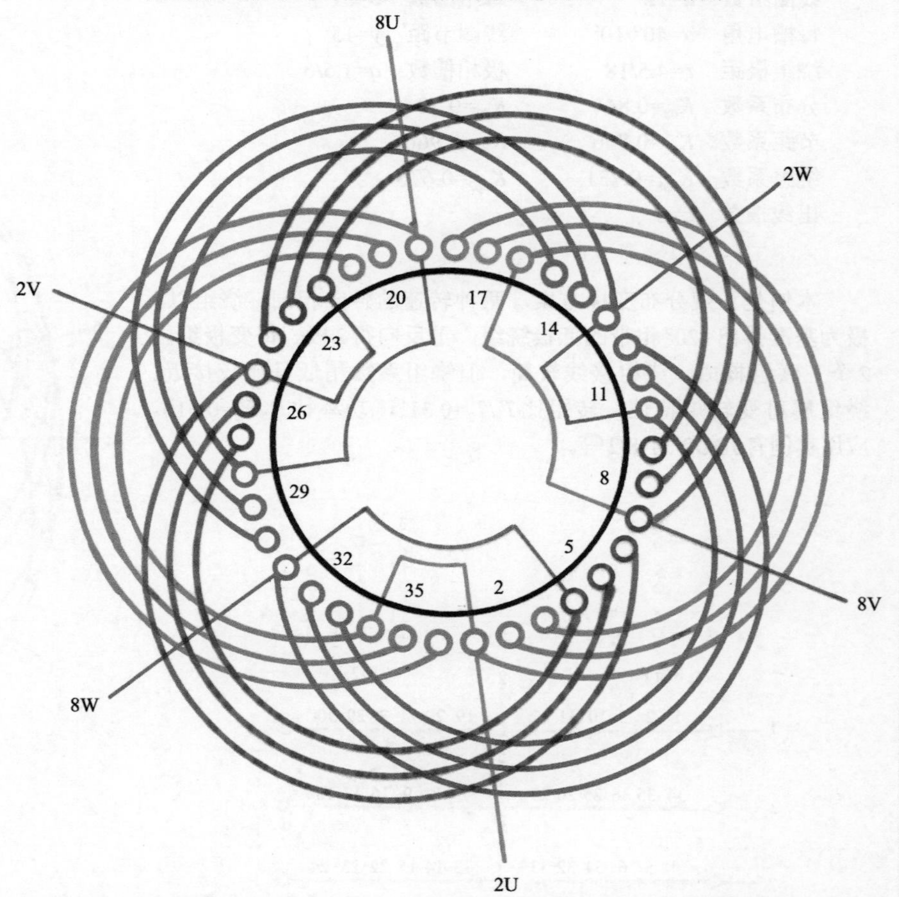

图3-9（b） 8/2极36槽（S=3）△/2Y接法(单层同心式布线)双速绕组

十、8/2极48槽（y=17）△/2△接法（换相变极同转向）双速绕组

1.绕组结构参数

定子槽数 Z=48　　双速极数 $2p$=8/2

总线圈数 Q=48　　变极接法 △/2△

线圈组数 u=24　　每组圈数 S=2

每槽电角 α=30°/7.5°　　线圈节距 y=17

绕组极距 τ=6/24　　极相槽数 q=2/8

分布系数 K_{d8}=0.855　　K_{d2}=0.859

节距系数 K_{p8}=0.966　　K_{p2}=0.896

绕组系数 K_{dp8}=0.826　　K_{dp2}=0.77

出线根数 c=6

2.绕组布接线特点

本例绕组采用△/2△换相变极接线，8极时弃用2U、2V、2W，电源从8U、8V、8W进入；2极时将8U与2U、8V与2V、8W与2W连接并作为电源进入端，使部分线圈换相，并构成二路△形接法。本绕组用于塔式吊车，与16/4极组成四速电动机。

3.双速变极接法与简化接线图

本例采用△/2△换相变极接法，8极时为一路△形；换接到2△时构成2极。变极绕组简化接线如图3-10（a）所示。

4. 8/2极双速△/2△绕组端面布接线图

本例是双层叠式布线，端面布接线如图3-10（b）所示。

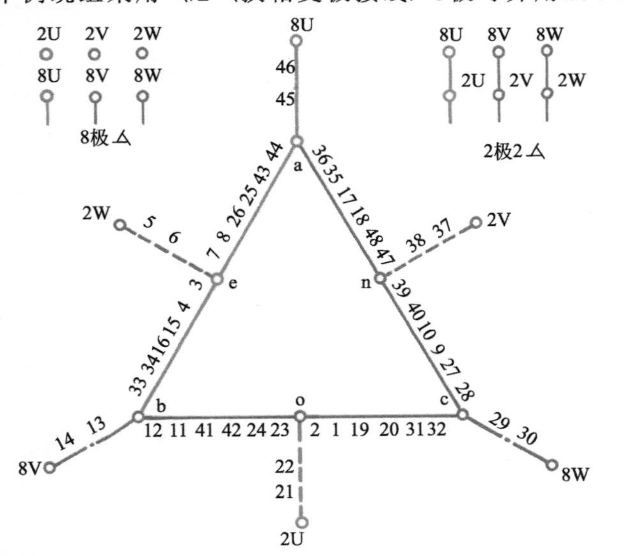

图3-10（a） 8/2极48槽△/2△（换相变极同转向）双速简化接线图

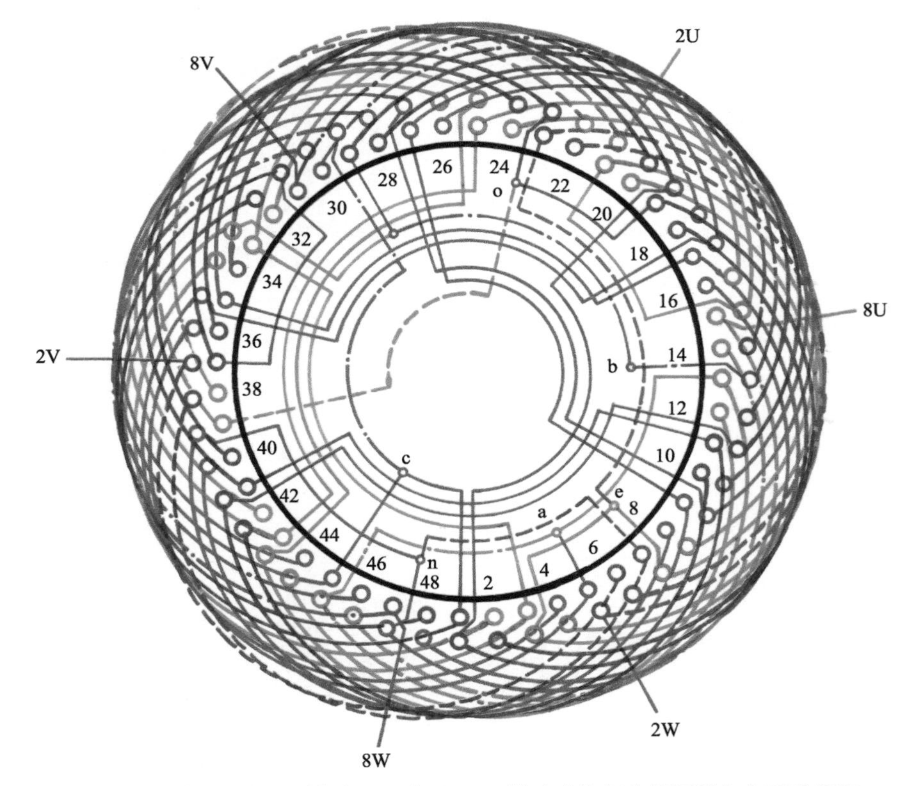

图3-10（b） 8/2极48槽（y=17）△/2△接法（换相变极同转向）双速绕组

第二节　8/4 极 24、36 槽倍极比双速绕组

本节8/4极包括24槽和36槽双速，其中24槽仅2例，分别采用反向法变极和换相法变极。其余是36槽双速，变极接法非常多样，有反向法变极的△/2Y、Y/2Y、2△/4Y及2Y/4Y四种；而换相法也有三种，如△/△、◬/◬、⧍/2⧍。下面是本节收入的8/4极24、36槽双速绕组简化接线图和端面布接线图共计9例。

一、8/4极24槽（y=3）△/2Y接法双速绕组

1. 绕组结构参数

定子槽数	Z=24	双速极数	$2p$=8/4
总线圈数	Q=24	变极接法	△/2Y
线圈组数	u=12	每组圈数	S=2
每槽电角	α=60°/30°	线圈节距	y=3
绕组极距	τ=3/6	极相槽数	q=1/2
分布系数	K_{d8}=0.866		K_{d4}=0.966
节距系数	K_{p8}=1.0		K_{p4}=0.707
绕组系数	K_{dp8}=0.866		K_{dp4}=0.683
出线根数	c=6		

2. 绕组布接线特点

本例是倍极比正规分布双速绕组，4极是60°相带，8极是120°相带庶极绕组。本绕组两种转速下的转向相反；而输出特性为变矩特性，转矩比T_8/T_4=2.19，功率比P_8/P_4=1.1。主要应用实例有JDO2-12-8/4等。

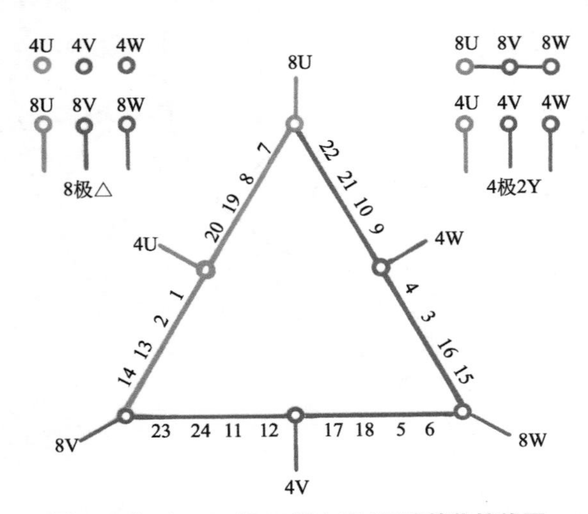

图3-11（a） 8/4极24槽△/2Y双速简化接线图

3. 双速变极接法与简化接线图

本例采用△/2Y反向变极接法，8极时三相接成一路△形；4极则换接到二路Y形。变极绕组简化接线如图3-11（a）所示。

4. 8/4极双速△/2Y绕组端面布接线图

本例是双层叠式布线，端面布接线如图3-11（b）所示。

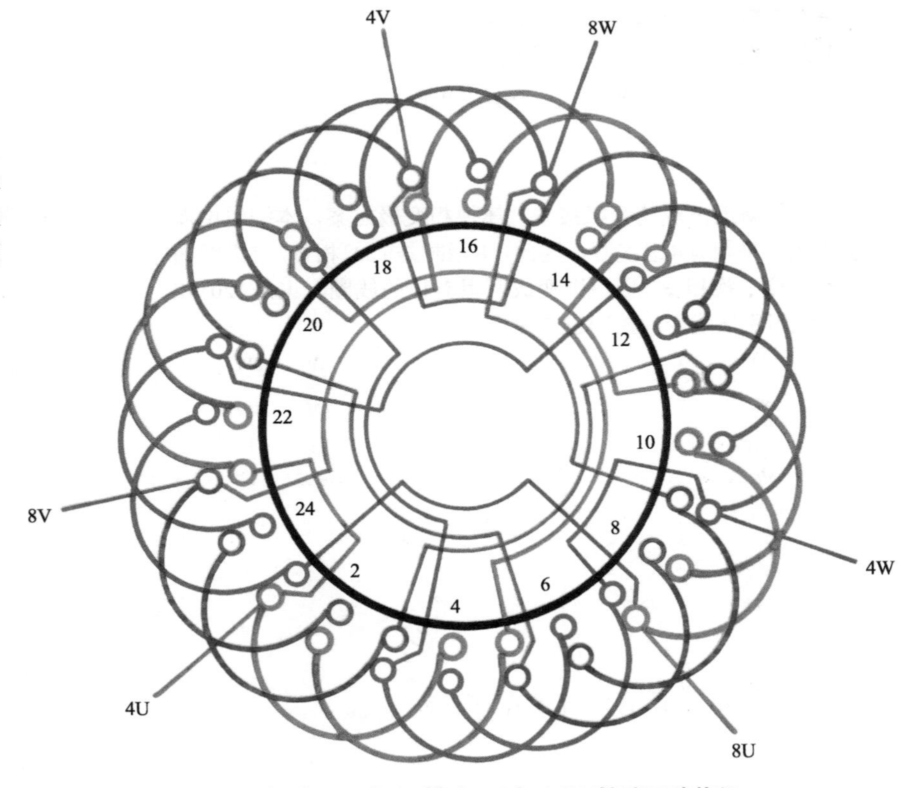

图3-11（b） 8/4极24槽（y=3）△/2Y接法双速绕组

二、* 8/4极24槽（y=3）△/△接法（换相变极）双速绕组

1.绕组结构参数

定子槽数	Z=24	双速极数	$2p$=8/4
总线圈数	Q=24	变极接法	△/△
线圈组数	u=12	每组圈数	S=2
每槽电角	α=60°/30°	线圈节距	y=3
绕组极距	τ=3/6	极相槽数	q=1/2
分布系数	K_{d8}=0.866		K_{d4}=0.966
节距系数	K_{p8}=1.0		K_{p4}=0.707
绕组系数	K_{dp8}=0.866		K_{dp4}=0.683
出线根数	c=6		

2.绕组布接线特点

本例是新近出现的变极接线，属换相变极方案，本绕组由双圈组构成，每相有4组线圈，因此，8极时是120°相带，4组线圈同极性串联；换相变4极后则变成两组对称的线圈，也是120°相带。此绕组引出线少，控制也方便。

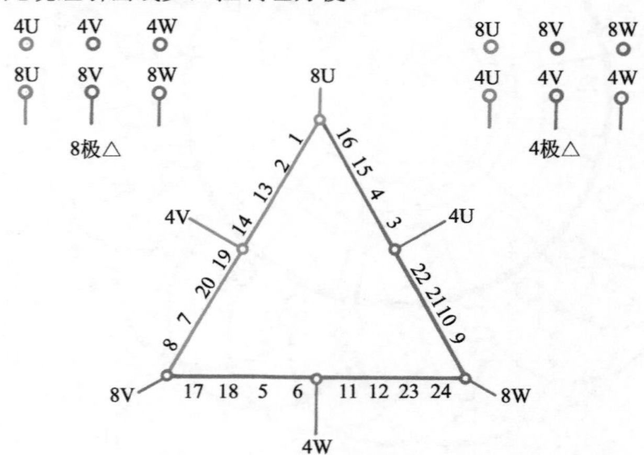

图3-12（a） 8/4极24槽△/△（换相变极）双速简化接线图

3.双速变极接法与简化接线图

本例是换相变极双速，采用△/△接法，8极和4极都是一路△形。变极绕组简化接线如图3-12（a）所示。

4. 8/4极双速△/△绕组端面布接线图

本例是换相变极双速，采用双层叠式布线，绕组端面布接线如图3-12（b）所示。

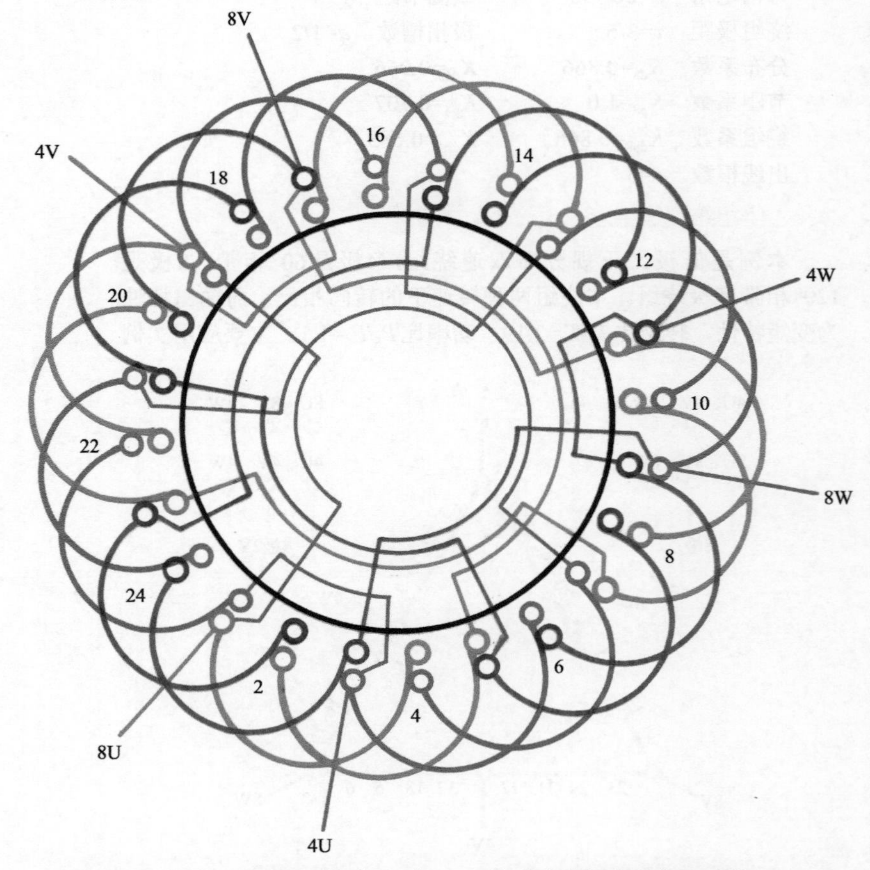

图3-12（b） 8/4极24槽（y=3）△/△接法（换相变极）双速绕组

三、8/4极36槽（y=5）△/2Y接法双速绕组

1.绕组结构参数

定子槽数	Z=36	双速极数	$2p$=8/4
总线圈数	Q=36	变极接法	△/2Y
线圈组数	u=12	每组圈数	S=3
每槽电角	α=40°/20°	线圈节距	y=5
绕组极距	τ=4.5/9	极相槽数	q=1.5/3
分布系数	K_{d8}=0.844		K_{d4}=0.96
节距系数	K_{p8}=0.985		K_{p4}=0.766
绕组系数	K_{dp8}=0.831		K_{dp4}=0.735
出线根数	c=6		

2.绕组布接线特点

本例采用倍极比正规分布方案。以4极为基准，反向法得8极；两种转速下的转向相反。绕组由三联组构成，每相4组。接线时按简化接线图串联而成一路△形。8极则换接成二路Y形。电动机转矩比T_8/T_4=1.95，功率比P_8/P_4=0.98。实用型号有YD132-8/4等。

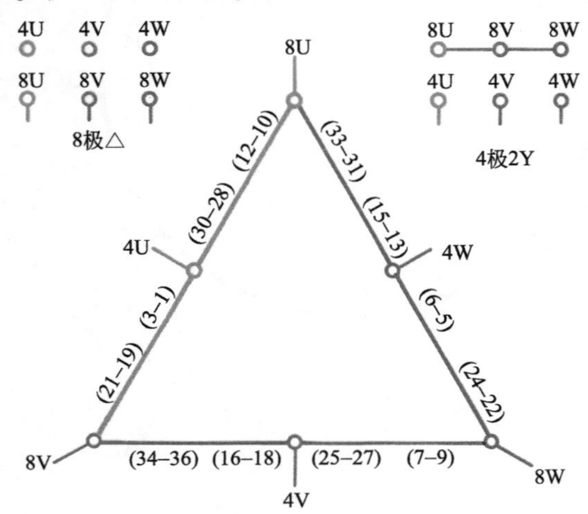

图3-13（a） 8/4极36槽△/2Y双速简化接线图

3.双速变极接法与简化接线图

本例双速绕组是△/2Y变极接法，即8极时三相接成△形，4极则改接成2Y。变极绕组简化接线如图3-13（a）所示。

4. 8/4极双速△/2Y绕组端面布接线图

本例是双层叠式布线，绕组端面布接线如图3-13（b）所示。

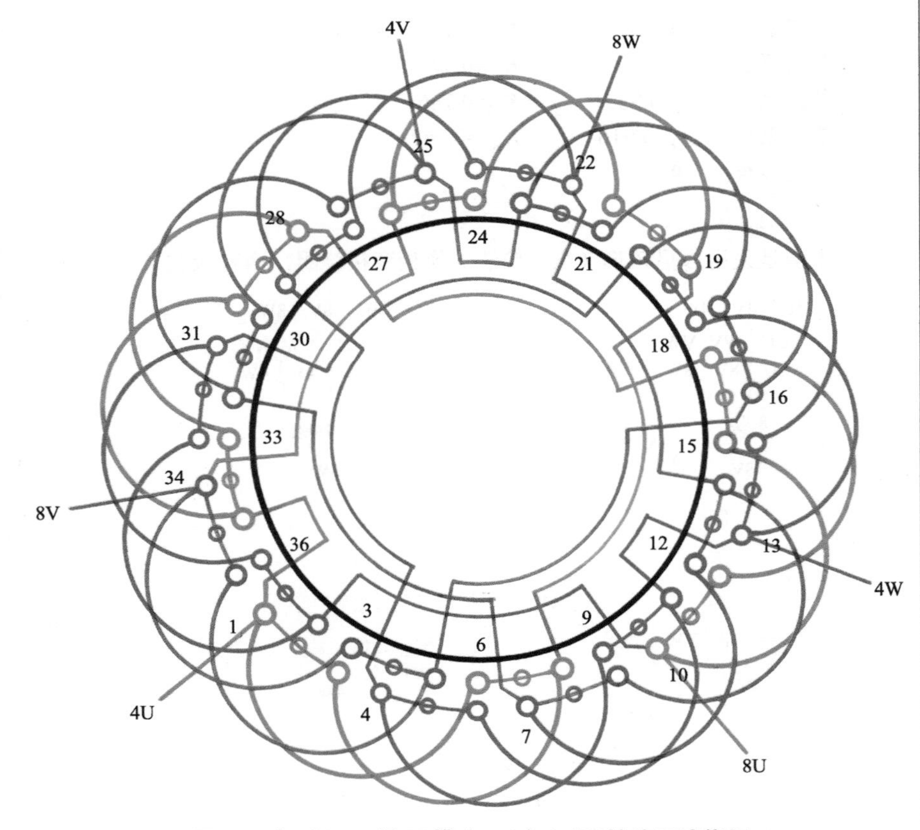

图3-13（b） 8/4极36槽（y=5）△/2Y接法双速绕组

四、8/4极36槽（y=5）△/△接法（换相变极）双速绕组

1.绕组结构参数

定子槽数	Z=36	双速极数	$2p$=8/4
总线圈数	Q=36	变极接法	△/△
线圈组数	u=18	每组圈数	S=2
每槽电角	α=40°/20°	线圈节距	y=5
绕组极距	τ=4.5/9	极相槽数	q=1.5/3
分布系数	K_{d8}=0.93	K_{d4}=0.975	
节距系数	K_{p8}=0.985	K_{p4}=0.766	
绕组系数	K_{dp8}=0.916	K_{dp4}=0.747	
出线根数	c=9		

2.绕组布接线特点

本例是采用内星角形（△）接法的换相变极绕组，两种极数均以60°相带布线，故其绕组系数都较高，且谐波分量较低，但因正常工作时多用8极，故选用节距时偏重于8极，从而确保8极绕组系数高于4极。

3.双速变极接法与简化接线图

本例是换相变极双速，采用△/△接法，8极和4极均为△形接线。变极绕组简化接线如图3-14（a）所示。

4. 8/4极双速△/△绕组端面布接线图

本例是采用双层叠式布线，绕组端面布接线如图3-14（b）所示。

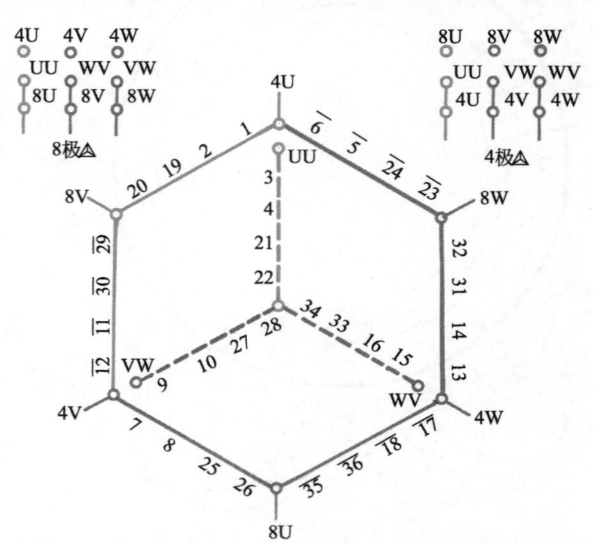

图3-14（a） 8/4极36槽△/△（换相变极）双速简化接线图

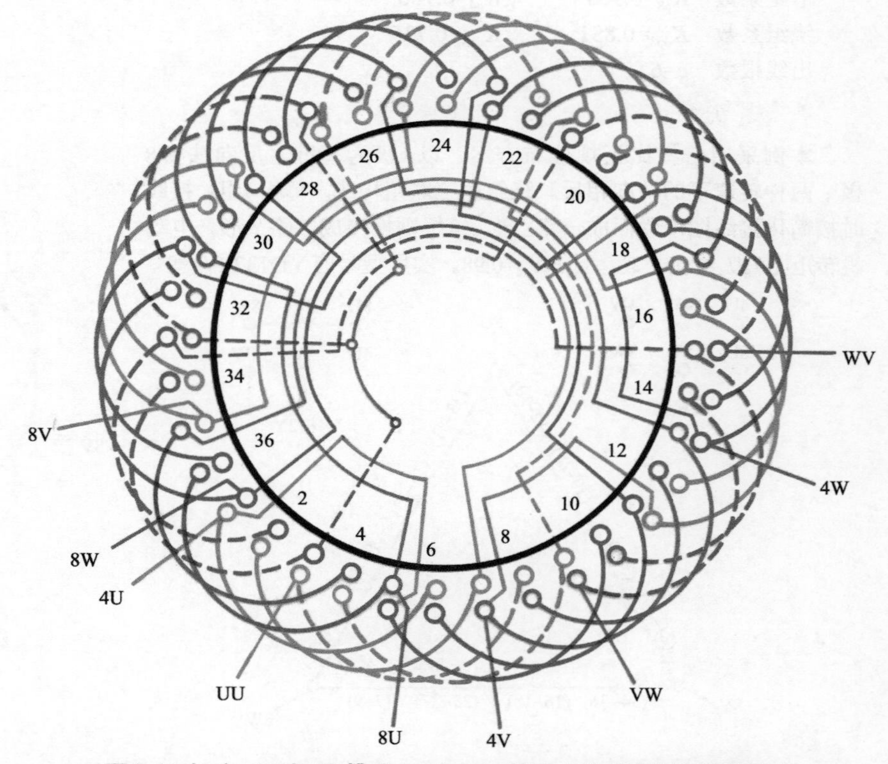

图3-14（b） 8/4极36槽（y=5）△/△接法（换相变极）双速绕组

五、8/4极36槽（y=5）△/2△接法（换相变极反转向）双速绕组

1. 绕组结构参数

定子槽数	Z=36	双速极数	$2p$=8/4
总线圈数	Q=36	变极接法	△/2△
线圈组数	u=24	每组圈数	S=1、2
每槽电角	α=40°/20°	线圈节距	y=5
绕组极距	τ=4.5/9	极相槽数	q=1.5/3
分布系数	K_{d8}=0.85		K_{d4}=0.99
节距系数	K_{p8}=0.986		K_{p4}=0.768
绕组系数	K_{dp8}=0.838		K_{dp4}=0.76
出线根数	c=6		

2. 绕组布接线特点

本例是换相变极双速，绕组采用延边三角形（△）接法，8极时电源从8U、8V、8W接入，弃用4U、4V、4W使绕组成为一路△形；4极时将8U与4U，8V与4V，8W与4W分别连接构成二路△形。此绕组用于小型电葫芦及小型带式运输机的双速电动机。

3. 双速变极接法与简化接线图

本例采用△/2△换相变极接法，8极时接成△形，4极换接为2△。变极绕组简化接线如图3-15（a）所示。

4. 8/4极双速△/2△绕组端面布接线图

本例是双层叠式布线，端面布接线如图3-15（b）所示。

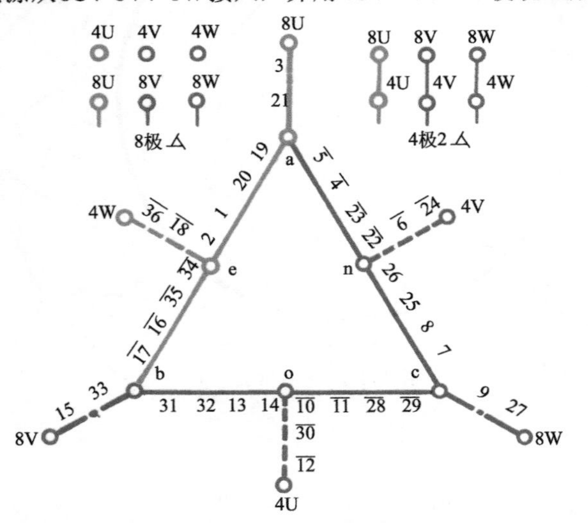

图3-15（a） 8/4极36槽△/2△（换相变极反转向）双速简化接线图

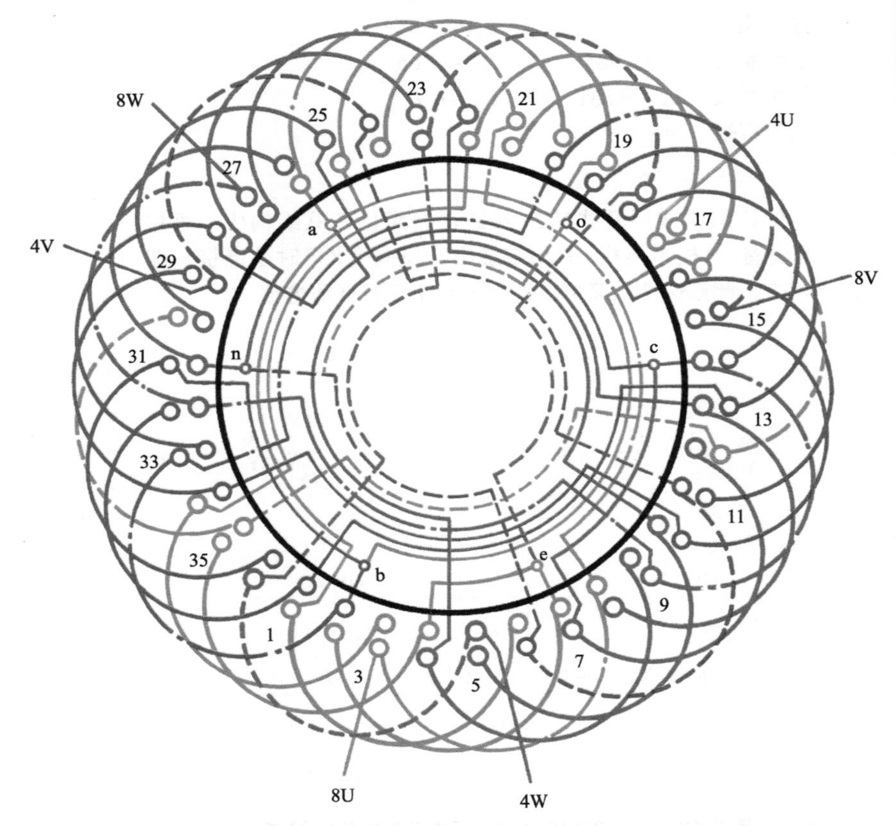

图3-15（b） 8/4极36槽（y=5）△/2△接法（换相变极反转向）双速绕组

六、* 8/4极36槽（y=5）Y/2Y接法双速绕组

1.绕组结构参数

定子槽数	Z=36	双速极数	$2p$=8/4
总线圈数	Q=36	变极接法	Y/2Y
线圈组数	u=12	每组圈数	S=3
每槽电角	α=40°/20°	线圈节距	y=5
绕组极距	τ=4.5/9	极相槽数	q=1.5/3
分布系数	K_{d8}=0.844		K_{d4}=0.96
节距系数	K_{p8}=0.985		K_{p4}=0.766
绕组系数	K_{dp8}=0.831		K_{dp4}=0.735
出线根数	c=6		

2.绕组布接线特点

本例绕组是双层叠式Y/2Y接线，绕组由三联组构成，每相有4组线圈，4极是显极60°相带绕组，反向变8极时是庶极，即120°相带。此双速结构简单，选用节距小而且嵌线方便。

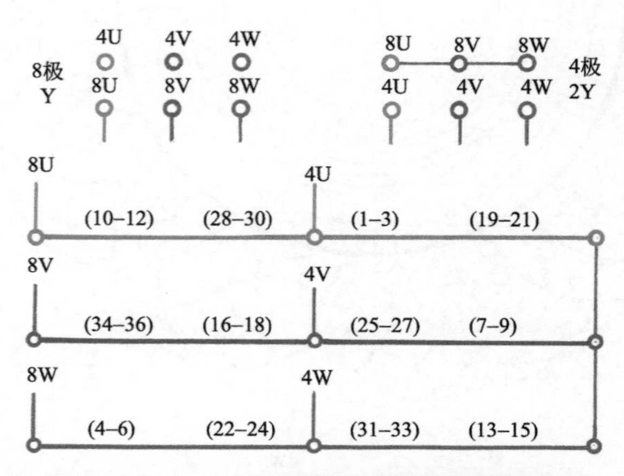

图3-16（a） 8/4极36槽Y/2Y双速简化接线图

3.双速变极接法与简化接线图

本例采用Y/2Y变极接法，即8极时三相接成一路Y，星点在机内；4极则变换成二路Y形，另一星点是将8U、8V、8W联结而成。变极绕组简化接线如图3-16（a）所示。

4. 8/4极双速Y/2Y绕组端面布接线图

本例是双层叠式布线，绕组端面布接线如图3-16（b）所示。

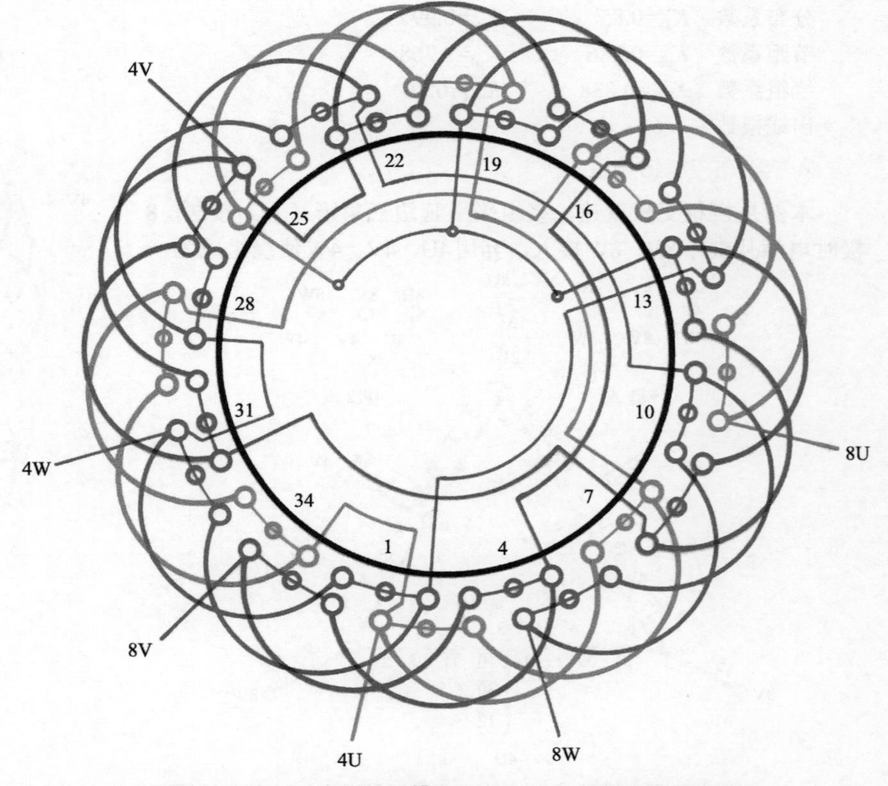

图3-16（b） 8/4极36槽（y=5）Y/2Y接法双速绕组

七、* 8/4极36槽（y=5）2△/4Y接法双速绕组

1.绕组结构参数

定子槽数	Z=36	双速极数	$2p$=8/4
总线圈数	Q=36	变极接法	2△/4Y
线圈组数	u=12	每组圈数	S=3
每槽电角	α=40°/20°	线圈节距	y=5
绕组极距	τ=4.5/9	极相槽数	q=1.5/3
分布系数	K_{d8}=0.844	K_{d4}=0.96	
节距系数	K_{p8}=0.985	K_{p4}=0.766	
绕组系数	K_{dp8}=0.831	K_{dp4}=0.735	
出线根数	c=6		

2.绕组布接线特点

本例双速采用双层叠式布线，每相由4个三联线圈组成。绕组选用节距较短，利于嵌线。而2△/4Y接线是△/2Y接线的并联接法，它适用于功率较大的36槽8/4极电动机。

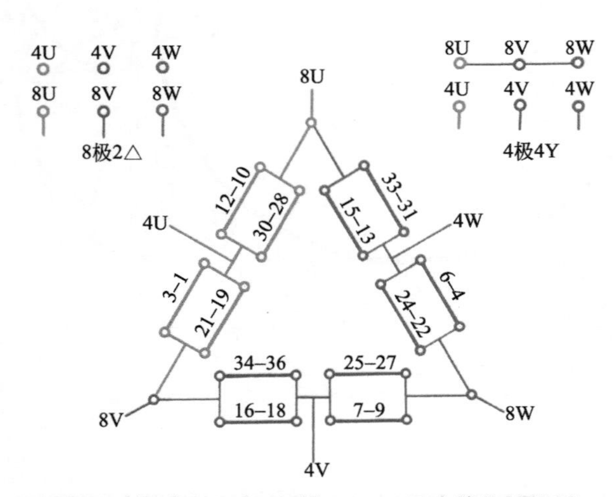

图3-17（a） 8/4极36槽2△/4Y双速简化接线图

3.双速变极接法与简化接线图

本例双速绕组采用2△/4Y接法，即8极时三相绕组接成二路△形，换接到4极则改接为四路Y形。变极绕组简化接线如图3-17（a）所示。

4. 8/4极双速2△/4Y绕组端面布接线图

本例是双层叠式布线，绕组布接线如图3-17（b）所示。

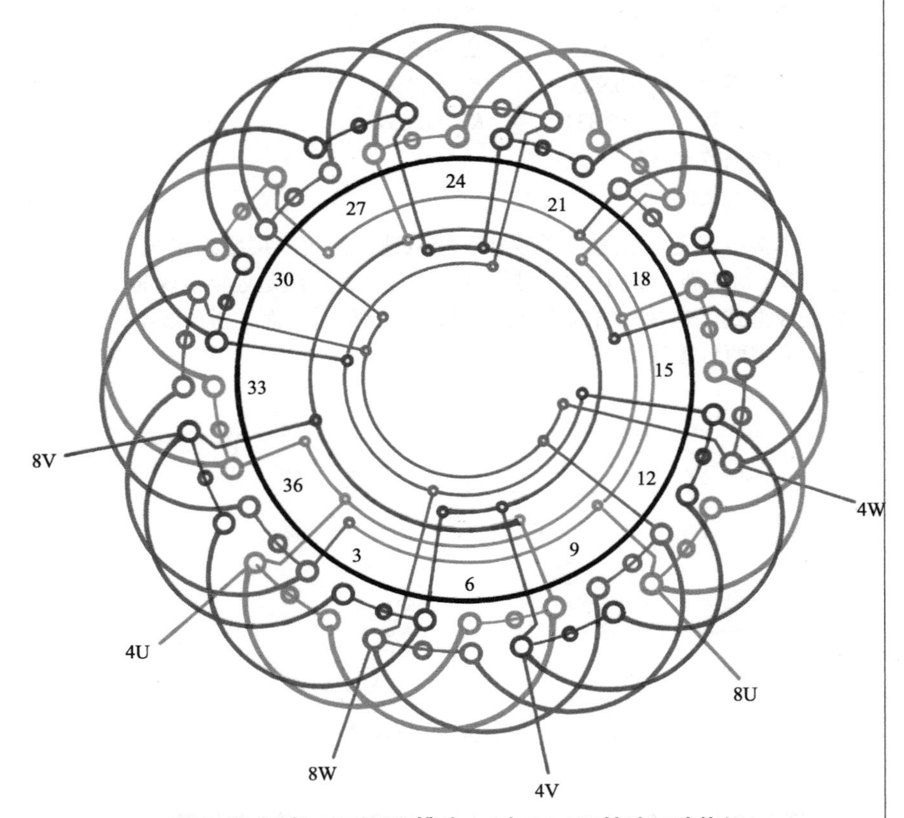

图3-17（b） 8/4极36槽（y=5）2△/4Y接法双速绕组

八、* 8/4极36槽（y=5）△/△接法（换相变极）双速绕组

1.绕组结构参数

定子槽数	Z=36	双速极数	$2p$=8/4
总线圈数	Q=36	变极接法	△/△
线圈组数	u=12	每组圈数	S=3
每槽电角	α=40°/20°	线圈节距	y=5
绕组极距	τ=4.5/9	极相槽数	q=1.5/3
分布系数	K_{d8}=0.844		K_{d4}=0.831
节距系数	K_{p8}=0.985		K_{p4}=0.766
绕组系数	K_{dp8}=0.831		K_{dp4}=0.637
出线根数	c=6		

2.绕组布接线特点

本例绕组是△/△接线的换相变极双速，采用双层叠式布线。每相有4组线圈，每组由3只线圈连绕而成。此绕组是近年出现的新变极型式，它具有结构简单，接线方便等优点；而且引出线不多，只需两台接触器便能控制变速。

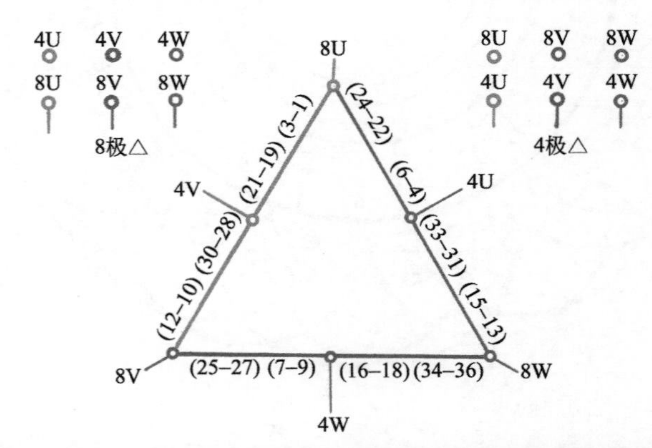

图3-18（a） 8/4极36槽△/△（换相变极）双速简化接线图

3.双速变极接法与简化接线图

本例采用△/△换相变极接法，8极和4极均是一路△形。变极绕组简化接线如图3-18（a）所示。

4. 8/4极双速△/△绕组端面布接线图

本例采用双层叠式布线，绕组端面布接线如图3-18（b）所示。

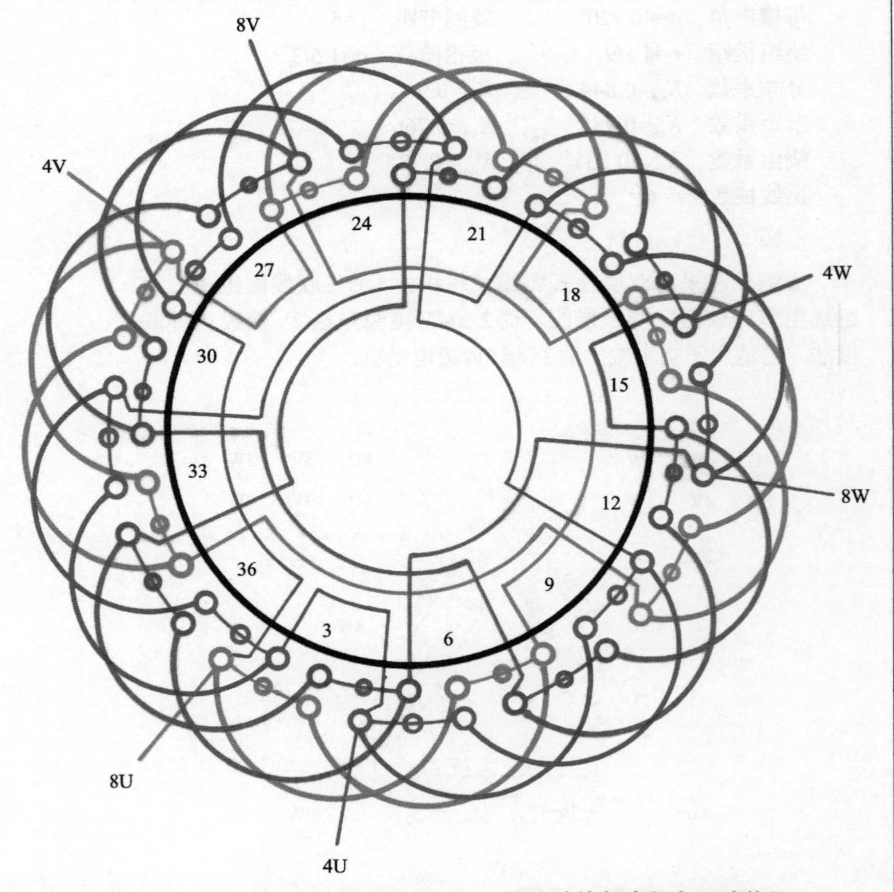

图3-18（b） 8/4极36槽（y=5）△/△接法（换相变极）双速绕组

九、* 8/4极36槽（y=5）2Y/4Y接法双速绕组

1.绕组结构参数

定子槽数	Z=36	双速极数	$2p$=8/4
总线圈数	Q=36	变极接法	2Y/4Y
线圈组数	u=12	每组圈数	S=3
每槽电角	α=40°/20°	线圈节距	y=5
绕组极距	τ=4.5/9	极相槽数	q=1.5/3
分布系数	K_{d8}=0.844	K_{d4}=0.96	
节距系数	K_{p8}=0.985	K_{p4}=0.766	
绕组系数	K_{dp8}=0.831	K_{dp4}=0.735	
出线根数	c=6		

2.绕组布接线特点

本例绕组是双层叠式布线，每相有4个三圈组，分成两个支路，故每支路有两组线圈。此绕组是Y/2Y接法的并联接线，它适用于较大功率电动机。

3.双速变极接法与简化接线图

本例采用2Y/4Y接法，即8极时为2Y接法；4极变换成4Y接法。双速变极绕组简化接线如图3-19（a）所示。

4. 8/4极双速2Y/4Y绕组端面布接线图

本例绕组是双层叠式布线，端面布接线如图3-19（b）所示。

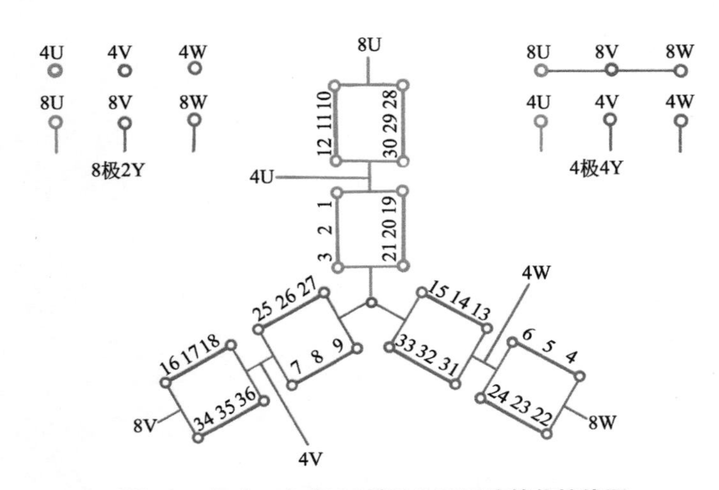

图3-19（a） 8/4极36槽2Y/4Y双速简化接线图

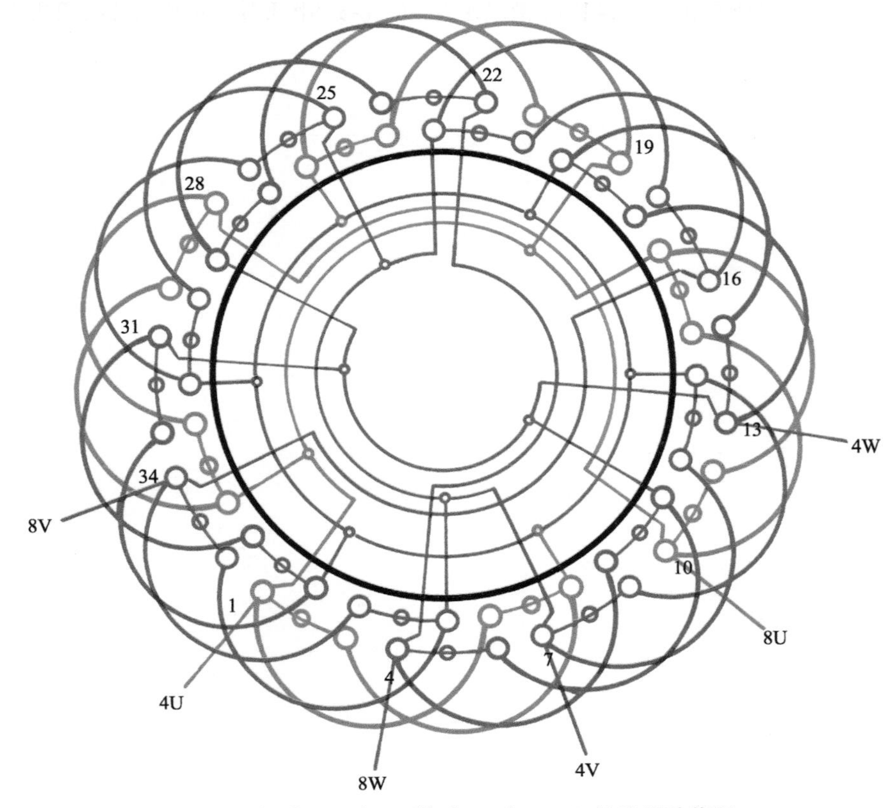

图3-19（b） 8/4极36槽（y=5）2Y/4Y接法双速绕组

第三节 8/4 极 48 槽倍极比双速绕组

本节是8/4极48槽双速，是双速电动机应用最多的绕组规格之一，它采用的变极接法有反向变极Y/2Y双速2例，△/2Y双速2例，其并联接法的2△/4Y双速2例；采用换相变极△/△接法1例；另外还有1例是带延边启动绕组的⩟/2Y特殊接法的双速。此外，本节均为双层叠式布线。

下面是本节收入8/4极48槽双速绕组简化接线图和绕组端面布接线图共计8例。

一、8/4极48槽（y=6）△/2Y接法双速绕组

1. 绕组结构参数

定子槽数	Z=48	双速极数	$2p$=8/4
总线圈数	Q=48	变极接法	△/2Y
线圈组数	u=12	每组圈数	S=4
每槽电角	α=30°/15°	线圈节距	y=6
绕组极距	τ=6/12	极相槽数	q=2/4
分布系数	K_{d8}=0.837		K_{d4}=0.958
节距系数	K_{p8}=1.0		K_{p4}=0.707
绕组系数	K_{dp8}=0.837		K_{dp4}=0.677
出线根数	c=6		

2. 绕组布接线特点

本例绕组采用倍极比正规分布方案，4极是基准极，采用60°相带绕组，由反向法取得8极120°相带绕组，两种转速的转向相反。

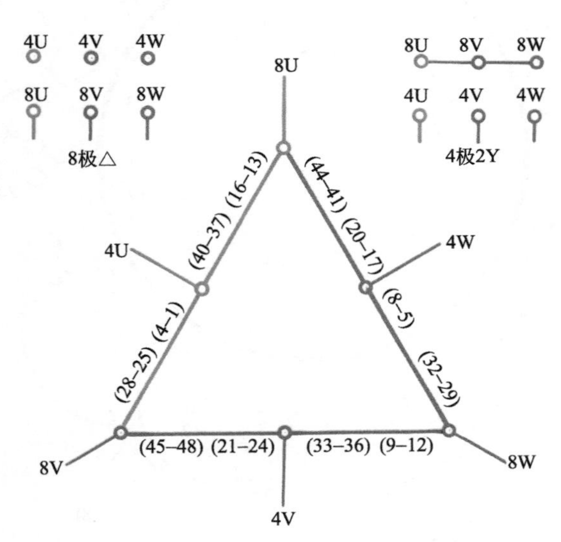

图3-20（a） 8/4极48槽△/2Y双速简化接线图

本例属可变转矩输出特性，转矩比T_8/T_4=2.14，功率比P_8/P_4=1.07。主要应用有JDO2-61-8/4等。

3. 双速变极接法与简化接线图

本例双速绕组采用△/2Y反向变极接法，8极时三相接成一路△形，4极换接成二路Y形。变极绕组简化接线如图3-20（a）所示。

4. 8/4极双速△/2Y绕组端面布接线图

本例绕组是双层叠式布线，端面布接线如图3-20（b）所示。

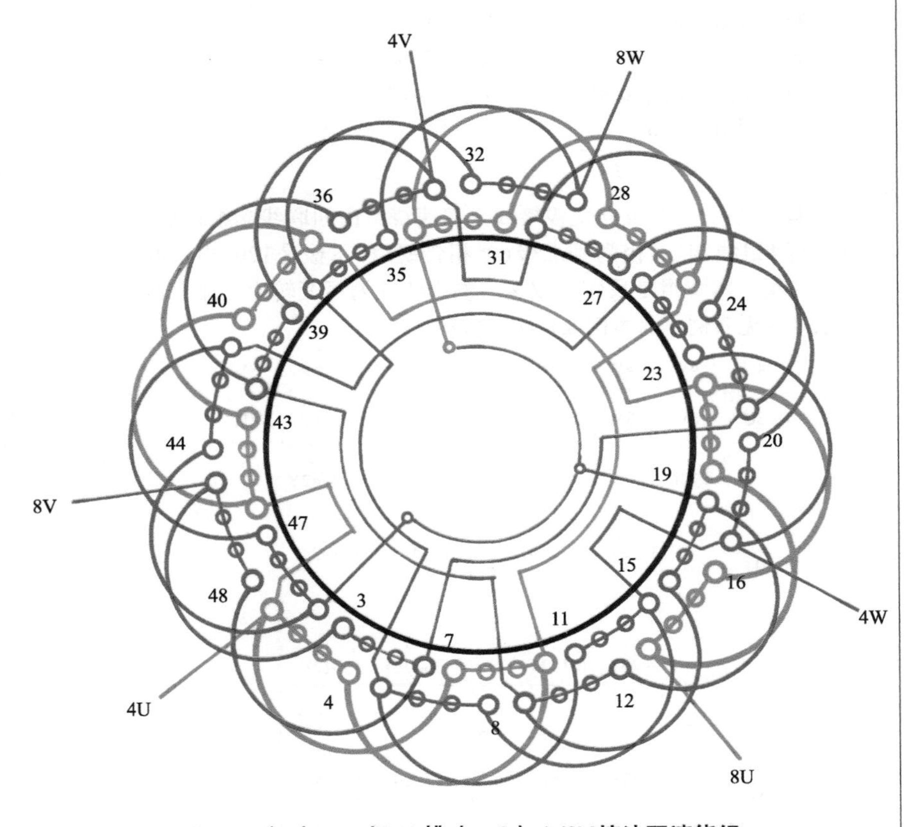

图3-20（b） 8/4极48槽（y=6）△/2Y接法双速绕组

二、8/4极48槽（y=6）Y/2Y接法双速绕组

1.绕组结构参数

定子槽数	Z=48	双速极数	$2p$=8/4
总线圈数	Q=48	变极接法	Y/2Y
线圈组数	u=12	每组圈数	S=4
每槽电角	α=30°/15°	线圈节距	y=6
绕组极距	τ=6/12	极相槽数	q=2/4
分布系数	K_{d8}=0.837		K_{d4}=0.958
节距系数	K_{p8}=1.0		K_{p4}=0.707
绕组系数	K_{dp8}=0.837		K_{dp4}=0.677
出线根数	c=6		

2.绕组布接线特点

本例采用Y/2Y反向变极接线，双速绕组由四联线圈组构成，每相有4组线圈。4极为基准极60°相带绕组，8极是120°相带的庶极绕组。本绕组是反转向双速，输出特性为可变转矩。此双速在系列中无实例，而本例取自实修资料。

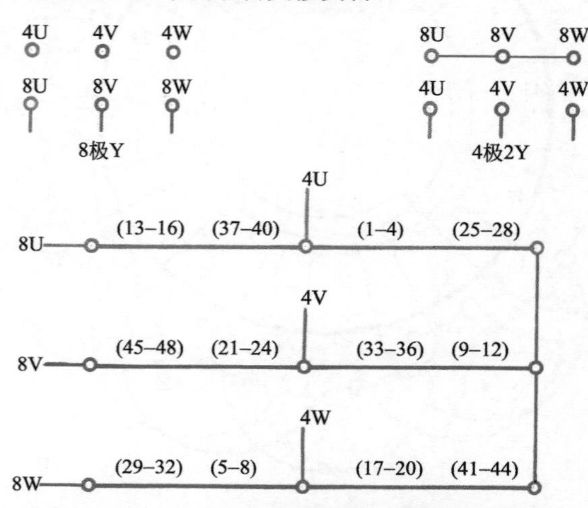

图3-21（a） 8/4极48槽Y/2Y双速简化接线图

3.双速变极接法与简化接线图

本例采用Y/2Y的反向变极接法。即8极时为Y形；4极改接成2Y。变极绕组简化布接线如图3-21（a）所示。

4. 8/4极双速Y/2Y绕组端面布接线图

本例绕组是双层叠式布线，端面布接线如图3-21（b）所示。

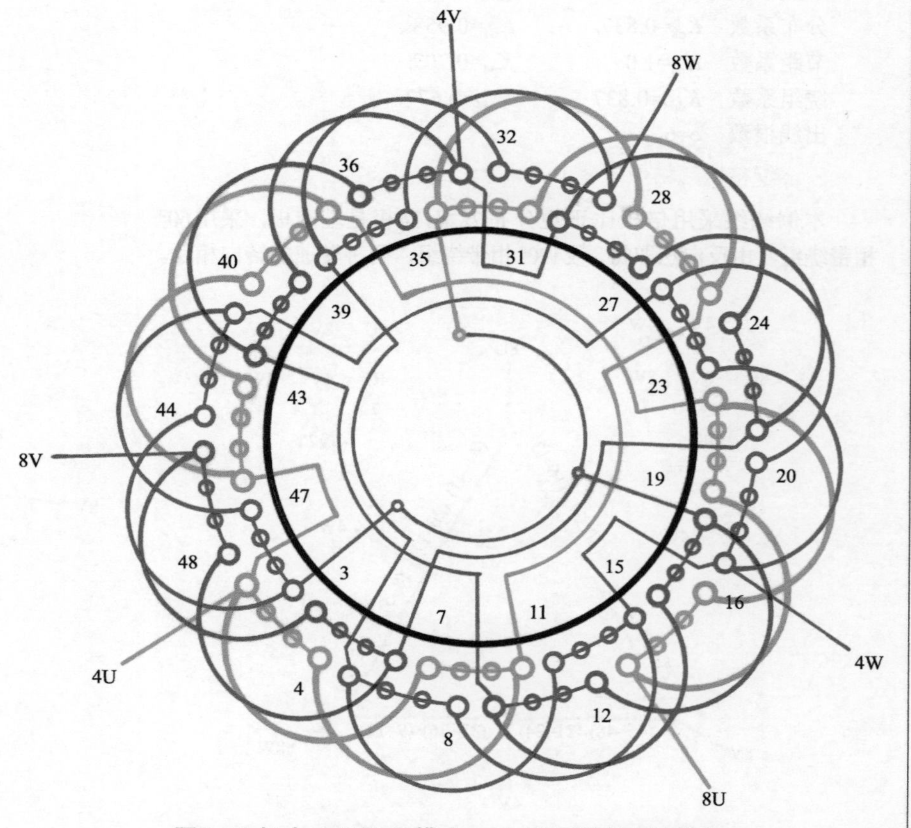

图3-21（b） 8/4极48槽（y=6）Y/2Y接法双速绕组

三、* 8/4极48槽（y=6）2△/4Y接法双速绕组

1.绕组结构参数

定子槽数	Z=48	双速极数	$2p$=8/4
总线圈数	Q=48	变极接法	2△/4Y
线圈组数	u=12	每组圈数	S=4
每槽电角	α=30°/15°	线圈节距	y=6
绕组极距	τ=6/12	极相槽数	q=2/4
分布系数	K_{d8}=0.837		K_{d4}=0.985
节距系数	K_{p8}=1.0		K_{p4}=0.707
绕组系数	K_{dp8}=0.837		K_{dp4}=0.677
出线根数	c=6		

2.绕组布接线特点

本例绕组与△/2Y接线是相同的反向法变极方案，只是为了适应功率较大的电动机而将接线改设计为并联形式。绕组依然由四联组构成，每相4组，8极时为二路△形，4极则接成四路Y形。

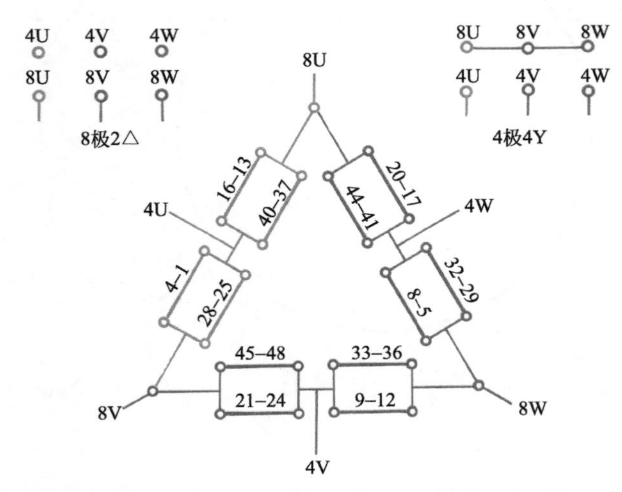

图3-22（a） 8/4极48槽2△/4Y双速简化接线图

3.双速变极接法与简化接线图

本例采用2△/4Y变极接法。双速变极绕组简化接线如图3-22（a）所示。

4. 8/4极双速2△/4Y绕组端面布接线图

本例是双层叠式布线，绕组端面布接线如图3-22（b）所示。

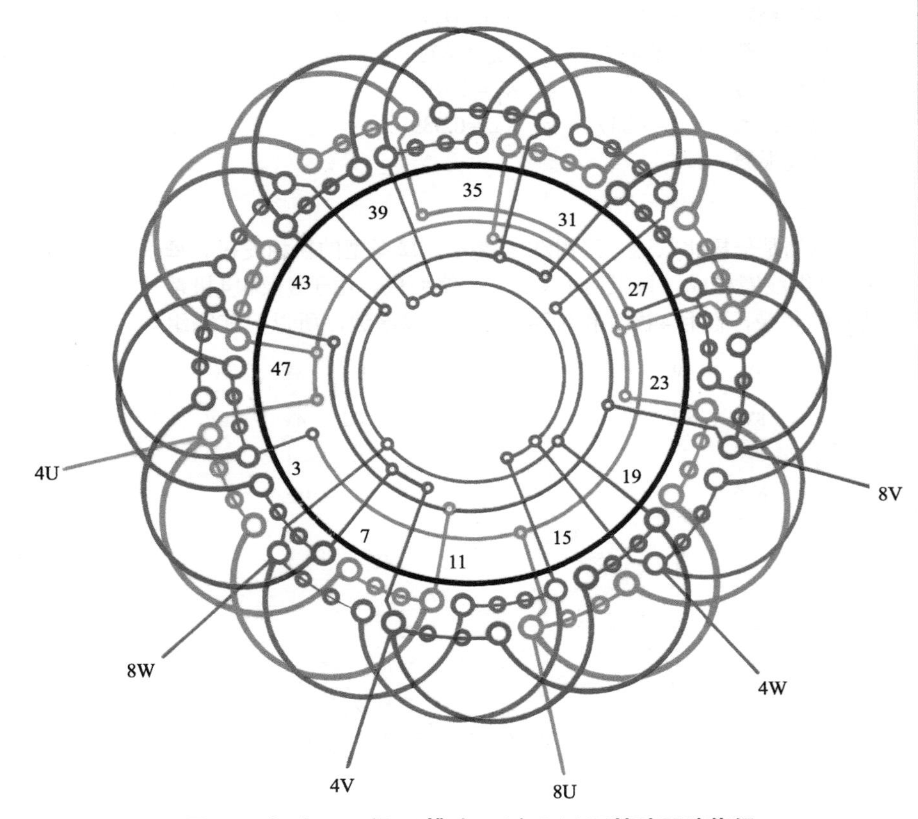

图3-22（b） 8/4极48槽（y=6）2△/4Y接法双速绕组

四、* 8/4极48槽（y=6）△/△接法（换相变极）双速绕组

1.绕组结构参数

定子槽数	Z=48	双速极数	$2p$=8/4
总线圈数	Q=48	变极接法	△/△
线圈组数	u=12	每组圈数	S=4
每槽电角	α=30°/15°	线圈节距	y=6
绕组极距	τ=6/12	极相槽数	q=2/4
分布系数	K_{d8}=0.837		K_{d4}=0.833
节距系数	K_{p8}=1.0		K_{p4}=0.707
绕组系数	K_{dp8}=0.837		K_{dp4}=0.589
出线根数	c=6		

2.绕组布接线特点

本例是倍极比双速，采用△/△接法，属新型的换相变极。每相由4组线圈构成，每组由4只线圈连绕而成。由于8极和4极都是120°相带，而且4极时相轴两侧有4只线圈边，所以，其绕组系数较低，故适用于低速工作，高速出力较小的场合。

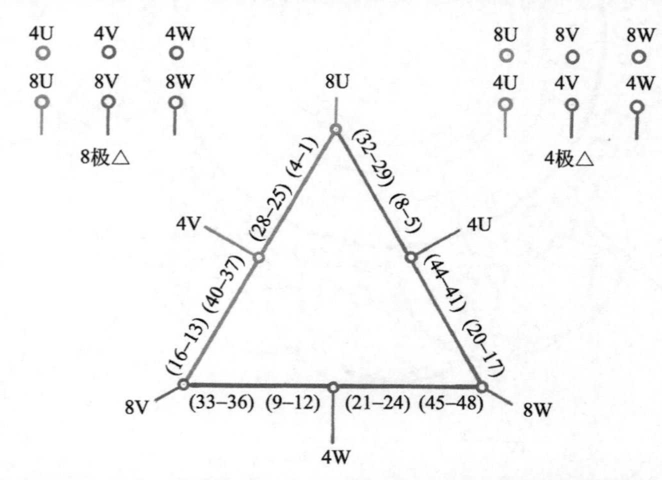

图3-23（a） 8/4极48槽△/△（换相变极）双速简化接线图

3.双速变极接法与简化接线图

本例采用△/△接法，属换相变极双速，但8极和4极均接成△形。变极绕组简化接线如图3-23（a）所示。

4. 8/4极双速△/△绕组端面布接线图

本例是双层叠式绕组，端面布接线如图3-23（b）所示。

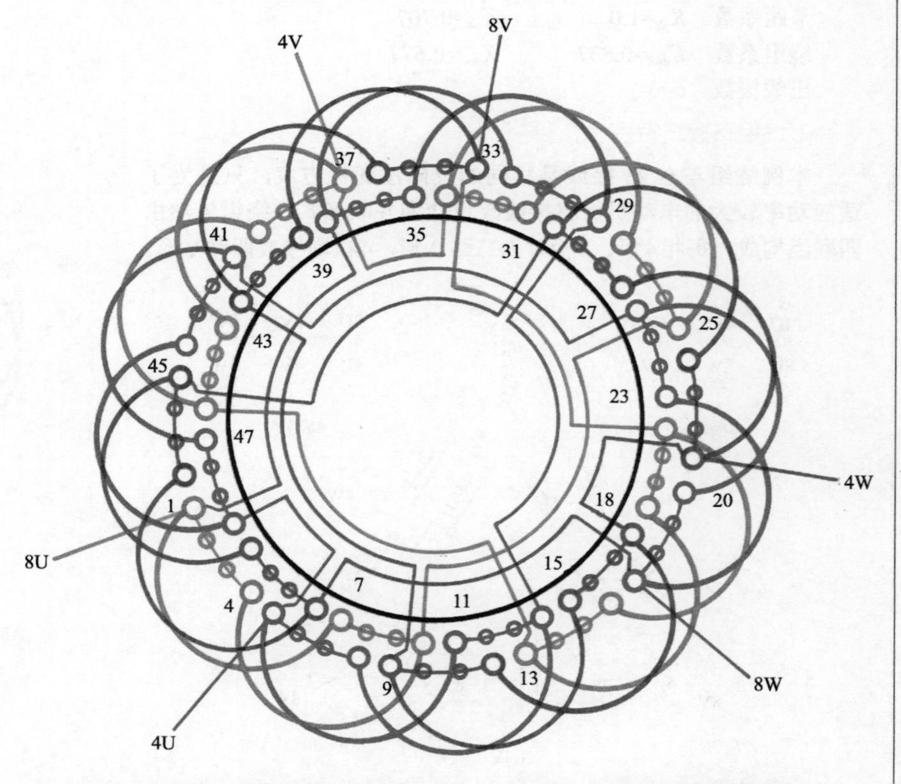

图3-23（b） 8/4极48槽（y=6）△/△接法（换相变极）双速绕组

五、* 8/4极48槽（y_p=6）△/2Y接法（带延边启动双层同心布线）双速绕组

1.绕组结构参数

定子槽数 Z=48　　双速极数 $2p$=8/4

总线圈数 Q=48　　变极接法 △/2Y

线圈组数 u=12　　每组圈数 S=4

每槽电角 α=30°/15°　　线圈节距 y=9、7、5、3

绕组极距 τ=6/12　　极相槽数 q=2/4

分布系数 K_{d8}=0.837　　K_{d4}=0.985

节距系数 K_{p8}=1.0　　K_{p4}=0.707

绕组系数 K_{dp8}=0.837　　K_{dp4}=0.677

出线根数 c=9

2.绕组布接线特点

本例是某读者在修理中发现的绕组型式，用于进口设备配套电动机。绕组由同心式四联组构成，采用双层布线，每相有4组线圈。绕组布接线是在△/2Y的基础上将每相中间抽头（比例为β=1∶1），故出线根数c=9，用作延边三角形启动用。详见第一章介绍。

3.双速变极接法与简化接线图

本例采用△/2Y的特种接法，启动用延边三角形接法，运行则可根据需要转换成△形（8极）或2Y(4极)。变极绕组简化接线如图3-24（a）所示。

4. 8/4极双速△/2Y绕组端面布接线图

本例是双层同心式布线，端面布接线如图3-24（b）所示。

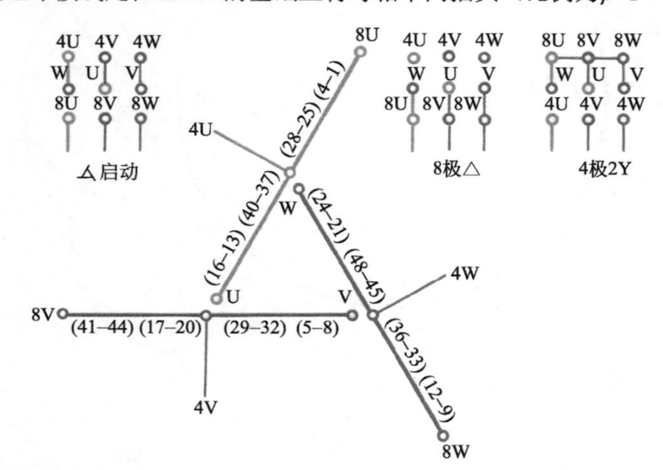

图3-24（a） 8/4极48槽△/2Y（带延边启动双层同心布线）双速简化接线图

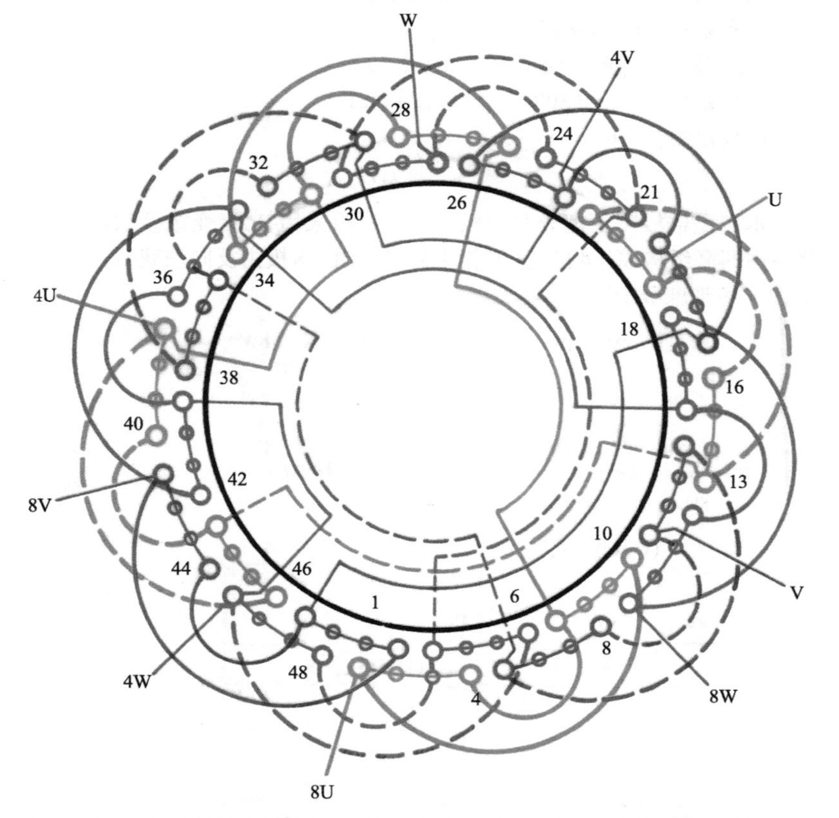

图3-24（b） 8/4极48槽（y_p=6）△/2Y接法（带延边启动双层同心布线）双速绕组

六、* 8/4极48槽（y=7）Y/2Y接法双速绕组

1. 绕组结构参数

定子槽数	Z=48	双速极数	$2p$=8/4
总线圈数	Q=48	变极接法	Y/2Y
线圈组数	u=12	每组圈数	S=4
每槽电角	α=30°/15°	线圈节距	y=7
绕组极距	τ=6/12	极相槽数	q=2/4
分布系数	K_{d8}=0.837		K_{d4}=0.985
节距系数	K_{p8}=0.966		K_{p4}=0.793
绕组系数	K_{dp8}=0.809		K_{dp4}=0.781
出线根数	c=6		

2. 绕组布接线特点

本例是倍极比正规分布变极方案，绕组采用Y/2Y变极接法，绕组由四联组构成，4极是60°相带显极绕组，8极由反向法获得，是120°相带庶极绕组。

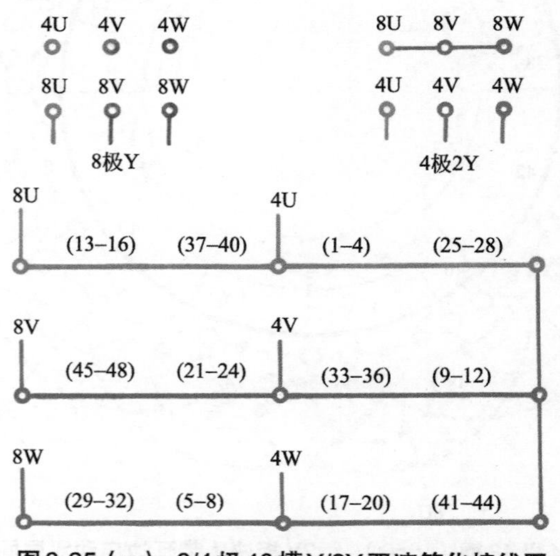

图3-25（a） 8/4极48槽Y/2Y双速简化接线图

3. 双速变极接法与简化接线图

本例双速绕组采用Y/2Y变极接法，即8极为一路Y形，4极改接为二路Y形。变极绕组简化接线如图3-25（a）所示。

4. 8/4极双速Y/2Y绕组端面布接线图

本例是双层叠式布线，绕组端面布接线如图3-25（b）所示。

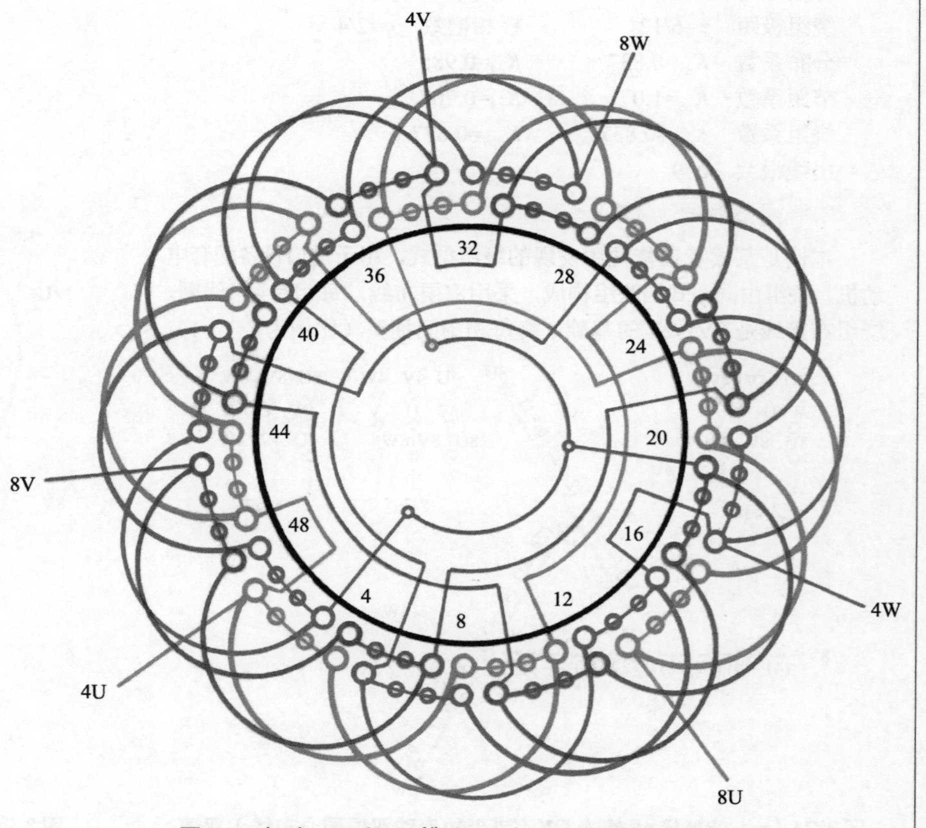

图3-25（b） 8/4极48槽（y=7）Y/2Y接法双速绕组

七、8/4极48槽（y=7）△/2Y接法双速绕组

1. 绕组结构参数

定子槽数	Z=48	双速极数	$2p$=8/4
总线圈数	Q=48	变极接法	△/2Y
线圈组数	u=12	每组圈数	S=4
每槽电角	α=30°/15°	线圈节距	y=7
绕组极距	τ=6/12	极相槽数	q=2/4
分布系数	K_{d8}=0.837	K_{d4}=0.985	
节距系数	K_{p8}=0.966	K_{p4}=0.793	
绕组系数	K_{dp8}=0.809	K_{dp4}=0.78	
出线根数	c=6		

2. 绕组布接线特点

本例以4极为基准极，反向法排出8极120°相带绕组。绕组由四联线圈组构成，采用△/2Y反向变极接法。电动机输出特性是可变转矩，转矩为T_8/T_4=1.84，功率比P_8/P_4=0.92。主要应用实例有JDO2-41-8/4等。

3. 双速变极接法与简化接线图

本例双速绕组采用△/2Y反向变极接法。即8极时为△形，4极则换接成2Y。变极绕组简化接线如图3-26（a）所示。

4. 8/4极双速△/2Y绕组端面布接线图

本例是双层叠式布线，绕组端面布接线如图3-26（b）所示。

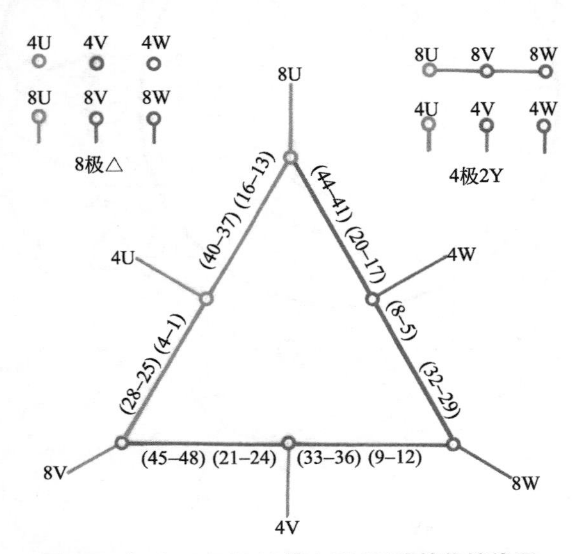

图3-26（a） 8/4极48槽△/2Y双速简化接线图

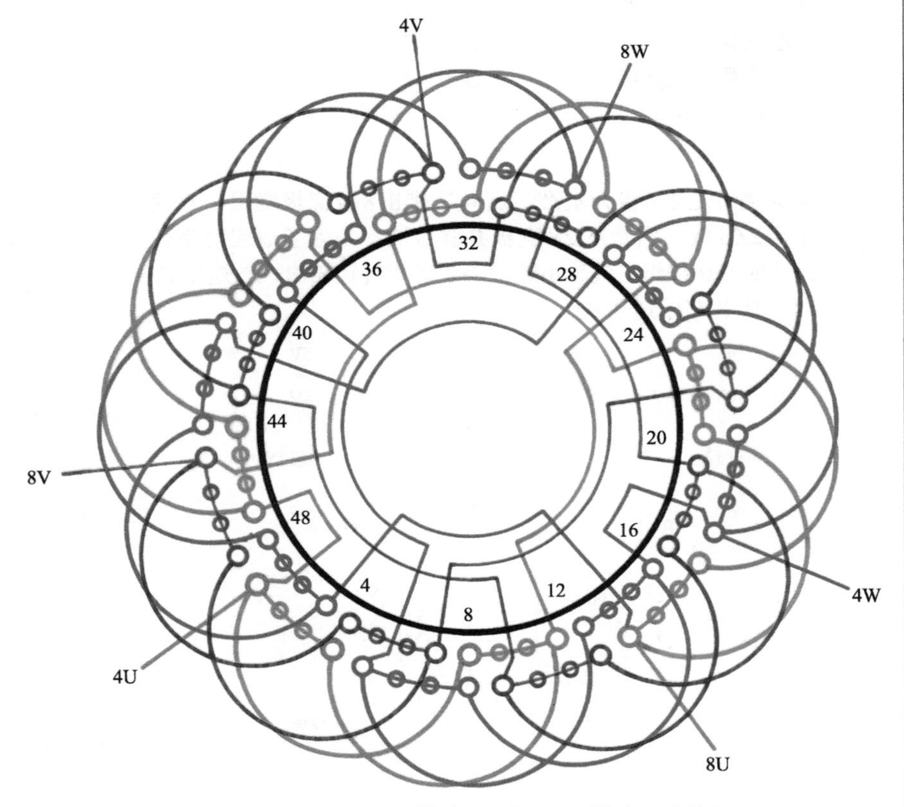

图3-26（b） 8/4极48槽（y=7）△/2Y接法双速绕组

八、* 8/4极48槽（y=7）2△/4Y接法双速绕组

1. 绕组结构参数

定子槽数	Z=48	双速极数	$2p$=8/4
总线圈数	Q=48	变极接法	2△/4Y
线圈组数	u=12	每组圈数	S=4
每槽电角	α=30°/15°	线圈节距	y=7
绕组极距	τ=6/12	极相槽数	q=2/4
分布系数	K_{d8}=0.837		K_{d4}=0.985
节距系数	K_{p8}=0.966		K_{p4}=0.793
绕组系数	K_{dp8}=0.809		K_{dp4}=0.78
出线根数	c=6		

2. 绕组布接线特点

本例绕组是以4极为基准，反向法排出8极庶极绕组。双速变极采用2△/4Y，它是△/2Y变极并联接法，是为了适应功率较大而设计的双速绕组。其输出特性仍是可变转矩输出，转矩比T_8/T_4=1.84，功率比P_8/P_4=0.92。

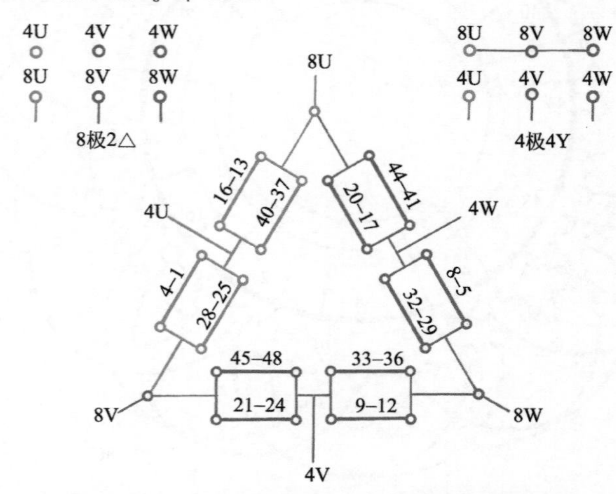

图3-27（a） 8/4极48槽2△/4Y双速简化接线图

3. 双速变极接法与简化接线图

本例双速绕组采用2△/4Y反向变极接线，8极时为2△形接法，变换4Y则变为4极。绕组简化接线如图3-27（a）所示。

4. 8/4极双速2△/4Y绕组端面布接线图

本例采用双层叠式布线，端面布接线如图3-27（b）所示。

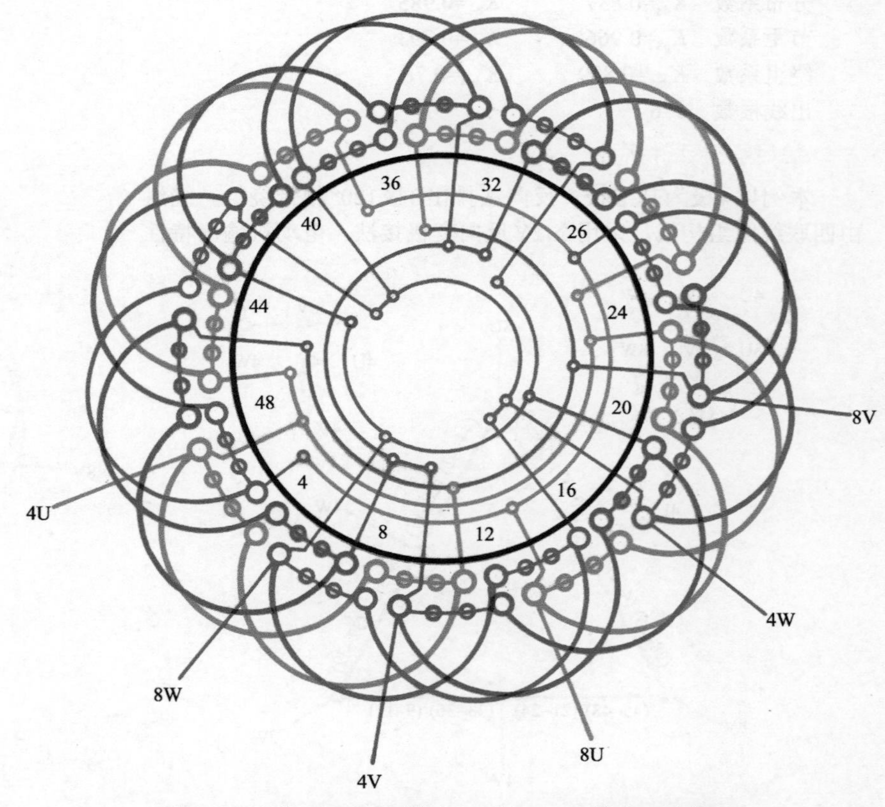

图3-27（b） 8/4极48槽（y=7）2△/4Y接法双速绕组

第四节 8/4 极 54、60 槽倍极比双速绕组

本节是8/4极中用于54槽和60槽定子的双速绕组，其中54槽2例，60槽5例；其中采用常规的反向变极接法，如Y/2Y有2例，△/2Y也是2例，另1例是它的并联接法2△/4Y。本节还有采用反常规补救接法双速2例。总共收入绕组7例，其中新增图例5例。

一、8/4极54槽（y=7）△/2Y接法双速绕组

1.绕组结构参数

定子槽数	Z=54	双速极数	$2p$=8/4
总线圈数	Q=54	变极接法	△/2Y
线圈组数	u=12	每组圈数	S=5、4
每槽电角	α=26.7°/13.3°	线圈节距	y=7
绕组极距	τ=6.75/13.5	极相槽数	q=2.25/4.5
分布系数	K_{d8}=0.828		K_{d4}=0.954
节距系数	K_{p8}=0.998		K_{p4}=0.727
绕组系数	K_{dp8}=0.826		K_{dp4}=0.696
出线根数	c=6		

2.绕组布接线特点

本例是倍极比正规分布变极方案，以4极为基准极，反向法排出8极120°相带绕组，由于4极时q值为分数，故属分数绕组，故按4、5、4、5循环安排线圈组。8极时为一路△形，4极变换到2Y接法。主要应用实例有YD180L-8/4等。

3.双速变极接法与简化接线图

本例双速绕组采用△/2Y反向变极接法。变极绕组简化接线如图3-28（a）所示。

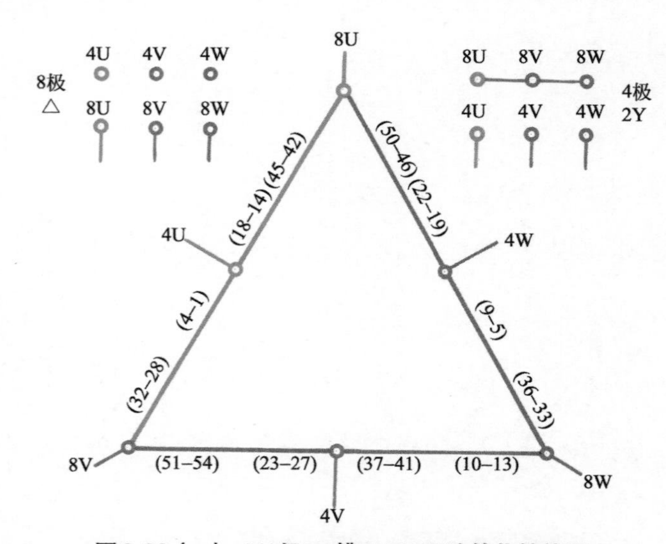

图3-28（a） 8/4极54槽△/2Y双速简化接线图

4.8/4极双速△/2Y绕组端面布接线图

本例是双层叠式绕组，端面布接线如图3-28（b）所示。

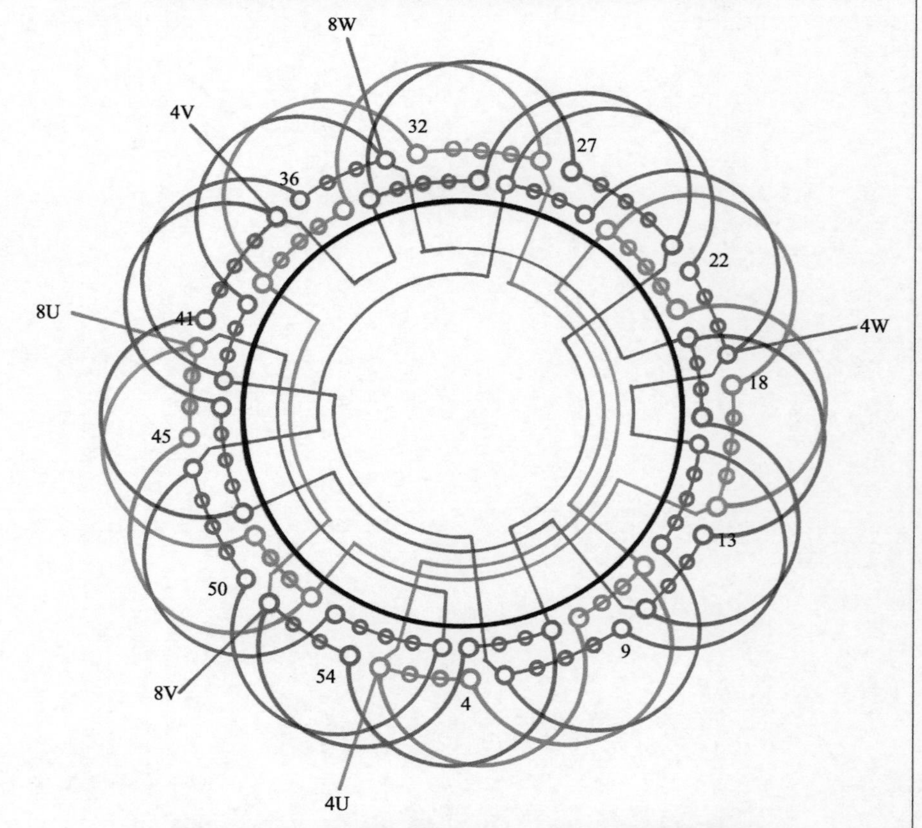

图3-28（b） 8/4极54槽（y=7）△/2Y接法双速绕组

二、* 8/4极54槽（y=7）Y/2Y接法双速绕组

1.绕组结构参数

定子槽数	Z=54	双速极数	$2p$=8/4
总线圈数	Q=54	变极接法	Y/2Y
线圈组数	u=12	每组圈数	S=5、4
每槽电角	α=26.7°/13.3°	线圈节距	y=7
绕组极距	τ=6.75/13.5	极相槽数	q=2.25/4.5
分布系数	K_{d8}=0.828	K_{d4}=0.954	
节距系数	K_{p8}=0.998	K_{p4}=0.727	
绕组系数	K_{dp8}=0.826	K_{dp4}=0.696	
出线根数	c=6		

2.绕组布接线特点

本绕组是正规分布反向变极双速绕组，4极是60°相带，反向法得8极为庶极绕组。因基准极4极q=4½，故归属分数绕组，即绕组由4联组和5联组构成，并按4、5、4、5循环分布。

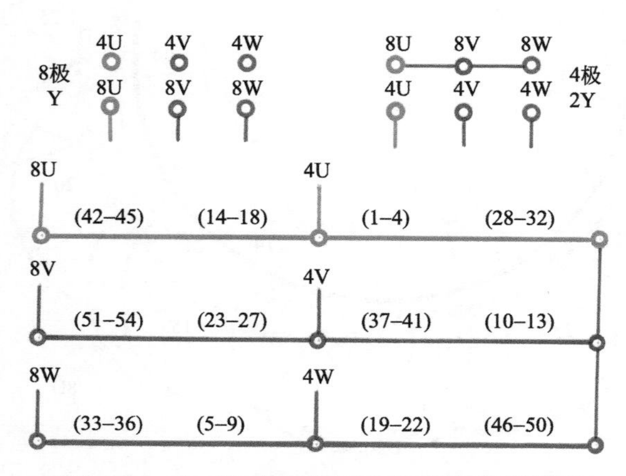

图3-29（a） 8/4极54槽Y/2Y双速简化接线图

3.双速变极接法与简化接线图

本例采用Y/2Y反向变极接法，8极时三相接成Y形，4极则改换成2Y。变极绕组简化接线如图3-29（a）所示。

4. 8/4极双速Y/2Y绕组端面布接线图

本例是双层叠式布线，绕组端面布接线如图3-29（b）所示。

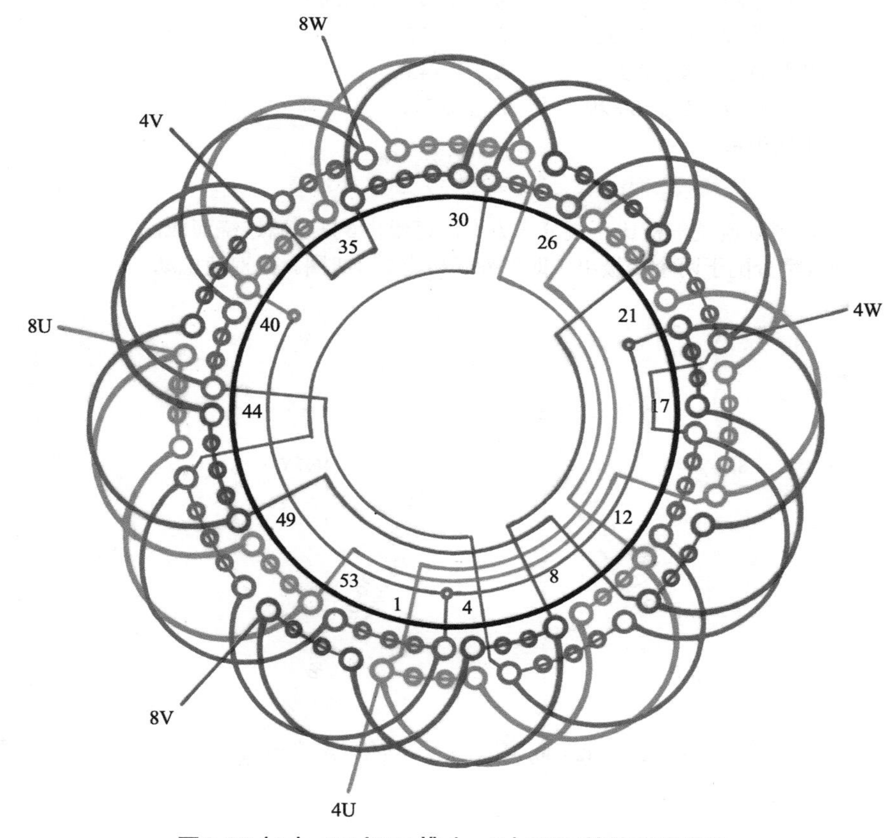

图3-29（b） 8/4极54槽（y=7）Y/2Y接法双速绕组

三、8/4极60槽（y=8）△/2Y接法双速绕组

1.绕组结构参数

定子槽数	Z=60	双速极数	$2p$=8/4
总线圈数	Q=60	变极接法	△/2Y
线圈组数	u=12	每组圈数	S=5
每槽电角	α=24°/12°	线圈节距	y=8
绕组极距	τ=7.5/15	极相槽数	q=2.5/5
分布系数	K_{d8}=0.833		K_{d4}=0.957
节距系数	K_{p8}=0.995		K_{p4}=0.743
绕组系数	K_{dp8}=0.829		K_{dp4}=0.711
出线根数	c=6		

2.绕组布接线特点

本例双速是倍极比正规分布方案。每组由5只线圈连绕而成，每相4组分配于两个变极组，即每变极组有2组线圈。此双速电动机为可变转矩输出特性，转矩比T_8/T_4=2.02，功率比P_8/P_4=1.01。主要应用有JDO3-160S-8/4等。

3.双速变极接法与简化接线图

本例双速绕组是△/2Y接法，8极时三相绕组接成△形，4极则换接成2Y。变极绕组简化接线如图3-30（a）所示。

4.8/4极双速△/2Y绕组端面布接线图

本例是双层叠式布线，双速绕组端面布接线如图3-30（b）所示。

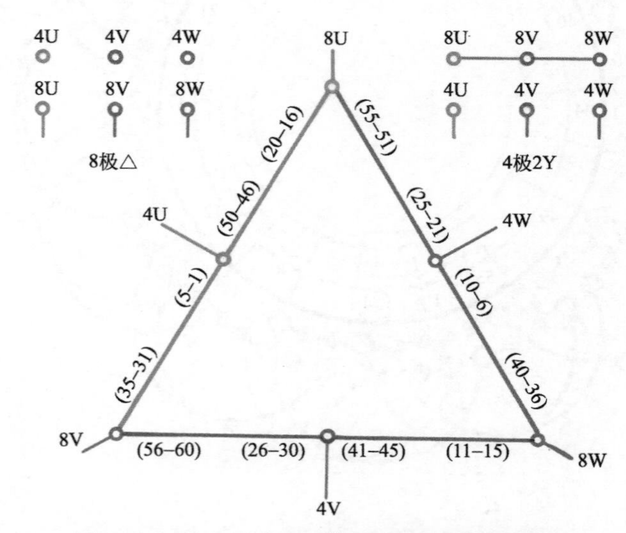

图3-30（a） 8/4极60槽△/2Y双速简化接线图

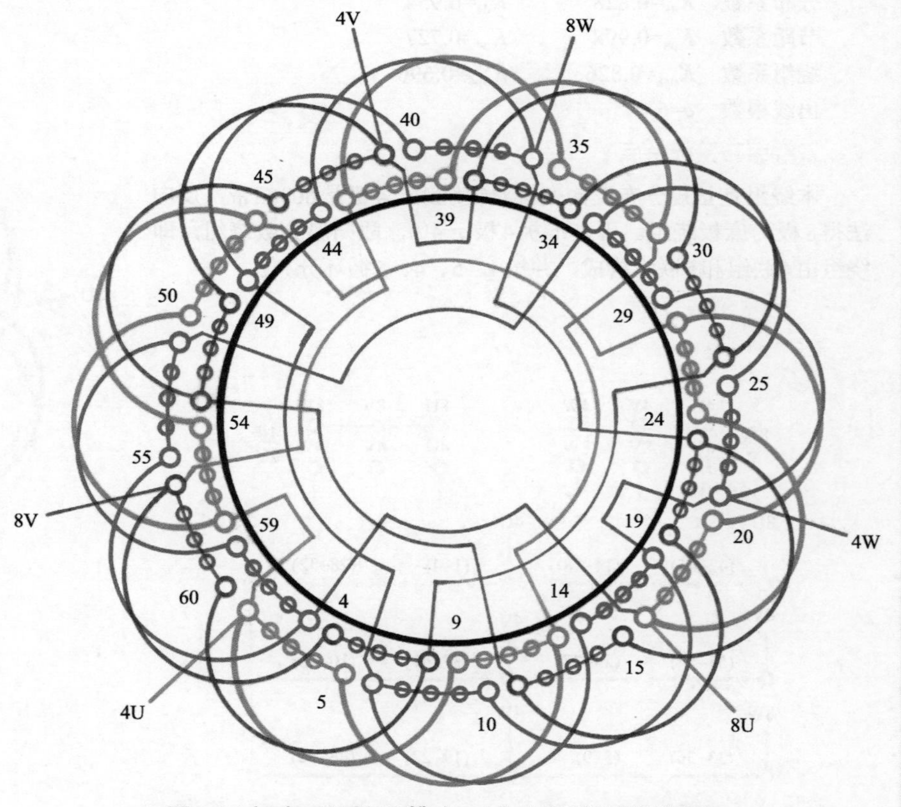

图3-30（b） 8/4极60槽（y=8）△/2Y接法双速绕组

四、* 8/4极60槽（y=8）Y/2Y接法双速绕组

1.绕组结构参数

定子槽数	Z=60	双速极数	$2p$=8/4
总线圈数	Q=60	变极接法	Y/2Y
线圈组数	u=12	每组圈数	S=5
每槽电角	α=24°/12°	线圈节距	y=8
绕组极距	τ=7.5/15	极相槽数	q=2.5/5
分布系数	K_{d8}=0.833		K_{d4}=0.957
节距系数	K_{p8}=0.995		K_{p4}=0.743
绕组系数	K_{dp8}=0.829		K_{dp4}=0.711
出线根数	c=6		

2.绕组布接线特点

本例是采用正规分布排列的双速绕组，绕组由五联组构成，每相有4组线圈。8极时为Y形，星点在绕组内接；4极为2Y，另一星点由8U、8V、8W出线外接。

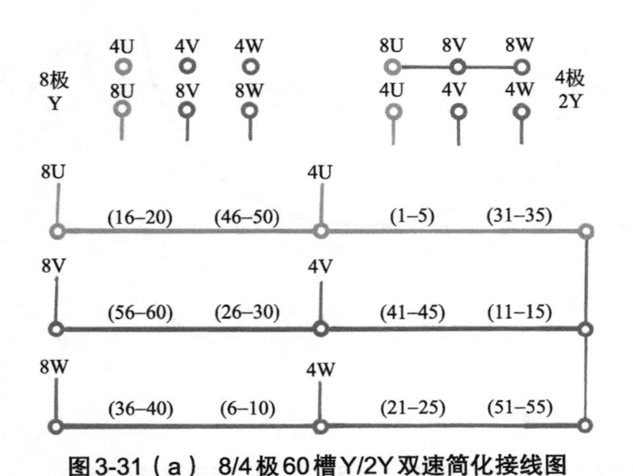

图3-31（a） 8/4极60槽Y/2Y双速简化接线图

3.双速变极接法与简化接线图

本双速绕组采用Y/2Y反向法变极接法，8极为一路Y形，4极换接为二路Y形。变极绕组简化接线如图3-31（a）所示。

4. 8/4极双速Y/2Y绕组端面布接线图

本例采用双层叠式布线，双速绕组端面布接线如图3-31（b）所示。

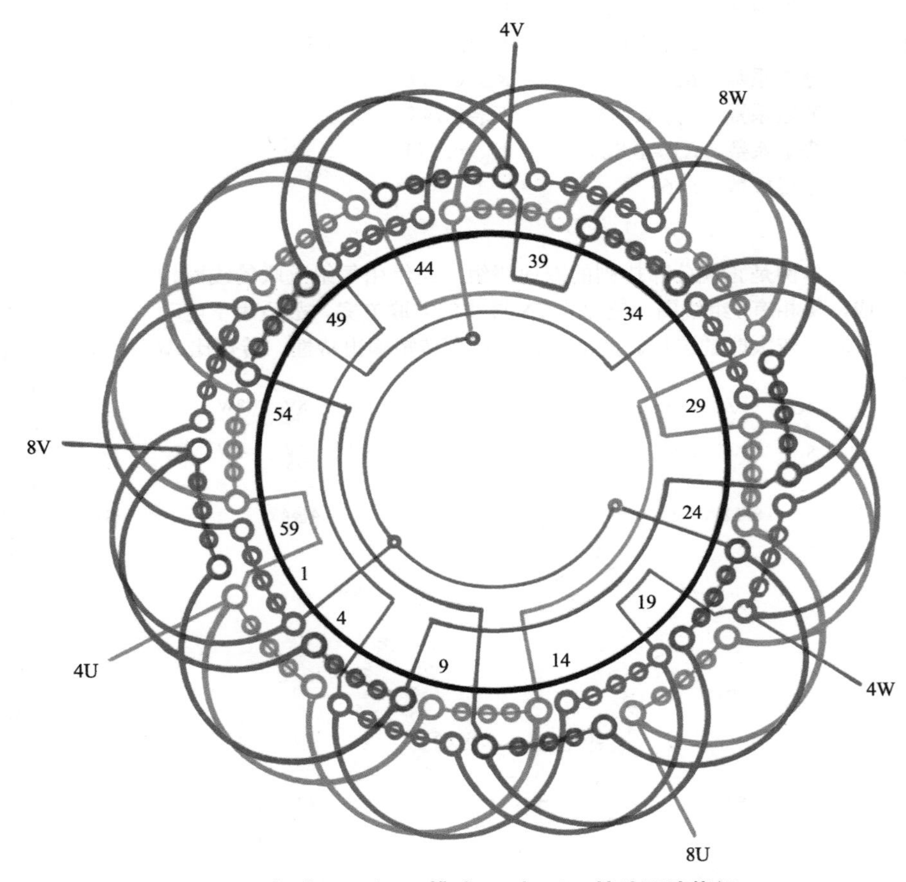

图3-31（b） 8/4极60槽（y=8）Y/2Y接法双速绕组

五、* 8/4极60槽（y=8）2△/4Y接法双速绕组

1. 绕组结构参数

定子槽数 Z=60　　双速极数 $2p$=8/4
总线圈数 Q=60　　变极接法 2△/4Y
线圈组数 u=12　　每组圈数 S=5
每槽电角 α=24°/12°　　线圈节距 y=8
绕组极距 τ=7.5/15　　极相槽数 q=2.5/5
分布系数 K_{d8}=0.833　　K_{d4}=0.957
节距系数 K_{p8}=0.995　　K_{p4}=0.743
绕组系数 K_{dp8}=0.829　　K_{dp4}=0.711
出线根数 c=6

2. 绕组布接线特点

本例是正规分布排列的双速绕组，绕组由每组五联的线圈构成，每相有4组线圈，它是△/2Y接线的并联方案，故适用于电动机功率较大时的选用。此双速仍属可变转矩输出特性，转矩比T_8/T_4=2.02，功率比P_8/P_4=1.01。

3. 双速变极接法与简化接线图

本例双速绕组采用2△/4Y接法，8极时为二路△形，4极时改换为四路Y形。变极绕组简化接线如图3-32（a）所示。

4. 8/4极双速2△/4Y绕组端面布接线图

本例绕组采用双层叠式布线，端面布接线如图3-32（b）所示。

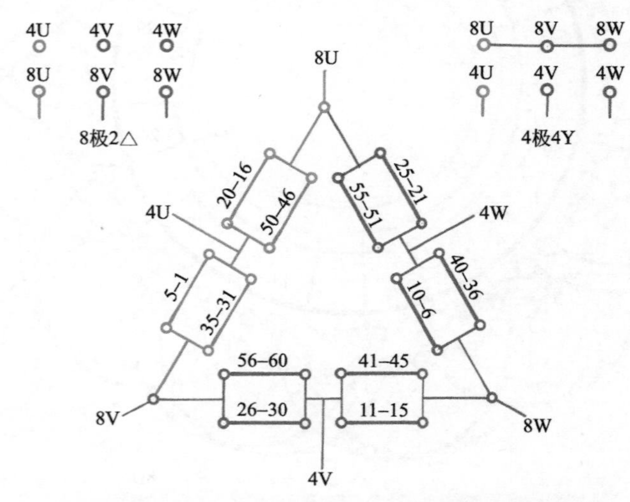

图3-32（a） 8/4极60槽2△/4Y双速简化接线图

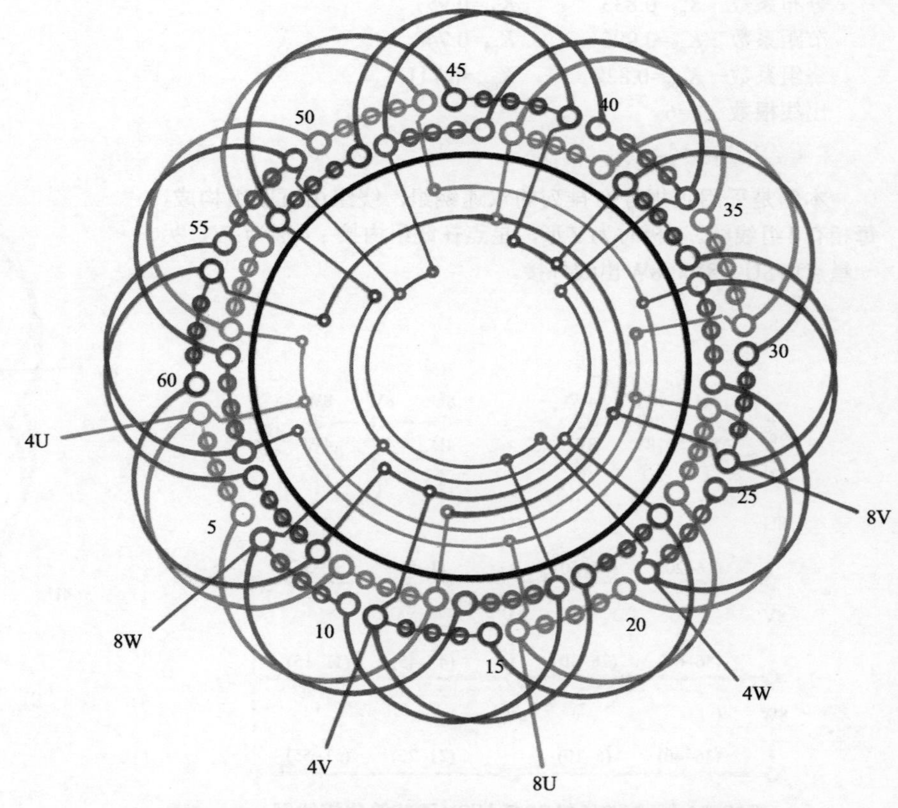

图3-32（b） 8/4极60槽（y=8）2△/4Y接法双速绕组

六、* 8/4极60槽（y=8）Y+2Y/△接法（反常规补救）双速绕组

1.绕组结构参数

定子槽数	$Z=60$	双速极数	$2p=8/4$
总线圈数	$Q=60$	变极接法	Y+2Y/△
线圈组数	$u=24$	每组圈数	S=4、1
每槽电角	$\alpha=24°/12°$	线圈节距	$y=8$
绕组极距	$\tau=7.5/15$	极相槽数	$q=2.5/5$
分布系数	$K_{d8}=0.946$		$K_{d4}=0.833$
节距系数	$K_{p8}=0.957$		$K_{p4}=0.958$
绕组系数	$K_{dp8}=0.905$		$K_{dp4}=0.798$
出线根数	$c=6$		

2.绕组布接线特点

本例是应读者要求而根据修理者目击绕组的描述进行探索、设计而成。绕组由单圈和四圈组（将两个隔开一槽的双联连绕而成四圈组）构成。4极时弃用单圈组，由四圈组接成一路△形；变8极则使单圈组与2Y串联，从而变成Y+2Y接法。

3.双速变极接法与简化接线图

本例采用反常规接法，绕组简化接线如图3-33（a）所示。

4. 8/4极双速Y+2Y/△绕组端面布接线图

本例是双层叠式布线绕组，端面布接线如图3-33（b）所示。

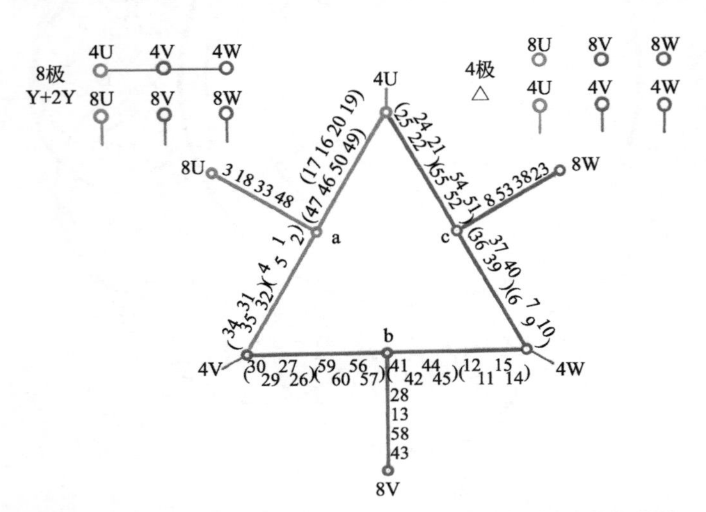

图3-33（a） 8/4极60槽Y+2Y/△（反常规补救）双速简化接线图

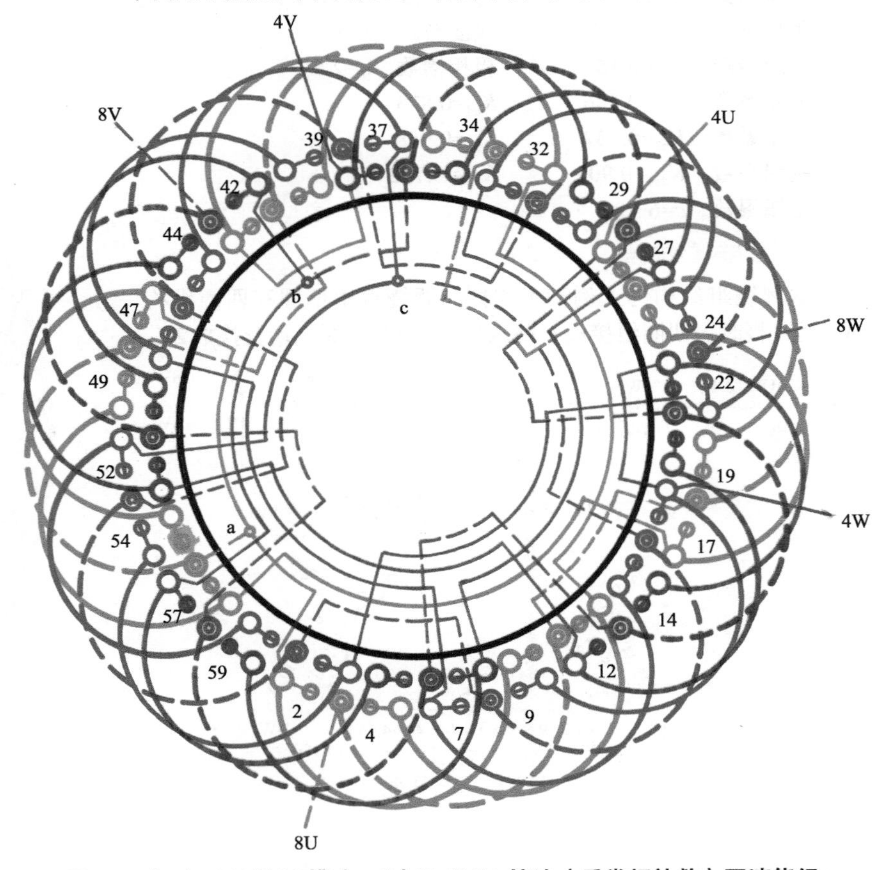

图3-33（b） 8/4极60槽（y=8）Y+2Y/△接法（反常规补救）双速绕组

七、* 8/4极60槽（y=8）2Y+2Y/△接法（反常规补救）双速绕组

1.绕组结构参数

定子槽数	Z=60	双速极数	$2p$=8/4
总线圈数	Q=60	变极接法	2Y+2Y/△
线圈组数	u=24	每组圈数	S=4、1
每槽电角	α=24°/12°	线圈节距	y=8
绕组极距	τ=7.5/15	极相槽数	q=2.5/5
分布系数	K_{d8}=0.946		K_{d4}=0.833
节距系数	K_{p8}=0.957		K_{p4}=0.958
绕组系数	K_{dp8}=0.905		K_{dp4}=0.798
出线根数	c=6		

2.绕组布接线特点

本例绕组结构与上例基本相同，即绕组由单圈和四圈组构成，且4极时由四圈组接成一路△形；8极时，原△形变换成2Y。不同的是图中虚线双圆的单圈接成二路并，从而2Y与角形变换的2Y串联，构成2Y+2Y的接法。此绕组取自实修，应用于塔吊双速电动机。

3.双速变极接法与简化接线图

本例采用反常规变极2Y+2Y/△的补救接线，绕组简化接线如图3-34（a）所示。

4. 8/4极双速2Y+2Y/△绕组端面布接线图

本例绕组是双层叠式布线，绕组端面布接线如图3-34（b）所示。

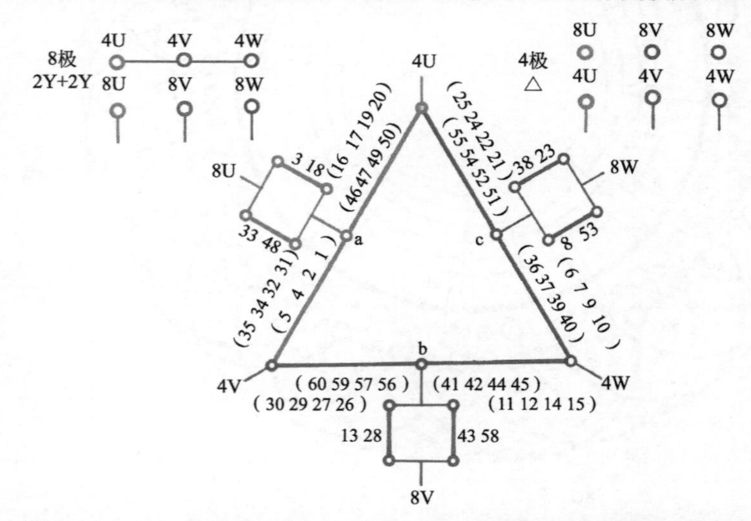

图3-34（a） 8/4极60槽2Y+2Y/△（反常规补救）双速简化接线图

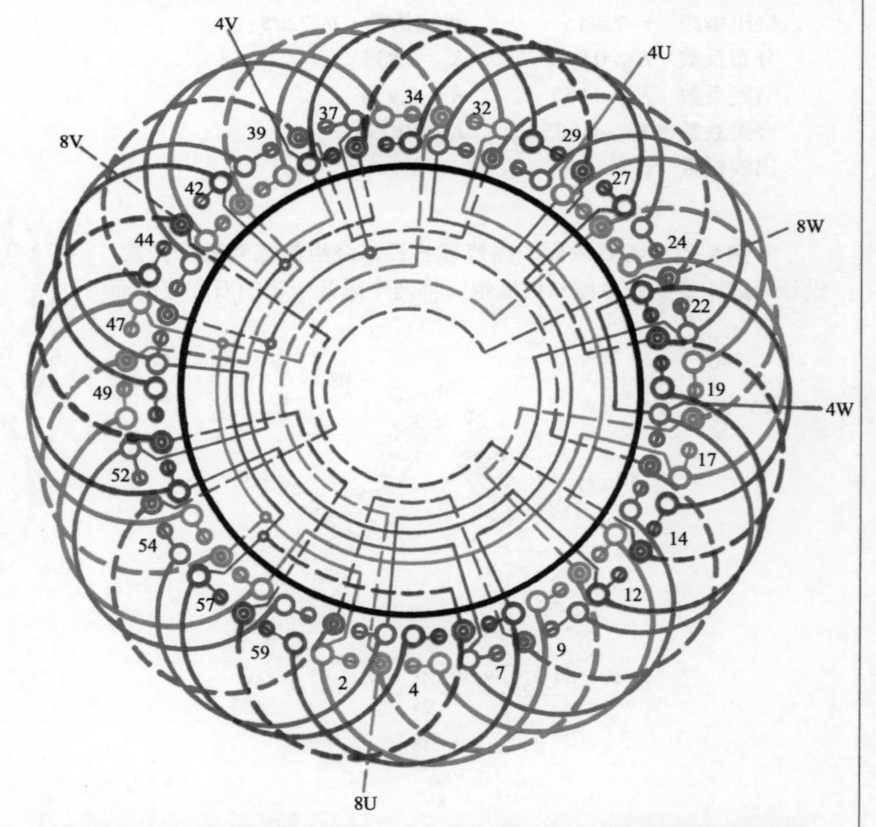

图3-34（b） 8/4极60槽（y=8）2Y+2Y/△接法（反常规补救）双速绕组

第五节 8/4 极 72 槽倍极比双速绕组

本节是8/4极72槽双速绕组，72槽是8/4极应用最多的槽数，不过采用的变极接法不算太多，主要是反向变极，如△/2Y、2△/4Y、Y/2Y、2Y/4Y等接法。而换相变极仅1例，是采用△/△接法。此外，本节还收入了新近发现的2Y/△反常规接法双速1例。这样本节共计双速绕组12例。

一、8/4极72槽（y=9）△/2Y接法双速绕组

1. 绕组结构参数

定子槽数	Z=72	双速极数	$2p$=8/4
总线圈数	Q=72	变极接法	△/2Y
线圈组数	u=12	每组圈数	S=6
每槽电角	α=20°/10°	线圈节距	y=9
绕组极距	τ=9/18	极相槽数	q=3/6
分布系数	K_{d8}=0.784		K_{d4}=0.956
节距系数	K_{p8}=1.0		K_{p4}=0.707
绕组系数	K_{dp8}=0.784		K_{dp4}=0.676
出线根数	c=6		

2. 绕组布接线特点

本例绕组由六联组构成，每相有4组线圈。变极方案是正规分布反转向双速；基准极为4极，属可变转矩输出，转矩比T_8/T_4=2.13，功率比P_8/P_4=1.06。主要实例有JDO2-91-8/4。

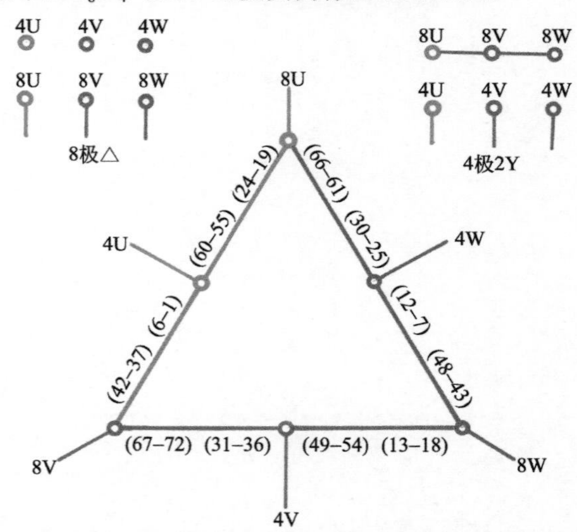

图3-35（a） 8/4极72槽△/2Y双速简化接线图

3. 双速变极接法与简化接线图

本例采用△/2Y变极接法，8极时三相接成△形，转4极时则改接成2Y。变极绕组简化接线如图3-35（a）所示。

4. 8/4极双速△/2Y绕组端面布接线图

本例采用双层叠式布线，双速绕组端面布接线如图3-35（b）所示。

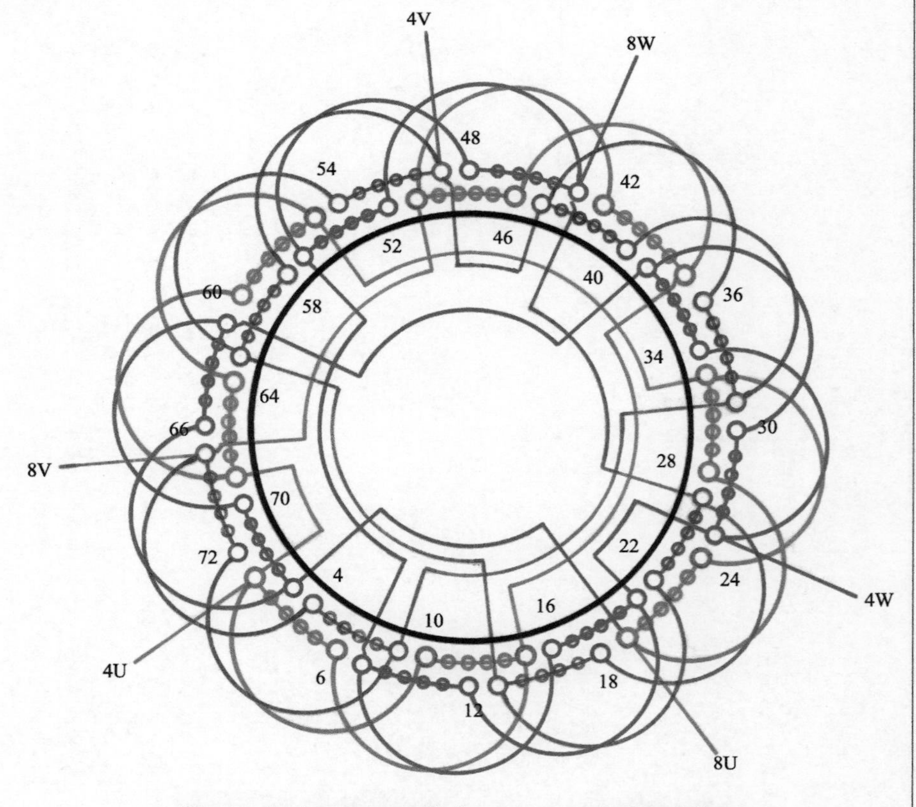

图3-35（b） 8/4极72槽（y=9）△/2Y接法双速绕组

二、8/4极72槽（y=9）Y/2Y接法双速绕组

1.绕组结构参数

定子槽数	Z=72	双速极数	$2p$=8/4
总线圈数	Q=72	变极接法	Y/2Y
线圈组数	u=12	每组圈数	S=6
每槽电角	α=20°/10°	线圈节距	y=9
绕组极距	τ=9/18	极相槽数	q=3/6
分布系数	K_{d8}=0.784	K_{d4}=0.956	
节距系数	K_{p8}=1.0	K_{p4}=0.707	
绕组系数	K_{dp8}=0.784	K_{dp4}=0.676	
出线根数	c=6		

2.绕组布接线特点

本例采用正规分布反向变极方案，4极为60°相带，反向法获得8极，两种转速下转向相反。每相有4组线圈，每组由6只线圈连绕而成。此绕组属可变转矩特性，转矩比T_8/T_4=2.13，功率比P_8/P_4=1.06。

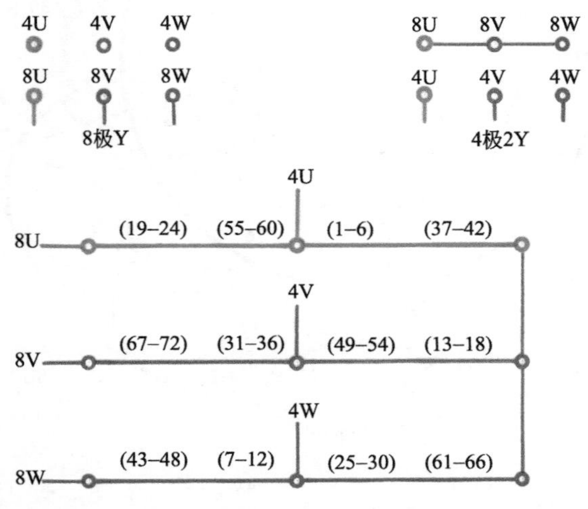

图3-36（a）　8/4极72槽Y/2Y双速简化接线图

3.双速变极接法与简化接线图

本例是采用Y/2Y变极接法的双速绕组。8极是一路Y形，4极改接成2Y。变极绕组简化接线如图3-36（a）所示。

4. 8/4极双速Y/2Y绕组端面布接线图

本绕组采用双层叠式布线，端面布接线如图3-36（b）所示。

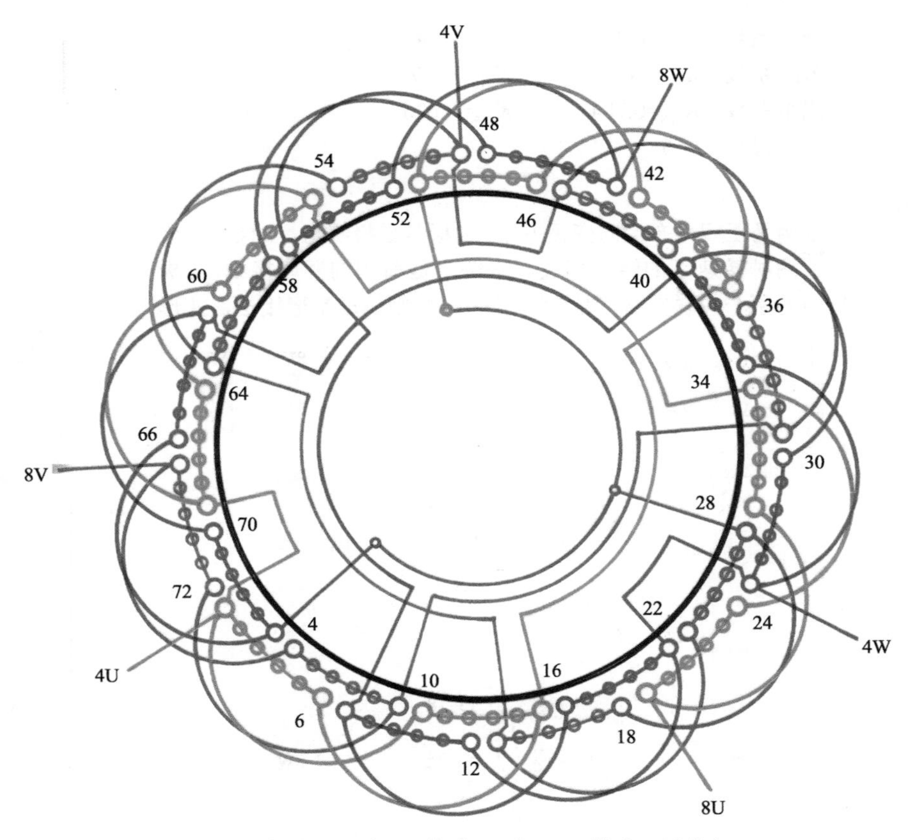

图3-36（b）　8/4极72槽（y=9）Y/2Y接法双速绕组

三、* 8/4极72槽（y=9）2△/4Y接法双速绕组

1.绕组结构参数

定子槽数	Z=72	双速极数	$2p$=8/4
总线圈数	Q=72	变极接法	2△/4Y
线圈组数	u=12	每组圈数	S=6
每槽电角	α=20°/10°	线圈节距	y=9
绕组极距	τ=9/18	极相槽数	q=3/6
分布系数	K_{d8}=0.784	K_{d4}=0.956	
节距系数	K_{p8}=1.0	K_{p4}=0.707	
绕组系数	K_{dp8}=0.784	K_{dp4}=0.676	
出线根数	c=6		

2.绕组布接线特点

本例是正规分布反向变极方案。4极是显极绕组，8极为庶极绕组。两种转速下的转向相反。本绕组是前例的并联接线，8极时每相为两个并联支路，是2△接线；4极则构成Y形接法，并形成4个支路。此绕组仍是可变转矩输出。

3.双速变极接法与简化接线图

本例采用2△/4Y变极接法；8极为二路△形，4极换接成4路Y形。变极绕组简化接线如图3-37（a）所示。

4. 8/4极双速2△/4Y绕组端面布接线图

本例是双层叠式布线，绕组端面布接线如图3-37（b）所示。

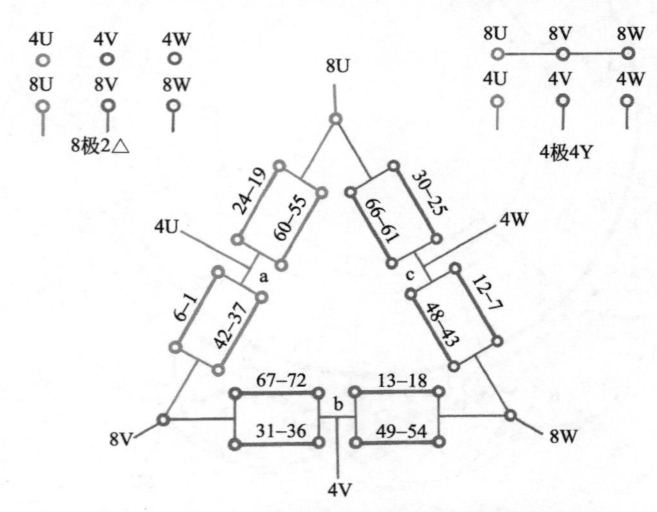

图3-37（a） 8/4极72槽2△/4Y双速简化接线图

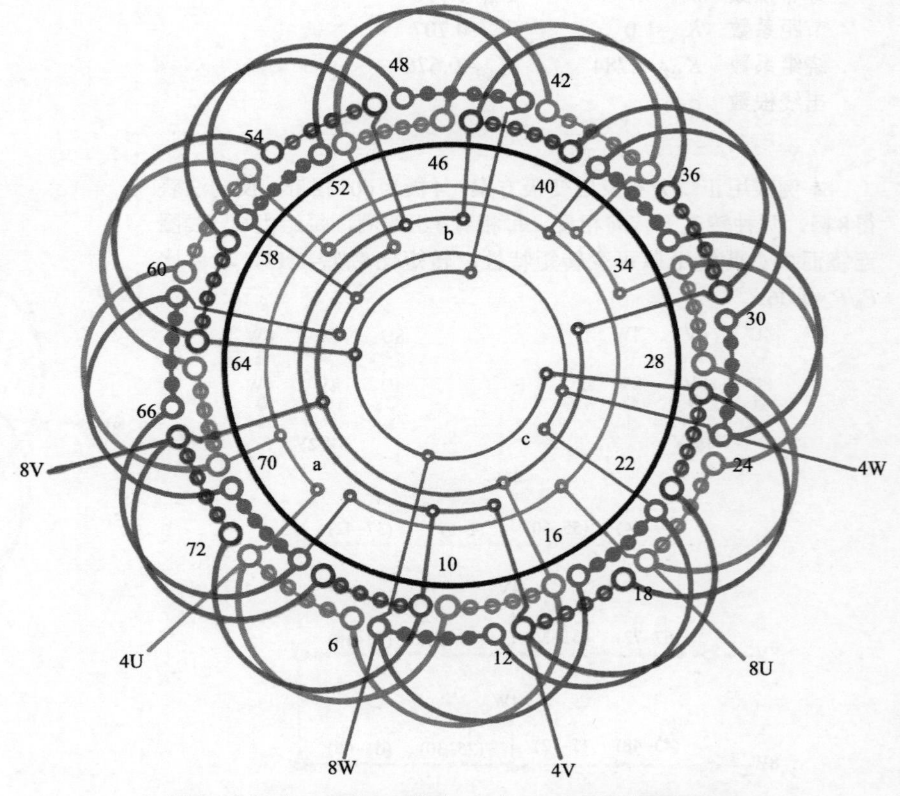

图3-37（b） 8/4极72槽（y=9）2△/4Y接法双速绕组

四、* 8/4极72槽（y=10）Y/2Y接法双速绕组

1. 绕组结构参数

定子槽数	Z=72	双速极数	$2p$=8/4
总线圈数	Q=72	变极接法	Y/2Y
线圈组数	u=12	每组圈数	S=6
每槽电角	α=20°/10°	线圈节距	y=10
绕组极距	τ=9/18	极相槽数	q=3/6
分布系数	K_{d8}=0.784	K_{d4}=0.956	
节距系数	K_{p8}=0.985	K_{p4}=0.766	
绕组系数	K_{dp8}=0.772	K_{dp4}=0.732	
出线根数	c=6		

2. 绕组布接线特点

本例线圈节距比上例放长1槽，使4极绕组系数略有提高，从而使两种极数下的绕组系数接近而利于两种速度的输出接近。双速输出仍为可变转矩特性，转矩比T_8/T_4=1.94，功率比P_8/P_4=0.97。

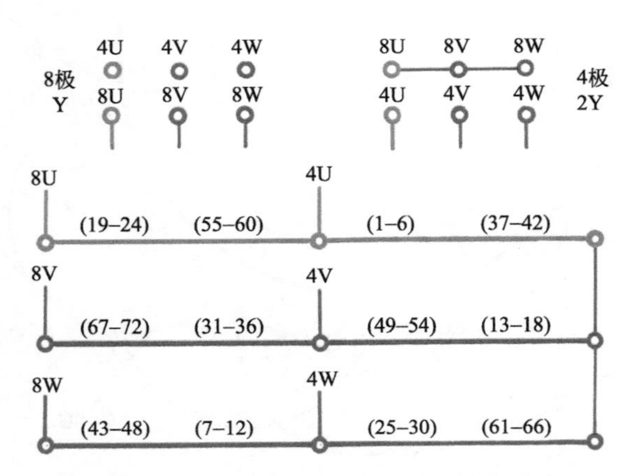

图3-38（a） 8/4极72槽Y/2Y双速简化接线图

3. 双速变极接法与简化接线图

本例采用Y/2Y接法，8极时为一路Y形，4极则换接成二路Y形。变极绕组简化接线如图3-38（a）所示。

4. 8/4极双速Y/2Y绕组端面布接线图

本例采用双层叠式布线，绕组端面布接线如图3-38（b）所示。

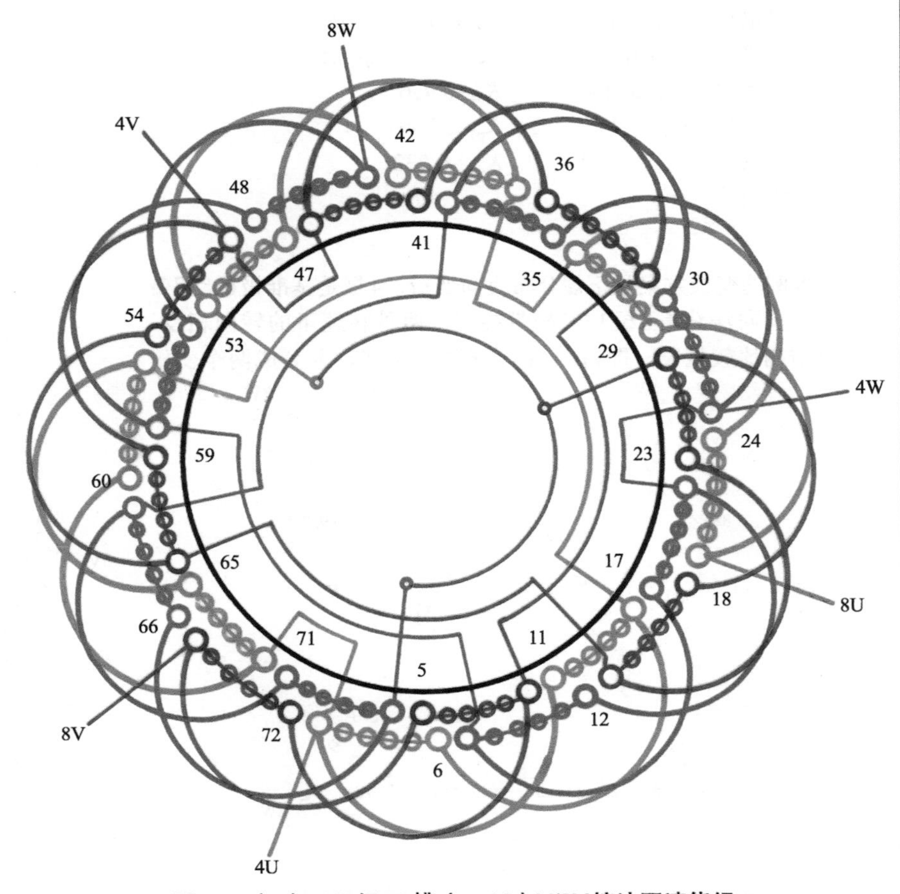

图3-38（b） 8/4极72槽（y=10）Y/2Y接法双速绕组

五、8/4极72槽（y=10）△/2Y接法双速绕组

1.绕组结构参数

定子槽数	Z=72	双速极数	$2p$=8/4
总线圈数	Q=72	变极接法	△/2Y
线圈组数	u=12	每组圈数	S=6
每槽电角	α=20°/10°	线圈节距	y=10
绕组极距	τ=9/18	极相槽数	q=3/6
分布系数	K_{d8}=0.784		K_{d4}=0.956
节距系数	K_{p8}=0.985		K_{p4}=0.766
绕组系数	K_{dp8}=0.772		K_{dp4}=0.732
出线根数	c=6		

2.绕组布接线特点

本例的变极方案是正规分布反向变极，4极是基准极60°相带绕组；反向法获得8极120°相带绕组，两种转速下的转向相反。绕组结构比较规整，即每相由4个6联组构成，并分成两个变极段。本绕组输出属可变转矩特性。应用实例如实修的双绕组四速机中的8/4极绕组。

3.双速变极接法与简化接线图

本例双速绕组采用△/2Y变极接法，8极是一路△形，4极是2Y接线。变极绕组简化接线如图3-39（a）所示。

4. 8/4极双速△/2Y绕组端面布接线图

本例是双层叠式布线，端面布接线如图3-39（b）所示。

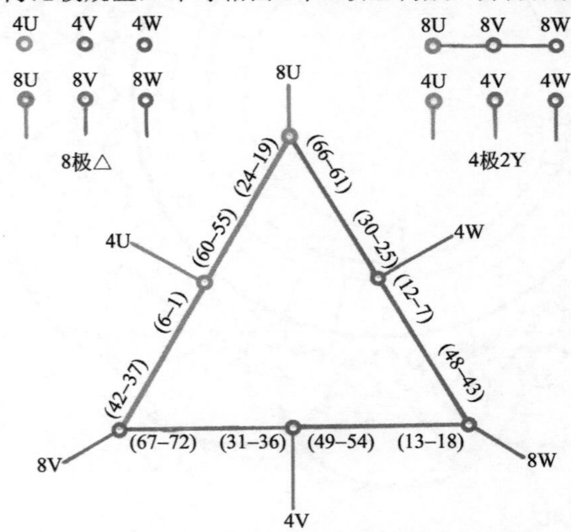

图3-39（a） 8/4极72槽△/2Y双速简化接线图

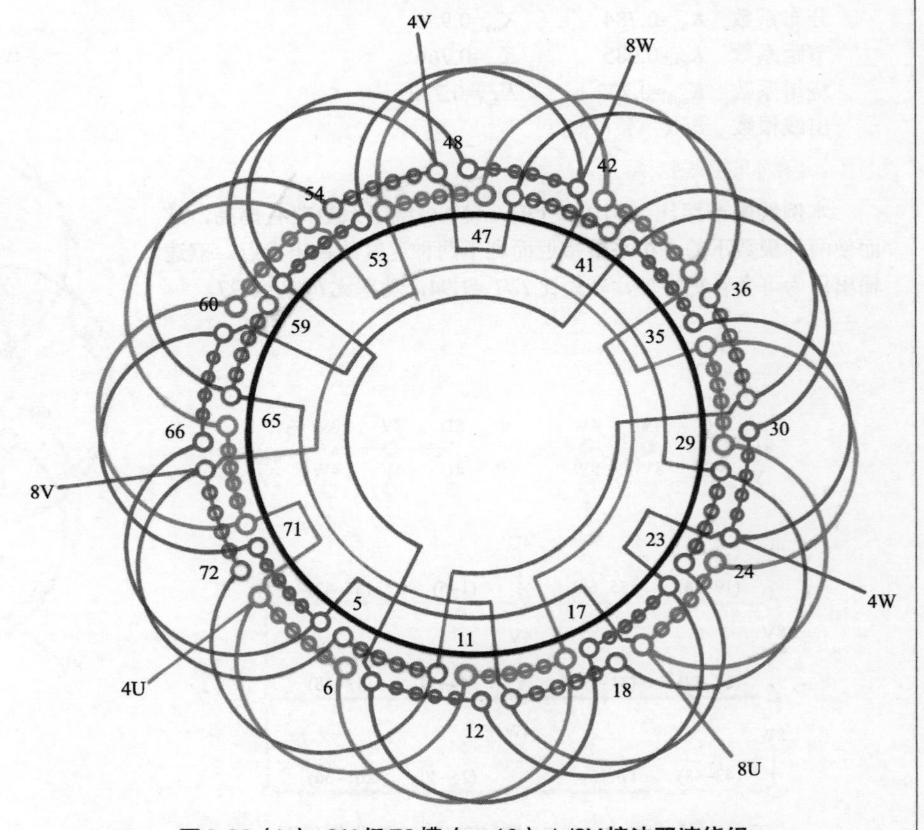

图3-39（b） 8/4极72槽（y=10）△/2Y接法双速绕组

六、* 8/4极72槽（y=10）2△/4Y接法双速绕组

1.绕组结构参数

定子槽数	Z=72	双速极数	$2p$=8/4
总线圈数	Q=72	变极接法	2△/4Y
线圈组数	u=12	每组圈数	S=6
每槽电角	α=20°/10°	线圈节距	y=10
绕组极距	τ=9/18	极相槽数	q=3/6
分布系数	K_{d8}=0.784		K_{d4}=0.956
节距系数	K_{p8}=0.985		K_{p4}=0.766
绕组系数	K_{dp8}=0.772		K_{dp4}=0.732
出线根数	c=6		

2.绕组布接线特点

本例是正规分布反向变极绕组，属可变转矩输出。绕组每相由两个变极段构成，每段由2个六联组并联而成。即本绕组是上例的并联接线。适用于72槽功率较大的双速选用。

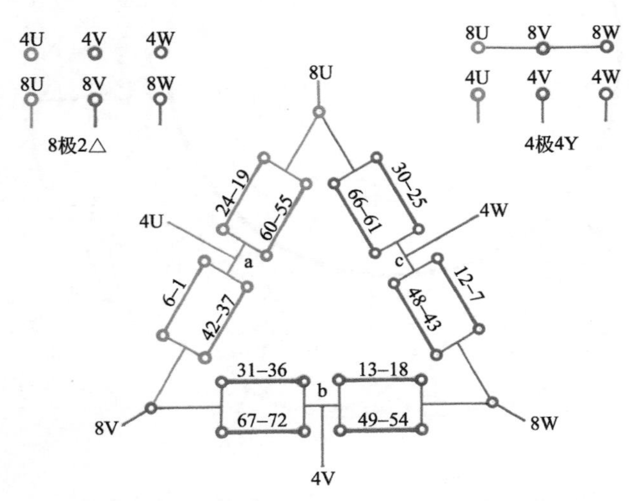

图3-40（a） 8/4极72槽2△/4Y双速简化接线图

3.双速变极接法与简化接线图

本例采用2△/4Y的并联接线，即8极时为二路角形（2△），4极则转换成四路星形（4Y）。变极绕组简化接线如图3-40（a）所示。

4. 8/4极双速2△/4Y绕组端面布接线图

本例采用双层叠式布线，端面布接线如图3-40（b）所示。

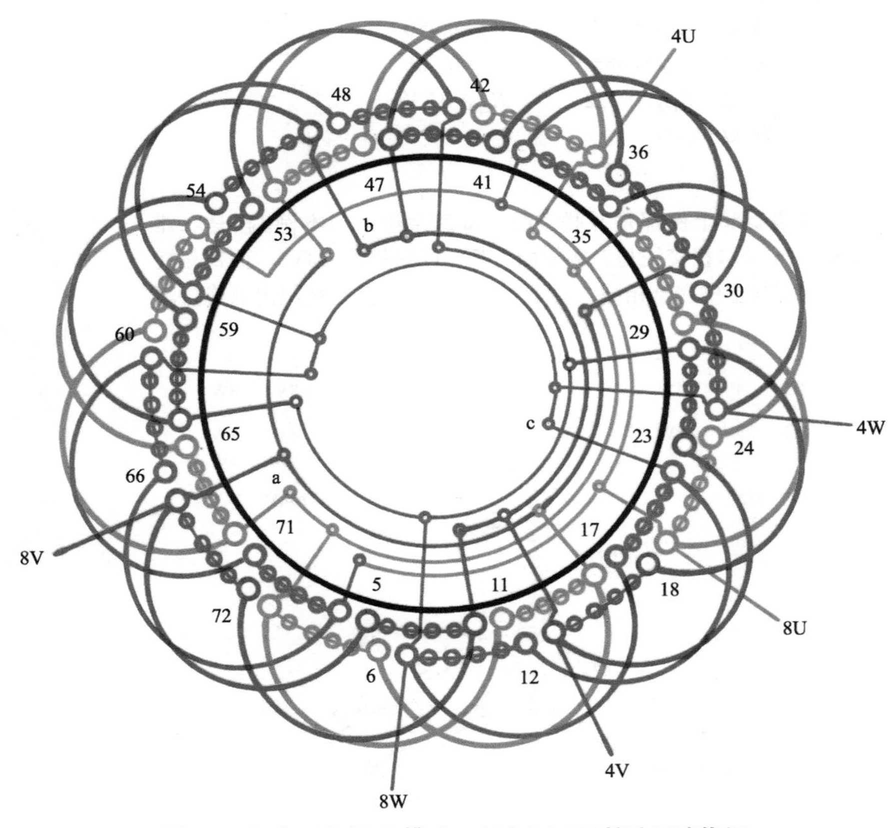

图3-40（b） 8/4极72槽（y=10）2△/4Y接法双速绕组

七、* 8/4极72槽（y=10）2Y/4Y接法双速绕组

1. 绕组结构参数

定子槽数 Z=72　　双速极数 $2p$=8/4
总线圈数 Q=72　　变极接法 2Y/4Y
线圈组数 u=12　　每组圈数 S=6
每槽电角 α=20°/10°　　线圈节距 y=10
绕组极距 τ=9/18　　极相槽数 q=3/6
分布系数 K_{d8}=0.784　　K_{d4}=0.956
节距系数 K_{p8}=0.985　　K_{p4}=0.766
绕组系数 K_{dp8}=0.772　　K_{dp4}=0.732
出线根数 c=6

2. 绕组布接线特点

本绕组和上例都是并联接线的双速绕组，但本例8极是二路星形（2Y），4极接线与上例相同，都是四路星形（4Y）。而每相绕组结构则与上例完全相同，只是本例有星点，且在绕组内部连接。

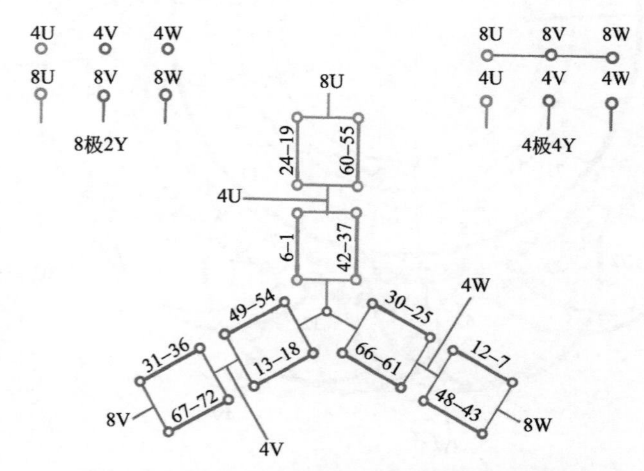

图3-41（a） 8/4极72槽2Y/4Y双速简化接线图

3. 双速变极接法与简化接线图

本例双速绕组采用2Y/4Y变极接法，8极是2Y，4极换接为4Y。变极绕组简化接线如图3-41（a）所示。

4. 8/4极双速2Y/4Y绕组端面布接线图

本例采用双层叠式布线，绕组端面布接线如图3-41（b）所示。

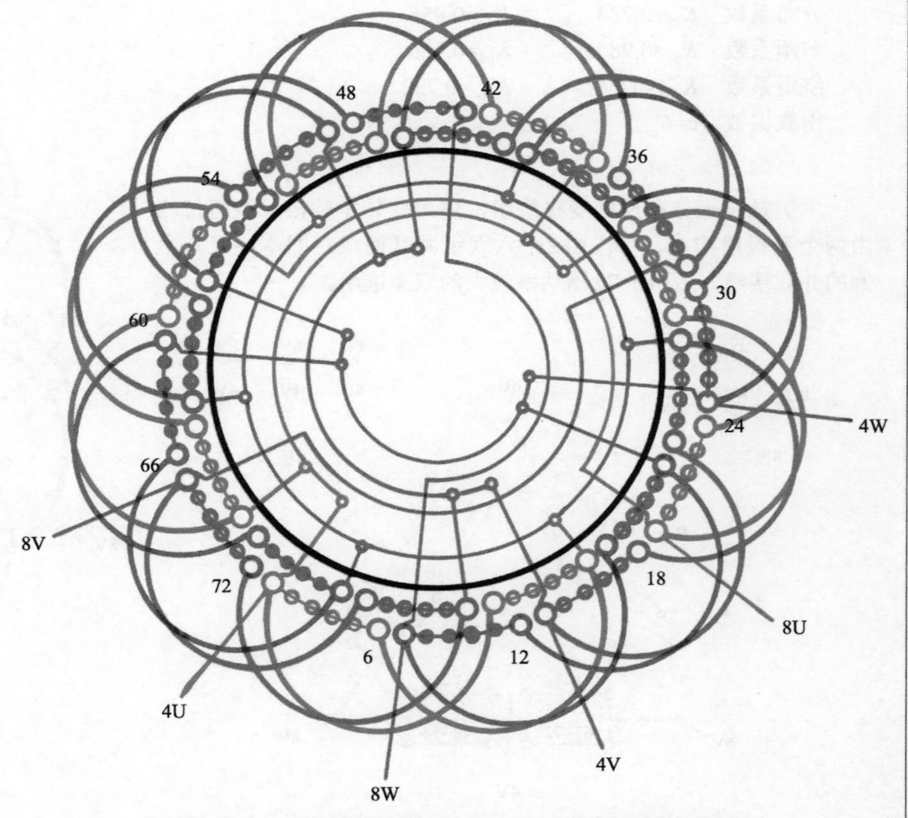

图3-41（b） 8/4极72槽（y=10）2Y/4Y接法双速绕组

八、8/4极72槽（y=11）△/2Y接法双速绕组

1.绕组结构参数

定子槽数	Z=72	双速极数	2p=8/4
总线圈数	Q=72	变极接法	△/2Y
线圈组数	u=12	每组圈数	S=6
每槽电角	α=20°/10°	线圈节距	y=11
绕组极距	τ=9/18	极相槽数	q=3/6
分布系数	K_{d8}=0.784		K_{d4}=0.956
节距系数	K_{p8}=0.94		K_{p4}=0.819
绕组系数	K_{dp8}=0.737		K_{dp4}=0.783
出线根数	c=6		

2.绕组布接线特点

本例采用正规分布反向变极方案，4极为60°相带，反向法得8极，两种转速下的转向相反。每相由4组线圈构成，每组有6只连绕线圈；属可变转矩输出特性。本绕组用于YD280M-8/6/4三速之8/4极双速。

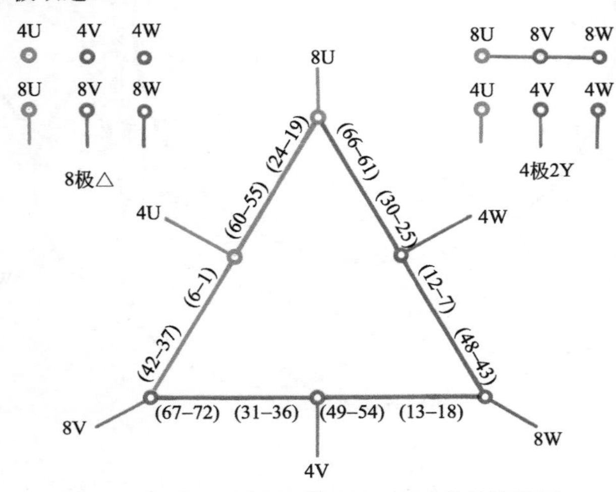

图3-42（a） 8/4极72槽△/2Y双速简化接线图

3.双速变极接法与简化接线图

本绕组采用△/2Y双速变极接法，8极时是一路△形，4极换接成二路Y形。变极绕组简化接线如图3-42（a）所示。

4. 8/4极双速△/2Y接线双速绕组

本例采用双层叠式布线，绕组端面布接线如图3-42（b）所示。

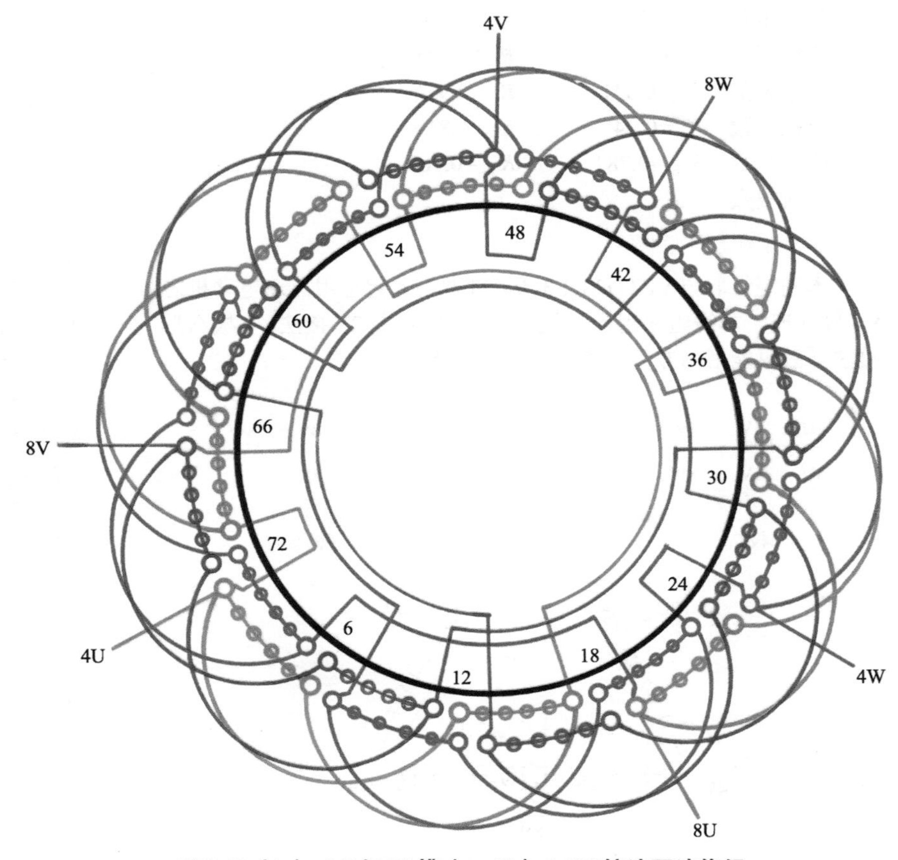

图3-42（b） 8/4极72槽（y=11）△/2Y接法双速绕组

九、* 8/4极72槽（y=11）2Y/△接法（反常规）双速绕组

1.绕组结构参数

定子槽数	Z=72	双速极数	$2p$=8/4
总线圈数	Q=72	变极接法	2Y/△
线圈组数	u=12	每组圈数	S=6
每槽电角	α=20°/10°	线圈节距	y=11
绕组极距	τ=9/18	极相槽数	q=3/6
分布系数	K_{d8}=0.831		K_{d4}=0.956
节距系数	K_{p8}=0.94		K_{p4}=0.819
绕组系数	K_{dp8}=0.781		K_{dp4}=0.783
出线根数	c=6		

2.绕组布接线特点

本例绕组取自YZTD200L3-4/8/24型塔式起重用三速电动机之8/4极双速。本绕组采用反常规接线，即8极是2Y接法，4极△形接法。故只能塔吊专用，若移作他用必烧无疑。

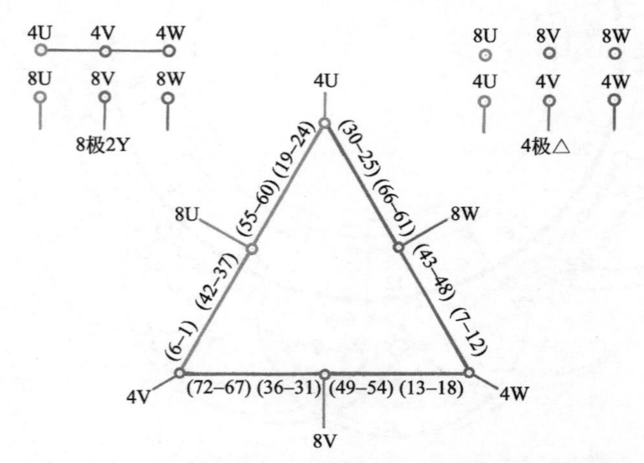

图3-43（a） 8/4极72槽2Y/△（反常规）双速简化接线图

3.双速变极接法与简化接线图

本例采用反常规变极接线，8极为2Y形接法，4极是△接法。变极绕组简化接线如图3-43（a）所示。

4. 8/4极双速2Y/△绕组端面布接线图

本例是双层叠式布线，双速绕组布接线如图3-43（b）所示。

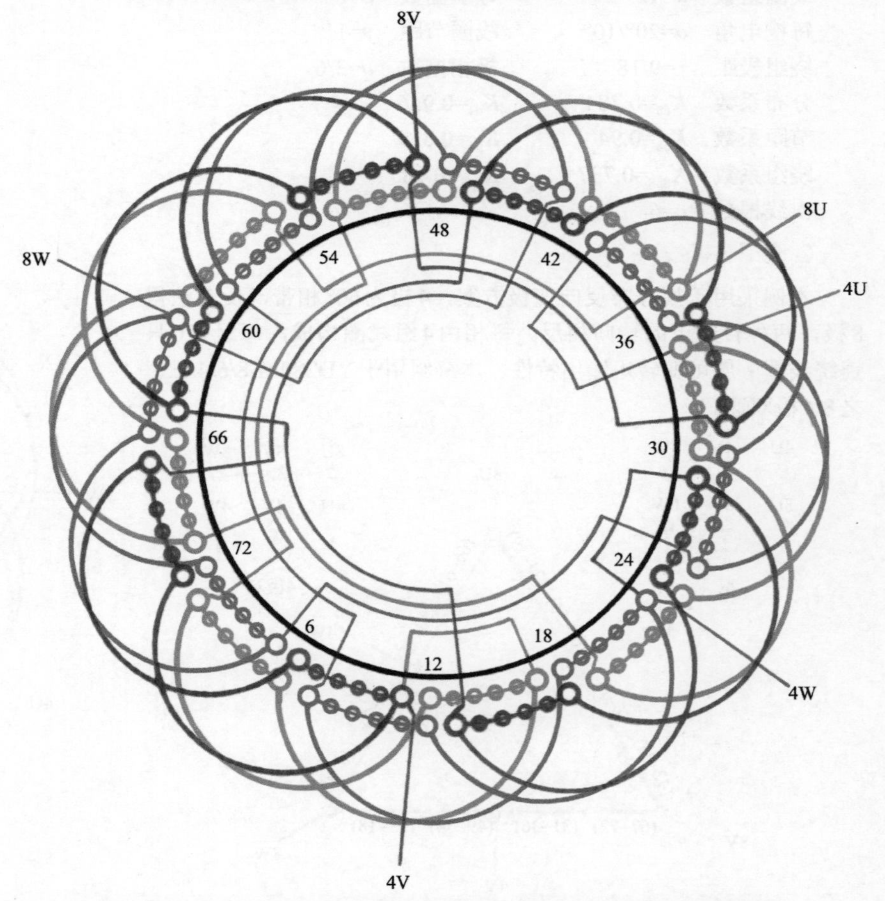

图3-43（b） 8/4极72槽（y=11）2Y/△接法（反常规）双速绕组

十、* 8/4极72槽（y=11）2△/4Y接法双速绕组

1.绕组结构参数

定子槽数	Z=72	双速极数	2p=8/4
总线圈数	Q=72	变极接法	2△/4Y
线圈组数	u=12	每组圈数	S=6
每槽电角	α=20°/10°	线圈节距	y=11
绕组极距	τ=9/18	极相槽数	q=3/6
分布系数	K_{d8}=0.784		K_{d4}=0.956
节距系数	K_{p8}=0.94		K_{p4}=0.819
绕组系数	K_{dp8}=0.737		K_{dp4}=0.783
出线根数	c=6		

2.绕组布接线特点

本例是2△/4Y的并联接线，每组由6只线圈连绕而成，8极时每相由两个并联支路组成2△接法，4极则改换成4Y。本绕组是反转向双速方案，而输出为可变转矩特性。

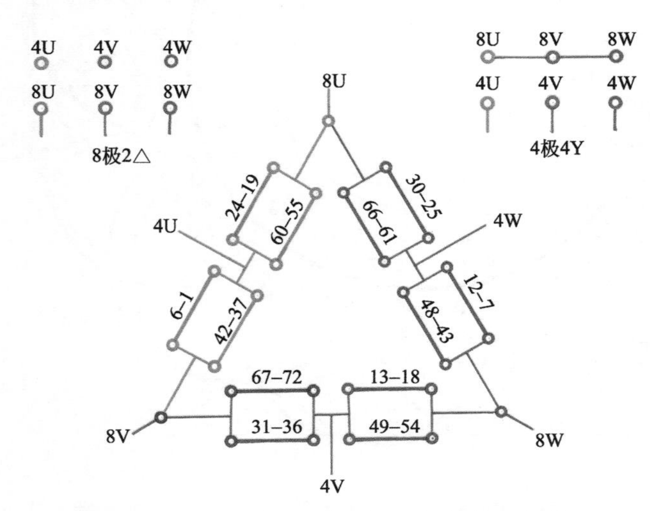

图3-44（a） 8/4极72槽2△/4Y双速简化接线图

3.双速变极接法与简化接线图

本例采用2△/4Y变极接法，即8极时为二路角（2△）形，4极是四路星（4Y）形。变极绕组简化接线如图3-44（a）所示。

4. 8/4极双速2△/4Y绕组端面布接线图

本例是采用双层叠式布线，绕组端面布接线如图3-44（b）所示。

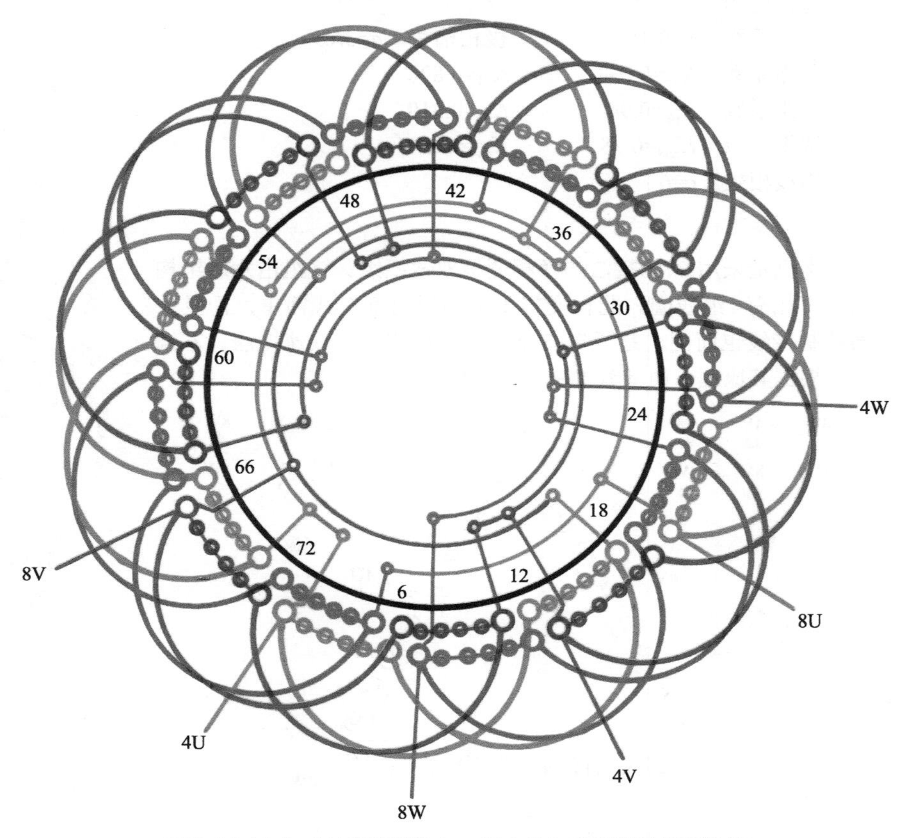

图3-44（b） 8/4极72槽（y=11）2△/4Y接法双速绕组

十一、* 8/4极72槽（y=11）△/△接法（换相变极）双速绕组

1. 绕组结构参数

定子槽数	Z=72	双速极数	$2p$=8/4
总线圈数	Q=72	变极接法	△/△
线圈组数	u=12	每组圈数	S=6
每槽电角	α=20°/10°	线圈节距	y=11
绕组极距	τ=9/18	极相槽数	q=3/6
分布系数	K_{d8}=0.831		K_{d4}=0.828
节距系数	K_{p8}=0.94		K_{p4}=0.819
绕组系数	K_{dp8}=0.78		K_{dp4}=0.678
出线根数	c=6		

2. 绕组布接线特点

本例是采用△/△接法的换相变极双速绕组。绕组由六联组构成，每相有4组线圈。此种变极不但绕组内部接线简单，而且外部控制接线也简便，是近年在修理中发现的新型双速接法。本绕组是根据其原理，由笔者扩展设计而成。

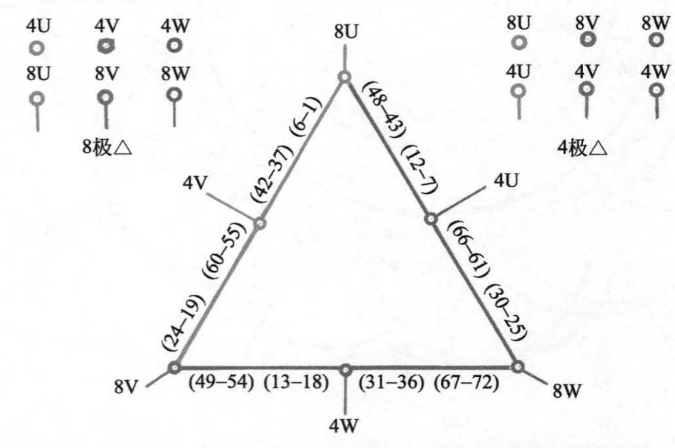

图3-45（a） 8/4极72槽△/△（换相变极）双速简化接线图

3. 双速变极接法与简化接线图

本例采用△/△变极接法，8极和4极都是一路△形。变极绕组简化接线如图3-45（a）所示。

4. 8/4极双速△/△绕组端面布接线图

本例是双层叠式布线，绕组端面布接线如图3-45（b）所示。

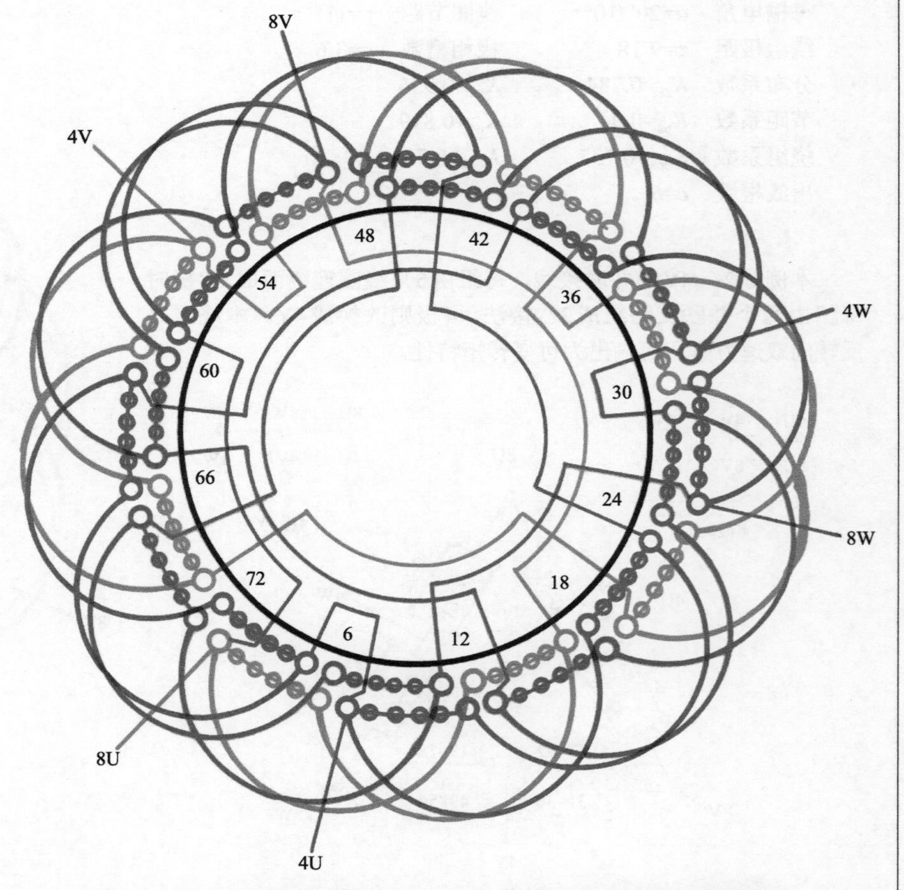

图3-45（b） 8/4极72槽（y=11）△/△接法（换相变极）双速绕组

十二、* 8/4极72槽（y=11）Y/2Y接法双速绕组

1.绕组结构参数

定子槽数	Z=72	电机极数	$2p$=8/4
总线圈数	Q=72	变极接法	Y/2Y
线圈组数	u=12	每组圈数	S=6
每槽电角	α=20°/10°	线圈节距	y=11
绕组极距	τ=9/18	极相槽数	q=3/6
分布系数	K_{d8}=0.784	K_{d4}=0.956	
节距系数	K_{p8}=0.94	K_{p4}=0.819	
绕组系数	K_{dp8}=0.737	K_{dp4}=0.783	
出线根数	c=6		

2.绕组布接线特点

本例采用反向变极正规分布方案，4极为60°相带，庶极得8极，两种转速下的转向相反。绕组由六联组构成，每相有4组线圈分别安排在两个变极组，即每变极组由两组线圈串联而成。此双速绕组结构简单，且绕组系数接近，适用于双速输出相近的场合。

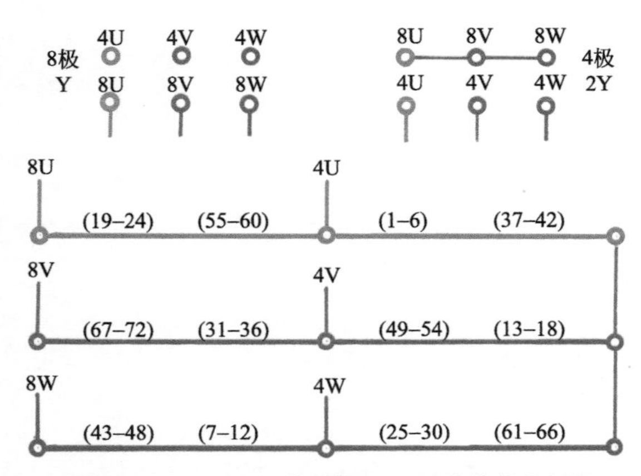

图3-46（a） 8/4极72槽Y/2Y双速简化接线图

3.双速变极接法与简化接线图

本例采用Y/2Y变极接法，绕组简化接线如图3-46（a）所示。

4. 8/4极双速Y/2Y绕组端面布接线图

本例是双层叠式布线，绕组端面布接线如图3-46（b）所示。

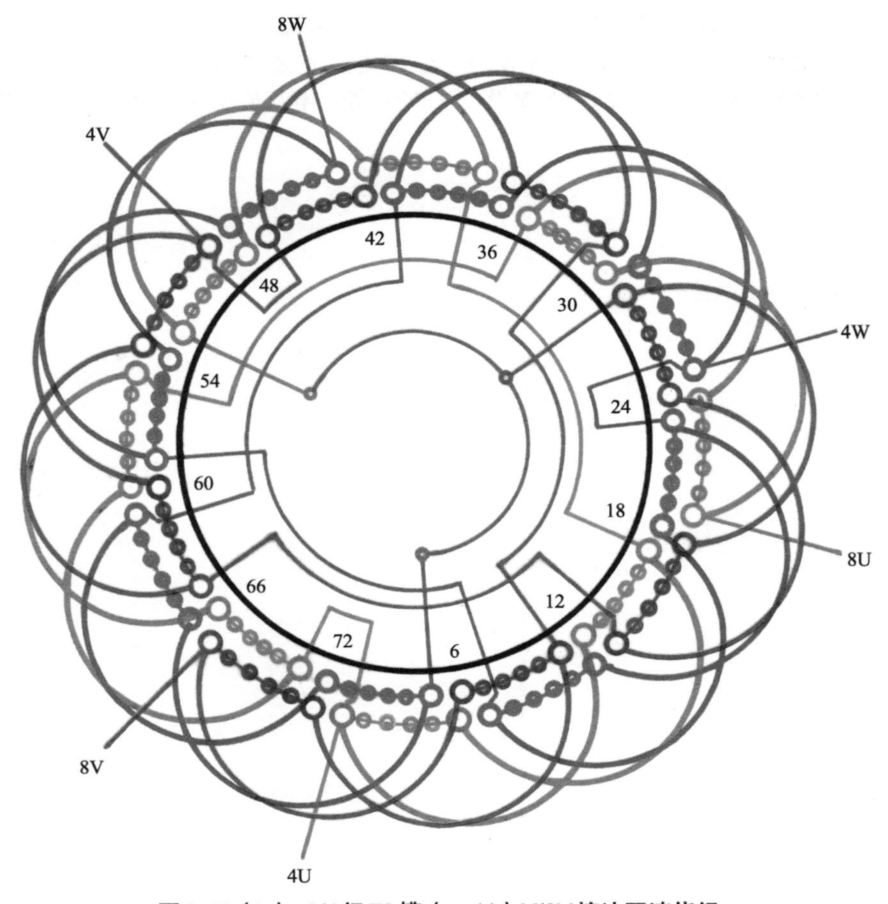

图3-46（b） 8/4极72槽（y=11）Y/2Y接法双速绕组

第六节 8/4极90槽、96槽倍极比双速绕组

本节8/4极包括两种槽数规格的双速，其中90槽仅2例，分别采用△/2Y和Y/2Y反向变极接法。96槽8/4极双速较多，变极接法主要采用△/2Y、Y/2Y、2△/4Y、2Y/4Y等反向变极，但还有2例是2Y/△的反常规接线的反向法。此外，还有多例采用特殊型式的反向法变极，如Y+2Y/Y、Y+2Y/△、2Y+2Y/Y及2Y+2Y/△等。本节是8/4极90槽以上双速绕组简化接线图及端面布接线图，共计16例。

一、* 8/4极90槽（y=10）△/2Y接法双速绕组

1.绕组结构参数

定子槽数	Z=90	双速极数	$2p$=8/4
总线圈数	Q=90	变极接法	△/2Y
线圈组数	u=12	每组圈数	S=8、7
每槽电角	α=16°/8°	线圈节距	y=10
绕组极距	τ=11.25/22.5	极相槽数	q=3.75/7.5
分布系数	K_{d8}=0.828		K_{d4}=0.954
节距系数	K_{p8}=0.999		K_{p4}=0.695
绕组系数	K_{dp8}=0.827		K_{dp4}=0.663
出线根数	c=6		

2.绕组布接线特点

本例是正规分布变极方案，采用常规△/2Y接线，绕组由八联组和七联组构成，故属分数槽的双速绕组，每相有4组线圈，并按7—8—7—8交替分布。本绕组实际应用不多，本例是根据实修电动机绘制。

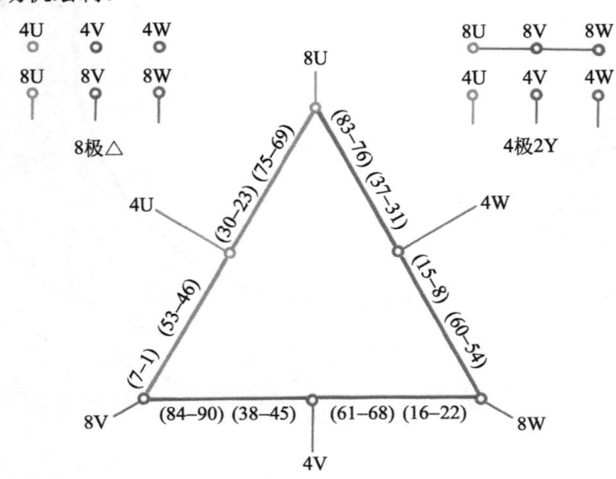

图3-47（a） 8/4极90槽△/2Y双速简化接线图

3.双速变极接法与简化接线图

本例采用△/2Y变极接法，8极时为△接线，4极换接成2Y。变极绕组简化接线如图3-47（a）所示。

4. 8/4极双速△/2Y绕组端面布接线图

本绕组是双层叠式布线，端面布接线如图3-47（b）所示。

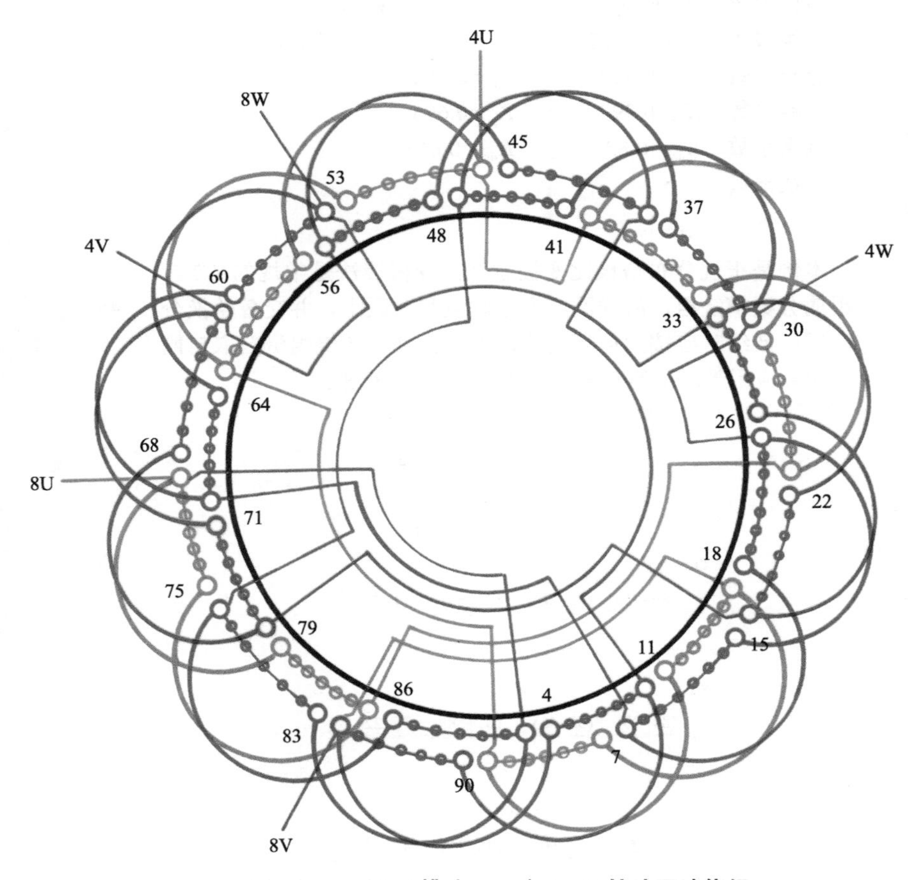

图3-47（b） 8/4极90槽（y=10）△/2Y接法双速绕组

二、8/4极90槽（y=11）Y/2Y接法双速绕组

1.绕组结构参数

定子槽数	Z=90	双速极数	$2p$=8/4
总线圈数	Q=90	变极接法	Y/2Y
线圈组数	u=12	每组圈数	S=7、8
每槽电角	α=16°/8°	线圈节距	y=11
绕组极距	τ=11.25/22.5	极相槽数	q=3.75/7.5
分布系数	K_{d8}=0.828		K_{d4}=0.954
节距系数	K_{p8}=0.999		K_{p4}=0.695
绕组系数	K_{dp8}=0.827		K_{dp4}=0.663
出线根数	c=6		

2.绕组布接线特点

本例是正规分布倍极比变极方案，变极接法是常规的Y/2Y，绕组属分数槽绕组，故线圈组为七联组和八联组，并交替轮换分布。所以嵌线时应按此循环安排，勿使错乱。此绕组资料取自网络，实际应用于塔吊的双绕组三速机之8/4极双速。

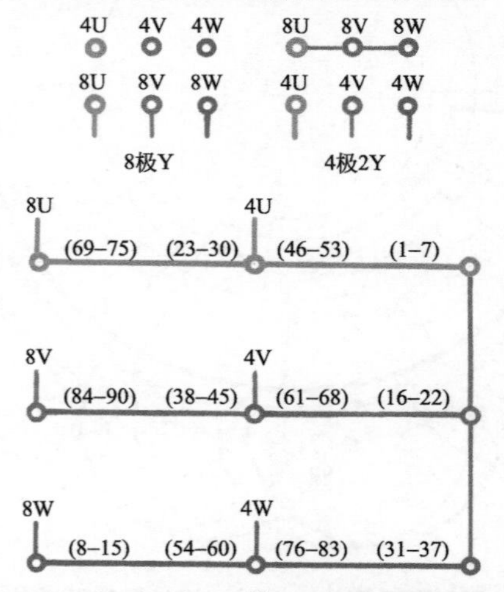

图3-48（a） 8/4极90槽Y/2Y双速简化接线图

3.双速变极接法与简化接线图

本例采用Y/2Y变极接法，8极为一路Y形，4极是二路Y形。变极绕组简化接线如图3-48（a）所示。

4. 8/4极双速Y/2Y绕组端面布接线图

本例双速是双层叠式布线，绕组端面布接线图如图3-48（b）所示。

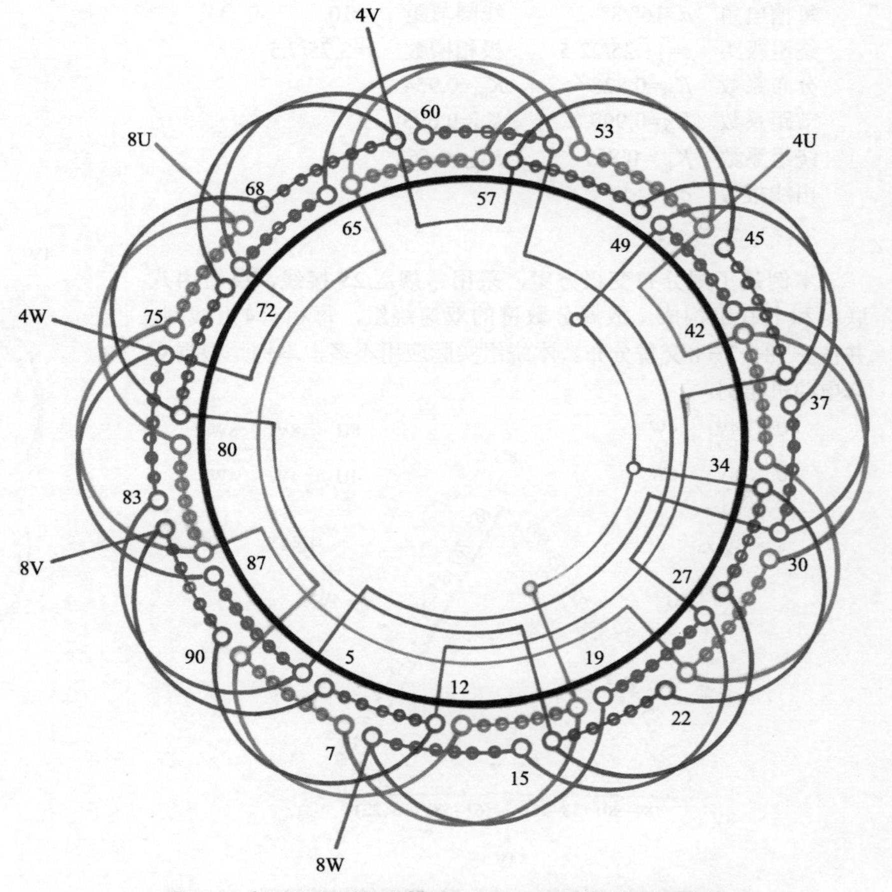

图3-48（b） 8/4极90槽（y=11）Y/2Y接法双速绕组

三、* 8/4极96槽（y=11）Y/2Y接法双速绕组

1.绕组结构参数

定子槽数	$Z=96$	双速极数	$2p=8/4$
总线圈数	$Q=96$	变极接法	Y/2Y
线圈组数	$u=12$	每组圈数	$S=8$
每槽电角	$\alpha=15°/7.5°$	线圈节距	$y=11$
绕组极距	$\tau=12/24$	极相槽数	$q=4/8$
分布系数	$K_{d8}=0.829$		$K_{d4}=0.956$
节距系数	$K_{p8}=0.991$		$K_{p4}=0.659$
绕组系数	$K_{dp8}=0.822$		$K_{dp4}=0.63$
出线根数	$c=6$		

2.绕组布接线特点

本例双速绕组由八联组构成，每相有4组线圈分布在两个变极段，采用Y/2Y接法变极，即8极时接成一路Y形，电源从8U、8V、8W接入；4极则变成2Y形，即将8U、8V、8W接成星点，电源从4U、4V、4W接入。本绕组由实修电动机绘制而成。

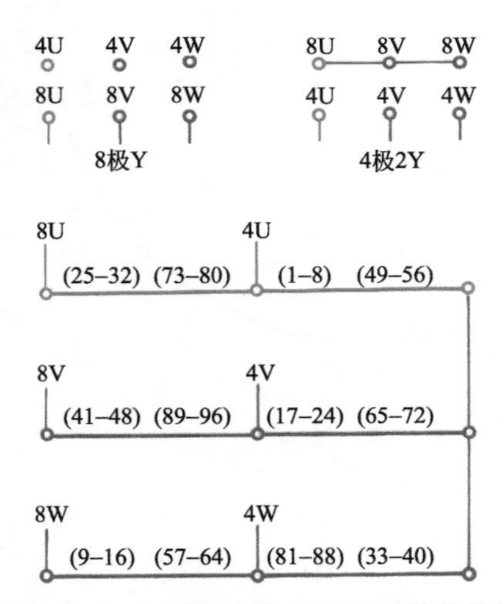

图3-49（a） 8/4极96槽Y/2Y双速简化接线图

3.双速变极接法与简化接线图

本例采用Y/2Y变极接法，即8极时接成一路Y形，4极改成二路Y形。变极绕组简化接线如图3-49（a）所示。

4. 8/4极双速Y/2Y绕组端面布接线图

本例是双层叠式布线，绕组端面布接线如图3-49（b）所示。

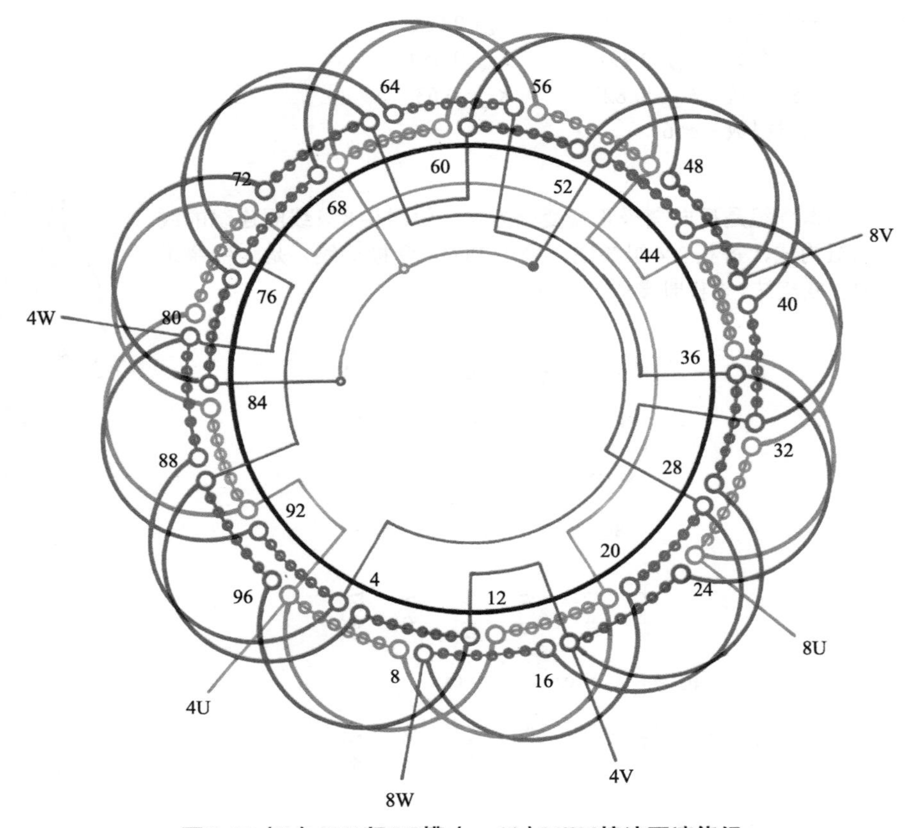

图3-49（b） 8/4极96槽（y=11）Y/2Y接法双速绕组

四、* 8/4极96槽（y=11）2Y/4Y接法双速绕组

1. 绕组结构参数

定子槽数	Z=96	双速极数	$2p$=8/4
总线圈数	Q=96	变极接法	2Y/4Y
线圈组数	u=12	每组圈数	S=8
每槽电角	α=15°/7.5°	线圈节距	y=11
绕组极距	τ=12/24	极相槽数	q=4/8
分布系数	K_{d8}=0.829		K_{d4}=0.956
节距系数	K_{p8}=0.991		K_{p4}=0.659
绕组系数	K_{dp8}=0.822		K_{dp4}=0.63
出线根数	c=6		

2. 绕组布接线特点

本绕组是反向变极正规变极方案，绕组由8只线圈连绕的线圈组构成，每相有4组线圈，采用2Y/4Y变极接线，是上例绕组的并联接法。8极时接成2Y，4极变换为4Y。

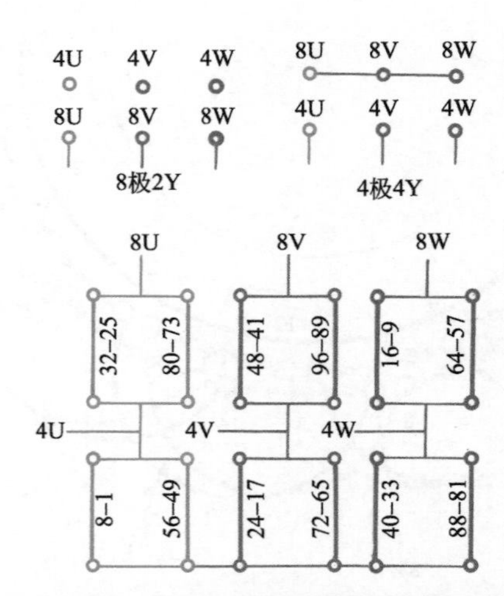

图3-50（a） 8/4极96槽2Y/4Y双速简化接线图

3. 双速变极接法与简化接线图

本例采用2Y/4Y变极接法，绕组简化接线如图3-50（a）所示。

4. 8/4极双速2Y/4Y绕组端面布接线图

本例是采用双层叠式布线，绕组端面布接线如图3-50（b）所示。

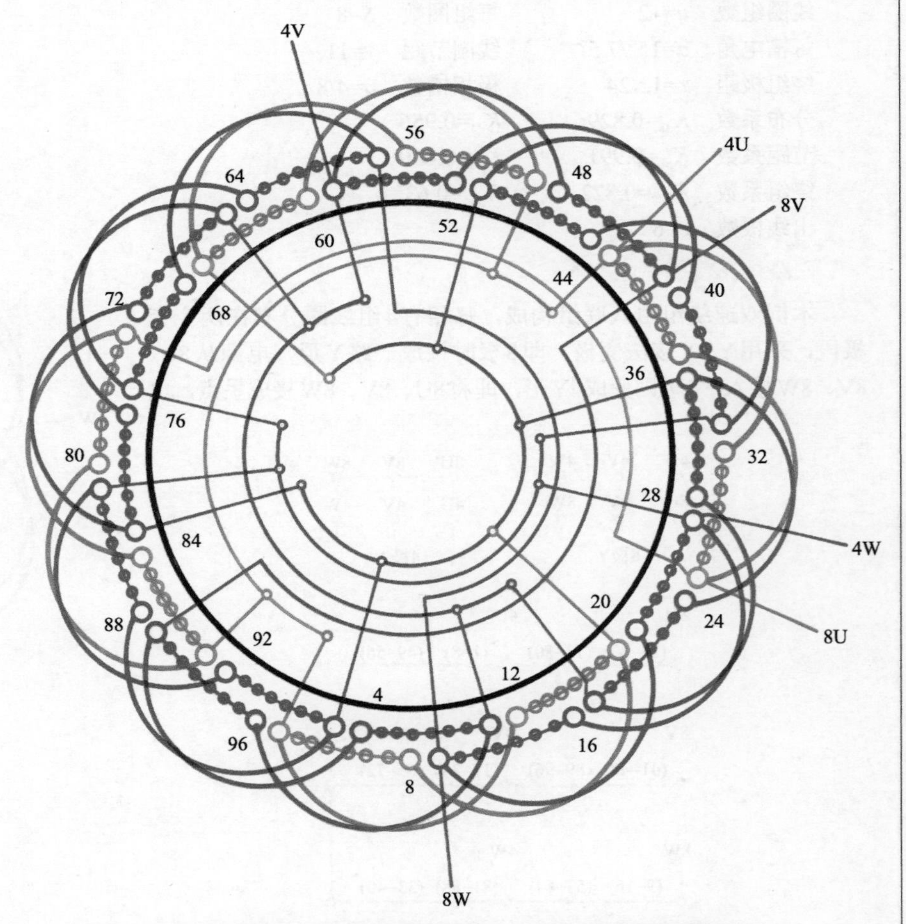

图3-50（b） 8/4极96槽（y=11）2Y/4Y接法双速绕组

五、* 8/4极96槽（y=11）2△/4Y接法双速绕组

1.绕组结构参数

定子槽数	Z=96	双速极数	$2p$=8/4
总线圈数	Q=96	变极接法	2△/4Y
线圈组数	u=12	每组圈数	S=8
每槽电角	α=15°/7.5°	线圈节距	y=11
绕组极距	τ=12/24	极相槽数	q=4/8
分布系数	K_{d8}=0.829	K_{d4}=0.956	
节距系数	K_{p8}=0.991	K_{p4}=0.659	
绕组系数	K_{dp8}=0.822	K_{dp4}=0.63	
出线根数	c=6		

2.绕组布接线特点

本例属于常规接线的双速绕组，但采用并联接法，即4极为显极60°相带绕组，采用4Y接法，而用反向法获得8极120°相带的庶极绕组，并采用2△接法。此绕组属于正规分布双速，绕组虽是并联，但结构仍较简练。

3.双速变极接法与简化接线图

本例采用常规的并联接线，即4极为四路Y形，8极是二路△形。变极绕组简化接线如图3-51（a）所示。

4. 8/4极双速2△/4Y绕组布接线图

本例绕组采用双层叠式布线，端面布接线如图3-51（b）所示。

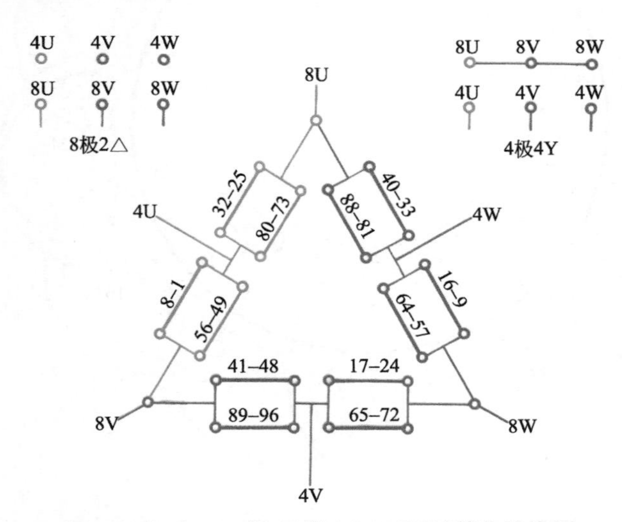

图3-51（a） 8/4极96槽2△/4Y双速简化接线图

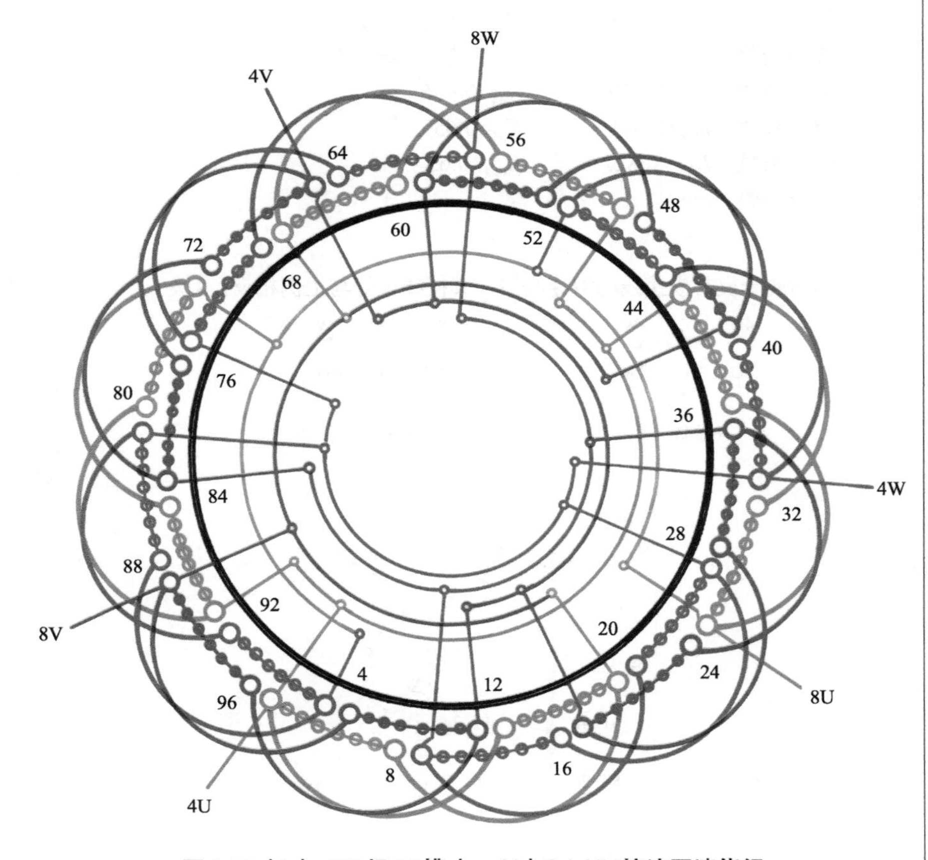

图3-51（b） 8/4极96槽（y=11）2△/4Y接法双速绕组

六、* 8/4极96槽（y=11）4Y/2△接法（反常规）双速绕组

1. 绕组结构参数

定子槽数	Z=96	双速极数	$2p$=8/4
总线圈数	Q=96	变极接法	4Y/2△
线圈组数	u=12	每组圈数	S=8
每槽电角	α=15°/7.5°	线圈节距	y=11
绕组极距	τ=12/24	极相槽数	q=4/8
分布系数	K_{d8}=0.829		K_{d4}=0.956
节距系数	K_{p8}=0.991		K_{p4}=0.659
绕组系数	K_{dp8}=0.822		K_{dp4}=0.63
出线根数	c=6		

2. 绕组布接线特点

本例属于反常规接线的双速绕组，其接线正好与上例相反，8极是4Y形，4极是2△形，这样，无论以8极或4极为基准，都会导致另一极数下的磁密过低或过高。

3. 双速变极接法与简化接线图

本例采用4Y/2△接法，刚好与上例相反，即8极为4Y，4极是2△。变极绕组简化接线如图3-52（a）所示。

4. 8/4极双速4Y/2△绕组端面布接线图

本例是双层叠式绕组，端面布接线如图3-52（b）所示。

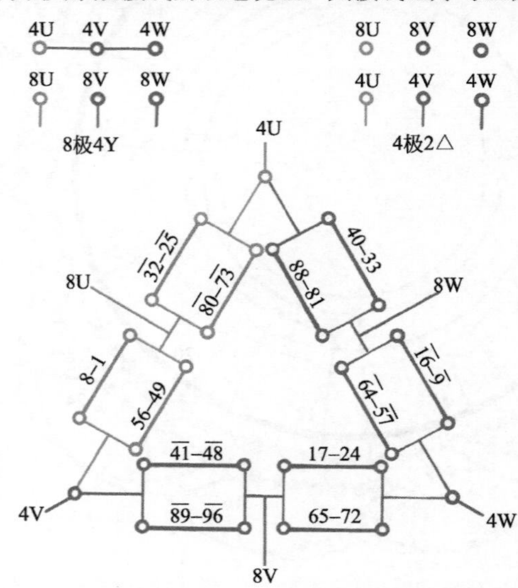

图3-52（a） 8/4极96槽4Y/2△（反常规）双速简化接线图

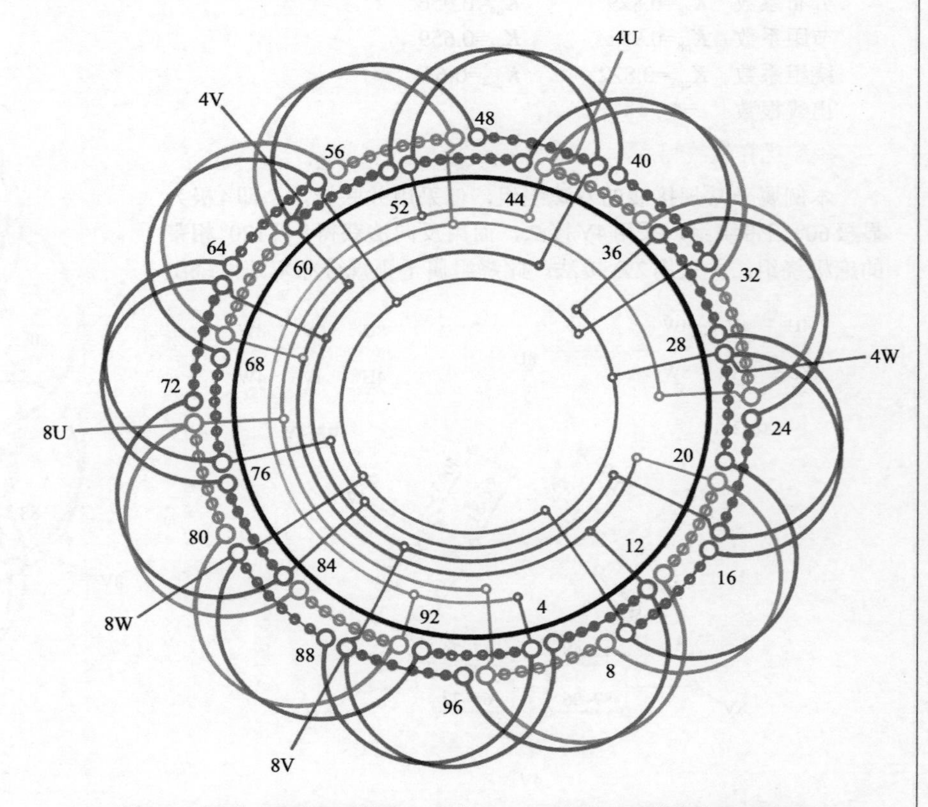

图3-52（b） 8/4极96槽（y=11）4Y/2△接法（反常规）双速绕组

七、* 8/4极96槽（y=11）2Y/Y接法（反常规）双速绕组

1. 绕组结构参数

定子槽数	Z=96	双速极数	$2p$=8/4
总线圈数	Q=96	变极接法	2Y/Y
线圈组数	u=12	每组圈数	S=8
每槽电角	α=15°/7.5°	线圈节距	y=11
绕组极距	τ=12/24	极相槽数	q=4/8
分布系数	K_{d8}=0.829		K_{d4}=0.956
节距系数	K_{p8}=0.991		K_{p4}=0.659
绕组系数	K_{dp8}=0.822		K_{dp4}=0.63
出线根数	c=6		

2. 绕组布接线特点

本例属反常规接线，即8极采用2Y接法，4极为Y接法，这样无论基准极选用8极或4极，都会导致非基准极的磁密超标（即过低或过高）。因此，这种反常规接线的电动机只适用于基准极数为正常负载，而非基准极数为短时空载或极轻负载的工作场合。

3. 双速变极接法与简化接线图

本例采用2Y/Y反常规接法，变极绕组简化接线如图3-53（a）所示。

4. 8/4极双速2Y/Y绕组端面布接线图

本例采用双层叠式布线，端面布接线如图3-53（b）所示。

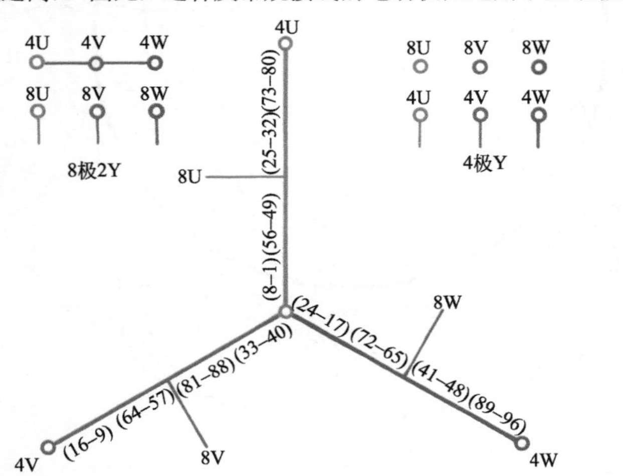

图3-53（a） 8/4极96槽（y=11）2Y/Y（反常规）双速简化接线图

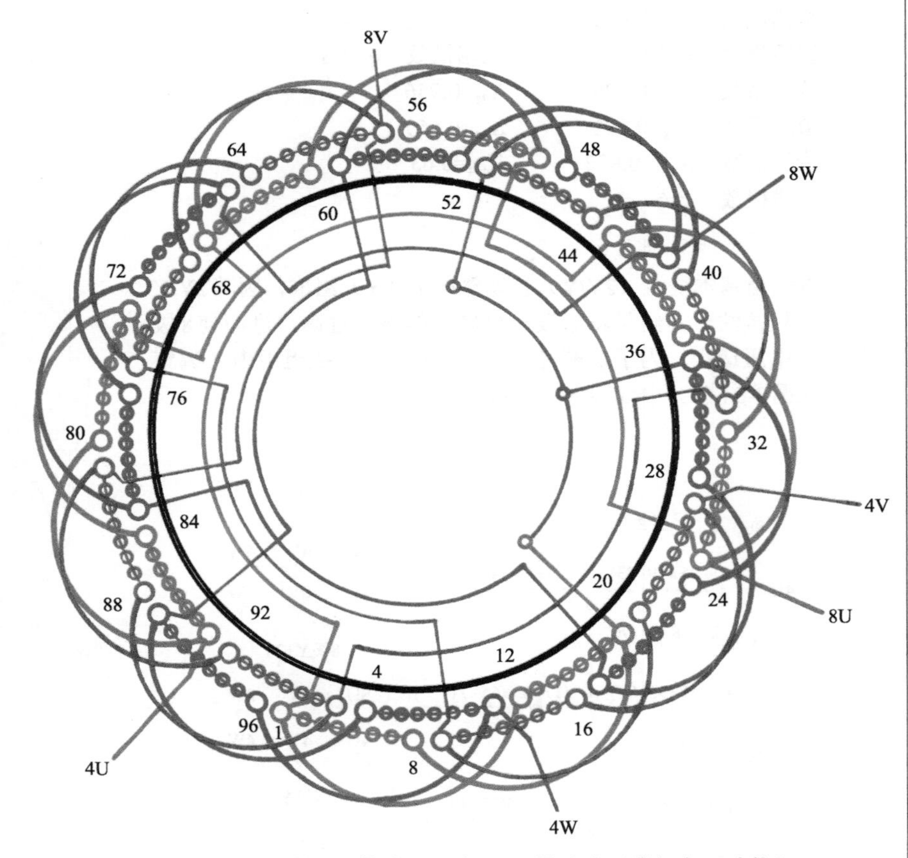

图3-53（b） 8/4极96槽（y=11）2Y/Y接法（反常规）双速绕组

八、* 8/4极96槽（y=11）Y+2Y/Y接法（反常规补救）双速绕组

1.绕组结构参数

定子槽数	$Z=96$	双速极数	$2p=8/4$
总线圈数	$Q=96$	变极接法	Y+2Y/Y
线圈组数	$u=24$	每组圈数	$S=7$、1
每槽电角	$\alpha=15°/7.5°$	线圈节距	$y=11$
绕组极距	$\tau=12/24$	极相槽数	$q=4/8$
分布系数	$K_{d8}=0.829$		$K_{d4}=0.956$
节距系数	$K_{p8}=0.991$		$K_{p4}=0.659$
绕组系数	$K_{dp8}=0.822$		$K_{dp4}=0.63$
出线根数	$c=6$		

2.绕组布接线特点

本例由基本绕组（2Y/Y）和调整绕组（Y）组成，因其2Y/Y属反常规接法，其结果将导致电机磁路的磁密过高，进而使8极处于过电压运行，为了缓解过压状态，而在8极绕组中串入调整绕组如图3-54（b）中双圆虚线所示。

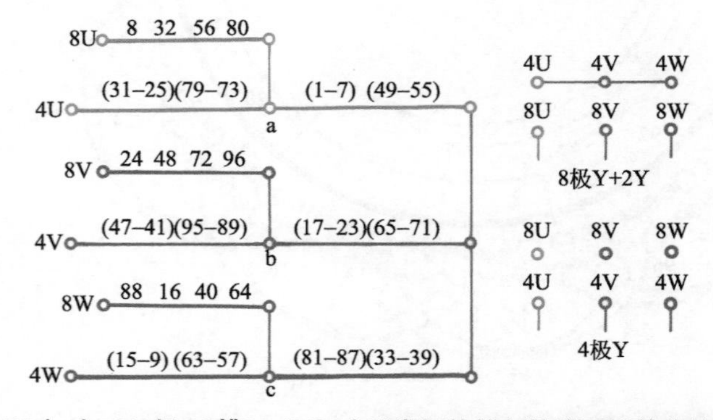

图3-54（a） 8/4极96槽Y+2Y/Y（反常规补救）接线双速简化接线图

3.双速变极接法与简化接线图

本例采用Y+2Y/Y反常规变极接法。4极时为Y接，8极则接成Y+2Y。变极绕组简化接线如图3-54（a）所示。

4. 8/4极双速Y+2Y/Y绕组端面布接线图

本例是双层叠式布线，端面布接线如图3-54（b）所示。

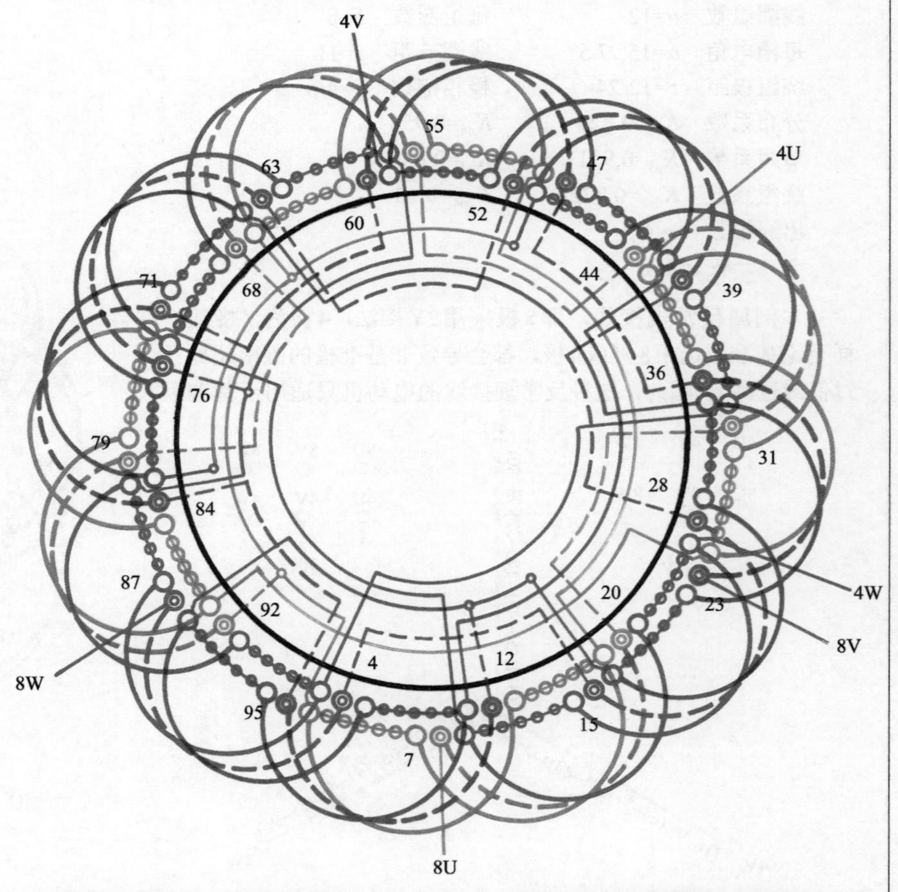

图3-54（b） 8/4极96槽（y=11）Y+2Y/Y接法（反常规补救）双速绕组

九、* 8/4极96槽（y=11）2Y+2Y/Y接法（反常规补救）双速绕组

1. 绕组结构参数

定子槽数	Z=96	双速极数	$2p$=8/4
总线圈数	Q=96	变极接法	2Y+2Y/Y
线圈组数	u=24	每组圈数	S=7、1
每槽电角	α=15°/7.5°	线圈节距	y=11
绕组极距	τ=12/24	极相槽数	q=4/8
分布系数	K_{d8}=0.829		K_{d4}=0.956
节距系数	K_{p8}=0.991		K_{p4}=0.659
绕组系数	K_{dp8}=0.822		K_{dp4}=0.63
出线根数	c=6		

2. 绕组布接线特点

本绕组如上例，不同的是调整绕组采用二路并联（2Y）。绕组由七联组和单圈组构成，七联组是基本绕组，而单圈组是调整绕组。一般来说，若调整绕组为2Y时，其绕圈匝数和线径与基本绕组相同；若调整绕组为Y，则其导线截面积选大一倍，线圈匝数减少一半。

3. 双速变极接法与简化接线图

本例采用2Y+2Y/Y变极接法，绕组简化接线如图3-55（a）所示。

4. 8/4极双速2Y+2Y/Y绕组端面布接线图

本例是双层叠式布线，端面布接线如图3-55（b）所示。

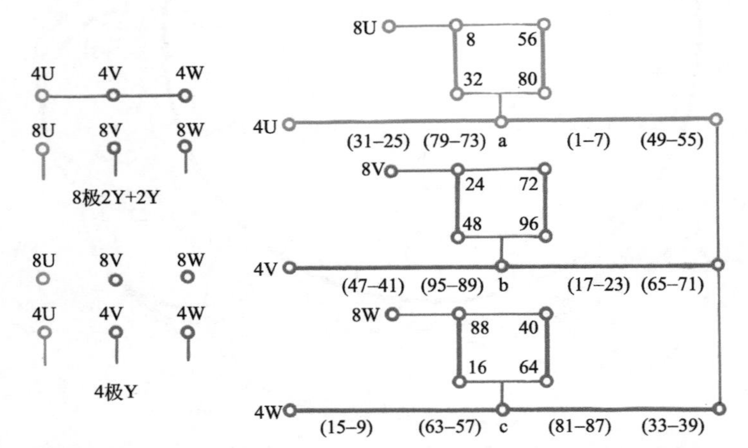

图3-55（a） 8/4极96槽2Y+2Y/Y（反常规补救）双速简化接线图

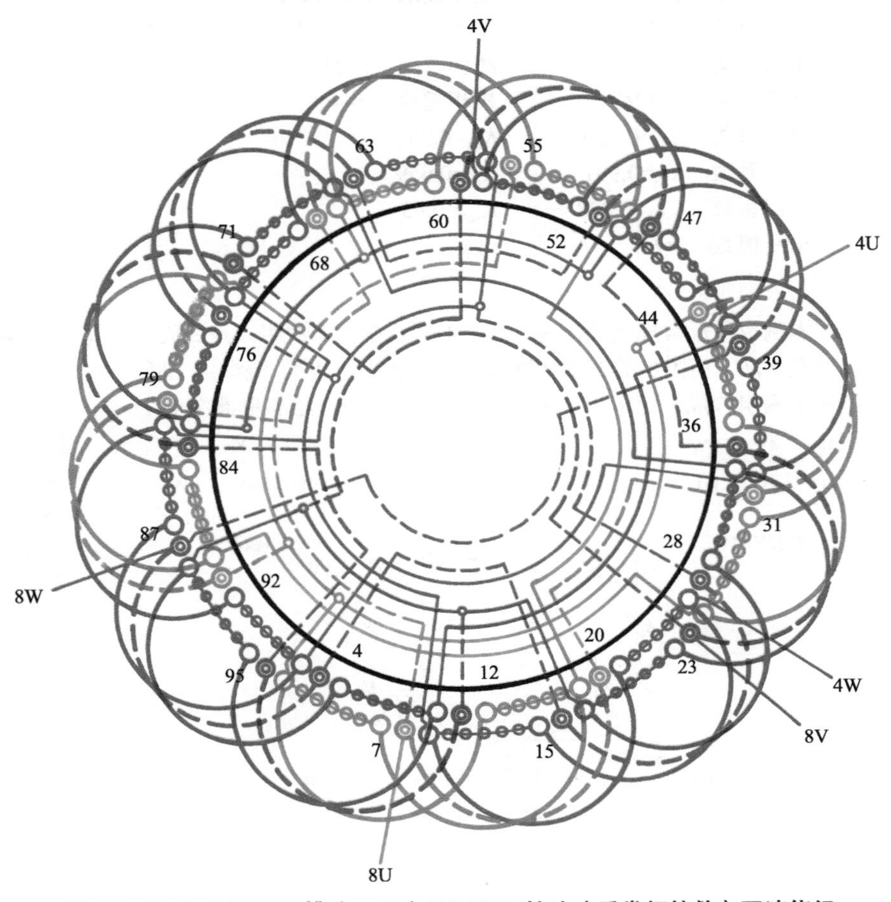

图3-55（b） 8/4极96槽（y=11）2Y+2Y/Y接法（反常规补救）双速绕组

十、* 8/4极96槽（y=11）2Y+4Y/2△接法（反常规补救）双速绕组

1.绕组结构参数

定子槽数	Z=96	双速极数	$2p$=8/4
总线圈数	Q=96	变极接法	2Y+4Y/2△
线圈组数	u=24	每组圈数	S=7、1
每槽电角	α=15°/7.5°	线圈节距	y=11
绕组极距	τ=12/24	极相槽数	q=4/8
分布系数	K_{d8}=0.829		K_{d4}=0.956
节距系数	K_{p8}=0.991		K_{p4}=0.659
绕组系数	K_{dp8}=0.822		K_{dp4}=0.63
出线根数	c=6		

2.绕组布接线特点

本例也是反常规变极接线，其中4Y/2△是基本绕组，是2Y/△的并联接法；而附加的调整绕组采用并联接线（2Y）。绕组由七联组和单圈组构成，而每相有七联组（基本绕组）4组和单圈组4组分别进行接线。由于本绕组属反常规接线，一般只用于专用设备配套。

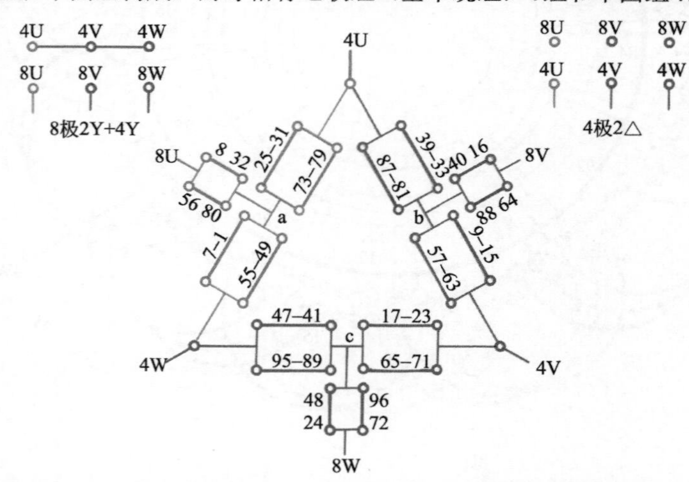

图3-56（a） 8/4极96槽2Y+4Y/2△（反常规补救）双速简化接线图

3.双速变极接法与简化接线图

本例采用2Y+4Y/2△变极接法，即8极接成2Y+4Y，4极为2△。变极绕组简化接线如图3-56（a）所示。

4. 8/4极双速2Y+4Y/2△绕组端面布接线图

本例是双层叠式布线，端面布接线如图3-56（b）所示。

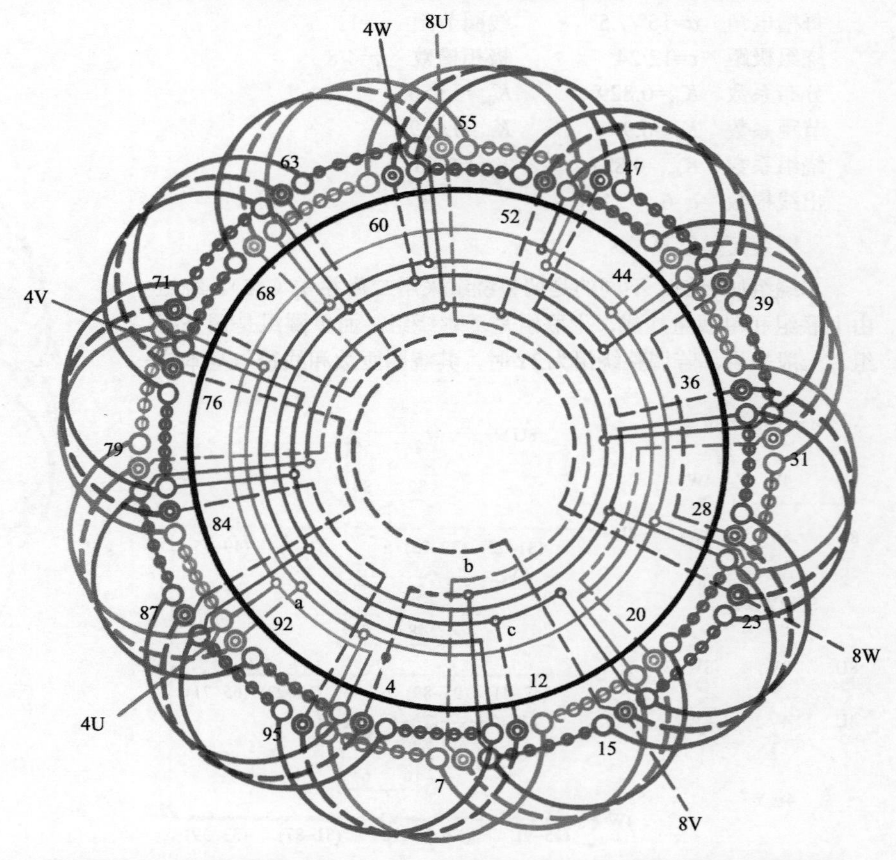

图3-56（b） 8/4极96槽（y=11）2Y+4Y/2△接法（反常规补救）双速绕组

十一、8/4极96槽（y=12）△/2Y接法双速绕组

1. 绕组结构参数

定子槽数	Z=96	双速极数	$2p$=8/4
总线圈数	Q=96	变极接法	△/2Y
线圈组数	u=12	每组圈数	S=8
每槽电角	α=15°/7.5°	线圈节距	y=12
绕组极距	τ=12/24	极相槽数	q=4/8
分布系数	K_{d8}=0.829	K_{d4}=0.956	
节距系数	K_{p8}=1.0	K_{p4}=0.707	
绕组系数	K_{dp8}=0.829	K_{dp4}=0.676	
出线根数	c=6		

2. 绕组布接线特点

本例是正规分布的倍极比反向变极方案，双速绕组由12个八联组构成，三相绕组结构相同，即每相由2个变极组串联成8极；两变极组并联为4极。此双速属可变转矩特性。主要应用于双绕组多速电动机的配套绕组。

3. 双速变极接法与简化接线图

本例绕组采用△/2Y接法，变极绕组8极时为一路△形，4极换接成2Y形。变极绕组简化接线如图3-57（a）所示。

4. 8/4极双速△/2Y绕组端面布接线图

本例是采用双层叠式布线，绕组端面布接线如图3-57（b）所示。

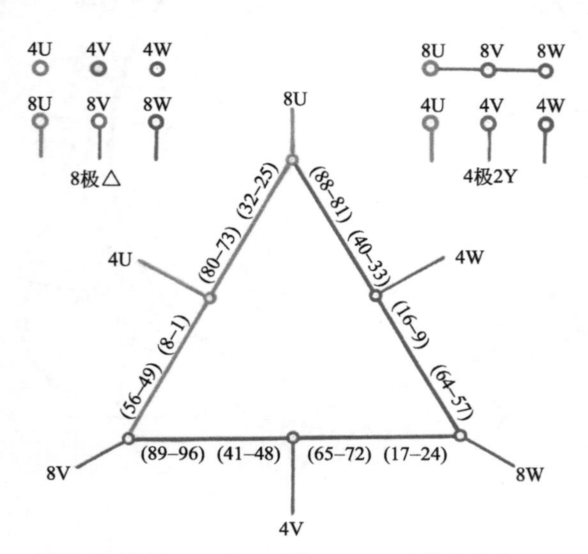

图3-57（a） 8/4极96槽△/2Y双速简化接线图

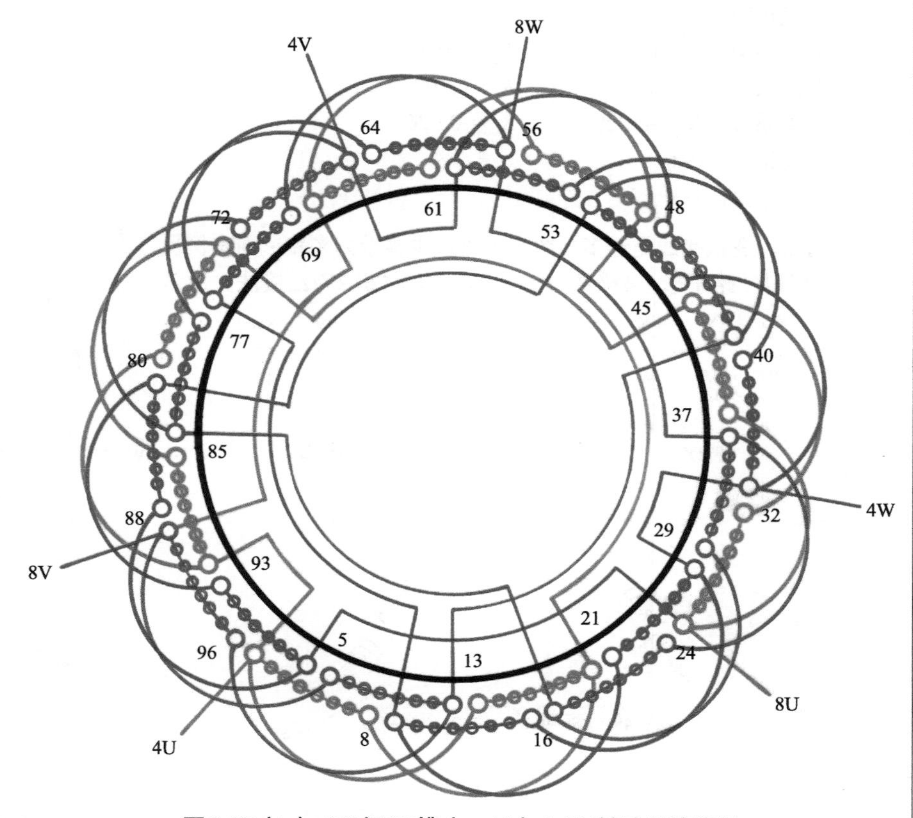

图3-57（b） 8/4极96槽（y=12）△/2Y接法双速绕组

十二、8/4极96槽（y=12）2Y/△接法（反常规）双速绕组

1.绕组结构参数

定子槽数	Z=96	双速极数	$2p$=8/4
总线圈数	Q=96	变极接法	2Y/△
线圈组数	u=12	每组圈数	S=8
每槽电角	α=15°/7.5°	线圈节距	y=12
绕组极距	τ=12/24	极相槽数	q=4/8
分布系数	K_{d8}=0.829		K_{d4}=0.956
节距系数	K_{p8}=1.0		K_{p4}=0.707
绕组系数	K_{dp8}=0.829		K_{dp4}=0.676
出线根数	c=6		

2.绕组布接线特点

通常，变极接线是选多极数为单路，少极数为多路；而本例反之，8极用二路Y形，4极选一路△形，即8/4极2Y/△接法。反常规设计，这将导致8极磁密过高，而4极磁密过低进一步导致欠压的不匹配现象。所以，此绕组特定工作条件下的专用电动机。

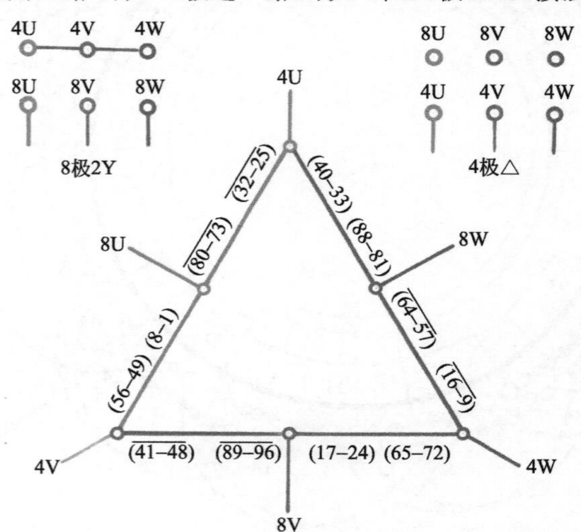

图3-58（a） 8/4极96槽2Y/△（反常规）双速简化接线图

3.双速变极接法与简化接线图

本例采用2Y/△变极接法，双速绕组简化接线如图3-58（a）所示。

4. 8/4极双速2Y/△绕组端面布接线图

本例采用双层叠式布线，绕组端面布接线如图3-58（b）所示。

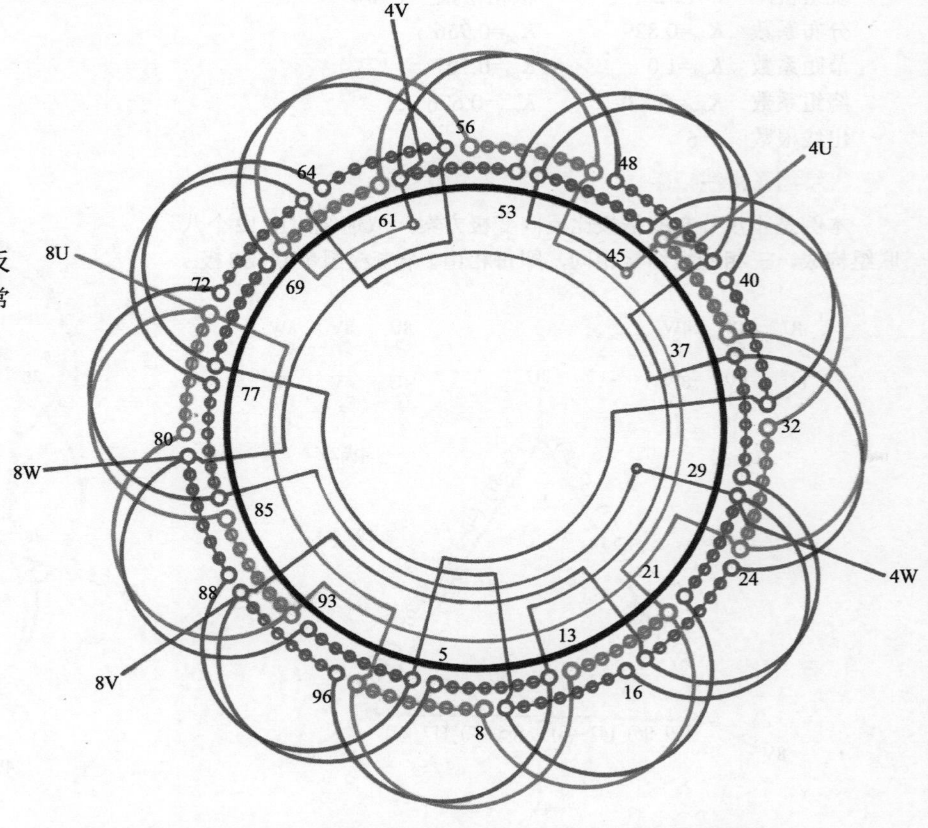

图3-58（b） 8/4极96槽（y=12）2Y/△接法（反常规）双速绕组

十三、8/4极96槽（y=12）Y+2Y/△接法（反常规补救）双速绕组

1.绕组结构参数

定子槽数	Z=96	双速极数	$2p$=8/4
总线圈数	Q=96	变极接法	Y+2Y/△
线圈组数	u=24	每组圈数	S=7、1
每槽电角	α=15°/7.5°	线圈节距	y=12
绕组极距	τ=12/24	极相槽数	q=4/8
分布系数	K_{d8}=0.829		K_{d4}=0.956
节距系数	K_{p8}=1.0		K_{p4}=0.707
绕组系数	K_{dp8}=0.829		K_{dp4}=0.676
出线根数	c=6		

2.绕组布接线特点

本例中2Y/△部分是基本绕组，属于反常规设计，所以，根据电磁关系，4极时的各部磁密会显得宽松，而8极的磁密将会很高而发热，为此本例附加调整绕组（Y）串入作为补救措施，其增加的匝数使8极磁密降下来。

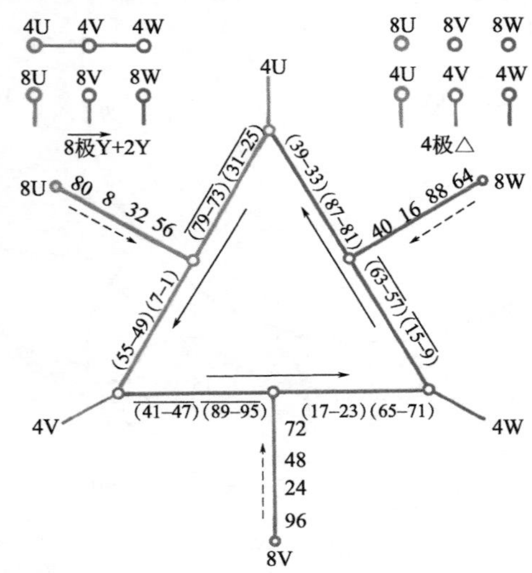

图3-59（a） 8/4极96槽Y+2Y/△（反常规补救）双速简化接线图

3.双速变极接法与简化接线图

本例采用Y+2Y/△变极接法，8极时是Y+2Y，4极为一路△形。变极绕组简化接线如图3-59（a）所示。

4. 8/4极双速Y+2Y/△绕组端面布接线图

本例是双层叠式布线，绕组端面布接线如图3-59（b）所示。

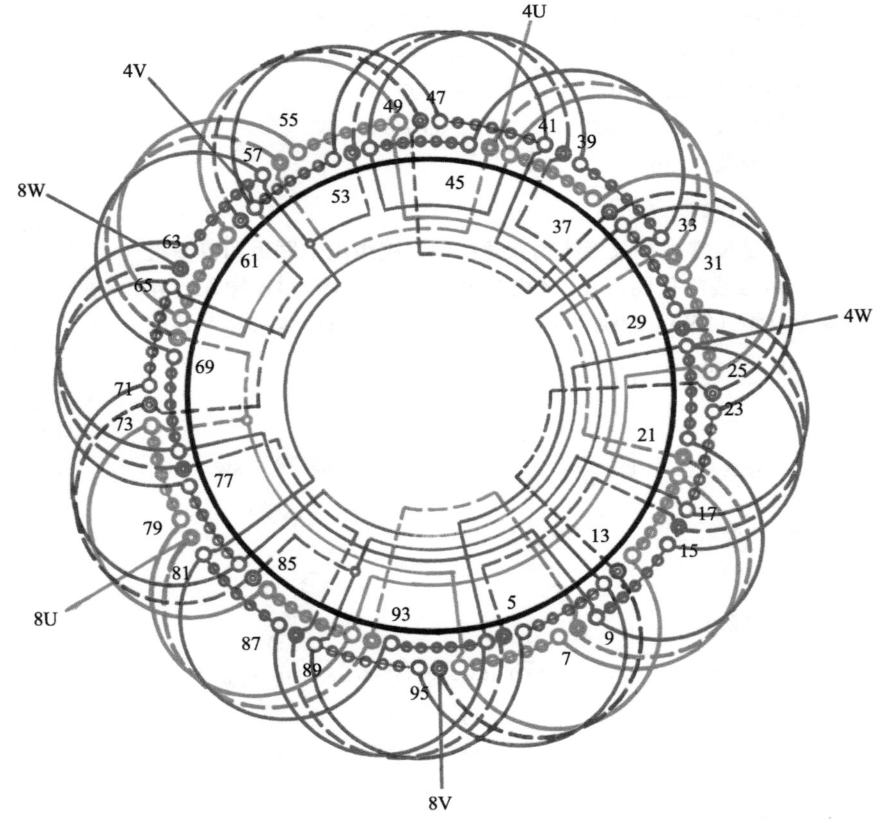

图3-59（b） 8/4极96槽（y=12）Y+2Y/△接法（反常规补救）双速绕组

十四、* 8/4极96槽（y=12）2Y+2Y/△接法（反常规补救）双速绕组

1. 绕组结构参数

定子槽数	Z=96	双速极数	$2p$=8/4
总线圈数	Q=96	变极接法	2Y+2Y/△
线圈组数	u=24	每组圈数	S=7、1
每槽电角	α=15°/7.5°	线圈节距	y=12
绕组极距	τ=12/24	极相槽数	q=4/8
分布系数	K_{d8}=0.829		K_{d4}=0.956
节距系数	K_{p8}=1.0		K_{p4}=0.707
绕组系数	K_{dp8}=0.829		K_{dp4}=0.676
出线根数	c=6		

2. 绕组布接线特点

本例是反常规补救接线的双速绕组。绕组由七联组和单圈组构成。由接线简化图可见，4极时电源从4U、4V、4W输入，弃用调整绕组（2Y），即绕组呈一路△形。8极时4U、4V、4W连成星点，三相换接成2Y并与调整绕组（2Y）串联后再接入电源。

3. 双速变极接法与简化接线图

本例采用2Y+2Y/△变极接法，变极绕组简化接线如图3-60（a）所示。

4. 8/4极双速2Y+2Y/△绕组端面布接线图

本例为双层叠式布线，绕组端面布接线如图3-60（b）所示。

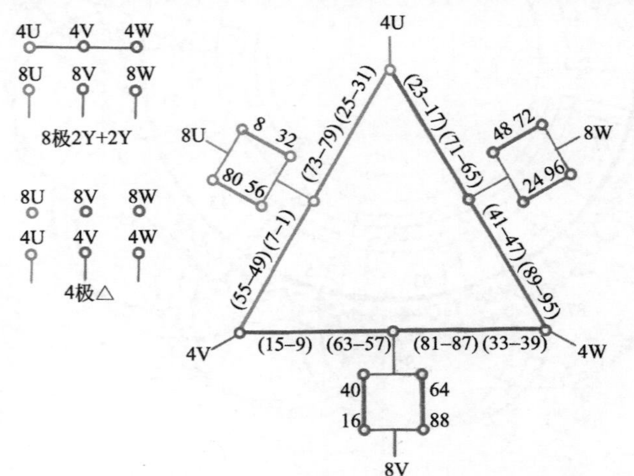

图3-60（a） 8/4极96槽2Y+2Y/△（反常规补救）双速简化接线图

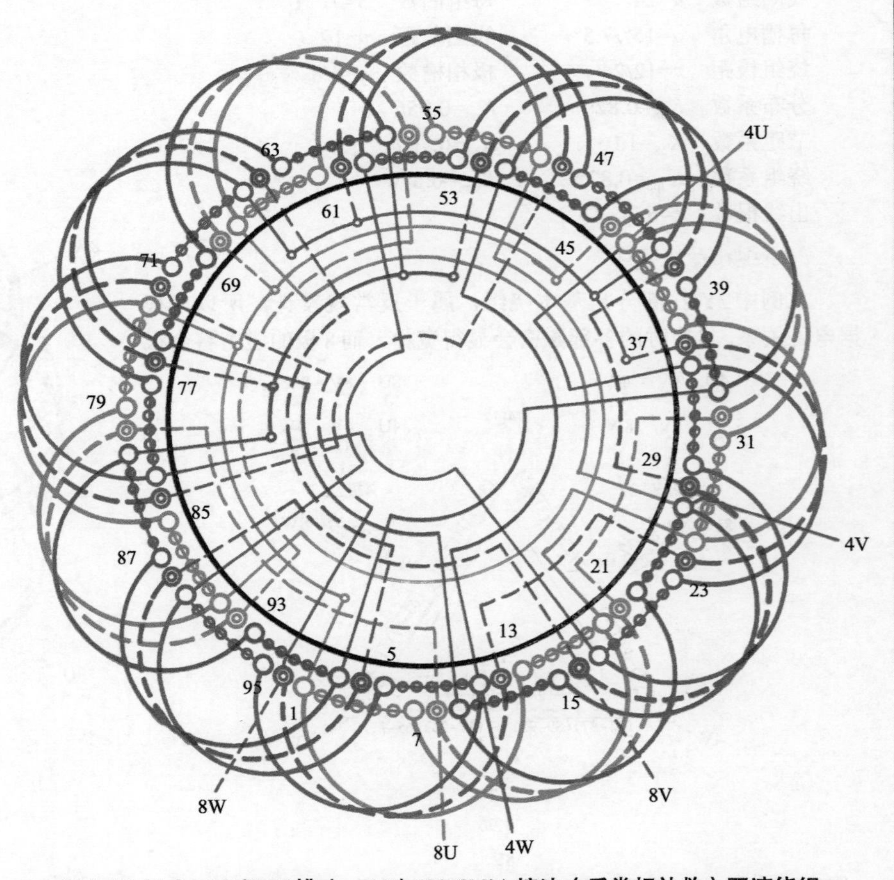

图3-60（b） 8/4极96槽（y=12）2Y+2Y/△接法（反常规补救）双速绕组

十五、8/4极96槽（y=15）△/2Y接法双速绕组

1.绕组结构参数

定子槽数	Z=96	双速极数	$2p$=8/4
总线圈数	Q=96	变极接法	△/2Y
线圈组数	u=12	每组圈数	S=8
每槽电角	α=15°/7.5°	线圈节距	y=15
绕组极距	τ=12/24	极相槽数	q=4/8
分布系数	K_{d8}=0.829		K_{d4}=0.956
节距系数	K_{p8}=0.924		K_{p4}=0.831
绕组系数	K_{dp8}=0.767		K_{dp4}=0.794
出线根数	c=6		

2.绕组布接线特点

本例是倍极比反向变极正规分布方案。绕组选用y=15节距，虽不致嵌线困难，但使两种绕组系数较低。所以，如需提高绕组系数，并改善嵌线操作难度，可考虑改选y=11。本例是根据读者实修双速提供的资料整理绘制。

3.双速变极接法与简化接线图

本例绕组采用△/2Y变极接法，8极为一路△形，4极换接成二路Y形。变极绕组简化接线如图3-61（a）所示。

4. 8/4极双速△/2Y绕组端面布接线图

本例是双层叠式布线，双速绕组端面布接线如图3-61（b）所示。

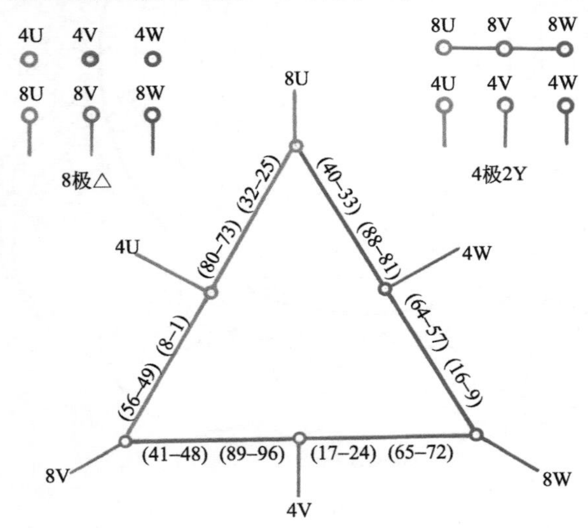

图3-61（a） 8/4极96槽△/2Y双速简化接线图

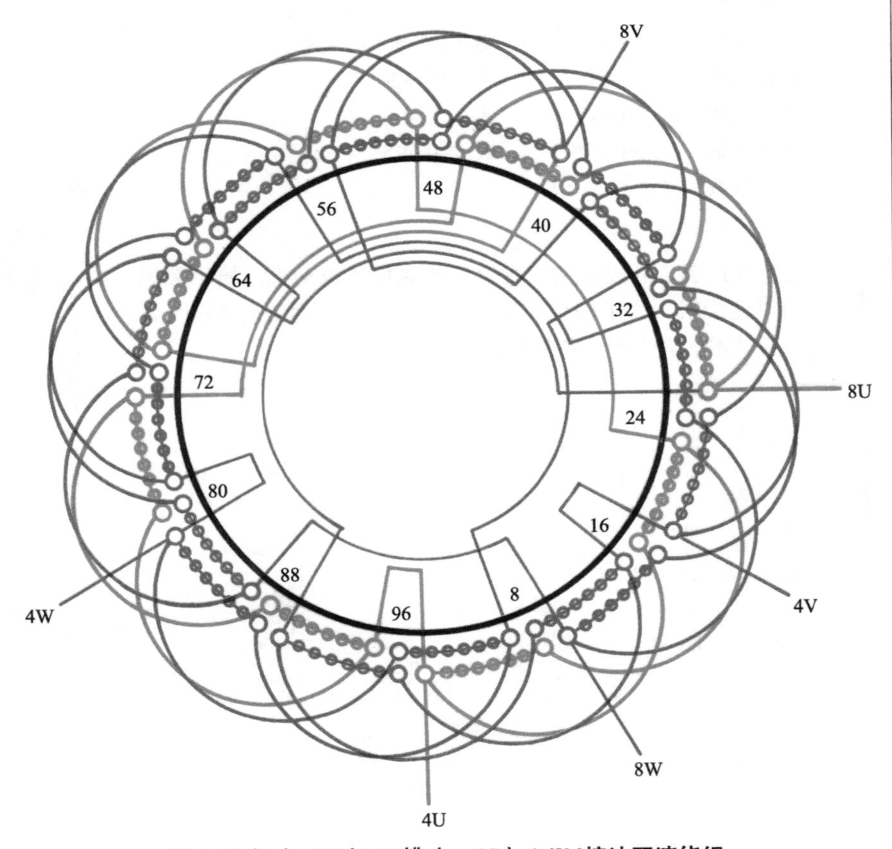

图3-61（b） 8/4极96槽（y=15）△/2Y接法双速绕组

十六、* 8/4极96槽（y=12）△/2Y+2Y接法（常规补偿）双速绕组

1. 绕组结构参数

定子槽数	Z=96	双速极数	$2p$=8/4
总线圈数	Q=96	变极接法	△/2Y+2Y
线圈组数	u=12	每组圈数	S=7、1
每槽电角	α=15°/7.5°	线圈节距	y=12
绕组极距	τ=11.25/24	极相槽数	q=4/8
分布系数	K_{d8}=0.88		K_{d4}=0.983
节距系数	K_{p8}=0.995		K_{p4}=0.707
绕组系数	K_{dp8}=0.875		K_{dp4}=0.695
出线根数	c=6		

2. 绕组布接线特点

此例双速属于新发现的一种全新概念塔吊电动机，属于常规设计的双速绕组。为了强化非基准极的输出特性而进行4极匝数补偿。其技术性能优于反常规绕组。

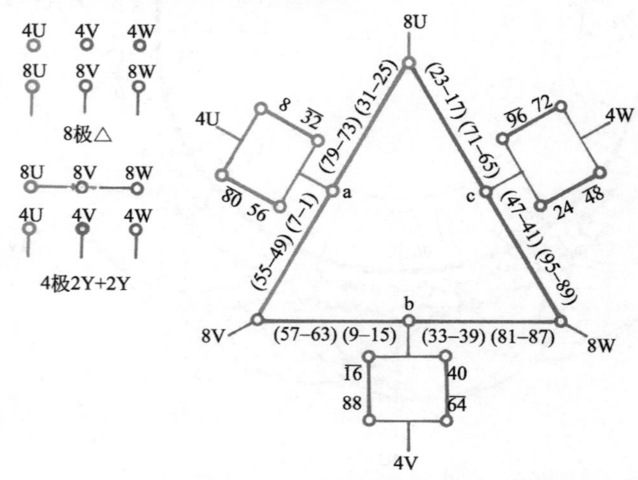

图3-62（a） 8/4极96槽△/2Y+2Y（常规补偿）双速简化接线图

3. 双速变极接法与简化接线图

本例8/4极△/2Y+2Y接法双速绕组简化接线如图3-62（a）所示。

4. 8/4极双速△/2Y+2Y绕组端面布接线图

本例是双层叠式布线，双速绕组布接线如图3-62（b）所示。

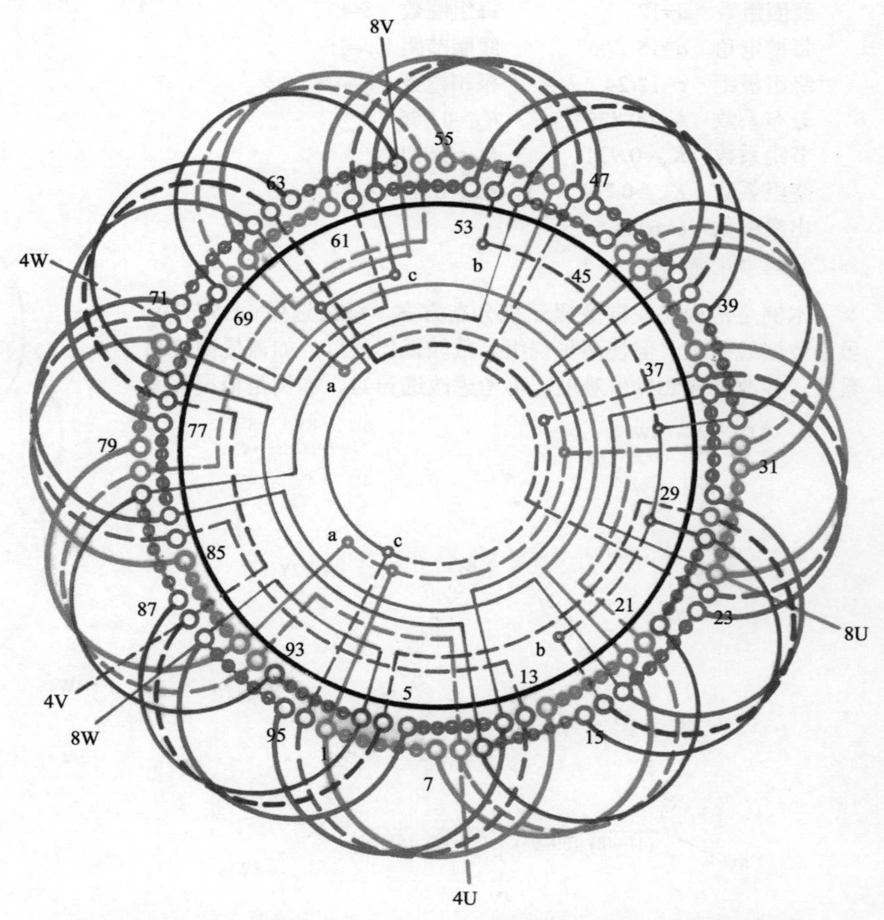

图3-62（b） 8/4极96槽（y=12）△/2Y+2Y接法（常规补偿）双速绕组

第四章 双速电动机 12/6 极绕组端面布接线图

本章是倍极比12/6极双速绕组端面布接线图。因其属于中速和低速转换的变极，故在实际应用不多，而且都用于功率不太大的电动机。在Y系列中也仅有3个品种，其输出功率从7.5kW至37kW。其余规格则是笔者从实修资料中整理和扩展设计绘制而成。

12/6极双速虽然Y系列产品不多，而且基本上采用常规的△/2Y反向变极接法，但在其他专用设备配置的非标产品中仍有一些应用，所选用的变极接法除Y/2Y及其并联的3Y/6Y接法外，还有采用△/△、⨺/⨺等换相变极接法。

第一节 12/6 极倍极比 60 槽以下双速绕组

本节是倍极比双速，其中包括36、48、54及60槽的12/6极双速绕组。本节双速采用的变极接法主要是常规接法，如△/2Y、Y/2Y及其并联接法3△/6Y等共占7例；另外还有接法为△/△和⨺/⨺换相变极各1例，即共计12/6极双速11例，供读者参考。

一、12/6极36槽（y=3）△/2Y接法双速绕组

1.绕组结构参数

定子槽数	Z=36	双速极数	$2p$=12/6
总线圈数	Q=36	变极接法	△/2Y
线圈组数	u=18	每组圈数	S=2
每槽电角	α=60°/30°	线圈节距	y=3
绕组极距	τ=4.5/9	极相槽数	q=1.5/3
分布系数	K_{d12}=0.866		K_{d6}=0.966
节距系数	K_{p12}=1.0		K_{p6}=0.707
绕组系数	K_{dp12}=0.866		K_{dp6}=0.683
出线根数	c=6		

2.绕组布接线特点

本例是倍极比正规分布方案，6极为基准极构成60°相带绕组，反向法排出12极120°相带的庶极绕组。本绕组输出是可变转矩特性。两种转速的转向相反。主要应用有YD160L-12/6及YD160M-12/6等。

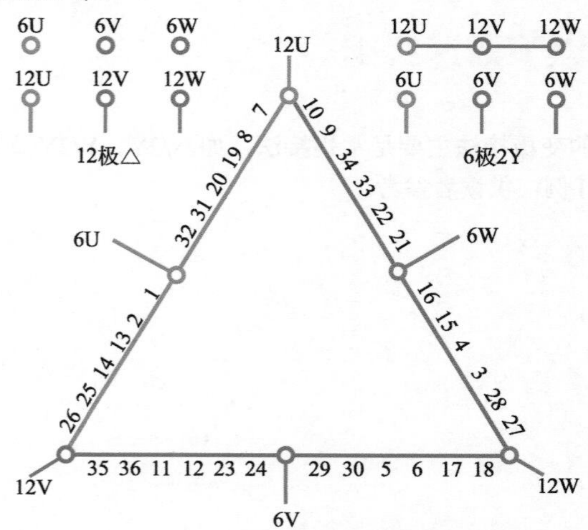

图4-1（a） 12/6极36槽△/2Y双速简化接线图

3.双速变极接法与简化接线图

本例采用△/2Y变极接法，12极时接成△形，6极则换接成二路Y形。变极绕组简化接线如图4-1（a）所示。

4.12/6极双速△/2Y绕组端面布接线图

本例采用双层叠式布线，端面布接线如图4-1（b）所示。

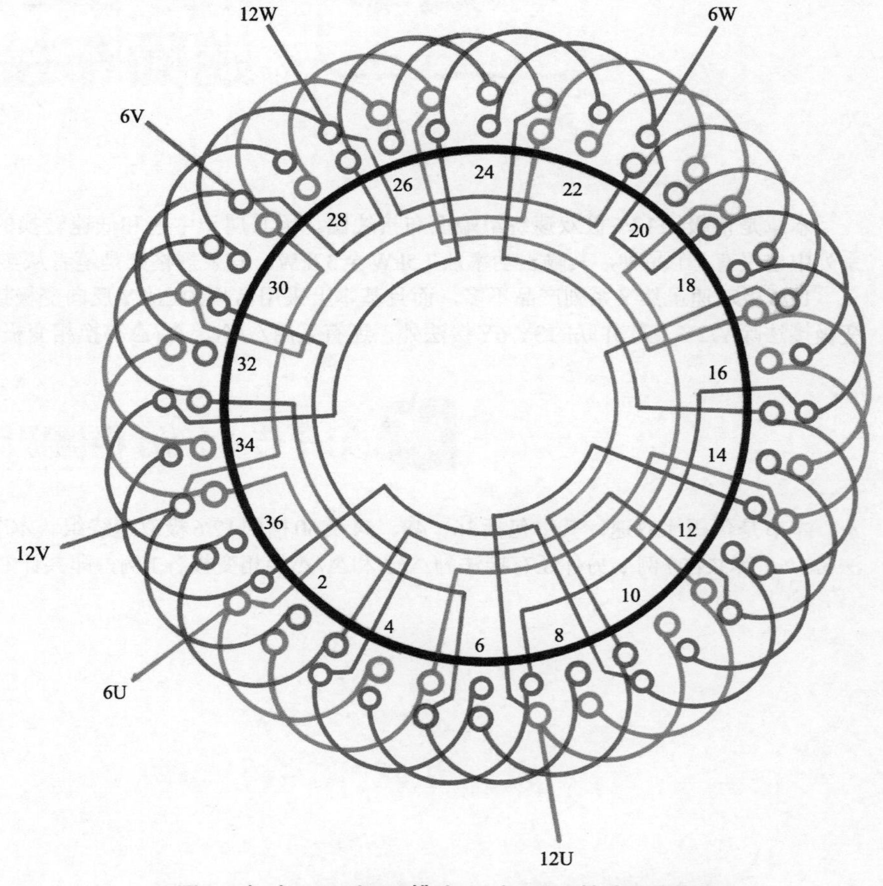

图4-1（b） 12/6极36槽（y=3）△/2Y接法双速绕组

二、* 12/6极36槽（y=3）Y/2Y接法双速绕组

1.绕组结构参数

定子槽数	Z=36	双速极数	$2p$=12/6
总线圈数	Q=36	变极接法	Y/2Y
线圈组数	u=18	每组圈数	S=2
每槽电角	α=60°/30°	线圈节距	y=3
绕组极距	τ=4.5/9	极相槽数	q=1.5/3
分布系数	K_{d12}=0.866		K_{d6}=0.966
节距系数	K_{p12}=1.0		K_{p6}=0.707
绕组系数	K_{dp12}=0.866		K_{dp6}=0.683
出线根数	c=6		

2.绕组布接线特点

本例是正规分布双速绕组，每组由双圈顺串而成，每相6组线圈安排在两个变极段。12极是一路Y形，这时，全部线圈组极性相同，即每相6组线圈产生12极（庶极）；改接2Y后，每相6组线圈中有3组反向，产生6极。

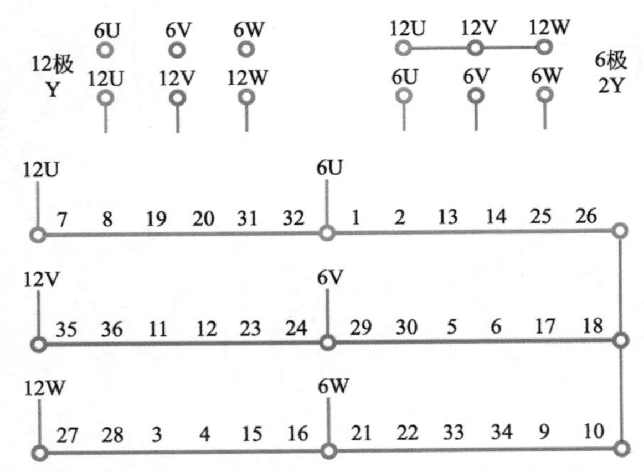

图4-2（a） 12/6极36槽Y/2Y双速简化接线图

3.双速变极接法与简化接线

本例采用Y/2Y变极接法。变极绕组简化接线如图4-2（a）所示。

4. 12/6极双速Y/2Y绕组端面布接线图

本例采用双层叠式布线，绕组端面布接线如图4-2（b）所示。

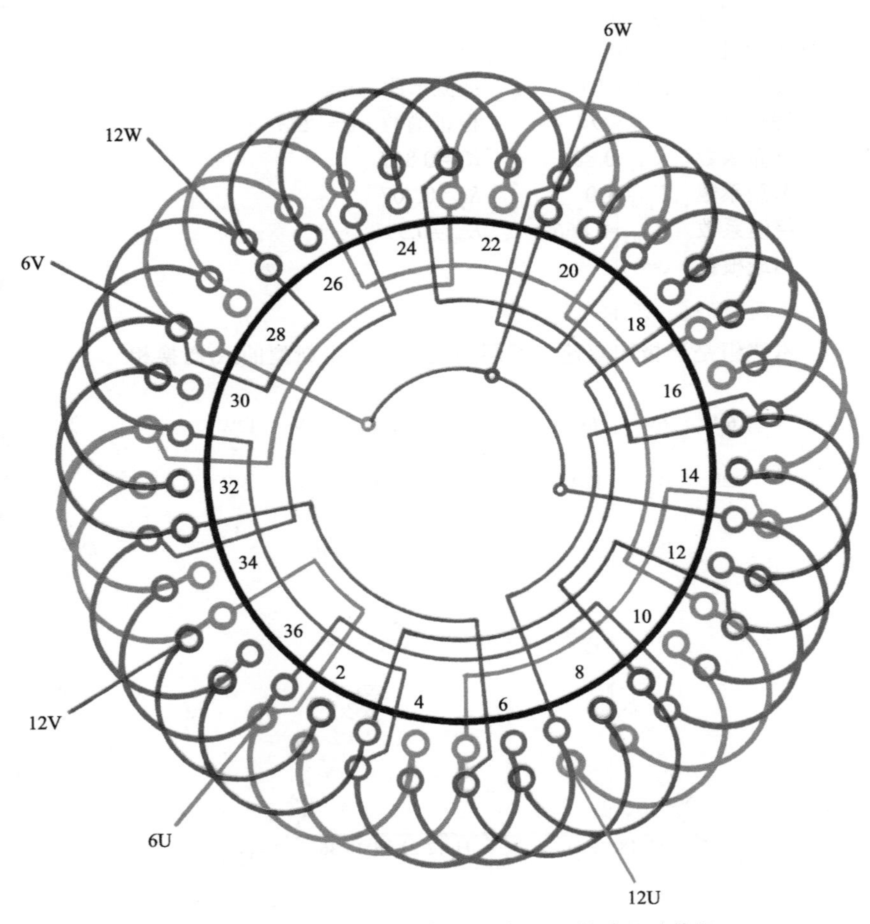

图4-2（b） 12/6极36槽（y=3）Y/2Y接法双速绕组

三、* 12/6极36槽（y=3）△/△接法（换相变极）双速绕组

1. 绕组结构参数

定子槽数	Z=36	双速极数	$2p$=12/6
总线圈数	Q=36	变极接法	△/△
线圈组数	u=18	每组圈数	S=2
每槽电角	α=60°/30°	线圈节距	y=3
绕组极距	τ=4.5/9	极相槽数	q=1.5/3
分布系数	K_{d12}=0.866		K_{d6}=0.837
节距系数	K_{p12}=1.0		K_{p6}=0.707
绕组系数	K_{dp12}=0.866		K_{dp6}=0.591
出线根数	c=6		

2. 绕组布接线特点

本绕组是倍极比双速，不同的是本例采用新型的△/△换相变极，12极和6极都是一路角形接线。绕组结构较简，每组由两只线圈连绕而成，每相分两个变极组段，而每段由3组线圈顺串而成。

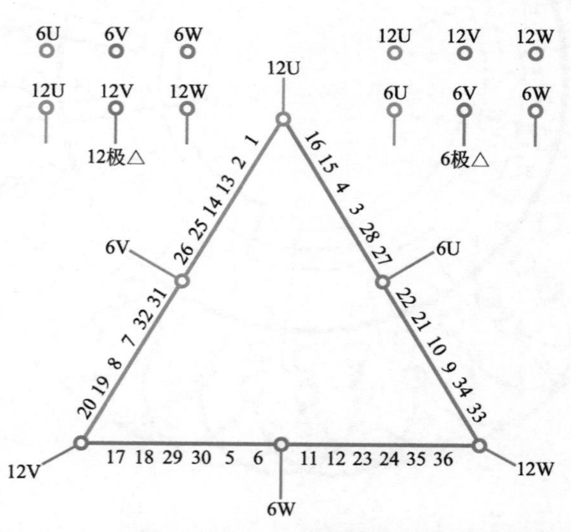

图4-3（a） 12/6极36槽△/△（换相变极）双速简化接线图

3. 双速变极接法与简化接线图

本例采用△/△接线换相变极，12极和6极都是一路△形。变极绕组简化接线如图4-3（a）所示。

4. 12/6极双速△/△绕组端面布接线图

本例采用双层叠式布线，绕组端面布接线如图4-3（b）所示。

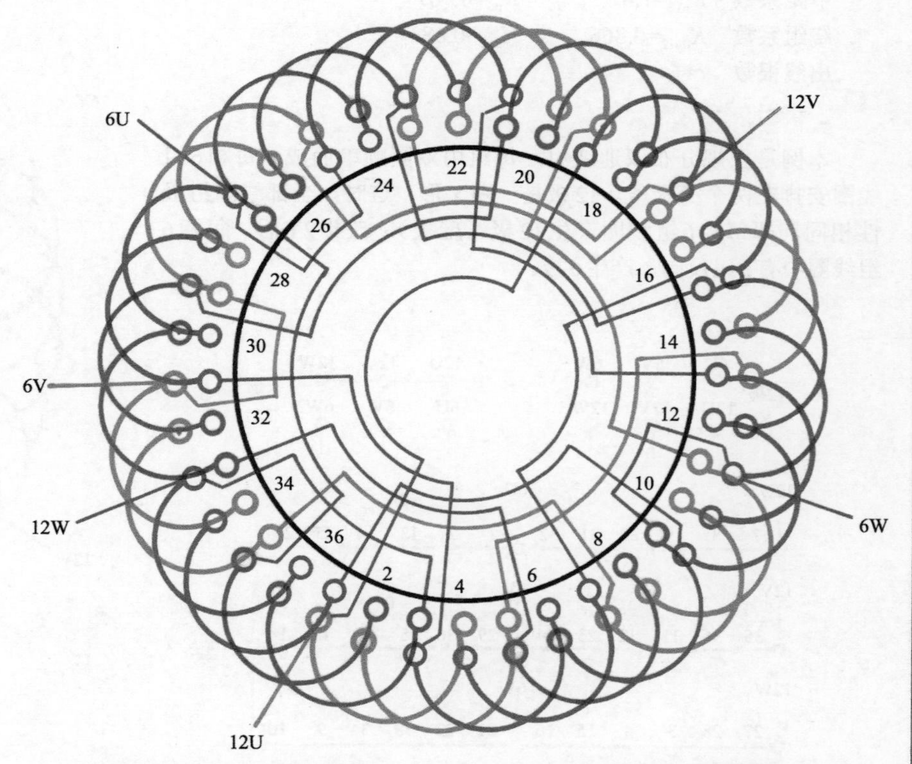

图4-3（b） 12/6极36槽（y=3）△/△接法（换相变极）双速绕组

四、* 12/6极48槽（y_d=4）Y/2Y接法双速绕组

1. 绕组结构参数

定子槽数	Z=48	双速极数	$2p$=12/6
总线圈数	Q=48	变极接法	Y/2Y
线圈组数	u=18	每组圈数	S=3、2
每槽电角	α=22.5°/45°	线圈节距	y_d=4
绕组极距	τ=4/8	极相槽数	q=1.33/2.66
分布系数	K_{d12}=0.729		K_{d6}=0.925
节距系数	K_{p12}=1.0		K_{p6}=0.707
绕组系数	K_{dp12}=0.729		K_{dp6}=0.654
出线根数	c=6		

2. 绕组布接线特点

本例绕组采用双层同心式布线，而且是不等圈安排，即每相由4组三联和2组双联构成，且巧妙地分布于对称位置。此双速结构并不复杂，但它填补了以往12/6极无48槽双速的空白。此绕组取自读者实修实例。

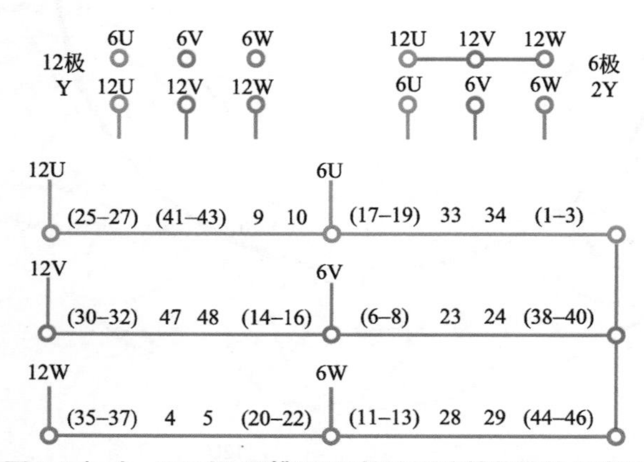

图4-4（a） 12/6极48槽Y/2Y接法双速简化接线示意图

3. 双速变极接法与简化接线图

本例采用Y/2Y接法，双速简化接线如图4-4（a）所示。

4. 12/6极双速Y/2Y绕组端面布接线图

本例采用双层同心式布线，双速绕组布接线如图4-4（b）所示。

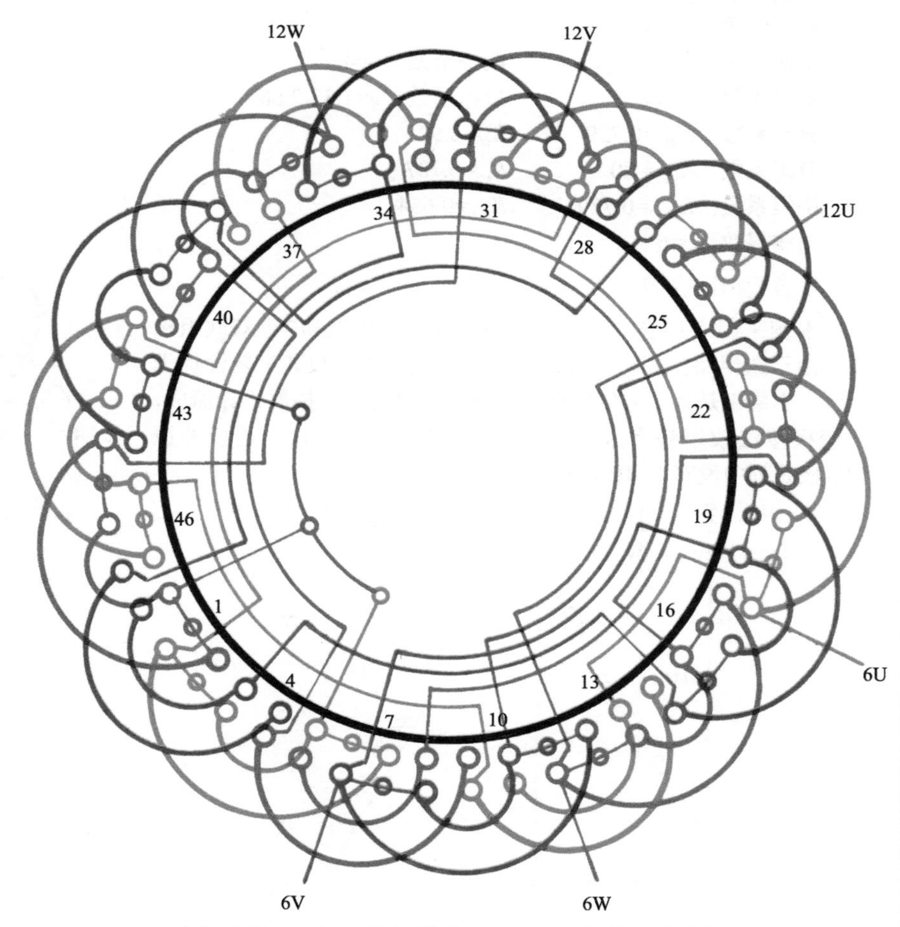

图4-4（b） 12/6极48槽（y_d=4）Y/2Y接法双速绕组

五、* 12/6极48槽（y=4）△/2Y接法双速绕组

1.绕组结构参数

定子槽数	Z=48	双速极数	$2p$=12/6
总线圈数	Q=48	变极接法	△/2Y
线圈组数	u=18	每组圈数	S=3、2
每槽电角	α=22.5°/45°	线圈节距	y=4
绕组极距	τ=4/8	极相槽数	q=1.33/2.66
分布系数	K_{d12}=0.729		K_{d6}=0.925
节距系数	K_{p12}=1.0		K_{p6}=0.707
绕组系数	K_{dp12}=0.729		K_{dp6}=0.654
出线根数	c=6		

2.绕组布接线特点

本例采用双层叠式布线，每相由4个三联组和2个双联组构成。由于选用相同规格的线圈，嵌绕比较方便，故其工艺性优于上例。本绕组是为了方便修理者嵌绕习惯而由上例拓展设计而成，但变极接法改用最常采用的△/2Y接法。因此，它也是填补原12/6极系列中没有48槽双速的空白另例。

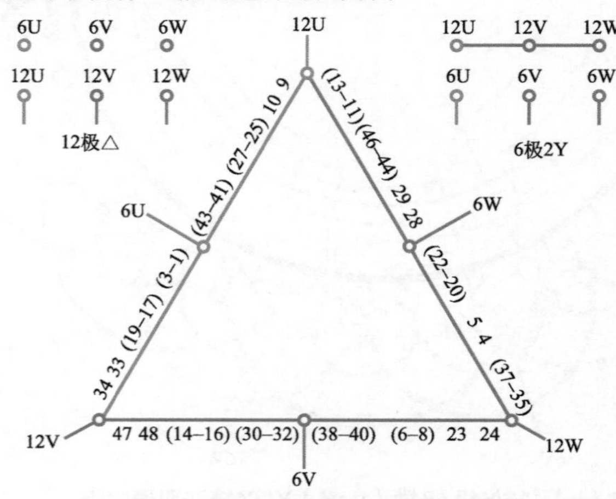

图4-5（a） 12/6极48槽△/2Y双速简化接线图

3.双速变极接法与简化接线图

本例采用△/2Y变极接法，简化接线如图4-5（a）所示。

4. 12/6极双速△/2Y绕组端面布接线图

本例是双层叠式布线，绕组布接线如图4-5（b）所示。

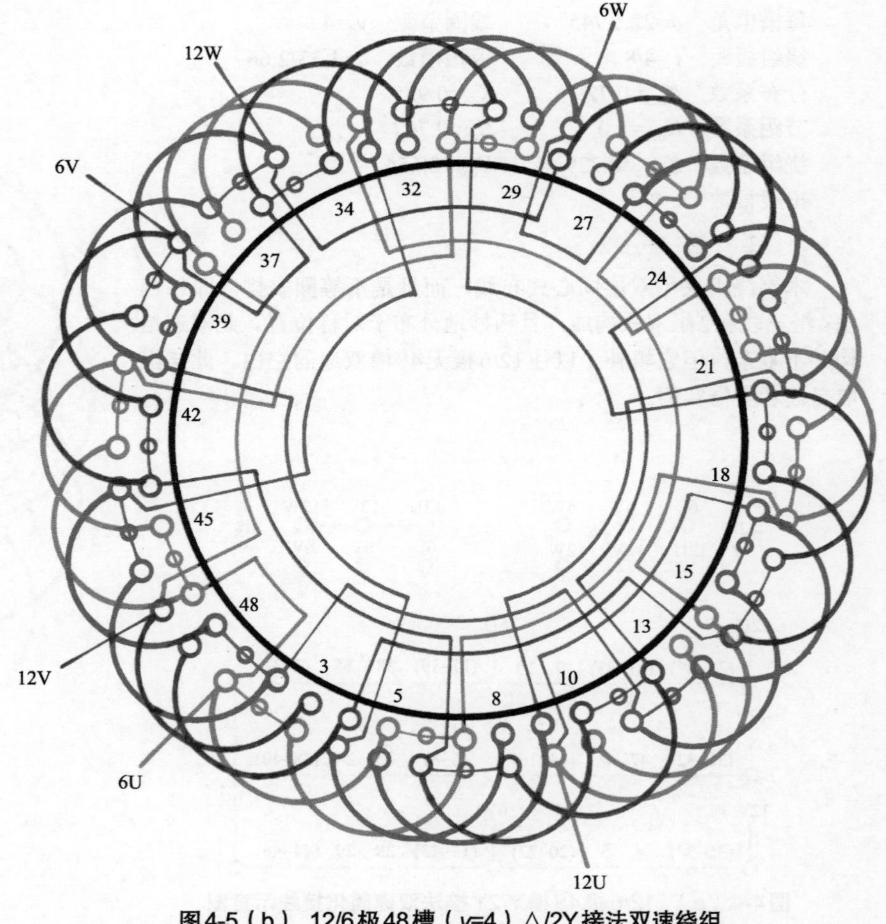

图4-5（b） 12/6极48槽（y=4）△/2Y接法双速绕组

六、* 12/6极54槽（y=5）Y/2Y接法双速绕组

1. 绕组结构参数

定子槽数	Z=54	双速极数	$2p$=12/6
总线圈数	Q=54	变极接法	Y/2Y
线圈组数	u=18	每组圈数	S=3
每槽电角	α=40°/20°	线圈节距	y=5
绕组极距	τ=4.5/9	极相槽数	q=1.5/3
分布系数	K_{d12}=0.844		K_{d6}=0.956
节距系数	K_{p12}=0.985		K_{p6}=0.766
绕组系数	K_{dp12}=0.83		K_{dp6}=0.735
出线根数	c=6		

2. 绕组布接线特点

本例是正规分布双速绕组，6极是60°相带，12极由反向法获得。绕组由三联组构成，每相有6组线圈，分置于两个变极段，即每变极段有3组线圈。12极时为一路Y形，星点在绕组内连接；6极为2Y，这时另一星点由12U、12V、12W外接。

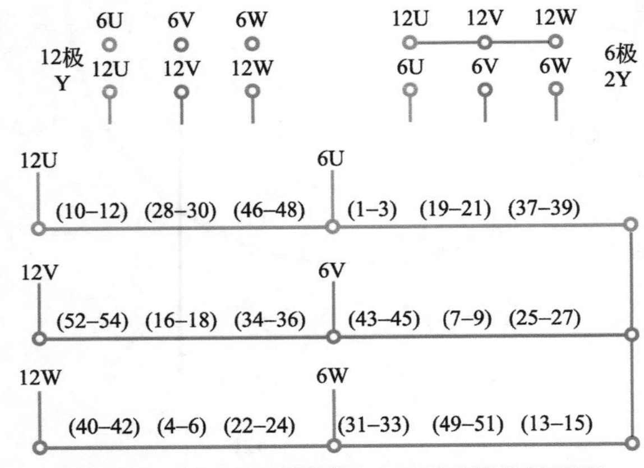

图4-6（a） 12/6极54槽Y/2Y双速简化接线图

3. 双速变极接法与简化接线图

本例双速绕组采用Y/2Y接法，变极绕组简化接线如图4-6（a）所示。

4. 12/6极双速Y/2Y绕组端面布接线图

本例采用双层叠式布线，绕组端面布接线如图4-6（b）所示。

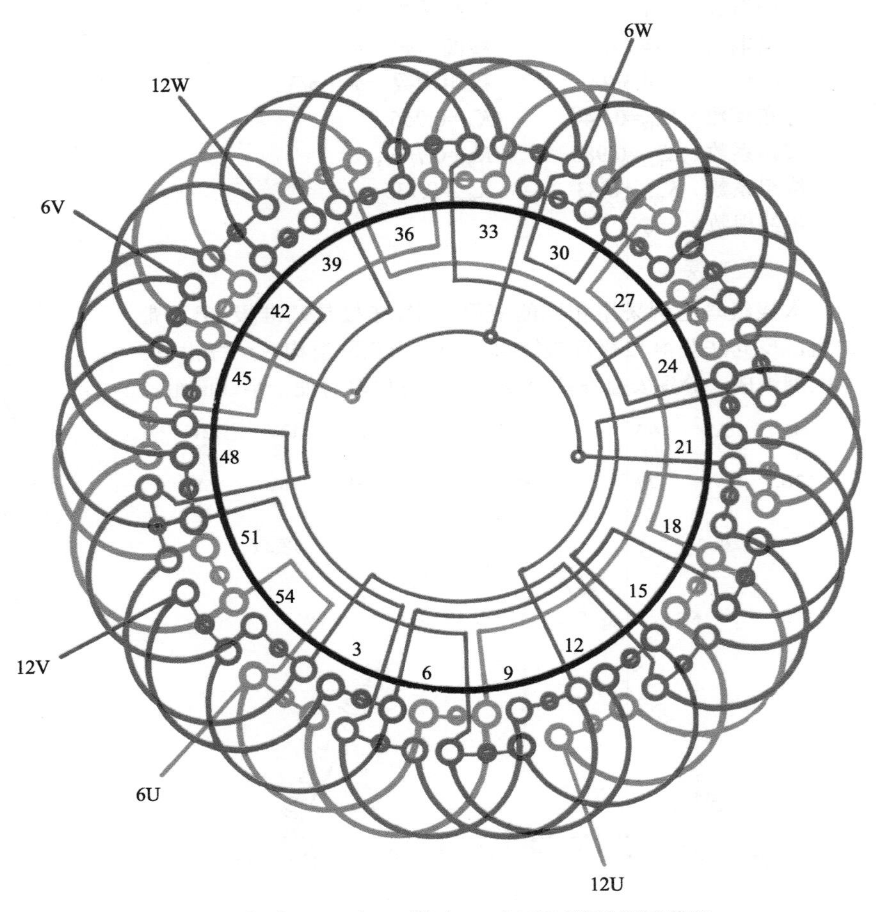

图4-6（b） 12/6极54槽（y=5）Y/2Y接法双速绕组

七、12/6极54槽（y=5）△/2Y接法双速绕组

1.绕组结构参数

定子槽数　Z=54　　双速极数　$2p$=12/6

总线圈数　Q=54　　变极接法　△/2Y

线圈组数　u=18　　每组圈数　S=3

每槽电角　α=40°/20°　　线圈节距　y=5

绕组极距　τ=4.5/9　　极相槽数　q=1.5/3

分布系数　K_{d12}=0.844　　K_{d6}=0.956

节距系数　K_{p12}=0.985　　K_{p6}=0.766

绕组系数　K_{dp12}=0.83　　K_{dp6}=0.735

出线根数　c=6

2.绕组布接线特点

本绕组与上例采用相同的变极方案，6极是基准极60°相带绕组，反向法获得12极庶极绕组。绕组由三联组构成，每相由6组线圈组成，分别安排在两个变极段，变极时将使一半线圈组反向。本绕组属可变转矩输出特性；两种极数下的转向相反。

3.双速变极接法与简化接线图

本例双速绕组采用△/2Y变极接法，12极时为△形，6极则换接成2Y。变极绕组简化接线如图4-7（a）所示。

4. 12/6极双速△/2Y绕组端面布接线图

本例采用双层叠式布线，绕组端面布接线如图4-7（b）所示。

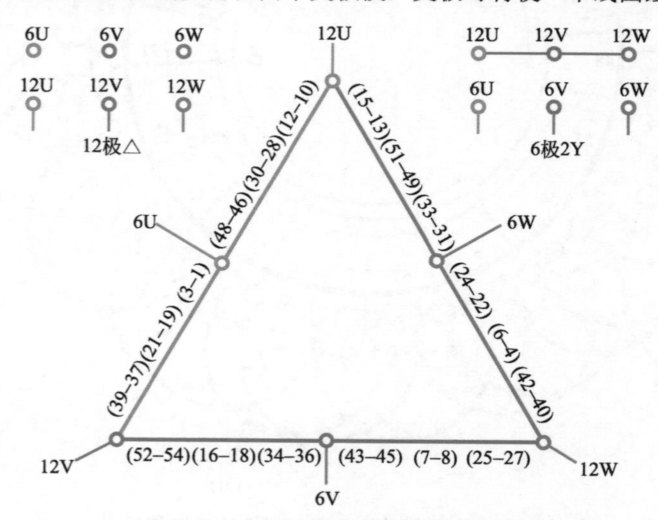

图4-7（a） 12/6极54槽△/2Y双速简化接线图

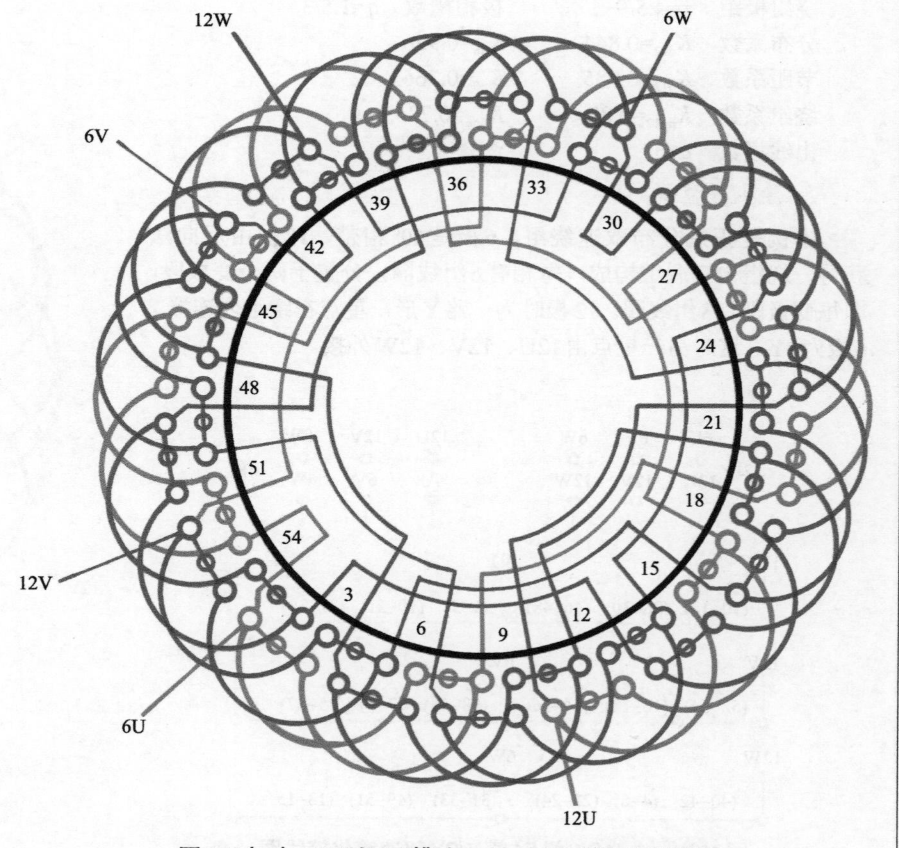

图4-7（b） 12/6极54槽（y=5）△/2Y接法双速绕组

八、* 12/6极54槽（y=5）3△/6Y接法双速绕组

1.绕组结构参数

定子槽数	Z=54	双速极数	$2p$=12/6
总线圈数	Q=54	变极接法	3△/6Y
线圈组数	u=18	每组圈数	S=3
每槽电角	α=40°/20°	线圈节距	y=5
绕组极距	τ=4.5/9	极相槽数	q=1.5/3
分布系数	K_{d12}=0.844		K_{d6}=0.956
节距系数	K_{p12}=0.985		K_{p6}=0.766
绕组系数	K_{dp12}=0.83		K_{dp6}=0.735
出线根数	c=6		

2.绕组布接线特点

本绕组与上例采用相同变极方案，但改为三路并联的接线，即12极时为三路△形，6极换接成六路Y形。绕组仍属反转向正规分布变极，输出是可变转矩特性，转矩比T_{12}/T_6=1.95，功率比P_{12}/P_6=0.979。应用实例有YD180L-12/6等。

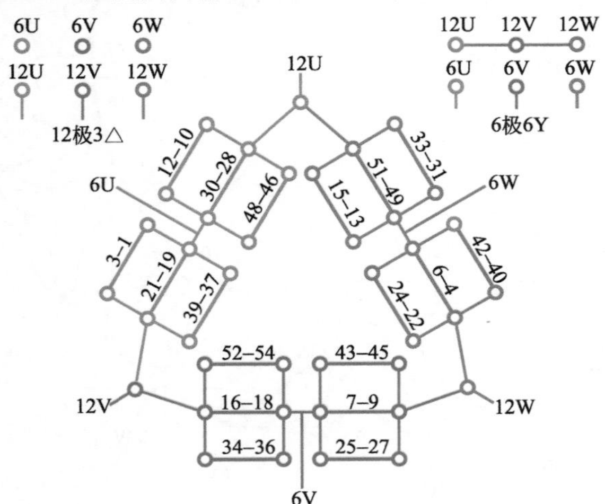

图4-8（a） 12/6极54槽3△/6Y双速简化接线图

3.双速变极接法与简化接线图

本例采用3△/6Y变极接法，变极绕组简化接线如图4-8（a）所示。

4. 12/6极双速3△/6Y绕组端面布接线图

本绕组采用双层叠式布线，端面布接线如图4-8（b）所示。

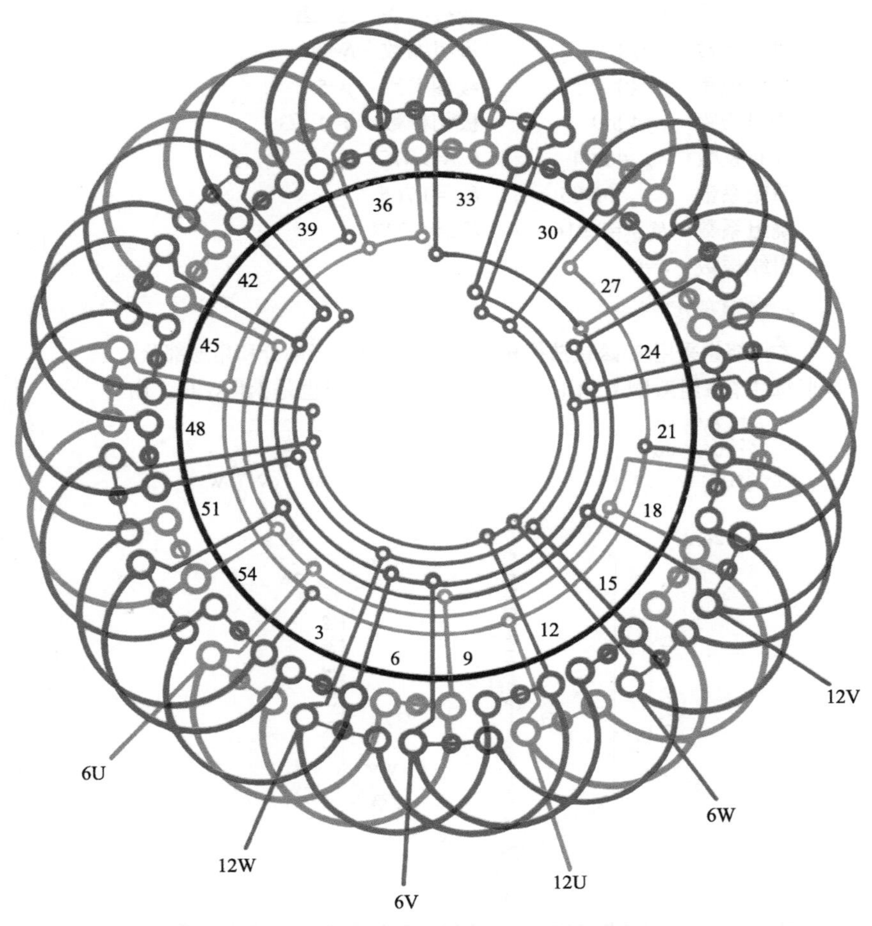

图4-8（b） 12/6极54槽（y=5）3△/6Y接法双速绕组

九、12/6极54槽（y=5）△/△接法（换相变极）双速绕组

1.绕组结构参数

定子槽数	Z=54	双速极数	$2p$=12/6
总线圈数	Q=54	变极接法	△/△
线圈组数	u=18	每组圈数	S=3
每槽电角	α=40°/20°	线圈节距	y=5
绕组极距	τ=4.5/9	极相槽数	q=1.5/3
分布系数	K_{d12}=0.94		K_{d6}=0.975
节距系数	K_{p12}=0.985		K_{p6}=0.766
绕组系数	K_{dp12}=0.916		K_{dp6}=0.747
出线根数	c=6		

2.绕组布接线特点

本例绕组采用△/△接法换相变极，绕组分星形部分和角形部分。星形每相有3组双圈；角形分两个变极段，每段也是3组双圈。由于两种极数都是60°相带绕组，故绕组系数较高，适合于两种转速都要求较大输出的场合。

3.双速变极接法与简化接线图

本例采用△/△换相变极接法，变极绕组简化接线如图4-9（a）所示。

4.12/6极双速△/△绕组端面布接线图

本绕组是双层叠式布线，端面布接线如图4-9（b）所示。

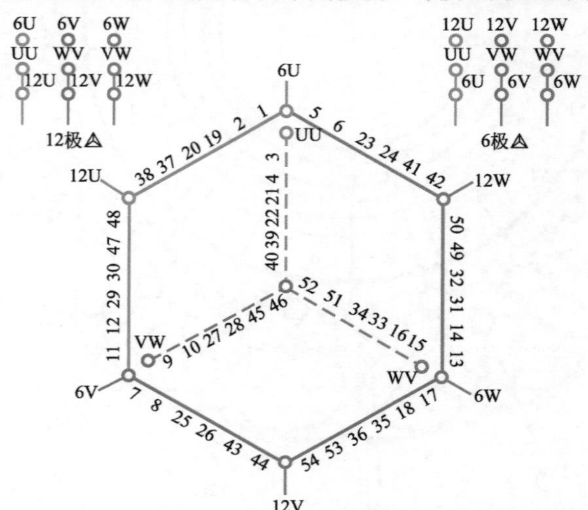

图4-9（a） 12/6极54槽△/△（换相变极）双速简化接线图

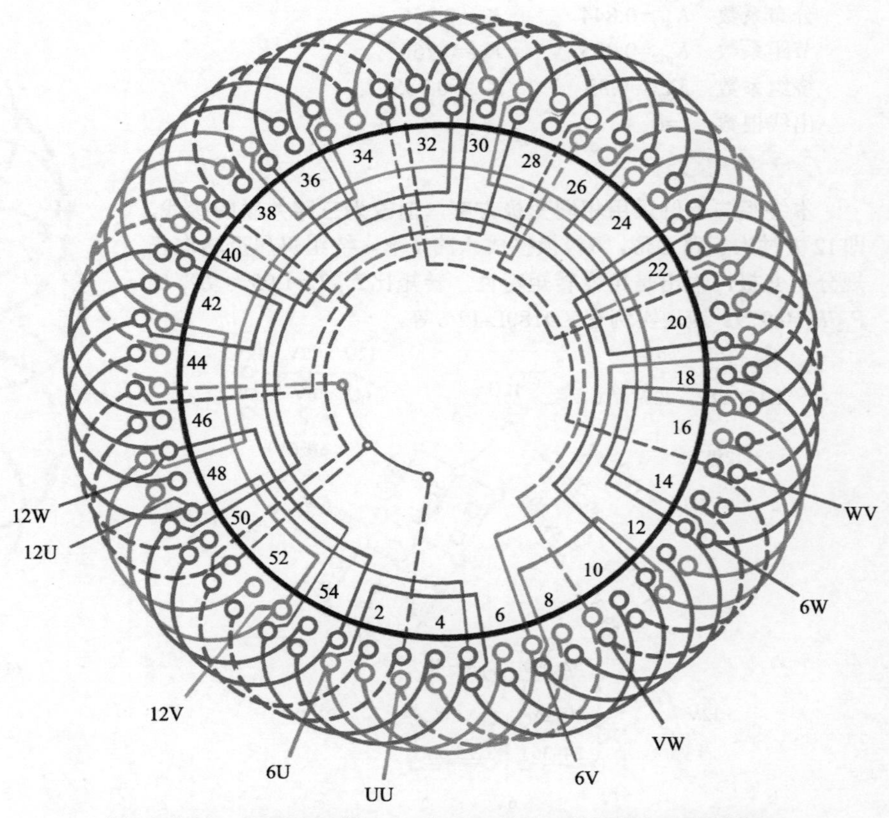

图4-9（b） 12/6极54槽（y=5）△/△接法（换相变极）双速绕组

十、12/6极60槽（y=5）Y/2Y接法双速绕组

1.绕组结构参数

定子槽数 Z=60　　双速极数 $2p$=12/6
总线圈数 Q=60　　变极接法 Y/2Y
线圈组数 u=18　　每组圈数 S=3、4
每槽电角 α=36°/18°　　线圈节距 y=5
绕组极距 τ=5/10　　极相槽数 q=1.66/3.33
分布系数 K_{d12}=0.866　　K_{d6}=0.956
节距系数 K_{p12}=1.0　　K_{p6}=0.707
绕组系数 K_{dp12}=0.866　　K_{dp6}=0.676
出线根数 c=6

2.绕组布接线特点

本例是倍极比正规分布绕组，基准极6极是60°相带，12极是120°相带庶极绕组。本例是分数槽双速，由于线圈组的精心安排，使之获得相对对称。本绕组属等转矩输出特性，转矩比T_{12}/T_6=1.1。

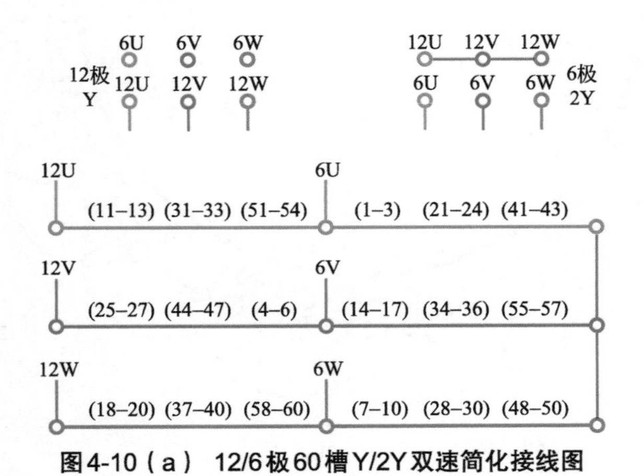

图4-10（a） 12/6极60槽Y/2Y双速简化接线图

3.双速变极接法与简化接线图

本例采用Y/2Y变极接法，即12极时为一路Y形，6极换接到二路Y形。变极绕组简化接线如图4-10（a）所示。

4. 12/6极双速Y/2Y绕组端面布接线图

本例是采用双层叠式布线。绕组端面布接线如图4-10（b）所示。

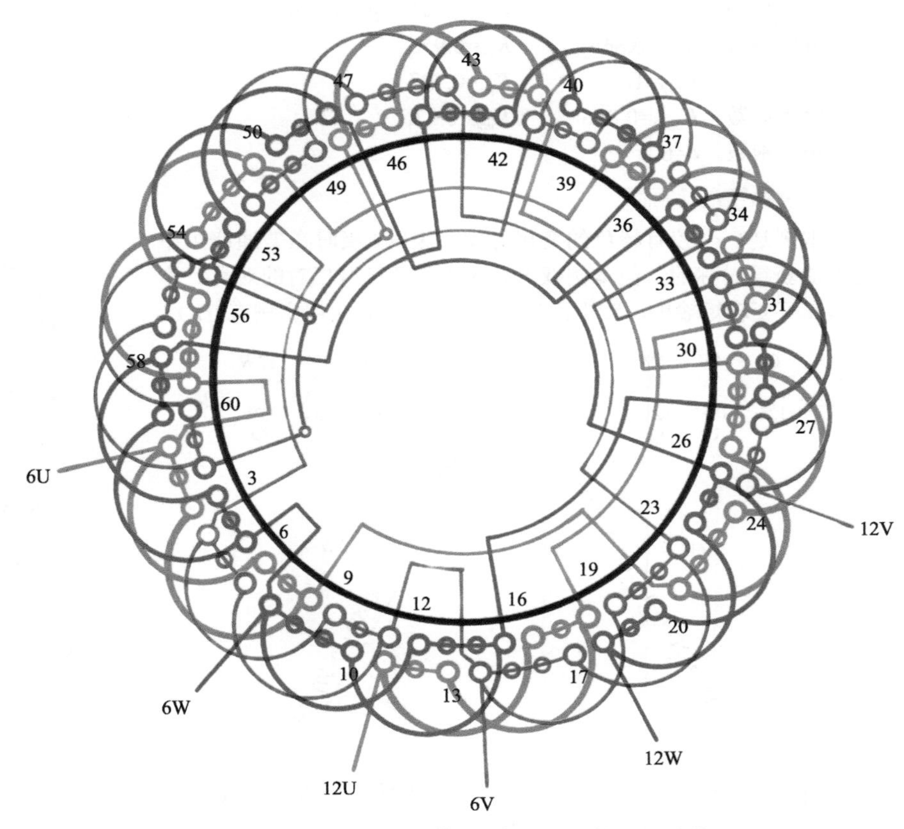

图4-10（b） 12/6极60槽（y=5）Y/2Y接法双速绕组

十一、12/6极60槽（y=5）△/2Y接法双速绕组

1.绕组结构参数

定子槽数	Z=60	双速极数	$2p$=12/6
总线圈数	Q=60	变极接法	△/2Y
线圈组数	u=18	每组圈数	S=3、4
每槽电角	α=36°/18°	线圈节距	y=5
绕组极距	τ=5/10	极相槽数	q=1.66/3.33
分布系数	K_{d12}=0.866		K_{d6}=0.956
节距系数	K_{p12}=1.0		K_{p6}=0.707
绕组系数	K_{dp12}=0.866		K_{dp6}=0.676
出线根数	c=6		

2.绕组布接线特点

本例是一个较有特色的变极方案，因其6极时在普通绕组中是不能获得对称的，但本例双速6极时则可获得相对的对称。本双速属可变转矩输出，转矩比T_{12}/T_6=2.22。主要应用实例有JDO2-61-12/8/6/4之12/6极配套双速。

3.双速变极接法与简化接线图

本例双速绕组采用△/2Y接法，12极接成一路△形，换接2Y变极获得6极。变极绕组简化接线如图4-11（a）所示。

4. 12/6极双速△/2Y接线双速绕组

本例是双层叠式布线。绕组端面布接线如图4-11（b）所示。

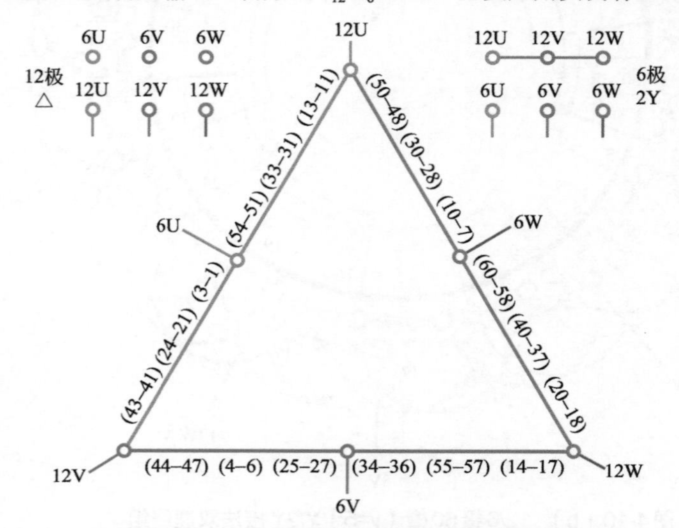

图4-11（a） 12/6极60槽△/2Y双速简化接线图

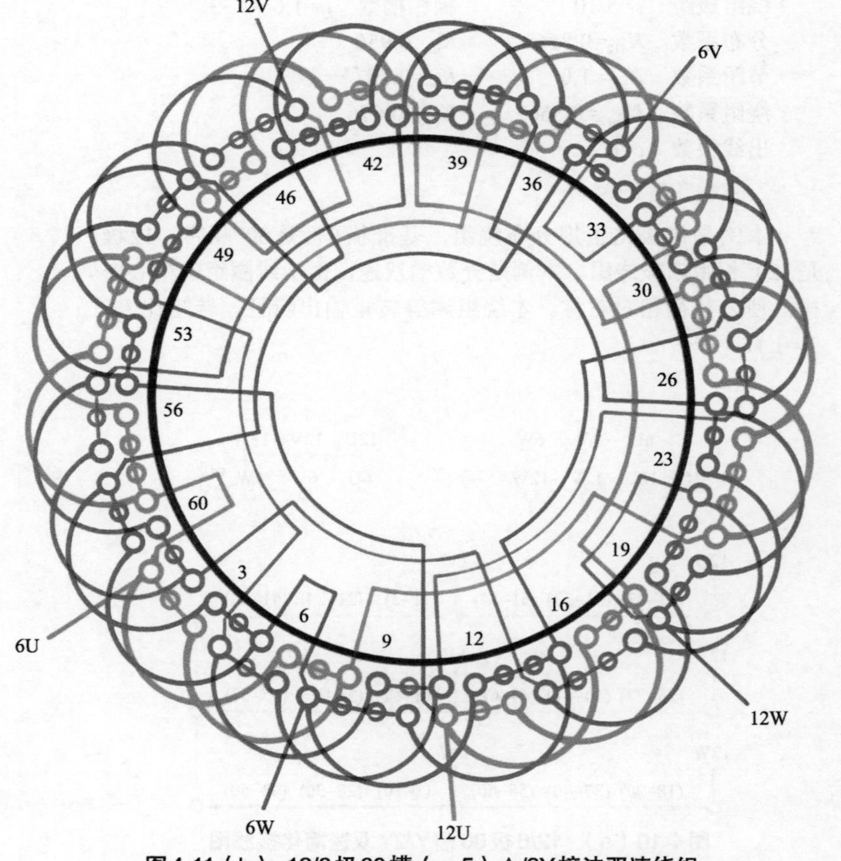

图4-11（b） 12/6极60槽（y=5）△/2Y接法双速绕组

第二节 12/6极72槽倍极比双速绕组

本节是12/6极72槽双速，采用的变极接法主要是△/2Y、Y/2Y及其并联接法的3△/6Y、3Y/6Y等。此外还有1例是换相变极△/△接法。本节共计收入7例，供修理者选用。

一、12/6极72槽（y=6）△/2Y接法双速绕组

1.绕组结构参数

定子槽数	Z=72	双速极数	$2p$=12/6
总线圈数	Q=72	变极接法	△/2Y
线圈组数	u=18	每组圈数	S=4
每槽电角	α=30°/15°	线圈节距	y=6
绕组极距	τ=6/12	极相槽数	q=2/4
分布系数	K_{d12}=0.836	K_{d6}=0.958	
节距系数	K_{p12}=1.0	K_{p6}=0.707	
绕组系数	K_{dp12}=0.836	K_{dp6}=0.677	
出线根数	c=6		

2.绕组布接线特点

本例是倍极比正规分布双速绕组，6极是60°相带，12极是120°相带，属于反转向变极方案。输出是可变转矩特性，转矩比T_{12}/T_6=2.14，功率比P_{12}/P_6=1.07。主要应用实例有JDO2-91-12/6等。

3.双速变极接法与简化接线图

本例绕组采用△/2Y变极接法、12极是一路△形、6极变换成二路Y形。变极绕组简化接线如图4-12（a）所示。

4. 12/6极双速△/2Y绕组端面布接线图

本例是双层叠式布线，绕组端面布接线如图4-12（b）所示。

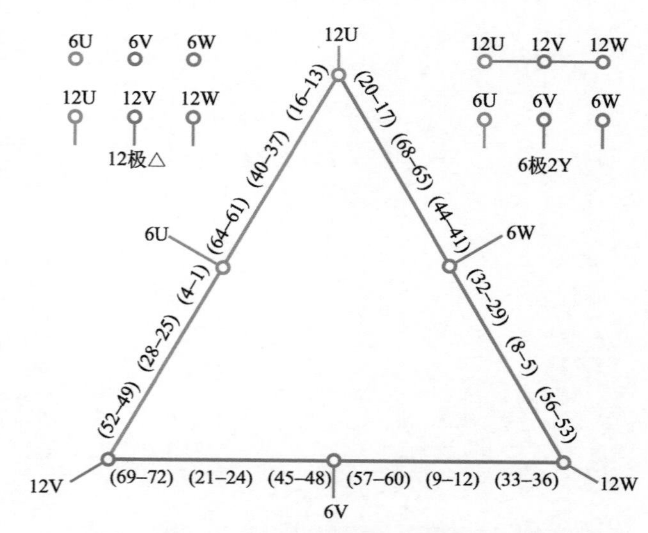

图4-12（a） 12/6极72槽△/2Y双速简化接线图

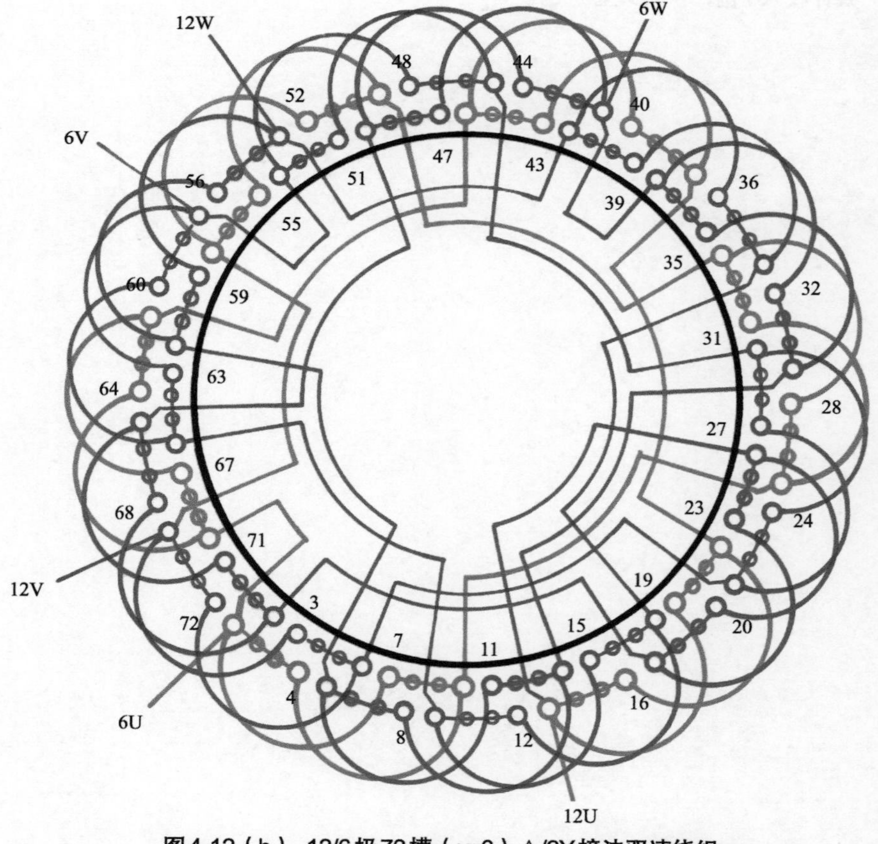

图4-12（b） 12/6极72槽（y=6）△/2Y接法双速绕组

二、12/6极72槽（y=6）3△/6Y接法双速绕组

1.绕组结构参数

定子槽数	Z=72	双速极数	$2p$=12/6
总线圈数	Q=72	变极接法	3△/6Y
线圈组数	u=18	每组圈数	S=4
每槽电角	α=30°/15°	线圈节距	y=6
绕组极距	τ=6/12	极相槽数	q=2/4
分布系数	K_{d12}=0.836		K_{d6}=0.958
节距系数	K_{p12}=1.0		K_{p6}=0.707
绕组系数	K_{dp12}=0.836		K_{dp6}=0.677
出线根数	c=6		

2.绕组布接线特点

本例为倍极比正规分布绕组，以6极为基准，反向排出12极。绕组属可变转矩特性，转矩比T_{12}/T_6=2.14，功率比P_{12}/P_6=1.07。应用实例有JDO3-225S-12/6等。

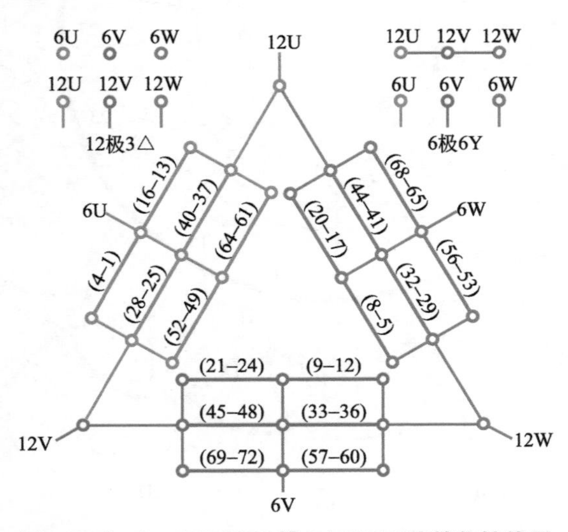

图4-13（a） 12/6极72槽3△/6Y双速简化接线图

3.双速变极接法与简化接线图

本例双速绕组采用3△/6Y接法，即12极时接成三路△形，6极则改接六路Y形。变极绕组简化接线如图4-13（a）所示。

4. 12/6极双速3△/6Y绕组端面布接线图

本例是双层叠式布线，绕组端面布接线如图4-13（b）所示。

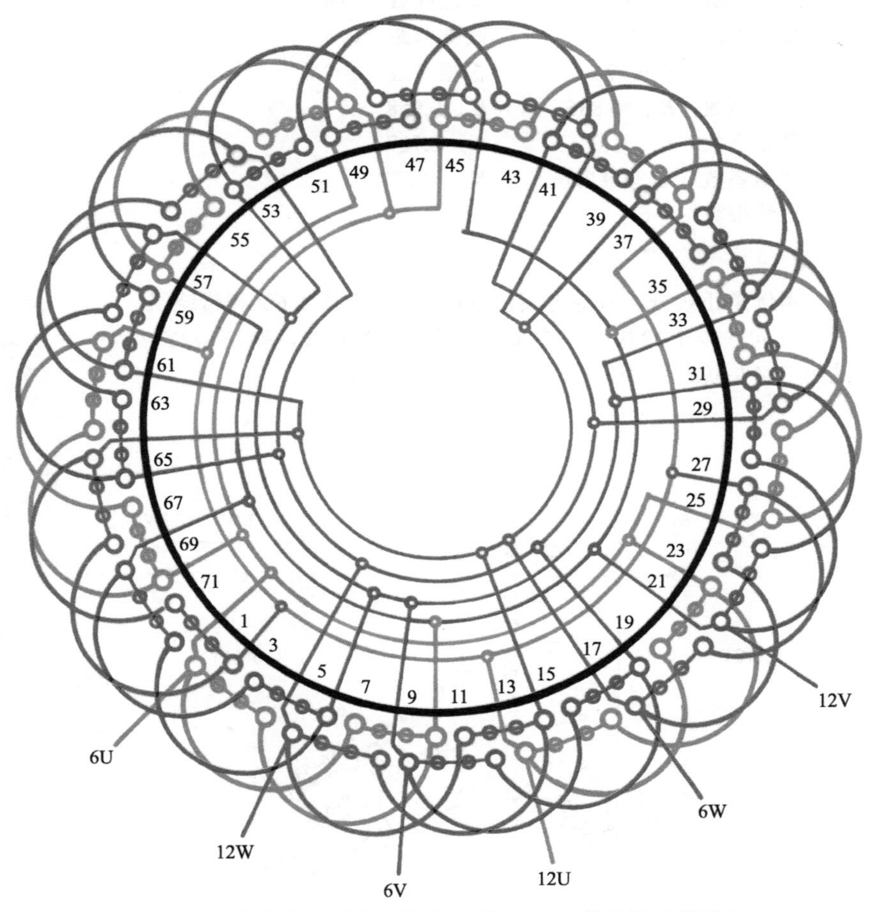

图4-13（b） 12/6极72槽（y=6）3△/6Y接法双速绕组

三、* 12/6极72槽（$y=6$）3Y/6Y接法双速绕组

1.绕组结构参数

定子槽数	$Z=72$	双速极数	$2p=12/6$
总线圈数	$Q=72$	变极接法	3Y/6Y
线圈组数	$u=18$	每组圈数	$S=4$
每槽电角	$\alpha=30°/15°$	线圈节距	$y=6$
绕组极距	$\tau=6/12$	极相槽数	$q=2/4$
分布系数	$K_{d12}=0.836$		$K_{d6}=0.958$
节距系数	$K_{p12}=1.0$		$K_{p6}=0.707$
绕组系数	$K_{dp12}=0.836$		$K_{dp6}=0.677$
出线根数	$c=6$		

2.绕组布接线特点

本例是正规分布双速方案，以6极为基准排出60°相带绕组，再用反向法排出12极。但本绕组采用3Y/6Y接线，即是Y/2Y接法的三路并联。适用于电动机功率较大时选用。

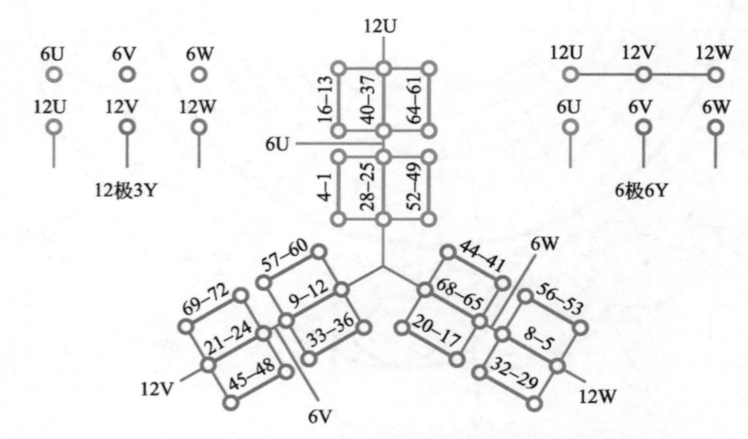

图4-14（a） 12/6极72槽3Y/6Y双速简化接线图

3.双速变极接法与简化接线图

本例采用3Y/6Y变极接法，即12极时绕组接成三路Y形，变6极则改接成六路Y形。变极绕组简化接线如图4-14（a）所示。

4. 12/6极双速3Y/6Y接线双速绕组

本例是双层叠式布线绕组，端面布接线如图4-14（b）所示。

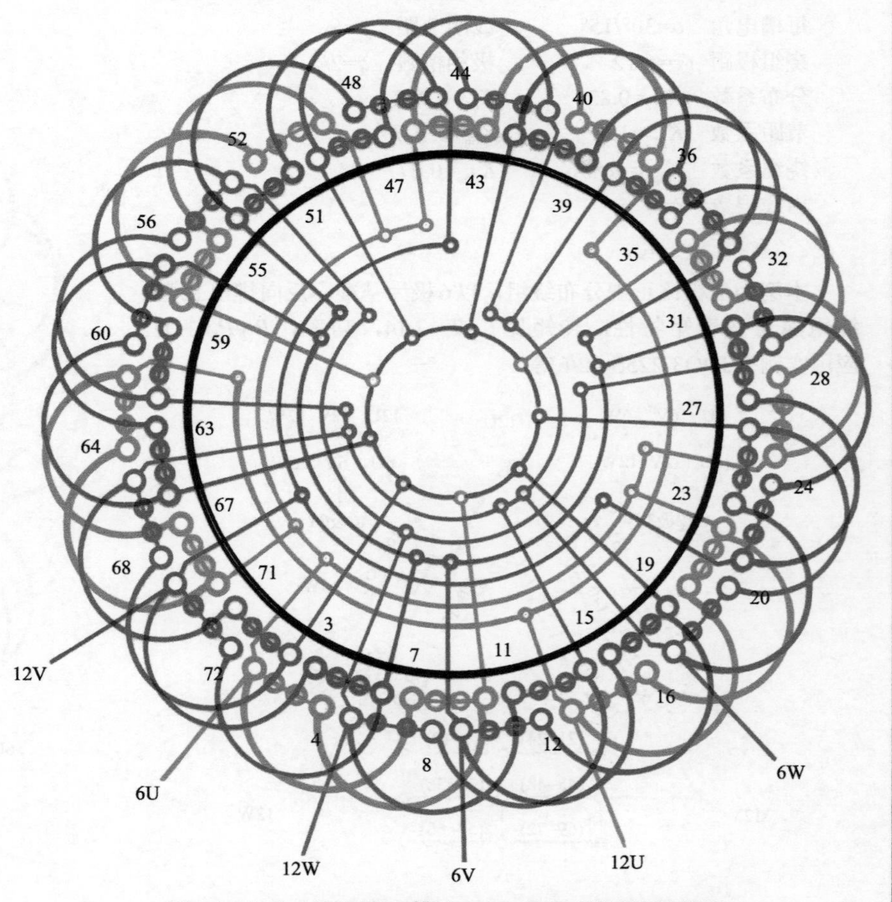

图4-14（b） 12/6极72槽（$y=6$）3Y/6Y接法双速绕组

四、12/6极72槽（y=8）Y/2Y接法双速绕组

1.绕组结构参数

定子槽数	Z=72	双速极数	$2p$=12/6
总线圈数	Q=72	变极接法	Y/2Y
线圈组数	u=18	每组圈数	S=4
每槽电角	α=30°/15°	线圈节距	y=8
绕组极距	τ=6/12	极相槽数	q=2/4
分布系数	K_{d12}=0.836	K_{d6}=0.958	
节距系数	K_{p12}=0.866	K_{p6}=0.866	
绕组系数	K_{dp12}=0.724	K_{dp6}=0.83	
出线根数	c=6		

2.绕组布接线特点

本例绕组属正规分布的倍极比变极方案。以6极为基准排出60°相带绕组，反向得12极120°相带绕组。绕组由四联组构成，每变极组（段）有3组线圈；三相接成Y形形成12极，换接成2Y则形成6极。

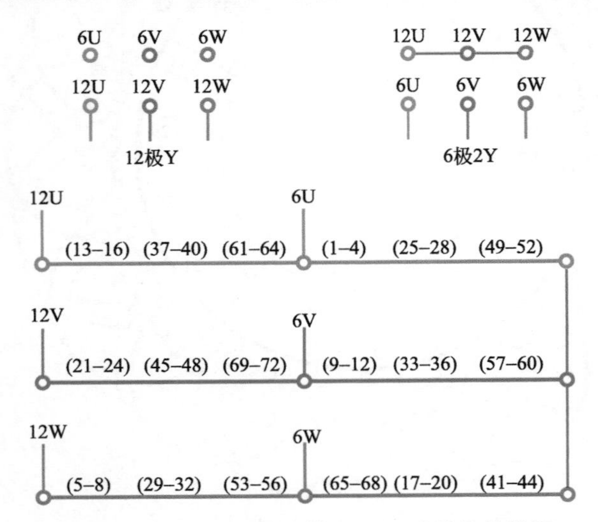

图4-15（a） 12/6极72槽Y/2Y双速简化接线图

3.双速变极接法与简化接线图

本例变极采用Y/2Y接法，即12极是一路Y形，6极是二路Y形。变极绕组简化接线如图4-15（a）所示。

4. 12/6极双速绕组端面布接线图

本例双速绕组是双层叠式布线，端面布接线如图4-15（b）所示。

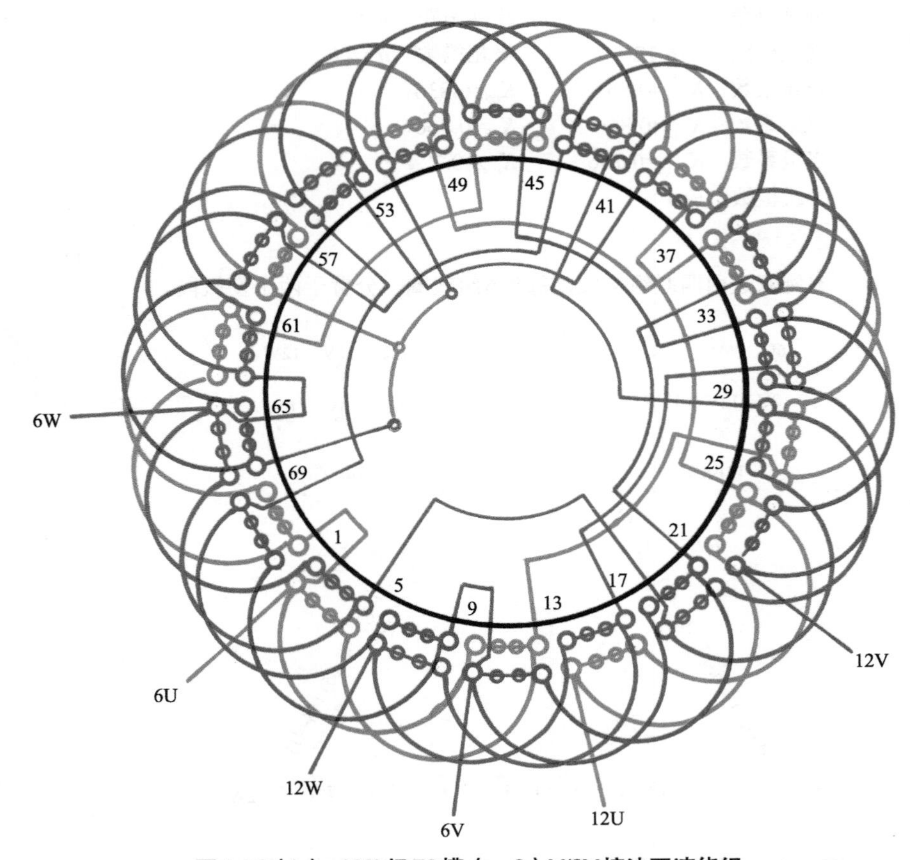

图4-15（b） 12/6极72槽（y=8）Y/2Y接法双速绕组

五、* 12/6极72槽（y=8）△/△接法（换相变极）双速绕组

1. 绕组结构参数

定子槽数　Z=72　　　双速极数　$2p$=12/6
总线圈数　Q=72　　　变极接法　△/△
线圈组数　u=18　　　每组圈数　S=4
每槽电角　α=30°/15°　　线圈节距　y=8
绕组极距　τ=6/12　　极相槽数　q=2/4
分布系数　K_{d12}=0.861　　K_{d6}=0.836
节距系数　K_{p12}=0.866　　K_{p6}=0.866
绕组系数　K_{dp12}=0.746　　K_{dp6}=0.724
出线根数　c=6

2. 绕组布接线特点

本例双速由四联组构成，每相6组线圈，分置于两个变极段。本绕组是换相变极，并采用△/△接法，12极时从12U、12V、12W接入电源，6极则将12U、12V、12W连成星点，再从6U、6V、6W进入，但这时将有一半线圈组换相，但不反向。

3. 双速变极接法与简化接线图

本例采用△/△换相变极接法，12极和6极均为一路角形。变极绕组简化接线如图4-16（a）所示。

4. 12/6极双速△/△绕组端面布接线图

本例采用双层叠式布线，绕组端面布接线如图4-16（b）所示。

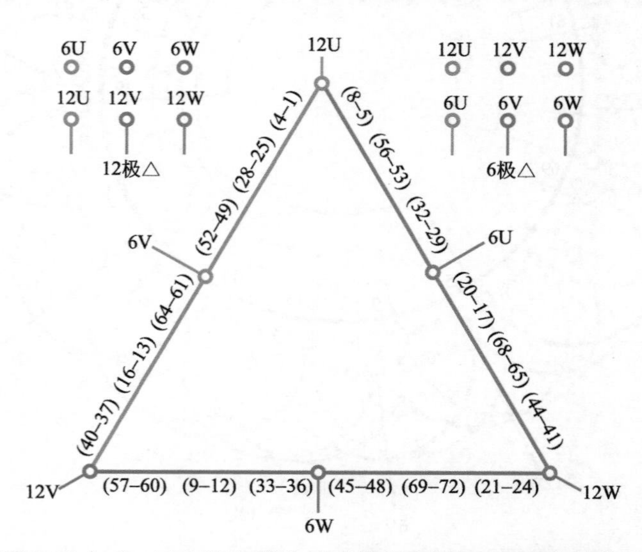

图4-16（a） 12/6极72槽△/△（换相变极）双速简化接线图

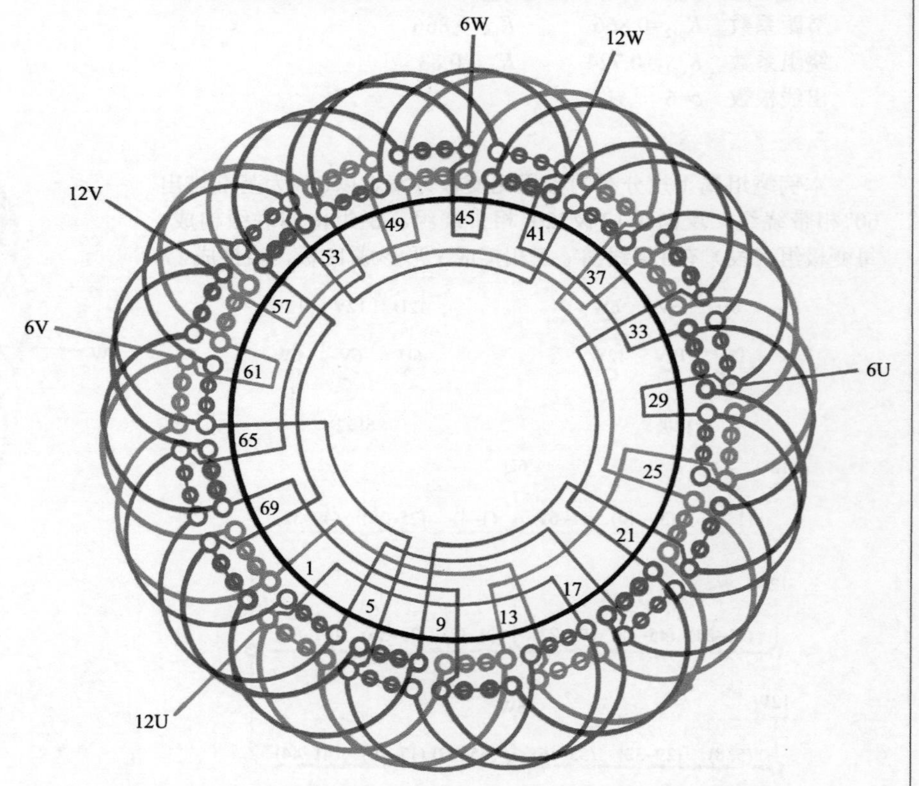

图4-16（b） 12/6极72槽（y=8）△/△接法（换相变极）双速绕组

六、12/6极72槽（y_p=8）Y/2Y接法（双层同心式布线）双速绕组

1.绕组结构参数

定子槽数	Z=72	双速极数	$2p$=12/6
总线圈数	Q=36	变极接法	Y/2Y
线圈组数	u=18	每组圈数	S=4
每槽电角	α=30°/15°	线圈节距	y_p=8
绕组极距	τ=6/12	极相槽数	q=2/4
分布系数	K_{d12}=0.836	K_{d6}=0.958	
节距系数	K_{p12}=0.866	K_{p6}=0.866	
绕组系数	K_{dp12}=0.724	K_{dp6}=0.83	
出线根数	c=6		

2.绕组布接线特点

本例绕组是由双层叠式演变而成，每组有4只同心线圈；以6极为基准极，采用一路Y形接线，反向法排出12极绕组并改成二路Y形。本绕组是根据实修资料整理绘制而成的常规（交叠）布线绕组。它具有端部喇叭口整齐圆滑，利于冷却的优点；但嵌线需吊边而工艺性较差的缺点。

3.双速变极接法与简化接线图

本例采用Y/2Y变极接法，变极绕组简化接线如图4-17（a）所示。

4. 12/6极双速Y/2Y绕组端面布接线图

本例是双层同心式布线，端面布接线如图4-17（b）所示。

6U 6V 6W
12U 12V 12W
12极Y

12U 12V 12W
6U 6V 6W
6极2Y

12U (13–16) (37–40) (61–64) 6U (1–4) (25–28) (49–52)
12V (21–24) (45–48) (69–72) 6V (9–12) (33–36) (57–60)
12W (5–8) (29–32) (53–56) 6W (65–68) (17–20) (41–44)

图4-17（a） 12/6极72槽Y/2Y（双层同心式布线）双速简化接线图

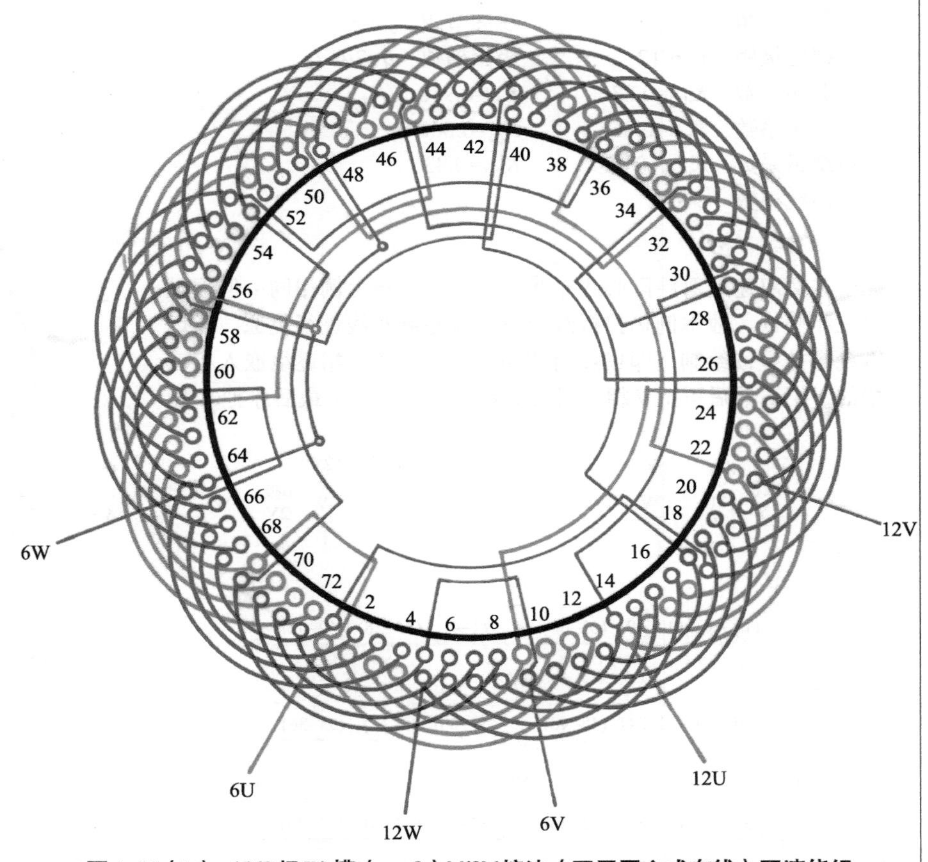

图4-17（b） 12/6极72槽（y_p=8）Y/2Y接法（双层同心式布线）双速绕组

七、* 12/6极72槽（y_d=8）Y/2Y接法（双层同心式整嵌布线）双速绕组

1.绕组结构参数

定子槽数　Z=72　　双速极数　$2p$=12/6

总线圈数　Q=72　　变极接法　Y/2Y

线圈组数　u=18　　每组圈数　S=4

每槽电角　α=30°/15°　　线圈节距　y_d=8

绕组极距　τ=6/12　　极相槽数　q=2/4

分布系数　K_{d12}=0.836　　K_{d6}=0.958

节距系数　K_{p12}=0.866　　K_{p6}=0.866

绕组系数　K_{dp12}=0.724　　K_{dp6}=0.83

出线根数　c=6

2.绕组布接线特点

本例双速是双层同心式布线，变极方案与上例相同；但因时兴三相整嵌，故本例仍按拆线记录，按整嵌布线进行复原。所以本绕组按整嵌绘制，即嵌线用逐相整嵌，先将U相逐组嵌入相应槽的下层；然后再把V相各组线圈整嵌于上下层；最后才把W相嵌入相应槽的上层。整嵌的优点是嵌线方便、省时，缺点是端部不规整，不能在绕组端部形成圆滑的喇叭口，对散热不利。

3.双速变极接法与简化接线图

本例采用Y/2Y变极接法，变极绕组简化接线如图4-18（a）所示。

4. 12/6极双速Y/2Y绕组端面布接线图

本例是双层同心式整嵌布线，端面布接线如图4-18（b）所示。

12极 Y：6U 6V 6W / 12U 12V 12W

6极 2Y：12U 12V 12W（连接）/ 6U 6V 6W

12U —(13–16) (37–40) (61–64)— 6U —(1–4) (25–28) (49–52)—

12V —(69–72) (21–24) (45–48)— 6V —(57–60) (9–12) (33–36)—

12W —(5–8) (29–32) (53–56)— 6W —(65–68) (17–20) (41–44)—

图4-18（a） 12/6极72槽Y/2Y（双层同心式整嵌布线）双速简化接线图

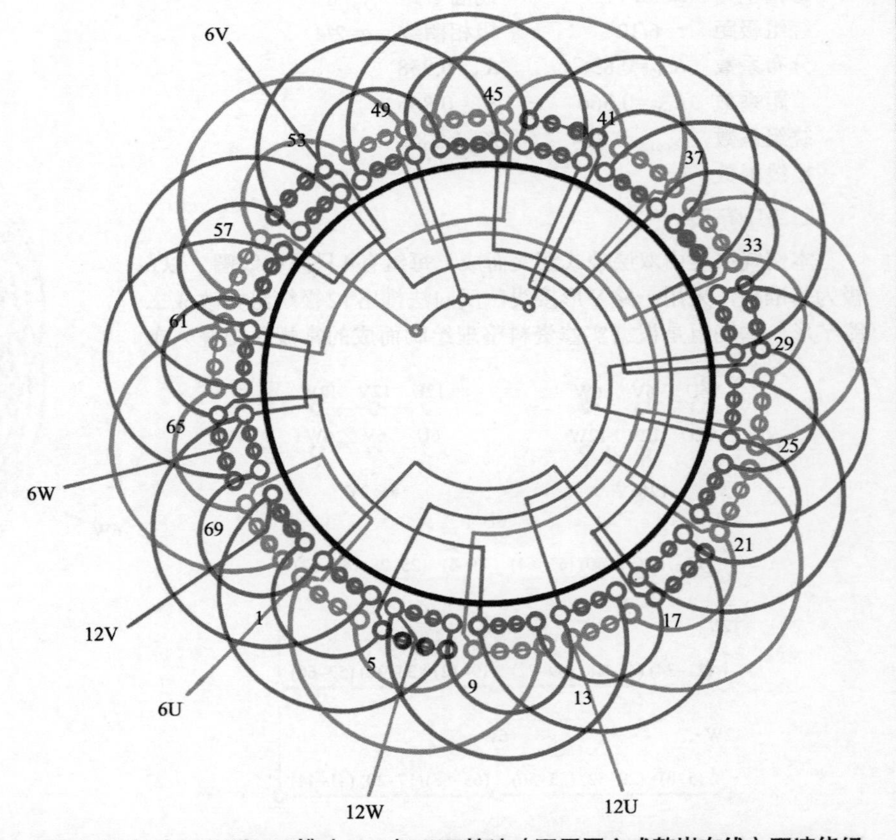

图4-18（b） 12/6极72槽（y_d=8）Y/2Y接法（双层同心式整嵌布线）双速绕组

第五章 电梯类倍极比双速电动机绕组

本章介绍电梯类双速绕组，包括简便型升降机、货物提升机等使用的倍极比双速电动机绕组。定子规格有54槽及72槽两种；变极比为4，即24/6极和32/8极。早期国产电梯电动机产品不多，双速变极接法仅有Y/2Y，但随着城市化的迅速发展，高层建筑林立，而旧有的楼层也改造加装电梯。因此，许多国外电梯公司便纷纷进入中国市场，使电梯类双速电动机绕组的变极接法变得多样化。不过，目前为止，其变极接法仍以常规的Y/2Y为主。

下面是近年从修理者提供资料整理的电梯类双速电动机绕组，并绘制成四色的双速绕组简化接线图和端面布接线图，供修理者参考。

第一节 24/6极54槽电梯类倍极比双速绕组

本节24/6极是电梯类54槽双速绕组，它主要用于低层建筑或轻便升降电梯。本节仅收入双速5例，主要采用常规的Y/2Y变极接法，但也有△/2Y和△/△接法各1例。

一、24/6极54槽（y=7、S=1）Y/2Y接法（电梯）双速绕组

1.绕组结构参数

定子槽数	Z=54	双速极数	$2p$=24/6
总线圈数	Q=54	变极接法	Y/2Y
线圈组数	u=54	每组圈数	S=1
每槽电角	α=80°/20°	线圈节距	y=7
绕组极距	τ=2.25/9	极相槽数	q=0.75/3
分布系数	K_{d24}=0.96	K_{d6}=0.844	
节距系数	K_{p24}=0.985	K_{p6}=0.94	
绕组系数	K_{dp24}=0.951	K_{dp6}=0.793	
出线根数	c=6		

2.绕组布接线特点

本例来自某电工刊物实修资料，经整理绘制而成，经核查原绕组系数有误，今计算得24极时绕组系数较高。此绕组接线规律非常繁琐，若依彩图仍可循色连接，移至实物，还是建议一一按图施行为好。双速属恒矩输出的同转向变极方案。转矩比T_{24}/T_6=0.963，功率比P_{24}/P_6=0.481

3.双速变极接法与简化接线图

本例采用Y/2Y变极接法。变极绕组简化接线如图5-1（a）所示。

4.24/6极双速Y/2Y绕组端面布接线图

本例是双层叠式布线，绕组端面布接线如图5-1（b）所示。

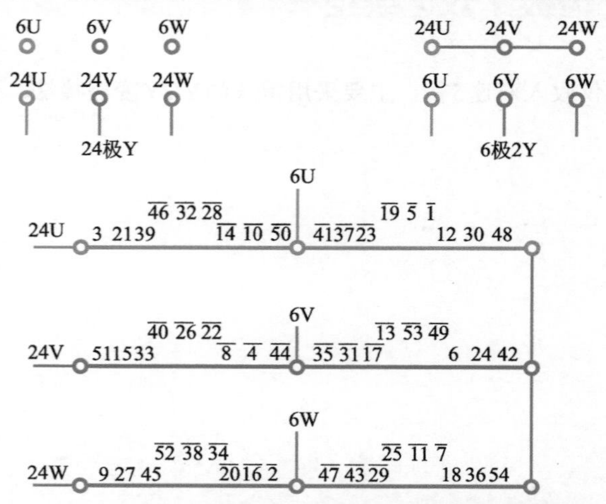

图5-1（a） 24/6极54槽Y/2Y（电梯）双速简化接线图

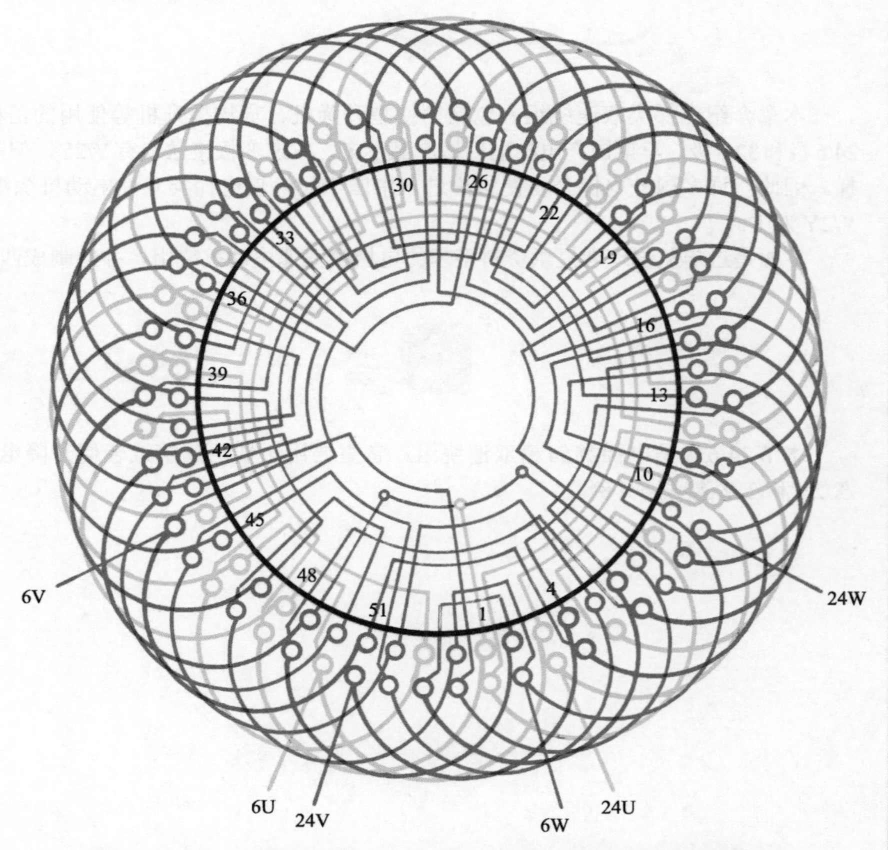

图5-1（b） 24/6极54槽（y=7、S=1）Y/2Y接法（电梯）双速绕组

二、24/6极54槽（y=7、S=1）Y/2Y接法（电梯）双速绕组

1. 绕组结构参数

定子槽数	Z=54	双速极数	$2p$=24/6
总线圈数	Q=54	变极接法	Y/2Y
线圈组数	u=54	每组圈数	S=1
每槽电角	α=80°/20°	线圈节距	y=7
绕组极距	τ=2.25/9	极相槽数	q=0.75/3
分布系数	K_{d24}=0.96		K_{d6}=0.844
节距系数	K_{p24}=0.985		K_{p6}=0.94
绕组系数	K_{dp24}=0.951		K_{dp6}=0.793
出线根数	c=6		

2. 绕组布接线特点

本例绕组采用上例相同的分布方案，绕组由单圈组构成，但绕组接法与上例不同，如图5-2（a）所示，每变极组有三个单元，其中变极反向段由两圈正、一圈反连接；不反向段则由“正—反—正”3圈组成。故此绕组较之上例更显得有规律。

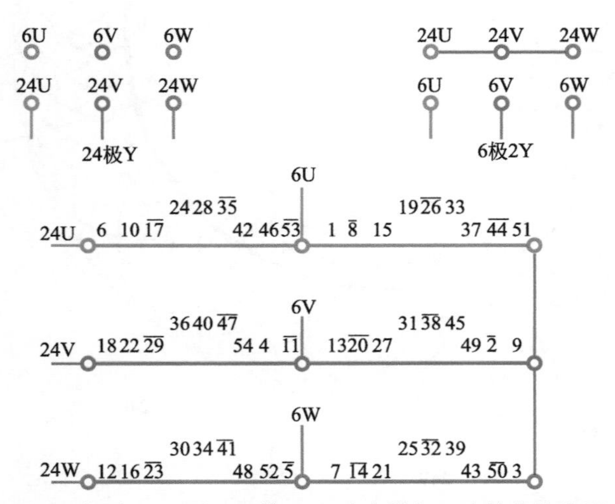

图5-2（a） 24/6极54槽Y/2Y（电梯）双速简化接线图

3. 双速变极接法与简化接线图

本例采用Y/2Y变极接法，变极绕组简化接线如图5-2（a）所示。

4. 24/6极双速Y/2Y绕组端面布接线图

本例是双层叠式布线，绕组端面布接线如图5-2（b）所示。

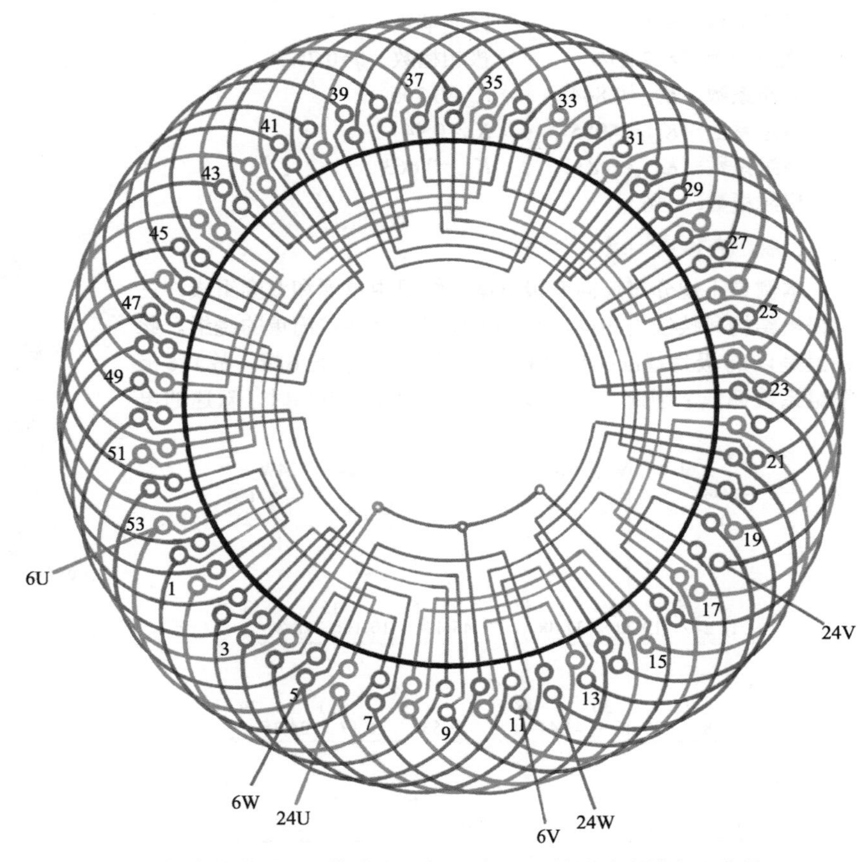

图5-2（b） 24/6极54槽（y=7、S=1）Y/2Y接法（电梯）双速绕组

三、24/6极54槽（y=7，S=2、1）Y/2Y接法（正规分布电梯）双速绕组

1.绕组结构参数

定子槽数	Z=54	双速极数	$2p$=24/6
总线圈数	Q=54	变极接法	Y/2Y
线圈组数	u=36	每组圈数	S=2、1
每槽电角	α=80°/20°	线圈节距	y=7
绕组极距	τ=2.25/9	极相槽数	q=0.75/3
分布系数	K_{d24}=0.844		K_{d6}=0.705
节距系数	K_{p24}=0.985		K_{p6}=0.94
绕组系数	K_{dp24}=0.831		K_{dp6}=0.663
出线根数	c=6		

2.绕组布接线特点

本例是正规分布反向变极方案，绕组由单圈和双圈组成，三相绕组结构和接线均相同，是24/6极双速接线较简单的绕组。此绕组是以24极为基准排出庶极，再用反向法排出6极，故其6极绕组系数偏低；因此，作为以6极正常运行的电梯时，双速的电磁设计则反映以6极为基准，以确保电梯运行功率。

3.双速变极接法与简化接线图

本例采用Y/2Y接法，变极绕组简化接线如图5-3（a）所示。

4. 24/6极双速Y/2Y绕组端面布接线图

本绕组是双层叠式布线，端面布接线如图5-3（b）所示。

6U 6V 6W
24极 Y 24U 24V 24W
24U 24V 24W
6U 6V 6W 6极 2Y

24U 6 24 42 6U 51 15 33
1 2 19 20 37 38 46 47 10 11 28 29
24V 12 30 48 6V 3 21 39
7 8 25 26 43 44 52 53 16 17 34 35
24W 54 18 36 6W 45 9 27
49 50 13 14 31 32 40 41 4 5 22 23

图5-3（a） 24/6极54槽Y/2Y（正规分布电梯）双速简化接线图

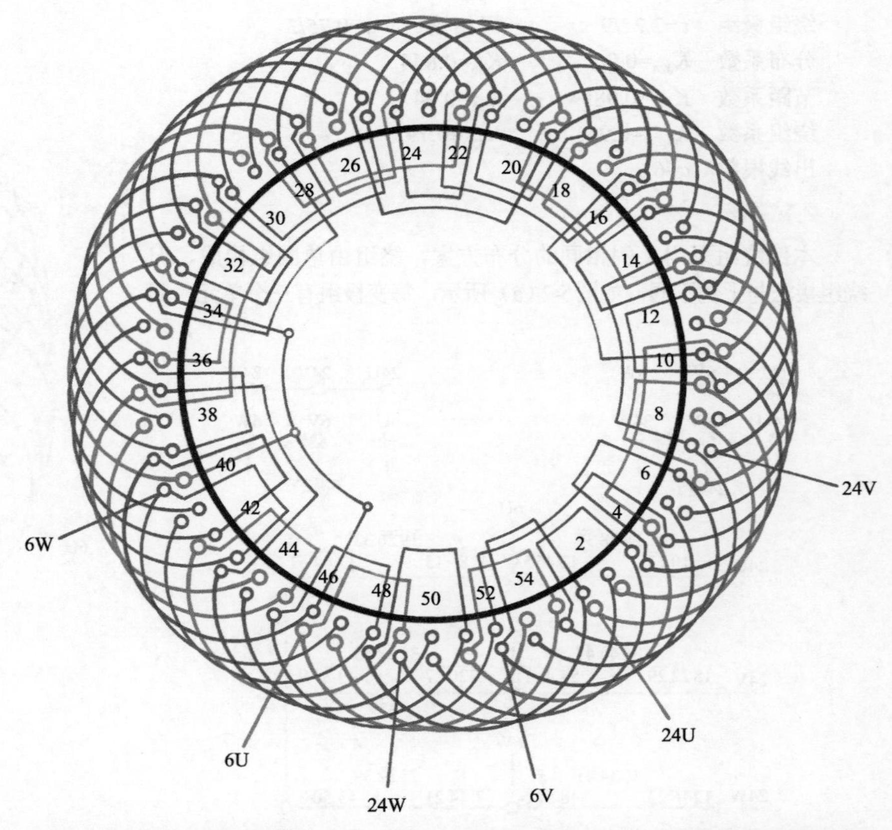

图5-3（b） 24/6极54槽（y=7，S=2、1）Y/2Y接法（正规分布电梯）双速绕组

四、* 24/6极54槽（y=7，S=1、2）△/△接法（换相变极电梯）双速绕组

1.绕组结构参数

定子槽数	Z=54	双速极数	2p=24/6
总线圈数	Q=54	变极接法	△/△
线圈组数	u=36	每组圈数	S=1、2
每槽电角	α=80°/20°	线圈节距	y=7
绕组极距	τ=2.25/9	极相槽数	q=0.75/3
分布系数	K_{d24}=0.844		K_{d6}=0.645
节距系数	K_{p24}=0.985		K_{p6}=0.94
绕组系数	K_{dp24}=0.831		K_{dp6}=0.672
出线根数	c=6		

2.绕组布接线特点

本例双速绕组是采用新型的换相变极接法，24极为基准极120°相带绕组，再用△/△换相获得6极。绕组由单、双圈组成一单元，每相由6个单元串联而成，分为两个变极段（组），变极时其中一个变极段需要变相。此双速绕组引出线仅6根，而控制变速时，只须改接电源即可，故其控制极其方便。

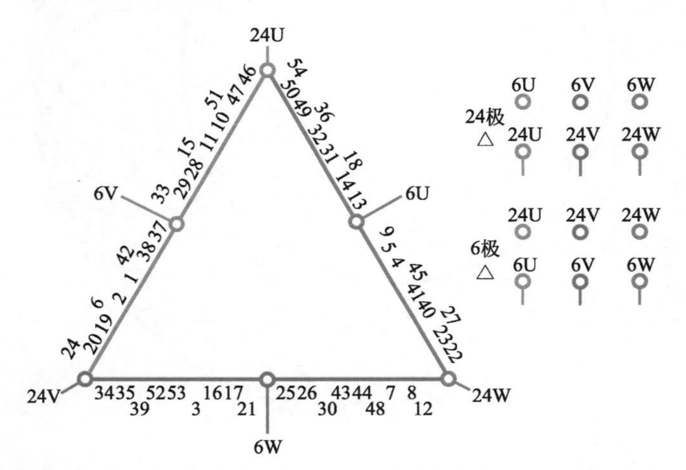

图5-4（a） 24/6极54槽△/△（换相变极电梯）双速简化接线图

3.双速变极接法与简化接线图

本例采用△/△双速变极接法，绕组变极的简化接线如图5-4（a）所示。

4. 24/6极双速△/△绕组端面布接线图

本例是双层叠式布线，双速绕组端面布接线如图5-4（b）所示。

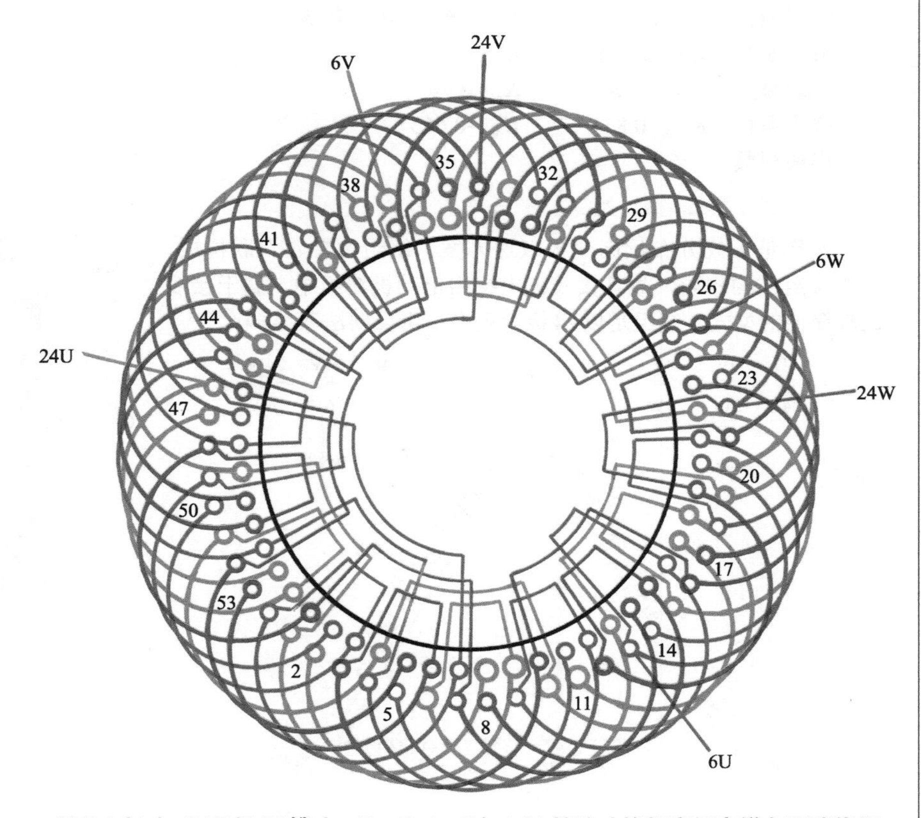

图5-4（b） 24/6极54槽（y=7，S=1、2）△/△接法（换相变极电梯）双速绕组

五、* 24/6极54槽（y=7，S=2、1）△/2Y接法（正规分布电梯）双速绕组

1.绕组结构参数

定子槽数	Z=54	双速极数	$2p$=24/6
总线圈数	Q=54	变极接法	△/2Y
线圈组数	u=36	每组圈数	S=2、1
每槽电角	α=80°/20°	线圈节距	y=7
绕组极距	τ=2.25/9	极相槽数	q=0.75/3
分布系数	K_{d24}=0.844	K_{d6}=0.705	
节距系数	K_{p24}=0.985	K_{p6}=0.94	
绕组系数	K_{dp24}=0.831	K_{dp6}=0.663	
出线根数	c=6		

2.绕组布接线特点

本例是正规分布反向变极双速方案，绕组由单、双联构成，三相绕组结构相同，故其接线在电梯用电动机绕组中，属于接线比较简便的型式。绕组是以24极为基准，用反向法获得6极。

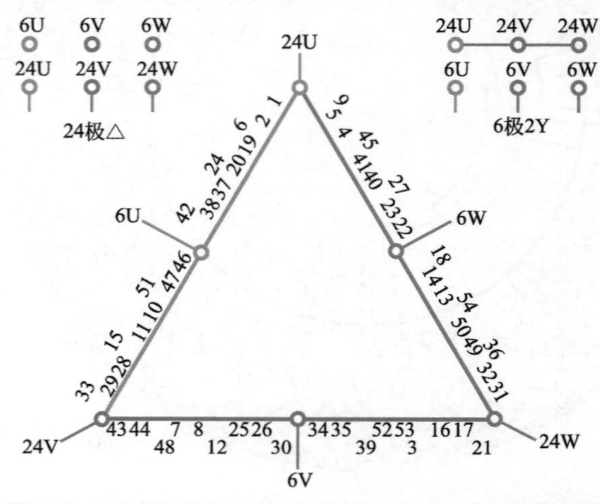

图5-5（a） 24/6极54槽△/2Y（正规分布电梯）双速简化接线图

3.双速变极接法与简化接线图

本例采用△/2Y反向变极接法，变极绕组简化接线如图5-5（a）所示。

4. 24/6极双速△/2Y绕组端面布接线图

本例是采用双层叠式布线，△/2Y接法的双速绕组，端面布接线如图5-5（b）所示。

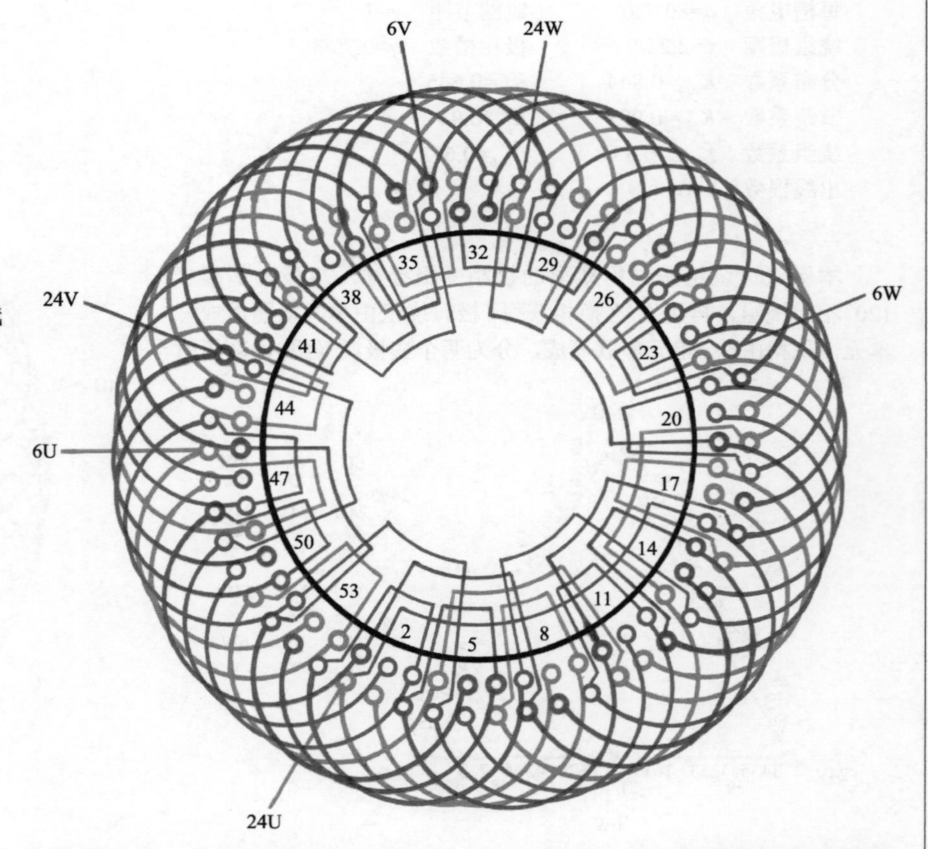

图5-5（b） 24/6极54槽（y=7，S=2、1）△/2Y接法（正规分布电梯）双速绕组

第二节 24/6、24/8、32/8极72槽电梯类倍极比双速绕组

本节是72槽定子的电梯类双速绕组，包括24/6、24/8及32/8极三种倍极比绕组。其中24/6极7例、24/8极1例、32/8极2例。而本节变极接法比较多样，但主要还是采用常规的Y/2Y较多，占有6例，而△/2Y、△/△-Ⅱ、△/△及2△/2△等各有1例。双速绕组布线型式主要采用双层叠式，但本节有2例采用单层双节距布线。本节共计收入双速绕组10例。

一、24/6极72槽（y=9、S=2）Y/2Y接法（电梯）双速绕组

1. 绕组结构参数

定子槽数	Z=72	双速极数	$2p$=24/6
总线圈数	Q=72	变极接法	Y/2Y
线圈组数	u=36	每组圈数	S=2
每槽电角	α=60°/15°	线圈节距	y=9
绕组极距	τ=3/12	极相槽数	q=1/4
分布系数	K_{d24}=0.866		K_{d6}=0.701
节距系数	K_{p24}=1.0		K_{p6}=0.924
绕组系数	K_{dp24}=0.866		K_{dp6}=0.648
出线根数	c=6		

2. 绕组布接线特点

本例双速是正规分布反向变极方案，属恒矩输出特性。转矩比T_{24}/T_6=1.34，功率比P_{24}/P_6=0.668。主要应用于国产早期电梯系列产品JTD-333等。

24极 Y：6U 6V 6W；24U 24V 24W

24U 24V 24W；6U 6V 6W 6极 2Y

24U：9 10 15 16 33 34 39 40 57 58 63 64 6U 69 70 3 4 21 22 27 28 45 46 51 52

24V：17 18 23 24 41 42 47 48 65 66 71 72 6V 5 6 11 12 29 30 35 36 53 54 59 60

24W：1 2 7 8 25 26 31 32 49 50 55 56 6W 61 62 67 68 13 14 19 20 37 38 43 44

图5-6（a） 24/6极72槽Y/2Y（电梯）双速简化接线图

3. 双速变极接法与简化接线图

本例采用反向法变极Y/2Y变极接法，变极绕组简化接线如图5-6（a）所示。

4. 24/6极双速Y/2Y绕组端面布接线图

本例采用双层叠式布线，绕组端面布接线如图5-6（b）所示。

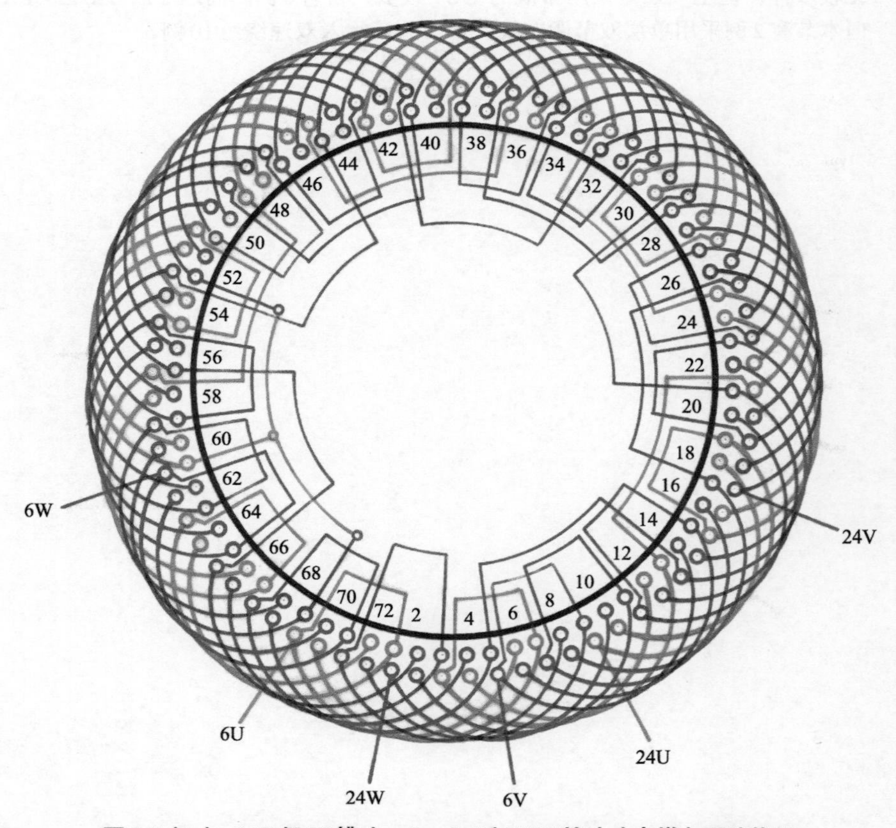

图5-6（b） 24/6极72槽（y=9、S=2）Y/2Y接法（电梯）双速绕组

二、24/6极72槽（y=9、S=1、2）Y/2Y接法（电梯）双速绕组

1.绕组结构参数

定子槽数	Z=72	双速极数	$2p$=24/6
总线圈数	Q=72	变极接法	Y/2Y
线圈组数	u=54	每组圈数	S=1、2
每槽电角	α=60°/15°	线圈节距	y=9
绕组极距	τ=3/12	极相槽数	q=1/4
分布系数	K_{d24}=0.866	K_{d6}=0.892	
节距系数	K_{p24}=1.0	K_{p6}=0.924	
绕组系数	K_{dp24}=0.866	K_{dp6}=0.824	
出线根数	c=6		

2.绕组布接线特点

本例是非正规分布变极方案，是在实修电梯电动机时对绕组接线进行了重新设计，使之每相两变极组（段）的连接次序统一，而三相线圈的分布和接线规律相同，从而使双速接线变得简练且合理。双速采用Y/2Y接法，属恒矩变极，两种转速下的转矩比T_{24}/T_6=1.05，功率比P_{24}/P_6=0.525。

3.双速变极接法与简化接线图

本例采用Y/2Y反向变极接法，变极绕组简化接线如图5-7（a）所示。

4.24/6极双速Y/2Y绕组端面布接线图

本绕组采用双层叠式布线，端面布接线如图5-7（b）所示。

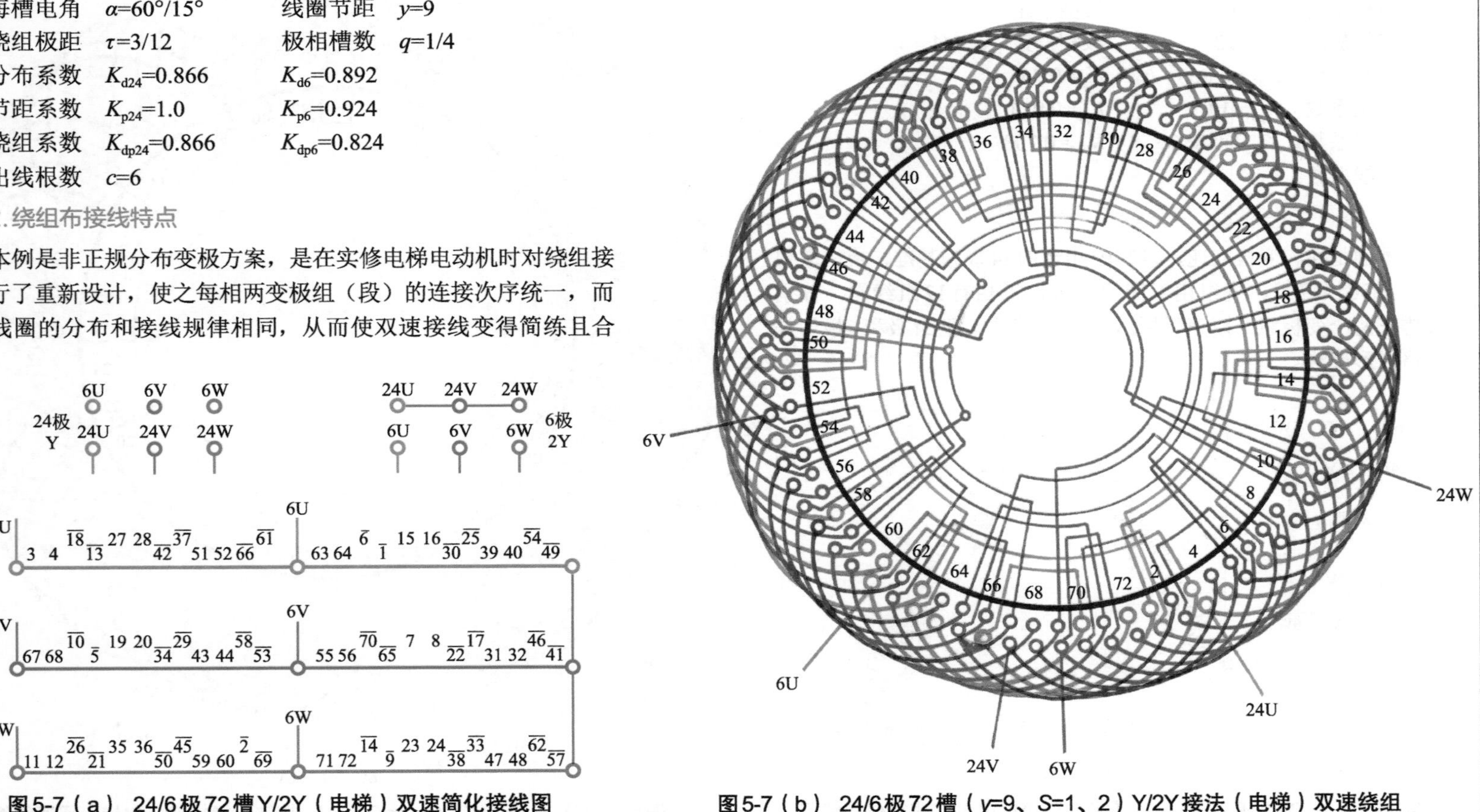

图5-7（a） 24/6极72槽Y/2Y（电梯）双速简化接线图

图5-7（b） 24/6极72槽（y=9、S=1、2）Y/2Y接法（电梯）双速绕组

三、* 24/6极72槽（y=9）△/△接法（换相变极电梯）双速绕组

1.绕组结构参数

定子槽数	Z=72	双速极数	$2p$=24/6
总线圈数	Q=72	变极接法	△/△
线圈组数	u=36	每组圈数	S=2
每槽电角	α=60°/15°	线圈节距	y=9
绕组极距	τ=3/12	极相槽数	q=1/4
分布系数	K_{d24}=0.866	K_{d6}=0.766	
节距系数	K_{p24}=1.0	K_{p6}=0.924	
绕组系数	K_{dp24}=0.866	K_{dp6}=0.708	
出线根数	c=6		

2.绕组布接线特点

本例是换相变极双速，以120°相带的24极为基准，换相取得60°相带6极绕组。绕组由双圈组构成，每相有12组线圈，分别安排在两个变极组。双速采用△/△变极接法，即24极和6极均是一路△形接法。

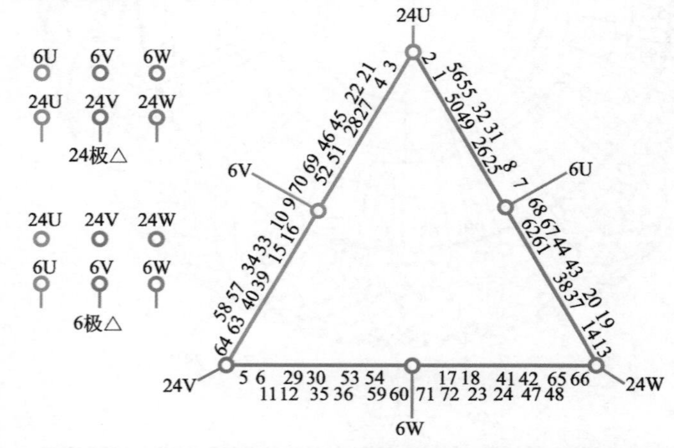

图5-8（a） 24/6极72槽△/△（换相变极电梯）双速简化接线图

3.双速变极接法与简化接线图

本例采用△/△变极接法，绕组简化接线如图5-8（a）所示。

4. 24/6极双速△/△绕组端面布接线图

本例是双层叠式布线，绕组端面布接线如图5-8（b）所示。

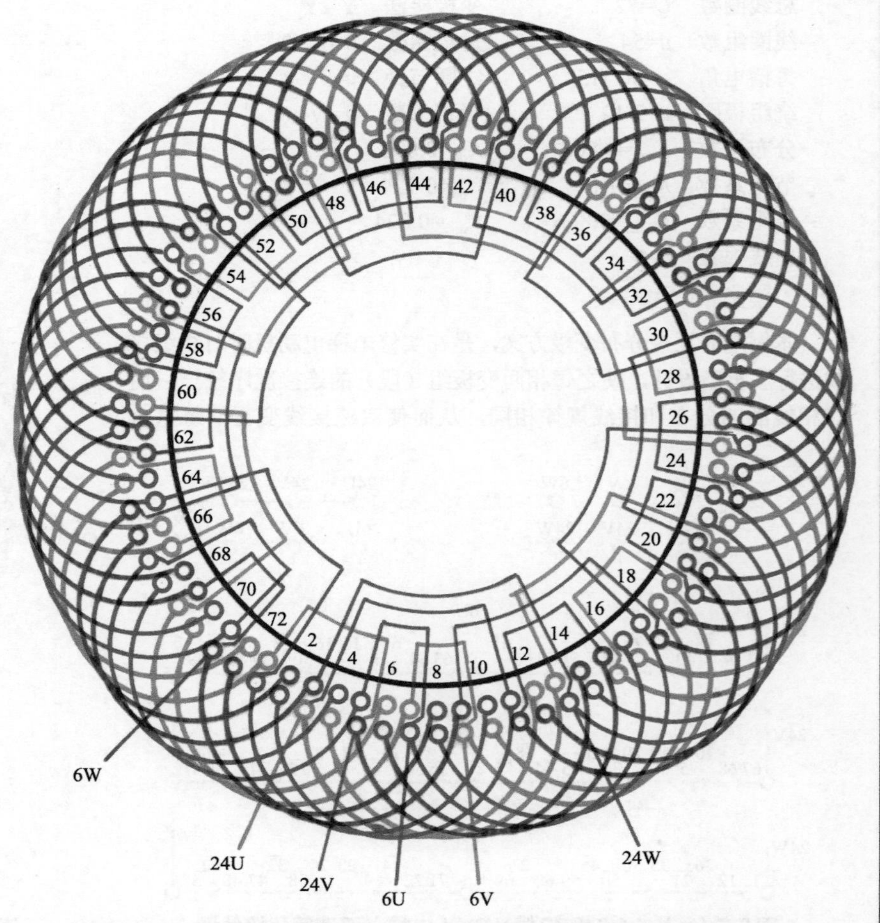

图5-8（b） 24/6极72槽（y=9）△/△接法（换相变极电梯）双速绕组

四、24/6极72槽（y=10、S=2）Y/2Y接法（电梯）双速绕组

1. 绕组结构参数

定子槽数	Z=72	双速极数	$2p$=24/6
总线圈数	Q=72	变极接法	Y/2Y
线圈组数	u=36	每组圈数	S=2
每槽电角	α=60°/15°	线圈节距	y=10
绕组极距	τ=3/12	极相槽数	q=1/4
分布系数	K_{d24}=0.866	K_{d6}=0.701	
节距系数	K_{p24}=0.866	K_{p6}=0.966	
绕组系数	K_{dp24}=0.75	K_{dp6}=0.667	
出线根数	c=6		

2. 绕组布接线特点

本例绕组与图5-6是相同变极方案，但绕组的线圈节距增长一槽，使6极的绕组系数稍作提高，从而使两种极数下的绕组系数接近，以利于两种转速下的出力均衡。本绕组输出特性趋近于恒矩，转矩比T_{24}/T_6=1.11，功率比P_{24}/P_6=0.554。主要应用实例有JTD2-22等。

24极 Y　6U 6V 6W　24U 24V 24W

6极 2Y　24U 24V 24W　6U 6V 6W

24U　1 2　7 8　25 26　31 32　49 50　55 56　6U　61 62　67 68　13 14　19 20　37 38　43 44

24V　9 10　15 16　33 34　39 40　57 58　63 64　6V　69 70　3 4　21 22　27 28　45 46　51 52

24W　65 66　71 72　17 18　23 24　41 42　47 48　6W　53 54　59 60　5 6　11 12　29 30　35 36

图5-9（a） 24/6极72槽Y/2Y（电梯）双速简化接线图

3. 双速变极接法与简化接线图

本例采用Y/2Y变极接法，变极绕组简化接线如图5-9（a）所示。

4. 24/6极双速Y/2Y绕组端面布接线图

本例绕组是双层叠式布线，端面布接线如图5-9（b）所示。

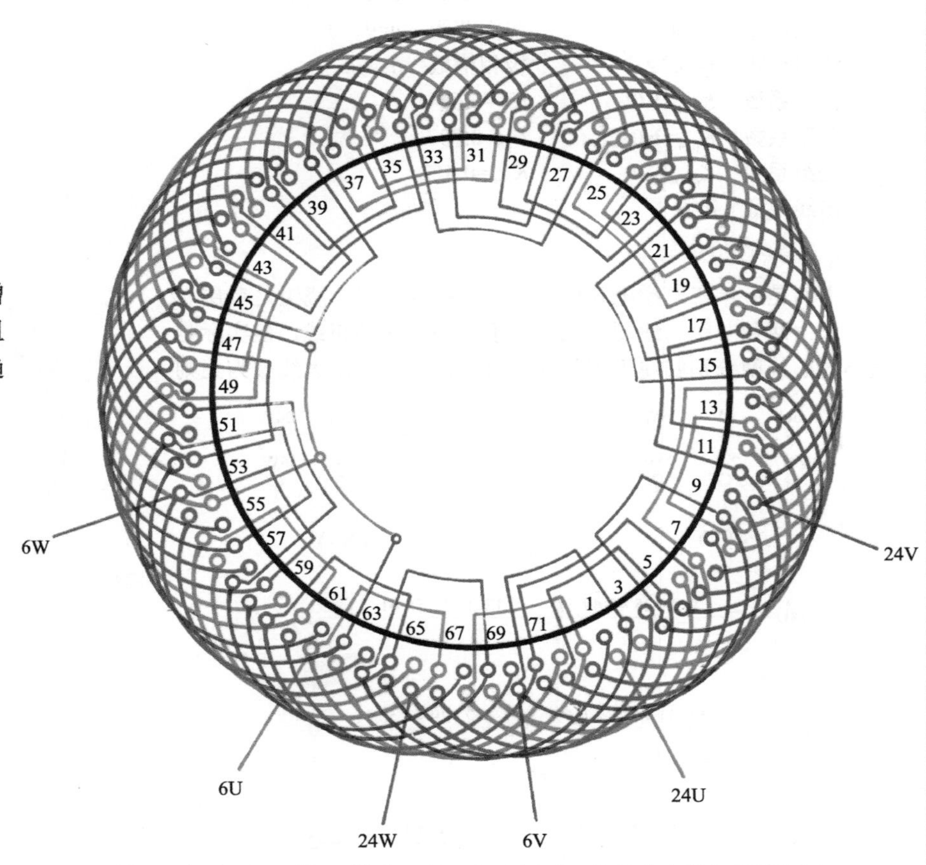

图5-9（b） 24/6极72槽（y=10、S=2）Y/2Y接法（电梯）双速绕组

五、24/6极72槽（y=9、3）Y/2Y接法（单层双节距布线电梯）双速绕组

1.绕组结构参数

定子槽数	Z=72	双速极数	$2p$=24/6
总线圈数	Q=72	变极接法	Y/2Y
线圈组数	u=36	每组圈数	S=1
每槽电角	α=60°/15°	线圈节距	y=9、3
绕组极距	τ=3/12	极相槽数	q=1/4
分布系数	K_{d24}=1.0	K_{d6}=0.654	
节距系数	K_{p24}=1.0	K_{p6}=0.707	
绕组系数	K_{dp24}=1.0	K_{dp6}=0.462	
出线根数	c=6		

2.绕组布接线特点

本例是近年在电梯电动机中出现的绕组型式。绕组是单层布线，它由两种节距的线圈构成类似于同心线圈的布线，但实际是大小同心线圈分别归属于不同的变极组，接线时是大线圈为正则与邻组小线圈反接，详见图5-10（b）所示。本双速取自实修电梯，它具有嵌线方便，端部交叠少等优点。

3.双速变极接法与简化接线图

本例采用Y/2Y接法，双速绕组简化接线如图5-10（a）所示。

4. 24/6极双速Y/2Y绕组端面布接线图

本例绕组是单层双节距布线，端面布接线如图5-10（b）所示。

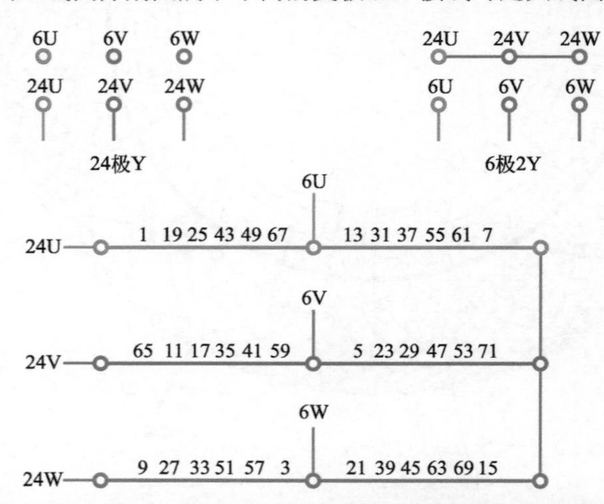

图5-10（a） 24/6极72槽Y/2Y（单层双节距布线电梯）双速简化接线图

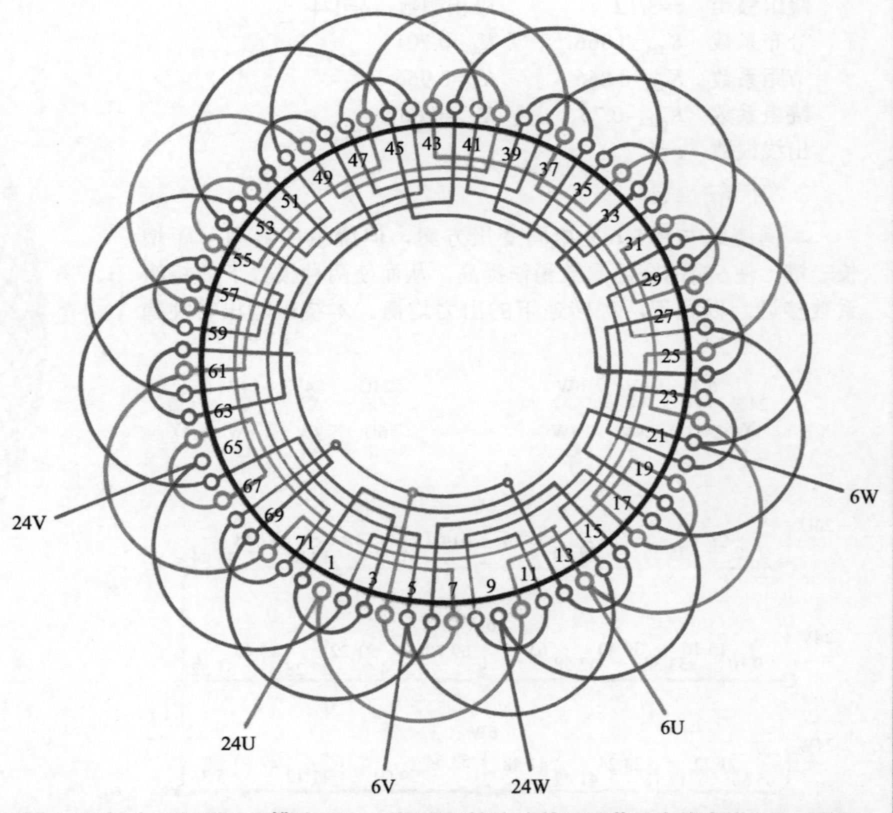

图5-10（b） 24/6极72槽（y=9、3）Y/2Y接法（单层双节距布线电梯）双速绕组

六、24/6极72槽（y=9、3）△/2Y接法（单层双节距布线电梯）双速绕组

1. 绕组结构参数

定子槽数	$Z=72$	双速极数	$2p=24/6$
总线圈数	$Q=72$	变极接法	△/2Y
线圈组数	$u=36$	每组圈数	$S=1$
每槽电角	$\alpha=60°/15°$	线圈节距	y=9、3
绕组极距	$\tau=3/12$	极相槽数	$q=1/4$
分布系数	$K_{d24}=1.0$		$K_{d6}=0.654$
节距系数	$K_{p24}=1.0$		$K_{p6}=0.707$
绕组系数	$K_{dp24}=1.0$		$K_{dp6}=0.462$
出线根数	$c=6$		

2. 绕组布接线特点

本绕组双速方案与上例相同，绕组由两种节距线圈构成类似同心线圈形式，其实两只大小线圈各自归属于不同的变极组。此绕组为单层布线，总线圈数较双层减少一半，嵌线时先将大线圈交叠嵌入相应槽内，吊边数为2；嵌满后再将小线圈嵌于面层，故嵌线较为方便。双速特性为变矩输出，转矩比T_{24}/T_6=1.05，功率比P_{24}/P_6=0.522。

3. 双速变极接法与简化接线图

本例采用△/2Y变极接法，变极绕组简化接线如图5-11（a）所示。

4. 24/6极双速△/2Y绕组端面布接线图

本例是采用单层双节距布线，端面布接线如图5-11（b）所示。

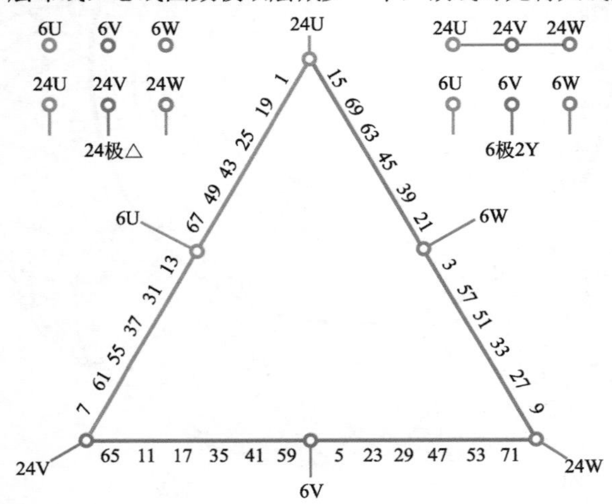

图5-11（a） 24/6极72槽△/2Y（单层双节距布线电梯）双速简化接线图

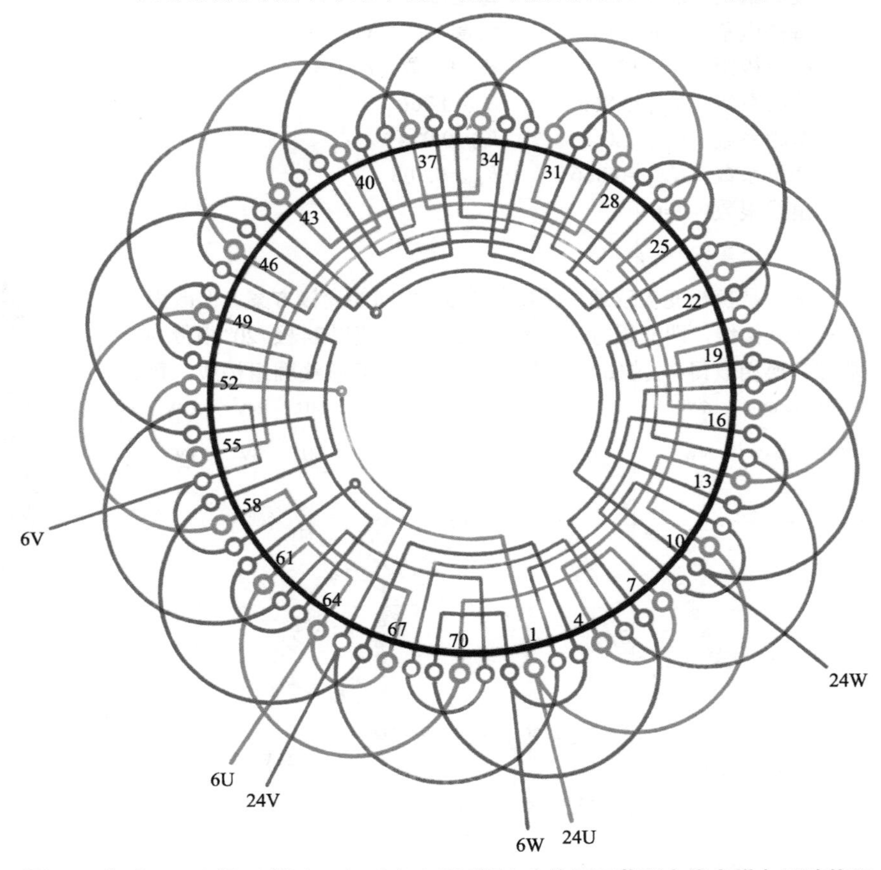

图5-11（b） 24/6极72槽（y=9、3）△/2Y接法（单层双节距布线电梯）双速绕组

七、* 24/6极72槽（y=9）2△/2△接法（换相变极电梯）双速绕组

1. 绕组结构参数

定子槽数	Z=72	双速极数	$2p$=24/6
总线圈数	Q=72	变极接法	2△/2△
线圈组数	u=36	每组圈数	S=2
每槽电角	α=60°/15°	线圈节距	y=9
绕组极距	τ=3/12	极相槽数	q=1/6
分布系数	K_{d24}=0.866		K_{d6}=0.766
节距系数	K_{p24}=1.0		K_{p6}=0.924
绕组系数	K_{dp24}=0.866		K_{dp6}=0.708
出线根数	c=6		

2. 绕组布接线特点

本例是换相变极双速，采用与图5-8相同的变极方案，但改为二路并联接线，即变极时接法为2△/2△。双速以24极120°相带为基准，换相取得6极的60°相带绕组。绕组由双联线圈组构成，每相有12组线圈，分别安排在两个变极段，而每变极段则分成2个支路，从而构成2△/2△换相变极接法，即24极和6极都是二路△形接法。

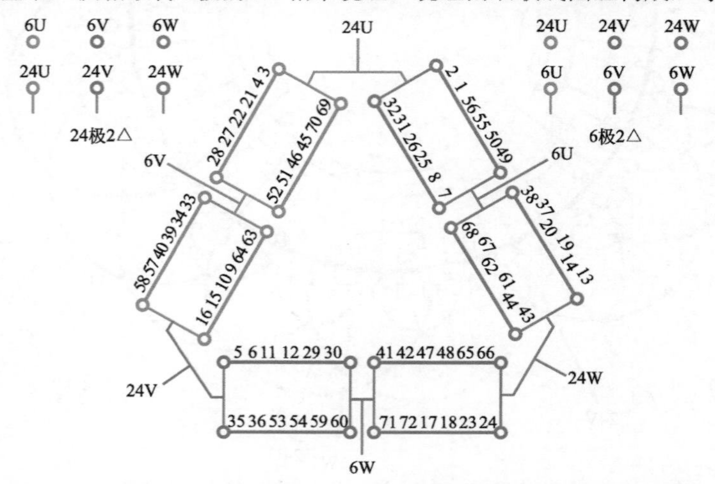

图5-12（a） 24/6极72槽2△/2△（换相变极电梯）双速简化接线图

3. 双速变极接法与简化接线图

本例采用2△/2△变极接法，双速绕组简化接线如图5-12（a）所示。

4. 24/6极双速2△/2△绕组端面布接线图

本绕组是双层叠式布线，端面布接线如图5-12（b）所示。

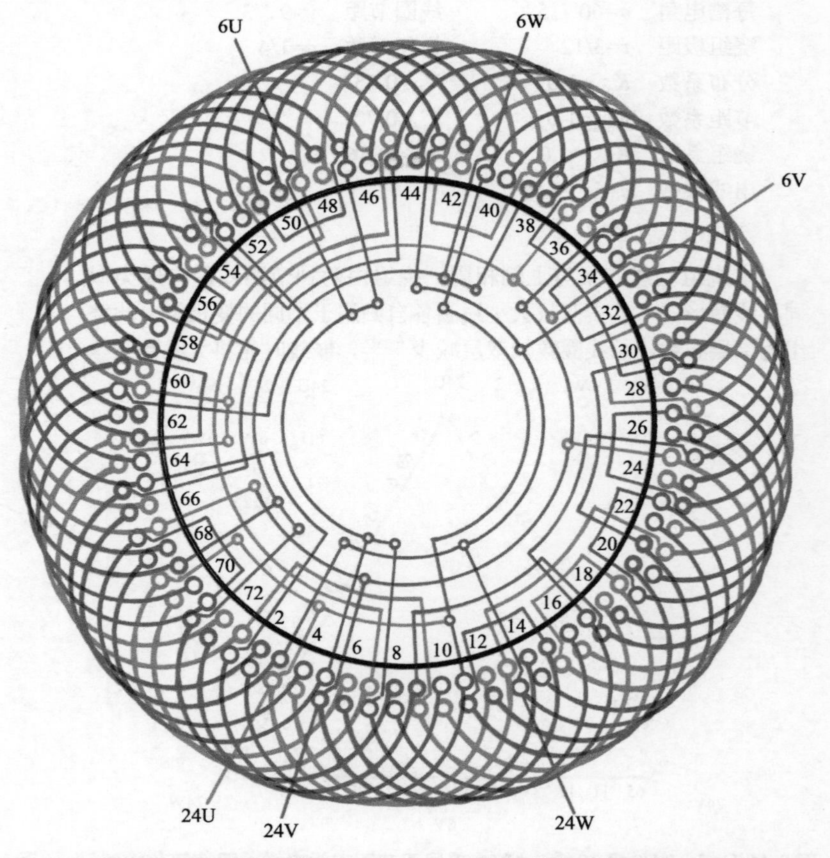

图5-12（b） 24/6极72槽（y=9）2△/2△接法（换相变极电梯）双速绕组

八、* 24/8极72槽（y=9）△/△-Ⅱ接法（换相变极电梯）双速绕组

1.绕组结构参数

定子槽数	Z=72	双速极数	$2p$=24/8
总线圈数	Q=72	变极接法	△/△-Ⅱ
线圈组数	u=36	每组圈数	S=2
每槽电角	α=60°/20°	线圈节距	y=9
绕组极距	τ=3/12	极相槽数	q=1/4
分布系数	K_{d24}=0.866		K_{d8}=0.831
节距系数	K_{p24}=1.0		K_{p8}=1.0
绕组系数	K_{dp24}=0.866		K_{dp8}=0.831
出线根数	c=9		

2.绕组布接线特点

本例采用新型变相变极的24/8极双速，三相绕组结构相同，每相由12个双联组分布于三个变极段上。本例采用笔者原创的△/△-Ⅱ型换相变极接法，两种极数绕组均为庶极。本例选节距y=9，则两种极数的节距系数都最高，即K_{d24}=K_{d8}=1，故使绕组系数不但较高，而且也较接近，利于两种转速下的出力均匀。

3.双速变极接法与简化接线图

本例采用笔者原创的△/△-Ⅱ型变极接法，变极绕组简化接线如图5-13（a）所示。

4. 24/8极双速△/△-Ⅱ绕组端面布接线图

本例是双层叠式布线，端面布接线如图5-13（b）所示。

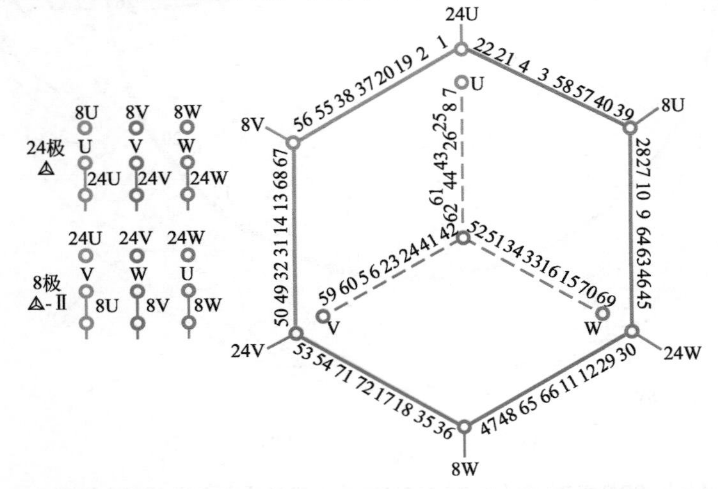

图5-13（a） 24/8极72槽△/△-Ⅱ（换相变极电梯）双速简化接线图

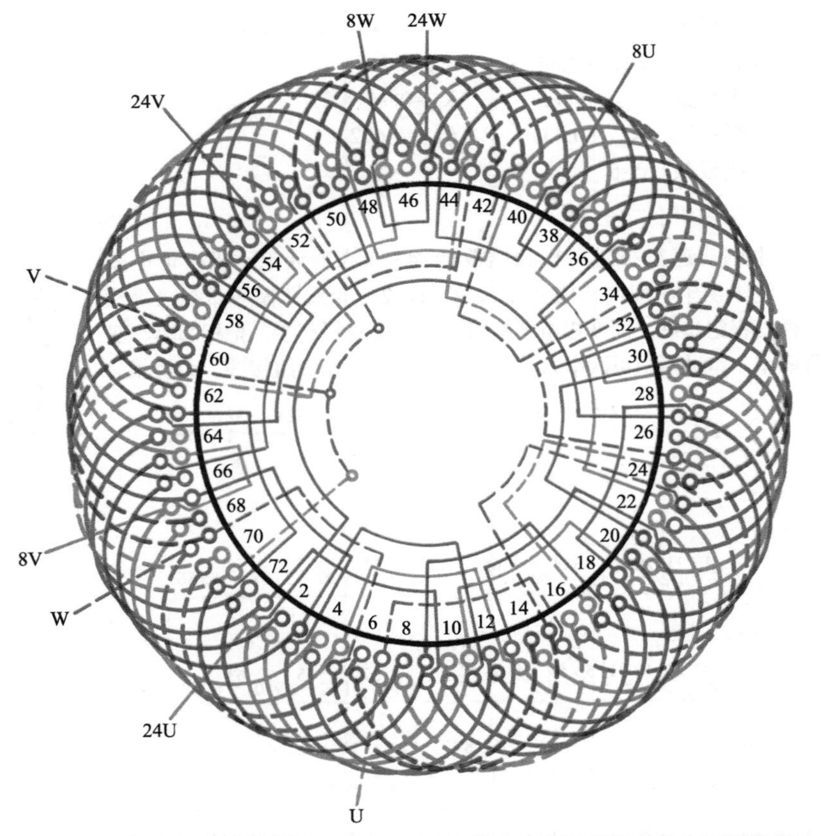

图5-13（b） 24/8极72槽（y=9）△/△-Ⅱ接法（换相变极电梯）双速绕组

九、32/8极72槽（y=7）Y/2Y接法（正规分布电梯）双速绕组

1.绕组结构参数

定子槽数	Z=72	双速极数	$2p$=32/8
总线圈数	Q=72	变极接法	Y/2Y
线圈组数	u=48	每组圈数	S=1、2
每槽电角	α=80°/20°	线圈节距	y=7
绕组极距	τ=2.25/9	极相槽数	q=0.75/3
分布系数	K_{d32}=0.844	K_{d8}=0.715	
节距系数	K_{p32}=0.985	K_{p8}=0.94	
绕组系数	K_{dp32}=0.831	K_{dp8}=0.672	
出线根数	c=6		

2.绕组布接线特点

本例双速32极时每极相槽数q=3/4＜1,在普通电动机中也不多见。绕组由单、双圈构成并按1、2、1、2分布规律循环布线。每相由两变极组串联，而变极组结构相同，即从32极起接，把相邻单、双圈顺串，跨过两组再次串入单、双圈则完成一变极组接线。余类推。

32极 Y：8U 8V 8W / 32U 32V 32W

8极 2Y：32U 32V 32W / 8U 8V 8W

32U — 6 10 11 24 28 29 42 46 47 60 64 65 — 8U — 69 1 2 15 19 20 33 37 38 51 55 56

32V — 18 22 23 36 40 41 54 58 59 72 4 5 — 8V — 9 13 14 27 31 32 45 49 50 63 67 68

32W — 12 16 17 30 34 35 48 52 53 66 70 71 — 8W — 3 7 8 21 25 26 39 43 44 57 61 62

图5-14（a） 32/8极72槽Y/2Y（正规分布电梯）双速简化接线图

3.双速变极接法与简化接线图

本例采用Y/2Y变极接法，绕组简化接线如图5-14（a）所示。

4. 32/8极双速Y/2Y绕组端面布接线图

本例绕组采用双层叠式布线，双速绕组端面布接线如图5-14（b）所示。

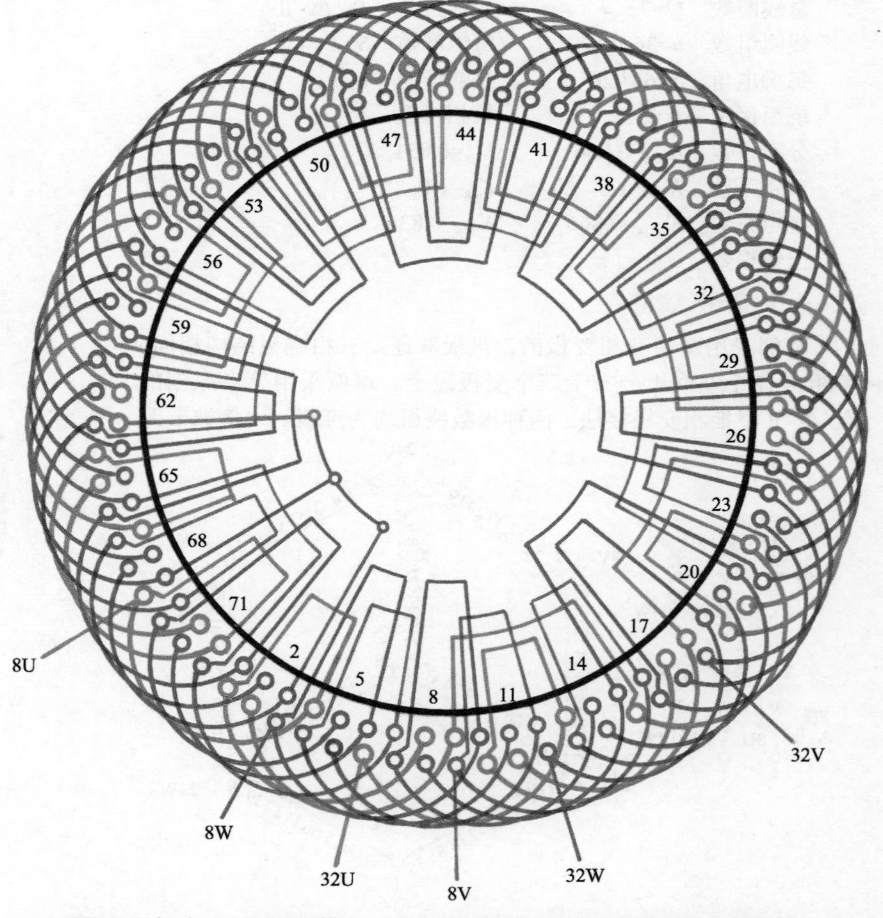

图5-14（b） 32/8极72槽（y=7）Y/2Y接法（正规分布电梯）双速绕组

十、32/8极72槽（y=7）Y/2Y接法（电梯）双速绕组

1.绕组结构参数

定子槽数	Z=72	双速极数	$2p$=32/8
总线圈数	Q=72	变极接法	Y/2Y
线圈组数	u=72	每组圈数	S=1
每槽电角	α=80°/20°	线圈节距	y=7
绕组极距	τ=2.25/9	极相槽数	q=0.75/3
分布系数	K_{d32}=0.96	K_{d8}=0.844	
节距系数	K_{p32}=0.985	K_{p8}=0.94	
绕组系数	K_{dp32}=0.946	K_{dp8}=0.793	
出线根数	c=6		

2.绕组布接线特点

本例也属非正规分布变极绕组，每组只有1只线圈，则每变极组由4个连接单元组成，而每一单元由一正二反的3只线圈串联而成。由于线圈组数多，故使绕组接线非常繁琐，但三相接线规律相同。本例属恒矩输出特性，转矩比T_{32}/T_8=0.963，功率比P_{32}/P_8=0.481。

3.双速变极接法与简化接线图

本例采用Y/2Y变极接法，绕组简化接线如图5-15（a）所示。

4.32/8极双速Y/2Y绕组端面布接线图

本例是双层叠式布线，绕组端面布接线如图5-15（b）所示。

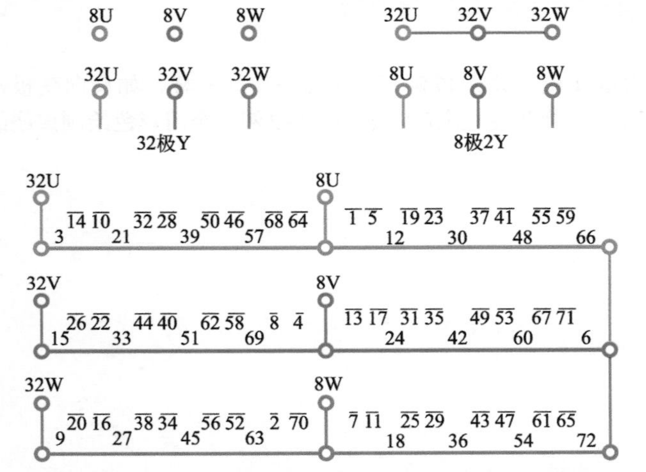

图5-15（a） 32/8极72槽Y/2Y（电梯）双速简化接线图

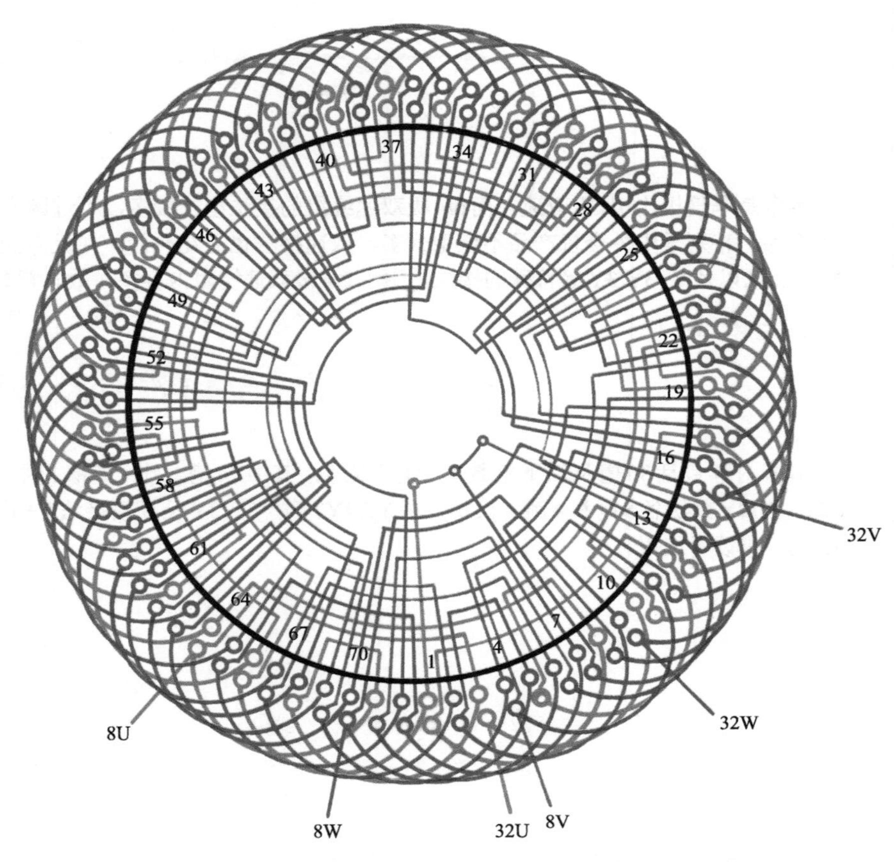

图5-15（b） 32/8极72槽（y=7）Y/2Y接法（电梯）双速绕组

第六章 双速电动机 6/4 极绕组端面布接线图

本章是非倍极比6/4极双速，而6/4极双速绕组的接法型式较多，不过国产正规系列产品规格不多，而且全部采用△/2Y接法；但非正规系列等专用产品，特别是中外合资产品不但型式多，双速接法也五花八门。如反向变极除△/2Y之外，还用Y/2Y接法，换相变极则有3Y/3Y、3Y/4Y、▲/3Y、△/△以及Y+3Y/3Y等特殊的接法。由于6/4极双速绕组内容多，故本章分两节进行介绍。

第一节　6/4 极 36 及以下槽数非倍极比双速绕组

本节内容包括36槽及以下槽数的6/4极双速，其中24槽2例、27槽1例，其余均是36槽，共计17例。变极接法比较多样，如反向变极常规△/2Y、Y/2Y接法各5例和4例；换相变极3Y/4Y2例，3Y/3Y及补救接法Y+3Y/3Y各1例；换相变极▲/3Y及△/△各2例。今用彩色绘制成绕组布接线图，供读者选用。

一、6/4极24槽（y=4）△/2Y接法双速绕组

1.绕组结构参数

定子槽数	Z=24	双速极数	$2p$=6/4
总线圈数	Q=24	变极接法	△/2Y
线圈组数	u=14	每组圈数	S=1、2、3
每槽电角	α=45°/30°	线圈节距	y=4
绕组极距	τ=4/6	极相槽数	q=1.33/2
分布系数	K_{d6}=0.88		K_{d4}=0.84
节距系数	K_{p6}=1.0		K_{p4}=0.866
绕组系数	K_{dp6}=0.88		K_{dp4}=0.73
出线根数	c=6		

2.绕组布接线特点

本例是非倍极比变极，采用不规则分布的反向变极方案，两种转速的转向相反。每组元件数不等，有单圈、双圈和3圈组，故嵌线时要注意。此绕组高低速的绕组系数较接近，功率比P_6/P_4=1.04，转矩比T_6/T_4=1.56，接近于恒功输出特性。适用于两种转速下要求输出功率接近的场合。

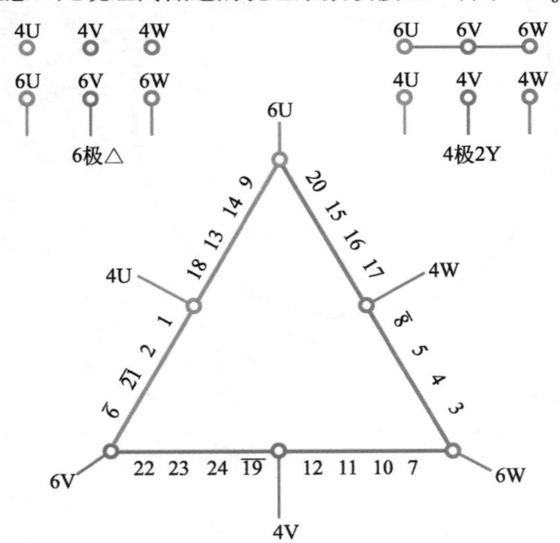

图6-1（a） 6/4极24槽△/2Y双速简化接线图

3.双速变极接法与简化接线图

本例双速绕组采用△/2Y变极接法，6极为一路△形，4极变换为二路Y形。变极绕组简化接线如图6-1（a）所示。

4. 6/4极双速△/2Y绕组端面布接线图

本例采用双层叠式布线，端面布接线如图6-1（b）所示。

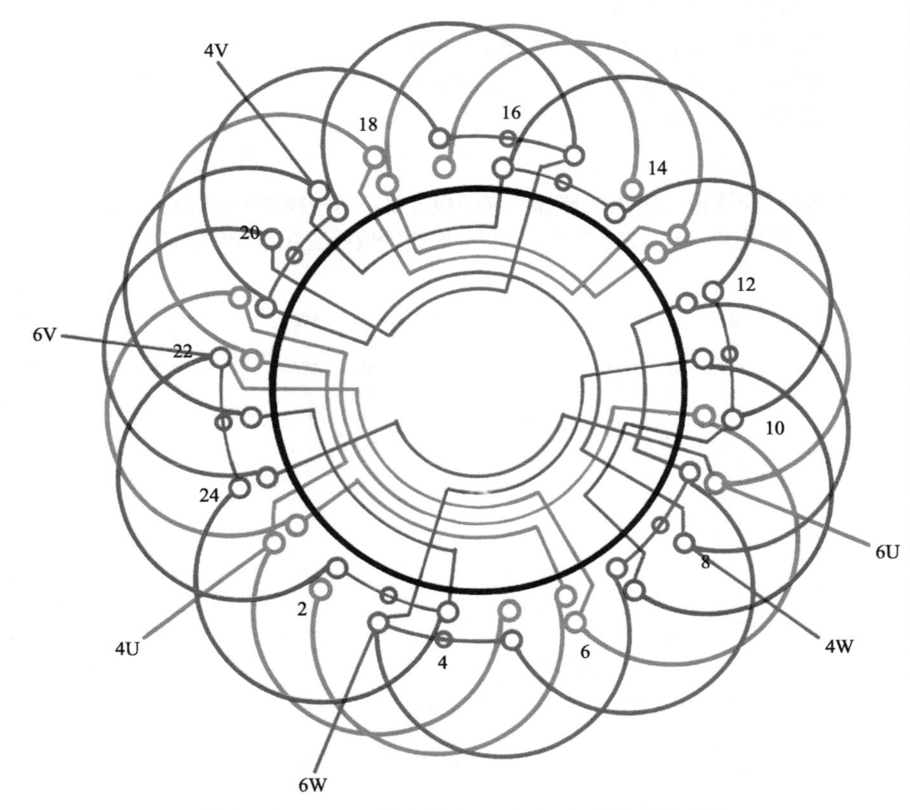

图6-1（b） 6/4极24槽（y=4）△/2Y接法双速绕组

二、6/4极24槽（y=4）Y/2Y接法双速绕组

1.绕组结构参数

定子槽数	Z=24	双速极数	$2p$=6/4
总线圈数	Q=24	变极接法	Y/2Y
线圈组数	u=14	每组圈数	S=1、2、3
每槽电角	α=45°/30°	线圈节距	y=4
绕组极距	τ=4/6	极相槽数	q=1.33/2
分布系数	K_{d6}=0.88		K_{d4}=0.84
节距系数	K_{p6}= 1.0		K_{p4}=0.866
绕组系数	K_{dp6}=0.88		K_{dp4}=0.73
出线根数	c=6		

2.绕组布接线特点

本例是不规则分布非倍极比反向变极方案，两种极数下的转向相反，每组由单、双、3圈组成，故嵌线时必须依图嵌入。本例绕组方案与上例同，但采用Y/2Y接法，故实际功率比P_6/P_4=0.724，转矩比T_6/T_4=1.21。适用于高速功率要求较高的场合。

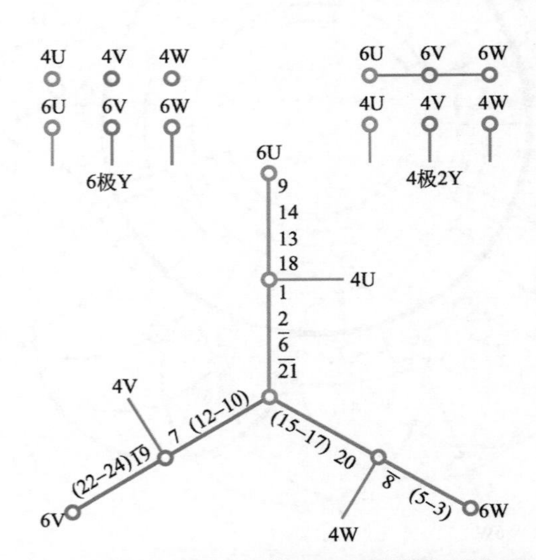

图6-2（a） 6/4极24槽Y/2Y双速简化接线图

3.双速变极接法与简化接线图

本采用Y/2Y变极接法，6极为△形，4极是2Y。变极绕组简化接线如图6-2（a）所示。

4. 6/4极双速Y/2Y绕组端面布接线图

本例采用双层叠式布线，端面布接线如图6-2（b）所示。

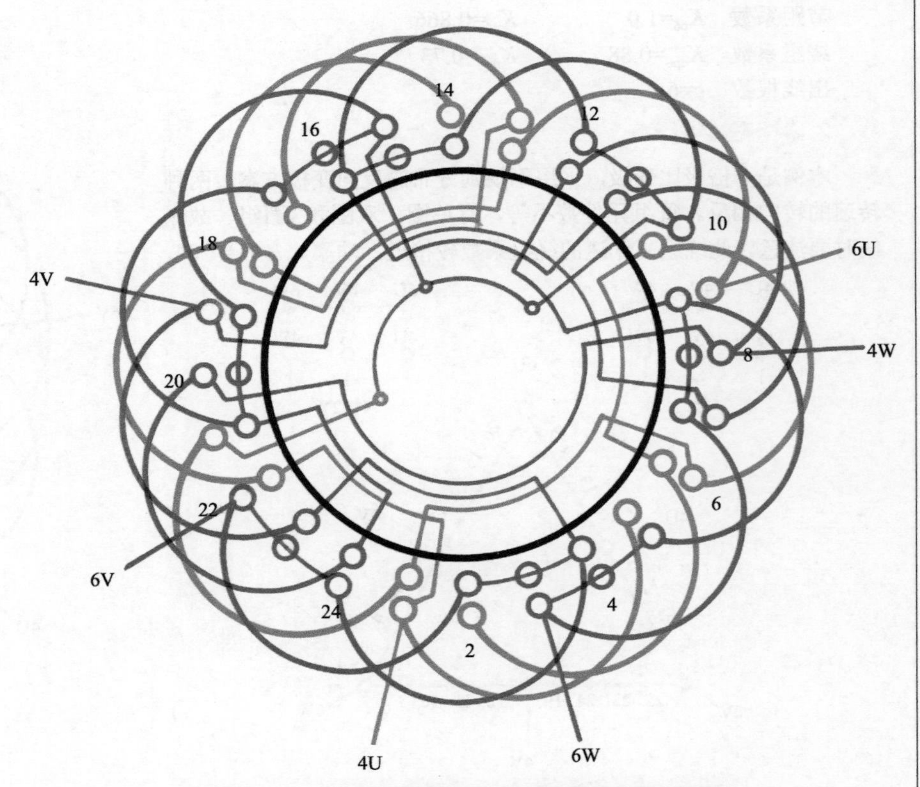

图6-2（b） 6/4极24槽（y=4）Y/2Y接法双速绕组

三、* 6/4极27槽（y=5）△/3Y接法（换相变极）双速绕组

1.绕组结构参数

定子槽数	Z=27	双速极数	$2p$=6/4
总线圈数	Q=27	变极接法	△/3Y
线圈组数	u=9	每组圈数	S=3
每槽电角	α=40°/26.7°	线圈节距	y=5
绕组极距	τ=4/6	极相槽数	q=1.5/2.25
分布系数	K_{d6}=0.691	K_{d4}=0.784	
节距系数	K_{p6}=0.923	K_{p4}=0.966	
绕组系数	K_{dp6}=0.638	K_{dp4}=0.757	
出线根数	c=6		

2.绕组布接线特点

本例是采用新颖的换相变极接法，双速绕组为等圈结构，即每组3圈，故具有结构简单，接线方便等优点；而且引出线仅6根，调速仅用2台接触器，而且无须断电变换转速。是一种较为理想的变极接法。

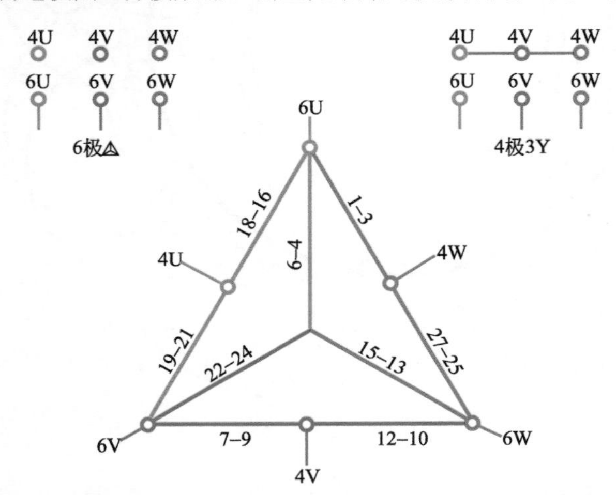

图6-3（a） 6/4极27槽△/3Y（换相变极）双速简化接线图

3.双速变极接法与简化接线图

本例绕组采用△/3Y变极接法，即6极是接成△形，4极变换为3Y。变极绕组简化接线如图6-3（a）所示。

4. 6/4极双速△/3Y绕组端面布接线图

本例采用双层叠式布线，绕组端面布接线如图6-3（b）所示。

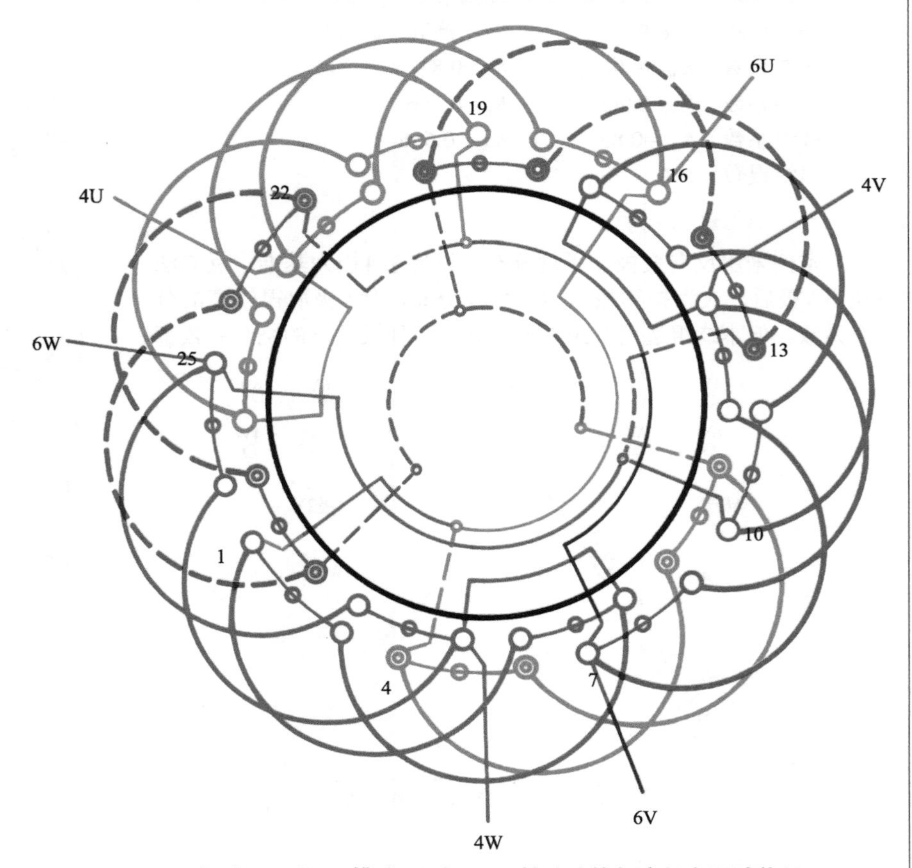

图6-3（b） 6/4极27槽（y=5）△/3Y接法（换相变极）双速绕组

四、6/4极36槽（y=5）△/2Y接法双速绕组

1.绕组结构参数

定子槽数	Z=36	双速极数	$2p$=6/4
总线圈数	Q=36	变极接法	△/2Y
线圈组数	u=14	每组圈数	S=4、2、1
每槽电角	α=30°/20°	线圈节距	y=5
绕组极距	τ=6/9	极相槽数	q=2/3
分布系数	K_{d6}=0.88		K_{d4}=0.83
节距系数	K_{p6}=0.966		K_{p4}=0.766
绕组系数	K_{dp6}=0.85		K_{dp4}=0.636
出线根数	c=6		

2.绕组布接线特点

本例采用反向变极非正规分布。以底极4极为基准，反向法获得6极后，人为排列按2、4、4、2分布，使6极取得较高的分布系数。但本绕组选用节距过短，导致两种极数下的绕组系数都不高而影响出力。此绕组实例如JDO3-140S-6/4部分厂家产品。

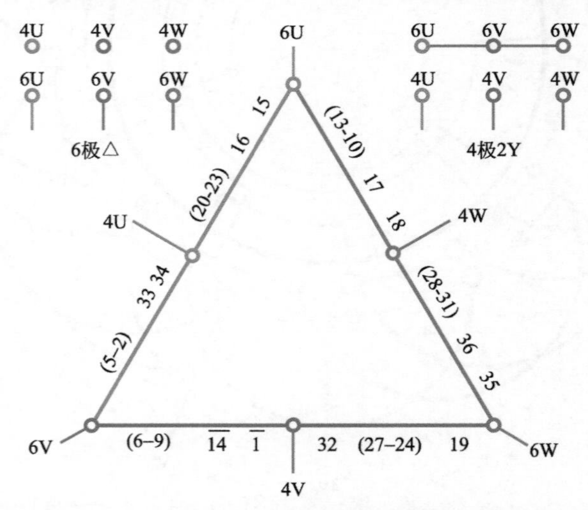

图6-4（a） 6/4极36槽△/2Y双速简化接线图

3.双速变极接法与简化接线图

本例双速绕组采用△/2Y变极接法，即6极为一路△形，4极是二路Y形。变极绕组简化接线如图6-4（a）所示。

4. 6/4极双速△/2Y绕组端面布接线图

本例采用双层叠式布线，绕组端面布接线如图6-4（b）所示。

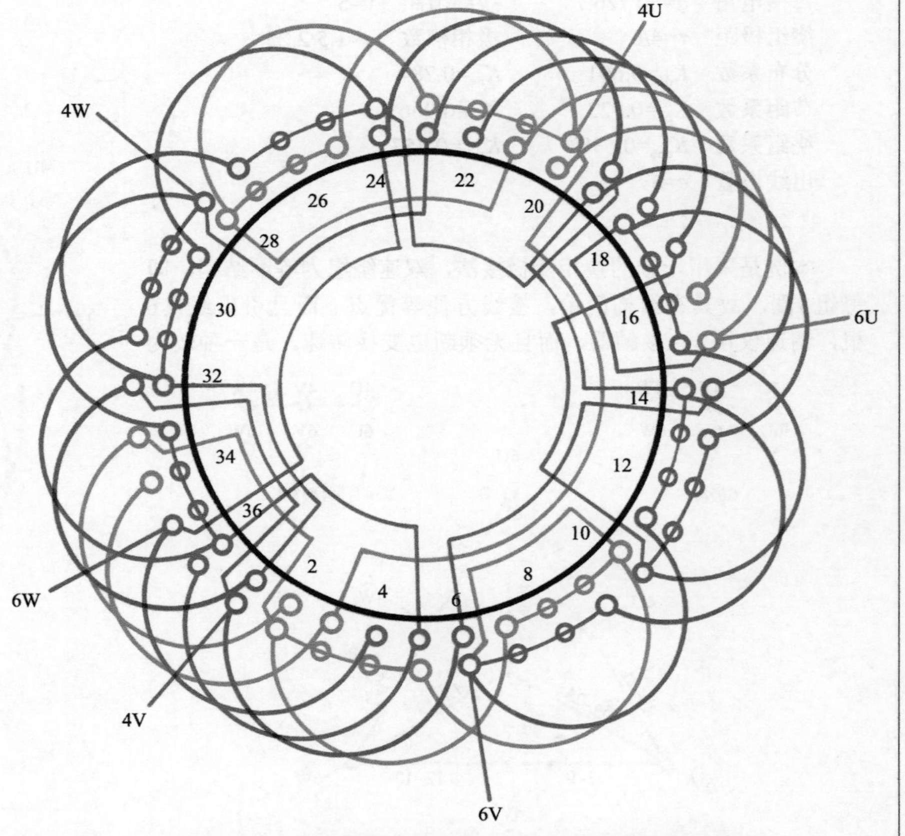

图6-4（b） 6/4极36槽（y=5）△/2Y接法双速绕组

五、* 6/4极36槽（y=5）△/△接法（换相变极）双速绕组

1. 绕组结构参数

定子槽数	Z=36	双速极数	$2p$=6/4
总线圈数	Q=36	变极接法	△/△
线圈组数	u=14	每组圈数	S=1、2、4
每槽电角	α=30°/20°	线圈节距	y=5
绕组极距	τ=6/9	极相槽数	q=2/3
分布系数	K_{d6}=0.88		K_{d4}=0.72
节距系数	K_{p6}=0.966		K_{p4}=0.766
绕组系数	K_{dp6}=0.85		K_{dp4}=0.55
出线根数	c=6		

2. 绕组布接线特点

本例是采用△/△换相变极接法的双速。绕组由单圈、双圈和四圈组构成，绕组结构比较简练，引出线也少，只有6根，故调速控制也比较简单，但不能实施不断电变换。这是2017年读者在修理中发现的新颖的变极接法。

3. 双速变极接法与简化接线图

本例双速绕组采用△/△接法，即6极和4极都是一路△形。变极绕组简化接线如图6-5（a）所示。

4. 6/4极双速△/△绕组端面布接线图

本例绕组采用双层叠式布线，端面布接线如图6-5（b）所示。

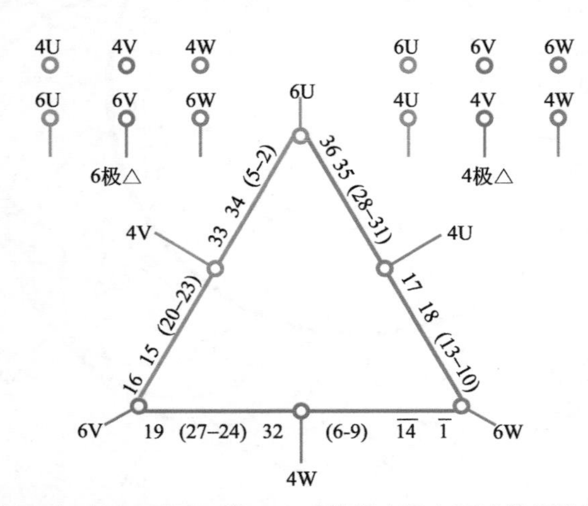

图6-5（a） 6/4极36槽△/△（换相变极）双速简化接线图

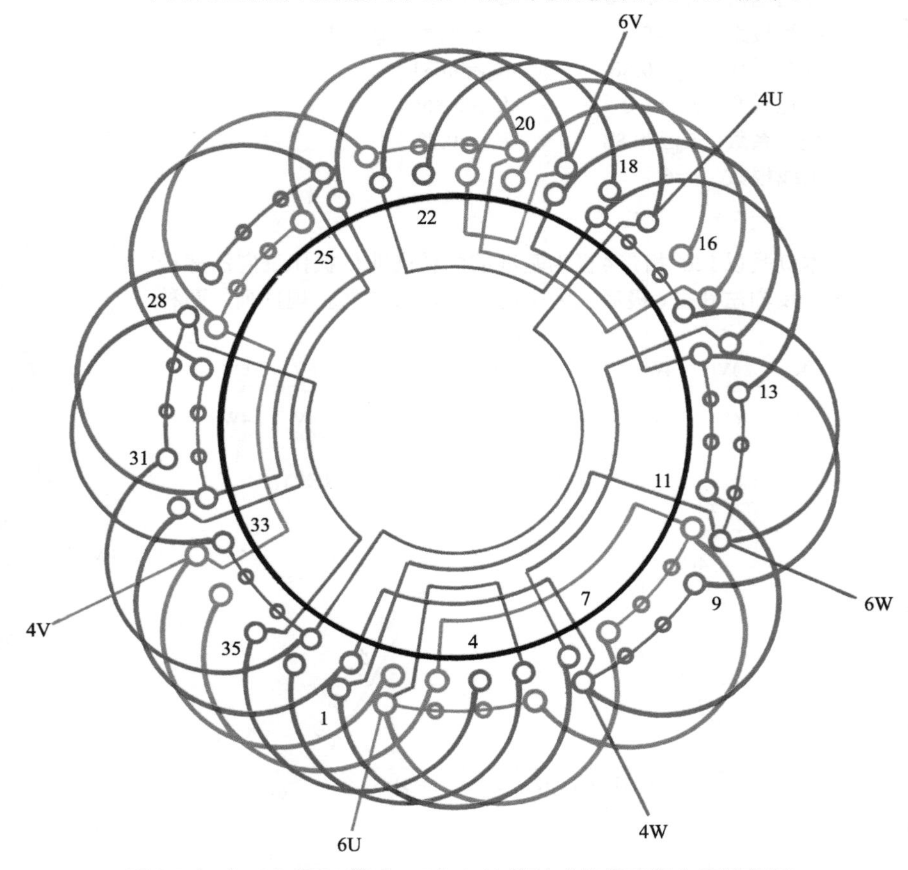

图6-5（b） 6/4极36槽（y=5）△/△接法（换相变极）双速绕组

六、6/4极36槽（y=6）△/2Y接法双速绕组

1.绕组结构参数

定子槽数	Z=36	双速极数	$2p$=6/4
总线圈数	Q=36	变极接法	△/2Y
线圈组数	u=18	每组圈数	S=1、2、3
每槽电角	α=30°/20°	线圈节距	y=6
绕组极距	τ=6/9	极相槽数	q=2/3
分布系数	K_{d6}=0.88		K_{d4}=0.831
节距系数	K_{p6}=1.0		K_{p4}=0.866
绕组系数	K_{dp6}=0.88		K_{dp4}=0.72
出线根数	c=6		

2.绕组布接线特点

本例是以120°相带4极为基准的同转向非倍极比反向法变极方案。反向法获得6极后人为采用2、4、4、2非正规排列，两种极数之下有较接近的绕组系数，故适用于两种转速之下都有相对的较大功率输出。主要实例有YD160L-6/4等。

3.双速变极接法与简化接线图

本例采用△/2Y接法，6极时是一路△形，4极换接成二路Y形。变极绕组简化接线如图6-6（a）所示。

4. 6/4极双速△/2Y绕组端面布接线图

本例是双层叠式布线，端面布接线如图6-6（b）所示。

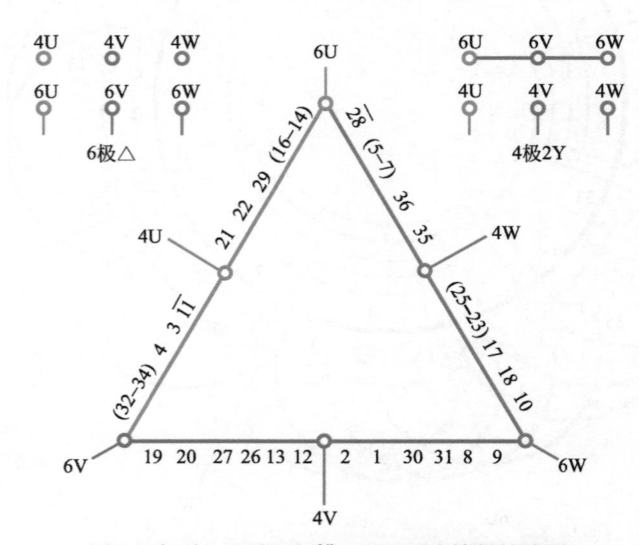

图6-6（a） 6/4极36槽△/2Y双速简化接线图

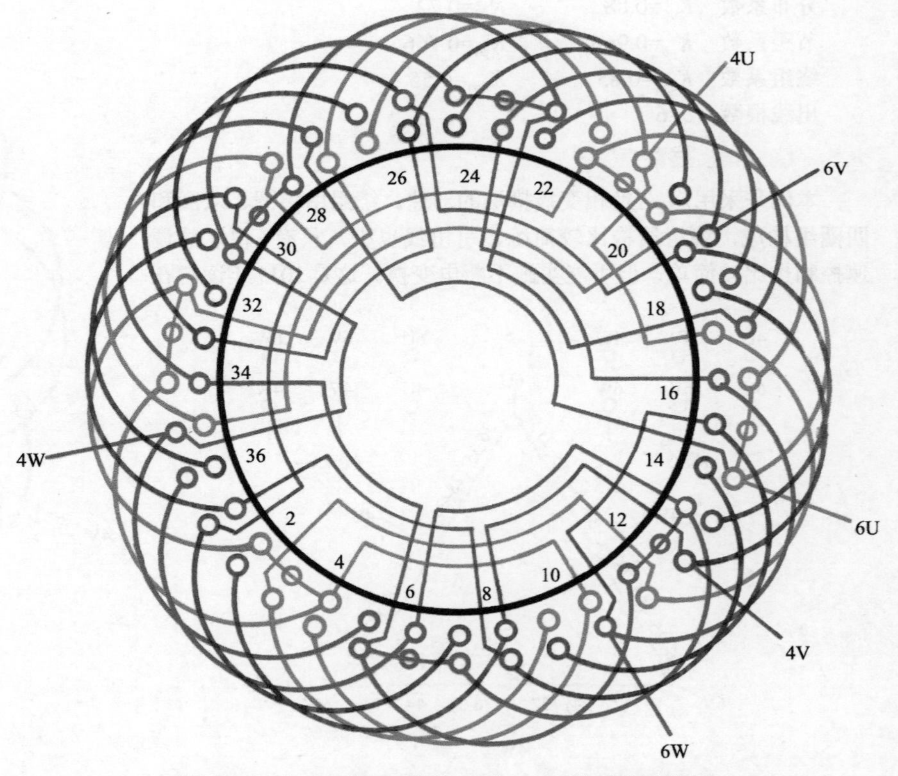

图6-6（b） 6/4极36槽（y=6）△/2Y接法双速绕组

七、* 6/4极36槽（y=6）△/△接法（换相变极）双速绕组

1.绕组结构参数

定子槽数	Z=36	双速极数	$2p$=6/4
总线圈数	Q=36	变极接法	△/△
线圈组数	u=16	每组圈数	S=1、2、3
每槽电角	α=30°/20°	线圈节距	y=6
绕组极距	τ=6/9	极相槽数	q=2/3
分布系数	K_{d6}=0.644	K_{d4}=0.831	
节距系数	K_{p6}=1.0	K_{p4}=0.866	
绕组系数	K_{dp6}=0.644	K_{dp4}=0.72	
出线根数	c=6		

2.绕组布接线特点

本例采用新颖的换相变极△/△接法。绕组由单圈、双圈及三圈组构成；虽然绕组结构并不复杂，但由于每组线圈不等，故嵌线时特别注意按图嵌入。此型式接法是近年修理中发现，国产系列未见使用。

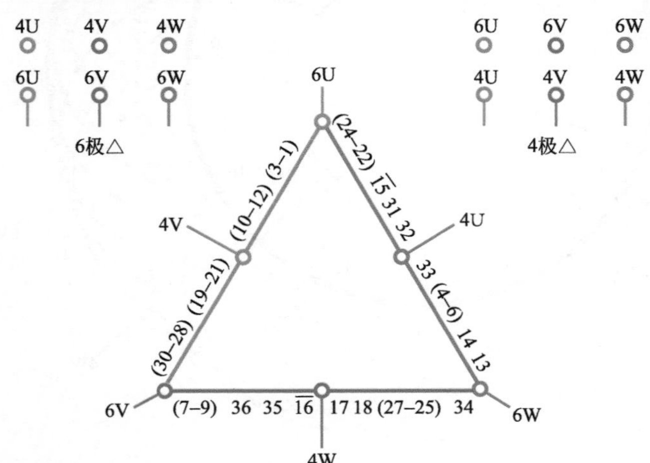

图6-7（a） 6/4极36槽△/△（换相变极）双速简化接线图

3.双速变极接法与简化接线图

本例双速绕组采用△/△变极接法，即两种极数均为一路△形。变极绕组简化接线如图6-7（a）所示。

4. 6/4极双速△/△绕组端面布接线图

本例是双层叠式布线，端面布接线如图6-7（b）所示。

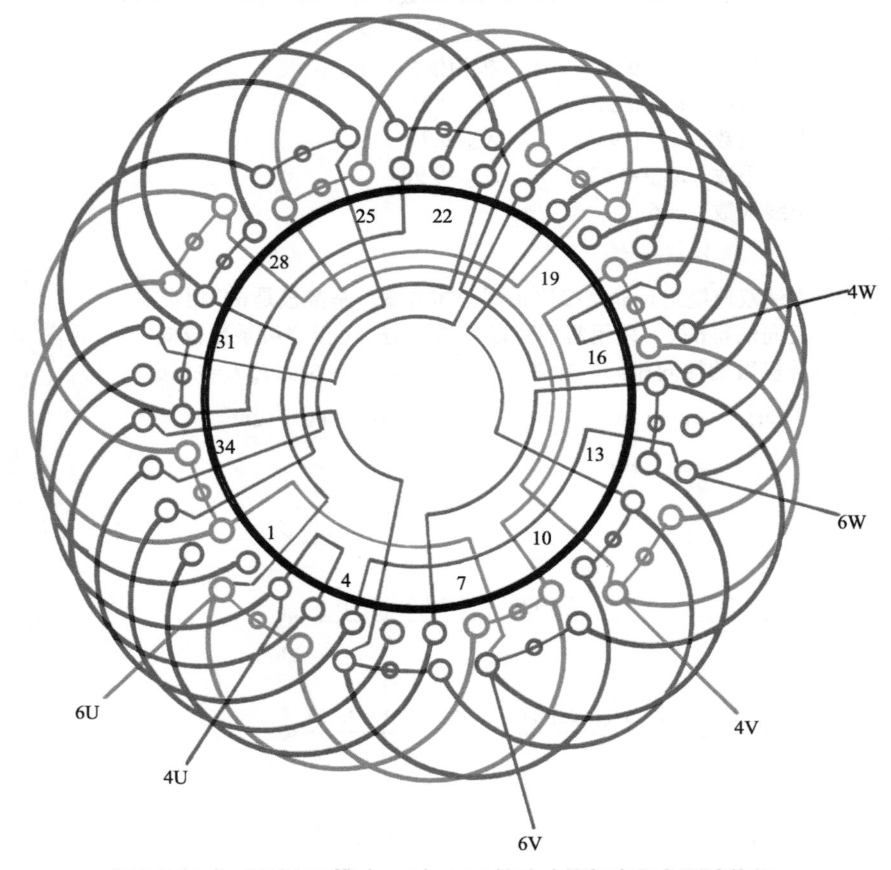

图6-7（b） 6/4极36槽（y=6）△/△接法（换相变极）双速绕组

八、6/4极36槽（y=7）Y/2Y接法（同转向正规分布）双速绕组

1.绕组结构参数

定子槽数	Z=36	双速极数	$2p$=6/4
总线圈数	Q=36	变极接法	Y/2Y
线圈组数	u=16	每组圈数	S=3、2、1
每槽电角	α=30°/20°	线圈节距	y=7
绕组极距	τ=6/9	极相槽数	q=2/3
分布系数	K_{d6}=0.644		K_{d4}=0.96
节距系数	K_{p6}=0.966		K_{p4}=0.94
绕组系数	K_{dp6}=0.621		K_{dp4}=0.903
出线根数	c=6		

2.绕组布接线特点

本例双速绕组是非倍极比正规分布方案。基准极是60°相带4极，反向法得6极，采用常规变极Y/2Y接法，6极绕组系数较低，但两种极数的转向相同。功率比P_6/P_4=0.344，转矩比T_6/T_4=0.516，适用于低速负载较轻的场合。

3.双速变极接法与简化接线图

本例双速绕组采用Y/2Y反向变极接法，6极为Y形，4极是2Y形。变极绕组简化接线如图6-8（a）所示。

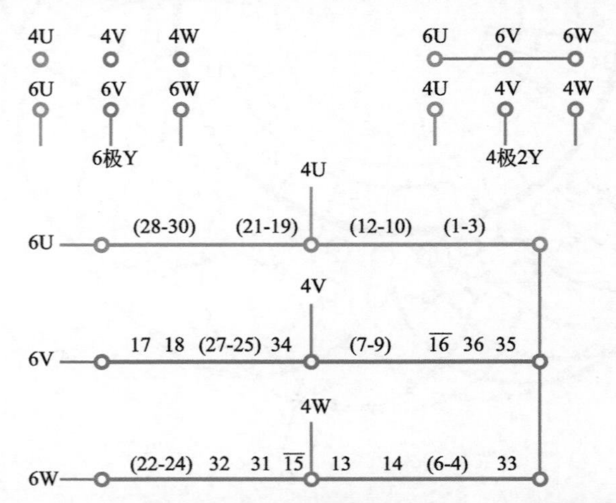

图6-8（a） 6/4极36槽Y/2Y（同转向正规分布）双速简化接线图

4. 6/4极双速Y/2Y绕组端面布接线图

本例是双层叠式布线，双速绕组端面布接线如图6-8（b）所示。

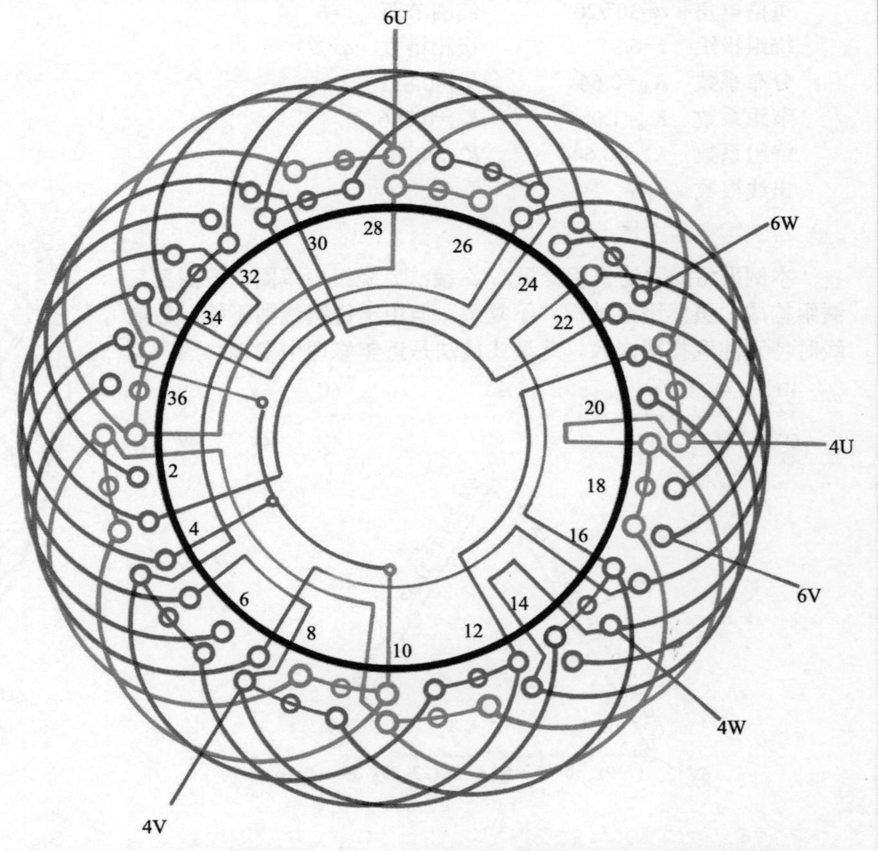

图6-8（b） 6/4极36槽（y=7）Y/2Y接法（同转向正规分布）双速绕组

九、6/4极36槽（y=7）Y/2Y接法（反转向正规分布）双速绕组

1.绕组结构参数

定子槽数	Z=36	双速极数	$2p$=6/4
总线圈数	Q=36	变极接法	Y/2Y
线圈组数	u=16	每组圈数	S=3、2、1
每槽电角	α=30°/20°	线圈节距	y=7
绕组极距	τ=6/9	极相槽数	q=2/3
分布系数	K_{d6}=0.644	K_{d4}=0.96	
节距系数	K_{p6}=0.966	K_{p4}=0.94	
绕组系数	K_{dp6}=0.622	K_{dp4}=0.902	
出线根数	c=6		

2.绕组布接线特点

本例是反向法正规排列反转向方案。4极是60°相带，反向法得6极。6极绕组系数较低，故适用于高速要求出力较高的场合。

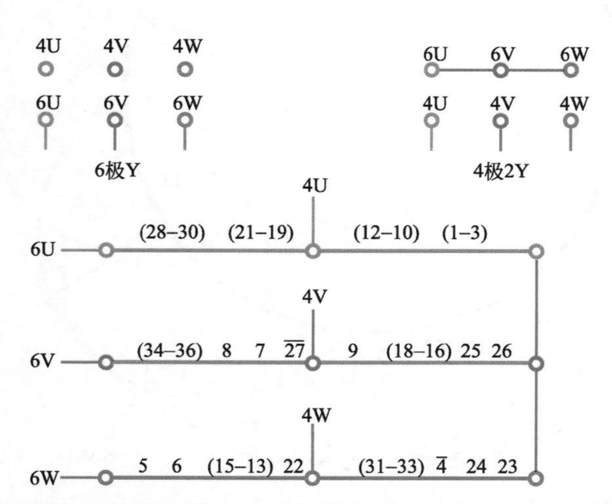

图6-9（a） 6/4极36槽Y/2Y（反转向正规分布）双速简化接线图

3.双速变极接法与简化接线图

本例双速绕组采用Y/2Y反向变极接法，6极是一路Y形，4极变换成二路Y形。变极绕组简化接线如图6-9（a）所示。

4. 6/4极双速Y/2Y绕组端面布接线图

本绕组采用双层叠式布线，双速绕组端面布接线如图6-9（b）所示。

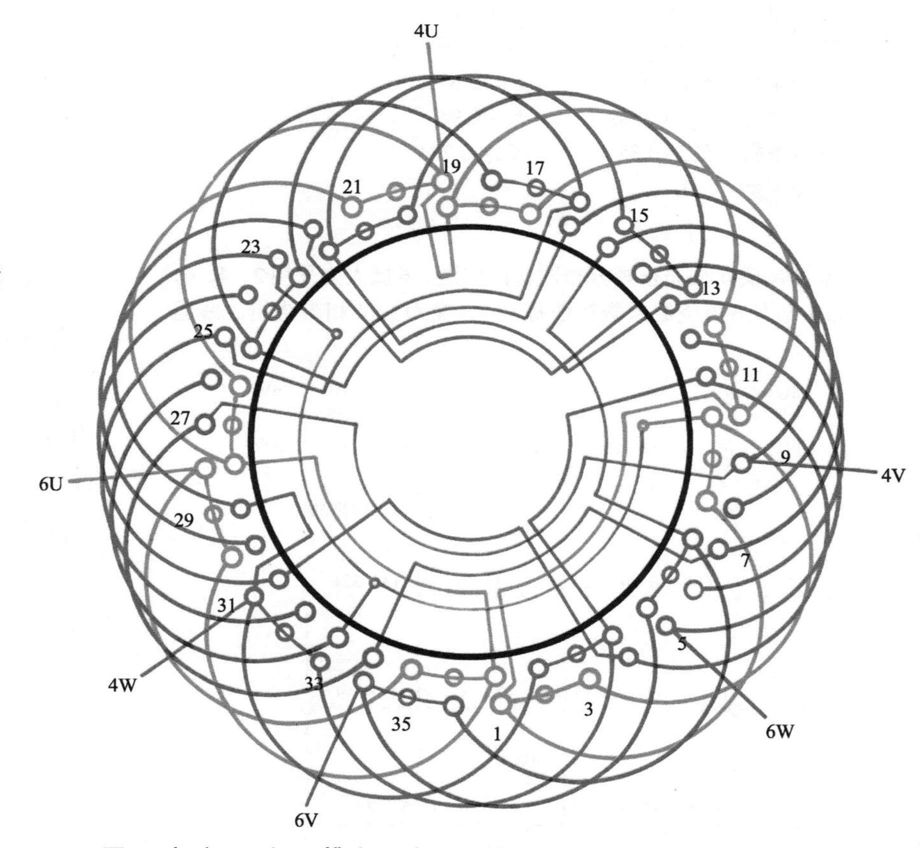

图6-9（b） 6/4极36槽（y=7）Y/2Y接法（反转向正规分布）双速绕组

十、6/4极36槽（y=7）Y/2Y接法（同转向非正规分布）双速绕组

1.绕组结构参数

定子槽数	Z=36	双速极数	$2p$=6/4
总线圈数	Q=36	变极接法	Y/2Y
线圈组数	u=18	每组圈数	S=1、2、3
每槽电角	α=30°/20°	线圈节距	y=7
绕组极距	τ=6/9	极相槽数	q=2/3
分布系数	K_{d6}=0.91		K_{d4}=0.831
节距系数	K_{p6}=0.966		K_{p4}=0.94
绕组系数	K_{dp6}=0.88		K_{dp4}=0.781
出线根数	c=6		

2.绕组布接线特点

本例是反向法非正规分布同转向双速。6极人为采用2、4、4、2分布，故使6极绕组系数有所提高；4极为120°相带绕组。线圈组有单圈、双圈和三圈组，故嵌线要依图嵌入，勿使弄错。

3.双速变极接法与简化接线图

本例是采用Y/2Y变极接法，即6极时三相绕组接成Y形，4极则换接为2Y形。变极绕组简化接线如图6-10（a）所示。

4. 6/4极双速Y/2Y绕组端面布接线图

本例是采用双层叠式布线，双速绕组端面布接线如图6-10（b）所示。

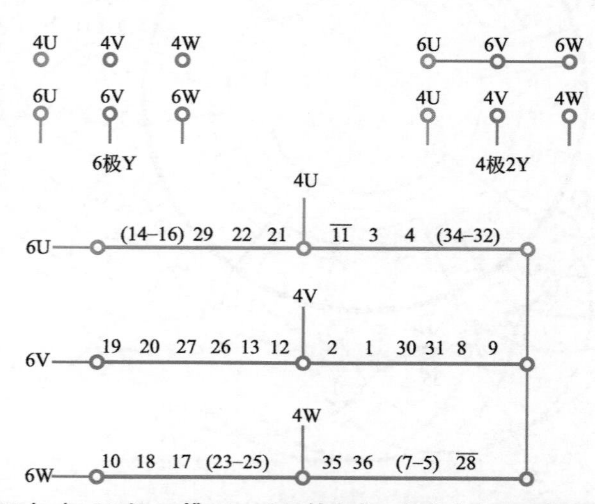

图6-10（a） 6/4极36槽Y/2Y（同转向非正规分布）双速简化接线图

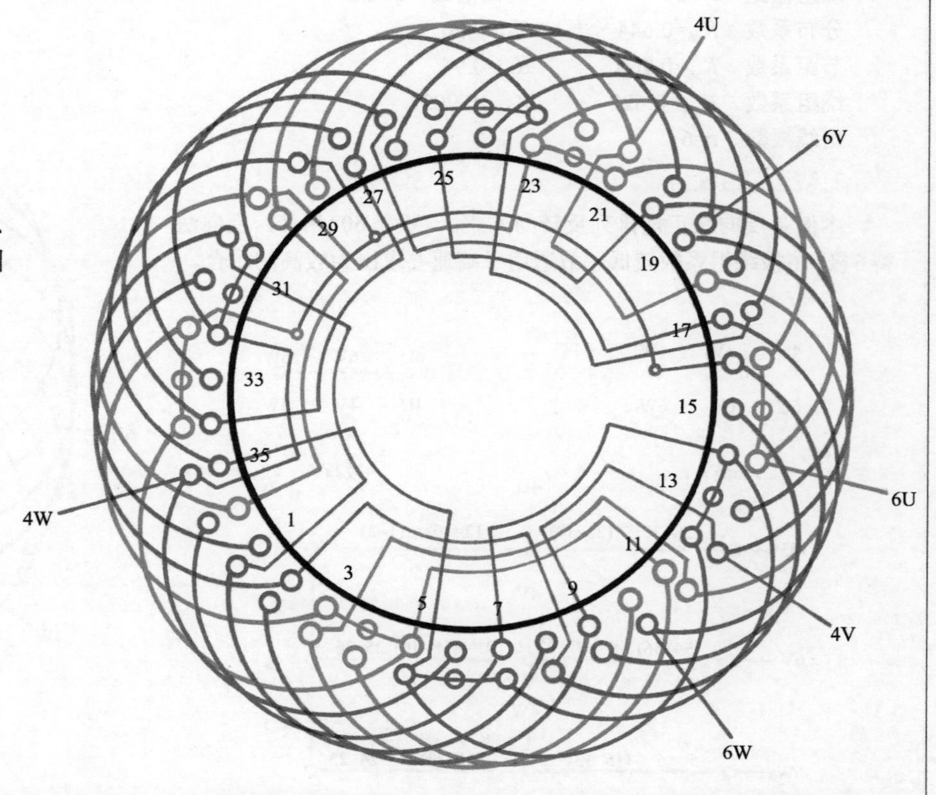

图6-10（b） 6/4极36槽（y=7）Y/2Y接法（同转向非正规分布）双速绕组

十一、6/4极36槽（y=7）△/2Y接法（反转向非正规分布）双速绕组

1. 绕组结构参数

定子槽数	Z=36	双速极数	$2p$=6/4
总线圈数	Q=36	变极接法	△/2Y
线圈组数	u=14	每组圈数	S=1、2、4
每槽电角	α=30°/20°	线圈节距	y=7
绕组极距	τ=6/9	极相槽数	q=2/3
分布系数	K_{d6}=0.88		K_{d4}=0.831
节距系数	K_{p6}=0.966		K_{p4}=0.94
绕组系数	K_{dp6}=0.85		K_{dp4}=0.781
出线根数	c=6		

2. 绕组布接线特点

本例是反向变极非正规分布反转向方案。以4极为基准，反向获得6极后，人为安排2、4、4、2分布。每相有两个变极组，每变极组由6只线圈构成，但所含线圈组数不等，故嵌线时依图嵌入。双速接近于恒功输出，功率比P_6/P_4=0.944，转矩比T_6/T_4=1.42。应用实例有YD160M-6/4、YD160L-6/4等。

3. 双速变极接法与简化接线图

本绕组采用△/2Y反向变极接法，6极为△形，4极改接2Y形。变极绕组简化接线如图6-11（a）所示。

4. 6/4极双速△/2Y绕组端面布接线图

本例采用双层叠式布线，绕组端面布接线如图6-11（b）所示。

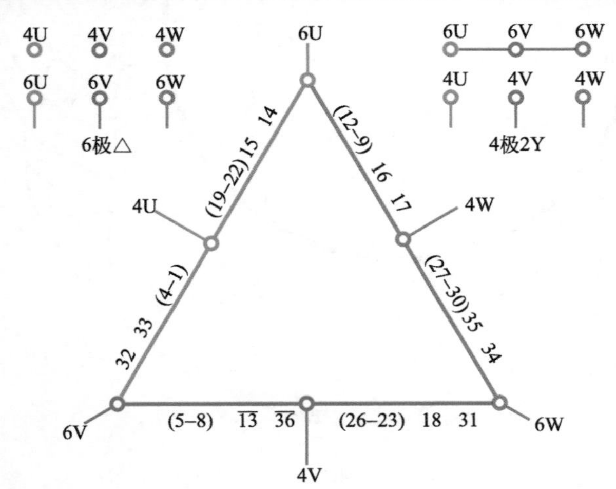

图6-11（a） 6/4极36槽△/2Y（反转向非正规分布）双速简化接线图

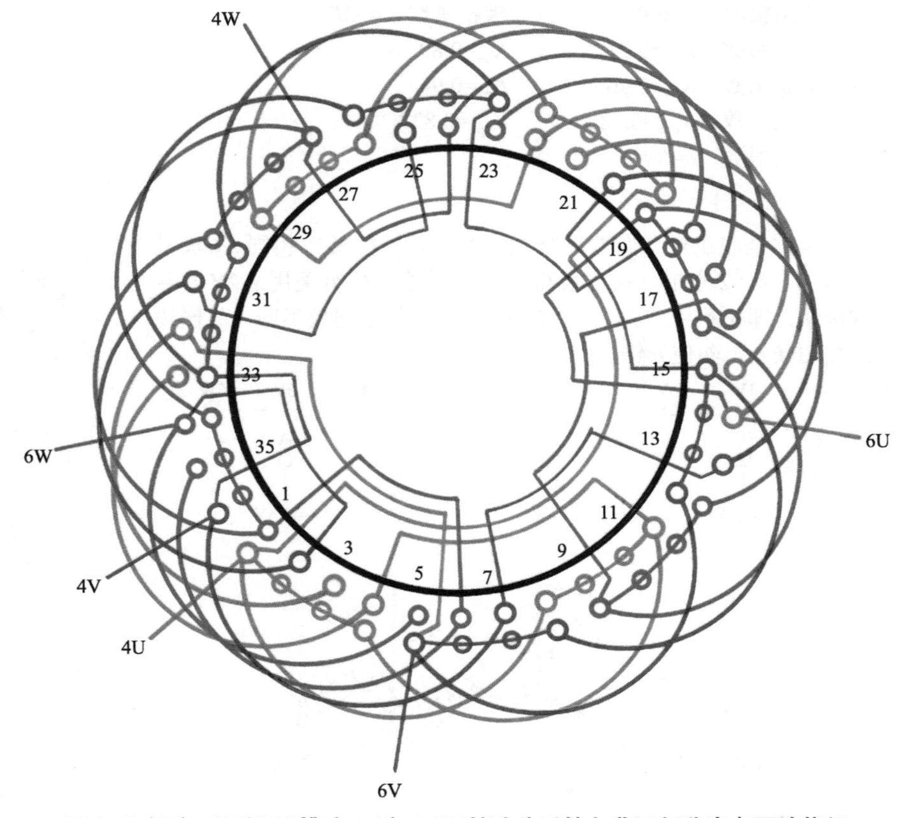

图6-11（b） 6/4极36槽（y=7）△/2Y接法（反转向非正规分布）双速绕组

十二、* 6/4极36槽（y=7）2Y/4Y接法（同转向非正规分布）双速绕组

1.绕组结构参数

定子槽数	Z=36	双速极数	$2p$=6/4
总线圈数	Q=36	变极接法	2Y/4Y
线圈组数	u=18	每组圈数	S=3、2、1
每槽电角	α=30°/20°	线圈节距	y=7
绕组极距	τ=6/9	极相槽数	q=2/3
分布系数	K_{d6}=0.91		K_{d4}=0.89
节距系数	K_{p6}=0.966		K_{p4}=0.94
绕组系数	K_{dp6}=0.88		K_{dp4}=0.837
出线根数	c=6		

2.绕组布接线特点

本例是非正规分布双速绕组，两种转速的转向相同。6极采用2、4、4、2分布，故有较高的分布系数。绕组采用Y/2Y的并联接法，即6极为2Y形、4极为4Y形。因每组圈数不同，故嵌线须按图嵌入，勿使弄错。

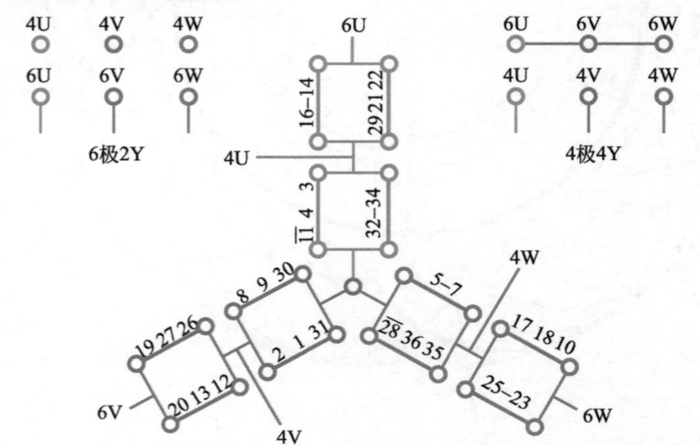

图6-12（a） 6/4极36槽2Y/4Y（同转向非正规分布）双速简化接线图

3.双速变极接法与简化接线图

本例是采用2Y/4Y并联变极接法。6极为2Y形，4极为4Y形。双速绕组简化接线如图6-12（a）所示。

4. 6/4极双速2Y/4Y绕组端面布接线图

本例是双层叠式布线，绕组端面布接线如图6-12（b）所示。

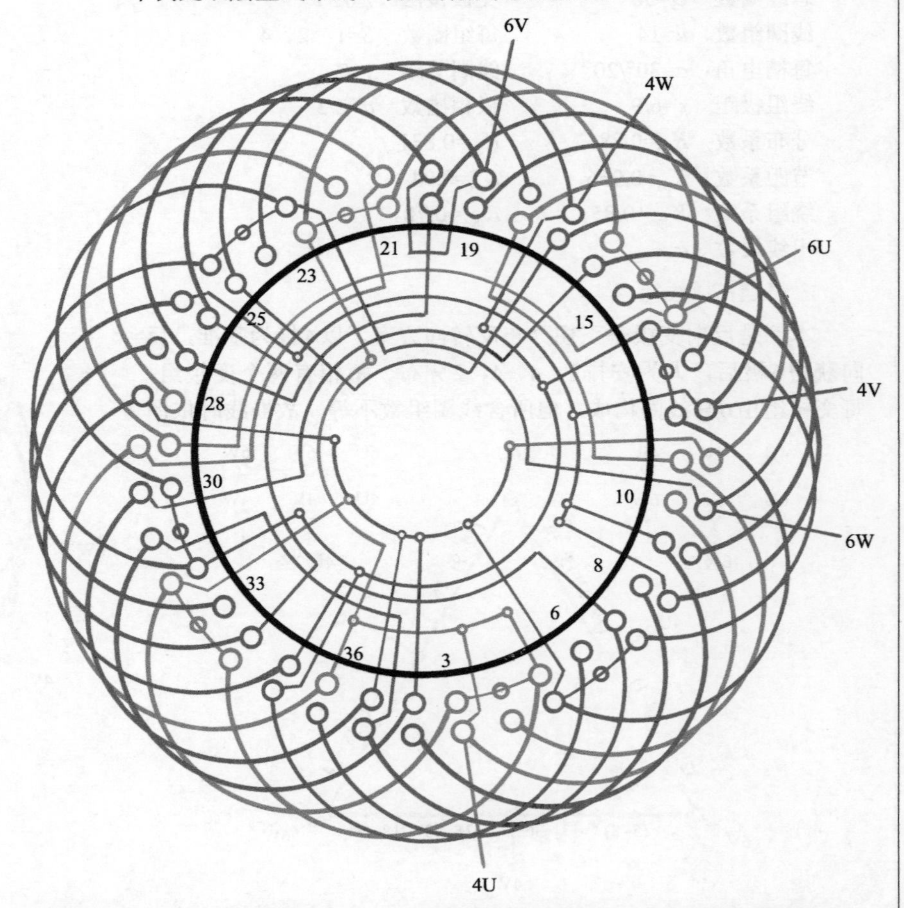

图6-12（b） 6/4极36槽（y=7）2Y/4Y接法（同转向非正规分布）双速绕组

十三、6/4极36槽（y=6）3Y/4Y接法（换相变极补偿）双速绕组

1. 绕组结构参数

定子槽数	Z=36	双速极数	$2p$=6/4
总线圈数	Q=36	变极接法	3Y/4Y
线圈组数	u=24	每组圈数	S=3、2、1
每槽电角	α=30°/20°	线圈节距	y=6
绕组极距	τ=6/9	极相槽数	q=2/3
分布系数	K_{d6}=0.91		K_{d4}=0.96
节距系数	K_{p6}=1.0		K_{p4}=0.866
绕组系数	K_{dp6}=0.91		K_{dp4}=0.831
出线根数	c=6		

2. 绕组布接线特点

本例是3Y/4Y换相变极双速接法。6极和4极都是60°相带绕组。4极时为四路并联（4Y），6极则弃用一个支路，用星三路并联。但由于弃用的线圈仍可能产生感应电势而导致环流，故容易造成噪声和振动。实际应用不多，实例有JZTT-51-6/4等。

3. 双速变极接法与简化接线图

本例采用3Y/4Y接法。变极绕组简化接线如图6-13（a）所示。

4. 6/4极双速3Y/4Y绕组端面布接线图

本例采用双层叠式布线，变极绕组端面布接线如图6-13（b）所示。

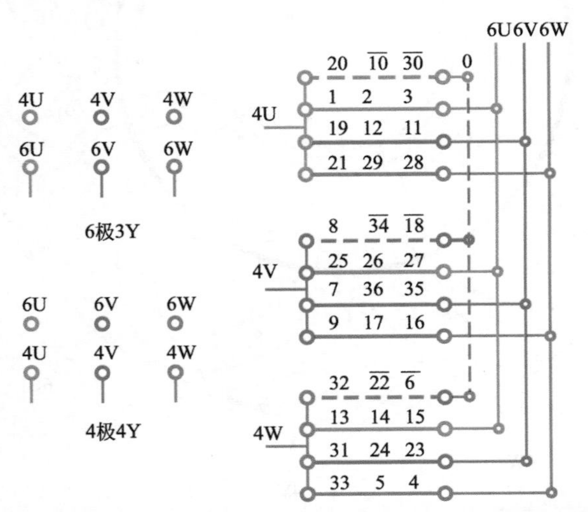

图6-13（a） 6/4极36槽3Y/4Y（换相变极补偿）双速简化接线图

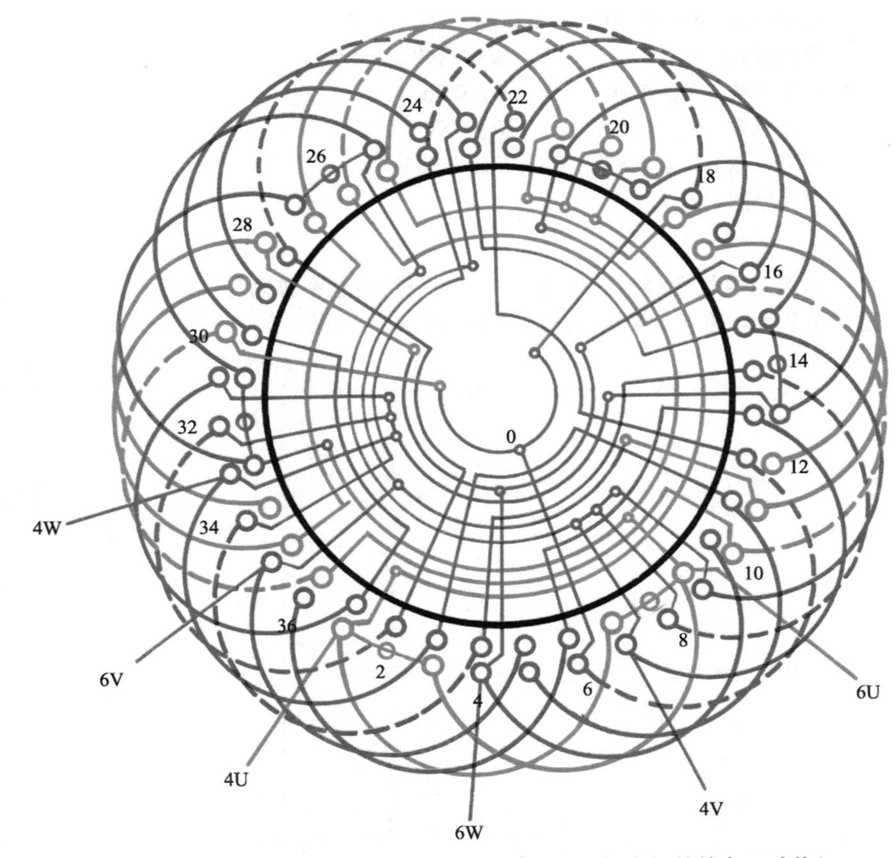

图6-13（b） 6/4极36槽（y=6）3Y/4Y接法（换相变极补偿）双速绕组

十四、6/4极36槽（y=7）3Y/4Y接法（换相变极）双速绕组

1.绕组结构参数

定子槽数	Z=36	双速极数	$2p$=6/4
总线圈数	Q=36	变极接法	3Y/4Y
线圈组数	u=24	每组圈数	S=1、2、3
每槽电角	α=30°/20°	线圈节距	y=7
绕组极距	τ=6/9	极相槽数	q=2/3
分布系数	K_{d6}=0.91		K_{d4}=0.96
节距系数	K_{p6}=0.966		K_{p4}=0.94
绕组系数	K_{dp6}=0.876		K_{dp4}=0.902
出线根数	c=6		

2.绕组布接线特点

本例是换相变极双速绕组，双速的绕组系数都较高且接近，适用于两种转速下要求都有较大输出的场合。但6极时弃用一路的线圈可能会产生环流，故6极运行噪声和振动较大。故这种接法并不理想。

3.双速变极接法与简化接线图

本例采用3Y/4Y变极接法，即4极时是四路并联（4Y），6极用三路并联（3Y)。双速简化接线如图6-14（a）所示。

4. 6/4极双速3Y/4Y绕组端面布接线图

本例采用双层叠式布线，双速绕组端面布接线如图6-14（b）所示。

4U 4V 4W
6U 6V 6W
6极3Y

6U 6V 6W
4U 4V 4W
4极4Y

6U 6V 6W
20 $\overline{10}$ $\overline{30}$ 0
1 2 3
4U
19 $\overline{11}$ $\overline{12}$
21 $\overline{28}$ $\overline{29}$

8 $\overline{34}$ $\overline{18}$
25 26 27
4V
7 $\overline{35}$ $\overline{36}$
9 $\overline{16}$ $\overline{17}$

32 $\overline{22}$ $\overline{6}$
13 14 15
4W
31 $\overline{23}$ $\overline{24}$
33 $\overline{4}$ $\overline{5}$

图6-14（a） 6/4极36槽3Y/4Y（换相变极）双速简化接线图

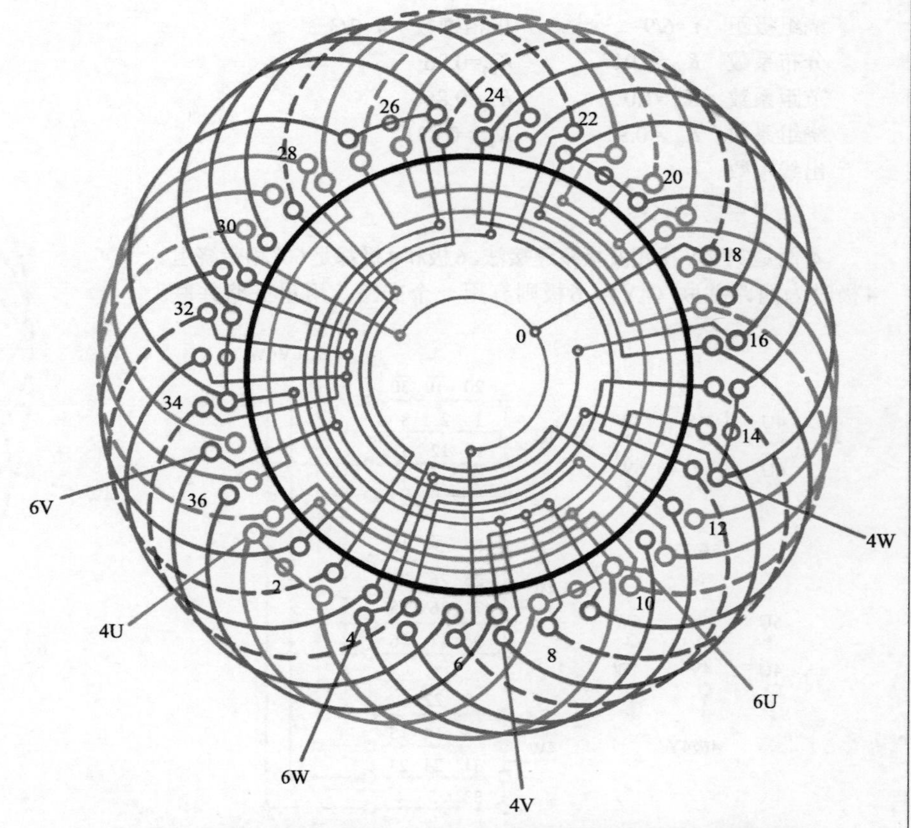

图6-14（b） 6/4极36槽（y=7）3Y/4Y接法（换相变极）双速绕组

十五、6/4极36槽（y=7）3Y/3Y接法（换相变极）双速绕组

1.绕组结构参数

定子槽数	Z=36	双速极数	$2p$=6/4
总线圈数	Q=36	变极接法	3Y/3Y
线圈组数	u=24	每组圈数	S=1、2、3
每槽电角	α=30°/20°	线圈节距	y=7
绕组极距	τ=6/9	极相槽数	q=2/3
分布系数	K_{d6}=0.837	K_{d4}=0.97	
节距系数	K_{p6}=0.966	K_{p4}=0.94	
绕组系数	K_{dp6}=0.808	K_{dp4}=0.911	
出线根数	c=6		

2.绕组布接线特点

3Y/3Y是在3Y/4Y基础上消除环流因素的改进接法，但3Y/3Y接法在电磁设计上很难使磁密比接近1，所以对两种转速下要求达到较大输出来说，似乎难以办到而成为缺陷。不过如果负载要求一种转速正常工作而另一转速辅助运行，则这种接法的双速不失为一种理想的方案。

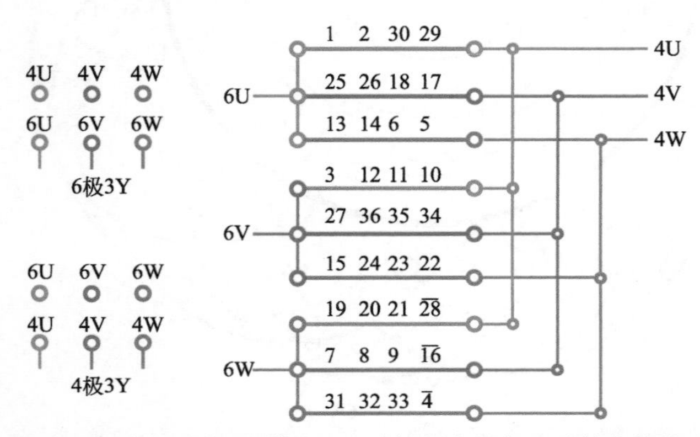

图6-15（a） 6/4极36槽3Y/3Y（换相变极）双速简化接线图

3.双速变极接法与简化接线图

本例采用3Y/3Y变极接法，变极绕组简化接线如图6-15（a）所示。

4. 6/4极双速3Y/3Y绕组端面布接线图

本例绕组采用双层叠式布线，双速绕组端面布接线如图6-15（b）所示。

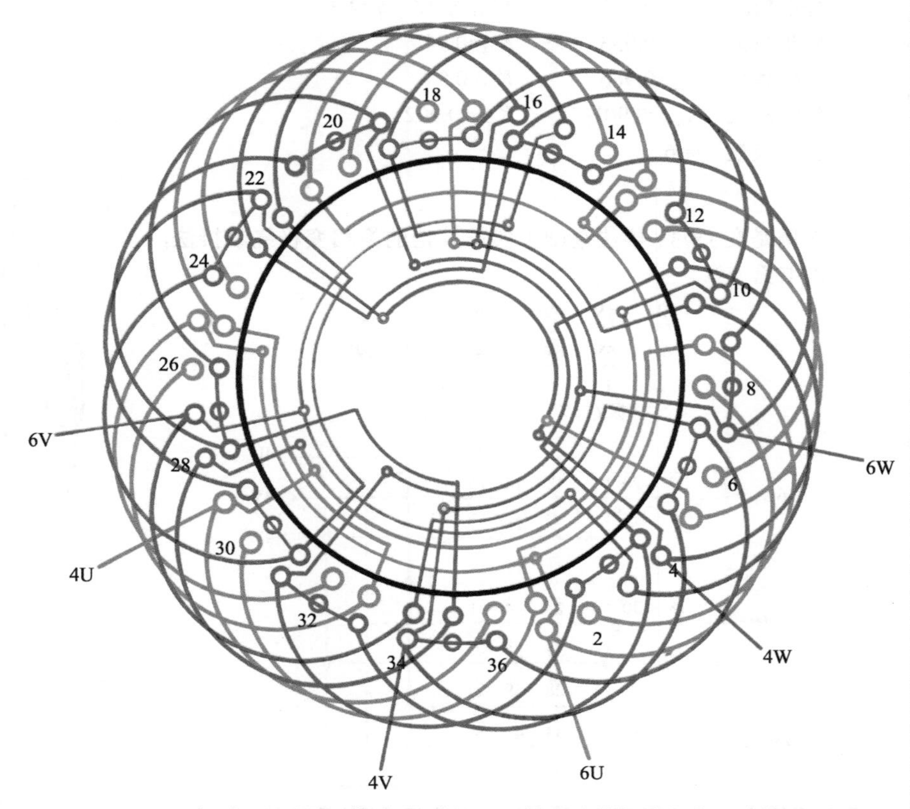

图6-15（b） 6/4极36槽（y=7）3Y/3Y接法（换相变极）双速绕组

十六、6/4极36槽（y=7）Y+3Y/3Y接法（换相变极补偿）双速绕组

1. 绕组结构参数

定子槽数	Z=36	双速极数	$2p$=6/4
总线圈数	Q=36	变极接法	Y+3Y/3Y
线圈组数	u=24	每组圈数	S=1、2、3
每槽电角	α=30°/20°	线圈节距	y=7
绕组极距	τ=6/9	极相槽数	q=2/3
分布系数	K_{d6}=0.933		K_{d4}=0.96
节距系数	K_{p6}=0.966		K_{p4}=0.94
绕组系数	K_{dp6}=0.901		K_{dp4}=0.902
出线根数	c=6		

2. 绕组布接线特点

本例是在3Y/3Y接法基础上实施补偿的换相变极绕组接法，详见本书第一章。

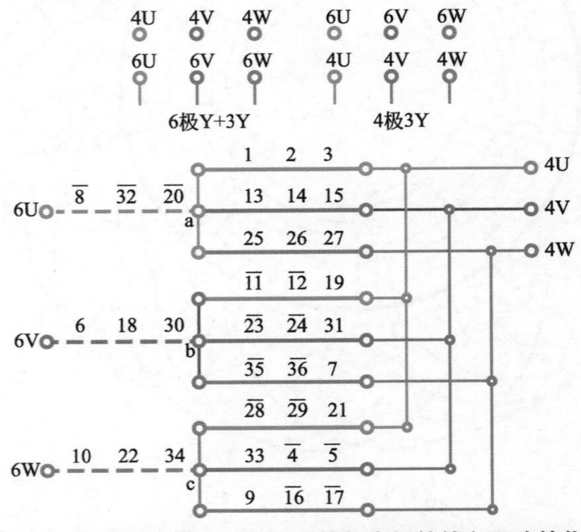

图6-16（a） 6/4极36槽Y+3Y/3Y（换相变极补偿）双速简化接线图

本例是反转向方案，且两种极数下都有较高的绕组系数；但绕组接线比较麻烦。适用于两种转速下要求都有较高功率的负载场合。

3. 双速变极接法与简化接线图

本例采用Y+3Y/3Y变极接法，6极是Y+3Y接法，4极是3Y接法。变极绕组简化接线如图6-16（a）所示。

4. 6/4极双速Y+3Y/3Y绕组端面布接线图

本例是双层叠式布线，绕组端面布接线如图6-16（b）所示。

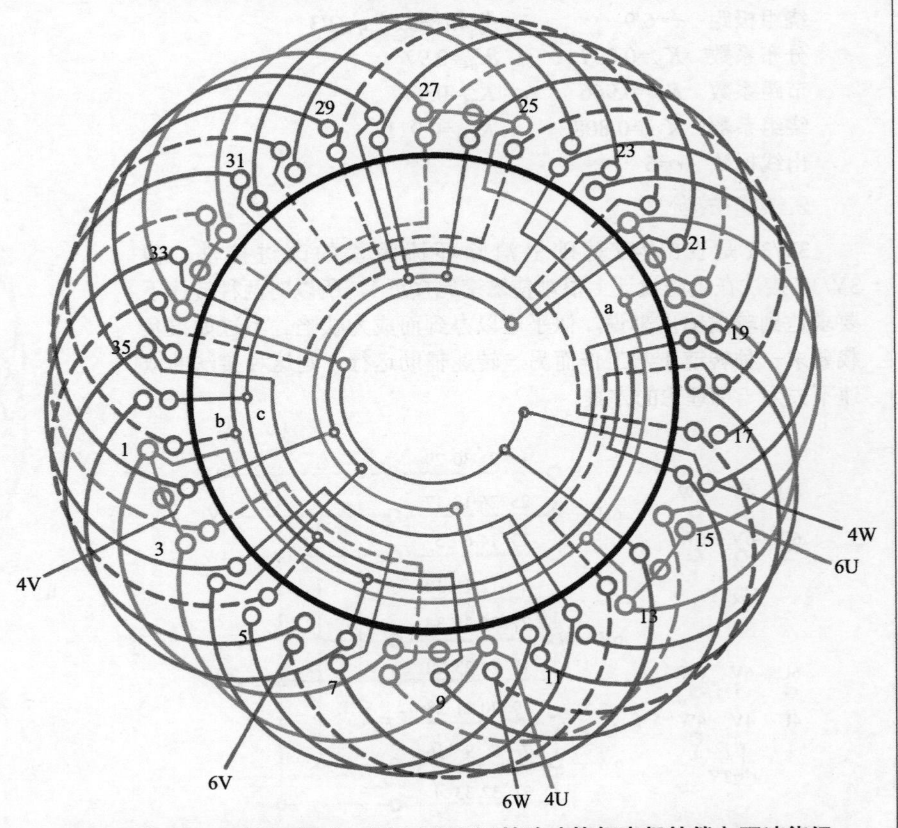

图6-16（b） 6/4极36槽（y=7）Y+3Y/3Y接法（换相变极补偿）双速绕组

十七、6/4极36槽（y=7）△/3Y接法（换相变极）双速绕组

1.绕组结构参数

定子槽数	Z=36	双速极数	$2p$=6/4
总线圈数	Q=36	变极接法	△/3Y
线圈组数	u=18	每组圈数	S=4
每槽电角	α=30°/20°	线圈节距	y=7
绕组极距	τ=6/9	极相槽数	q=2/3
分布系数	K_{d6}=0.692		K_{d4}=0.781
节距系数	K_{p6}=0.966		K_{p4}=0.94
绕组系数	K_{dp6}=0.668		K_{dp4}=0.734
出线根数	c=6		

2.绕组布接线特点

本例是新近出现的换相变极双速接法，每相有3个变极组，每组4圈，绕组结构简练，6极时是△接法，4极变换到3Y接法。绕组引出线仅6根，调速控制也方便，并且可实现不断电切换调速。

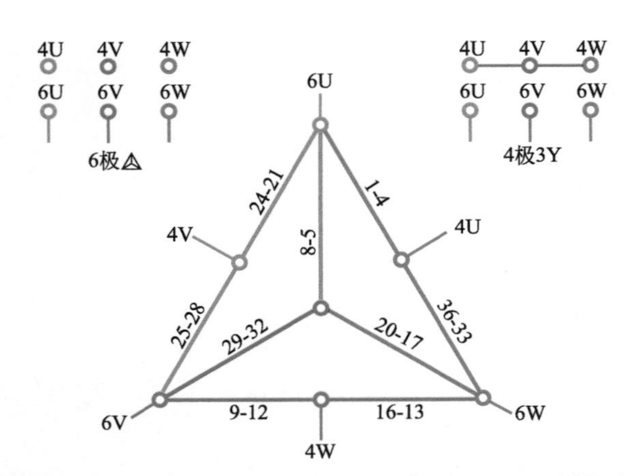

图6-17（a） 6/4极36槽△/3Y（换相变极）双速简化接线图

3.双速变极接法与简化接线图

本例采用△/3Y变极接法，变极绕组简化接线如图6-17（a）所示。

4. 6/4极双速△/3Y绕组端面布接线图

本例是采用双层叠式布线，双速绕组端面布接线如图6-17（b）所示。

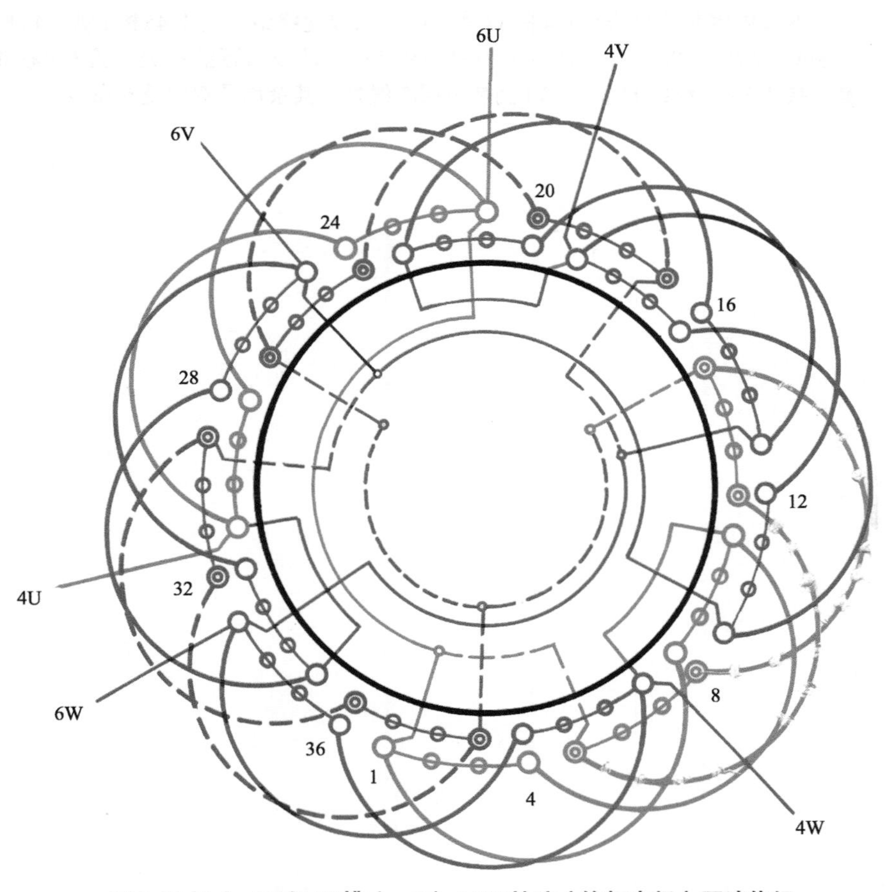

图6-17（b） 6/4极36槽（y=7）△/3Y接法（换相变极）双速绕组

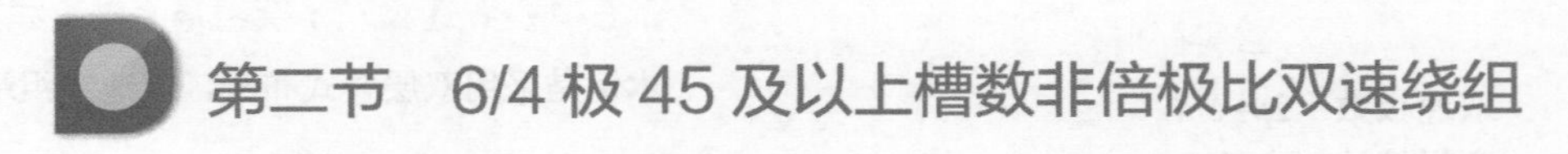

第二节　6/4极45及以上槽数非倍极比双速绕组

本节内容是非倍极比6/4极45槽及以上的双速绕组，其中45槽1例、48槽3例、54槽4例、60槽1例、72槽7例。变极接法除反向变极的常规接法Y/2Y及△/2Y之外，还有采用3Y/3Y换相接法及新颖的△/△、△Y/3Y换相变极接法；此外还包括1例1Y启动△/2Y运行的Y-△/2Y特种接法。本节共计6/4极绕组16例，除1例是单层布线外，其余均是双层叠式布线。

一、* 6/4极45槽（y=9）$\triangle$/3Y接法（换相变极）双速绕组

1.绕组结构参数

定子槽数	Z=45	双速极数	$2p$=6/4
总线圈数	Q=45	变极接法	$\triangle$/3Y
线圈组数	u=9	每组圈数	S=3
每槽电角	α=24°/16°	线圈节距	y=9
绕组极距	τ=7.5/11.25	极相槽数	q=2.5/3.75
分布系数	K_{d6}=0.685		K_{d4}=0.78
节距系数	K_{p6}=0.951		K_{p4}=0.951
绕组系数	K_{dp6}=0.652		K_{dp4}=0.742
出线根数	c=6		

2.绕组布接线特点

本例采用新颖的换相变极接法，绕组由五联组构成，每组有3组线圈。6极是$\triangle$形接法，4极变换为3Y；绕组整结构简单，而且引出线仅6根，调速控制也简便，且能实施不断电调速。

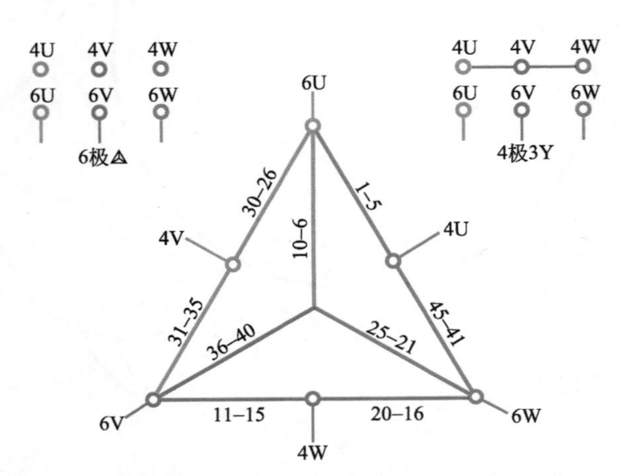

图6-18（a） 6/4极45槽$\triangle$/3Y（换相变极）双速简化接线图

3.双速变极接法与简化接线图

本例采用$\triangle$/3Y换相变极接法，即6极为$\triangle$形，4极是3Y。变极绕组简化接线如图6-18（a）所示。

4. 6/4极双速$\triangle$/3Y绕组端面布接线图

本例双速绕组采用双层叠式布线，端面布接线如图6-18（b）所示。

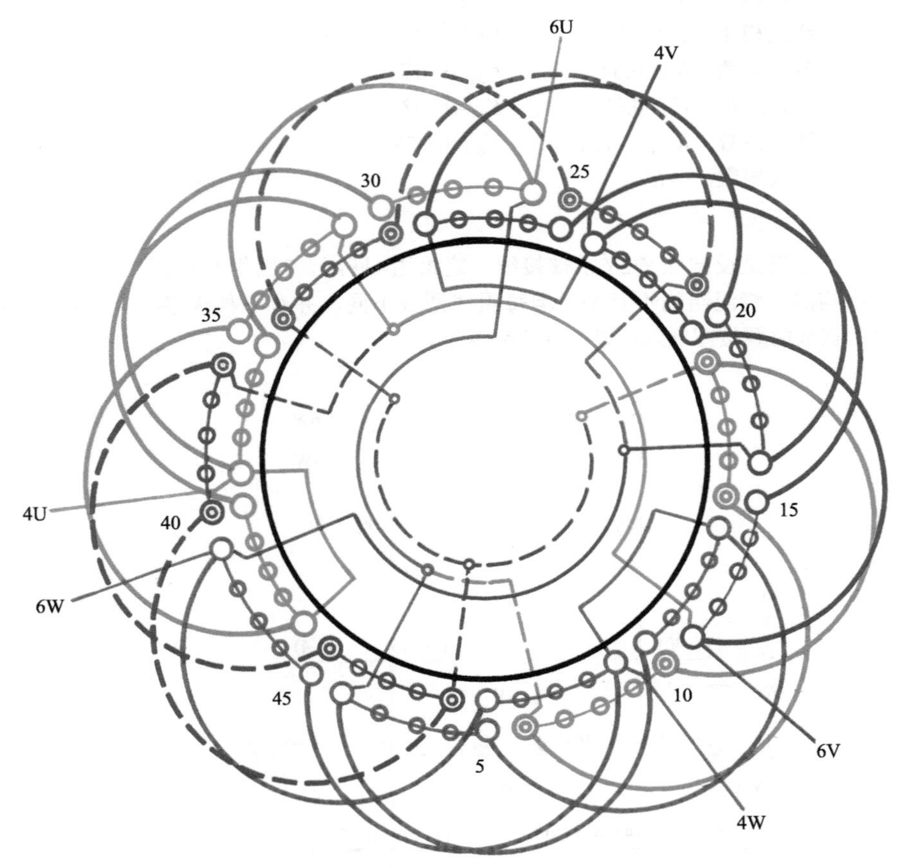

图6-18（b） 6/4极45槽（y=9）$\triangle$/3Y接法（换相变极）双速绕组

二、* 6/4极48槽（y=7）Y/2Y接法双速绕组

1.绕组结构参数

定子槽数	Z=48	双速极数	$2p$=6/4
总线圈数	Q=48	变极接法	Y/2Y
线圈组数	u=16	每组圈数	S=4、3、1
每槽电角	α=22.5°/15°	线圈节距	y=7
绕组极距	τ=8/12	极相槽数	q=2.67/4
分布系数	K_{d6}=0.641		K_{d4}=0.957
节距系数	K_{p6}=0.98		K_{p4}=0.793
绕组系数	K_{dp6}=0.628		K_{dp4}=0.759
出线根数	c=6		

2.绕组布接线特点

本例是反向法Y/2Y常规接线，绕组由4圈组、3圈组和单圈组构成。绕组结构不复杂，但每组线圈数不同，并有三种规格，故嵌线时要按图嵌入，以免嵌错后返工。

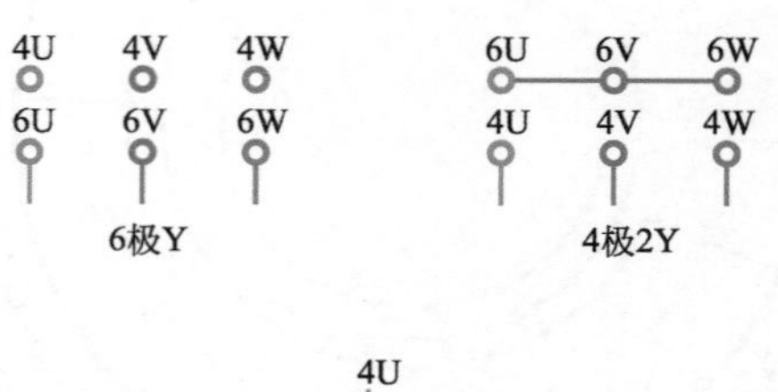

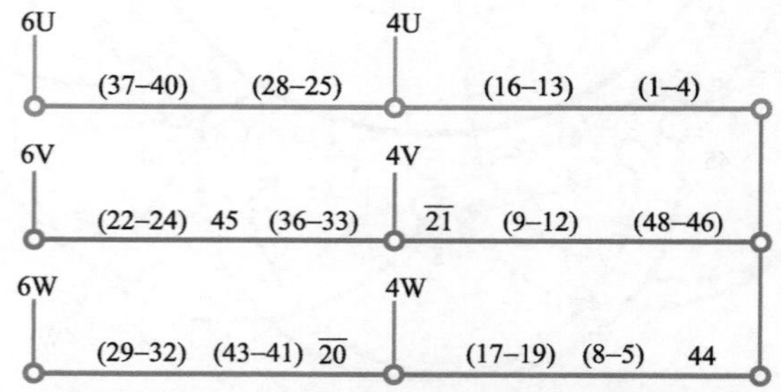

图6-19（a） 6/4极48槽Y/2Y双速简化接线图

3.双速变极接法与简化接线图

本例采用Y/2Y变极接法，即6极时是一路Y形，4极变换成二路Y形。变极绕组简化接线如图6-19（a）所示。

4. 6/4极双速Y/2Y绕组端面布接线图

本例双速绕组是双层叠式布线，绕组端面布接线如图6-19（b）所示。

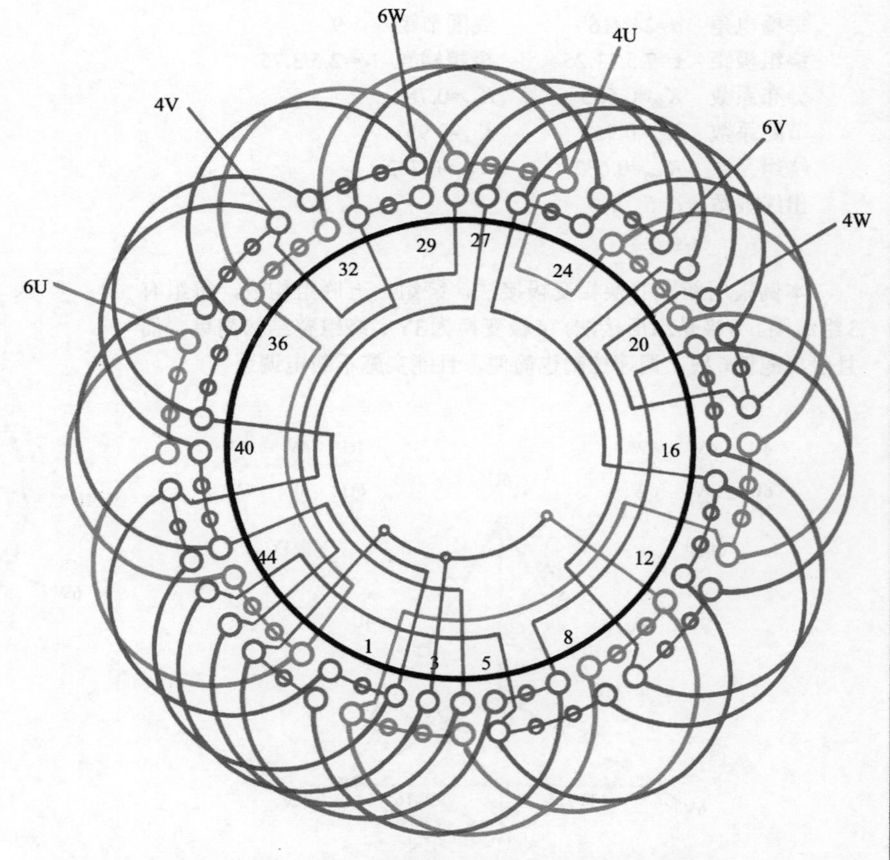

图6-19（b） 6/4极48槽（y=7）Y/2Y接法双速绕组

三、* 6/4极48槽（*y*=7）△/2Y接法双速绕组

1.绕组结构参数

定子槽数	Z=48	双速极数	$2p$=6/4
总线圈数	Q=48	变极接法	△/2Y
线圈组数	u=16	每组圈数	S=4、3、1
每槽电角	α=22.5°/15°	线圈节距	y=7
绕组极距	τ=8/12	极相槽数	q=2.67/4
分布系数	K_{d6}=0.641		K_{d4}=0.957
节距系数	K_{p6}=0.98		K_{p4}=0.793
绕组系数	K_{dp6}=0.628		K_{dp4}=0.759
出线根数	c=6		

2.绕组布接线特点

本例绕组采用上例同方案，但接线为△/2Y，属反向法常规接线，绕组结构简单，即6极时为一路△形，变换4极则是二路Y接。绕组由四圈组、三圈组及单圈组构成，故嵌线时需按图嵌入，勿使弄错。

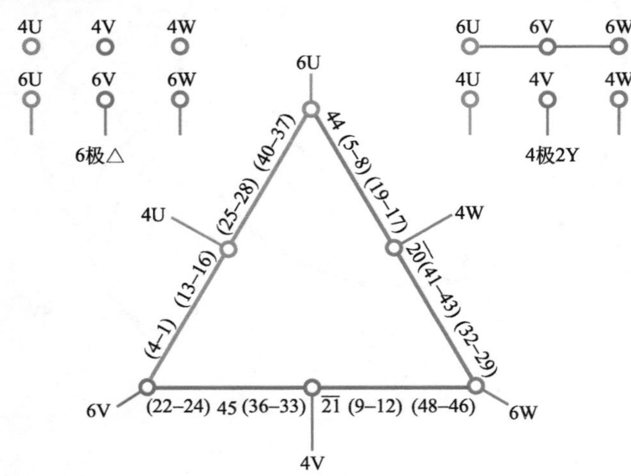

图6-20（a） 6/4极48槽△/2Y双速简化接线图

3.双速变极接法与简化接线图

本例双速采用△/2Y常规接法，6极为一路△形，4极改接二路Y形。变极绕组简化接线如图6-20（a）所示。

4. 6/4极双速△/2Y绕组端面布接线图

本例是双层叠式布线，双速绕组端面布接线如图6-20（b）所示。

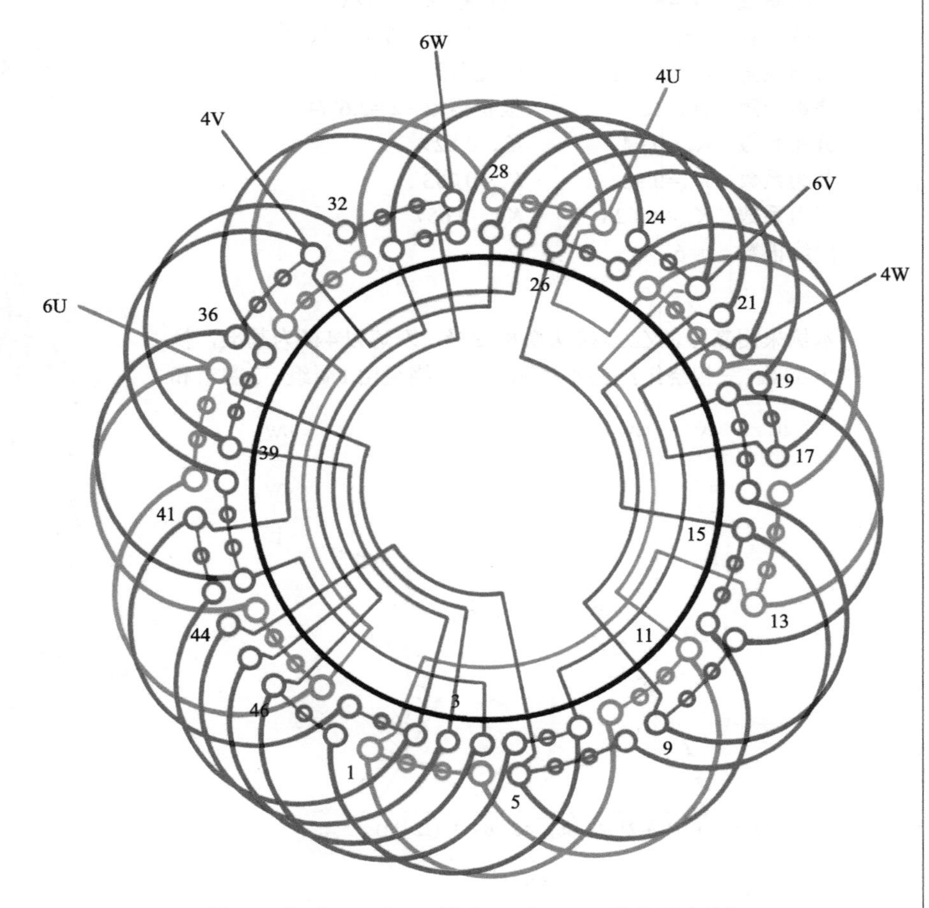

图6-20（b） 6/4极48槽（*y*=7）△/2Y接法双速绕组

四、* 6/4极48槽（y=7）△/△接法（换相变极）双速绕组

1. 绕组结构参数

定子槽数	Z=48	双速极数	$2p$=6/4
总线圈数	Q=48	变极接法	△/△
线圈组数	u=16	每组圈数	S=4、3、1
每槽电角	α=22.5°/15°	线圈节距	y=7
绕组极距	τ=8/12	极相槽数	q=2.67/4
分布系数	K_{d6}=0.64		K_{d4}=0.829
节距系数	K_{p6}=0.98		K_{p4}=0.793
绕组系数	K_{dp6}=0.628		K_{dp4}=0.657
出线根数	c=6		

2. 绕组布接线特点

本例采用新颖的△/△接法换相变极，双速以4极为基准，换相排出6极。三相绕组结构不尽相同，即绕组由4圈组、3圈组和单圈组构成。所以，嵌线时要依布接线圈嵌入，如一旦嵌错便无法接线而造成返工。

3. 双速变极接法与简化接线图

本例采用换相变极△/△接法，变极时两种极数均是一路△形。变极绕组简化接线如图6-21（a）所示。

4. 6/4极双速△/△绕组端面布接线图

本例是采用双层叠式布线，绕组端面布接线如图6-21（b）所示。

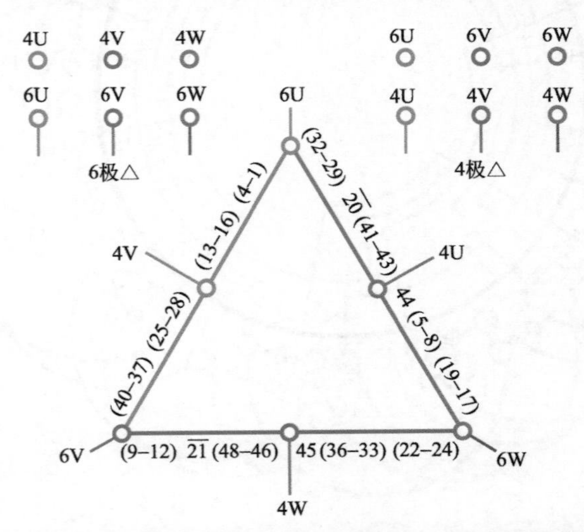

图6-21（a） 6/4极48槽△/△（换相变极）双速简化接线图

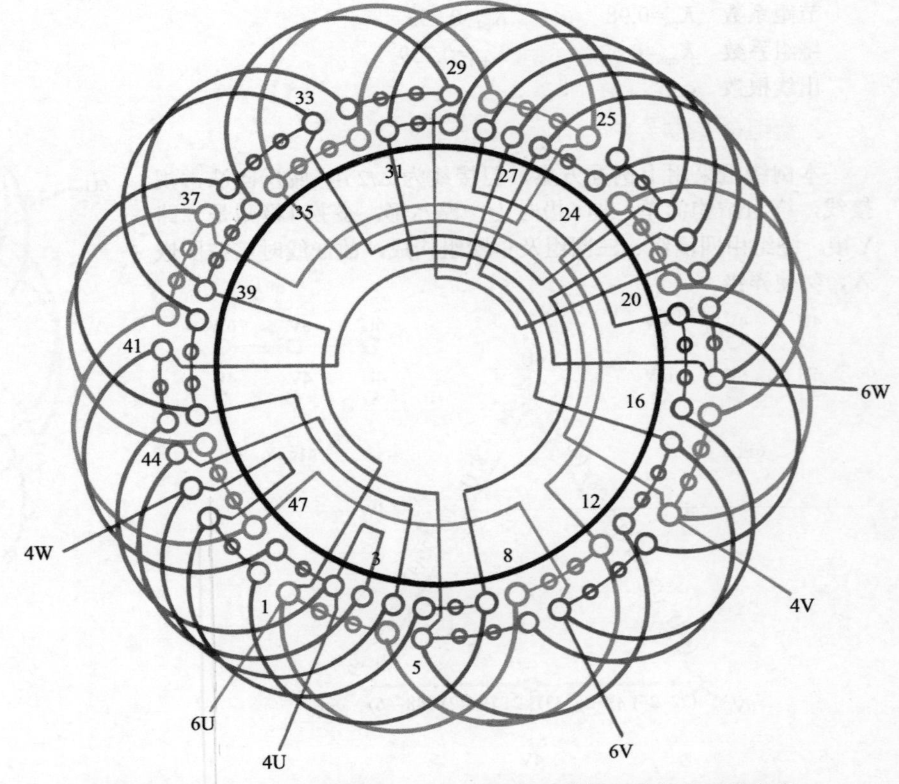

图6-21（b） 6/4极48槽（y=7）△/△接法（换相变极）双速绕组

五、* 6/4极54槽（y=8）△/3Y接法（换相变极）双速绕组

1. 绕组结构参数

定子槽数	Z=54	双速极数	$2p$=6/4
总线圈数	Q=54	变极接法	△/3Y
线圈组数	u=9	每组圈数	S=6
每槽电角	α=20°/13.3°	线圈节距	y=8
绕组极距	τ=9/13.5	极相槽数	q=3/4.5
分布系数	K_{d6}=0.775		K_{d4}=0.779
节距系数	K_{p6}=0.985		K_{p4}=0.802
绕组系数	K_{dp6}=0.764		K_{dp4}=0.625
出线根数	c=6		

2. 绕组布接线特点

本例采用新颖的△/3Y接法，绕组结构比较简单，而且绕组全部采用六联线圈组，有利于嵌绕而提高工艺效率。绕组内部接线比较方便，且出线少，仅引出线6根；在调速控制上还可实施不断电切换。

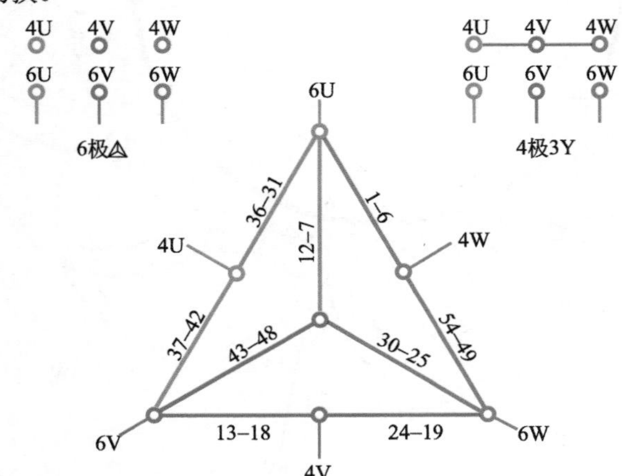

图6-22（a） 6/4极54槽△/3Y（换相变极）双速简化接线图

3. 双速变极接法与简化接线图

本例采用△/3Y换相变极接法。变极绕组简化接线如图6-22（a）所示。

4. 6/4极双速△/3Y绕组端面布接线图

本例绕组采用双层叠式布线，绕组端面布接线如图6-22（b）所示。

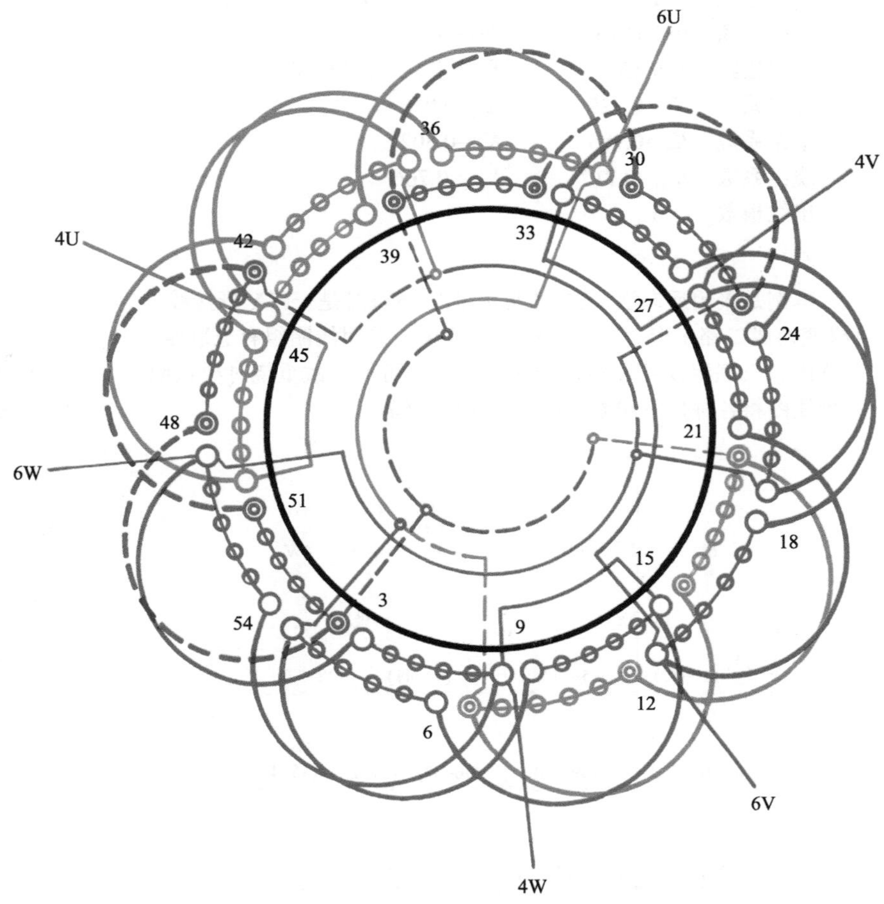

图6-22（b） 6/4极54槽（y=8）△/3Y接法（换相变极）双速绕组

六、* 6/4极54槽（y=8）Y/2Y接法双速绕组

1. 绕组结构参数

定子槽数　Z=54　　双速极数　$2p$=6/4
总线圈数　Q=54　　变极接法　Y/2Y
线圈组数　u=16　　每组圈数　S=5、4、3、2
每槽电角　α=20°/13.3°　　线圈节距　y=8
绕组极距　τ=9/13.5　　极相槽数　q=3/4.5
分布系数　K_{d6}=0.728　　K_{d4}=0.955
节距系数　K_{p6}=0.985　　K_{p4}=0.802
绕组系数　K_{dp6}=0.717　　K_{dp4}=0.766
出线根数　c=6

2. 绕组布接线特点

本例是采用反向法Y/2Y的常规接线，6极时是一路Y形接线；4极变换成二路Y形。绕组结构比较复杂，采用线圈组有五联组、四联组、三联组及双联组，嵌线似无规律可循，故重绕时要依照布接线图将各种规格线圈组嵌入，勿使弄错。

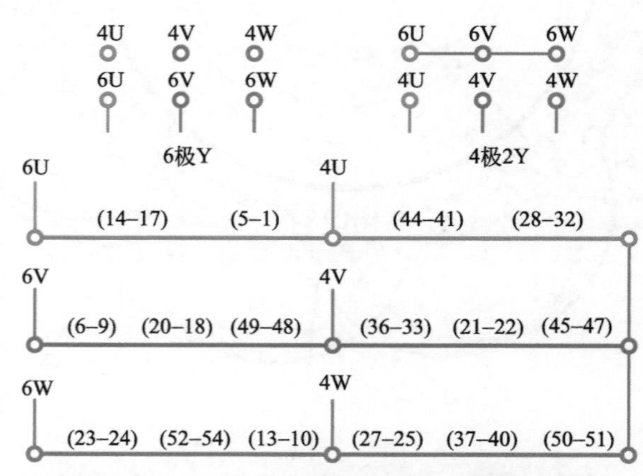

图6-23（a） 6/4极54槽Y/2Y双速简化接线图

3. 双速变极接法与简化接线图

本例绕组采用Y/2Y反向变极接法。变极绕组简化接线如图6-23（a）所示。

4. 6/4极双速Y/2Y绕组端面布接线图

本例采用双层叠式布线，双速绕组端面布接线如图6-23（b）所示。

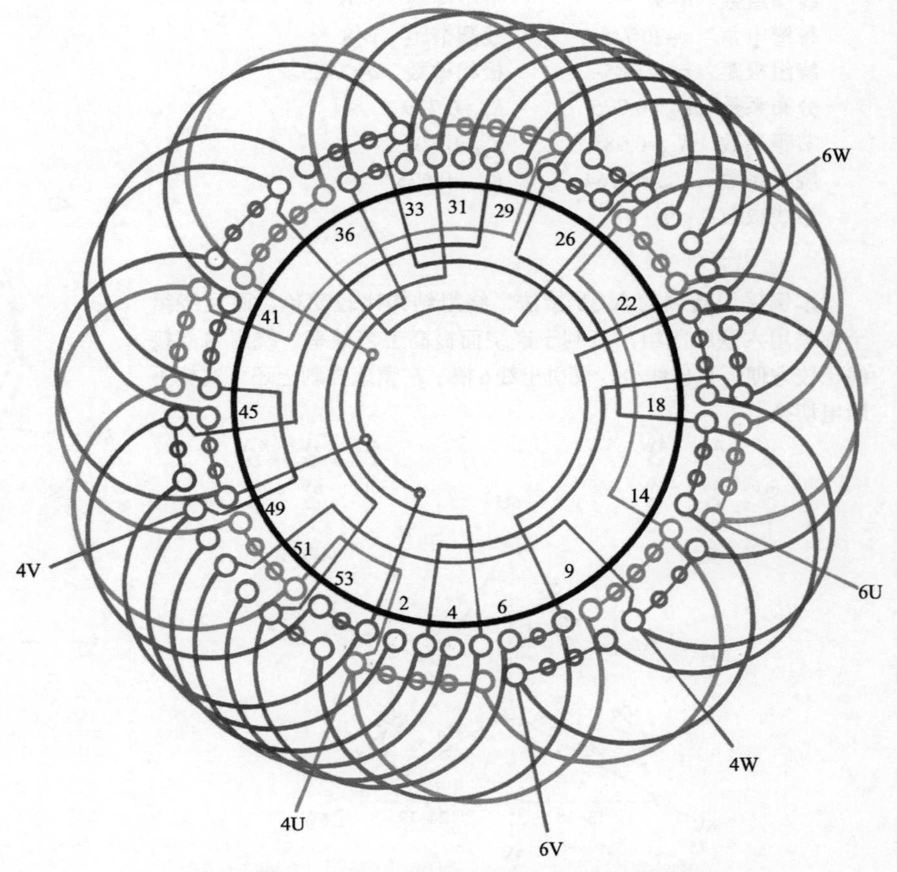

图6-23（b） 6/4极54槽（y=8）Y/2Y接法双速绕组

七、* 6/4极54槽（y=10）Y/2Y接法双速绕组

1.绕组结构参数

定子槽数	Z=54	双速极数	$2p$=6/4
总线圈数	Q=54	变极接法	Y/2Y
线圈组数	u=16	每组圈数	S=5、4、3、2、1
每槽电角	α=20°/13.3°	线圈节距	y=10
绕组极距	τ=9/13.5	极相槽数	q=3/4.5
分布系数	K_{d6}=0.741		K_{d4}=0.955
节距系数	K_{p6}=0.985		K_{p4}=0.918
绕组系数	K_{dp6}=0.73		K_{dp4}=0.877
出线根数	c=6		

2.绕组布接线特点

本例是非倍极比同转向双速绕组，是根据修理者提供资料整理而成。绕组采用线圈组规格有五种之多，故嵌线要特别注意次序。此双速采用Y/2Y接法，并以4极为基准，反向得6极，故4极绕组系数较高，适用于高速工作为主，低速为辅的场合。而本绕组应用于双速风机。应用实例有YD180L-6/4。

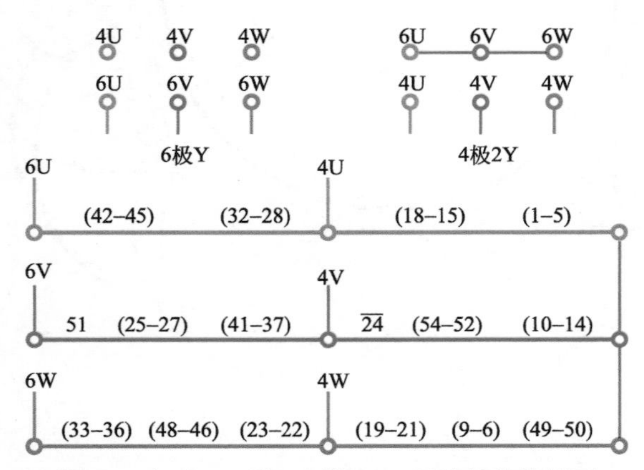

图6-24（a） 6/4极54槽Y/2Y双速简化接线图

3.双速变极接法与简化接线图

本例采用Y/2Y变极接法。绕组简化接线如图6-24（a）所示。

4. 6/4极双速Y/2Y绕组端面布接线图

本例采用双层叠式布线，绕组端面布接线如图6-24（b）所示。

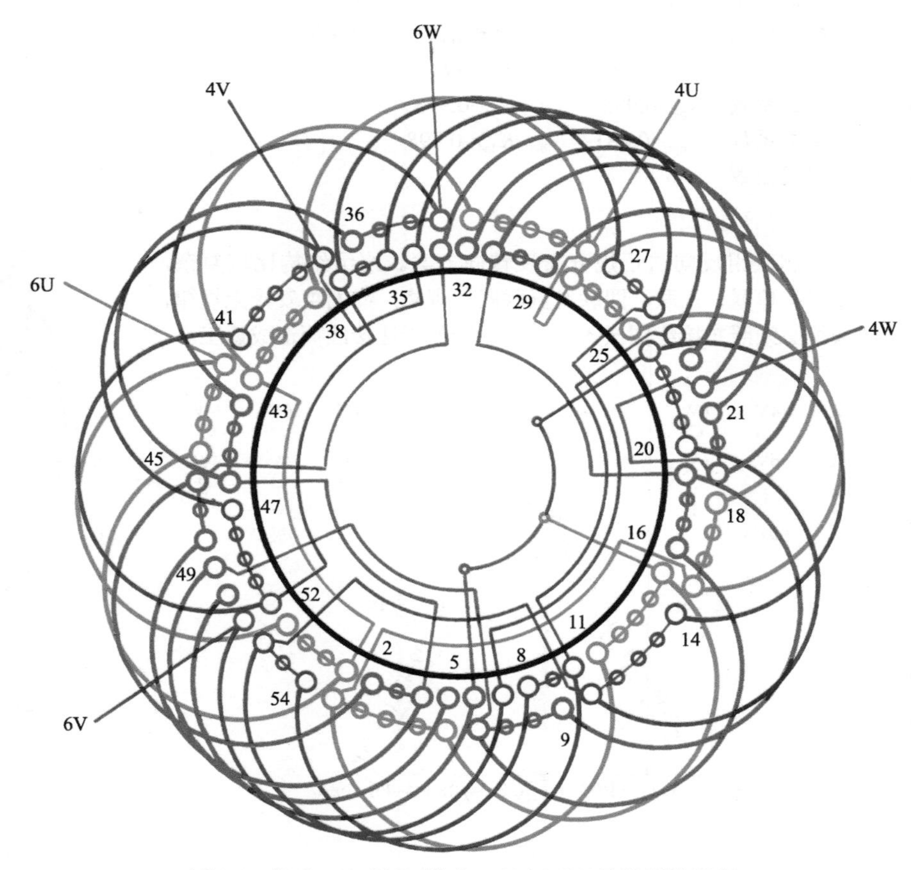

图6-24（b） 6/4极54槽（y=10）Y/2Y接法双速绕组

八、* 6/4极54槽（y=10）△/2Y接法双速绕组

1.绕组结构参数

定子槽数　Z=54　　双速极数　$2p$=6/4
总线圈数　Q=54　　变极接法　△/2Y
线圈组数　u=14　　每组圈数　S=1、3、4、5
每槽电角　α=20°/13.3°　　线圈节距　y=10
绕组极距　τ=9/13.5　　极相槽数　q=3/4.5
分布系数　K_{d6}=0.894　　K_{d4}=0.869
节距系数　K_{p6}=0.985　　K_{p4}=0.918
绕组系数　K_{dp6}=0.881　　K_{dp4}=0.798
出线根数　c=6

2.绕组布接线特点

本例采用反向法正规分布反转向方案。绕组结构比较复杂，线圈组有单联、三联、四联及五联四种规格，线圈组安排无规律，故嵌线必须照布接线图嵌入，一旦嵌错便无法接线而造成返工。

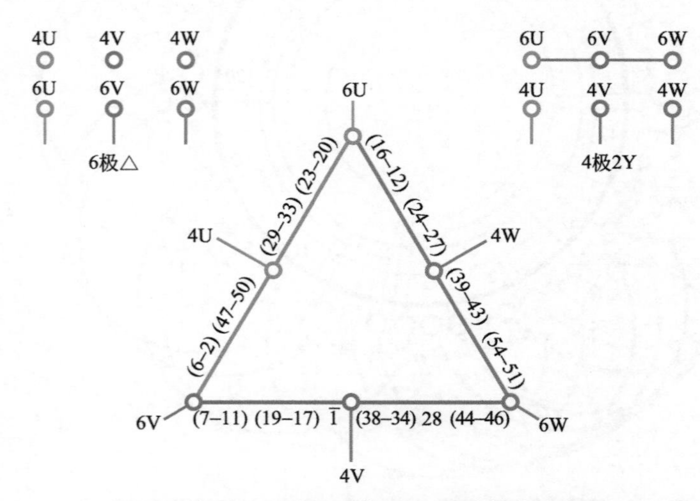

图6-25（a）　6/4极54槽△/2Y双速简化接线图

3.双速变极接法与简化接线图

本例采用常规的△/2Y接法，6极时为一路角形（△）；变换4极则用二路星形（2Y）。双速绕组简化接线如图6-25（a）所示。

4.6/4极双速△/2Y绕组端面布接线图

本例双速绕组是双层叠式布线，端面布接线如图6-25（b）所示。

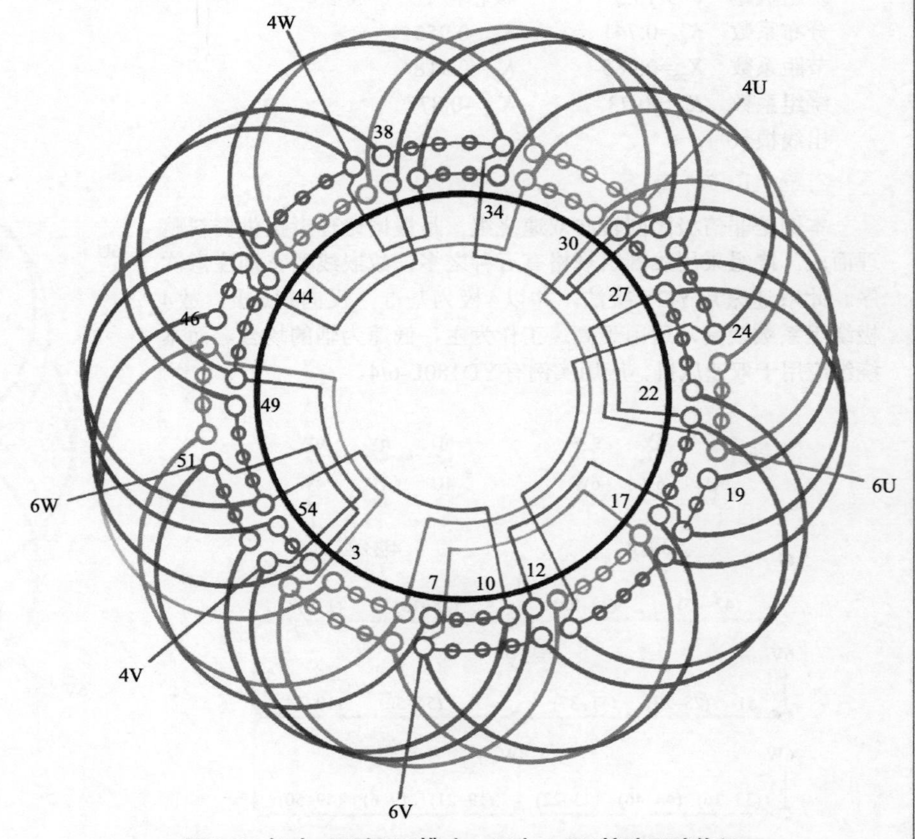

图6-25（b）　6/4极54槽（y=10）△/2Y接法双速绕组

九、* 6/4极60槽（y=12）Y/2Y接法双速绕组

1. 绕组结构参数

定子槽数	Z=60	双速极数	$2p$=6/4
总线圈数	Q=60	变极接法	Y/2Y
线圈组数	u=14	每组圈数	S=6、4、2
每槽电角	α=18°/12°	线圈节距	y=12
绕组极距	τ=10/15	极相槽数	q=3.67/5
分布系数	K_{d6}=0.874		K_{d4}=0.884
节距系数	K_{p6}=0.951		K_{p4}=0.951
绕组系数	K_{dp6}=0.831		K_{dp4}=0.84
出线根数	c=6		

2. 绕组布接线特点

本例是非倍极比不规则分布反向变极绕组，采用五联组、四联组及双联组线圈。由于采用不等圈线圈组，且每相线圈组数也不同，故嵌线时要参照端面布接线图嵌入，不要嵌错，否则无法接线而造成返工。

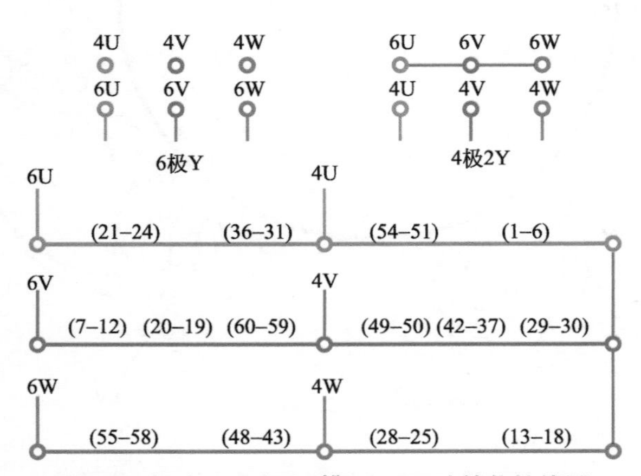

图6-26（a） 6/4极60槽Y/2Y双速简化接线图

3. 双速变极接法与简化接线图

本例是Y/2Y反向变极接线，6极为Y形接法，4极则变换成2Y。变极绕组简化接线如图6-26（a）所示。

4. 6/4极双速Y/2Y绕组端面布接线图

本例绕组采用双层叠式布线，双速端面布接线如图6-26（b）所示。

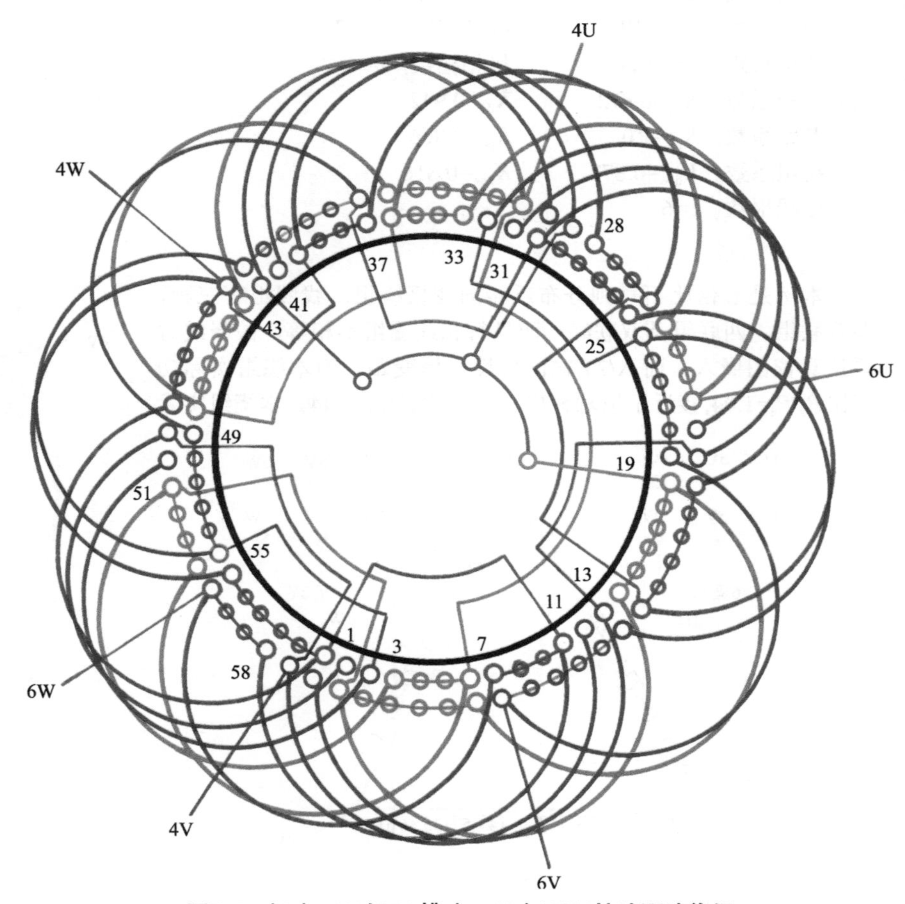

图6-26（b） 6/4极60槽（y=12）Y/2Y接法双速绕组

十、6/4极72槽（y=12）△/2Y接法双速绕组

1.绕组结构参数

定子槽数	Z=72	双速极数	$2p$=6/4
总线圈数	Q=72	变极接法	△/2Y
线圈组数	u=14	每组圈数	S=8、4、2
每槽电角	α=15°/10°	线圈节距	y=12
绕组极距	τ=12/18	极相槽数	q=4/6
分布系数	K_{d6}=0.872		K_{d4}=0.942
节距系数	K_{p6}=1.0		K_{p4}=0.866
绕组系数	K_{dp6}=0.872		K_{dp4}=0.816
出线根数	c=6		

2.绕组布接线特点

本例是非倍比不规则分布反转向变极绕组。线圈组有三种，即八联组、四联组及双联组，而且每相线圈组不相等，故嵌线时要认真依图嵌入。而△/2Y输出特性虽属变距；但本绕组实际功率比P_6/P_4=1.04,接近于恒功输出，转矩比T_6/T_4=1.44。本绕组实际应用有YD250M-6/4。

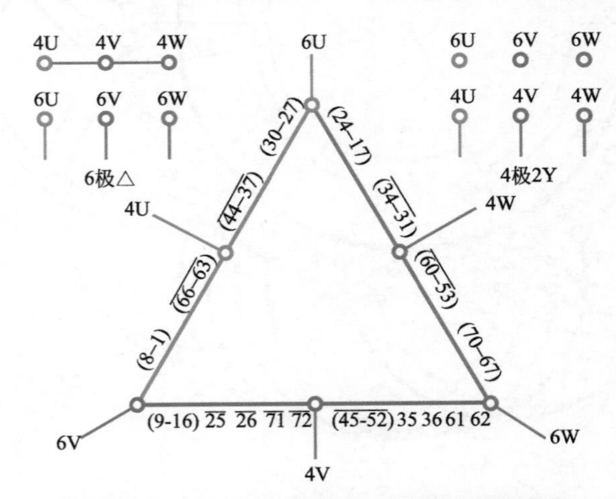

图6-27（a） 6/4极72槽△/2Y双速简化接线图

3.双速变极接法与简化接线图

本例绕组采用△/2Y变极接法，变极绕组简化接线如图6-27（a）所示。

4. 6/4极双速△/2Y绕组端面布接线图

本绕组是采用双层叠式布线，绕组端面布接线如图6-27（b）所示。

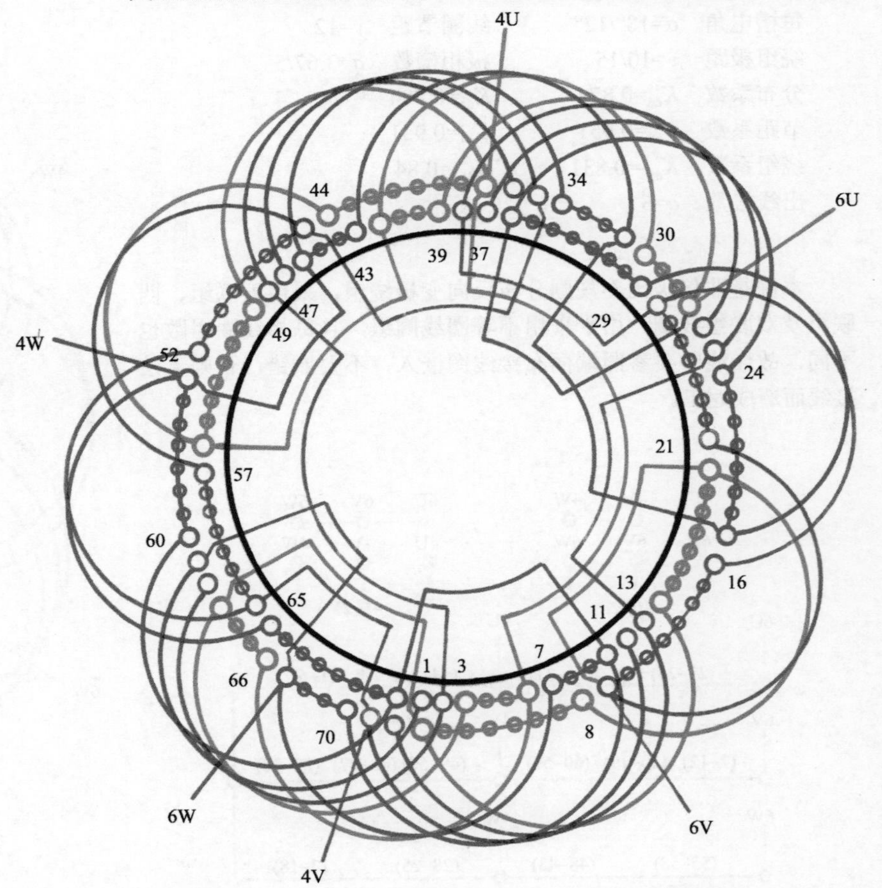

图6-27（b） 6/4极72槽（y=12）△/2Y接法双速绕组

十一、* 6/4极72槽（y=12）Y/2Y接法双速绕组

1. 绕组结构参数

定子槽数	Z=72	双速极数	$2p$=6/4
总线圈数	Q=72	变极接法	Y/2Y
线圈组数	u=14	每组圈数	S=2、4、8
每槽电角	α=15°/10°	线圈节距	y=12
绕组极距	τ=12/18	极相槽数	q=4/6
分布系数	K_{d6}=0.872		K_{d4}=0.942
节距系数	K_{p6}=1.0		K_{p4}=0.866
绕组系数	K_{dp6}=0.872		K_{dp4}=0.816
出线根数	c=6		

2. 绕组布接线特点

本例与上例采用同一变极方案，即是非倍极比不规则变极绕组，两种转速反转运行。绕组每相线圈组数不等，且每组圈数也不等，故重绕嵌线要特别注意，按图中次序嵌入线圈组，以免搞错造成返工。

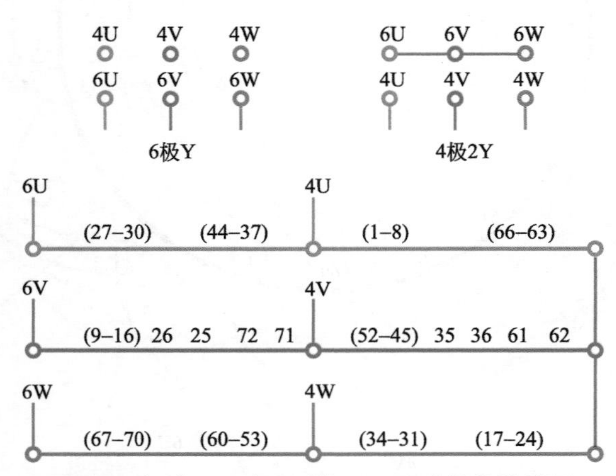

图6-28（a） 6/4极72槽Y/2Y双速简化接线图

3. 双速变极接法与简化接线图

本例双速绕组采用反向法Y/2Y接法，即6极时为一路Y形，变换到二路Y形则是4极。变极绕组简化接线如图6-28（a）所示。

4. 6/4极双速Y/2Y绕组端面布接线图

本例采用双层叠式布线，绕组端面布接线如图6-28（b）所示。

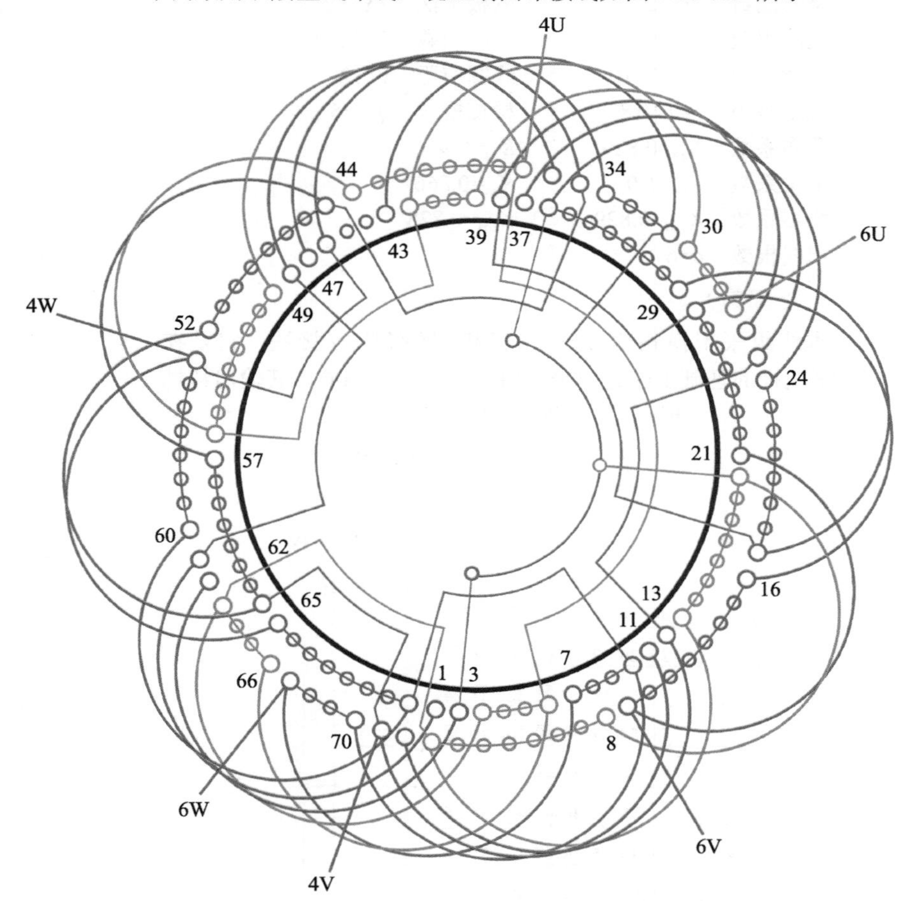

图6-28（b） 6/4极72槽（y=12）Y/2Y接法双速绕组

十二、6/4极72槽（y=12）3Y/3Y接法（换相变极）双速绕组

1.绕组结构参数

定子槽数	Z=72	双速极数	$2p$=6/4
总线圈数	Q=72	变极接法	3Y/3Y
线圈组数	u=18	每组圈数	S=6、4、2
每槽电角	α=15°/10°	线圈节距	y=12
绕组极距	τ=12/18	极相槽数	q=4/6
分布系数	K_{d6}=0.829		K_{d4}=0.956
节距系数	K_{p6}=1.0		K_{p4}=0.866
绕组系数	K_{dp6}=0.829		K_{dp4}=0.828
出线根数	c=6		

2.绕组布接线特点

本绕组采用换相变极法，6极和4极都是3Y接法，它是在3Y/4Y变极的基础上改进而来，由于双速接法相同，其输出特性只宜用于某转速为主工作而另一转速辅助运行的工作场合。此绕组与24极单速配套构成4/6/24极双绕组三速电动机，用于塔吊。主要应用实例有YQTD200L-4/6/24等。

3.双速变极接法与简化接线图

本例绕组采用3Y/3Y变极接法，即6极和4极都是3Y接法。变极绕组简化接线如图6-29（a）所示。

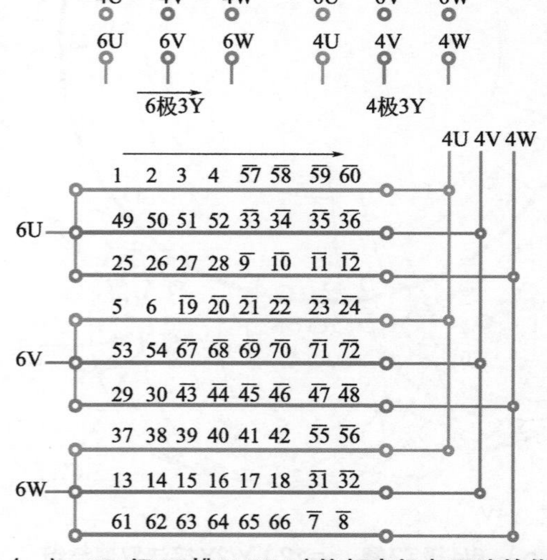

图6-29（a） 6/4极72槽3Y/3Y（换相变极）双速简化接线图

4. 6/4极双速3Y/3Y绕组端面布接线图

本绕组是双层叠式布线，绕组端面布接线如图6-29（b）所示。

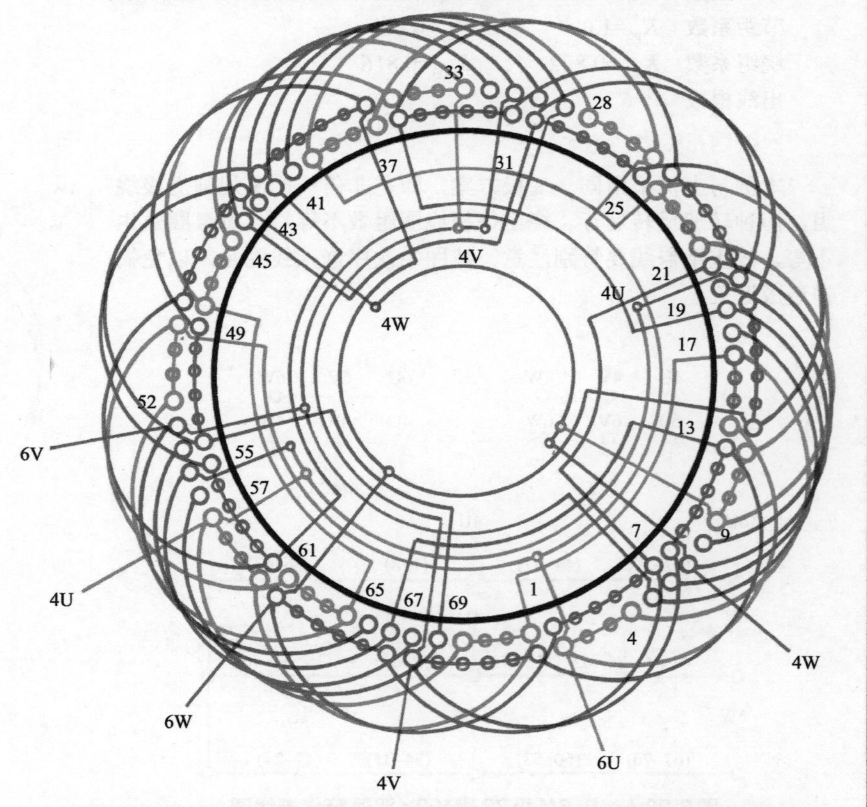

图6-29（b） 6/4极72槽（y=12）3Y/3Y接法（换相变极）双速绕组

十三、6/4极72槽（y=13）△/2Y接法双速绕组

1.绕组结构参数

定子槽数	Z=72	双速极数	2p=6/4
总线圈数	Q=72	变极接法	△/2Y
线圈组数	u=14	每组圈数	S=2、4、8
每槽电角	α=15°/10°	线圈节距	y=13
绕组极距	τ=12/18	极相槽数	q=4/6
分布系数	K_{d6}=0.872		K_{d4}=0.942
节距系数	K_{p6}=0.991		K_{p4}=0.906
绕组系数	K_{dp6}=0.864		K_{dp4}=0.853
出线根数	c=6		

2.绕组布接线特点

本例是常规△/2Y接法非倍极比不规则分布双速绕组，两种转速下的转向相反。适用于恒功率输出的场合，双速电动机功率比P_6/P_4=0.998，转矩比T_6/T_4=1.498。主要应用实例有JDO2-81-6/4等系列产品。

3.双速变极接法与简化接线图

本例采用△/2Y接法反向变极，即6极△形接法，4极变换成2Y接法。变极绕组简化接线如图6-30（a）所示。

4. 6/4极双速△/2Y绕组端面布接线图

本例绕组采用双层叠式布线，双速电动机绕组端面布接线如图6-30（b）所示。

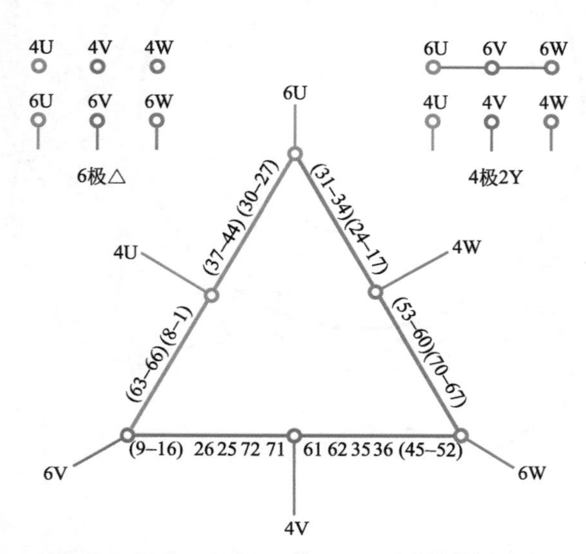

图6-30（a） 6/4极72槽△/2Y双速简化接线图

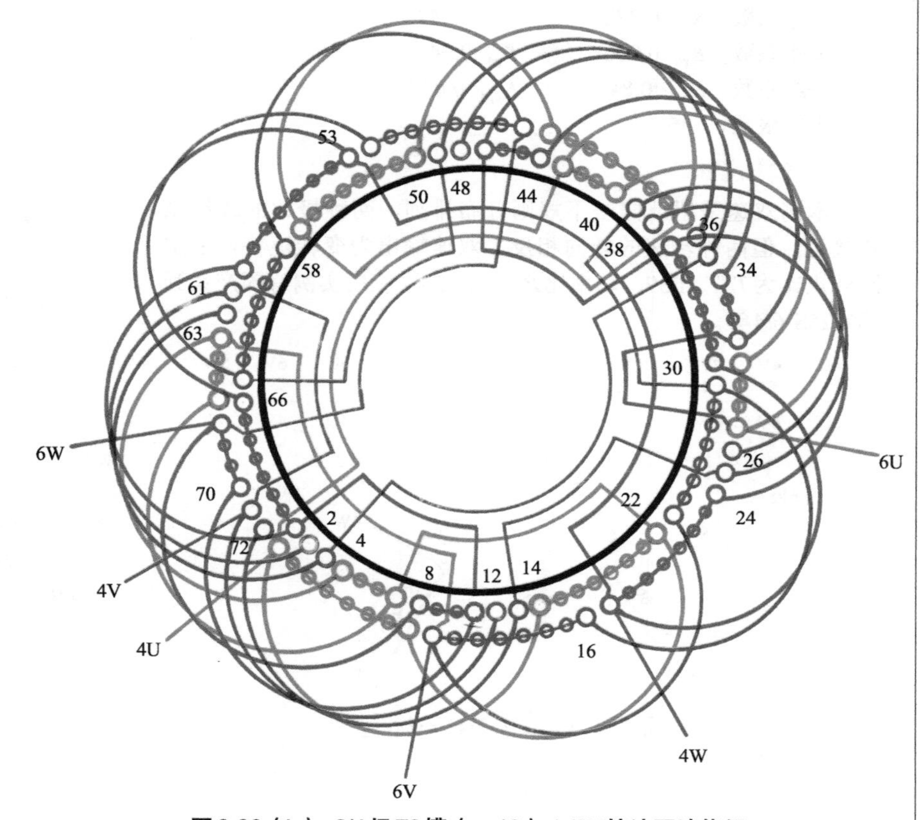

图6-30（b） 6/4极72槽（y=13）△/2Y接法双速绕组

十四、6/4极72槽（y=14）△/2Y接法双速绕组

1.绕组结构参数

定子槽数	Z=72	双速极数	$2p$=6/4
总线圈数	Q=72	变极接法	△/2Y
线圈组数	u=14	每组圈数	S=8、4、2
每槽电角	α=15°/10°	线圈节距	y=14
绕组极距	τ=12/18	极相槽数	q=4/6
分布系数	K_{d6}=0.872		K_{d4}=0.942
节距系数	K_{p6}=0.966		K_{p4}=0.94
绕组系数	K_{dp6}=0.842		K_{dp4}=0.885
出线根数	c=6		

2.绕组布接线特点

本例双速采用反向法不规则分布排列，两种极数的绕组系数接近，但两种转速的转向相反。双速输出为变转矩特性；实际转矩比为T_6/T_4=1.39，功率比P_6/P_4=0.926。应用实例有国产系列YD225S-6/4等。

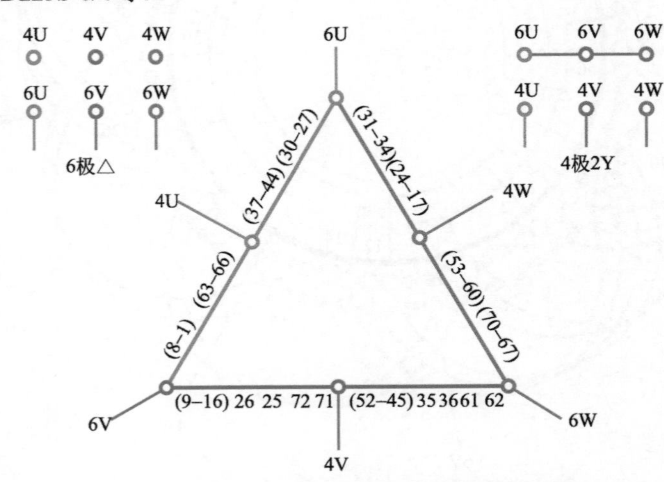

图6-31（a） 6/4极72槽△/2Y双速简化接线图

3.双速变极接法与简化接线图

本例绕组采用反向法△/2Y变极接法，6极接成△形，4极变换为2Y形，变极绕组简化接线如图6-31（a）所示。

4. 6/4极双速△/2Y绕组端面布接线图

本例是双层叠式布线，端面布接线如图6-31（b）所示。

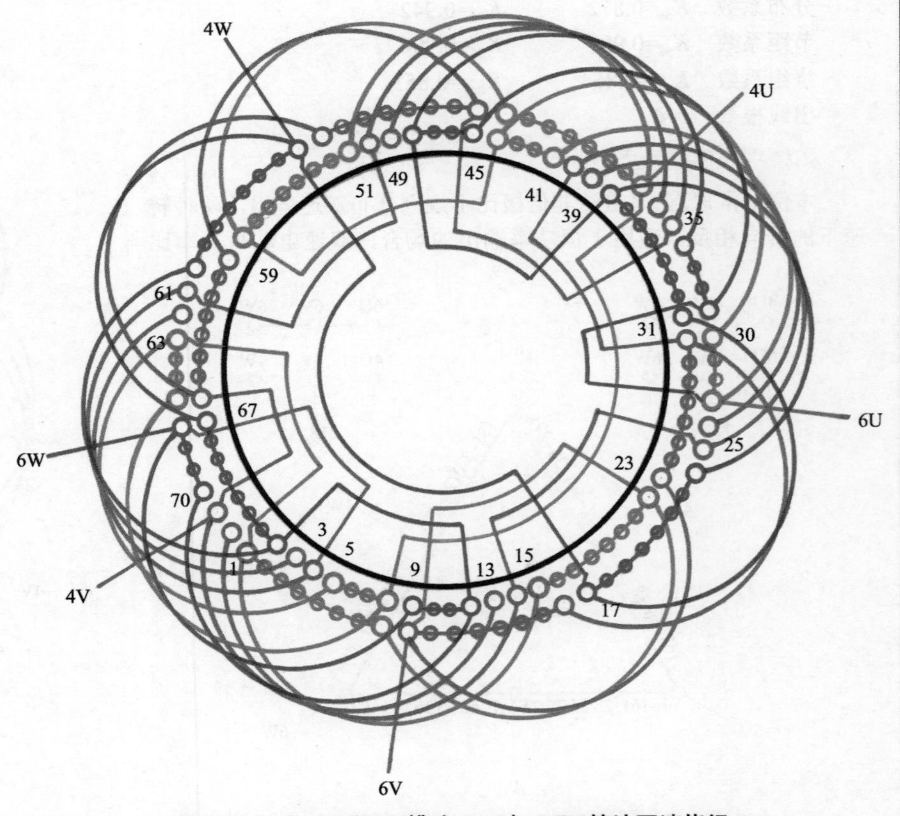

图6-31（b） 6/4极72槽（y=14）△/2Y接法双速绕组

十五、* 6/4极72槽（y=13）Y-△/2Y接法（Y形启动）双速绕组

1. 绕组结构参数

定子槽数	Z=72	双速极数	$2p$=6/4
总线圈数	Q=72	变极接法	Y-△/2Y
线圈组数	u=14	每组圈数	S=8、4、2
每槽电角	α=15°/10°	线圈节距	y=13
绕组极距	τ=12/18	极相槽数	q=4/6
分布系数	K_{d6}=0.872		K_{d4}=0.942
节距系数	K_{p6}=0.966		K_{p4}=0.991
绕组系数	K_{dp6}=0.864		K_{dp4}=0.853
出线根数	c=9		

2. 绕组布接线特点

本例是1Y启动、△/2Y运行双速。它采用反向法非倍极比不规则分布，双速绕组的两种转速是反转向运行。此双速是一种新的接法，引出线9根，它是在△/2Y双速基础上变通，将三角形解开，使之接成三相Y形用以低速启动，然后再转到△形运转；如若加速则再度换到4极（2Y）高速运行。

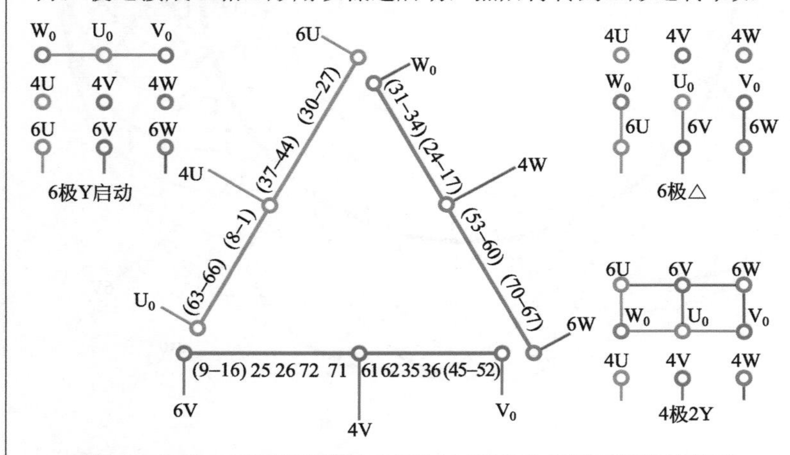

图6-32（a） 6/4极72槽Y-△/2Y（Y形启动）双速简化接线图

3. 双速变极接法与简化接线图

本例的基本接法仍是△/2Y，但将△形解开成三相绕组以便接成Y形启动。简化接线如图6-32（a）所示。

4. 6/4极双速Y-△/2Y接法绕组端面布接线图

本例采用双层叠式，绕组端面布接线如图6-32（b）所示。

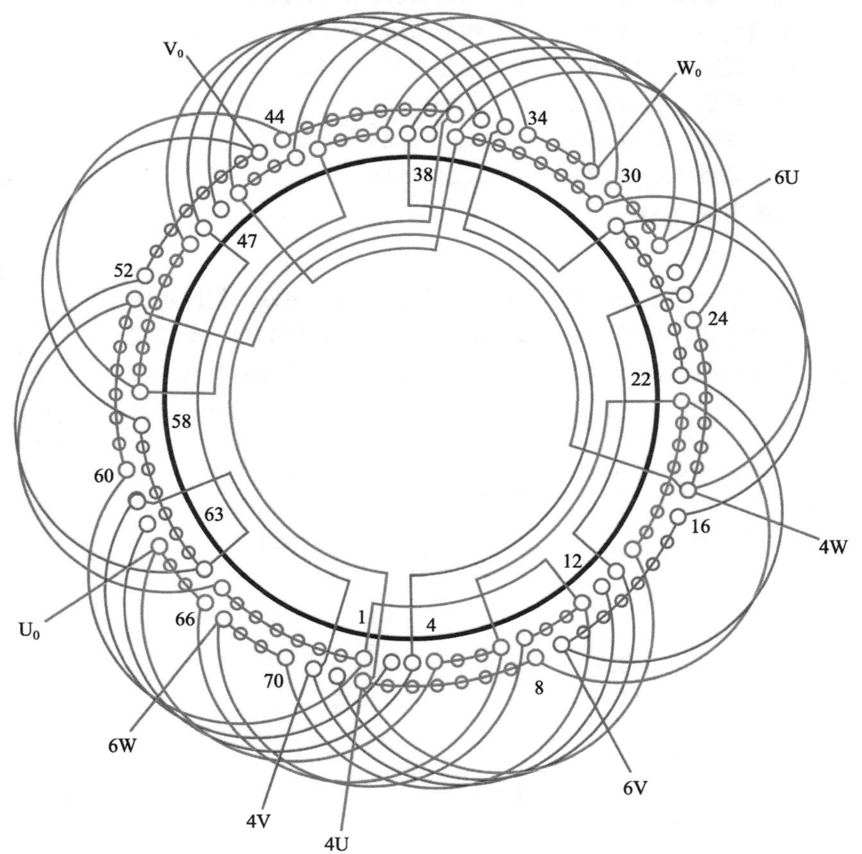

图6-32（b） 6/4极72槽（y=13）Y-△/2Y接法（Y形启动）双速绕组

十六、6/4极72槽（y=13）△/2Y接法（单层布线）双速绕组

1.绕组结构参数

定子槽数　Z=72　　双速极数　$2p$=6/4
总线圈数　Q=36　　变极接法　△/2Y
线圈组数　u=14　　每组圈数　S=4、2、1
每槽电角　α=15°/10°　　线圈节距　y=13
绕组极距　τ=12/18　　极相槽数　q=4/6
分布系数　K_{d6}=0.872　　K_{d4}=0.753
节距系数　K_{p6}=0.991　　K_{p4}=0.906
绕组系数　K_{dp6}=0.864　　K_{dp4}=0.682
出线根数　c=6

2.绕组布接线特点

本例是单层布线，每组线圈有四联、双联和单联，但同组线圈是隔槽连绕，故嵌线也是隔槽嵌入，而且要依图分布，勿使错乱。而变极绕组属反向法不规则分布，适用于高低速需要功率较接近的工作场合使用。

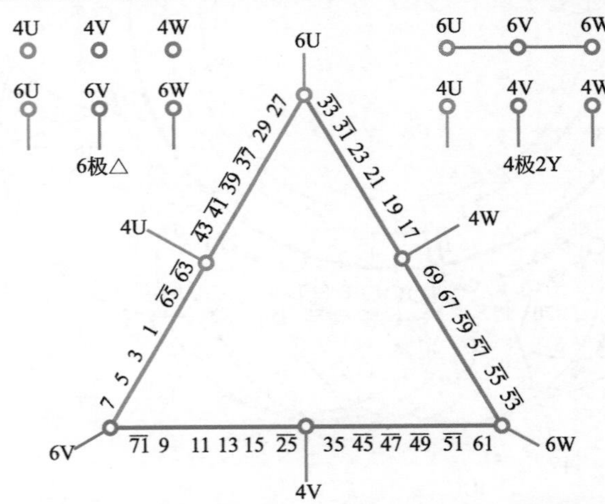

图6-33（a） 6/4极72槽△/2Y（单层布线）双速简化接线图

3.双速变极接法与简化接线图

本例采用△/2Y变极接法，绕组简化接线如图6-33（a）所示。

4. 6/4极双速△/2Y

本例是单层叠式隔槽布线，端面布接线如图6-33（b）所示。

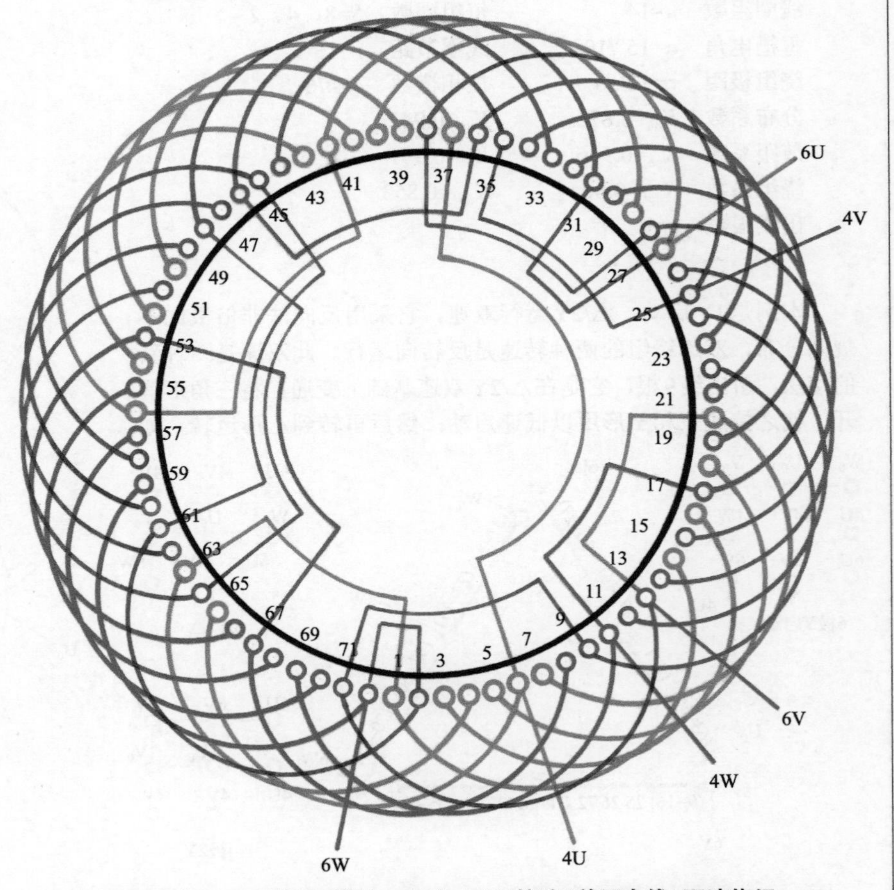

图6-33（b） 6/4极72槽（y=13）△/2Y接法(单层布线)双速绕组

第七章 双速电动机 8/6 极绕组端面布接线图

本章是非倍极比8/6极双速，它属于近极比中应用较多的变极绕组；故在国产系列的新老产品中占有一席之地，但就变极接法而言，则全部采用反向变极的△/2Y接法。8/6极的其他接法如Y/2Y、2Y＋3Y/3Y等主要见用于派生专用及中外合资产品。本章收入内容不多，仅分两节进行介绍。

第一节　8/6 极 36 槽非倍极比双速绕组

本节内容是36槽8/6极双速绕组，共收入7图例，除1例是新近设计的换相变极△/△接法外，其余均为反向法常规采用的△/2Y接法。今用端面模拟画法绘成双速绕组布接线彩图，以供修理者参考。

一、8/6极36槽（y=4）△/2Y接法（同转向非正规分布）双速绕组

1.绕组结构参数

定子槽数	Z=36	双速极数	$2p$=8/6
总线圈数	Q=36	变极接法	△/2Y
线圈组数	u=24	每组圈数	S=1、2
每槽电角	α=40°/30°	线圈节距	y=4
绕组极距	τ=4.5/6	极相槽数	q=1.5/2
分布系数	K_{d8}=0.831		K_{d6}=0.88
节距系数	K_{p8}=0.985		K_{p6}=0.866
绕组系数	K_{dp8}=0.819		K_{dp6}=0.762
出线根数	c=6		

2.绕组布接线特点

本例绕组采用非倍极比不规则分布方案，两种转速的转向相同。功率比P_8/P_6=0.931，转矩比T_8/T_6=1.24，即实际输出属可变转矩特性。适用于两种转速工作时输出功率接近的使用场合。主要应用实例如YD132M-8/6等。

3.双速变极接法与简化接线图

本例采用△/2Y变极接法，双速绕组简化接线如图7-1（a）所示。

4. 8/6极双速△/2Y绕组端面布接线图

本例是双层叠式布线，双速绕组端面布接线如图7-1（b）所示。

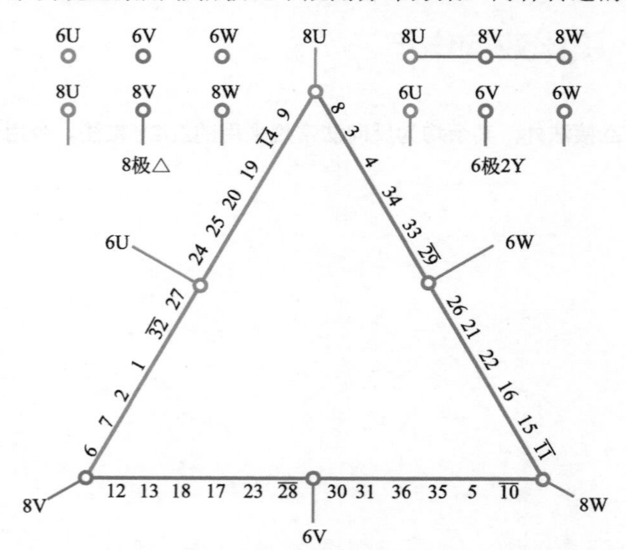

图7-1（a） 8/6极36槽△/2Y（同转向非正规分布）双速简化接线图

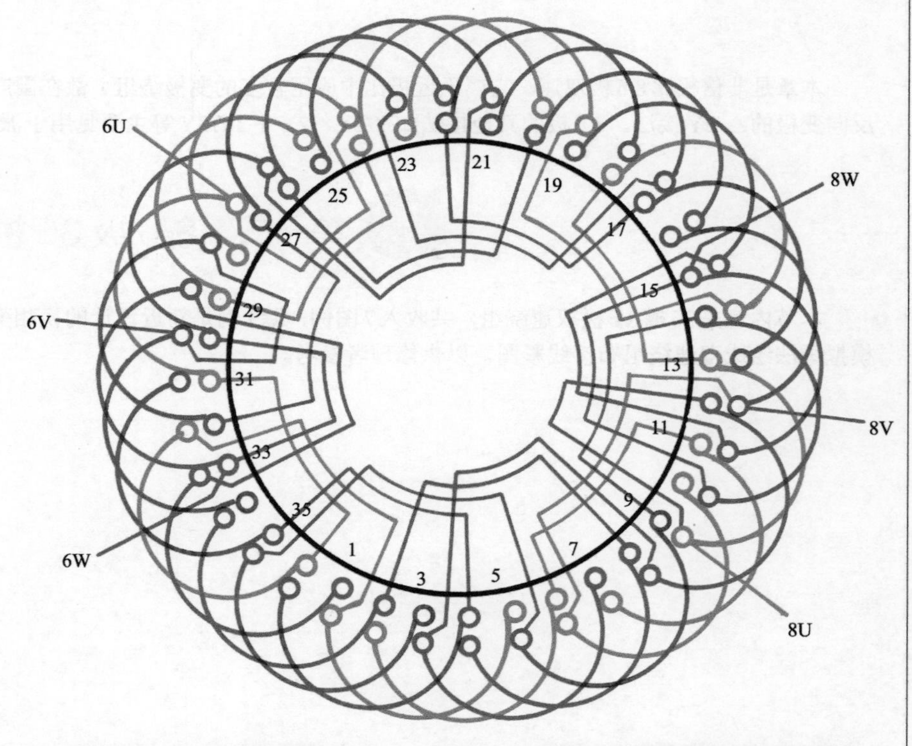

图7-1（b） 8/6极36槽（y=4）△/2Y接法（同转向非正规分布）双速绕组

二、8/6极36槽（y=4）△/2Y接法（反转向非正规分布）双速绕组

1.绕组结构参数

定子槽数	Z=36	双速极数	$2p$=8/6
总线圈数	Q=36	变极接法	△/2Y
线圈组数	u=16	每组圈数	S=1、2、3
每槽电角	α=40°/30°	线圈节距	y=4
绕组极距	τ=4.5/6	极相槽数	q=1.5/2
分布系数	K_{d8}=0.831		K_{d6}=0.88
节距系数	K_{p8}=0.985		K_{p6}=0.866
绕组系数	K_{dp8}=0.819		K_{dp6}=0.762
出线根数	c=6		

2.绕组布接线特点

本例8极是120°相带绕组，6极采用非正规分布，即每相为2、4、4、2分布，故绕组系数较接近；适用于两种极数下要求功率接近的场合。在国产系列中应用不多，曾见用于YD132M-8/6的产品。

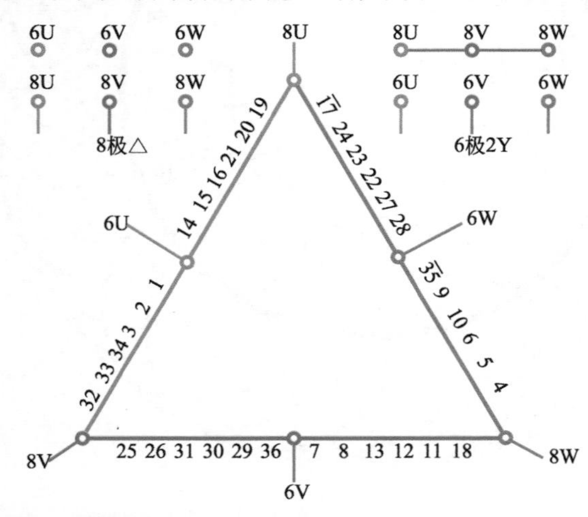

图7-2（a） 8/6极36槽△/2Y（反转向非正规分布）双速简化接线图

3.双速变极接法与简化接线图

本例采用△/2Y反向变极接法，双速绕组简化接线如图7-2（a）所示。

4. 8/6极双速△/2Y绕组端面布接线图

本例绕组采用双层叠式布线，端面布接线如图7-2（b）所示。

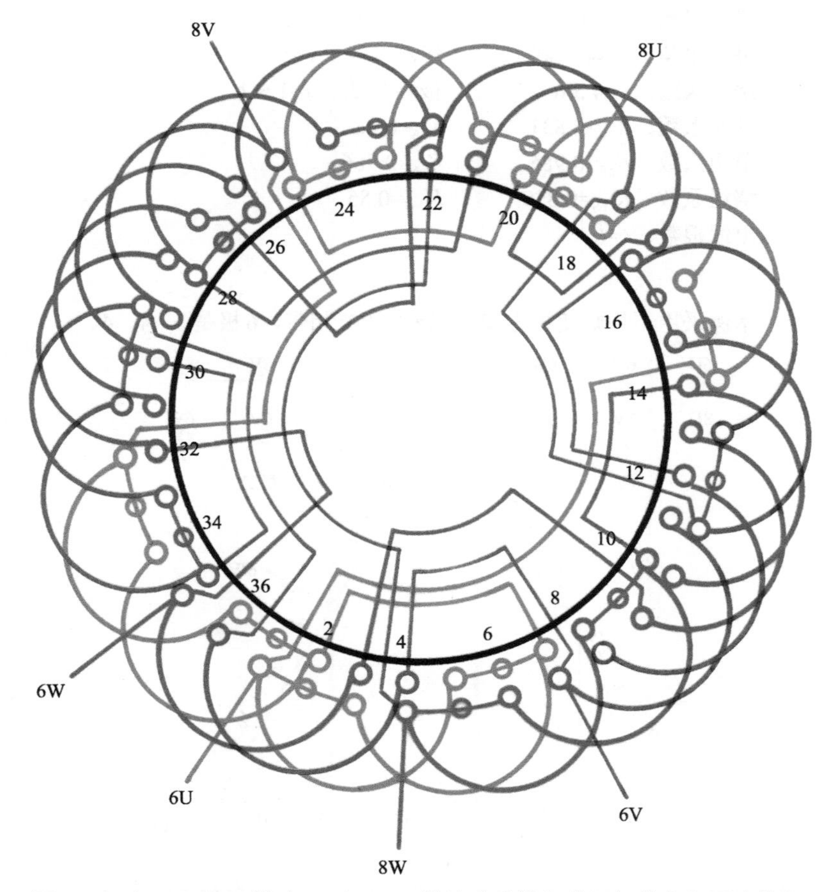

图7-2（b） 8/6极36槽（y=4）△/2Y接法（反转向非正规分布）双速绕组

三、8/6极36槽（y=5）△/2Y接法（同转向非正规分布）双速绕组

1. 绕组结构参数

定子槽数	Z=36	双速极数	$2p$=8/6
总线圈数	Q=36	变极接法	△/2Y
线圈组数	u=24	每组圈数	S=2、1
每槽电角	α=40°/30°	线圈节距	y=5
绕组极距	τ=4.5/6	极相槽数	q=1.5/2
分布系数	K_{d8}=0.831		K_{d6}=0.88
节距系数	K_{p8}=0.985		K_{p6}=0.966
绕组系数	K_{dp8}=0.819		K_{dp6}=0.85
出线根数	c=6		

2. 绕组布接线特点

本例采用不规则变极方案，8极为120°相带，6极是2、4、4、2非正规分布。双速是同转向变极方案，两种极数下的绕组系数接近，电动机输出趋向于等转矩输出，转矩比T_8/T_6=1.11，功率比P_8/P_6=0.834。主要应用实例有YD100L-8/6，JDO2-41-8/6等。

3. 双速变极接法与简化接线图

本例采用△/2Y接法，绕组端面布接线如图7-3（a）所示。

4. 8/6极双速△/2Y绕组端面布接线图

本例绕组采用双层叠式布线，双速绕组端面布接线如图7-3（b）所示。

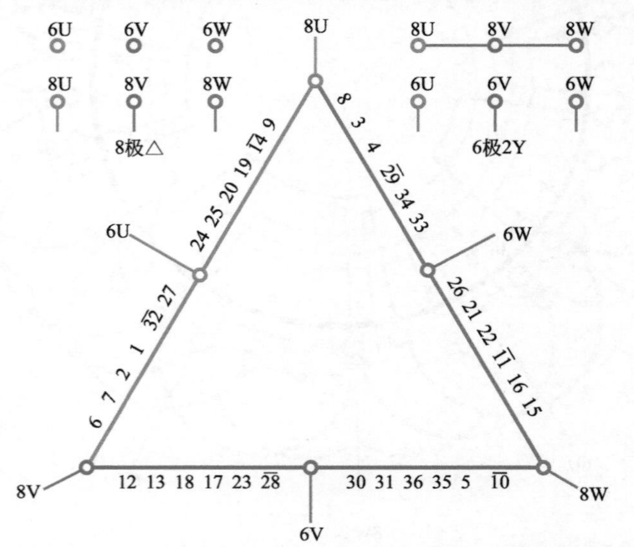

图7-3（a） 8/6极36槽△/2Y（同转向非正规分布）双速简化接线图

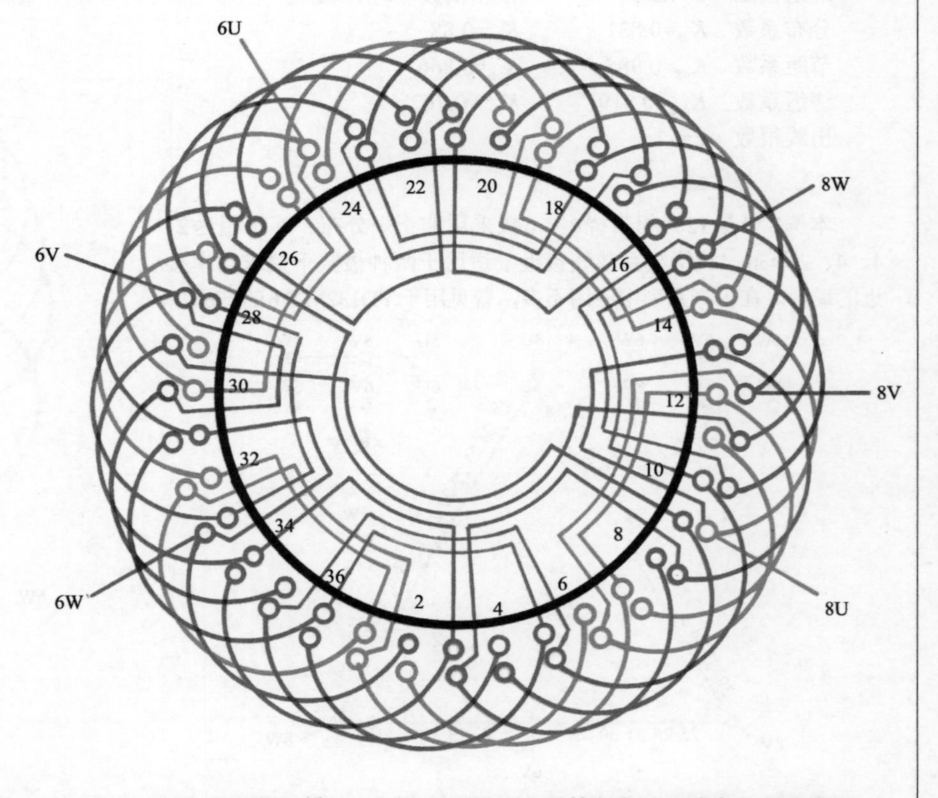

图7-3（b） 8/6极36槽（y=5）△/2Y接法（同转向非正规分布）双速绕组

四、8/6极36槽（y=5）△/2Y接法（反转向非正规分布）双速绕组

1.绕组结构参数

定子槽数　Z=36　　双速极数　$2p$=8/6
总线圈数　Q=36　　变极接法　△/2Y
线圈组数　u=16　　每组圈数　S=1、2、3
每槽电角　α=40°/30°　　线圈节距　y=5
绕组极距　τ=4.5/6　　极相槽数　q=1.5/2
分布系数　K_{d8}=0.831　　K_{d6}=0.88
节距系数　K_{p8}=0.985　　K_{p6}=0.966
绕组系数　K_{dp8}=0.819　　K_{dp6}=0.85
出线根数　c=6

2.绕组布接线特点

本例是反转向非正规分布双速绕组，8极是120°相带绕组，6极是人为干预每相分布为2、4、4、2。此绕组两种极数下的绕组系数更为接近，故适用于要求两种转速下功率输出接近的负载。本例在国产系列中应用不多，仅见于某厂家的JDO2-71-8/6。

3.双速变极接法与简化接线图

本例采用△/2Y变极接法，双速绕组简化接线如图7-4（a）所示。

4. 8/6极双速绕组端面布接线图

本例是双层叠式布线，双速绕组端面布接线如图7-4（b）所示。

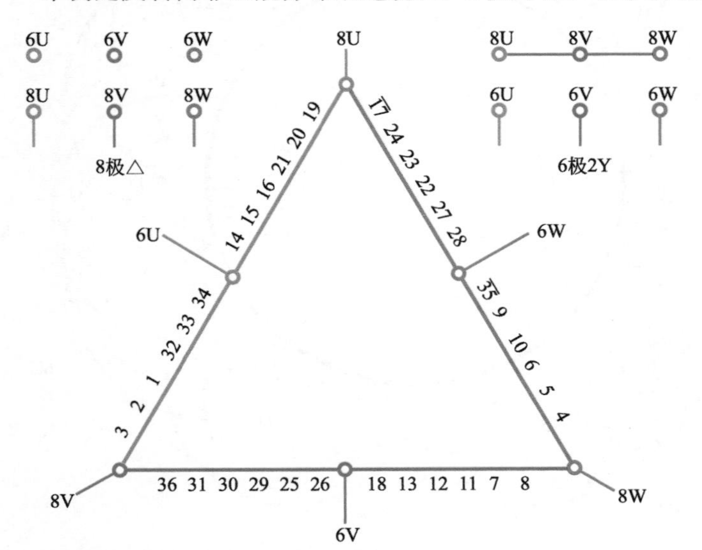

图7-4（a）　8/6极36槽△/2Y（反转向非正规分布）双速简化接线图

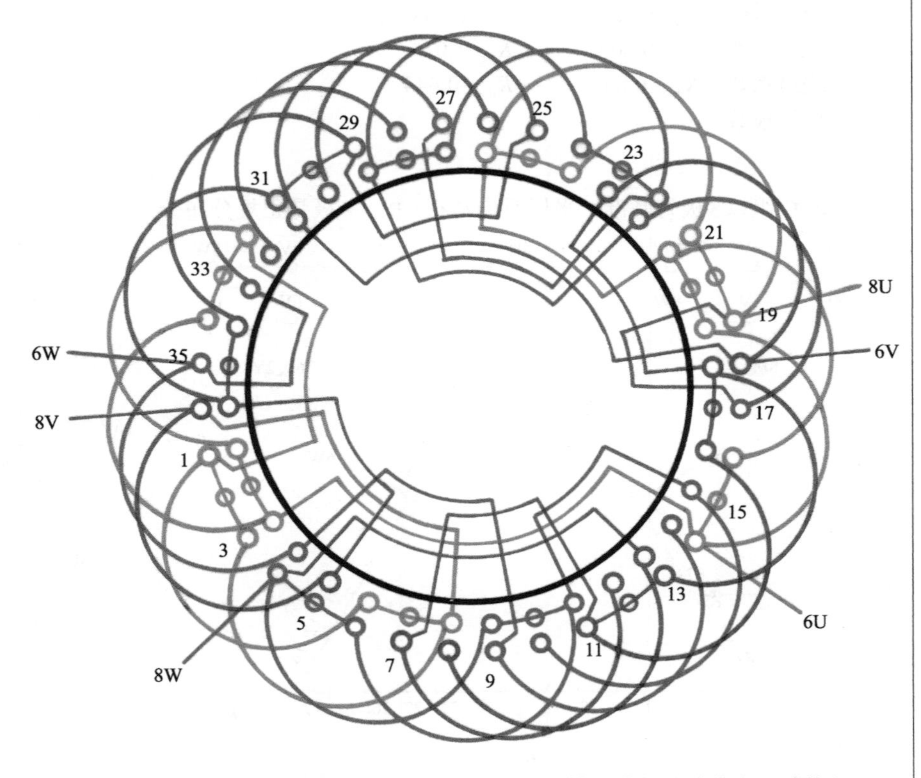

图7-4（b）　8/6极36槽（y=5）△/2Y接法（反转向非正规分布）双速绕组

五、8/6极36槽（y=6）△/2Y接法（同转向正规分布）双速绕组

1.绕组结构参数

定子槽数	Z=36	双速极数	$2p$=8/6
总线圈数	Q=36	变极接法	△/2Y
线圈组数	u=26	每组圈数	S=1、2
每槽电角	α=40°/30°	线圈节距	y=6
绕组极距	τ=4.5/6	极相槽数	q=1.5/2
分布系数	K_{d8}=0.958		K_{d6}=0.644
节距系数	K_{p8}=0.866		K_{p6}=1.0
绕组系数	K_{dp8}=0.83		K_{dp6}=0.644
出线根数	c=6		

2.绕组布接线特点

本绕组以8极为基准，采用反向法得6极。8极是正规分布分数绕组，两种极数转向相同。由于采用正规分布变极，6极的绕组系数较低，故此绕组适用于低速正常工作，高速用于辅助运行的场合。本绕组应用实例有JDO2-52-8/6。

3.双速变极接法与简化接线图

本例绕组是△/2Y接法双速，变极绕组简化接线如图7-5（a）所示。

4. 8/6极双速△/2Y绕组端面布接线图

本例绕组是采用双层叠式布线，双速绕组端面布接线如图7-5（b）所示。

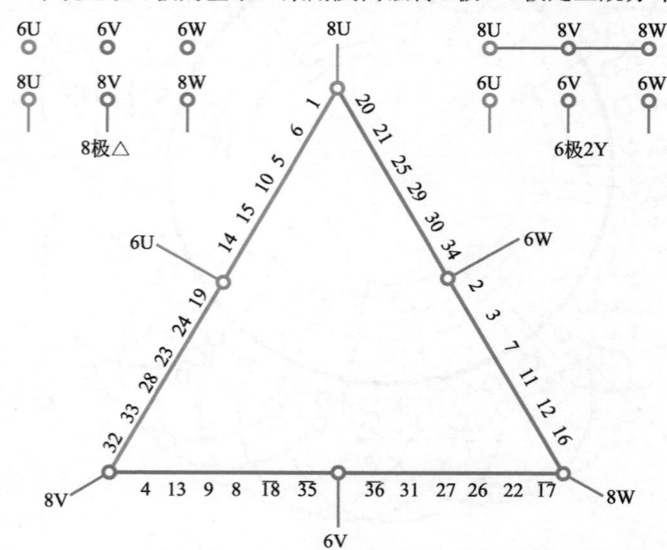

图7-5（a） 8/6极36槽△/2Y（同转向正规分布）双速简化接线图

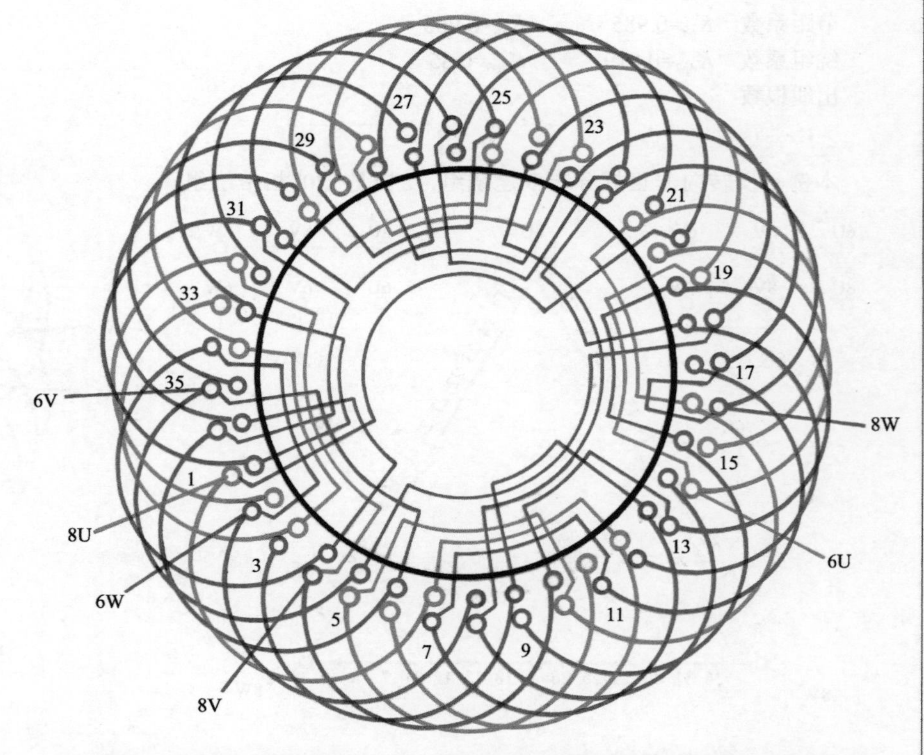

图7-5（b） 8/6极36槽（y=6）△/2Y接法（同转向正规分布）双速绕组

六、* 8/6极36槽（y=6）△/2Y接法（反转向正规分布）双速绕组

1. 绕组结构参数

定子槽数 $Z=36$　　双速极数 $2p=8/6$

总线圈数 $Q=36$　　变极接法 △/2Y

线圈组数 $u=26$　　每组圈数 S=1、2

每槽电角 $\alpha=40°/30°$　　线圈节距 $y=6$

绕组极距 $\tau=4.5/6$　　极相槽数 $q=1.5/2$

分布系数 $K_{d8}=0.958$　　$K_{d6}=0.644$

节距系数 $K_{p8}=0.866$　　$K_{p6}=1.0$

绕组系数 $K_{dp8}=0.83$　　$K_{dp6}=0.644$

出线根数 $c=6$

2. 绕组布接线特点

本例是反向法正规分布变极方案，两种极数下反转向运行，本绕组与上例都具有线圈组数多的特点，而且都是单圈组和双圈组，所以接线会比较繁琐，故其工艺性较差。此绕组应用实例有JDO2-51-8/6。

3. 双速变极接法与简化接线图

本例采用△/2Y变极接法，变极绕组简化接线如图7-6（a）所示。

4. 8/6极双速△/2Y绕组端面布接线图

本例采用双层叠式布线，绕组端面布接线如图7-6（b）所示。

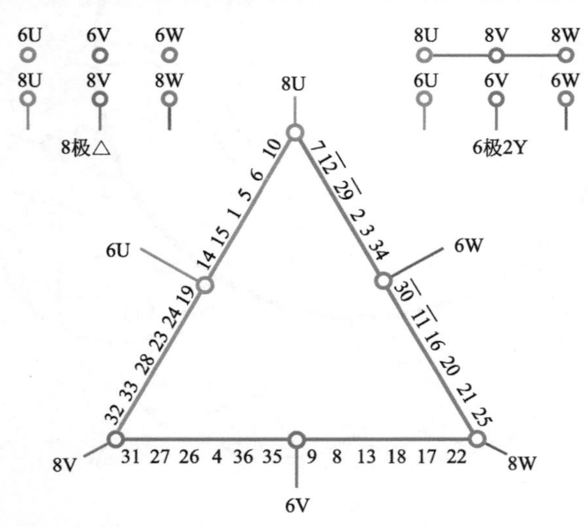

图7-6（a） 8/6极36槽△/2Y（反转向正规分布）双速简化接线图

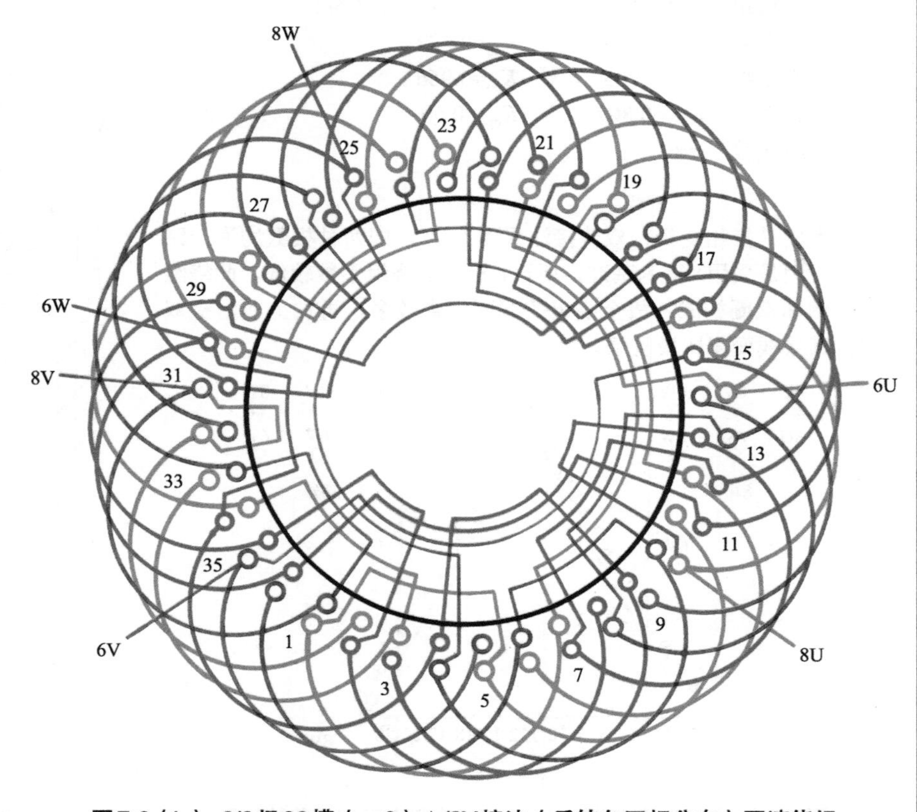

图7-6（b） 8/6极36槽（y=6）△/2Y接法（反转向正规分布）双速绕组

七、* 8/6极36槽（y=5）△/△接法（换相变极）双速绕组

1. 绕组结构参数

定子槽数	Z=36	双速极数	$2p$=8/6
总线圈数	Q=36	变极接法	△/△
线圈组数	u=24	每组圈数	S=2、1
每槽电角	α=40°/30°	线圈节距	y=5
绕组极距	τ=4.5/6	极相槽数	q=1.5/2
分布系数	K_{d8}=0.819		K_{d6}=0.622
节距系数	K_{p8}=0.985		K_{p6}=0.966
绕组系数	K_{dp8}=0.807		K_{dp6}=0.60
出线根数	c=6		

2. 绕组布接线特点

本例是换相变极，双速接法采用△/△，即两种极数均为一路△形。因是采用8极为基准，所以6极时的绕组系数较低。此绕组由单圈和双圈构成，故全绕组的线圈组数较多，再加上非倍极双速，其接线变得比较复杂。

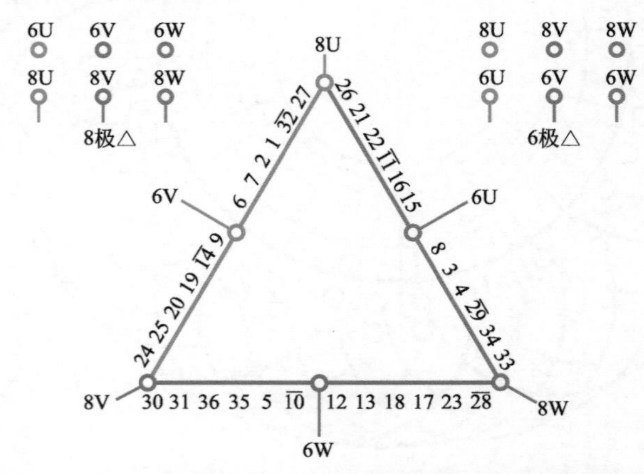

图7-7（a） 8/6极36槽△/△（换相变极）双速简化接线图

3. 双速变极接法与简化接线图

本例采用△/△变极接法，双速绕组简化接线如图7-7（a）所示。

4. 8/6极双速△/△绕组端面布接线图

本例绕组是双层叠式布线，双速绕组端面布接线如图7-7（b）所示。

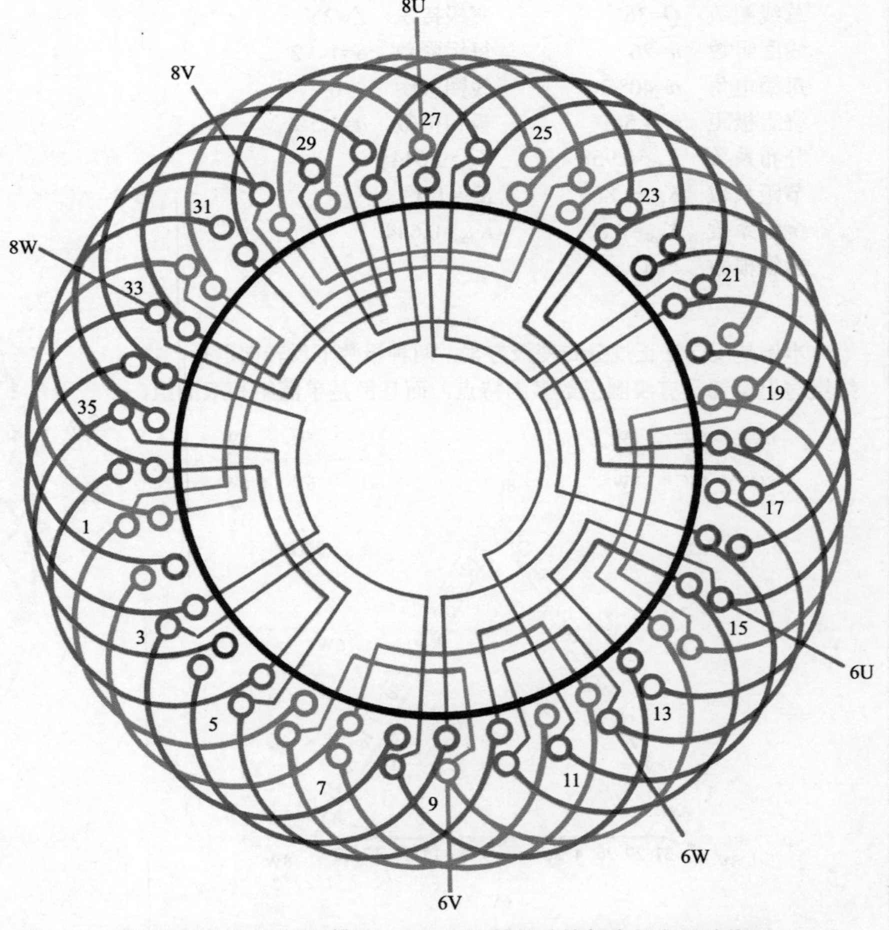

图7-7（b） 8/6极36槽（y=5）△/△接法（换相变极）双速绕组

第二节 8/6极54、72槽非倍极比双速绕组

本节内容是8/6极54槽和72槽的双速绕组，采用的变极接法除△/2Y之外，还有Y/2Y和2Y+3Y/3Y接法。本节总计收入绕组6例，即54槽和72槽各占3例。今绘制成端面布接线图，以供修理者参考。

一、8/6极54槽（y=6）△/2Y接法（同转向正规分布）双速绕组

1.绕组结构参数

定子槽数	Z=54	双速极数	$2p$=8/6
总线圈数	Q=54	变极接法	△/2Y
线圈组数	u=22	每组圈数	S=1、2、3
每槽电角	α=26.7°/20°	线圈节距	y=6
绕组极距	τ=6.75/9	极相槽数	q=2.25/3
分布系数	K_{d8}=0.619		K_{d6}=0.958
节距系数	K_{p8}=0.985		K_{p6}=0.866
绕组系数	K_{dp8}=0.61		K_{dp6}=0.83
出线根数	c=6		

2.绕组布接线特点

本例是反向法变极，以6极为基准，反向得8极两种极数同转向运行，8极时绕组系数偏低。双速输出属可变转矩特性，转矩比T_8/T_6=0.849，功率比P_8/P_6=0.636。主要应用实例有JDO2-51-8/6。

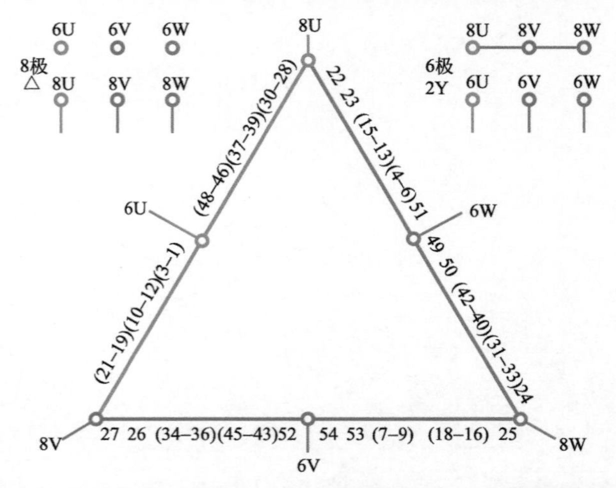

图7-8（a） 8/6极54槽△/2Y（同转向正规分布）双速简化接线图

3.双速变极接法与简化接线图

本例采用△/2Y变极接法，即8极时为△形，6极变换成2Y。变极绕组简化接线如图7-8（a）所示。

4. 8/6极双速△/2Y绕组端面布接线图

本例采用双层叠式布线，绕组端面布接线如图7-8（b）所示。

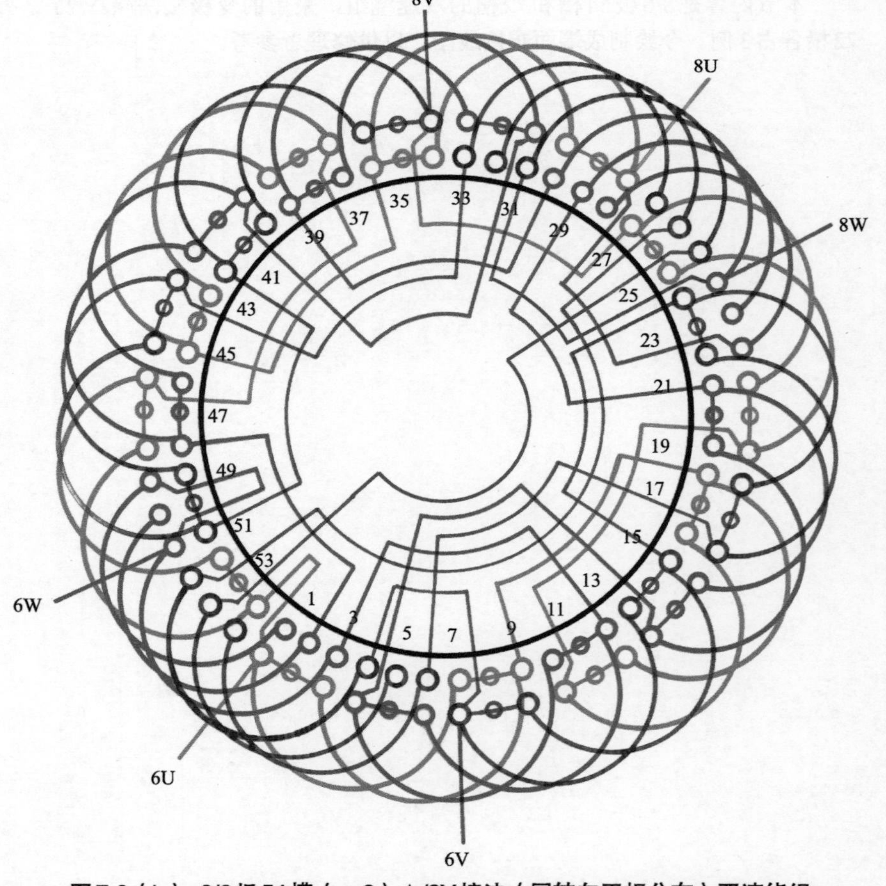

图7-8（b） 8/6极54槽（y=6）△/2Y接法（同转向正规分布）双速绕组

二、8/6极54槽（y=6）△/2Y接法（反转向正规分布）双速绕组

1.绕组结构参数

定子槽数	Z=54	双速极数	$2p$=8/6
总线圈数	Q=54	变极接法	△/2Y
线圈组数	u=22	每组圈数	S=1、2、3
每槽电角	α=26.7°/20°	线圈节距	y=6
绕组极距	τ=6.75/9	极相槽数	q=2.25/3
分布系数	K_{d8}=0.62		K_{d6}=0.96
节距系数	K_{p8}=0.985		K_{p6}=0.866
绕组系数	K_{dp8}=0.611		K_{dp6}=0.831
出线根数	c=6		

2.绕组布接线特点

本例采用反向变极正规分布方案。6极是基准极60°相带绕组，反向得8极，故8极的绕组系数较低。本绕组是采用反转向设计，即当相序不变时，两种极数下的转向相反。此绕组主要应用实例有JDO2-51-8/6等。

3.双速变极接法与简化接线图

本例采用△/2Y变极接法，双速绕组简化接线如图7-9（a）所示。

4. 8/6极双速△/2Y绕组端面布接线图

本例采用双层叠式布线，端面布接线如图7-9（b）所示。

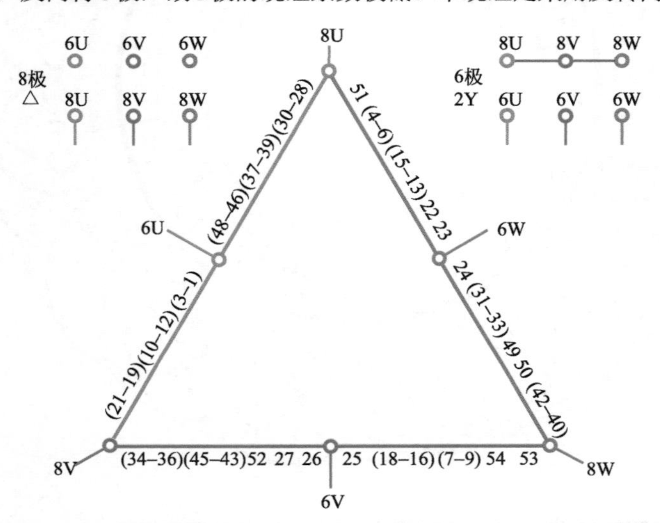

图7-9（a） 8/6极54槽△/2Y（反转向正规分布）双速简化接线图

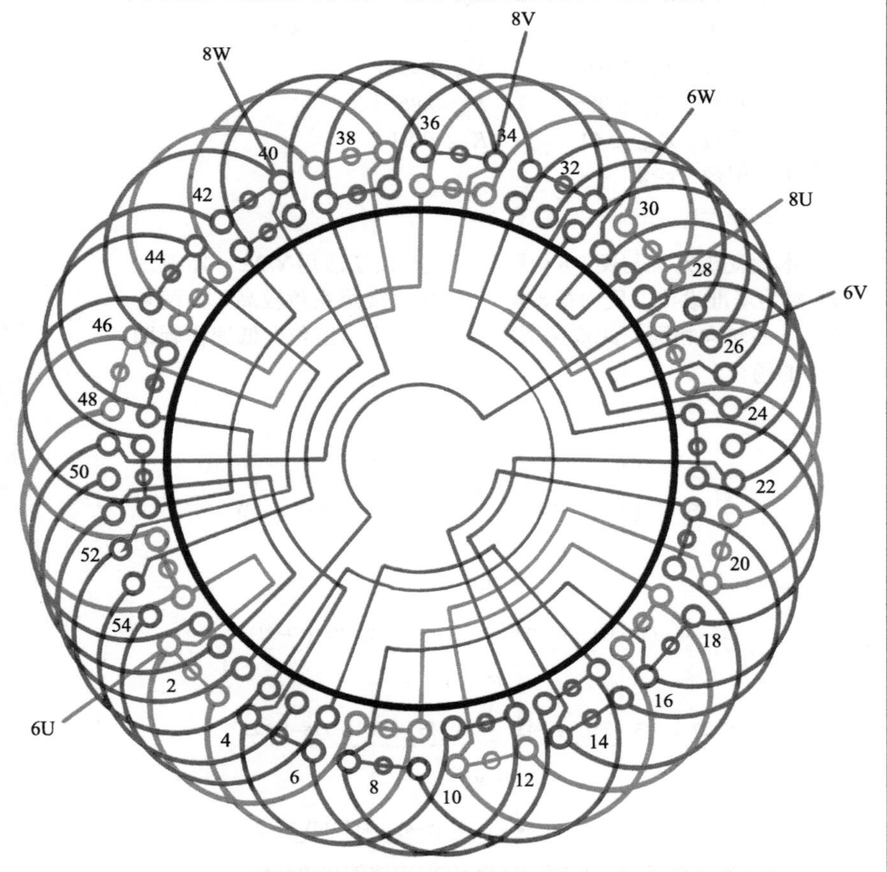

图7-9（b） 8/6极54槽（y=6）△/2Y接法（反转向正规分布）双速绕组

三、* 8/6极54槽（y=6）Y/2Y接法双速绕组

1.绕组结构参数

定子槽数　Z=54　　双速极数　$2p$=8/6
总线圈数　Q=54　　变极接法　Y/2Y
线圈组数　u=22　　每组圈数　S=3、2、1
每槽电角　α=26.7°/20°　　线圈节距　y=6
绕组极距　τ=6.75/9　　极相槽数　q=2.25/3
分布系数　K_{d8}=0.619　　K_{d6}=0.958
节距系数　K_{p8}=0.985　　K_{p6}=0.866
绕组系数　K_{dp8}=0.61　　K_{dp6}=0.83
出线根数　c=6

2.绕组布接线特点

本例变极方案与图7-8相同，但变极接法改用Y/2Y。即双速以6极为基准设计，反向得8极，故6极时绕组系数较高；而两种转速下的转向相同。此双速适宜用于高速正常工作，低速作辅助工作的场合。

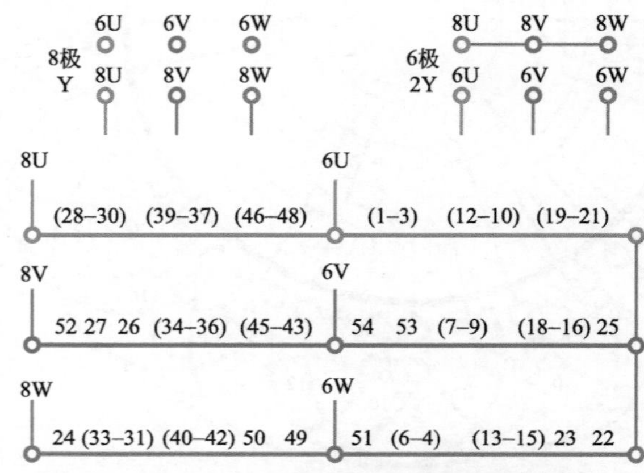

图7-10（a） 8/6极54槽Y/2Y双速简化接线图

3.双速变极接法与简化接线图

本例采用常规的Y/2Y接法，变极绕组简化接线如图7-10（a）所示。

4.8/6极双速Y/2Y绕组端面布接线图

本例是双层叠式布线，绕组端面布接线如图7-10（b）所示。

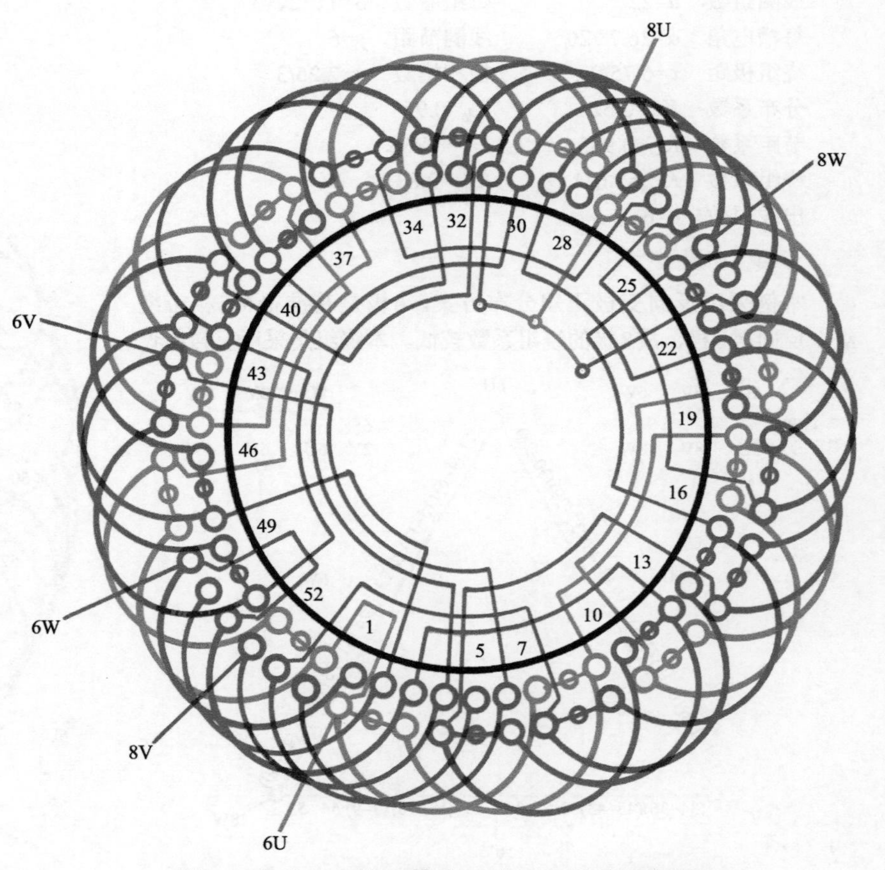

图7-10（b） 8/6极54槽（y=6）Y/2Y接法双速绕组

四、8/6极72槽（y=9）△/2Y接法双速绕组

1.绕组结构参数

定子槽数	Z=72	双速极数	$2p$=8/6
总线圈数	Q=72	变极接法	△/2Y
线圈组数	u=28	每组圈数	S=3、2、1
每槽电角	α=20°/15°	线圈节距	y=9
绕组极距	τ=9/12	极相槽数	q=3/4
分布系数	K_{d8}=0.96		K_{d6}=0.848
节距系数	K_{p8}=1.0		K_{p6}=0.924
绕组系数	K_{dp8}=0.96		K_{dp6}=0.784
出线根数	c=6		

2.绕组布接线特点

本例是反向法变极，以8极60°相带为基准，反向法取得6极，故高速时绕组系数偏低。此绕组由单圈、双圈和三圈组成，且线圈组数较多，使绕组接线比较烦琐。本绕组适合于低速时要求功率较高的使用场合。此双速是同转向设计。主要应用实例有JDO3-81-8/6。

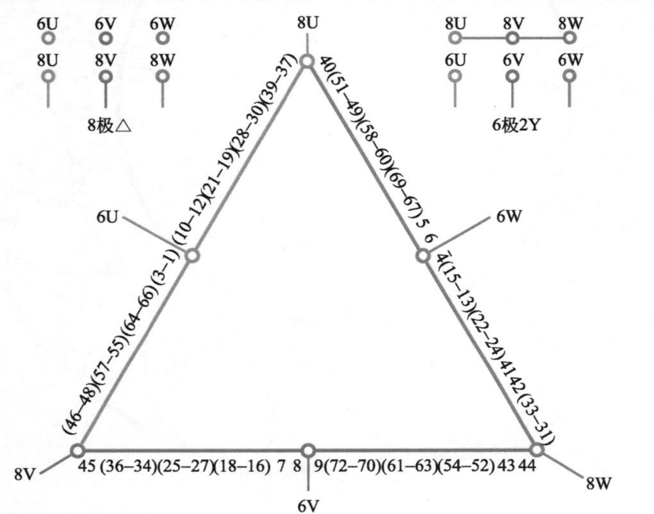

图7-11（a） 8/6极72槽△/2Y双速简化接线图

3.双速变极接法与简化接线图

本例采用反向变极△/2Y接法，双速绕组简化接线如图7-11（a）所示。

4. 8/6极双速△/2Y绕组端面布接线图

本例采用双层叠式布线，双速绕组端面布接线如图7-11（b）所示。

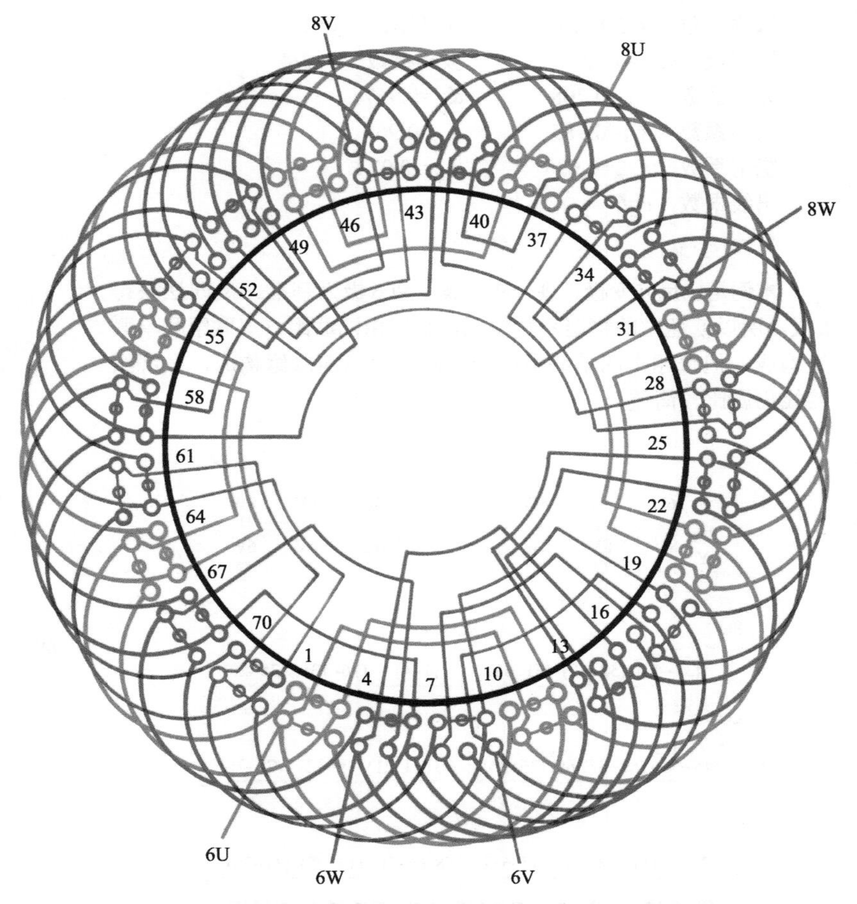

图7-11（b） 8/6极72槽（y=9）△/2Y接法双速绕组

五、* 8/6极72槽（y=10）Y/2Y接法双速绕组

1. 绕组结构参数

定子槽数	Z=72	双速极数	$2p$=8/6
总线圈数	Q=72	变极接法	Y/2Y
线圈组数	u=22	每组圈数	S=4、3、1
每槽电角	α=20°/15°	线圈节距	y=10
绕组极距	τ=9/12	极相槽数	q=3/4
分布系数	K_{d8}=0.708	K_{d6}=0.957	
节距系数	K_{p8}=0.985	K_{p6}=0.966	
绕组系数	K_{dp8}=0.698	K_{dp6}=0.924	
出线根数	c=6		

2. 绕组布接线特点

本例是属反向变极正规分布方案。以6极为基准，反向法获得8极，所以低速时的绕组系数偏低。绕组由四联组、三联组和单联组构成，但每相中的单联组很少，即主要由四联组构成，故绕组接线仍属比较简便。

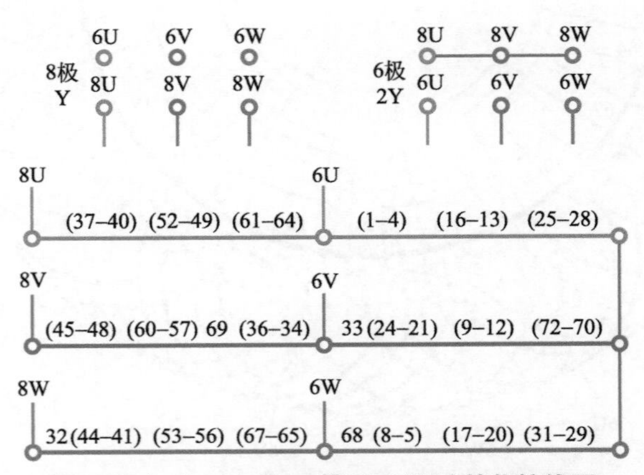

图7-12（a） 8/6极72槽Y/2Y双速简化接线图

3. 双速变极接法与简化接线图

本例采用反向法Y/2Y变极接法，双速绕组简化接线如图7-12（a）所示。

4. 8/6极双速Y/2Y绕组端面布接线图

本例绕组是双层叠式布线，双速绕组端面布接线如图7-12（b）所示。

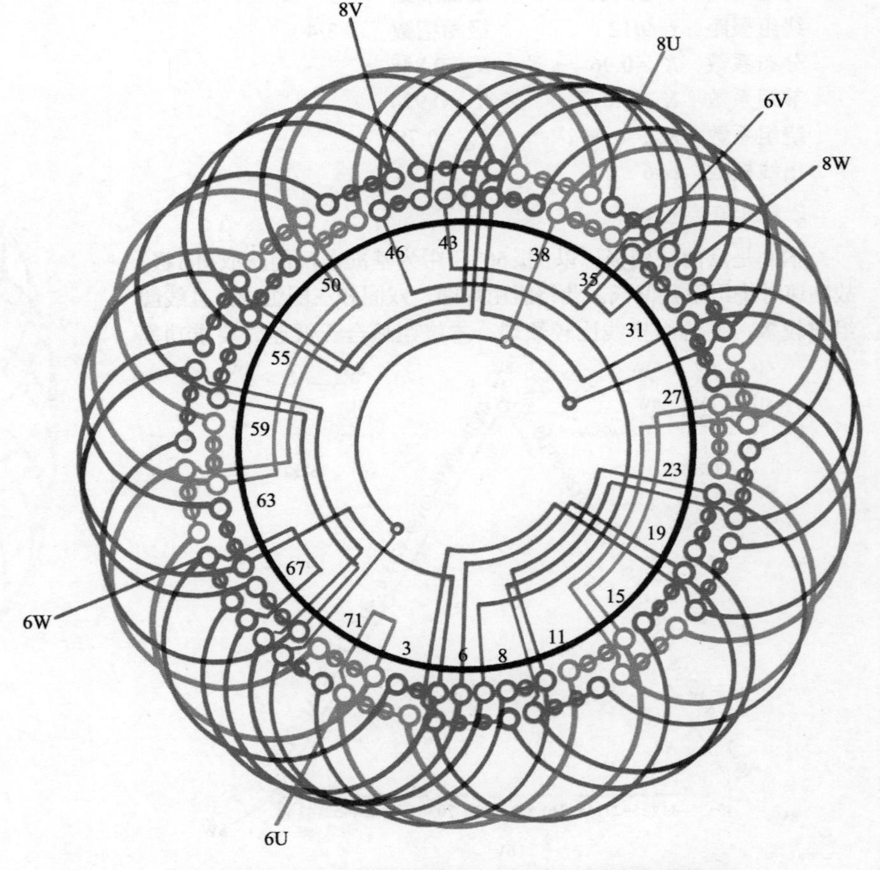

图7-12（b） 8/6极72槽（y=10）Y/2Y接法双速绕组

六、8/6极72槽（y=10）2Y+3Y/3Y接法（换相变极补偿）双速绕组

1.绕组结构参数

定子槽数	Z=72	双速极数	$2p$=8/6
总线圈数	Q=72	变极接法	2Y+3Y/3Y
线圈组数	u=42	每组圈数	S=3、2、1
每槽电角	α=20°/15°	线圈节距	y=10
绕组极距	τ=9/12	极相槽数	q=3/4
分布系数	K_{d8}=0.869		K_{d6}=0.977
节距系数	K_{p8}=0.984		K_{p6}=0.966
绕组系数	K_{dp8}=0.863		K_{dp6}=0.927
出线根数	c=6		

2.绕组布接线特点

本例是取自《设计手册》，双速采用换相变极方案，为提高8极时的输出特性，故在8极3Y接法之前附加补偿绕组2Y。所以此绕组适用于双速功率接近恒定的使用场合。

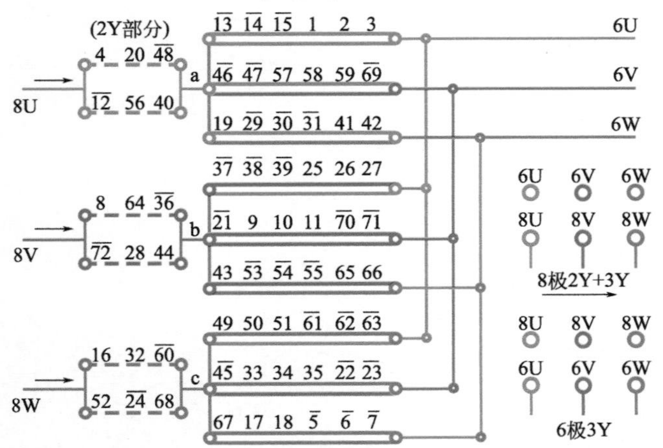

图7-13（a） 8/6极72槽2Y+3Y/3Y（换相变极补偿）双速简化接线图

3.双速变极接法与简化接线图

本例采用2Y+3Y/3Y变极接法，双速绕组简化接线如图7-13（a）所示。

4. 8/6极双速2Y+3Y/3Y绕组端面布接线图

本例双速采用双层叠式布线，变极绕组端面布接线如图7-13（b）所示。

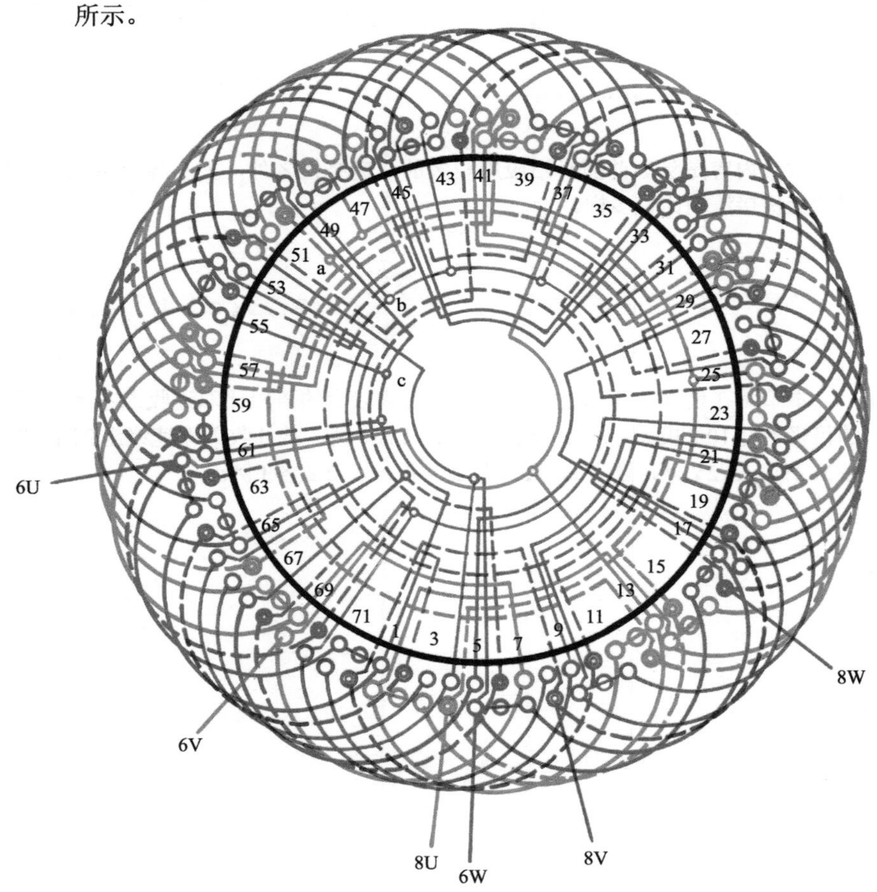

图7-13（b） 8/6极72槽（y=10）2Y+3Y/3Y接法（换相变极补偿）双速绕组

第八章 其他倍极比及非倍极比双速绕组

本章内容是除去前面介绍应用较多的双速绕组之外，把实际应用较少的倍极比和非倍极比两部分双速归纳到本章。虽然图例总体不多，但采用的变极接法则比较多样。

第一节 其他倍极比各种槽数双速绕组

本节是在前面各章节之外，把应用图例较少的倍极比双速收入本节。所谓倍极比是指双速中多极数与少极数之比为整数的绕组。如本节所列的倍极比有10/2极2例、12/4极1例、16/4极6例，共计收入双速绕组9例。绕组型式除1例单层布线外，其余均是双层布线；而接线型式上，除常规Y/2Y、△/2Y外，还有△/⟁、⟁/⟁-Ⅱ、△/2△各1例。

一、10/2极36槽（y=10）Y/2Y接法双速绕组

1.绕组结构参数

定子槽数	Z=36	双速极数	$2p$=10/2
总线圈数	Q=36	变极接法	Y/2Y
线圈组数	u=12	每组圈数	S=3
每槽电角	α=50°/10°	线圈节距	y=10
绕组极距	τ=3.6/18	极相槽数	q=1.2/6
分布系数	K_{d10}=0.736	K_{d2}=0.956	
节距系数	K_{p10}=0.94	K_{p2}=0.766	
绕组系数	K_{dp10}=0.692	K_{dp2}=0.732	
出线根数	c=6		

2.绕组布接线特点

本例是远极比反向变极方案，而且极比为奇数，在变极绕组中较少见。此绕组由三联组构成，绕组结构比较简单。但极比大，绕组电磁设计容易出现B_g值背离。

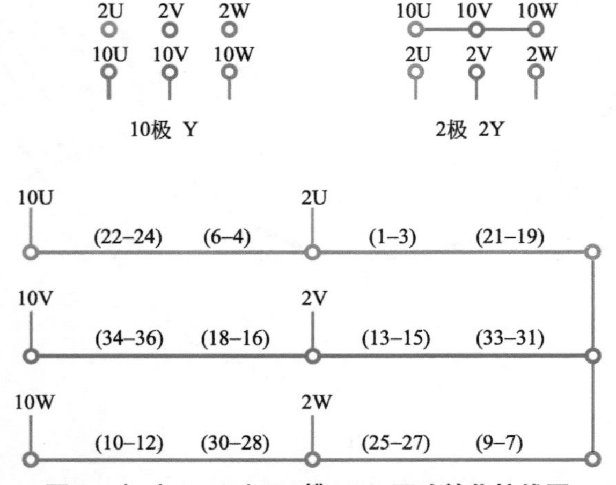

图8-1（a） 10/2极36槽Y/2Y双速简化接线图

3.双速变极接法与简化接线图

本例采用Y/2Y接法，即10极是一路Y形，2极变换到二路Y形。变极绕组简化接线如图8-1（a）所示。

4. 10/2极双速Y/2Y绕组端面布接线图

本例是采用双层叠式布线，双速绕组端面布接线如图8-1（b）所示。

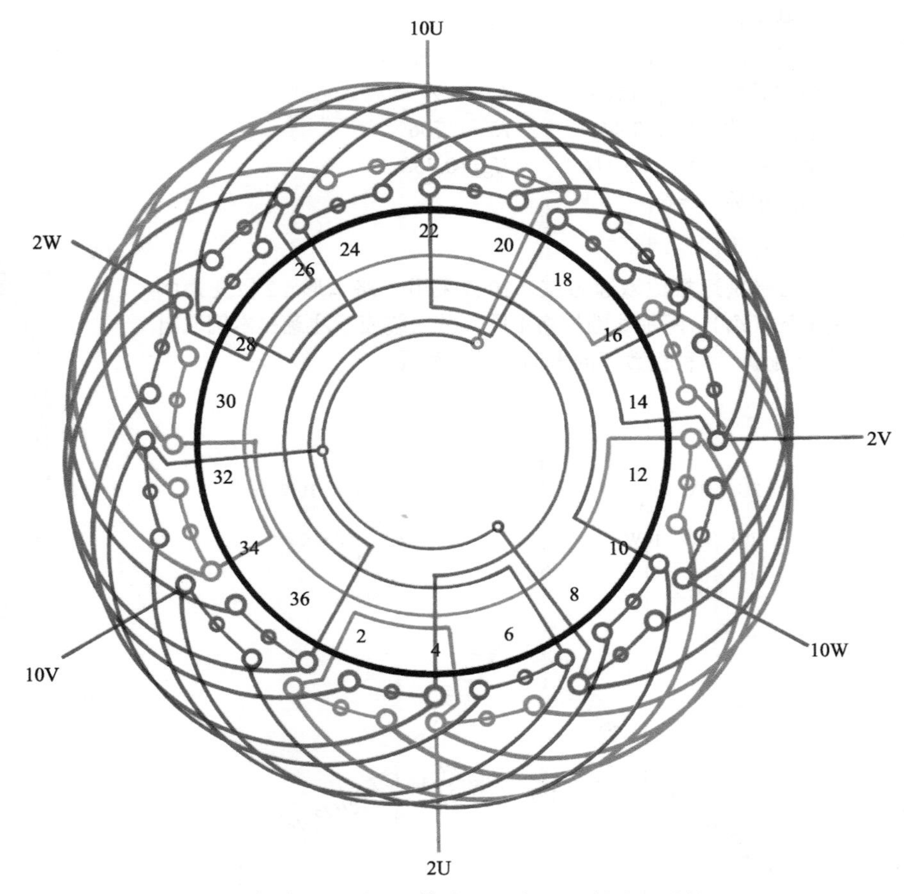

图8-1（b） 10/2极36槽（y=10）Y/2Y接法双速绕组

二、10/2极36槽（y=10）△/△接法双速绕组

1.绕组结构参数

定子槽数　Z=36　　双速极数　$2p$=10/2
总线圈数　Q=36　　变极接法　△/△
线圈组数　u=12　　每组圈数　S=3
每槽电角　α=50°/10°　　线圈节距　y=10
绕组极距　τ=3.6/18　　极相槽数　q=1.2/6
分布系数　K_{d10}=0.762　　K_{d2}=0.99
节距系数　K_{p10}=0.94　　K_{p2}=0.766
绕组系数　K_{dp10}=0.716　　K_{dp2}=0.758
出线根数　c=6

2.绕组布接线特点

10/2极是远极比双速方案，10极采用一路△形，2极变换到内星角形（△）；两种线圈规格不同，故嵌绕应予注意。本例取自《设计手册》，两种极数下的电动机转向相反。

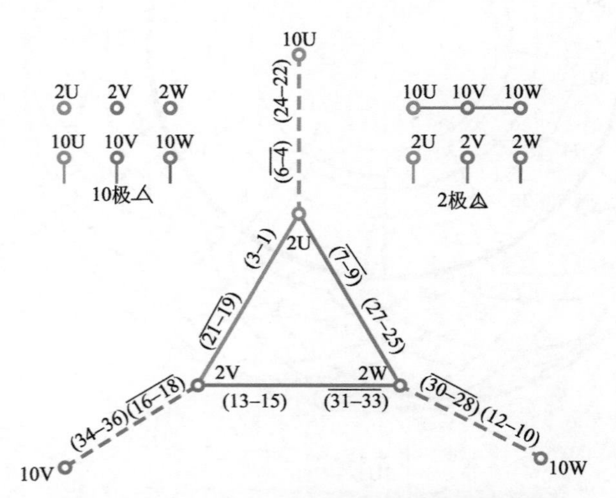

图8-2（a）　10/2极36槽△/△双速简化接线图

3.双速变极接法与简化接线图

本例采用新颖的△/△接法，变极绕组简化接线如图8-2（a）所示。

4.10/2极双速△/△绕组端面布接线图

本例是采用双层叠式布线，双速绕组端面布接线如图8-2（b）所示。

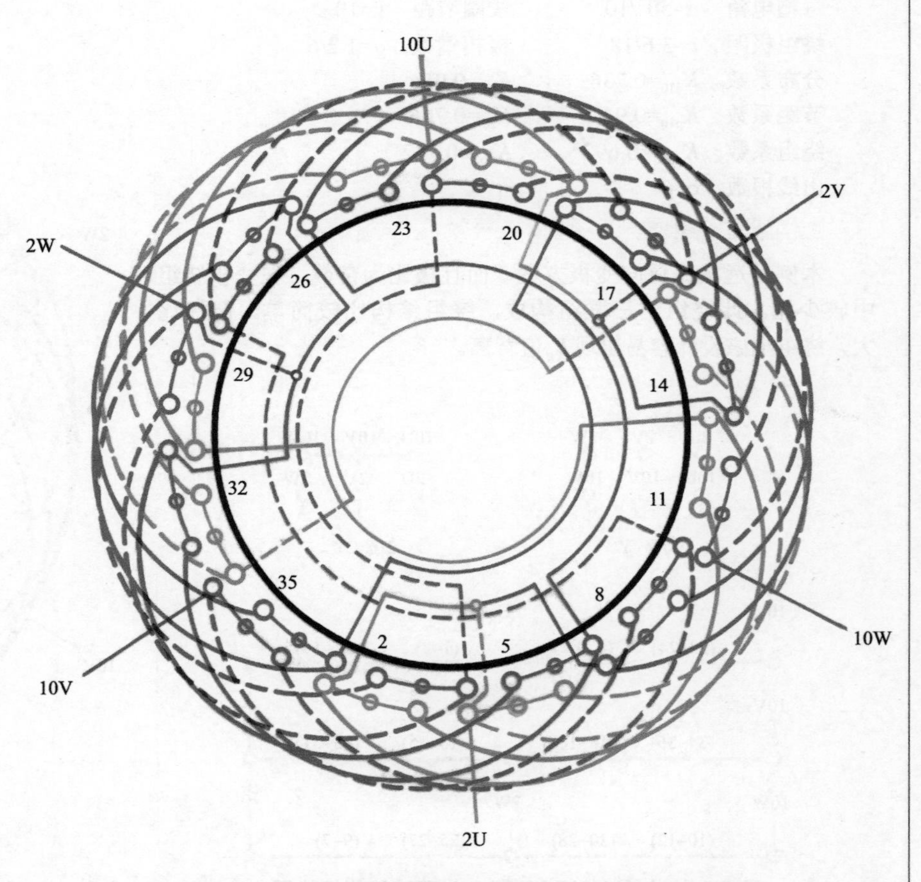

图8-2（b）　10/2极36槽（y=10）△/△接法双速绕组

三、* 12/4极36槽（y=8）△/△-Ⅱ接法（换相变极）双速绕组

1. 绕组结构参数

定子槽数 Z=36　　双速极数 $2p$=12/4

总线圈数 Q=36　　变极接法 △/△-Ⅱ

线圈组数 u=18　　每组圈数 S=2

每槽电角 α=60°/20°　　线圈节距 y=8

绕组极距 τ=3/9　　极相槽数 q=1/3

分布系数 K_{d12}=0.866　　K_{d4}=0.831

节距系数 K_{p12}=0.866　　K_{p4}=0.985

绕组系数 K_{dp12}=0.75　　K_{dp4}=0.819

出线根数 c=9

2. 绕组布接线特点

本例倍极比为奇数，因此△/△变极接法与系列电动机接法形式不尽相同，故定为“Ⅱ”型，以资区别。

3. 双速变极接法与简化接线图

本例采用△/△-Ⅱ变极接法，双速绕组简化接线如图8-3（a）所示。

4. 12/4极双速△/△-Ⅱ绕组端面布接线图

本例采用双层叠式布线，双速绕组端面布接线如图8-3（b）所示。

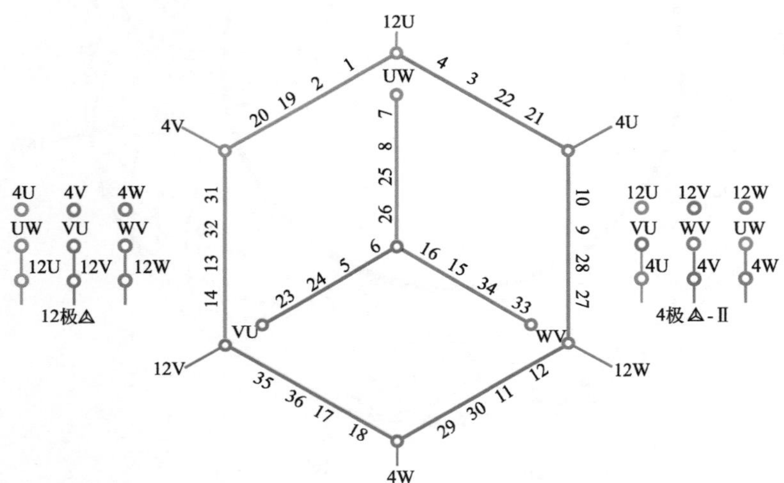

图8-3（a） 12/4极36槽△/△-Ⅱ（换相变极）双速简化接线图

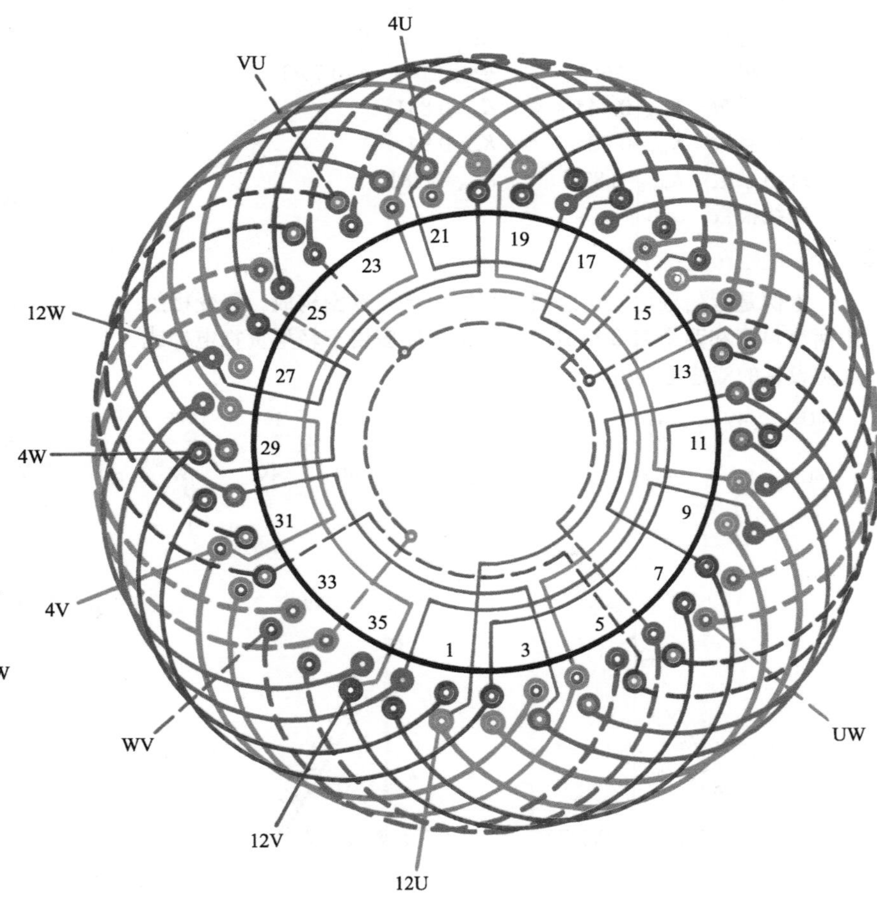

图8-3（b） 12/4极36槽（y=8）△/△-Ⅱ接法（换相变极）双速绕组

四、16/4极36槽（y=7）△/2Y接法双速绕组

1. 绕组结构参数

定子槽数	Z=36	双速极数	$2p$=16/4
总线圈数	Q=36	变极接法	△/2Y
线圈组数	u=24	每组圈数	S=1、2
每槽电角	α=80°/20°	线圈节距	y=7
绕组极距	τ=2.25/9	极相槽数	q=0.75/3
分布系数	K_{d16}=0.844		K_{d4}=0.831
节距系数	K_{p16}=0.985		K_{p4}=0.94
绕组系数	K_{dp16}=0.831		K_{dp4}=0.781
出线根数	c=6		

2. 绕组布接线特点

本例是远倍极比双速绕组，绕组由单、双圈构成。每变极组由两个单圈和两个双圈组成。此绕组主要应用于轻型货物电梯或起重设备的双速电动机。

3. 双速变极接法与简化接线图

本例采用常规△/2Y接法，变极绕组简化接线如图8-4（a）所示。

4. 16/4极双速△/2Y绕组端面布接线图

本例采用双层叠式布线，双速绕组端面布接线如图8-4（b）所示。

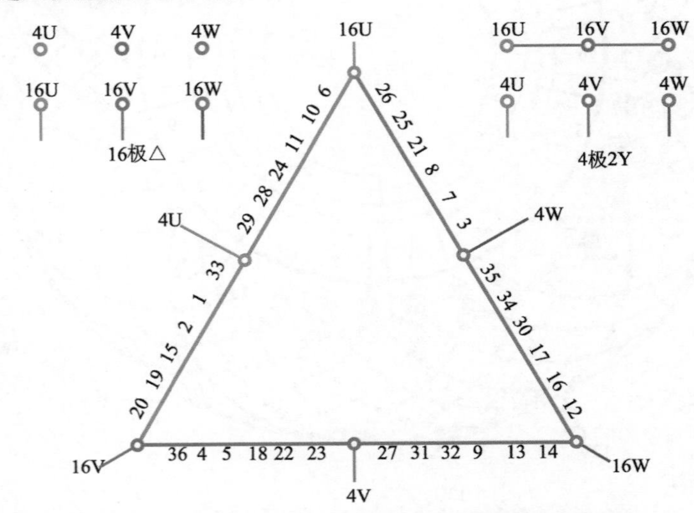

图8-4（a） 16/4极36槽△/2Y双速简化接线图

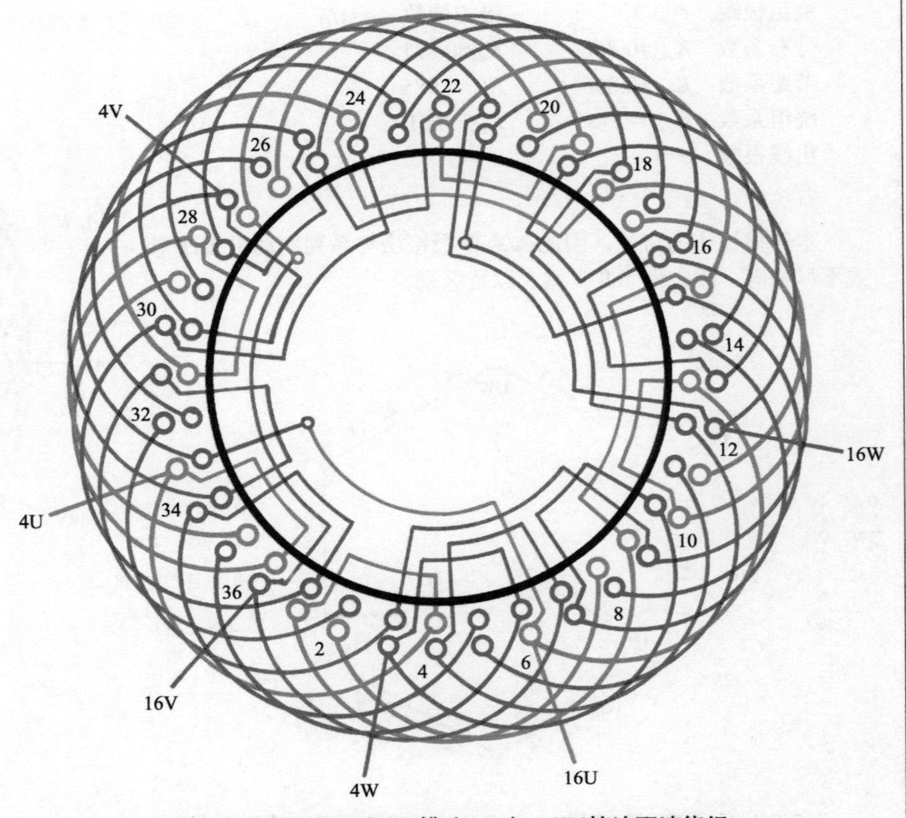

图8-4（b） 16/4极36槽（y=7）△/2Y接法双速绕组

五、16/4极36槽（y=7）Y/2Y接法双速绕组

1.绕组结构参数

定子槽数	Z=36	双速极数	$2p$=16/4
总线圈数	Q=36	变极接法	Y/2Y
线圈组数	u=24	每组圈数	S=1、2
每槽电角	α=80°/20°	线圈节距	y=7
绕组极距	τ=2.25/9	极相槽数	q=0.75/3
分布系数	K_{d16}=0.844		K_{d4}=0.831
节距系数	K_{p16}=0.985		K_{p4}=0.94
绕组系数	K_{dp16}=0.831		K_{dp4}=0.781
出线根数	c=6		

2.绕组布接线特点

本例绕组变极方案同上例，绕组由单、双圈循环布线，而本绕组采用Y/2Y接法。绕组三相接线相同，即一相每变极组由相邻单、双圈顺串，隔开两组后依此顺串而成。此绕组用于起重设备双速电动机。

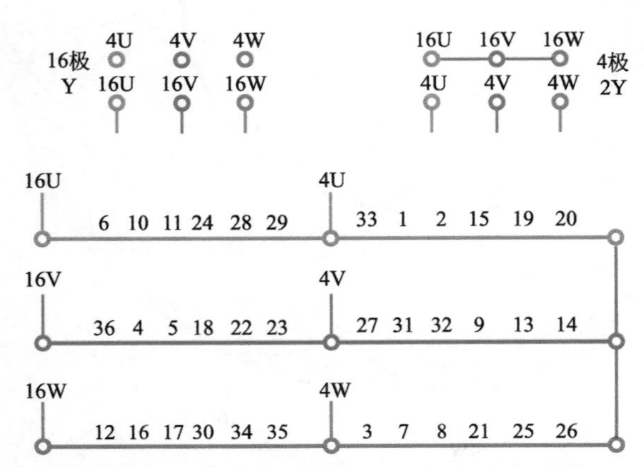

图8-5（a） 16/4极36槽Y/2Y双速简化接线图

3.双速变极接法与简化接线图

本例采用Y/2Y变极接法，双速绕组简化接线如图8-5（a）所示。

4. 16/4极双速Y/2Y绕组端面布接线图

本例是双层叠式布线，绕组端面布接线如图8-5（b）所示。

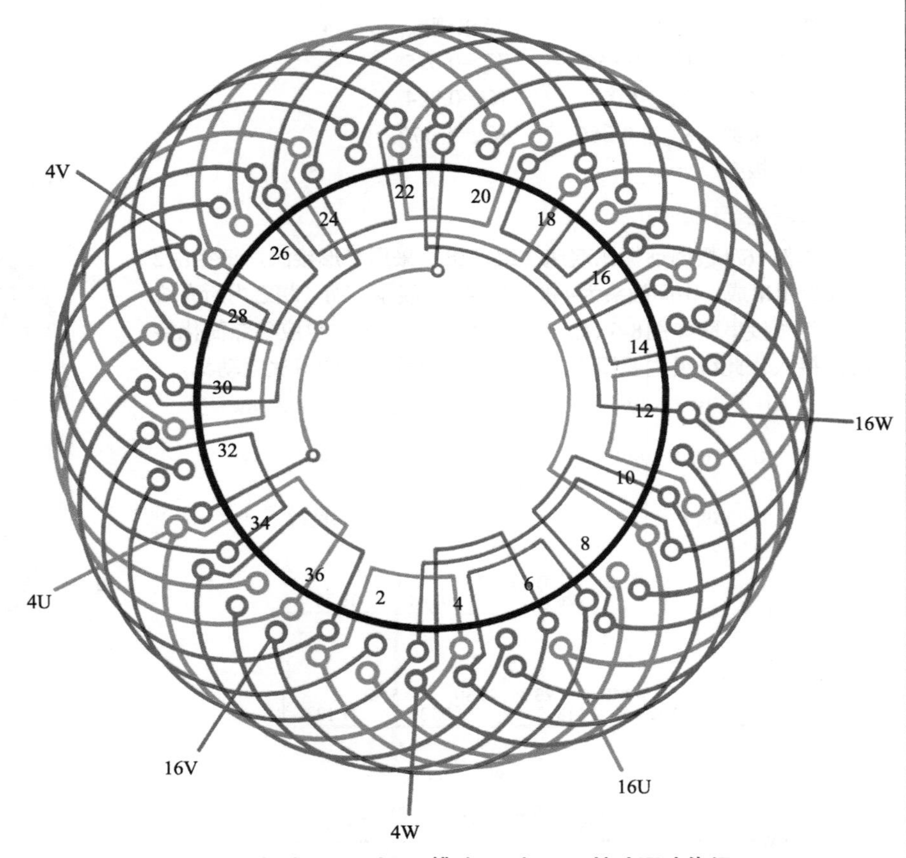

图8-5（b） 16/4极36槽（y=7）Y/2Y接法双速绕组

六、16/4极48槽（y=9）Y/2Y接法双速绕组

1.绕组结构参数

定子槽数 Z=48　　双速极数 $2p$=16/4

总线圈数 Q=48　　变极接法 Y/2Y

线圈组数 u=24　　每组圈数 S=2

每槽电角 α=60°/15°　　线圈节距 y=9

绕组极距 τ=3/12　　极相槽数 q=1/4

分布系数 K_{d16}=0.866　　K_{d4}=0.625

节距系数 K_{p16}=1.0　　K_{p4}=0.924

绕组系数 K_{dp16}=0.866　　K_{dp4}=0.577

出线根数 c=6

2.绕组布接线特点

本例16/4极属远极比双速绕组，16极采用Y形接法，每相由2个变极组串成，中间抽头为4极，每组2个线圈，而一相之内所有线圈均是顺接串联如图8-6（a）所示，所以三相进线也应参照简化接线图接入。此绕组主要用于货物电梯及起重设备的双速电动机。

4U　4V　4W
16U　16V　16W
16极Y

16U　16V　16W
4U　4V　4W
4极2Y

4U
16U　1 2　7 8　25 26　31 32　37 38　43 44　13 14　19 20
4V
16V　41 42　47 48　17 18　23 24　29 30　35 36　5 6　11 12
4W
16W　9 10　15 16　33 34　39 40　45 46　3 4　21 22　27 28

图8-6（a）　16/4极48槽Y/2Y双速简化接线图

3.双速变极接法与简化接线图

本例采用Y/2Y变极接法，双速绕组简化接线如图8-6（a）所示。

4.16/4极双速绕组端面布接线图

本例是双层叠式布线，绕组端面布接线如图8-6（b）所示。

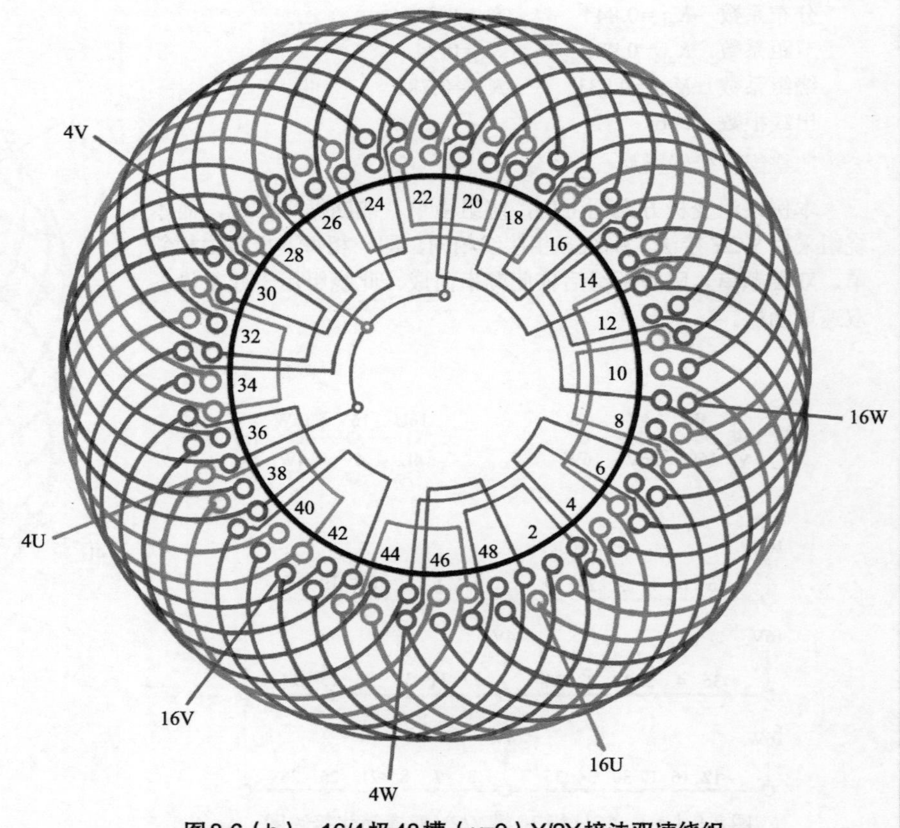

图8-6（b）　16/4极48槽（y=9）Y/2Y接法双速绕组

七、16/4极48槽（y=9）△/2△接法（换相变极）双速绕组

1.绕组结构参数

定子槽数	Z=48	双速极数	$2p$=16/4
总线圈数	Q=48	变极接法	△/2△
线圈组数	u=48	每组圈数	S=1
每槽电角	α=60°/15°	线圈节距	y=9
绕组极距	τ=3/12	极相槽数	q=1/4
分布系数	K_{d16}=0.885	K_{d4}=0.854	
节距系数	K_{p16}=1.0	K_{p4}=0.924	
绕组系数	K_{dp16}=0.885	K_{dp4}=0.789	
出线根数	c=6		

2.绕组布接线特点

本例绕组采用的新颖特殊接法，取自《设计手册》，属于换相法变极。绕组由单线圈组构成，故线圈组数多，造成接线比较烦琐。但变速切换可实施不断电转换，从而降低变速造成的冲击。

3.双速变极接法与简化接线图

本例采用换相变极△/2△接法，变极绕组简化接线如图8-7（a）所示。

4.16/4极双速△/2△绕组端面布接线图

本例是双层叠式布线，绕组端面布接线如图8-7（b）所示。

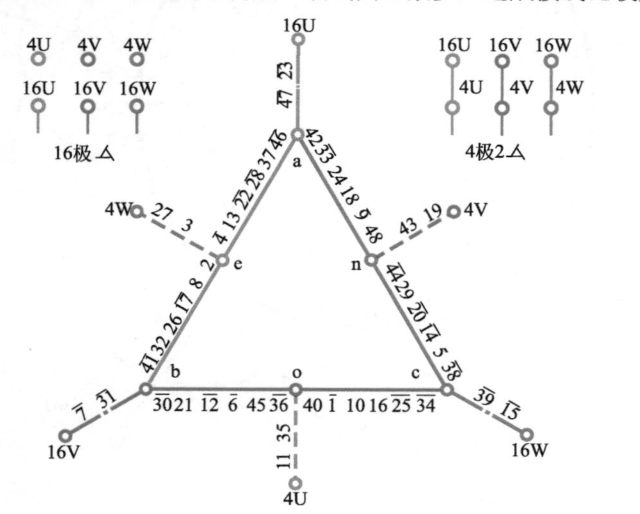

图8-7（a） 16/4极48槽△/2△（换相变极）双速简化接线图

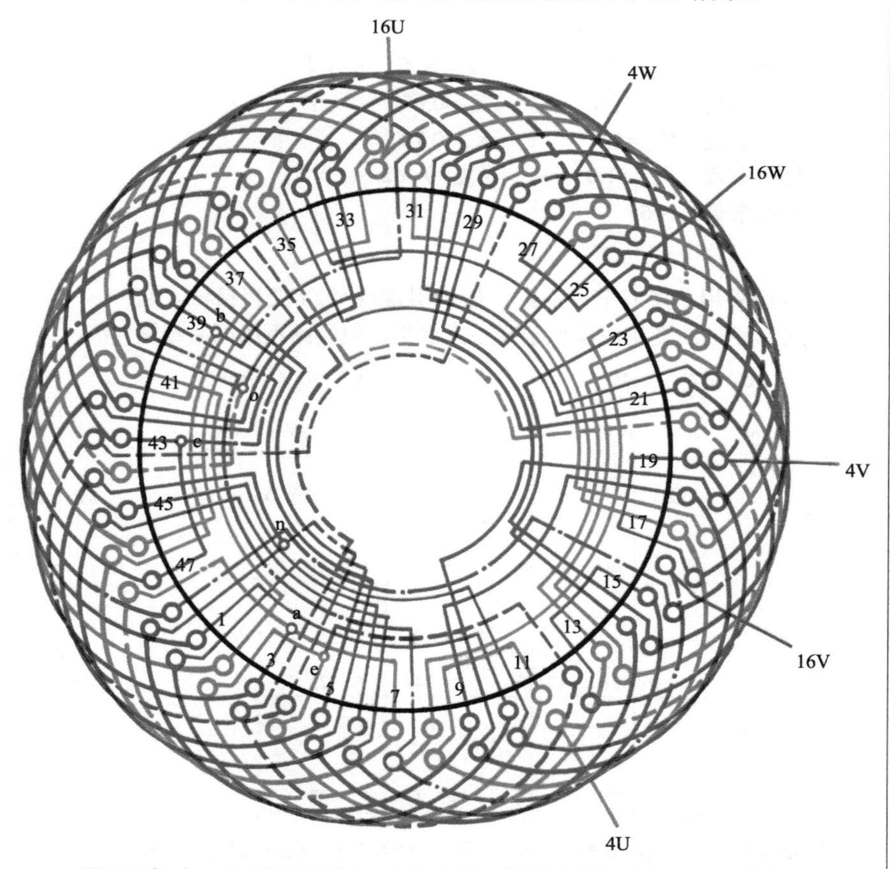

图8-7（b） 16/4极48槽（y=9）△/2△接法（换相变极）双速绕组

八、16/4极48槽（y=9、3）Y/2Y接法（单层双节距布线）双速绕组

1.绕组结构参数

定子槽数	Z=48	双速极数	$2p$=16/4
总线圈数	Q=24	变极接法	Y/2Y
线圈组数	u=24	每组圈数	S=1
每槽电角	α=60°/15°	线圈节距	y=9、3
绕组极距	τ=3/12	极相槽数	q=1/4
分布系数	K_{d16}=1.0		K_{d4}=0.653
节距系数	K_{p16}=1.0		K_{p4}=0.707
绕组系数	K_{dp16}=1.0		K_{dp4}=0.462
出线根数	c=6		

2.绕组布接线特点

本例采用单层双节距布线，但仍用常规Y/2Y变极接法。它由两种节距的线圈构成类似于同心式绕组，但实际不属同心线圈组，而是大小两线圈分别归属不同的变极组，其接线必须依图进行。此绕组取自实修电梯用电动机。

3.双速变极接法与简化接线图

本例采用Y/2Y接法，反向变极绕组简化接线如图8-8（a）所示。

4.16/4极双速Y/2Y绕组端面布接线图

本例采用单层双节距布线，绕组端面布接线如图8-8（b）所示。

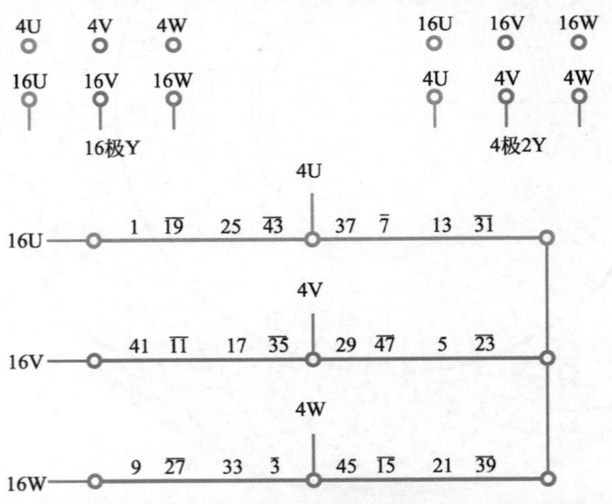

图8-8（a） 16/4极48槽Y/2Y（单层双节距布线）双速简化接线图（以奇数槽号代表线圈号）

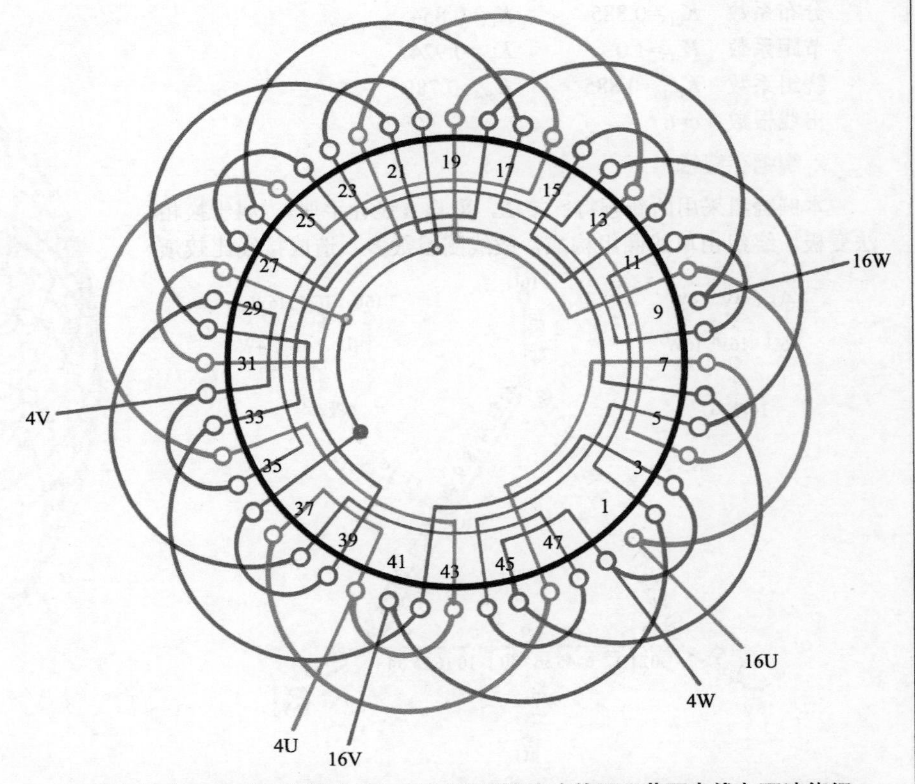

图8-8（b） 16/4极48槽（y=9、3）Y/2Y接法（单层双节距布线）双速绕组

九、16/4极60槽（y=11）Y/2Y接法双速绕组

1.绕组结构参数

定子槽数	Z=60	双速极数	$2p$=16/4
总线圈数	Q=60	变极接法	Y/2Y
线圈组数	u=24	每组圈数	S=2、3
每槽电角	α=48°/12°	线圈节距	y=11
绕组极距	τ=3.75/15	极相槽数	q=1.25/5
分布系数	K_{d16}=0.833		K_{d4}=0.633
节距系数	K_{p16}=0.995		K_{p4}=0.91
绕组系数	K_{dp16}=0.829		K_{dp4}=0.576
出线根数	c=6		

2.绕组布接线特点

本例远极比双速采用正规分布反向变极方案。绕组由三联和双联构成，每相有两个变极组，每变极组有大小联各两组。4极时绕组是60°相带，16极则是庶极。本绕组适用于货运电梯及建筑工地物料起重机械的双速电动机。

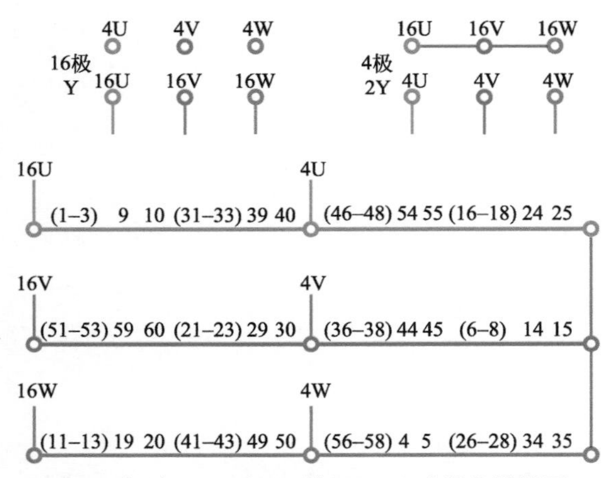

图8-9（a） 16/4极60槽Y/2Y双速简化接线图

3.双速变极接法与简化接线图

本例采用Y/2Y反向变极接法，双速简化接线如图8-9（a）所示。

4. 16/4极双速Y/2Y绕组端面布接线图

本例是双层叠式布线，绕组端面布接线如图8-9（b）所示。

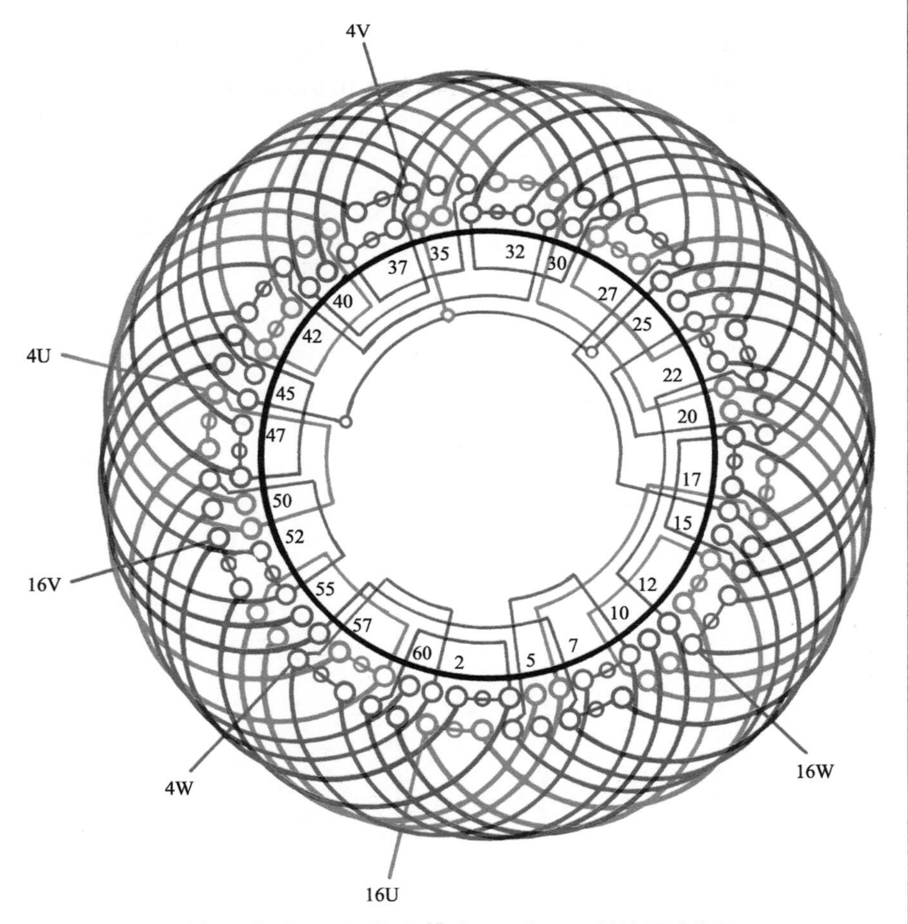

图8-9（b） 16/4极60槽（y=11）Y/2Y接法双速绕组

第二节　其他非倍极比各种槽数双速绕组

所谓非倍极比即多极数与少极数之比值不是整数的双速。本节把前面应用较多的6/4极、8/6极以外的非倍极比双速归纳为一节，共计7例。极比规格有10/8极、10/4极、12/10极、14/8极及16/6极等；而采用接法更是多样，除△/2Y之外，还有⊿/2⊿、⊿/△及Y+3Y/3Y等特种接法。

一、10/8极48槽（y=5）△/2Y接法双速绕组

1.绕组结构参数

定子槽数	Z=48	双速极数	$2p$=10/8
总线圈数	Q=48	变极接法	△/2Y
线圈组数	u=24	每组圈数	S=2
每槽电角	α=37.5°/30°	线圈节距	y=5
绕组极距	τ=4.8/6	极相槽数	q=1.6/2
分布系数	K_{d10}=0.619		K_{d8}=0.966
节距系数	K_{p10}=0.997		K_{p8}=0.966
绕组系数	K_{dp10}=0.617		K_{dp8}=0.933
出线根数	c=6		

2.绕组布接线特点

本例是反向变极反转向方案。全部绕组由双圈组成。此绕组在10极时的分布系数较低，而且谐波分量较高，故致低速时的启动能力和出力不佳。因此双速宜用于高速正常运转，低速作辅助工作的场合。

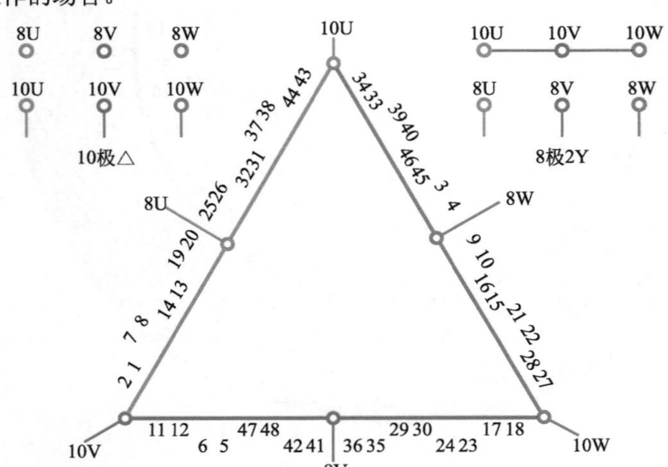

图8-10（a） 10/8极48槽△/2Y双速简化接线图

3.双速变极接法与简化接线图

本例采用△/2Y接法，变极绕组简化接线如图8-10（a）所示。

4. 10/8极双速△/2Y绕组端面布接线图

本例是双层叠式布线，绕组端面布接线如图8-10（b）所示。

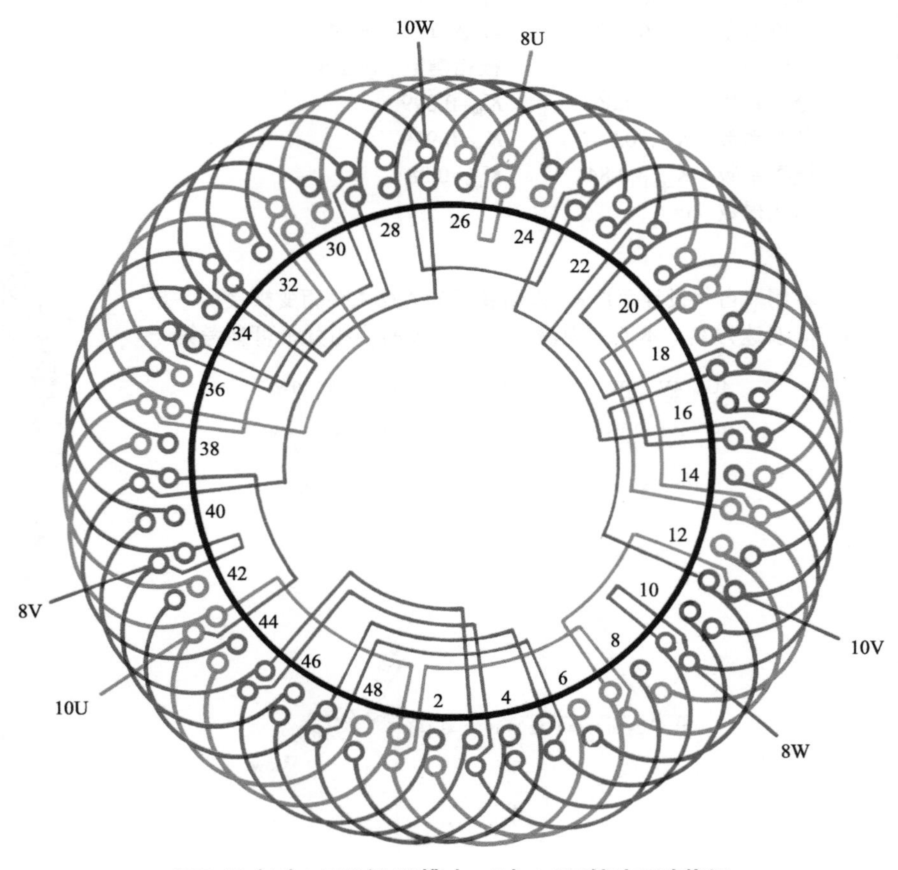

图8-10（b） 10/8极48槽（y=5）△/2Y接法双速绕组

二、10/4极60槽（y=17）△/2△接法（换相变极）双速绕组

1.绕组结构参数

定子槽数　Z=60　　　双速极数　$2p$=10/4

总线圈数　Q=60　　　变极接法　△/2△

线圈组数　u=30　　　每组圈数　S=2

每槽电角　α=30°/12°　　　线圈节距　y=17

绕组极距　τ=6/15　　　极相槽数　q=2/5

分布系数　K_{d10}=0.869　　　K_{d4}=0.899

节距系数　K_{p10}=0.967　　　K_{p4}=0.979

绕组系数　K_{dp10}=0.84　　　K_{dp4}=0.88

出线根数　c=6

2.绕组布接线特点

本例取自《设计手册》，采用新颖的△/2△换相变极接法，是同转向双速方案。本双速电流方向与变极的换相分析可参考第一章介绍。本绕组适用于起重及运输机械的双速电动机。

3.双速变极接法与简化接线图

本例采用△/2△换相变极接法，绕组简化接线如图8-11（a）所示。

4. 10/4极双速△/2△绕组端面布接线图

本例是双层叠式布线，绕组端面布接线如图8-11（b）所示。

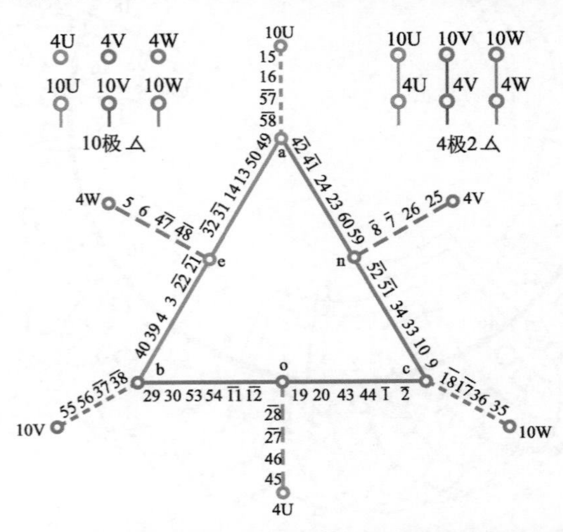

图8-11（a）　10/4极60槽△/2△（换相变极）双速简化接线图

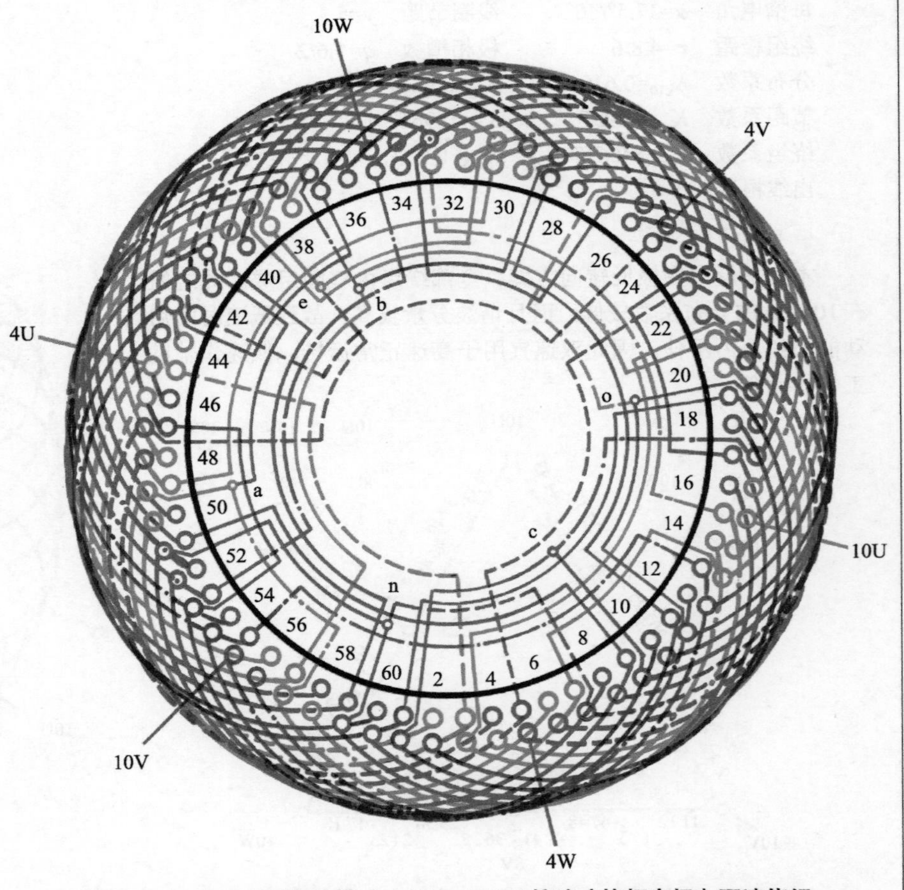

图8-11（b）　10/4极60槽（y=17）△/2△接法（换相变极）双速绕组

三、10/8极72槽（y=8）⏃/△接法（换相变极）双速绕组

1. 绕组结构参数

定子槽数	Z=72	双速极数	$2p$=10/8
总线圈数	Q=72	变极接法	⏃/△
线圈组数	u=30	每组圈数	S=4、3、2、1
每槽电角	α=25°/20°	线圈节距	y=8
绕组极距	τ=7.2/9	极相槽数	q=2.4/3
分布系数	K_{d10}=0.889		K_{d8}=0.86
节距系数	K_{p10}=0.984		K_{p8}=0.985
绕组系数	K_{dp10}=0.875		K_{dp8}=0.847
出线根数	c=6		

2. 绕组布接线特点

本绕组也是取自《设计手册》，是反转向换相变极方案。8极是△形，10极是⏃形。此双速的变极电流及换相分析请参看本书第一章介绍。此绕组应用于火电厂引风机双速电动机。

3. 双速变极接法与简化接线图

本例采用⏃/△换相变极接法，绕组简化接线如图8-12（a）所示。

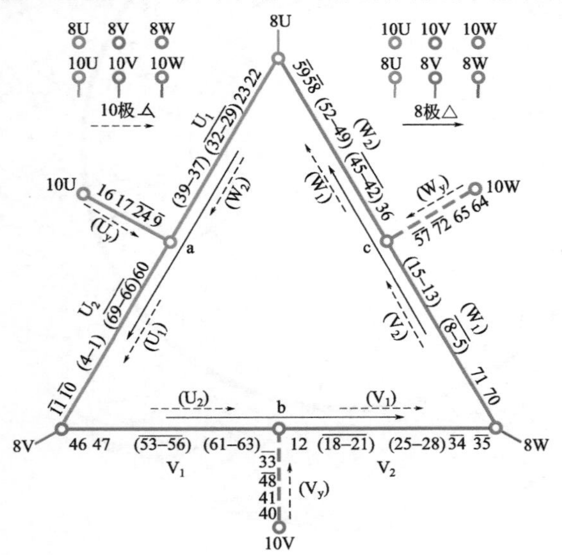

图8-12（a） 10/8极72槽⏃/△（换相变极）双速简化接线图

4. 10/8极双速⏃/△绕组端面布接线图

本例是双层叠式布线，绕组端面布接线如图8-12（b）所示。

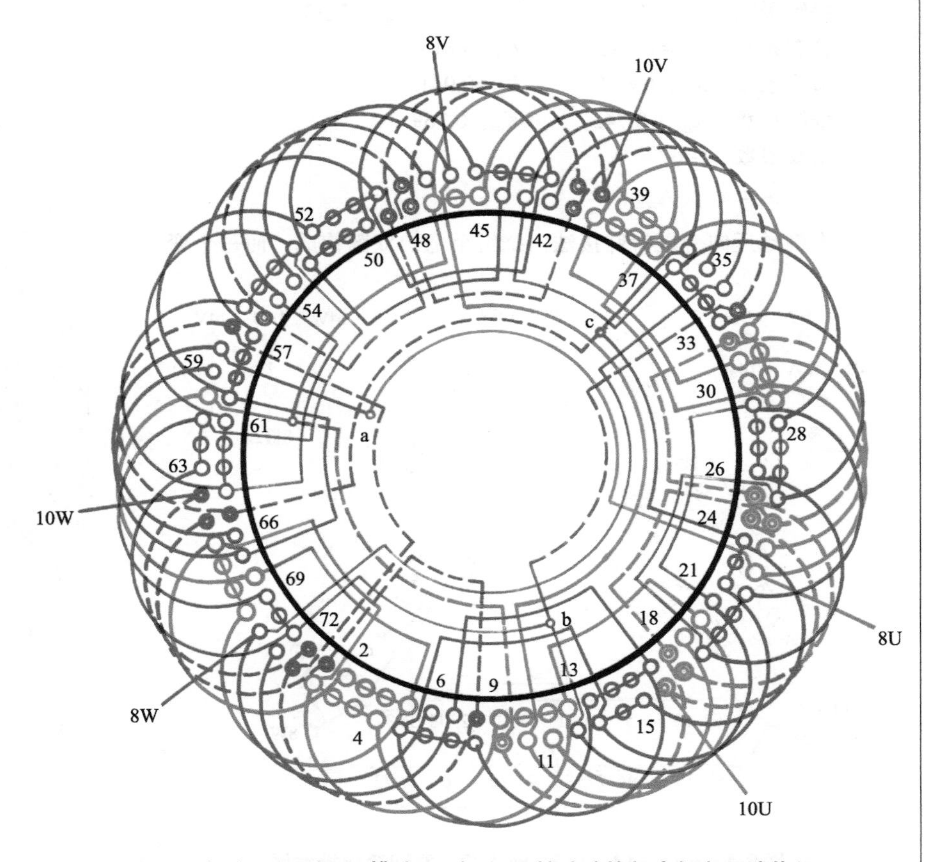

图8-12（b） 10/8极72槽（y=8）⏃/△接法（换相变极）双速绕组

四、14/8极72槽（y=7）△/2△接法双速绕组

1.绕组结构参数

定子槽数　Z=72　　双速极数　$2p$=14/8

总线圈数　Q=72　　变极接法　△/2△

线圈组数　u=36　　每组圈数　S=2

每槽电角　α=35°/20°　　线圈节距　y=7

绕组极距　τ=5.14/9　　极相槽数　q=1.71/3

分布系数　K_{d14}=0.883　　K_{d8}=0.817

节距系数　K_{p14}=0.844　　K_{p8}=0.941

绕组系数　K_{dp14}=0.745　　K_{dp8}=0.769

出线根数　c=6

2.绕组布接线特点

本例是反向变极特殊接法，绕组全部由双圈构成，而每个变极组有6组双圈。本绕组设计立足于高速正常运行，低速作辅助工作的场合。双速变极电流方向及换相分析可参看本书第一章内容介绍。

3.双速变极接法与简化接线图

本例采用新颖的△/2△接法，绕组简化接线如图8-13（a）所示。

4. 14/8极双速△/2△绕组端面布接线图

本例是双层叠式布线，变极绕组端面布接线如图8-13（b）所示。

图8-13（a） 14/8极72槽△/2△双速简化接线图

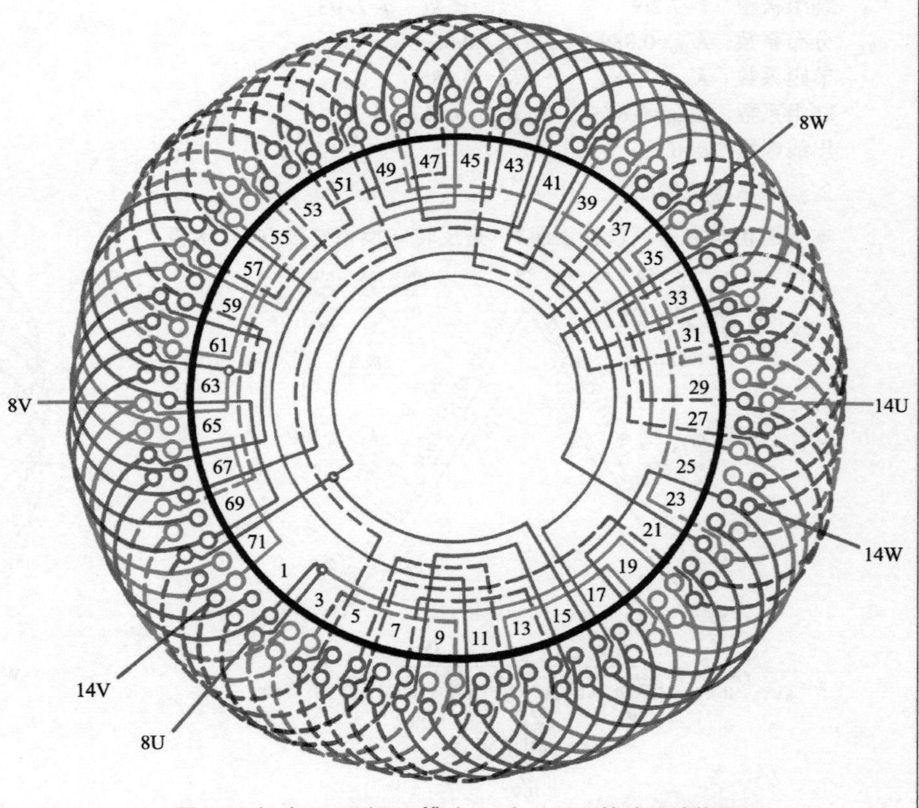

图8-13（b） 14/8极72槽（y=7）△/2△接法双速绕组

五、* 16/6极54槽（y=9）Y/2Y接法双速绕组

1.绕组结构参数

定子槽数	Z=54	双速极数	$2p$=16/6
总线圈数	Q=54	变极接法	Y/2Y
线圈组数	u=50	每组圈数	S=2、1
每槽电角	α=53.3°/20°	线圈节距	y=9
分布系数	K_{d16}=0.786	K_{d6}=0.64	
节距系数	K_{p16}=0.866	K_{p6}=1	
绕组系数	K_{dp16}=0.68	K_{dp6}=0.64	
出线根数	c=6		

2.绕组布接线特点

本例是非倍极比双速，但填补了54槽16/6极双速的空白。不过本双速实际应用并不新，大约于30年前就用于起重设备，使用至今才损毁重绕，得以将其以新绕组公告于此。双速采用反向法变极，并以16极为基准，故慢速时作为正常负载（起吊）运行；6极时杂散损耗较大，所以只能作为空载快速就位等辅助运行。本双速绕组基本由单圈组成，故线圈组数多达50组，使得嵌绕工作非常繁琐，即工艺性较差。

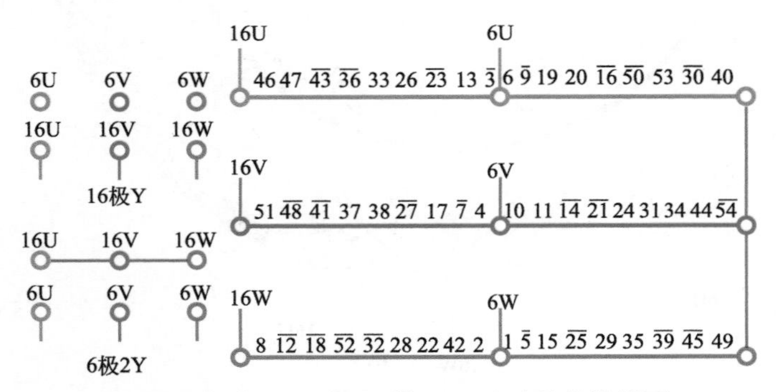

图8-14（a） 16/6极54槽Y/2Y双速简化接线图

3.双速变极接法与简化接线图

本例采用Y/2Y常规变极接法，双速简化接线如图8-14（a）所示。

4. 16/6极双速Y/2Y绕组端面布接线图

本例采用双层叠式布线，绕组端面布接线如图8-14（b）所示。

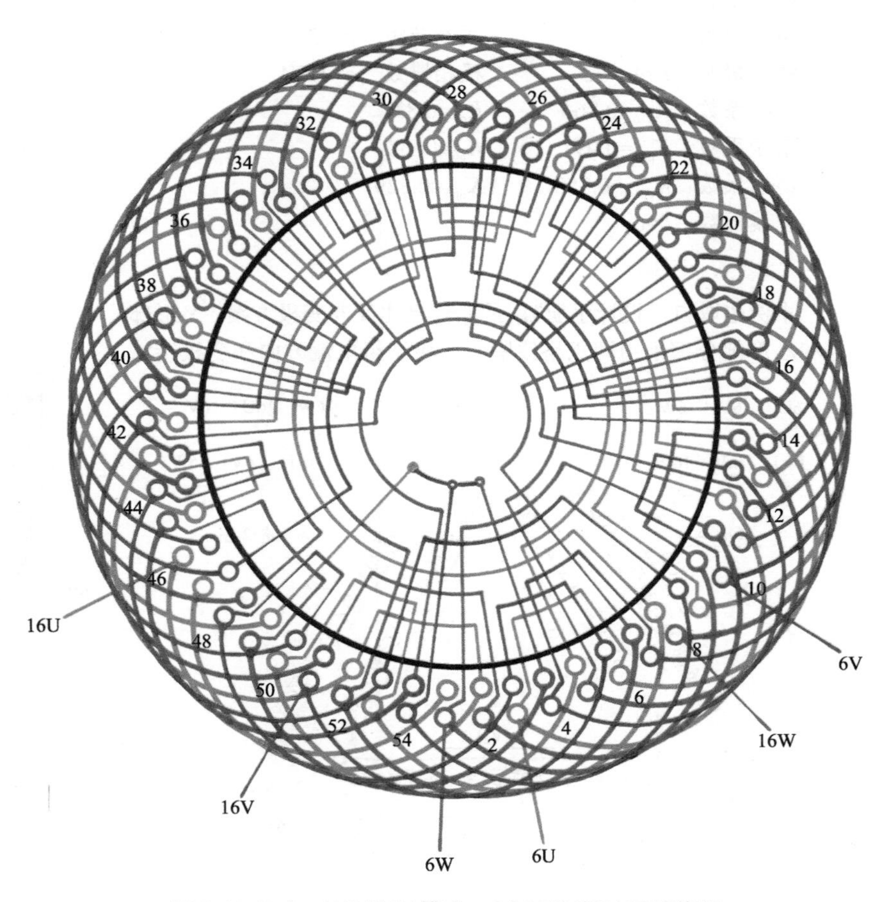

图8-14（b） 16/6极54槽（y=9）Y/2Y接法双速绕组

六、16/6极72槽（y=13）$\triangle$/2△接法双速绕组

1.绕组结构参数

定子槽数	Z=72	双速极数	$2p$=16/6
总线圈数	Q=72	变极接法	$\triangle$/2△
线圈组数	u=38	每组圈数	S=1、2、3
每槽电角	α=40°/15°	线圈节距	y=13
绕组极距	τ=4.5/12	极相槽数	q=1.5/4
分布系数	K_{d16}=0.866	K_{d6}=0.836	
节距系数	K_{p16}=0.991	K_{p6}=0.992	
绕组系数	K_{dp16}=0.858	K_{dp6}=0.829	
出线根数	c=6		

2.绕组布接线特点

本例也取自《设计手册》，是非倍极比反向变极方案，Y形部分和△形部分都采用同规格线圈。变极绕组电流方向和变极接法分析可参看本书第一章介绍。此绕组适用于大转动惯量的直驱式离心脱水机等专用电动机。

3.双速变极接法与简化接线图

本例采用$\triangle$/2△变极接法，双速绕组简化接线如图8-15（a）所示。

4. 16/6极双速$\triangle$/2△绕组端面布接线图

本例采用双层叠式布线，绕组端面布接线如图8-15（b）所示。

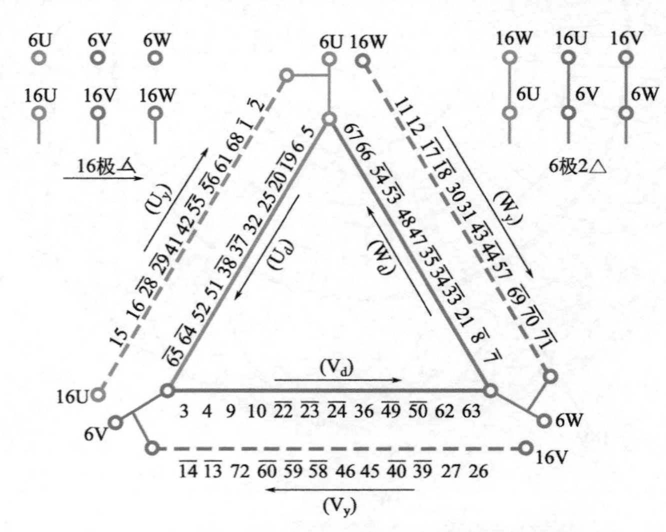

图8-15（a） 16/6极72槽$\triangle$/2△双速简化接线图

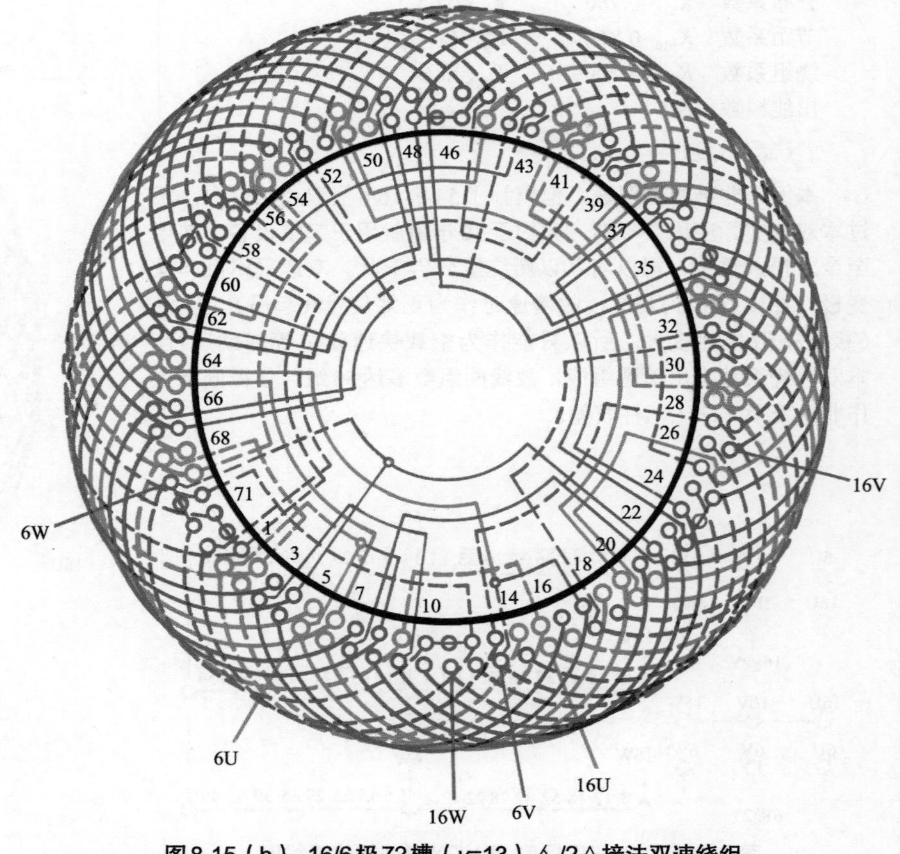

图8-15（b） 16/6极72槽（y=13）$\triangle$/2△接法双速绕组

七、12/10极90槽（y=8）Y+3Y/3Y接法（换相变极补偿）双速绕组

1. 绕组结构参数

定子槽数	Z=90	双速极数	$2p$=12/10
总线圈数	Q=90	变极接法	Y+3Y/3Y
线圈组数	u=48	每组圈数	S=1、2、3
每槽电角	α=24°/20°	线圈节距	y=8
绕组极距	τ=7.5/9	极相槽数	q=2.5/3
分布系数	K_{d12}=0.874		K_{d10}=0.96
节距系数	K_{p12}=0.995		K_{p10}=0.985
绕组系数	K_{dp12}=0.869		K_{dp10}=0.945
出线根数	c=6		

2. 绕组布接线特点

本例是换相变极反转向方案，两种极数的绕组系数都较高。但线圈组数特别多且每组圈数不同，故嵌绕工艺差。因此绕组接法具有磁场补偿作用，故能使两种极数的磁通分布比较合理。适用于功率大的双速电动机。

3. 双速变极接法与简化接线图

本例是Y+3Y/3Y接法，绕组简化接线如图8-16（a）所示。

4. 12/10极双速Y+3Y/3Y绕组端面布接线图

本例采用双层叠式布线，绕组端面布接线如图8-16（b）所示。

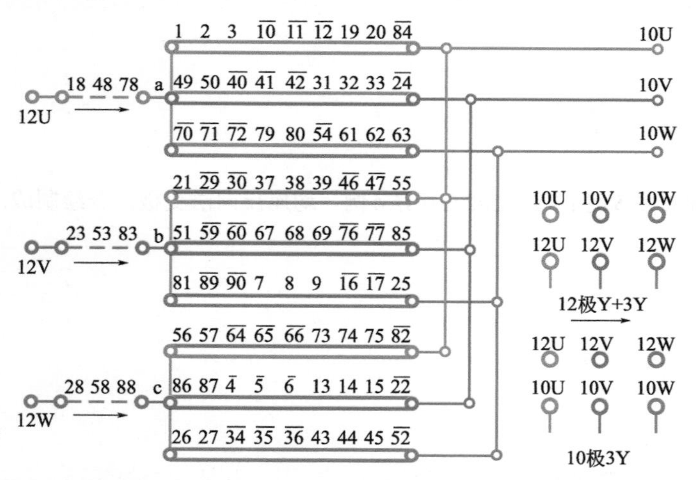

图8-16（a） 12/10极90槽Y+3Y/3Y（换相变极补偿）双速简化接线图

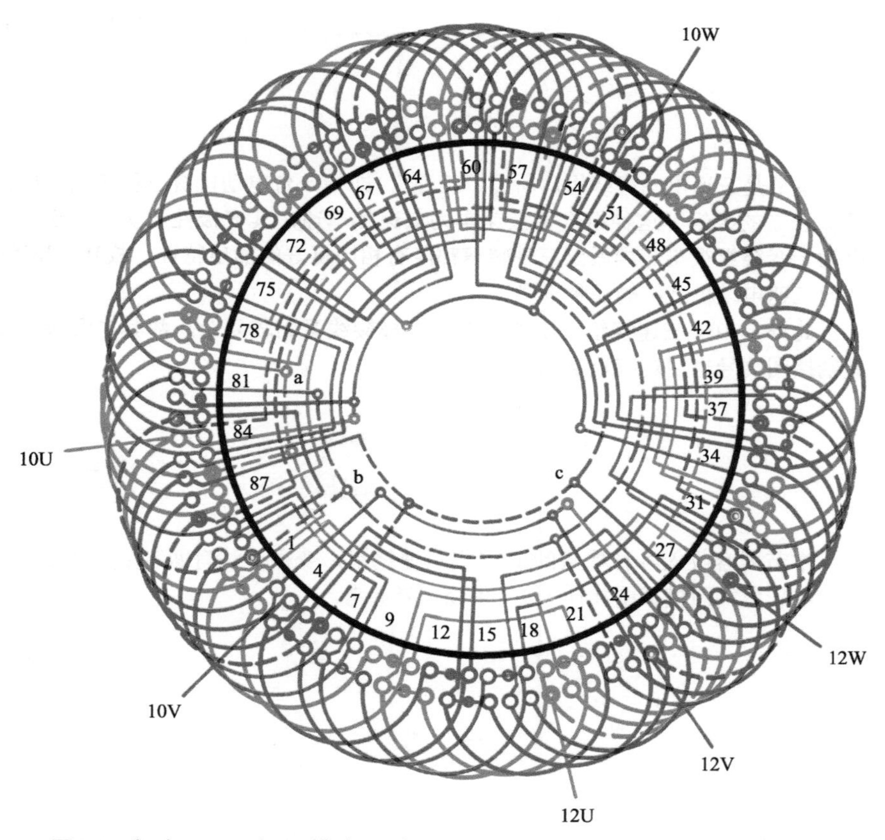

图8-16（b） 12/10极90槽（y=8）Y+3Y/3Y接法（换相变极补偿）双速绕组

第九章 单绕组三速变极电动机端面布接线图

本章是三速电动机绕组。所谓“三速”，即指一台电动机有三种转速输出，它有两种结构型式：一是双绕组三速，它由一台电动机定子中绕制两套独立的绕组；这种组合型三速实为双速加单速，其变极性质实为双速，故绕组图例归纳到双速电动机。而本章所列之三速是指单绕组三速。因为一套绕组很难兼顾做到三种转速都能有相同良好的输出特性。故其输出特性在使用选择时都会有所侧重，所以对实际应用存在一定的局限性，故而三速电动机绕组的品种不多。

此外，由于三速绕组引出线较多，变极接线又比较复杂，故其电源接入端无法像双速那样与极数对应。所以，三速绕组引出线用数字标记，其端接图端号也用对应数字标示。

第一节 8/6/4 极三速电动机绕组

本节内容收入各种槽数的8/6/4极三速绕组，变极接法有两种：其中2Y/2Y/2Y接法5例；2Y/2△/2△接法4例。均属反向法变极，今绘制成三速绕组彩色端面模拟图共计9例，供修理者参考。

一、8/6/4极36槽（y=4）2Y/2Y/2Y接法三速绕组

1. 绕组结构参数

定子槽数　Z=36　　三速极数　$2p$=8/6/4

总线圈数　Q=36　　变极接法　2Y/2Y/2Y

线圈组数　u=16　　每槽电角　α=40°/30°/20°

线圈节距　y=4　　每组圈数　S=3、2、1

绕组系数（8极）　$K_{dp8}=0.844\times0.985=0.831$

绕组系数（6极）　$K_{dp6}=0.644\times0.866=0.558$

绕组系数（4极）　$K_{dp4}=0.96\times0.643=0.617$

出线根数　c=9

2. 绕组布接线特点

本例三速是以4极为基准的60°相带绕组，用反向法排出6极；再以4极用庶极法排出8极。4、6极为同转向，8极为反转向。此绕组在国产系列中有应用，主要实例如JDO3-140M-8/6/4、JDO3-140S-8/6/4等。

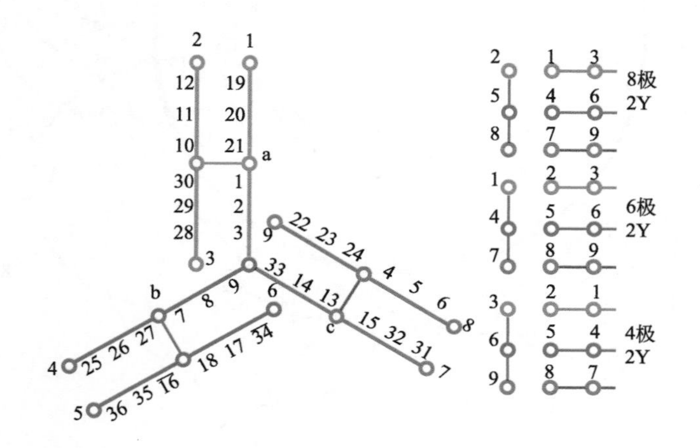

图9-1（a）8/6/4极36槽2Y/2Y/2Y三速简化接线图

3. 三速变极接法与简化接线图

本例三速绕组采用反向变极2Y/2Y/2Y接法，变极绕组简化接线如图9-1（a）所示。

4. 8/6/4极三速2Y/2Y/2Y绕组端面布接线图

本例绕组是双层叠式布线，电动机端面布接线如图9-1（b）所示。

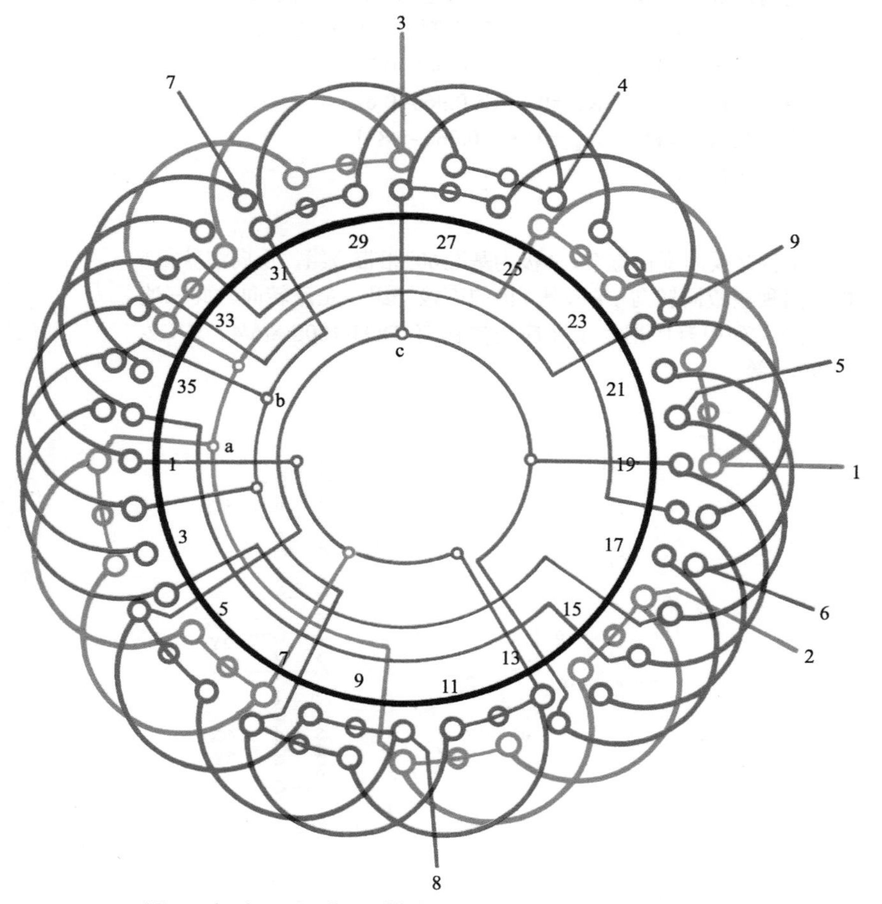

图9-1（b）8/6/4极36槽（y=4）2Y/2Y/2Y接法三速绕组

二、8/6/4极36槽（y=5）2Y/2Y/2Y接法三速绕组

1. 绕组结构参数

定子槽数　Z=36　　　　　三速极数　$2p$=8/6/4

总线圈数　Q=36　　　　　变极接法　2Y/2Y/2Y

线圈组数　u=16　　　　　每槽电角　α=40°/30°/20°

线圈节距　y=5　　　　　　每组圈数　S=3、2、1

绕组系数（8极）　$K_{dp8}=0.844\times0.985=0.735$

绕组系数（6极）　$K_{dp6}=0.644\times0.966=0.622$

绕组系数（4极）　$K_{dp4}=0.96\times0.766=0.831$

出线根数　c=9

2. 绕组布接线特点

本例是反向变极方案，4极为基准60°相带绕组，反向法获得6极，两种极数同转向；8极是4极的庶极绕组，是反转向。此三速在国产系列中有应用，主要应用实例有JDO3-100S-8/6/4、JDO2-42-8/6/4等。

3. 三速变极接法与简化接线图

本例三速绕组采用2Y/2Y/2Y变极接法，三速绕组简化接线如图9-2（a）所示。

4. 8/6/4极三速2Y/2Y/2Y绕组端面布接线图

本例采用双层叠式布线，三速绕组端面布接线如图9-2（b）所示。

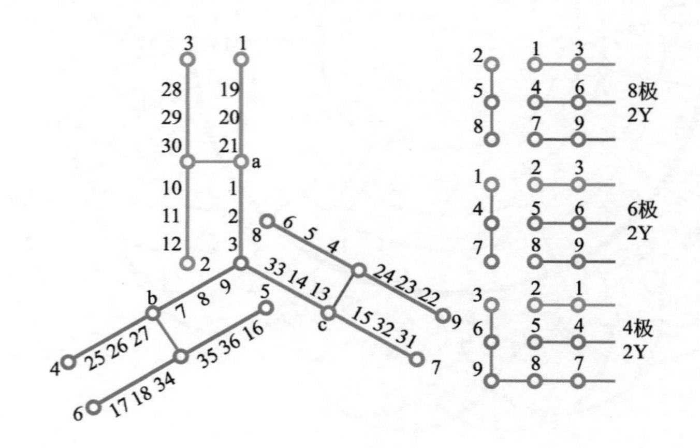

图9-2（a）8/6/4极36槽2Y/2Y/2Y三速简化接线图

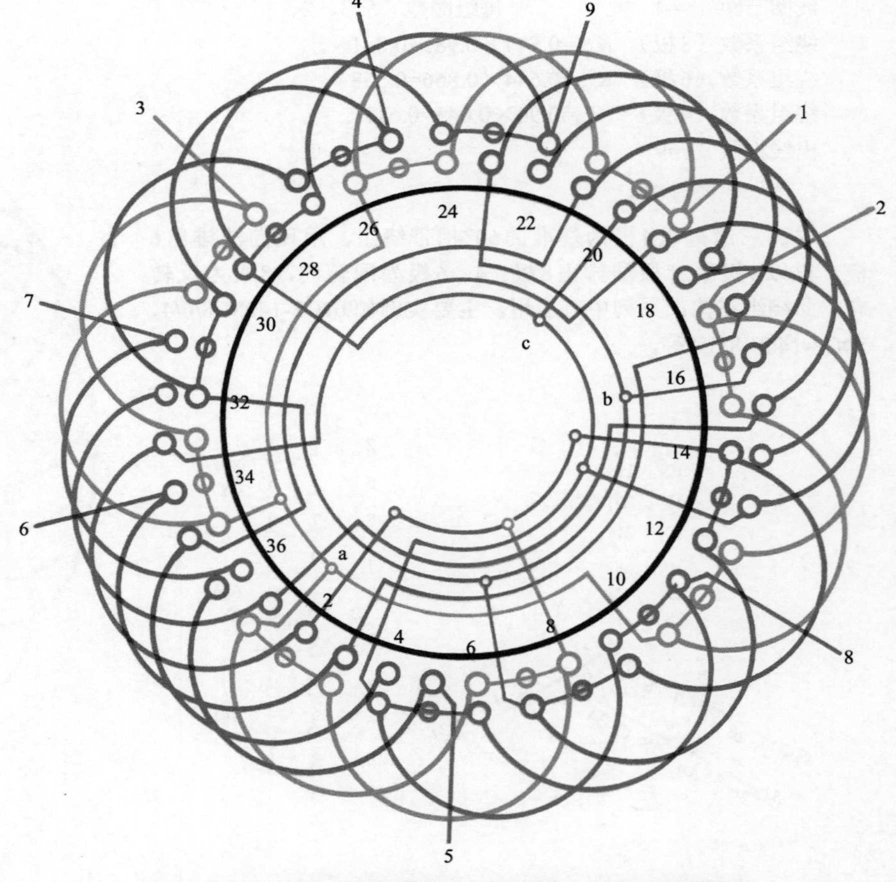

图9-2（b）8/6/4极36槽（y=5）2Y/2Y/2Y接法三速绕组

三、8/6/4极36槽（y=5）2Y/2△/2△接法三速绕组

1. 绕组结构参数

定子槽数　Z=36　　三速极数　$2p$=8/6/4

总线圈数　Q=36　　变极接法　2Y/2△/2△

线圈组数　u=16　　每槽电角　α=40°/30°/20°

线圈节距　y=5　　每组圈数　S=1、2、3

绕组系数（8极）　K_{dp8}=0.844×0.985=0.831

绕组系数（6极）　K_{dp6}=0.644×0.966=0.622

绕组系数（4极）　K_{dp4}=0.96×0.766=0.735

出线根数　c=9

2. 绕组布接线特点

本例是2Y/2△/2△接法，4、6极气隙磁密高于前例，改善了中、高速挡的输出特性，使电动机在高速运行的出力有所提高。本绕组适用于高速时要求有较高出力的三速电动机。

3. 三速变极接法与简化接线图

本例是2Y/2△/2△接法，变极绕组简化接线如图9-3（a）所示。

4. 8/6/4极三速2Y/2△/2△绕组端面布接线图

本例采用双层叠式布线，端面布接线如图9-3（b）所示。

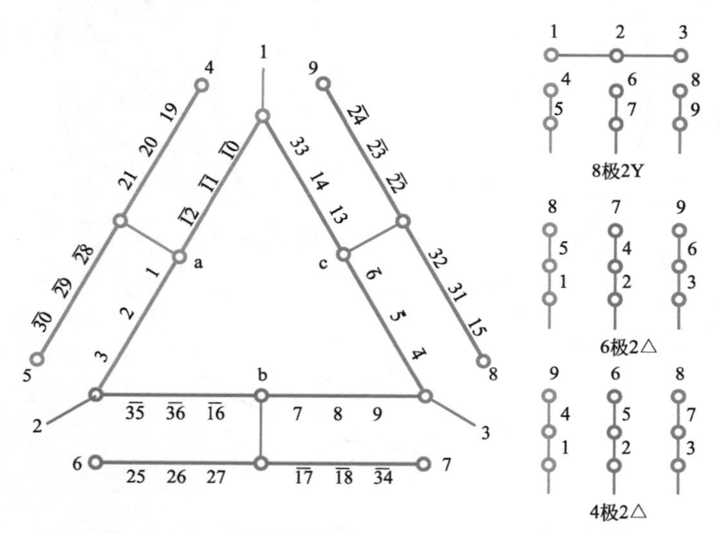

图9-3（a） 8/6/4极36槽2Y/2△/2△三速简化接线图

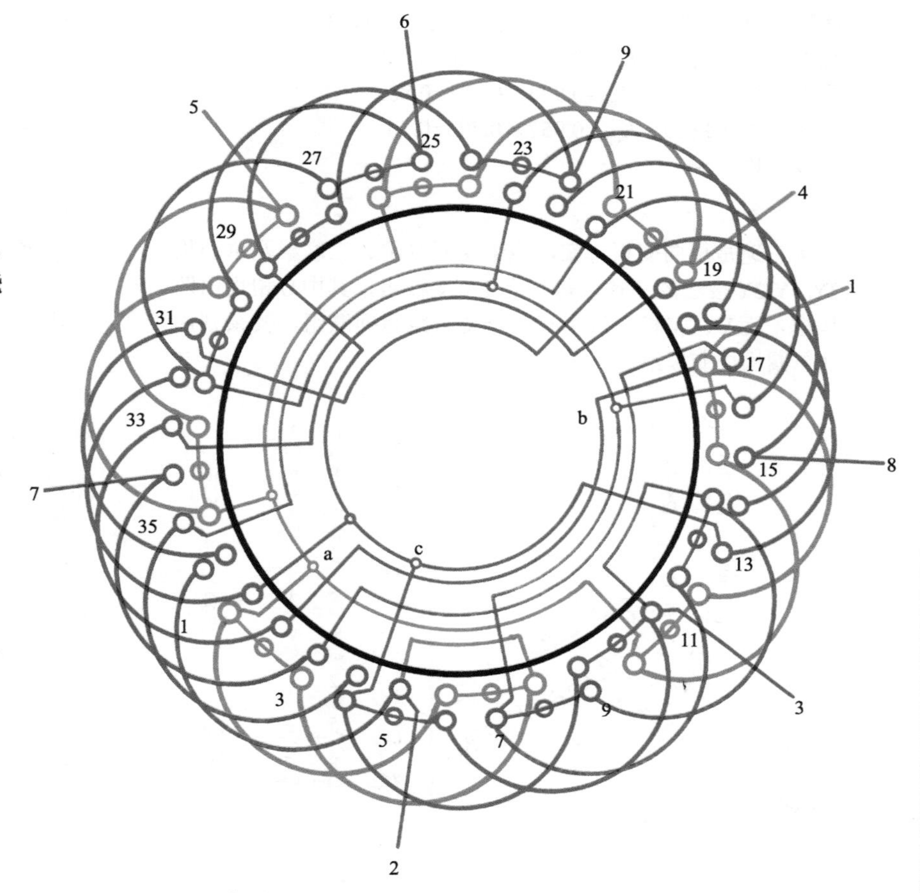

图9-3（b） 8/6/4极36槽（y=5）2Y/2△/2△接法三速绕组

四、* 8/6/4极48槽（y=7）2Y/2Y/2Y接法三速绕组

1. 绕组结构参数

定子槽数　Z=48　　　　三速极数　$2p$=8/6/4
总线圈数　Q=48　　　　变极接法　2Y/2Y/2Y
线圈组数　u=16　　　　每槽电角　α=30°/22.5°/15°
线圈节距　y=7　　　　　每组圈数　S=4、3、1
绕组系数（8极）　K_{dp8}=0.837×0.966=0.809
绕组系数（6极）　K_{dp6}=0.906×0.981=0.889
绕组系数（4极）　K_{dp4}=0.957×0.793=0.76
出线根数　c=9

2. 绕组布接线特点

本例三速是反向变极方案，绕组由四联组、三联组及单圈构成。2Y/2Y/2Y接法的三速，每相有4个变极组，其中U相均由四联组构成，而V、W相则每相有两个变极组是四联组，其余则由三联加单圈构成变极组。

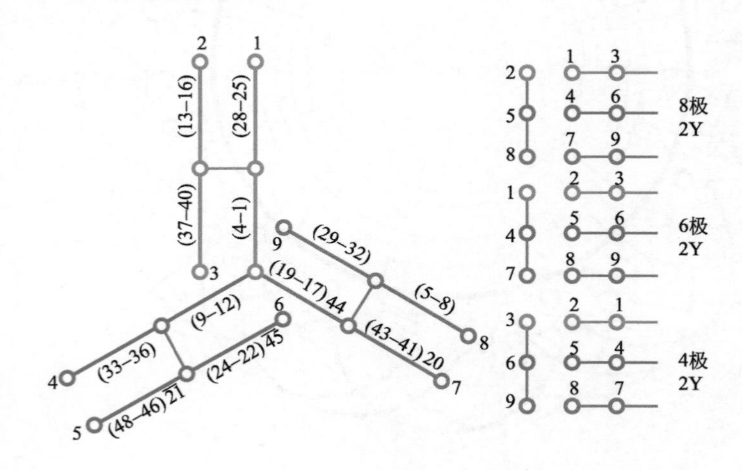

图9-4（a）　8/6/4极48槽2Y/2Y/2Y三速简化接线图

3. 三速变极接法与简化接线图

本例采用2Y/2Y/2Y接法，三速绕组简化接线如图9-4（a）所示。

4. 8/6/4极三速2Y/2Y/2Y绕组端面布接线图

本例采用双层叠式绕组布线，绕组布接线如图9-4（b）所示。

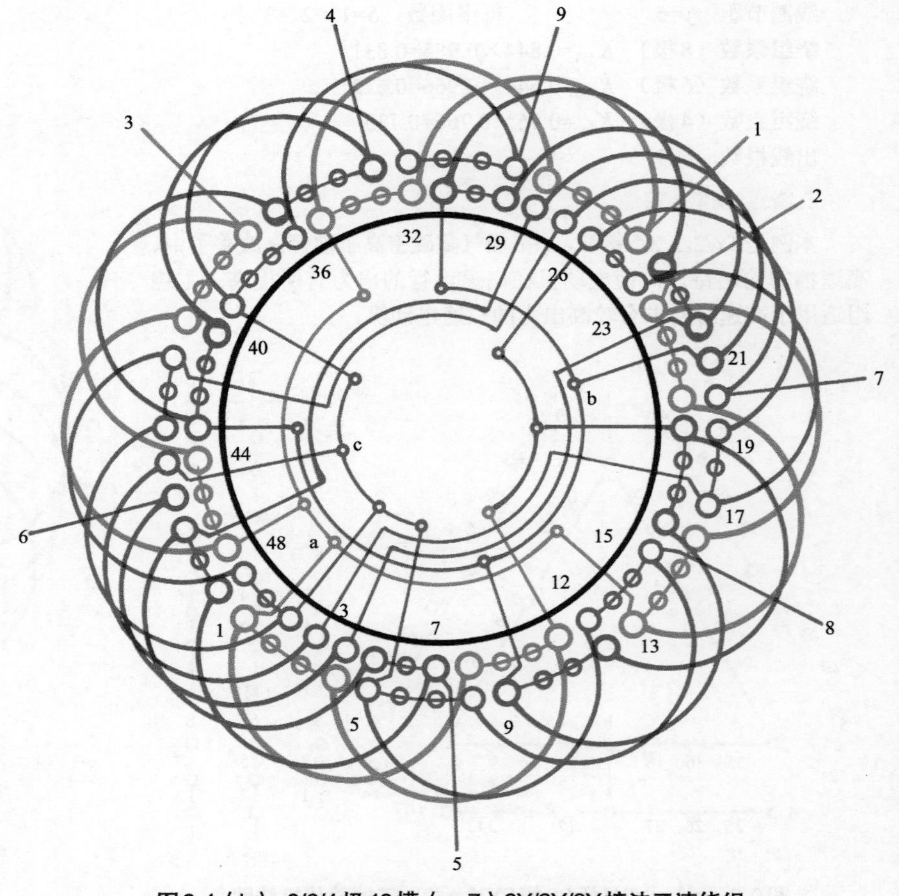

图9-4（b）　8/6/4极48槽（y=7）2Y/2Y/2Y接法三速绕组

五、* 8/6/4极48槽（y=7）2Y/2△/2△接法三速绕组

1. 绕组结构参数

定子槽数　Z=48　　三速极数　$2p$=8/6/4

总线圈数　Q=48　　变极接法　2Y/2△/2△

线圈组数　u=16　　每槽电角　α=30°/22.5°/15°

线圈节距　y=7　　每组圈数　S=4、3、1

绕组系数（8极）　$K_{dp8}=0.837\times0.966=0.809$

绕组系数（6极）　$K_{dp6}=0.64\times0.981=0.628$

绕组系数（4极）　$K_{dp4}=0.957\times0.793=0.759$

出线根数　c=9

2. 绕组布接线特点

本例是反向法变极，三相结构不尽相同，其中U相4个变极组均由四圈组构成；而其他两相的变极组不同，虽然每变极组都有4只线圈但其中两组是四圈组，另二组则是由三圈组加单圈组构成。

3. 三速变极接法与简化接线图

本例采用2Y/2△/2△接法，变极绕组简化接线如图9-5（a）所示。

4. 8/6/4极三速2Y/2△/2△绕组端面布接线图

本例采用双层叠式布线，绕组端面布接线如图9-5（b）所示。

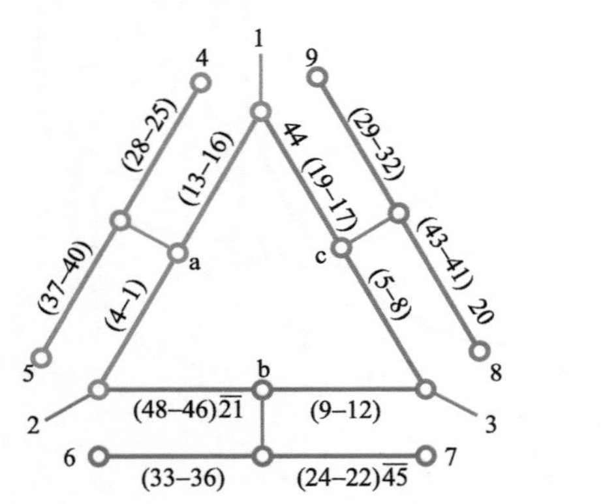

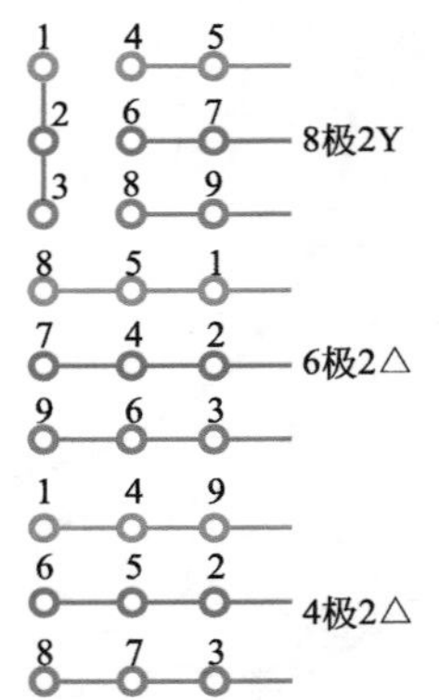

图9-5（a）　8/6/4极48槽2Y/2△/2△三速简化接线图

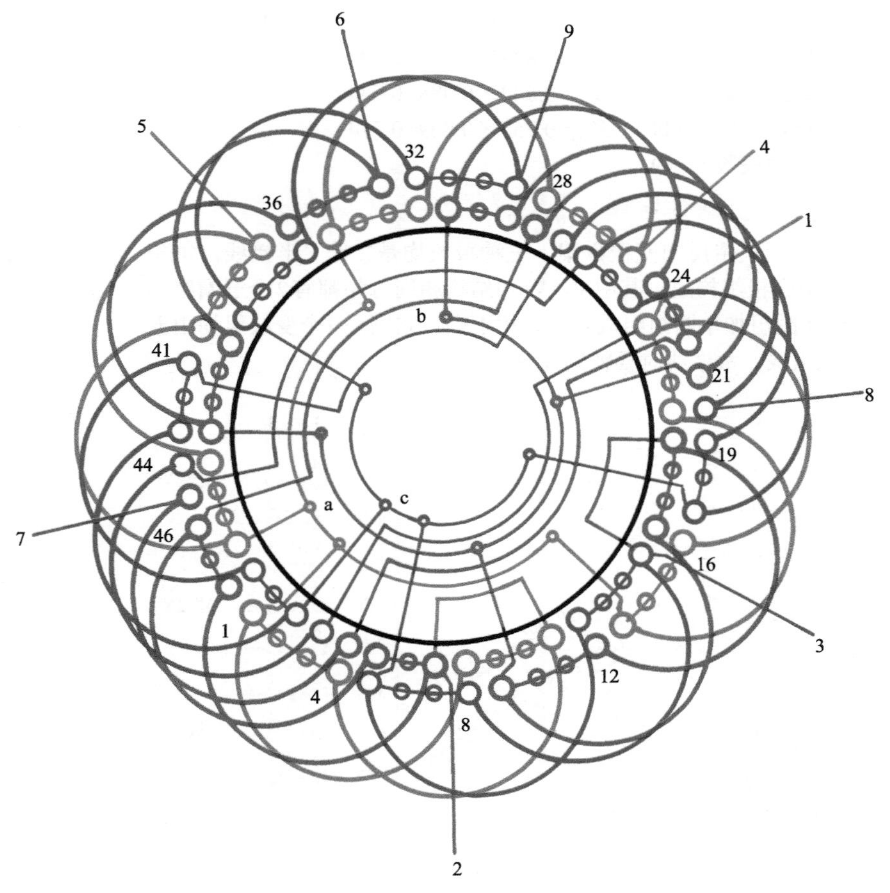

图9-5（b）　8/6/4极48槽（y=7）2Y/2△/2△接法三速绕组

六、* 8/6/4极60槽（y=9）2Y/2Y/2Y接法三速绕组

1.绕组结构参数

定子槽数	Z=60	三速极数	$2p$=8/6/4
总线圈数	Q=60	变极接法	2Y/2Y/2Y
线圈组数	u=16	每槽电角	α=24°/18°/12°
线圈节距	y=9	每组圈数	S=5、4、1

绕组系数（8极） $K_{dp8}=0.833\times0.951=0.724$

绕组系数（6极） $K_{dp6}=0.642\times0.988=0.634$

绕组系数（4极） $K_{dp4}=0.957\times0.809=0.774$

出线根数 c=9

2.绕组布接线特点

本例采用反向变极方案，三种极数均是二路Y形接线，每相由4个变极组构成，其中V、W相结构相同每相都有2个五圈组和2个四圈组加单圈组组成；而U相不同，它则是4个变极组均由五圈组组成。故嵌线时要特别注意。

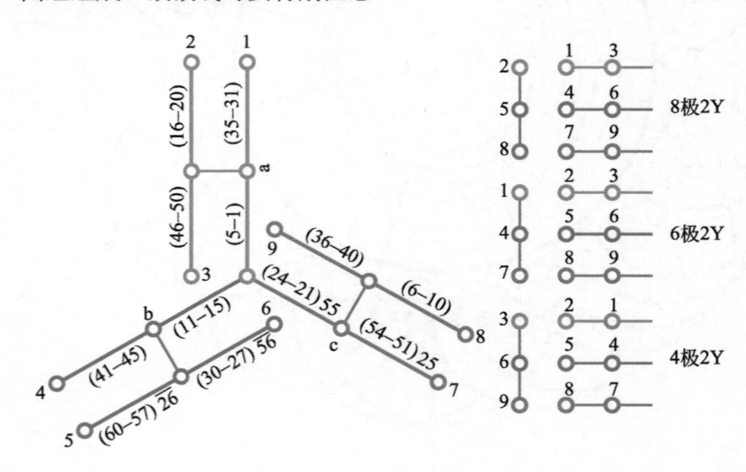

图9-6（a） 8/6/4极60槽2Y/2Y/2Y三速简化接线图

3.三速变极接法与简化接线图

本例采用2Y/2Y/2Y接法，变极绕组简化接线如图9-6（a）所示。

4. 8/6/4极三速2Y/2Y/2Y绕组端面布接线图

本例采用双层叠式布线，绕组端面布接线如图9-6（b）所示。

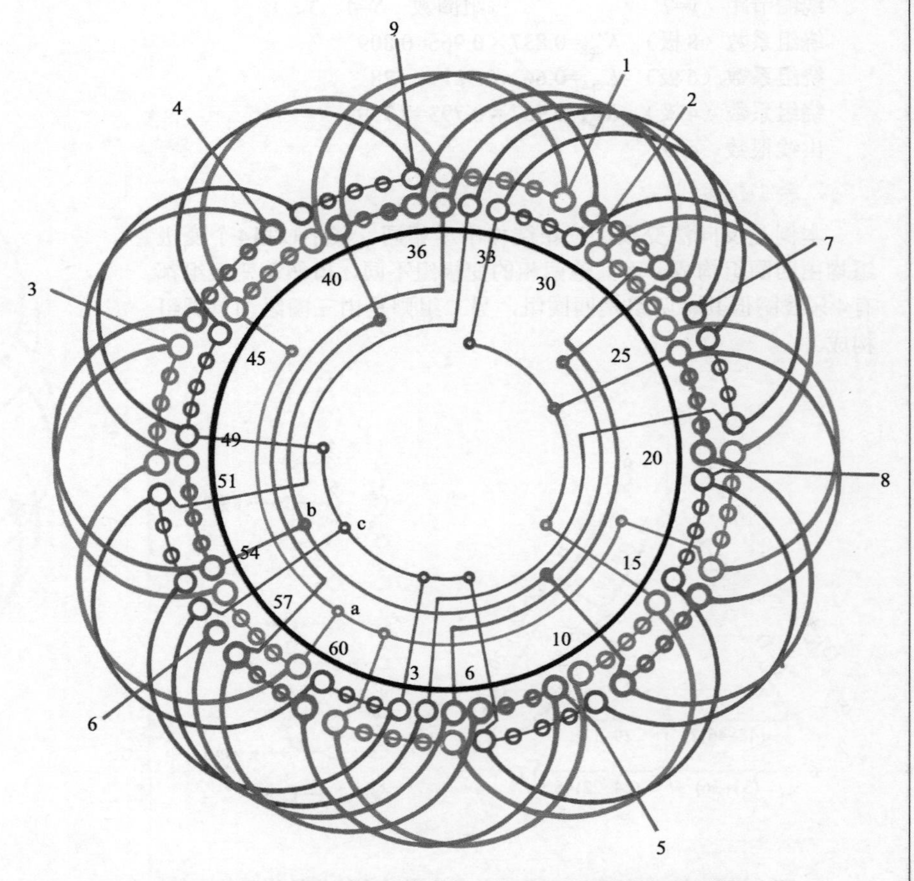

图9-6（b） 8/6/4极60槽（y=9）2Y/2Y/2Y接法三速绕组

七、* 8/6/4极60槽（y=9）2Y/2△/2△接法三速绕组

1. 绕组结构参数

定子槽数　Z=60　　　　三速极数　$2p$=8/6/4

总线圈数　Q=60　　　　变极接法　2Y/2△/2△

线圈组数　u=16　　　　每槽电角　α=24°/18°/12°

线圈节距　y=9　　　　　每组圈数　S=5、4、1

绕组系数（8极）　$K_{dp8}=0.833\times0.95=0.722$

绕组系数（6极）　$K_{dp6}=0.642\times0.988=0.634$

绕组系数（4极）　$K_{dp4}=0.957\times0.809=0.774$

出线根数　c=9

2. 绕组布接线特点

本例与上例采用相同的反向变极方案，但改用变极接法为2Y/2△/2△。绕组仍由五联、四联和单联构成。其中U相4个变极组均是五联组；其余二相结构相同，即每相中有2个五联的变极组和2个四联加单圈的变极组。

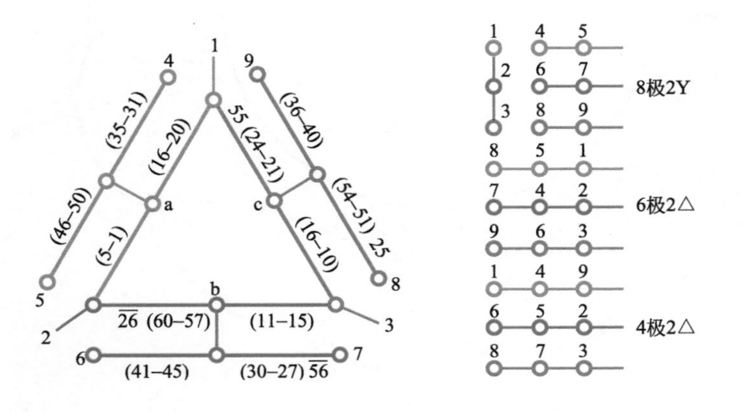

图9-7（a） 8/6/4极60槽2Y/2△/2△三速简化接线图

3. 三速变极接法与简化接线图

本例采用2Y/2△/2△变极接法，三速绕组简化接线如图9-7（a）所示。

4. 8/6/4极三速2Y/2△/2△绕组端面布接线图

本例采用双层叠式布线，绕组端面布接线如图9-7（b）所示。

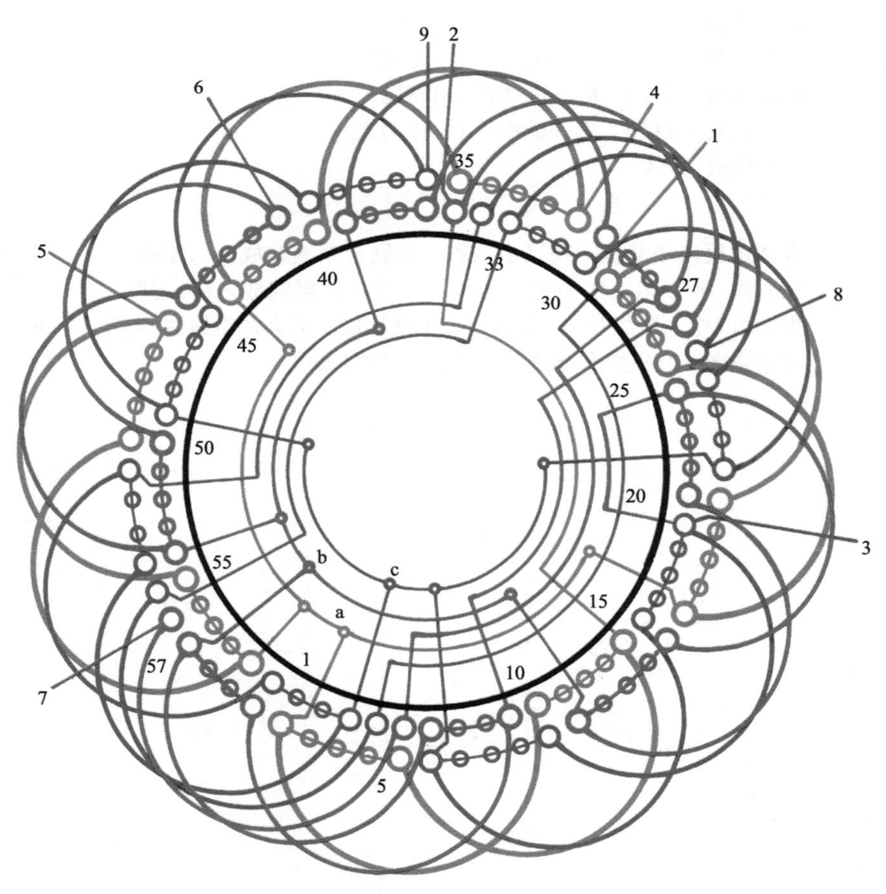

图9-7（b） 8/6/4极60槽（y=9）2Y/2△/2△接法三速绕组

八、* 8/6/4极72槽（y=12）2Y/2Y/2Y接法三速绕组

1.绕组结构参数

定子槽数　Z=72　　　　三速极数　$2p$=8/6/4

总线圈数　Q=72　　　　变极接法　2Y/2Y/2Y

线圈组数　u=16　　　　每槽电角　α=20°/15°/10°

线圈节距　y=12　　　　每组圈数　S=6、5、1

绕组系数（8极）　K_{dp8}=0.831×0.866=0.72

绕组系数（6极）　K_{dp6}=0.638×1=0.638

绕组系数（4极）　K_{dp4}=0.956×0.866=0.828

出线根数　c=9

2.绕组布接线特点

本例是反向法变极，绕组由六联、五联及单圈构成。每相有4个变极组，除U相每变极组由结构相同的六联组构成之外，其余二相均由2个六联组和2个五联组加单圈构成。因为每组线圈不等，故重绕嵌线时应按布接线图按大小组排序嵌入。

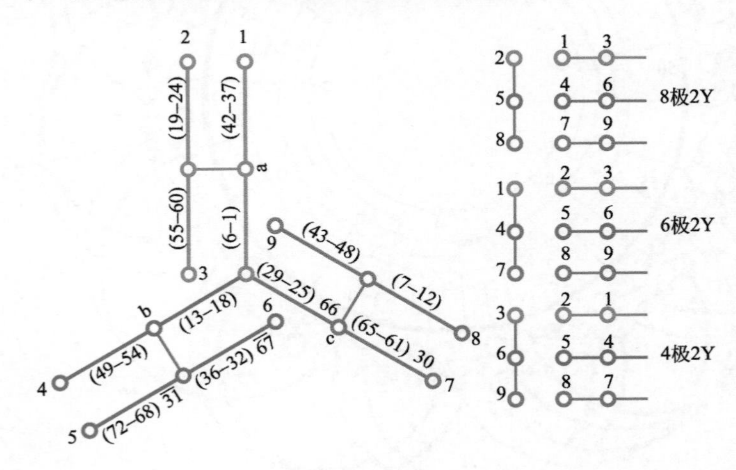

图9-8（a）　8/6/4极72槽2Y/2Y/2Y三速简化接线图

3.三速变极接法与简化接线图

本例采用2Y/2Y/2Y变极，绕组简化接线如图9-8（a）所示。

4. 8/6/4极三速2Y/2Y/2Y绕组端面布接线图

本例采用双层叠式布线，绕组端面布接线如图9-8（b）所示。

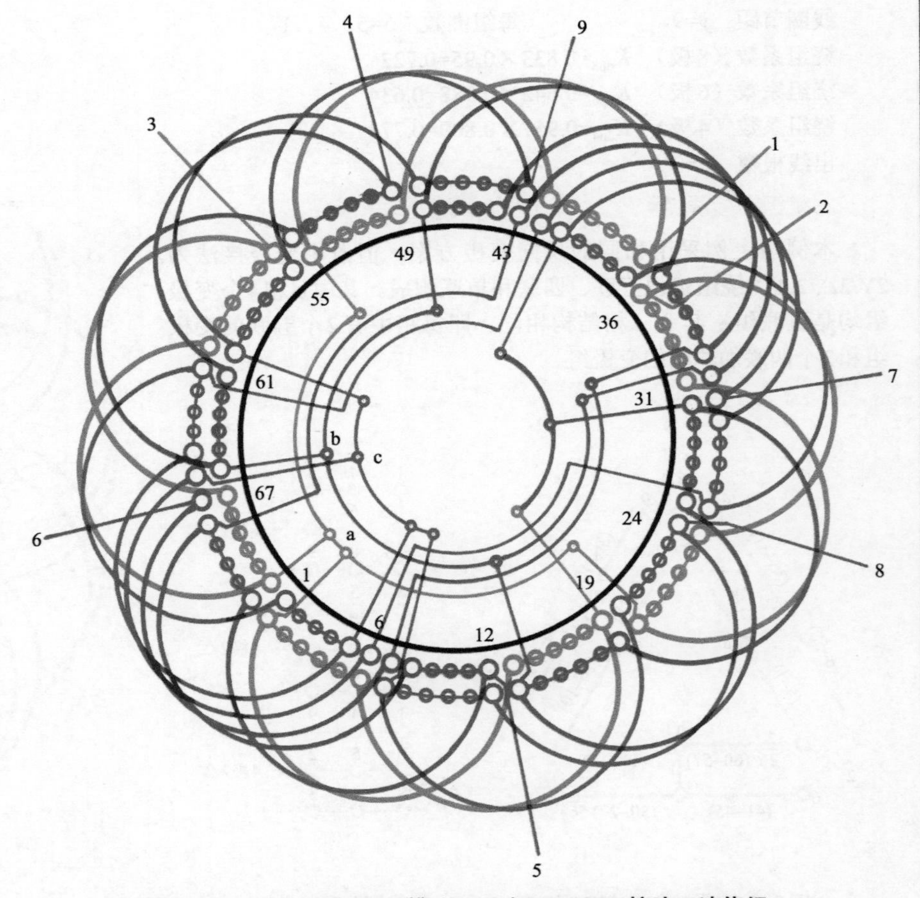

图9-8（b）　8/6/4极72槽（y=12）2Y/2Y/2Y接法三速绕组

九、8/6/4极72槽（y=12）2Y/2△/2△接法三速绕组

1.绕组结构参数

定子槽数　Z=72　　　三速极数　$2p$=8/6/4

总线圈数　Q=72　　　变极接法　2Y/2△/2△

线圈组数　u=16　　　每槽电角　α=20°/15°/10°

线圈节距　y=12　　　每组圈数　S=6、5、3、1

绕组系数（8极）　$K_{dp8}=0.831\times0.866=0.72$

绕组系数（6极）　$K_{dp6}=0.638\times1=0.638$

绕组系数（4极）　$K_{dp4}=0.956\times0.866=0.828$

出线根数　c=9

2.绕组布接线特点

本例是反向法变极，绕组每组圈数不等且规格较多，所以嵌线时应予注意。此外，根据磁场校验，4极和8极形成的磁极比较完善；但6极磁场不够规整，故在启动和运行时会出现振噪；这也是非倍极比反向变极的通病。本绕组8、6极为同转向，与4极反转向。

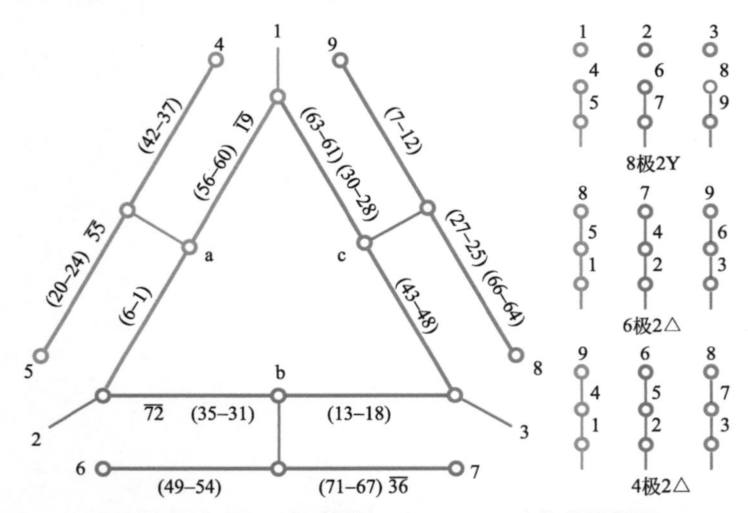

图9-9（a） 8/6/4极72槽2Y/2△/2△三速简化接线图

3.三速变极接法与简化接线图

本例采用2Y/2△/2△反向变极接法，绕组简化接线如图9-9（a）所示。

4. 8/6/4极三速2Y/2△/2△绕组端面布接线图

本例绕组是双层叠式，绕组端面布接线如图9-9（b）所示。

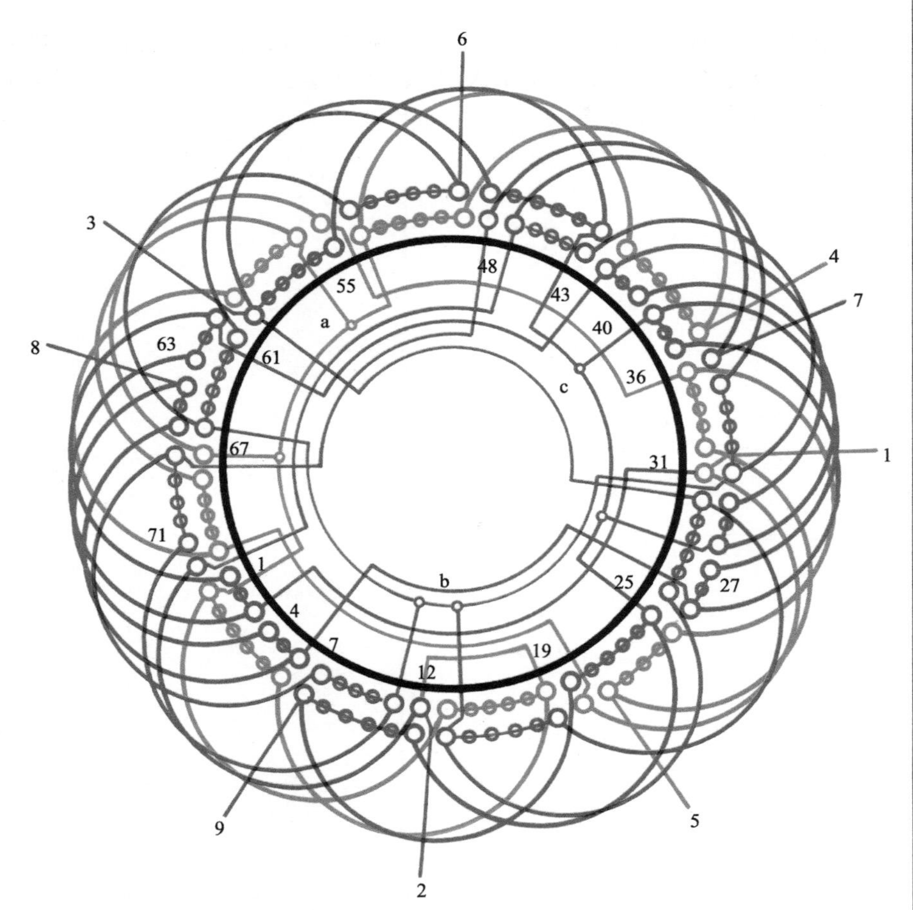

图9-9（b） 8/6/4极72槽（y=12）2Y/2△/2△接法三速绕组

第二节 8/4/2、6/4/2、16/8/4 极三速电动机绕组

本节包括8/4/2、6/4/2及16/8/4三种变极规格，共收入三速绕组12例，其中8/4/2极三速7例；变极接法有反向变极和双节距变极的2Y/2△/2△接法；6/4/2极三速4例，采用的3Y/⧊/⧊换相变极接法，其中还包含它的并联接法6Y/2⧊/2⧊ 1例，另外还有1例16/8/4三速2Y/2△/2△接法。三速绕组绘成彩图，供读者参考。

一、* 8/4/2极36槽（y=6）2Y/2△/2△接法三速绕组

1. 绕组结构参数

定子槽数　Z=36　　三速极数　$2p$=8/4/2

总线圈数　Q=36　　变极接法　2Y/2△/2△

线圈组数　u=12　　每槽电角　α=40°/20°/10°

线圈节距　y=6　　每组圈数　S=3

绕组系数（8极）　$K_{dp8}=0.422\times0.866=0.365$

绕组系数（4极）　$K_{dp4}=0.831\times0.866=0.72$

绕组系数（2极）　$K_{dp2}=0.956\times0.5=0.478$

出线根数　c=9

2. 绕组布接线特点

本例2Y/2△/2△接法是反向法变极绕组，此绕组2、8极为同转向；4极反转向。绕组结构比较简单，全部是三圈组，故每相4个变极组均由三圈组构成。由于三速属反向变极，故分布系数相差悬殊，故无法达到三种转速都能取得理想的输出特性。

3. 三速变极接法与简化接线图

本例采用反向变极2Y/2△/2△接法，绕组简化接线如图9-10（a）所示。

4. 8/4/2极三速2Y/2△/2△绕组端面布接线图

本例是双层叠式布线，绕组端面布接线如图9-10（b）所示。

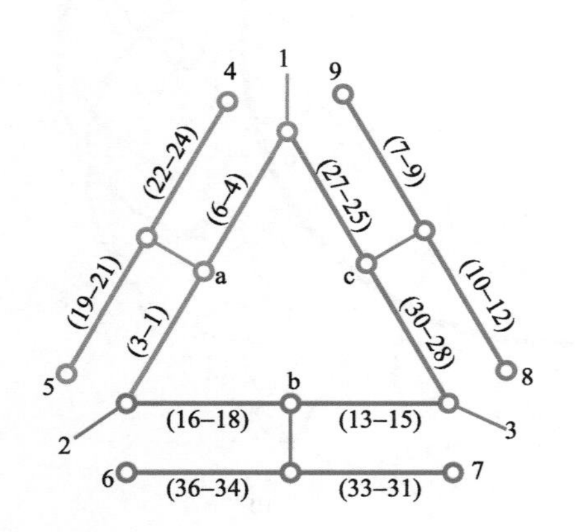

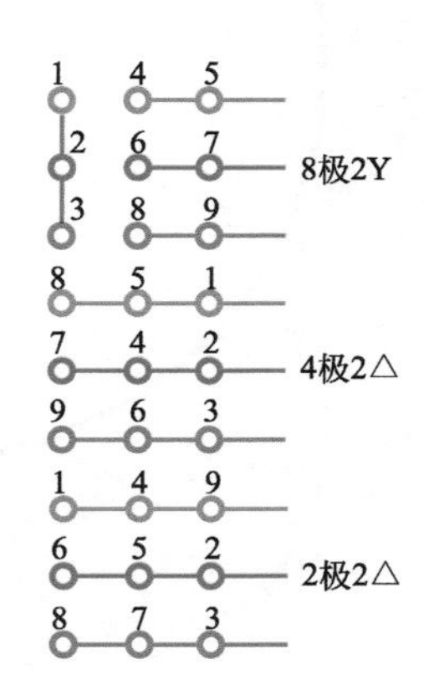

图9-10（a） 8/4/2极36槽2Y/2△/2△三速简化接线图

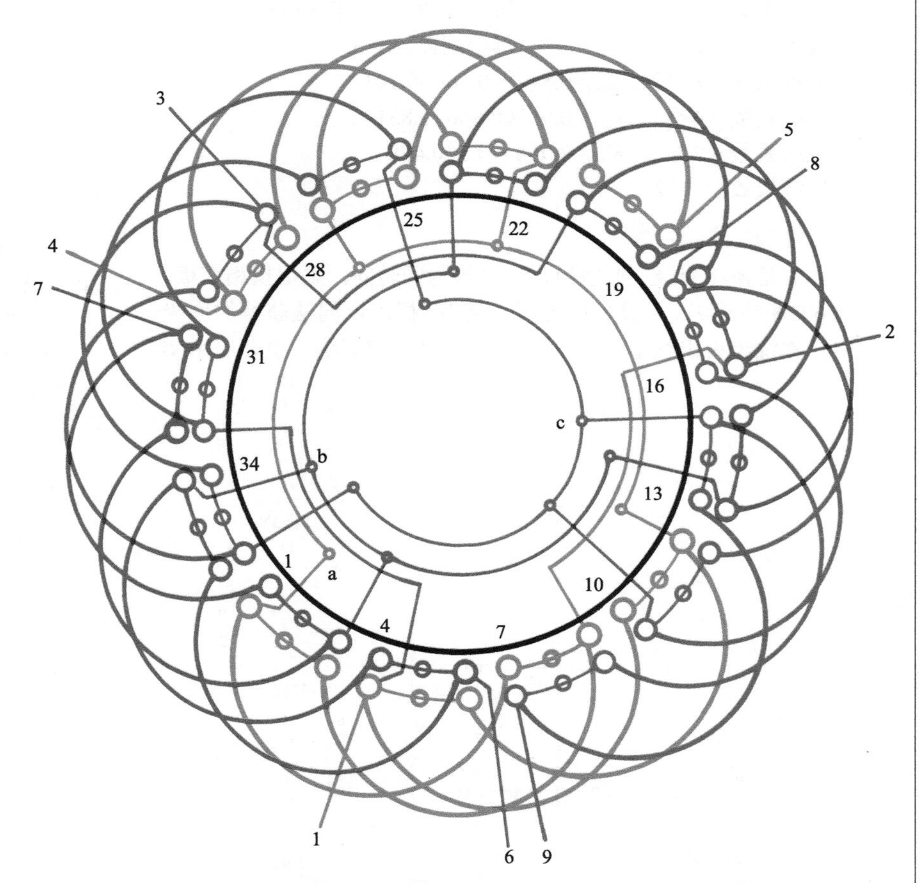

图9-10（b） 8/4/2极36槽（y=6）2Y/2△/2△接法三速绕组

二、8/4/2极36槽（y=6）2Y/2△/2△接法（换相变极）三速绕组

1.绕组结构参数

定子槽数　Z=36　　　　三速极数　2p=8/4/2

总线圈数　Q=36　　　　变极接法　2Y/2△/2△

线圈组数　u=12　　　　每槽电角　α=40°/20°/10°

线圈节距　y=6　　　　　每组圈数　S=3

绕组系数（8极）　$K_{dp8}=0.844\times0.866=0.731$

绕组系数（4极）　$K_{dp4}=0.96\times0.866=0.831$

绕组系数（2极）　$K_{dp2}=0.956\times0.5=0.478$

出线根数　c=12

2.绕组布接线特点

本例是换相变极三速绕组，2、4极为同转向，采用换相变极，故属60°相带绕组。8极是反转向，是由4极用反向法获得的庶极绕组。本绕组引出线多达12根，但内部接线较简练。主要应用实例有JDO2-32-8/4/2等。

3.三速变极接法与简化接线图

本例绕组采用2Y/2△/2△换相变极接法，变极绕组简化接线如图9-11（a）所示。

4. 8/4/2极三速2Y/2△/2△绕组端面布接线图

本例是双层叠式布线，绕组端面布接线如图9-11（b）所示。

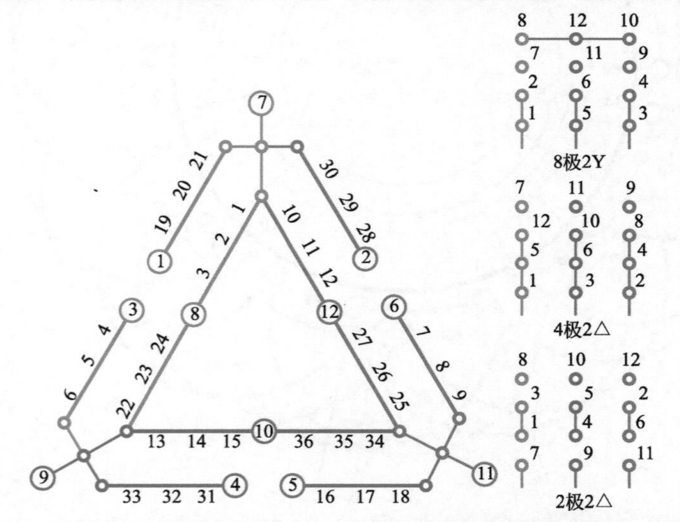

图9-11（a） 8/4/2极36槽2Y/2△/2△（换相变极）三速简化接线图

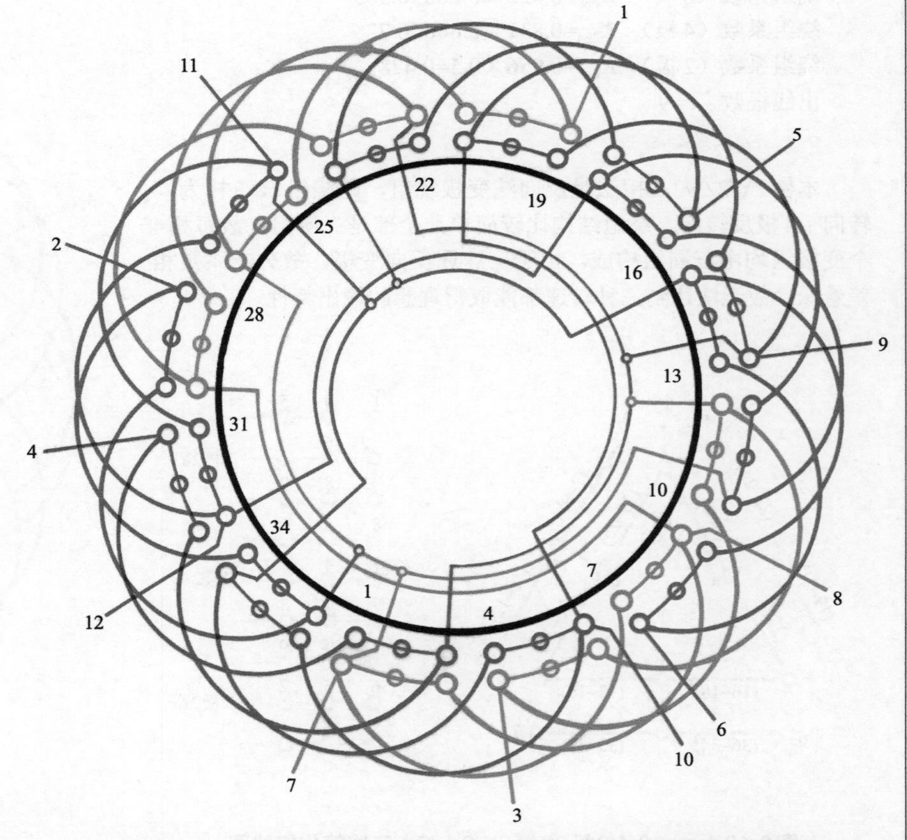

图9-11（b） 8/4/2极36槽（y=6）2Y/2△/2△接法(换相变极)三速绕组

三、8/4/2极36槽（y=12、6）2Y/2△/2△接法（双节距变极）三速绕组

1. 绕组结构参数

定子槽数	Z=36	三速极数	$2p$=8/4/2
总线圈数	Q=36	变极接法	2Y/2△/2△
线圈组数	u=12	每槽电角	α=40°/20°/10°
线圈节距	y=12、6	每组圈数	S=3

绕组系数（8极）$K_{dp8}=0.731\times0.866=0.633$

绕组系数（4极）$K_{dp4}=0.832\times1=0.832$

绕组系数（2极）$K_{dp2}=0.956\times0.707=0.676$

出线根数　c=9

2. 绕组布接线特点

本例是双节距变极三速，采用大节距y_d=12、小节距y_s=6，属反向变极的特殊型式。其中2极是60°相带。用反向法得4极庶极绕组；然后再用双节距法获得8极。此绕组2、8极为同转向，4极是反转向。主要应用实例有JDO2-42-8/4/2、JDO3-112L-8/4/2等。

3. 三速变极接法与简化接线图

本例采用2Y/2△/2△换相变极接法，变极绕组简化接线如图9-12（a）所示。

4. 8/4/2极三速2Y/2△/2△绕组端面布接线图

本例是双层叠式双节距布线，端面布接线如图9-12（b）所示。

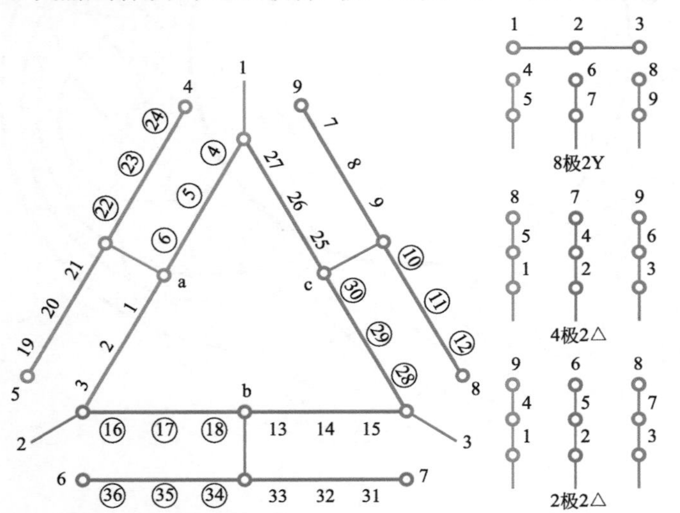

图9-12（a） 8/4/2极36槽2Y/2△/2△（双节距变极）三速简化接线图

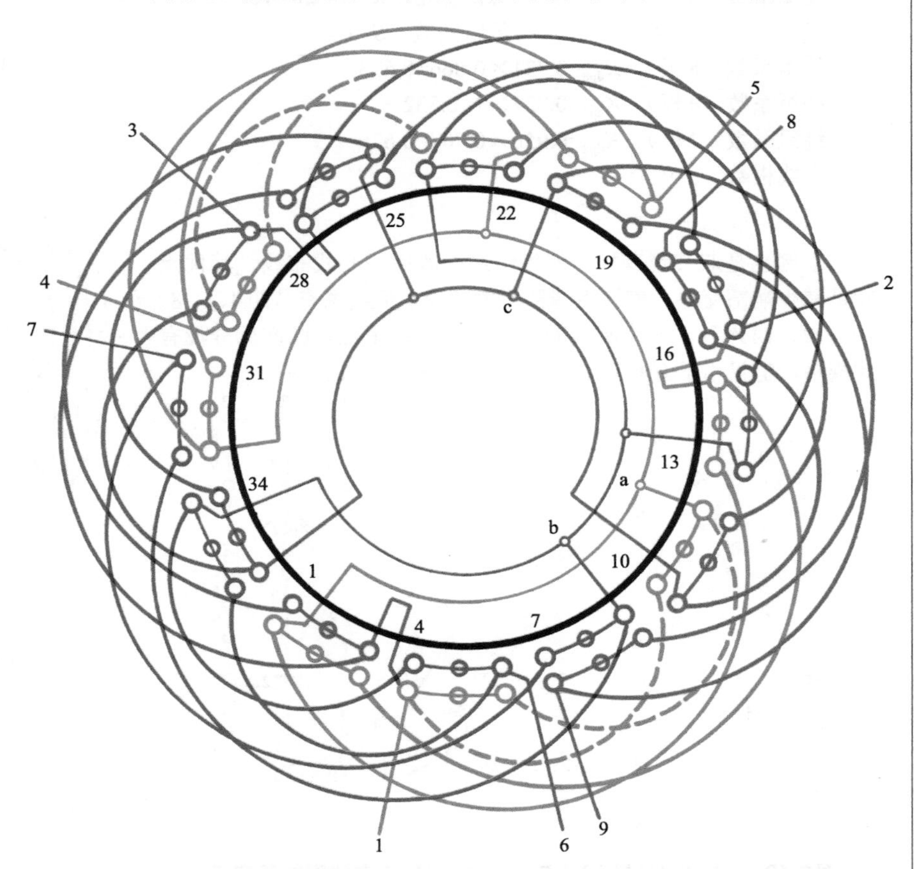

图9-12（b） 8/4/2极36槽（y=12、6）2Y/2△/2△接法（双节距变极）三速绕组

四、8/4/2极36槽（y_d=9）2Y/2△/2△接法（同心布线双节距变极）三速绕组

1.绕组结构参数

定子槽数　Z=36　　　　三速极数　$2p$=8/4/2

总线圈数　Q=36　　　　变极接法　2Y/2△/2△

线圈组数　u=12　　　　每槽电角　α=40°/20°/10°

线圈节距　y_d=9　　　　每组圈数　S=3

绕组系数（8极）　K_{dp8}=0.731×0.866=0.633

绕组系数（4极）　K_{dp4}=0.832×1=0.832

绕组系数（2极）　K_{dp2}=0.956×0.707=0.676

出线根数　c=9

2.绕组布接线特点

本例也是双节距变极，但每组线圈改用同心式布线，其优点就是减少端部交叠，使绕组端部厚度减少；但线圈有节距4、6、8、10、12、14六种，给绕制线圈调模造成一定困难。国产标准没有此规格，但见用于JDO3-100L-8/4/2等三速电动机。

3.三速变极接法与简化接线图

本例绕组采用同心式双节距变极，2Y/2△/2△接法，三速绕组简化接线如图9-13（a）所示。

4. 8/4/2极三速2Y/2△/2△绕组端面布接线图

本例是双层双同心组布线，绕组端面布接线如图9-13（b）所示。

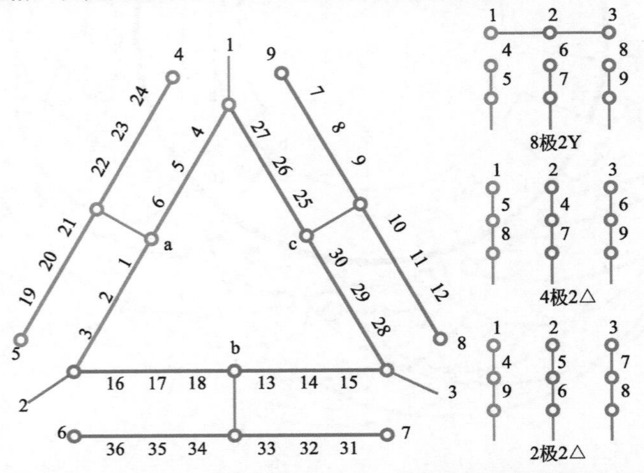

图9-13（a） 8/4/2极36槽2Y/2△/2△（同心布线双节距变极）三速简化接线图

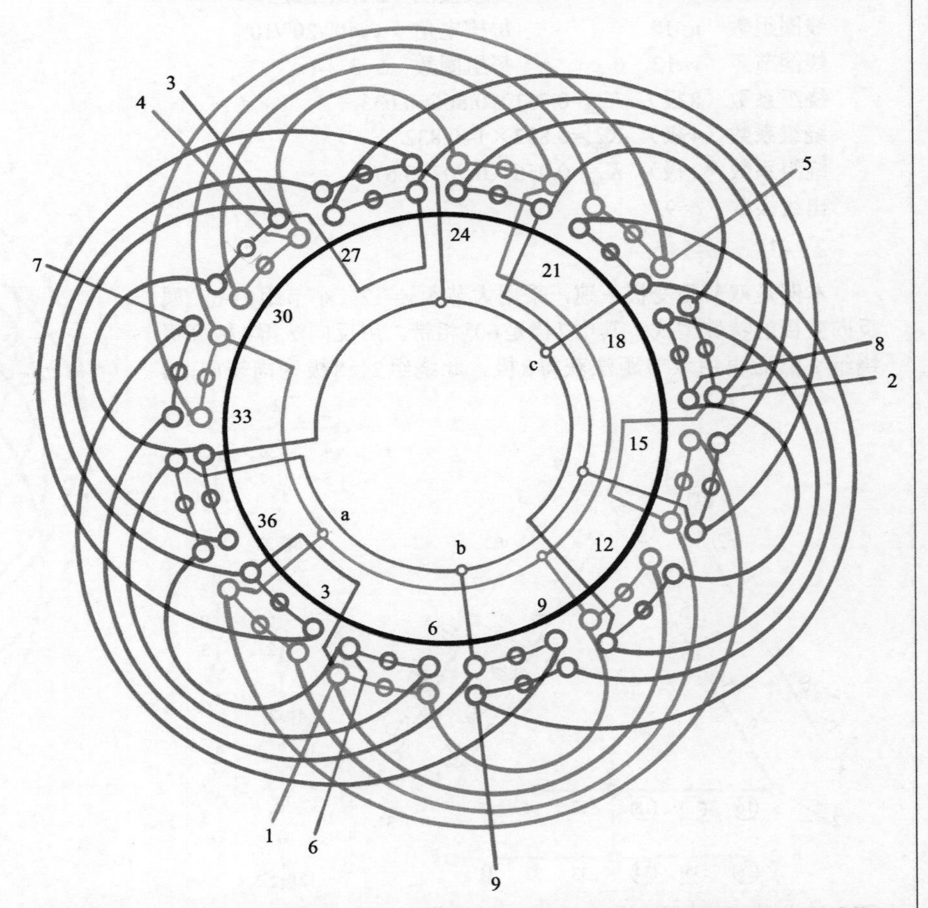

图9-13（b） 8/4/2极36槽（y_d=9）2Y/2△/2△接法（同心布线双节距变极）三速绕组

五、* 8/4/2极48槽（y=9）2Y/2△/2△接法三速绕组

1. 绕组结构参数

定子槽数 Z=48　　三速极数 $2p$=8/4/2

总线圈数 Q=48　　变极接法 2Y/2△/2△

线圈组数 u=12　　每槽电角 α=30°/15°/7.5°

线圈节距 y=9　　每组圈数 S=4

绕组系数（8极） $K_{dp8}=0.75\times0.707=0.513$

绕组系数（4极） $K_{dp4}=0.861\times0.924=0.796$

绕组系数（2极） $K_{dp2}=0.956\times0.707=0.676$

出线根数 c=9

2. 绕组布接线特点

本例是反向法变极方案，全绕组均由四联组构成，每相有4个变极组，每变极组仅有一组线圈。三速绕组2极为60°相带，用反向法取得4极。此绕组是由双节距演变过来，故8极时电磁性能较差，可能会导致较大的振噪。选择时慎用。

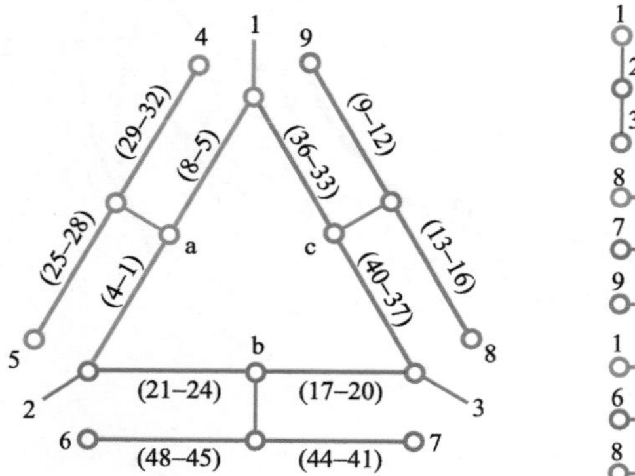

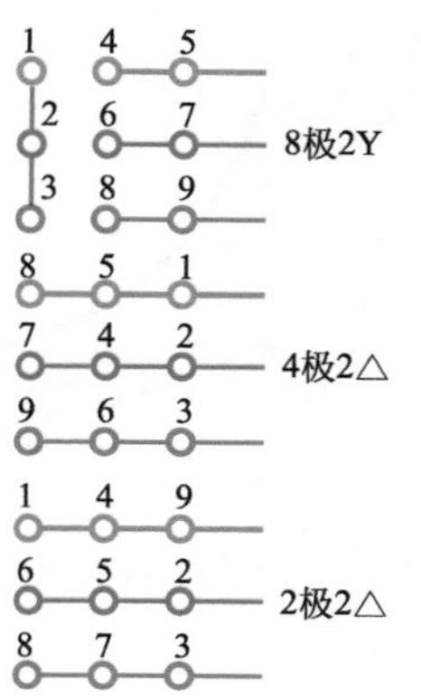

图9-14（a） 8/4/2极48槽2Y/2△/2△三速简化接线图

3. 三速变极接法与简化接线图

本例采用2Y/2△/2△变极接法，三速绕组简化接线如图9-14（a）所示。

4. 8/4/2极三速2Y/2△/2△绕组端面布接线图

本例采用双层叠式布线，绕组端面布接线如图9-14（b）所示。

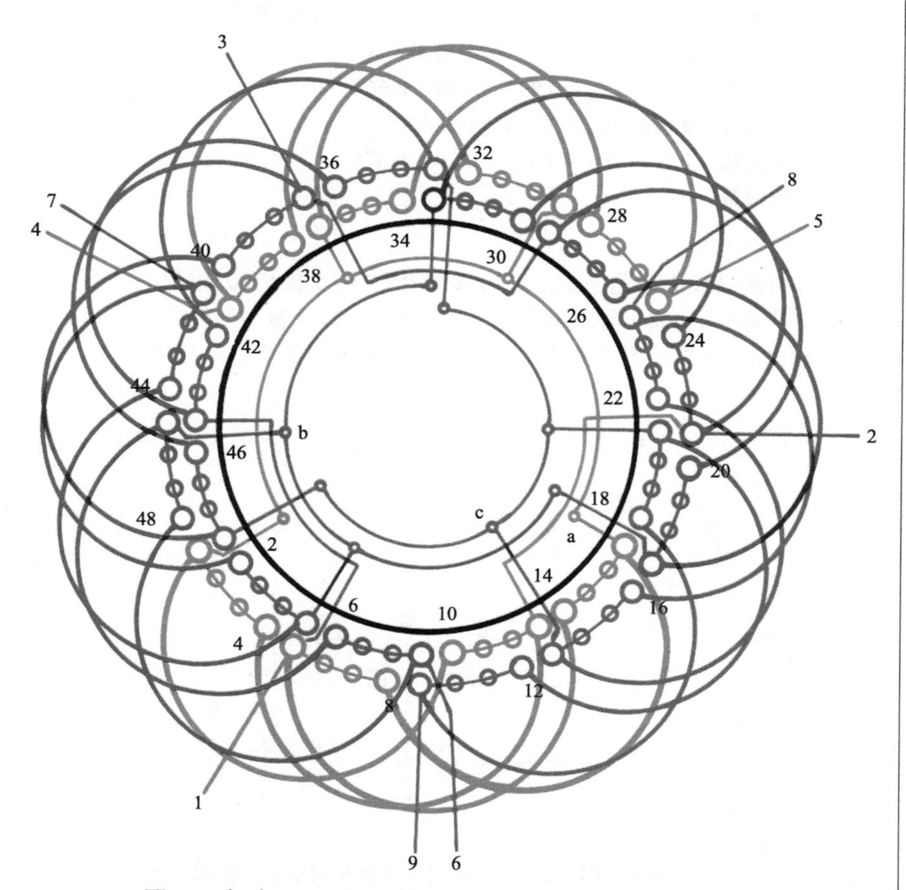

图9-14（b） 8/4/2极48槽（y=9）2Y/2△/2△接法三速绕组

六、8/4/2极48槽（y=16、8）2Y/2△/2△接法（双叠布线双节距变极）三速绕组

1.绕组结构参数

定子槽数　Z=48　　　　三速极数　$2p$=8/4/2

总线圈数　Q=48　　　　变极接法　2Y/2△/2△

线圈组数　u=12　　　　每槽电角　α=30°/15°/7.5°

线圈节距　y=16.8　　　每组圈数　S=4

绕组系数（8极）　K_{dp8}=0.837×0.793=0.664

绕组系数（4极）　K_{dp4}=0.824×1=0.824

绕组系数（2极）　K_{dp2}=0.955×0.707=0.675

出线根数　c=9

2.绕组布接线特点

本例是倍极比三速绕组，采用双节距变极。2极是60°相带，反向法获得庶极4极；再用双节距法取得8极。2、8极为同转向，4极反转向。此绕组具有结构比较简单、嵌绕方便的优点。应用实例有JDO3-100S-8/4/2等。

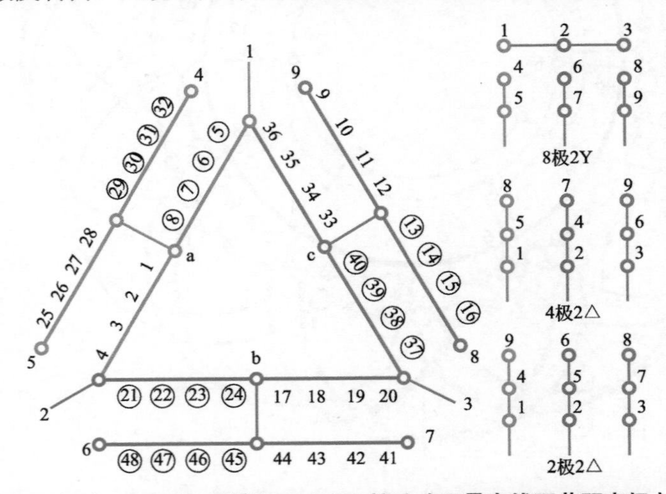

图9-15（a）　8/4/2极48槽2Y/2△/2△接法（双叠布线双节距变极）三速简化接线图

3.三速变极接法与简化接线图

本例采用双节距变极2Y/2△/2△接法，变极绕组简化接线如图9-15（a）所示。

4.8/4/2极三速2Y/2△/2△绕组端面布接线图

本例是双层叠式布线，变极端面布接线如图9-15（b）所示。

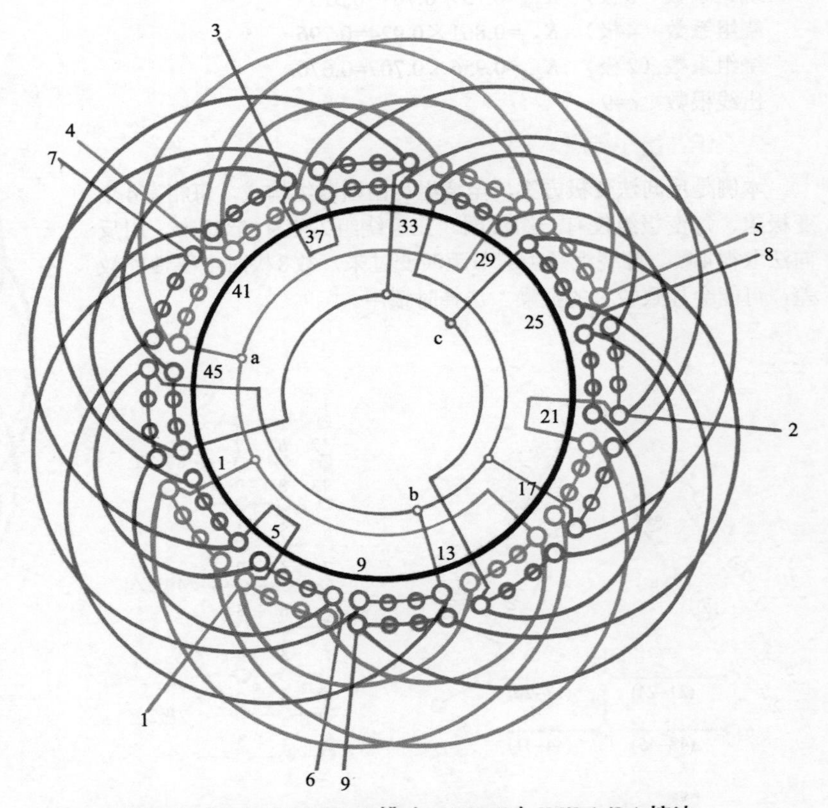

图9-15（b）　8/4/2极48槽（y=16、8）2Y/2△/2△接法（双叠布线双节距变极）三速绕组

七、* 8/4/2极60槽（y=15、10）2Y/2△/2△接法（双叠布线双节距变极）三速绕组

1. 绕组结构参数

定子槽数　Z=60　　三速极数　$2p$=8/4/2

总线圈数　Q=60　　变极接法　2Y/2△/2△

线圈组数　u=12　　每槽电角　α=24°/12°/6°

线圈节距　y=15、10　　每组圈数　S=5

绕组系数（8极）　K_{dp8}=0.761×0.866=0.659

绕组系数（4极）　K_{dp4}=0.829×0.966=0.801

绕组系数（2极）　K_{dp2}=0.96×0.69=0.662

出线根数　c=9

2. 绕组布接线特点

本例是采用双节距y_d=15、y_s=10。2极是60°相带绕组，反向法得4极120°极绕组，然后再采用双节距法获得8极。此三速出线虽是9根，但绕组结构简单，而且绕组系数都比较高。此绕组2、8极为同转向，4极反转向。

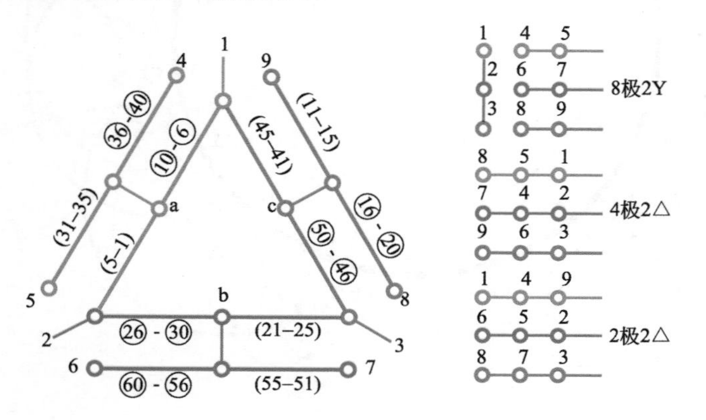

图9-16（a）　8/4/2极60槽2Y/2△/2△(双叠布线双节距变极）三速简化接线图

3. 三速变极接法与简化接线图

本例采用2Y/2△/2△双节距变极接法，绕组简化接线如图9-16（a）所示。

4. 8/4/2极三速2Y/2△/2△绕组端面布接线图

本例采用双层双节距布线，绕组端面布接线如图9-16（b）所示。

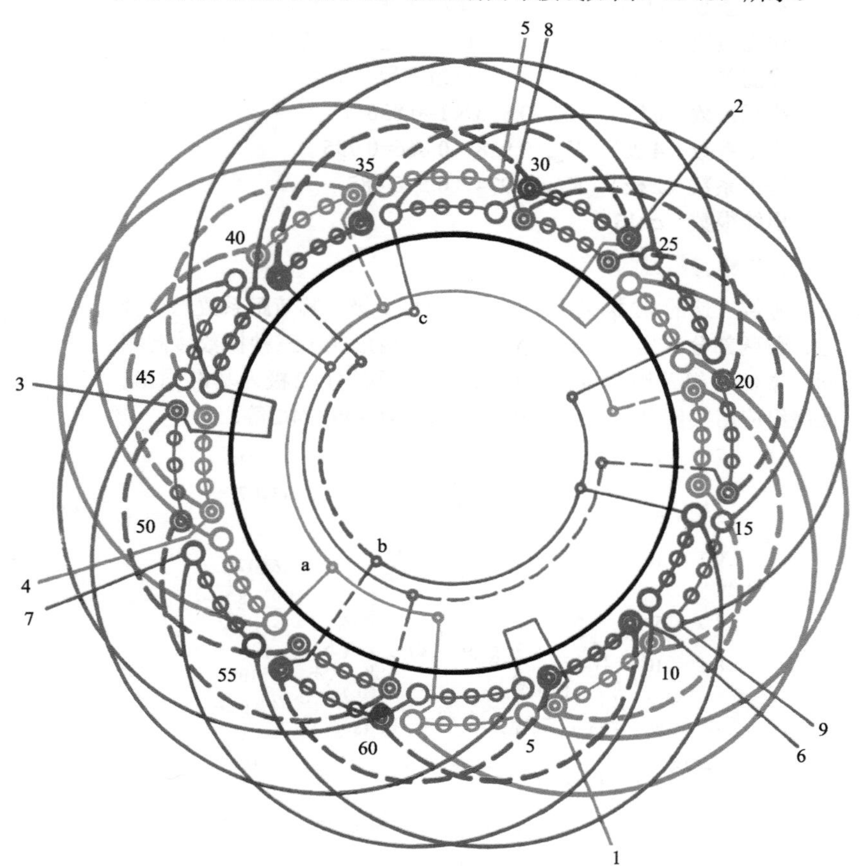

图9-16（b）　8/4/2极60槽（y=15、10）2Y/2△/2△接法（双叠布线双节距变极）三速绕组

八、6/4/2极36槽（y=6）3Y/△/△接法（换相变极）三速绕组

1.绕组结构参数

定子槽数　Z=36　　　　三速极数　$2p$=6/4/2
总线圈数　Q=36　　　　变极接法　3Y/△/△
线圈组数　u=9　　　　　每槽电角　α=30°/20°/10°
线圈节距　y=6　　　　　每组圈数　S=4
绕组系数（6极）　K_{dp6}=0.836×1=0.836
绕组系数（4极）　K_{dp4}=0.918×0.866=0.795
绕组系数（2极）　K_{dp2}=0.974×0.5=0.487
出线根数　c=13

2.绕组布接线特点

本例三速的4/2极采用△形接法换相变极，其节距系数已综合星、角两部分算出。6极是3Y接法是庶极形式，三种极数转向相同。本例绕组及简化接线图的形态和相别均以2极为基准画出。此绕组应用实例有JDO2-41-6/4/2、JDO3-14OS-6/4/2等。

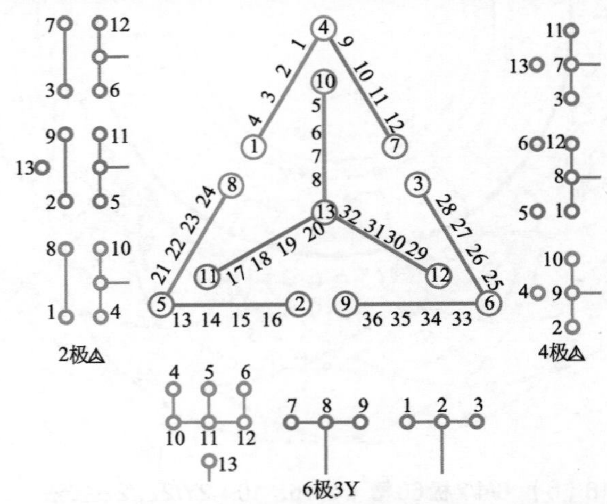

图9-17（a）　6/4/2极36槽3Y/△/△(换相变极)三速简化接线图

3.三速变极接法与简化接线图

本例采用3Y/△/△换相变极接法，三速绕组简化接线如图9-17（a）所示。

4.6/4/2极三速3Y/△/△绕组端面布接线图

本例是采用双层叠式布线，绕组端面布接线如图9-17（b）所示。

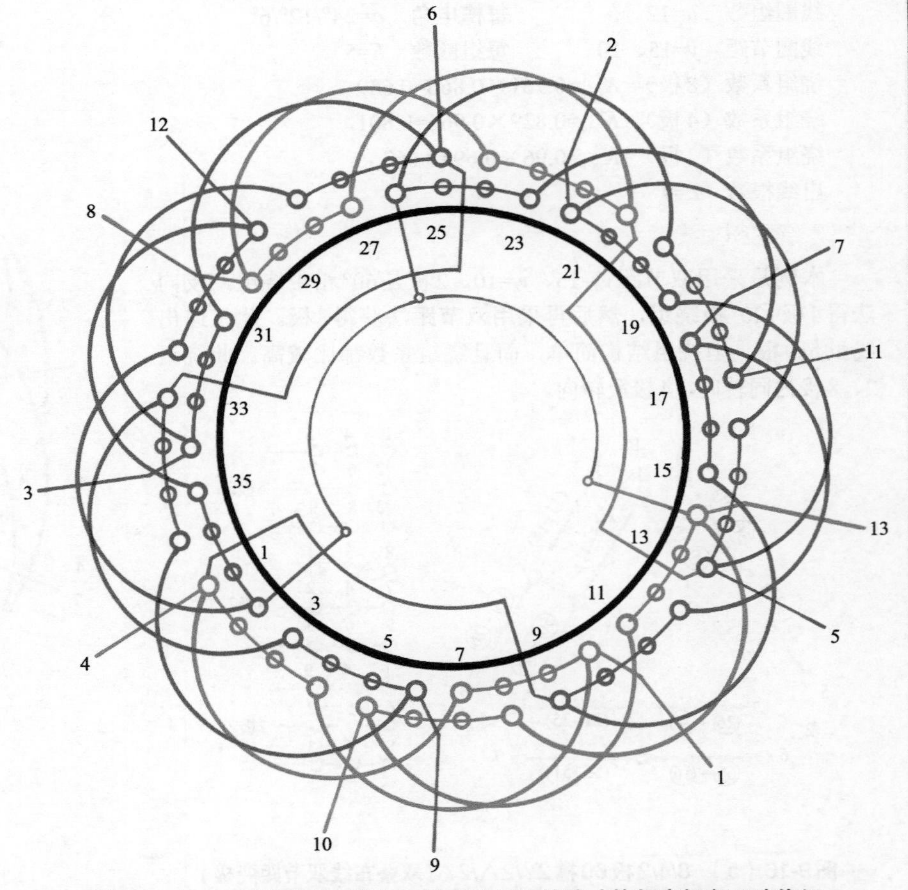

图9-17（b）　6/4/2极36槽（y=6）3Y/△/△接法（换相变极）三速绕组

九、* 6/4/2极45槽（y=7）3Y/△/△接法（换相变极）三速绕组

1. 绕组结构参数

定子槽数 Z=45　　三速极数 $2p$=6/4/2
总线圈数 Q=45　　变极接法 3Y/△/△
线圈组数 u=9　　每槽电角 α=24°/16°/8°
线圈节距 y=7　　每组圈数 S=5
绕组系数（6极） K_{dp6}=0.833×0.995=0.828
绕组系数（4极） K_{dp4}=0.849×0.829=0.704
绕组系数（2极） K_{dp2}=0.97×0.469=0.455
出线根数 c=13

2. 绕组布接线特点

本例4/2极采用△形接法，是换相变极同转向方案，6极则采用3Y接法，转向也相同。此绕组接线极简，但出线多达13根。此三速简化接线图及端面布接线图相色是根据2极形态画出。

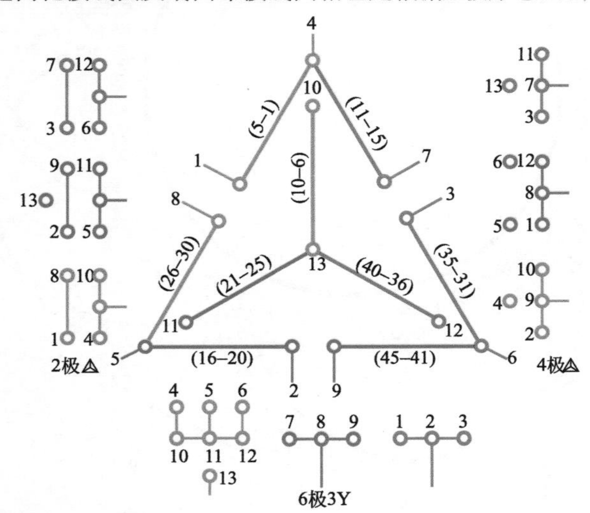

图9-18（a） 6/4/2极45槽3Y/△/△(换相变极)三速简化接线图

3. 三速变极接法与简化接线图

本例采用换相变极3Y/△/△接法，变极绕组简化接线如图9-18（a）所示。

4. 6/4/2极三速3Y/△/△绕组端面布接线图

本例是双层叠式布线，绕组端面布接线如图9-18（b）所示。

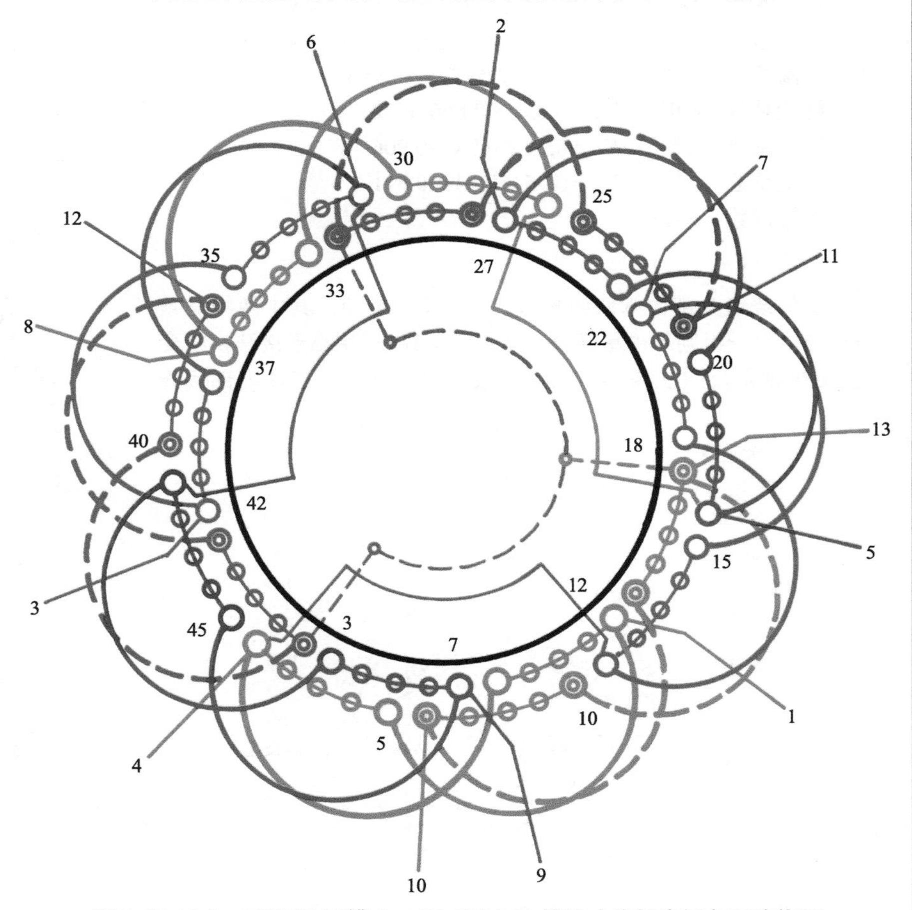

图9-18（b） 6/4/2极45槽（y=7）3Y/△/△接法（换相变极）三速绕组

十、* 6/4/2极54槽（y=12）3Y/△/△接法（换相变极）三速绕组

1. 绕组结构参数

定子槽数	Z=54	三速极数	$2p$=6/4/2
总线圈数	Q=54	变极接法	3Y/△/△
线圈组数	u=9	每槽电角	α=20°/13.3°/6.67°
线圈节距	y=12	每组圈数	S=6

绕组系数（6极）　K_{dp6}=0.831×0.866=0.72

绕组系数（4极）　K_{dp4}=0.92×0.985=0.906

绕组系数（2极）　K_{dp2}=0.95×0.643=0.611

出线根数　c=13

2. 绕组布接线特点

本例绕组全部由六联组构成，每相有3组圈，其中两组是角形部分，另一组则是内星部分。本绕组4/2极采用△形接法换相变极，6极则是反向法获得；三种极数转向相同。此三速内部接线极简，但引出线多达13根。

3. 三速变极接法与简化接线图

本例采用3Y/△/△换向变极接法，简化接线图是以2极形态为基准，如图9-19（a）所示。

4. 6/4/2极三速3Y/△/△绕组端面布接线图

本绕组是双层叠式布线，三速绕组端面布接线如图9-19（b）所示。

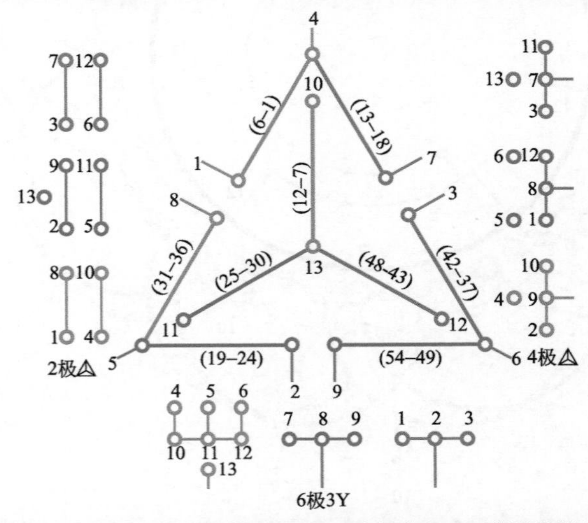

图9-19（a） 6/4/2极54槽3Y/△/△(换相变极)三速简化接线图

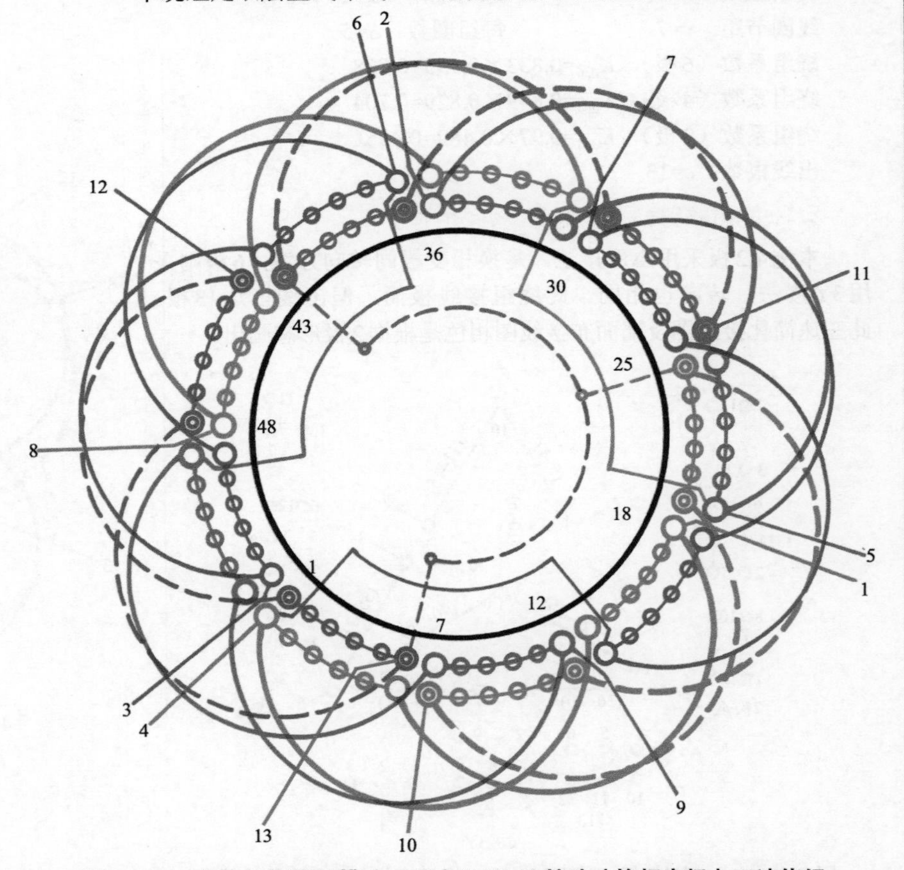

图9-19（b） 6/4/2极54槽（y=12）3Y/△/△接法（换相变极）三速绕组

十一、* 6/4/2极54槽（y=12）6Y/2△/2△接法（换相变极）三速绕组

1. 绕组结构参数

定子槽数　Z=54　　　　三速极数　$2p$=6/4/2

总线圈数　Q=54　　　　变极接法　6Y/2△/2△

线圈组数　u=18　　　　每槽电角　α=20°/13.3°/6.67°

线圈节距　y=12　　　　每组圈数　S=3

绕组系数（6极）　K_{dp6}=0.831×0.866=0.72

绕组系数（4极）　K_{dp4}=0.92×0.985=0.906

绕组系数（2极）　K_{dp2}=0.95×0.643=0.611

出线根数　c=13

2. 绕组布接线特点

本例54槽6/4/2极三速是3Y/△/△的并联接法，故将原来每组线圈一分为二，所以线圈组数增至18组，即每组3圈。而原本三速的出线就多，再加上并联后的每相连接要比原来复杂，故其工艺性也较差，但它适合于功率较大的三速机选用。

3. 三速变极接法与简化接线图

本例采用6Y/2△/2△变极接法，三速绕组简化接线如图9-20（a）所示。

4. 6/4/2极三速6Y/2△/2△绕组端面布接线图

本例绕组是双层叠式布线，三速电动机绕组端面布接线如图9-20（b）所示。

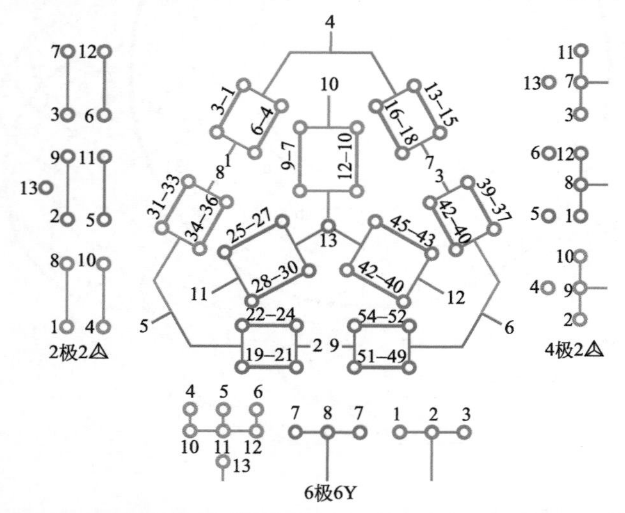

图9-20（a）　6/4/2极54槽6Y/2△/2△（换相变极）三速简化接线图

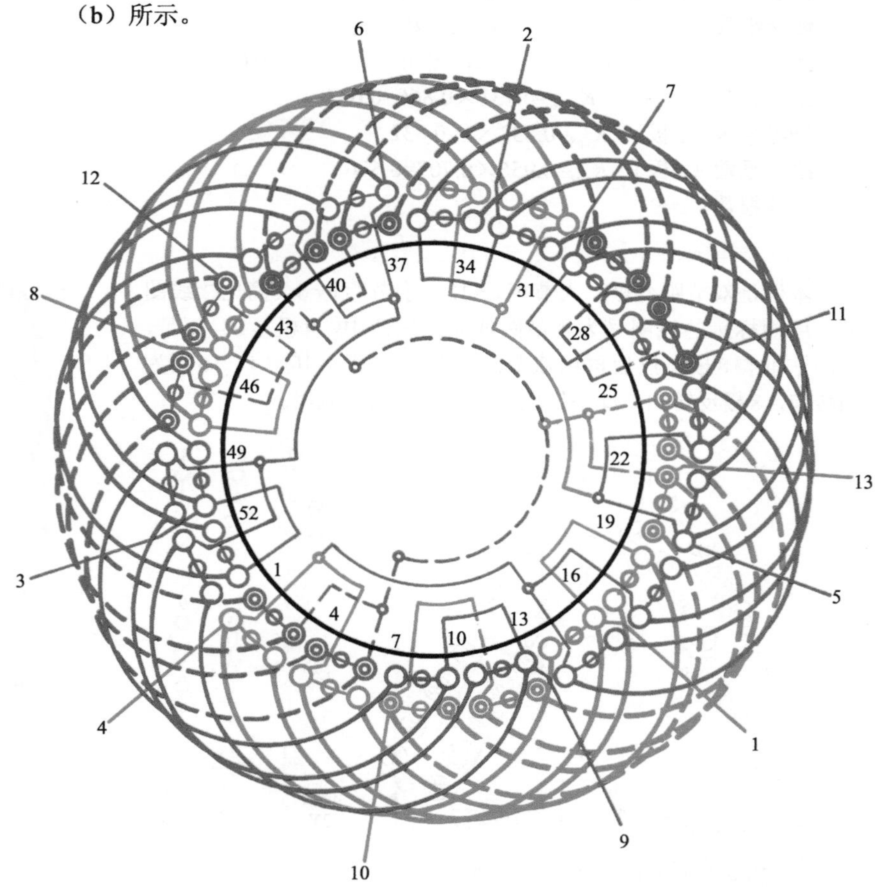

图9-20（b）　6/4/2极54槽（y=12）6Y/2△/2△接法（换相变极）三速绕组

十二、* 16/8/4极72槽（y=12、6）2Y/2△/2△接法（双节距变极）三速绕组

1.绕组结构参数

定子槽数　Z=72　　三速极速　$2p$=16/8/4

总线圈数　Q=72　　变极接法　2Y/2△/2△

线圈组数　u=24　　每组圈数　S=3

线圈节距　y=12、6　　每槽电角　α=40°/20°/10°

绕组系数（16极）　K_{dp16}=0.731×0.866=0.633

绕组系数（8极）　K_{dp8}=0.832×1=0.832

绕组系数（4极）　K_{dp4}=0.956×0.707=0.676

出线根数　c=9

2.绕组布接线特点

本例是双节距变极，大节距y_d=12，小节距y_s=6（简化接线图中，用圈标示的线圈号为小节距线圈。三速中，4极是60°相带，反向法取得8极；然后再用双节距法获得16极。其中4、16极为同转向，8极反转向。此绕组取自网络，有实际应用。

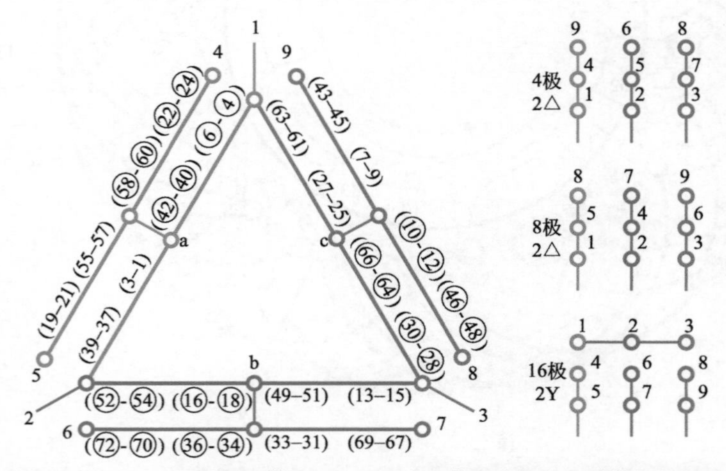

图9-21（a）　16/8/4极72槽2Y/2△/2△（双节距变极）三速简化接线图

3.三速变极接法与简化接线图

本例采用2Y/2△/2△变极接法，绕组简化接线如图9-21（a）所示。

4.16/8/4极三速2Y/2△/2△绕组端面布接线图

本例是双层双节距布线，端面布接线如图9-21（b）所示。

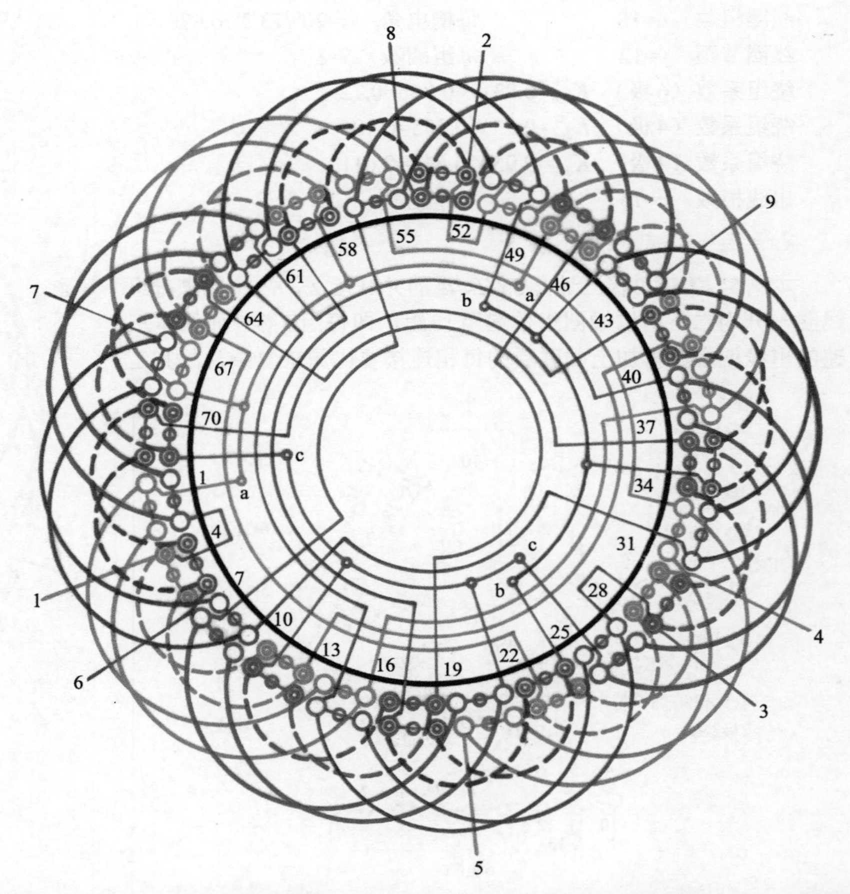

图9-21（b）　16/8/4极72槽（y=12、6）2Y/2△/2△接法（双节距变极）三速绕组

第十章 单相变极双速电动机绕组端面布接线图

本章介绍单相变极双速绕组，它和交流三相变极电动机一样都是通过绕组特殊设计，再把引出端通过串联或并联，使一相绕组的部分绕圈改变极性（电流方向）来实现主、副绕组的极数改变，从而达到梯级式的调速。同样，改变电动机极数的主要方法仍是反向法，但亦有个别双速绕组采用换相法变极。

单相变极电动机，过去在国内应用极少，随着对外交流，近年在修理中时有出现，但国产并无系列产品。因为没有系列资料，又使用不多，所以本书收入除个别绕组图例从网上收集整理、拼凑而成之外，大部分绕组是笔者近年研发而绘制，实属笔者原创之作品。虽然，所创单相变极双速未经实践检验，但却经理论上反复验证无误，如果能选配绕组数据合适，则变极运行应无问题。

本章收入单相双速绕组分两节介绍。为方便读者对单相变极双速绕组的变换接线分析可参阅本书第一章第七节内容。对单相变极双速绕组结构参数，特作如下说明：

（1）电机极数与绕组接法　极数和接法是对应关系，如4/2极1/2-L表示4极时是1路L形接线；2极是2路L形接线。

（2）线圈组数　是指全绕组（包括主绕组和副绕组）线圈组的组数。

（3）线圈节距　一般是指线圈两有效边所跨的槽距，但单相双速绕组除叠式布线外，还有其他布线型式。因此，对不同节距线圈组的单层同心式，在计算绕组系数时则取其平均值节距y_p；而双层同心布线则取等效节距y_d，它等于演变前双层叠式绕组的线圈节距。

（4）主、副相组数　即主绕组、副绕组的线圈组组数。

（5）主、副相圈数　是指主绕组、副绕组所含线圈数。

（6）绕组极距　极距是指一对磁极之间的距离，它有两种型式，这里所指是以槽数来表示的距离，故称为绕组极距。它是修理计算中绕组系数计算的重要参数。本书图例结构参数中与极数相对应。它由下式确定

$$\tau=\frac{Z}{2p}\text{（槽）}$$

（7）每槽电角　它是以每对磁极拟定为360°电角度来计算分布于定子内径圆周上每槽所占的电角度。它也是计算绕组系数的关键参数，可由下式确定

$$\alpha=\frac{360°\times p}{Z} \quad 或 \quad \alpha=\frac{180°\times 2p}{Z}$$

（8）绕组系数　电动机绕组系数是综合线圈分布和节距缩短对电磁转换所产生影响的因素，它等于分布系数与节距系数的乘积，即

$$K_{dp}=K_dK_p$$

对单相双速而言，如果主、副绕组占槽相等（如运行型）时，主、副绕组系数是相同的；但若属启动型，则因主、副绕组占槽不等，其主、副绕组系数是不同的。但由于修理计算只涉及主绕组的绕组系数，故图例参数中仅列出主绕组系数。

（9）启动型与运行型　单相电动机副绕组在启动完成后断开回路，而只有主绕组继续通电运行的称为启动型；若主、副绕组都同时参与启动和运行的称运行型。一般来说，线圈数$S_m > S_a$时最适宜用于启动型电动机，故本书把这种都归纳为启动型；同样，当$S_m=S_a$时更适用作运行型电动机，故归纳到运行型。然而实际并非绝对，有部分单相电动机在选用绕组型式上是逆向而行的，但只要电磁计算合理，仍属正常。

单相双速由主、副绕组构成，故图例中红色线条代表主绕组，绿色线条代表副绕组。此外，绕组结构参数中，为使编排整齐，特将主绕组改用别称“主相”，副绕组用别称“副相”。

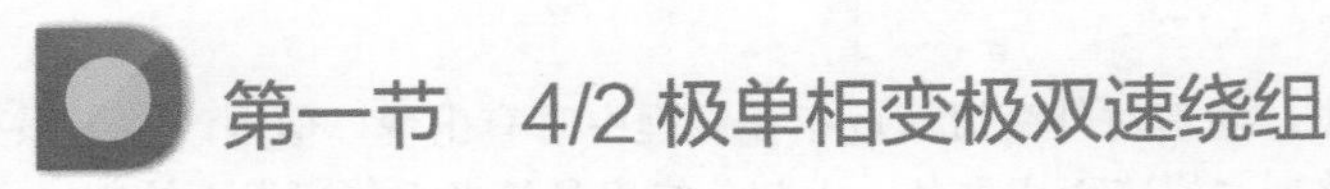

第一节　4/2极单相变极双速绕组

本节内容是4/2极单相变极双速绕组，共计收入双速绕组7例，其中启动型双速2例，其余均是运行型；布线型式上主要是双层叠式占5例，而双层同心式1例，没有单层布线。本节双速采用变极接法全部是反向法，如1/2-L 6例，1/1-L 1例。此外，根据调速变换特点，1/2-L接法双速有6根出线和5根出线两种方案。

一、4/2极单相16槽（y=4）1/2-L1接法（双层布线单电容运行型）双速绕组

1.绕组结构参数

定子槽数 Z=16　　双速极数 $2p$=4/2

总线圈数 Q=16　　绕组接法 1/2-L

线圈组数 u=6　　绕组极距 τ=4/8

线圈节距 y=4　　每槽电角 α=45°/22.5°

主相圈数 S_m=8　　主相组数 u_m=4

副相圈数 S_a=8　　副相组数 u_a=2

绕组系数 K_{dp4}=0.854　　K_{dp2}=0.753

出线根数 c=6

2.绕组结构特点

本例是单相双速绕组，主绕组有8只线圈，分4组，每组由2只线圈组成；副绕组也是8只线圈，但分2组，每组则有4只线圈。

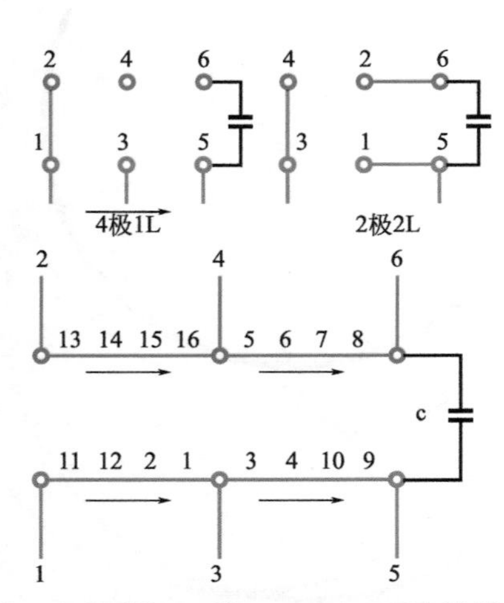

图10-1（a） 4/2极单相16槽1/2-L1（双层布线单电容运行型）双速简化接线图

3.双速变极接法与简化接线图

本例采用4/2极1/2-L接法，即4极时是1L接法，变换2极则为2L接法。变极绕组简化接线如图10-1（a）所示。

4. 4/2极单相双速绕组端面布接线图

本例采用双层叠式布线，1/2-L接法双速绕组端面布接线如图10-1（b）所示。

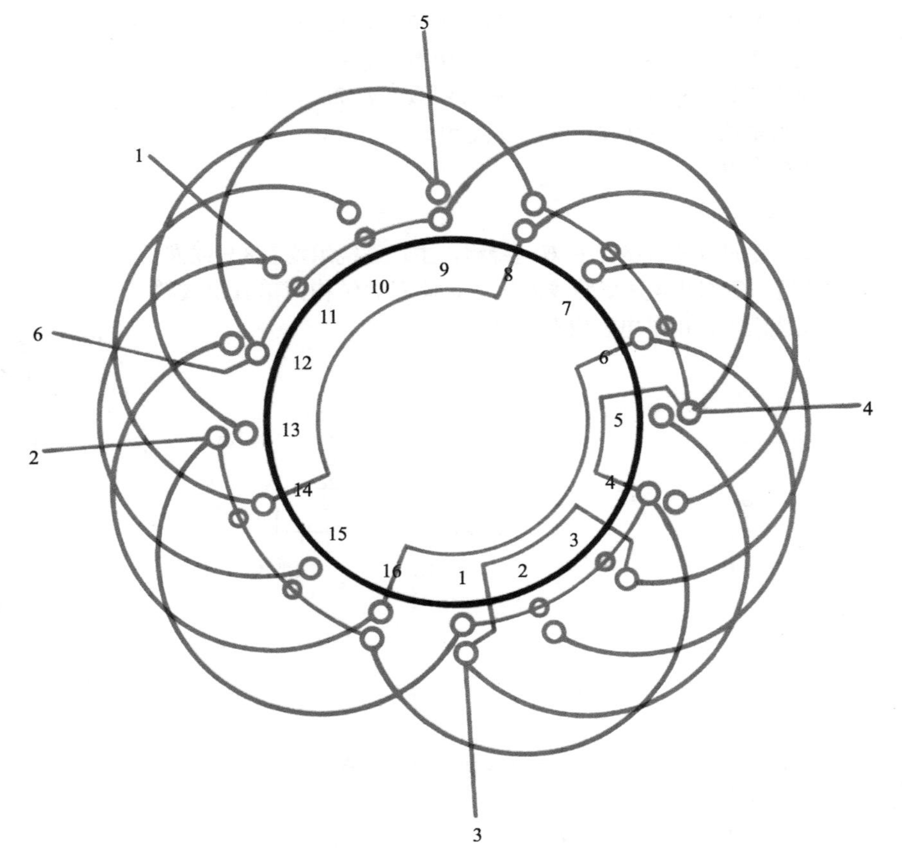

图10-1（b） 4/2极单相16槽（y=4）1/2-L1接法（双层布线单电容运行型）双速绕组

二、* 4/2极单相16槽（y=6）1/2-L接法（双层布线运行型）双速绕组

1.绕组结构参数

定子槽数	Z=16	双速极数	$2p$=4/2
总线圈数	Q=16	绕组接法	1/2-L
线圈组数	u=4	绕组极距	τ=4/8
线圈节距	y=6	每槽电角	α=45°/22.5°
主相圈数	S_m=8	主相组数	u_m=2
副相圈数	S_a=8	副相组数	u_a=2
绕组系数	K_{dp4}=0.83		K_{dp2}=0.68
出线根数	c=5		

2.绕组结构特点

本例是最新设计的单相双速绕组，主、副绕组均有8只线圈，各分2组，每组由4只交叠线圈组成。此双速结构简单且出线较少。此绕组可采用单电容或双电容运行。

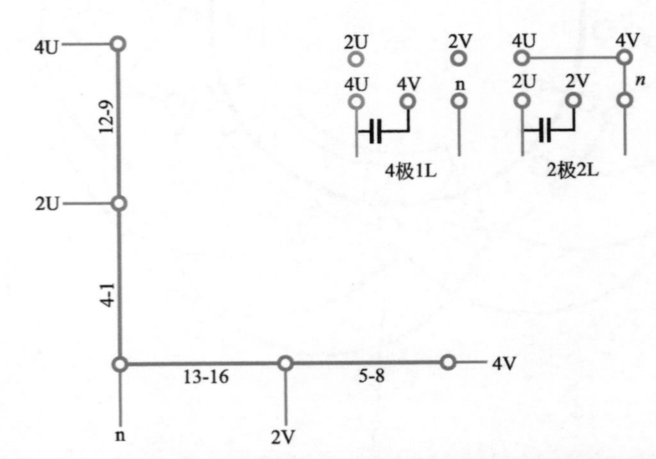

图10-2（a） 4/2极单相16槽1/2-L（双层布线运行型）双速简化接线图

3.双速变极接法与简化接线图

本例采用4/2极1/2-L接法，即4极为一路L形（1L）；2极变换成二路L形（2L）。变极绕组简化接线如图10-2（a）所示。

4. 4/2极单相双速绕组端面布接线图

本例采用双层叠式布线，变极绕组端面布接线如图10-2（b）所示。

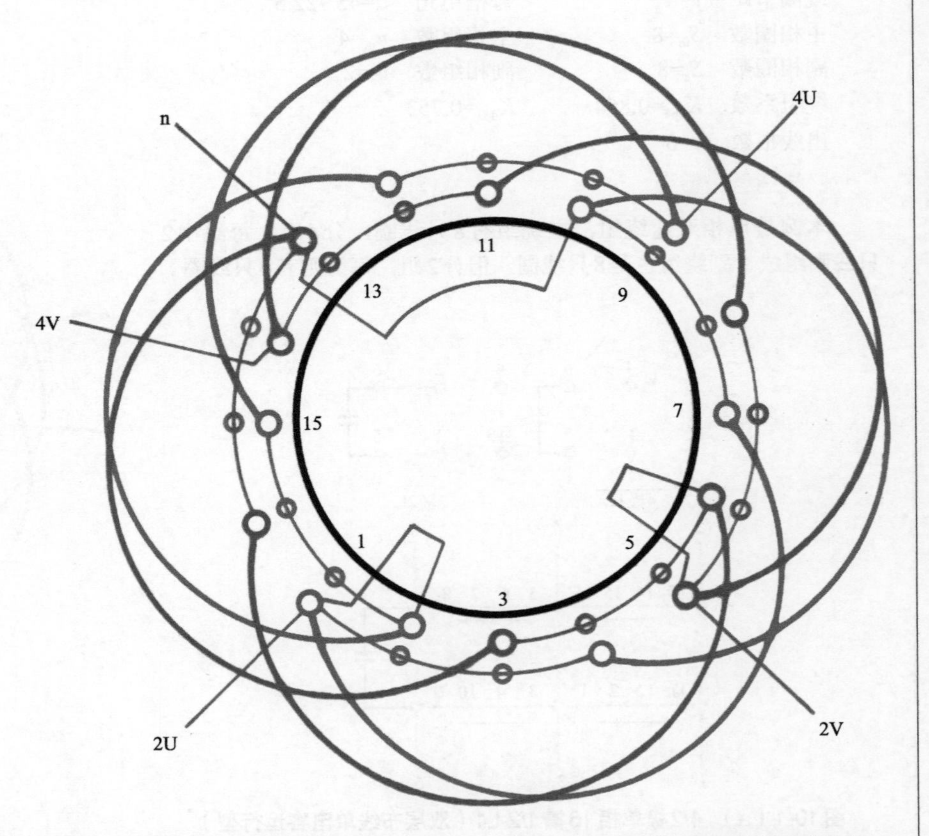

图10-2（b） 4/2极单相16槽（y=6）1/2-L接法（双层布线运行型）双速绕组

三、* 4/2极单相18槽（y=5）1/2-L接法（双层布线启动型）双速绕组

1. 绕组结构参数

定子槽数	Z=18	双速极数	$2p$=4/2
总线圈数	Q=18	绕组接法	1/2-L
线圈组数	u=8	绕组极距	τ=4.5/9
线圈节距	y=5	每槽电角	α=40°/20°
主相圈数	S_m=10	主相组数	u_m=2
副相圈数	S_a=8	副相组数	u_a=2
绕组系数	K_{dp4}=0.567		K_{dp2}=0.676
出线根数	c=5		

2. 绕组结构特点

本例是采用双层叠式布线，属反向变极的单相双速。主、副绕组占槽不等，即主绕组占10槽，副绕组占8槽。故主绕组每组5圈，副绕组每组4圈，在定子上交替分布。此双速结构简单，调速控制也方便。

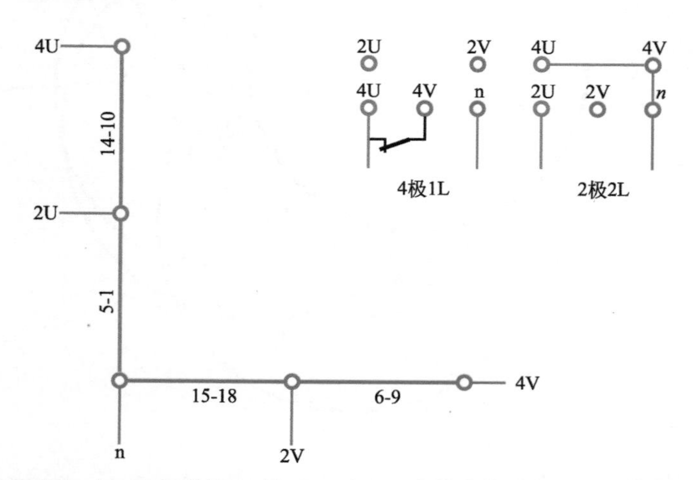

图10-3（a） 4/2极单相18槽1/2-L（双层布线启动型）双速简化接线图

3. 双速变极接法与简化接线图

本例采用4/2极1/2-L接法，即4极是1L接法，2极是2L接法。变极绕组简化接线如图10-3（a）所示。

4. 4/2极单相双速绕组端面布接线图

本例采用双层叠式布线，2/2-L接法双速绕组端面布接线如图10-3（b）所示。

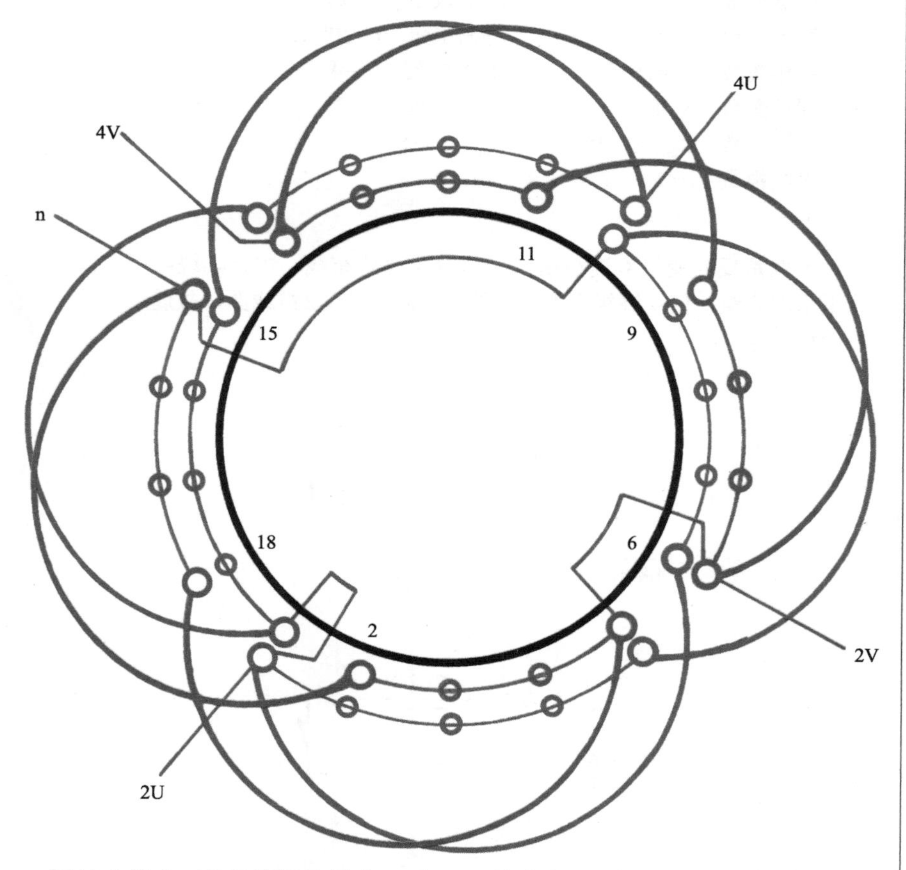

图10-3（b） 4/2极单相18槽（y=5）1/2-L接法（双层布线启动型）双速绕组

四、4/2极单相24槽（y=8）1/1-L接法（双层布线启动型）双速绕组

1.绕组结构参数

定子槽数	Z=24	双速极数	$2p$=4/2
总线圈数	Q=24	绕组接法	1/1-L
线圈组数	u=6	绕组极距	τ=6/12
线圈节距	y=8	每槽电角	α=30°/15°
主相圈数	S_m=16	主相组数	u_m=4
副相圈数	S_a=8	副相组数	u_a=2
绕组系数	K_{dp4}=0.725		K_{dp2}=0.718
出线根数	c=7		

2.绕组结构特点

本例是反向变极双速绕组，采用双层叠式布线，主、副绕组均采用四联组，但主绕组有4组线圈，而副绕组仅2组线圈，故属启动型双速。

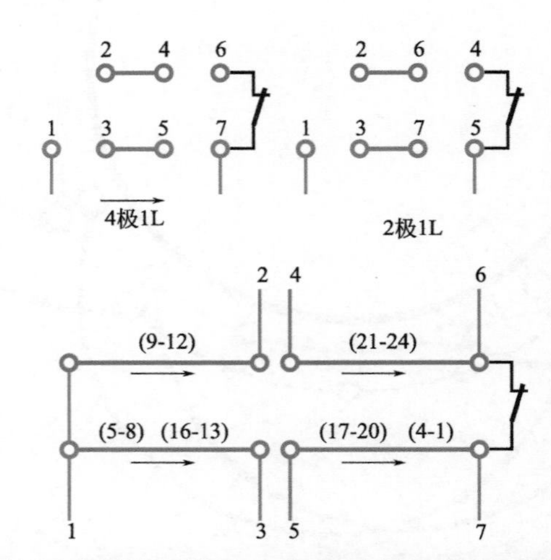

图10-4（a） 4/2极单相24槽1/1-L（双层布线启动型）双速简化接线图

3.双速变极接法与简化接线图

本例采用4/2极1/1-L接法，即4极和2极均是一路L形接法。双速变极绕组简化接线如图10-4（a）所示。

4. 4/2极单相双速绕组端面布接线图

本例是双层叠式布线，1/1-L接法双速绕组端面布接线如图10-4（b）所示。

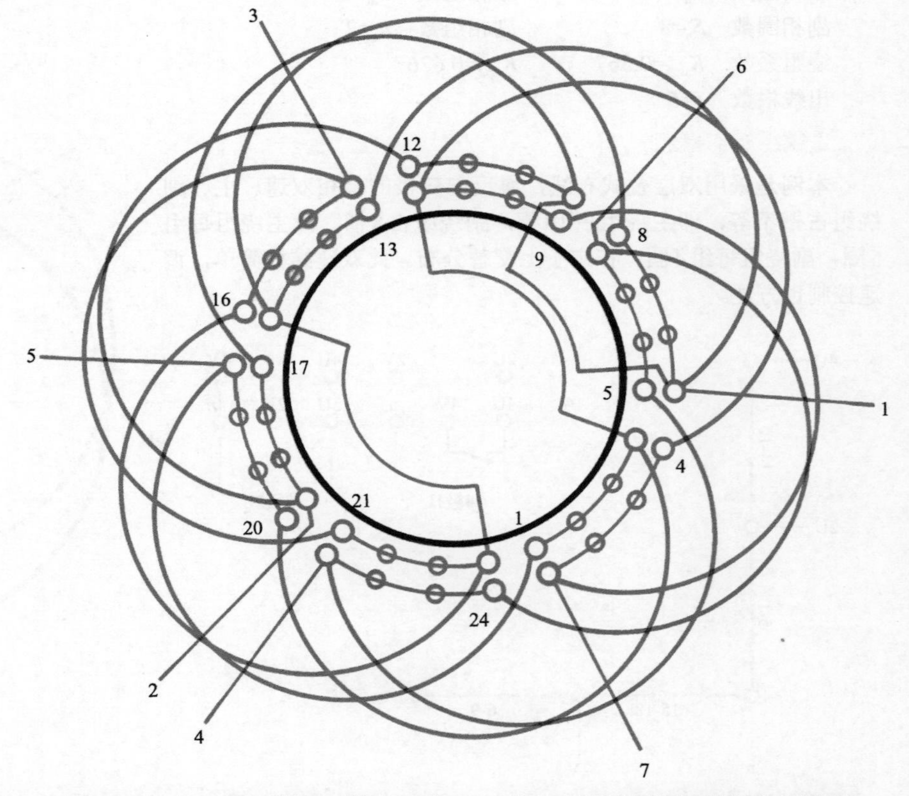

图10-4（b） 4/2极单相24槽（y=8）1/1-L接法（双层布线启动型）双速绕组

五、* 4/2极单相24槽（y=8）1/2-L2接法（双层布线双电容运行型）双速绕组

1. 绕组结构参数

定子槽数	Z=24	双速极数	$2p$=4/2
总线圈数	Q=24	绕组接法	1/2-L
线圈组数	u=4	绕组极距	τ=6/12
线圈节距	y=8	每槽电角	α=30°/15°
主相圈数	S_m=12	主相组数	u_m=2
副相圈数	S_a=12	副相组数	u_a=2
绕组系数	K_{dp4}=0.627		K_{dp2}=0.782
出线根数	c=5		

2. 绕组结构特点

本例是反向法4/2极绕组，主、副绕组结构相同，均由2组六联组构成。4极时为一路L形（1L），变换2极后则是二路L形（2L）。本双速绕组结构简练，引出线仅5根，故调速控制较方便。

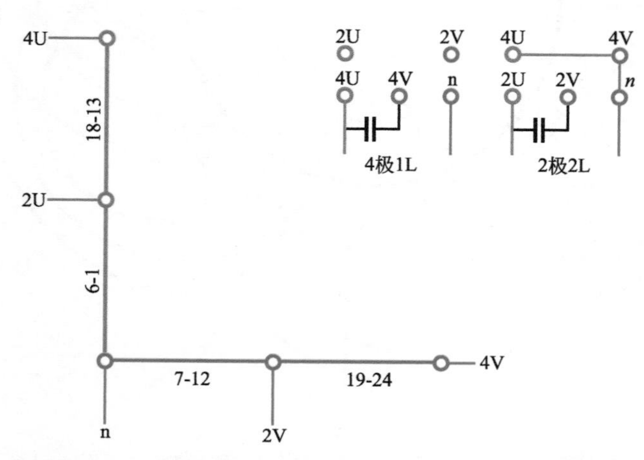

图10-5（a） 4/2极单相24槽1/2-L2（双层布线双电容运行型）双速简化接线图

3. 双速变极接法与简化接线图

本例采用1/2-L接法，即4极为1L；2极是2L。双速绕组简化接线如图10-5（a）所示。

4. 4/2极单相双速绕组端面布接线图

本例采用双层叠式布线，变极绕组端面布接线如图10-5（b）所示。

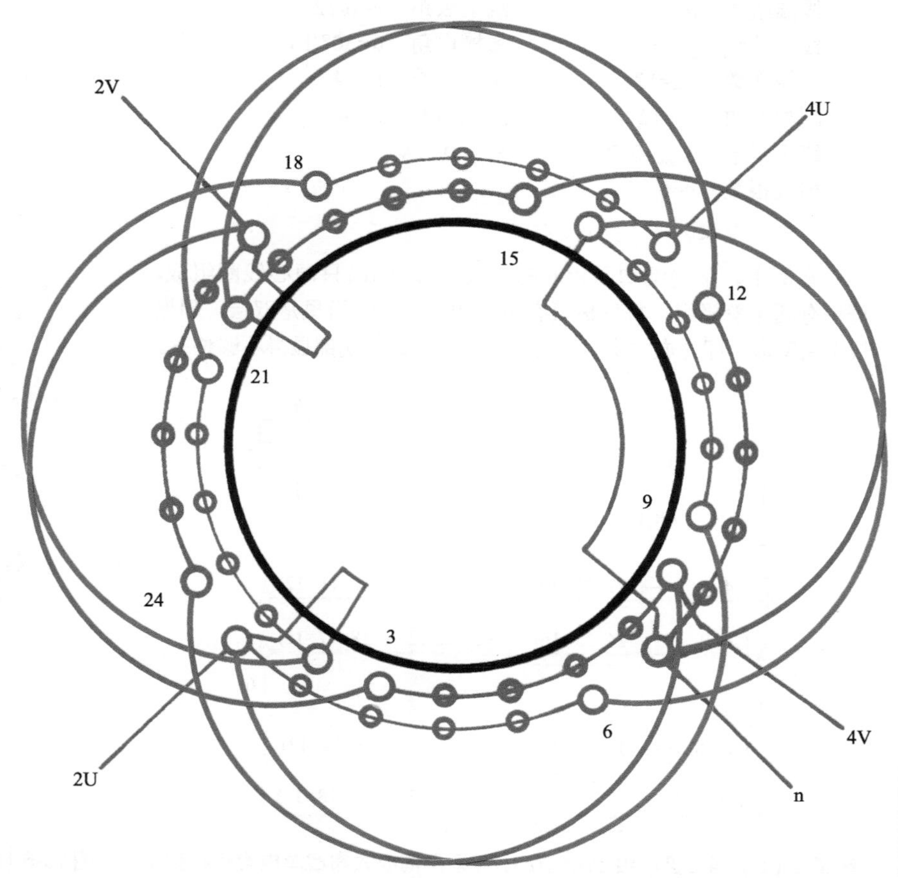

图10-5（b） 4/2极单相24槽（y=8）1/2-L2接法（双层布线双电容运行型）双速绕组

六、4/2极单相24槽（y_d=6）1/2-L1接法（双层同心式布线单电容运行型）双速绕组

1.绕组结构参数

定子槽数	Z=24	双速极数	$2p$=4/2
总线圈数	Q=24	绕组接法	1/2-L
线圈组数	u=8	绕组极距	τ=6/12
线圈节距	y_d=6	每槽电角	α=30°/15°
主相圈数	S_m=12	主相组数	u_m=4
副相圈数	S_a=12	副相组数	u_a=4
绕组系数	K_{dp4}=0.789		K_{dp2}=0.424
出线根数	c=6		

2.绕组结构特点

本例主、副绕组均用相同的布线，每组由3只同心线圈组成，每相有两个变极组，每变极组有两组线圈。此绕组虽是双层，但嵌线采用整嵌，即先嵌主绕组，再嵌副绕组。故其端部显得不够整齐。

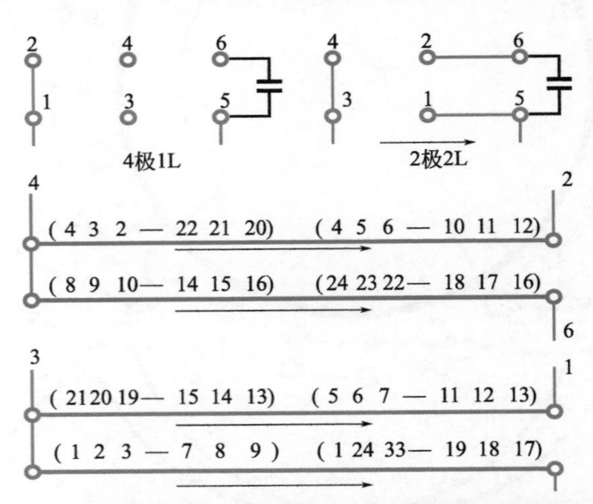

图10-6（a） 4/2极单相24槽1/2-L1（双层同心式布线单电容运行型）双速简化接线图

3.双速变极接法与简化接线图

本例采用1/2-L接法，绕组简化接线如图10-6（a）所示。（因是整嵌布线，故图中以线圈左侧有效边所在槽号为线圈号）。

4. 4/2极单相双速绕组端面布接线图

本例是双层同心式布线，变极绕组端面布接线如图10-6（b）所示。

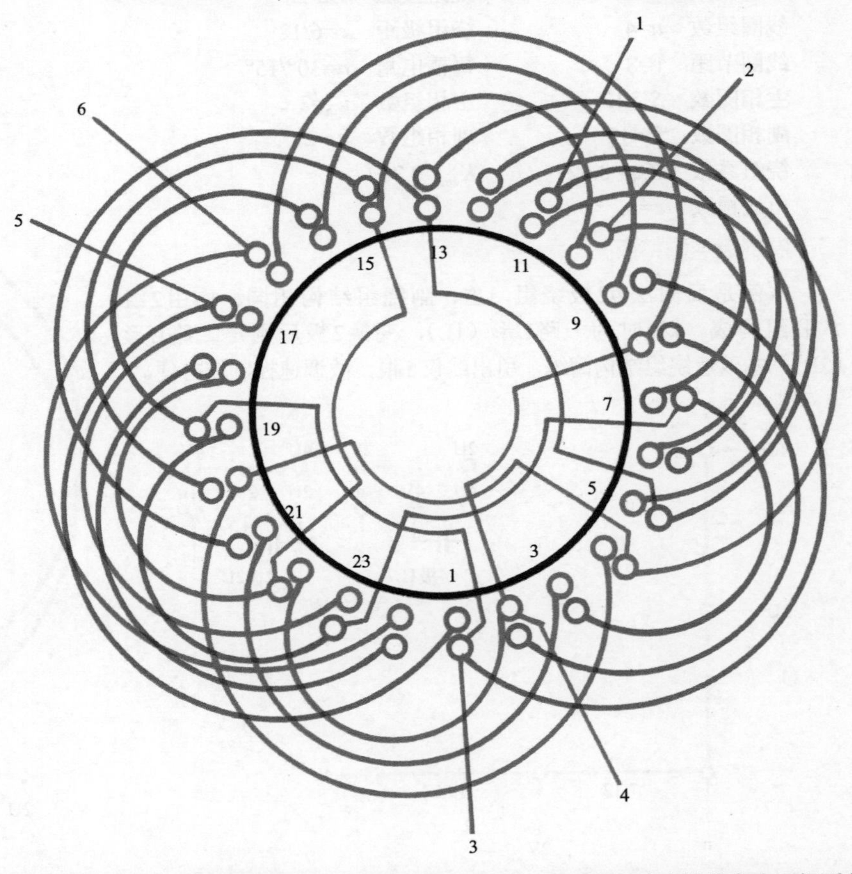

图10-6（b） 4/2极单相24槽（y_d=6）1/2-L1接法（双层同心式布线单电容运行型）双速绕组

七、* 4/2极单相32槽（y=8）1/2-L2接法（双层叠式双电容运行型）双速绕组

1.绕组结构参数

定子槽数	Z=32	双速极数	$2p$=4/2
总线圈数	Q=32	绕组接法	1/2-L
线圈组数	u=4	绕组极距	τ=8/16
线圈节距	y=8	每槽电角	α=22.5°/11.3°
主相圈数	S_m=16	主相组数	u_m=2
副相圈数	S_a=16	副相组数	u_a=2
绕组系数	K_{dp4}=0.641	K_{dp2}=0.637	
出线根数	c=5		

2.绕组结构特点

本例是反向变极方案，主、副绕组结构相同，每相均由2组八联线圈组成，故适宜用于运行型双速。本双速绕组结构简单，引出线也少，但调速控制比较麻烦。

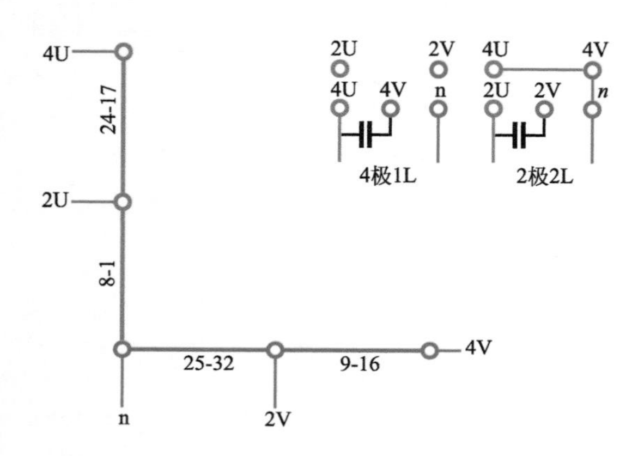

图10-7（a） 4/2极单相32槽1/2-L2（双层叠式双电容运行型）双速简化接线图

3.双速变极接法与简化接线图

本例采用1/2-L接法，即4极是一路L形，2极变换成二路L形。双速绕组简化接线如图10-7（a）所示。

4. 4/2极单相双速绕组端面布接线图

本例是双层叠式布线，变极绕组端面布接线如图10-7（b）所示。

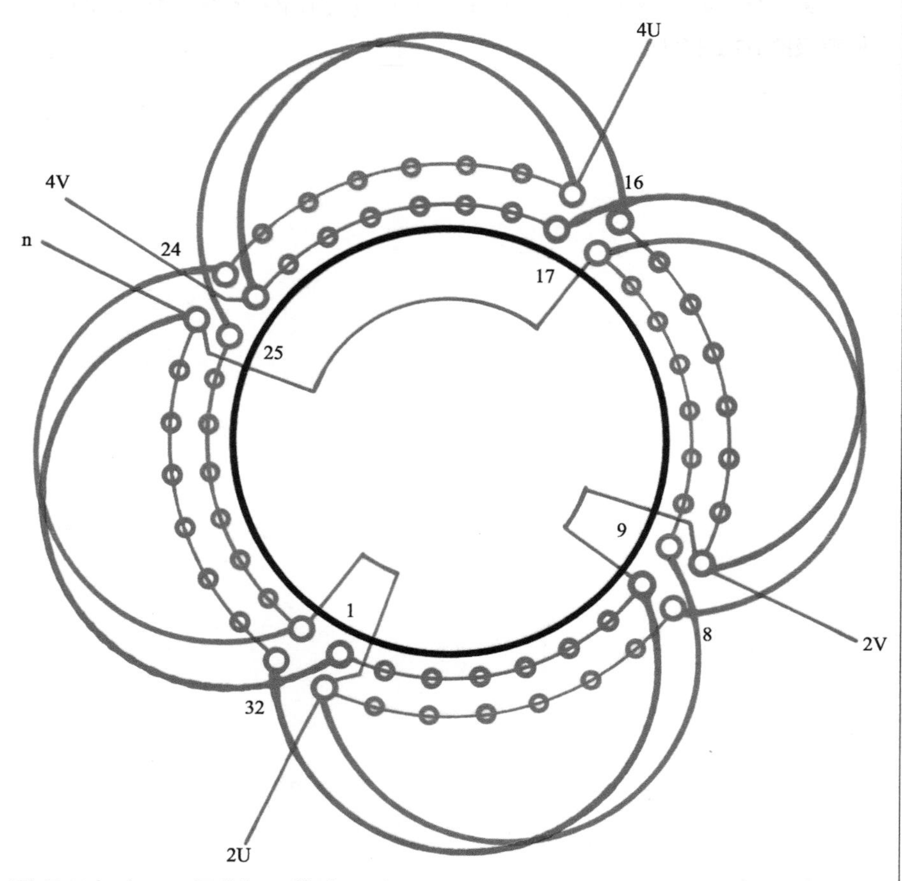

图10-7（b） 4/2极单相32槽（y=8）1/2-L2接法（双层叠式双电容运行型）双速绕组

第二节　8/4 极单相变极双速绕组

本节包括8/4极各种槽数双速绕组，共计收入单相双速绕组5例。其中启动型2例，运行型3例，均属双层叠式布线。而变极接法则采用单相反向变极的1/2-L接法。

一、* 8/4极单相16槽（y=2）1/2-L2接法（双叠布线双电容运行型）双速绕组

1. 绕组结构参数

定子槽数	Z=16	双速极数	$2p$=8/4
总线圈数	Q=16	绕组接法	1/2-L
线圈组数	u=8	绕组极距	τ=2/4
线圈节距	y=2	每槽电角	α=90°/45°
主相圈数	S_m=8	主相组数	u_m=4
副相圈数	S_a=8	副相组数	u_a=4
绕组系数	K_{dp8}=0.707		K_{dp4}=0.653
出线根数	c=5		

2. 绕组结构特点

本例采用反向变极方案，绕组由双圈组成，主、副绕组结构相同，均由两个变极组构成，每变极组由2组同极性线圈串联而成。此绕组具有结构简单、节距短等特点。

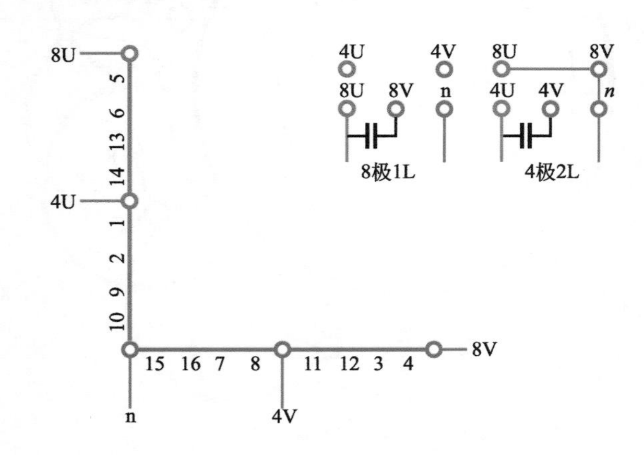

图10-8（a） 8/4极单相16槽1/2-L2（双叠布线双电容运行型）双速简化接线图

3. 双速变极接法与简化接线图

本例采用1/2-L接法，即8极为一路（1L），4极变换成二路（2L）。变极绕组简化接线如图10-8（a）所示。

4. 8/4极单相双速绕组端面布接线图

本例是双层叠式布线，变极绕组端面布接线如图10-8（b）所示。

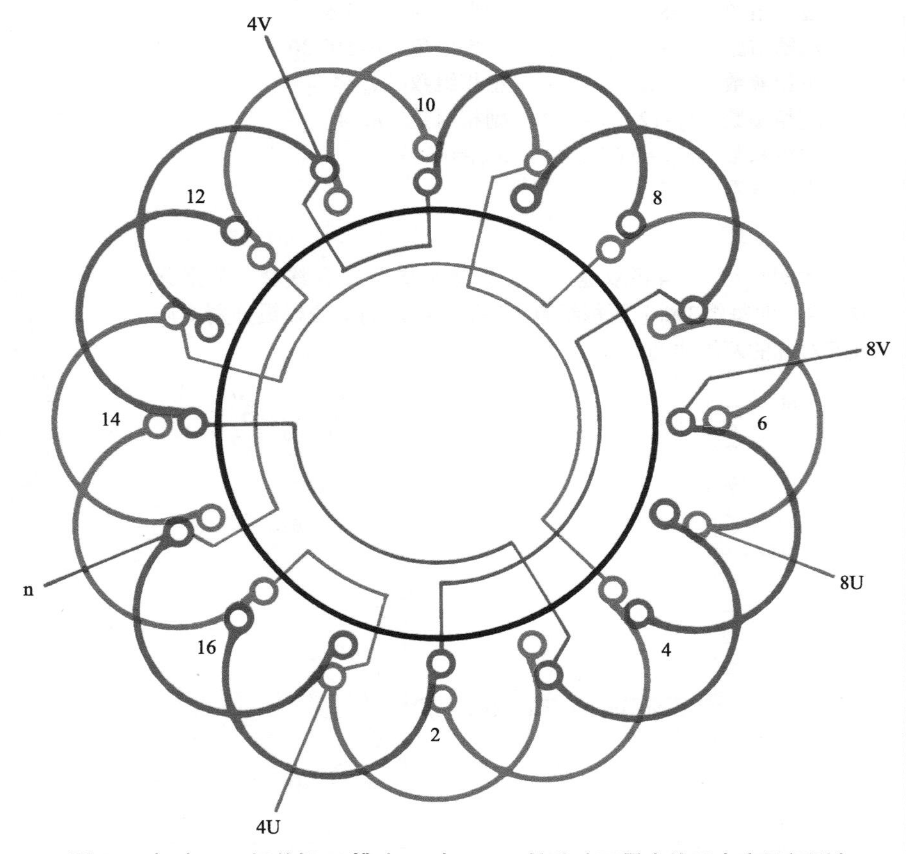

图10-8（b） 8/4极单相16槽（y=2）1/2-L2接法（双叠布线双电容运行型）双速绕组

二、* 8/4极单相24槽（y=3）1/2-L2接法（双层叠式双电容运行型）双速绕组

1.绕组结构参数

定子槽数	Z=24	双速极数	$2p$=8/4
总线圈数	Q=24	绕组接法	1/2-L
线圈组数	u=8	绕组极距	τ=3/6
线圈节距	y=3	每槽电角	α=60°/30°
主相圈数	S_m=12	主相组数	u_m=4
副相圈数	S_a=12	副相组数	u_a=4
绕组系数	K_{dp8}=0.676	K_{dp4}=0.643	
出线根数	c=5		

2.绕组结构特点

本例绕组是8/4极双速，主、副绕组均有12只线圈，分别分成4组，即每组3圈；而每组有2个变极组，则每变极组分别安排几何对称的两组线圈。

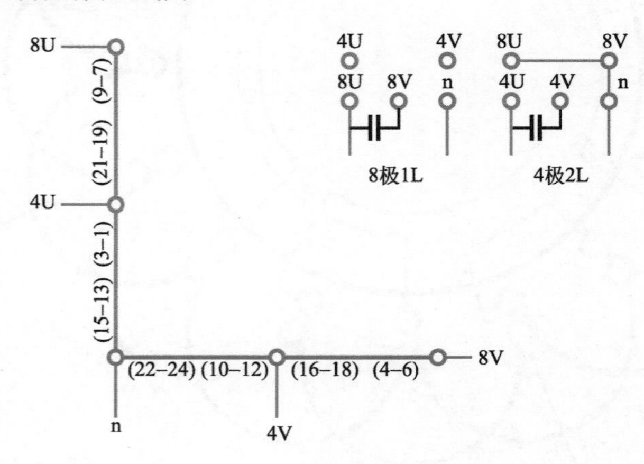

图10-9（a） 8/4极单相24槽1/2-L2（双层叠式双电容运行型）双速简化接线图

3.双速变极接法与简化接线图

本例采用1/2-L接法，4极为二路L形（2L），8极变换成一路L形（1L）。变极绕组简化接线如图10-9（a）所示。

4. 8/4极单相双速绕组端面布接线图

本绕组是双层叠式布线，双速绕组端面布接线如图10-9（b）所示。

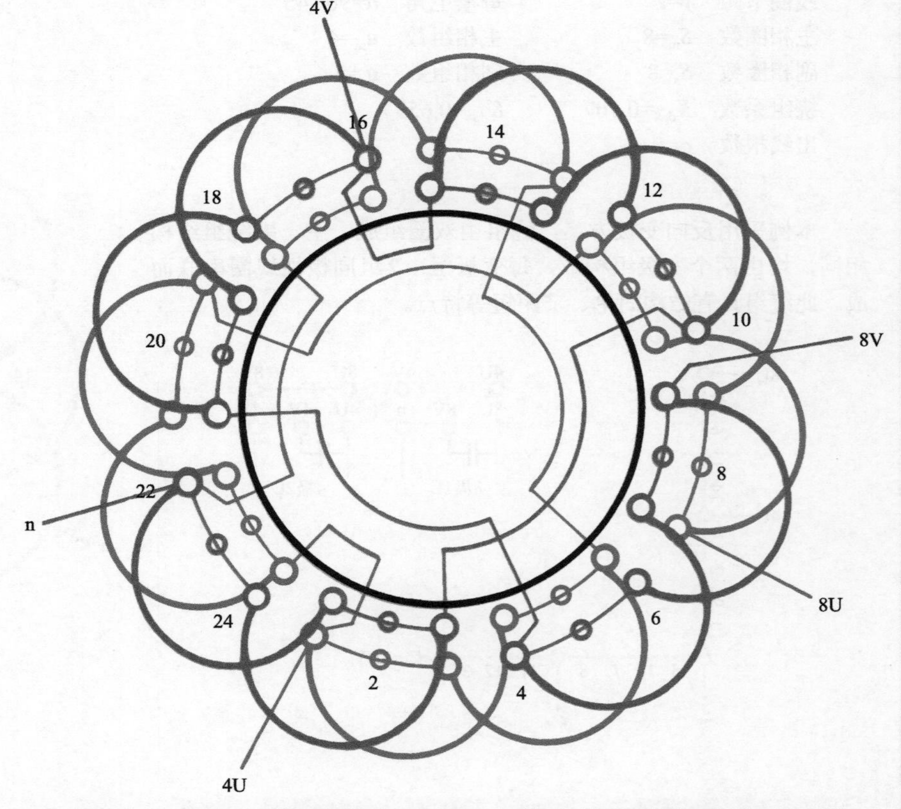

图10-9（b） 8/4极单相24槽（y=3）1/2-L2接法（双层叠式双电容运行型）双速绕组

三、* 8/4极单相32槽（y=4）1/2-L接法（双层叠式启动型）双速绕组

1. 绕组结构参数

定子槽数	Z=32	双速极数	$2p$=8/4
总线圈数	Q=32	绕组接法	1/2-L
线圈组数	u=8	绕组极距	τ=4/8
线圈节距	y=4	每槽电角	α=45°/22.5°
主相圈数	S_m=20	主相组数	u_m=4
副相圈数	S_a=12	副相组数	u_a=4
绕组系数	K_{dp8}=0.723	K_{dp4}=0.654	
出线根数	c=5		

2. 绕组结构特点

本例定子是采用单相电动机专用槽数，绕组属于启动型，故主、副绕组圈数不同，即主绕组每组5圈，共有20圈，副绕组在启动后便断开电源，不参与运行，故只有12圈，即每组3圈。

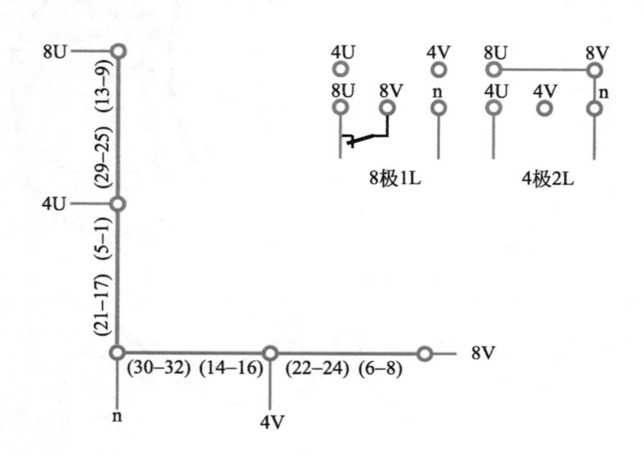

图10-10（a） 8/4极单相32槽1/2-L（双层叠式启动型）双速简化接线图

3. 双速变极接法与简化接线图

本例采用1/2-L接法，8极为一路L形（1L），4极为二路L形（2L）。变极简化接线如图10-10（a）所示。

4. 8/4极单相双速绕组端面布接线图

本绕组采用双层叠式布线，双速变极绕组端面布接线如图10-10（b）所示。

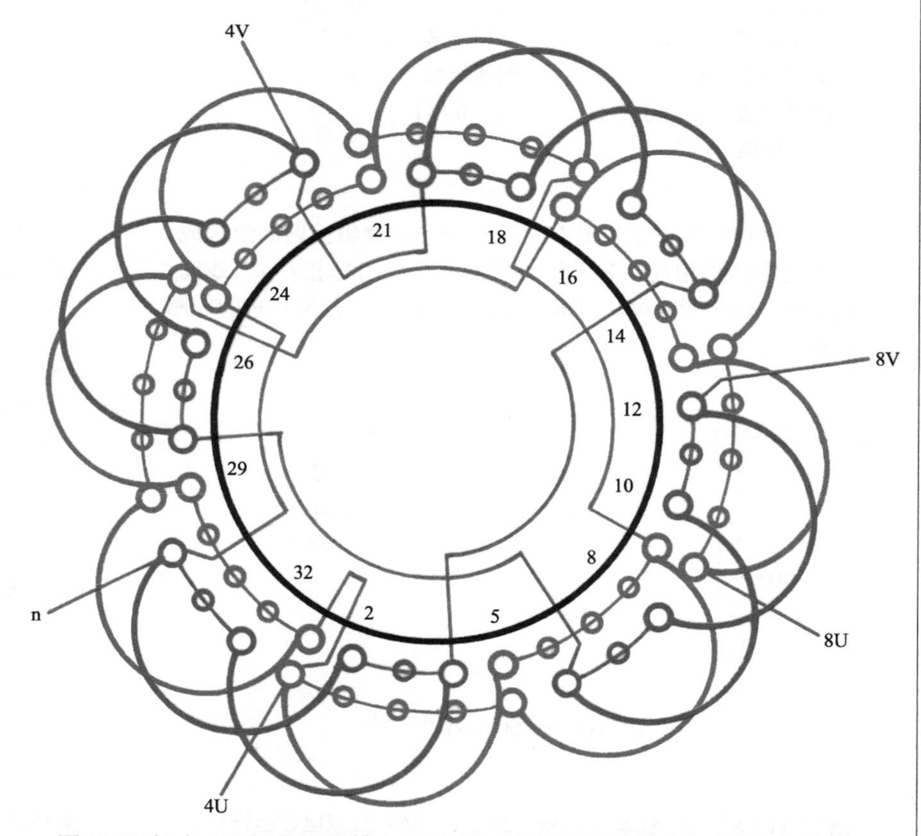

图10-10（b） 8/4极单相32槽（y=4）1/2-L接法（双层叠式启动型）双速绕组

四、* 8/4极单相32槽（y=4）1/2-L2接法（双叠布线双电容运行型）双速绕组

1.绕组结构参数

定子槽数	Z=32	双速极数	$2p$=8/4
总线圈数	Q=32	绕组接法	1/2-L
线圈组数	u=8	绕组极距	τ=4/8
线圈节距	y=4	每槽电角	α=45°/22.5°
主相圈数	S_m=4	主相组数	u_m=4
副相圈数	S_a=4	副相组数	u_a=4
绕组系数	K_{dp8}=0.653	K_{dp4}=0.641	
出线根数	c=5		

2.绕组结构特点

本例采用单相电动机专有的32槽定子，绕组由四联组构成，主、副绕组结构相同，属于运行型双速。绕组每相有4组线圈，分别安排在两个变极段，而每变极段内则由两组几何对称的线圈组构成。

3.双速变极接法与简化接线图

本例仍采用1/2-L接法，8极是1L接法，4极则变换为2L。变极绕组简化接线如图10-11（a）所示。

4. 8/4极单相双速绕组端面布接线图

本例采用双层叠式布线，绕组端面布接线如图10-11（b）所示。

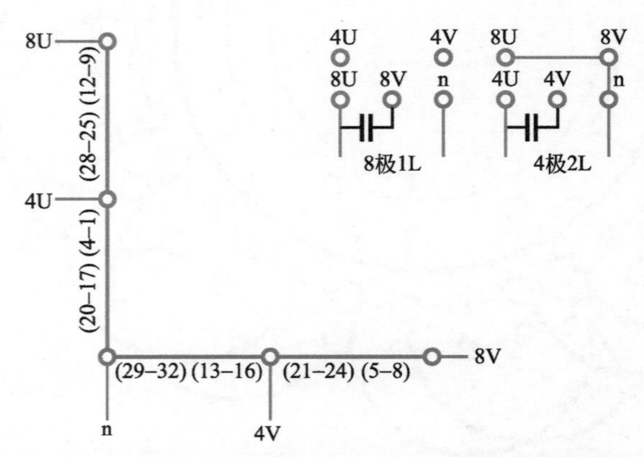

图10-11（a） 8/4极单相32槽1/2-L2（双叠布线双电容运行型）双速简化接线图

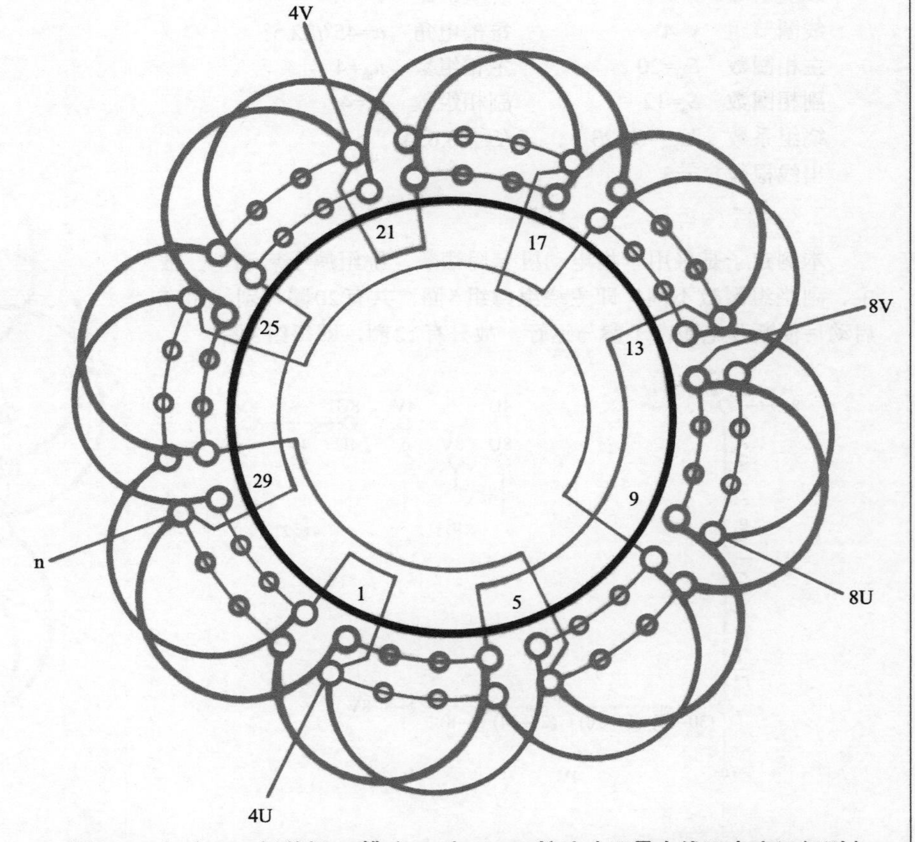

图10-11（b） 8/4极单相32槽（y=4）1/2-L2接法（双叠布线双电容运行型）双速绕组

五、* 8/4极单相36槽（y=5）1/2-L接法（双叠布线启动型）双速绕组

1. 绕组结构参数

定子槽数	Z=36	双速极数	$2p$=8/4
总线圈数	Q=36	绕组接法	1/2-L
线圈组数	u=8	绕组极距	τ=4.5/9
线圈节距	y=5	每槽电角	α=40°/20°
主相圈数	S_m=20	主相组数	u_m=4
副相圈数	S_a=16	副相组数	u_a=4
绕组系数	K_{dp8}=0.567	K_{dp4}=0.72	
出线根数	c=5		

2. 绕组结构特点

本例主、副绕组采用不同的分布，主绕组占20槽，每组有5只线圈，副绕组占16槽，每组是4圈。此双速适用于启动型单相电动机，但也可用于运行型单相电动机。

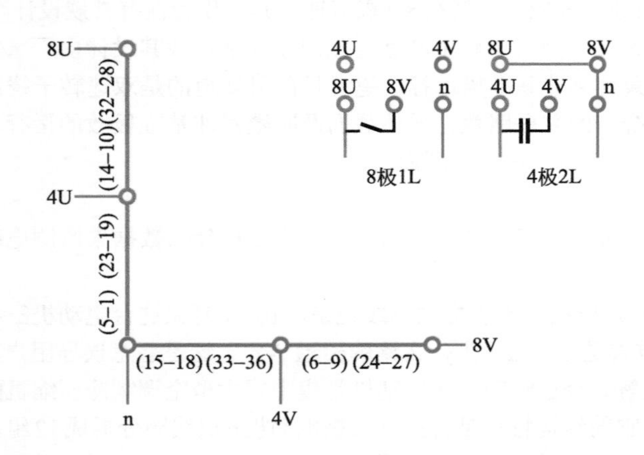

图10-12（a） 8/4极单相36槽1/2-L（双叠布线启动型）双速简化接线图

3. 双速变极接法与简化接线图

本例仍采用1/2-L变极接法，绕组简化接线如图10-12（a）所示。

4. 8/4极单相双速绕组端面布接线图

本例采用双层叠式布线，变极绕组端面布接线如图10-12（b）所示。

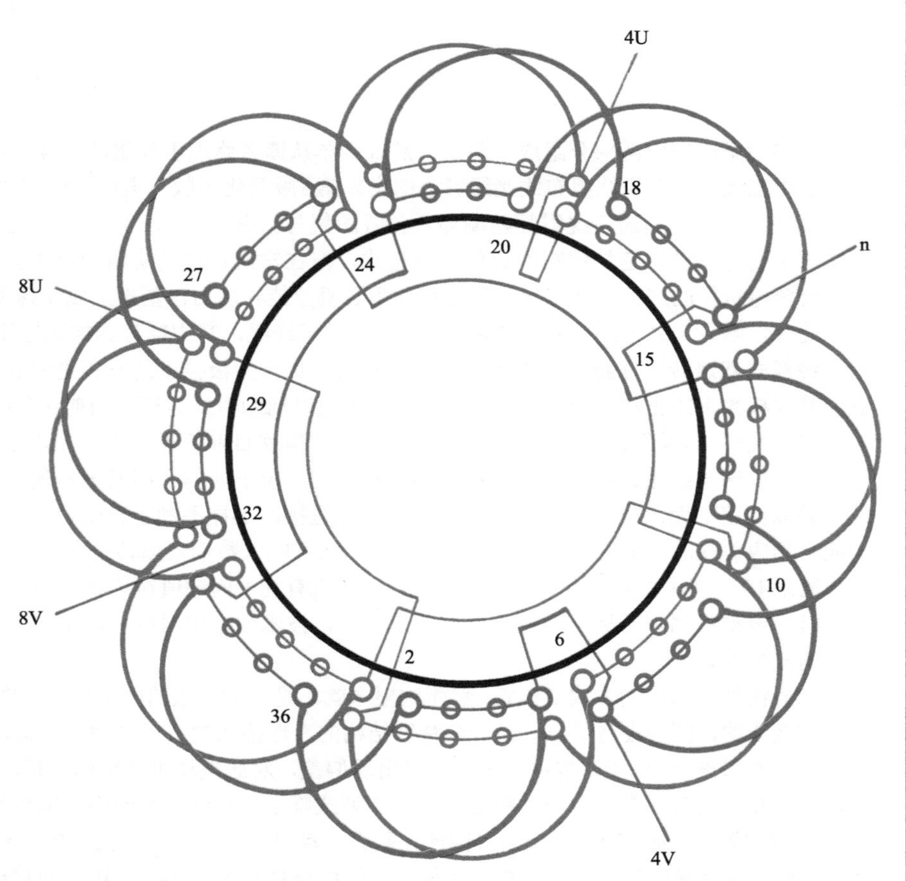

图10-12（b） 8/4极单相36槽（y=5）1/2-L接法（双叠布线启动型）双速绕组

附 录

本书附录内容由两部分组成，附录一是近两年从读者修理中收集的特殊结构型式新绕组。所谓“新”是指以往国产系列不曾采用的绕组型式，而所著机工版《电动机绕组布线接线彩色图集》第5版及化工版《电机绕组端面模拟彩图总集》（以下简称《图集》）未予收入的绕组。

以往几年收集到的新绕组都随编补入各版图集与新书，而本次收入仅是近两年的，其图例较多，且大部分新绕组属变极绕组，已分门别类编入本书；而存下的单速绕组粗看近似常用型式，但在常规设计的绕组中查不到，实际都属非正规分布型式，取自读者修理的进口设备配套电机或中外合资电机厂的产品。如修理时还得花一番心机才能弄明白，基本上属特殊型式绕组，故发布于此，供读者参考。

此外，附录一之末还收入5例绕线式双速的转子绕组，其中部分结构比较简单，而且经重绕后试车成功，故发布于此，供读者参考。然而，由于是绕线式双速转子在特殊工作条件之下的应用，也是变极技术的一种进步和创新。其实这种双速设计也仅是以某极数为基准的单速绕组，它是确保某种极数下的正常运行工作，从而使另一极数以辅助型式运行。当前这种绕线式双速主要应用于塔吊8/4极双速，其工作特性有常规设计（8/4极Y/2Y接法）和反常规设计（8/4极2Y/Y）两种。但就目前修理所见则多用于反常规设计。因属于新生产品暂无国家标准，故其设计由厂家各自为战，所以转子绕组的结构型式和接法都五花八门。至于如何利用基准极的转子绕组兼容到非基准极运行，笔者目前只知道的是双速转子绕组必须是并联回路；而用一路串联则变极时要将滑环短接，这样不利于自动控制。而转子绕组的并联路数、导体截面及匝数对非基准极数的运行、出力应有相应关联的，因无研究，因此不敢妄论。故在收入数例双速转子中，只不过是邯郸学步，依样画葫而已。

附录18一例是中外合资厂家产品。这台电动机有几个问题值得读者关注：

（1）电动机铭牌不标示额定功率与额定电流，技术数据中只标启动电流215A，最大运行电流69A。试问：用户将依据什么数据来监测电动机运行的安全性？

（2）铭牌标示启动方式：Y-Y。然而这根本就不是Y形接法的电动机。附图18（b）是根据修理者提供拆线记录，100%复原这台电动机三相绕组的布接线图，图中没有星点，是一台特殊结构的△形接法的二极电动机，实际启动方式是△-2△，为什么铭牌标示Y-Y？这是恶意误导用户。

（3）本书第一版1-1印本由于信息传递出现偏差，对此电动机绕组的分析产生过误解。今已查明，此电动机是集中式大型空调制冷压缩机配用电动机产品。其实质是一台经过精心设计的新型式降半压启动-全压运行的特种绕组。它的结构特点是将原来二极电动机6组线圈分拆成12组，然后每6组构成一套独立的三相绕组。因此，整台电动机就有两套△形接法的三相绕组；而这时绕组每相电压是380V。启动时将两套绕组实施串联，接成一路△形接法的绕组，即每相绕组能承受的电压是（380×2=）720V，而启动时实际输入的电压仅为380V，因此启动时电动机降一半电压启动。

这样可使电动机避免产生过大启动电流冲击，减少该输电线路的电压降，从而保护线路上其他电气设备的可靠运行。当设备投入正常运行时，将两套380V的绕组并联，即每相电压与输入电压都是380V，从而使电动机投入全压额定运行。

本例电动机引出线为6根，启动时△形接法，三相电源从端子1、2、3接入，7、8、9留空不接；运行时则改成2△接法，将端子1与7、2与8、3与9并接，三相电源仍由1、2、3接入。

附录二的内容主要包括国产初期JDO系列、JDO2、JDO3以及最新的YD标准系列变极电动机双速、多速产品的技术数据。但由于资料出自多种版本，当不同版本数据有出入时，选用数据从众；对于个别相差较大的数据则通过计算校验决定，尽量使之误差不致过大；但对于只有孤本的数据就无能为力，只有照抄了。此外，由于资料原来格式各别，为了便于查阅，本书还将其归纳统一整理到极数进行编排。

附录一　近年收集国产系列外的特殊结构型式（单速）新绕组及绕线式双速转子绕组

附图1* 18槽16极（y=1、a=2）伺服电动机专用星形绕组

1.绕组结构参数

定子槽数	Z=18	电机极数	$2p$=16
总线圈数	Q=18	线圈组数	u=18
每组圈数	S=1	极相槽数	q=0.375
绕组极距	τ=1.125	线圈节距	y=1
并联路数	a=2	每槽电角	α=160°
分布系数	K_d=0.96	节距系数	K_p=0.985
绕组系数	K_{dp}=0.945	出线根数	c=3

2.绕组结构特点

三相18槽定子在常规绕组中只见绕制2极、4极和6极，无疑18槽绕16极就是特殊型式绕组。通常，单速电动机每相形成的极数与电机极数是相同的。照此推之，要绕16极则每相就要16只线圈，至少也得有8只线圈（采用庶极）。然而，定子只有18槽，双层绕制每相只占6槽，即每相只有6只线圈，显然，按常规18槽定子是无法构成16极绕组的。因此，本绕组采用了某些变极绕组的结构原理，将每相6只线圈分成两组，安排于对称位置，并且接线时构成二个支路，再通过相适应的接线，使三相18只线圈产生16极。此绕组为星形接法，引出线3根，是伺服电动机所专用。

3.嵌绕布线与接线要点

本例是双层链式布线，每组只有1只线圈，而每相6只线圈可分两组连绕，但每组3只线圈极性要注意，即中间一只线圈要反绕，因此，连绕3只线圈极性是正—反—正串联。而两大组之间的连接是同向并联，即头与头相接，而尾线接成星点。

4.绕组端面布接线

如附图1所示。

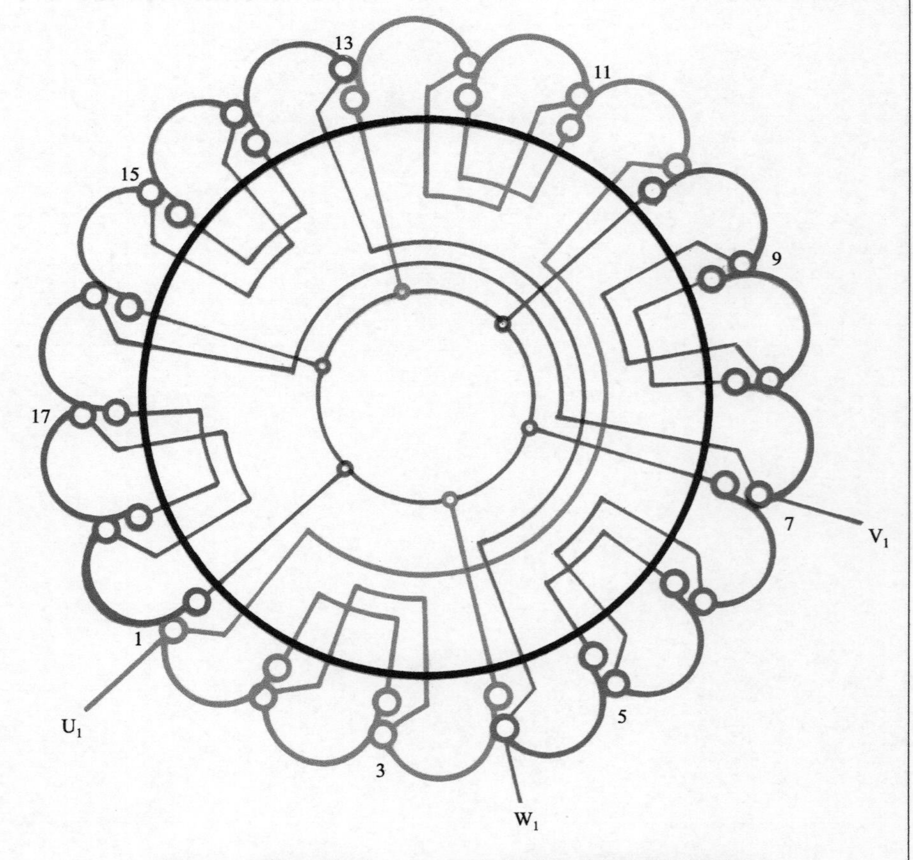

附图1　18槽16极（y=1、a=2）伺服电动机专用星形绕组

附图2* 27槽4极（y=7、a=1）双层叠式布线（分数）绕组

1. 绕组结构参数

定子槽数	Z=27	电机极数	$2p$=4
总线圈数	Q=27	线圈组数	u=12
每组圈数	S=3、2	极相槽数	$q=2^1/_4$
绕组极距	$\tau=6^3/_4$	线圈节距	y=7
并联路数	a=1	每槽电角	α=26.67°
分布系数	K_d=0.958	节距系数	K_p=0.998
绕组系数	K_{dp}=0.956	出线根数	c=6

2. 绕组结构特点

三相小容量电动机一般都采用24槽定子，但按常规则无法绕制6极，为此而扩展补充27槽定子规格，可以说27槽是专为6极小电动机而设的。长此以往，27槽就成为6极所专用，所以国产系列中也没有27槽4极这种规格。然而这两年有修理者发现进口设备有用27槽4极的电机，故据其描述绘制成端面布接线图，供读者参考。

27槽4极双层布线是分数绕组，绕组由3圈组和双圈组组成，为使三相分布对称，线圈组的布线安排规律是：2、3、2、2。而每相有4组线圈，其中3组双圈和1组3圈。嵌线时可参考布接线图进行，勿使弄错。此绕组用于进口设备配用的西门子产品，型号为LSC-110-2-30-5601/RJZ，100Hz电动机。

此外，顺带说明一下，近年已开发出24槽6极单层布线的电动机，具体可查阅机工版《电动机绕组布线接线彩色图集》第5版；或化工版《电机绕组端面模拟彩图总集》第一分册。

3. 嵌绕布线与接线要点

本例绕组属显极布线，嵌绕接线注意两点：

① 嵌线时线圈组必须按2、3、2、2规律循环布线；

② 相邻线圈组极性相反，即相绕组是正—反—正—反连接。

4. 绕组端面布接线

如附图2所示。

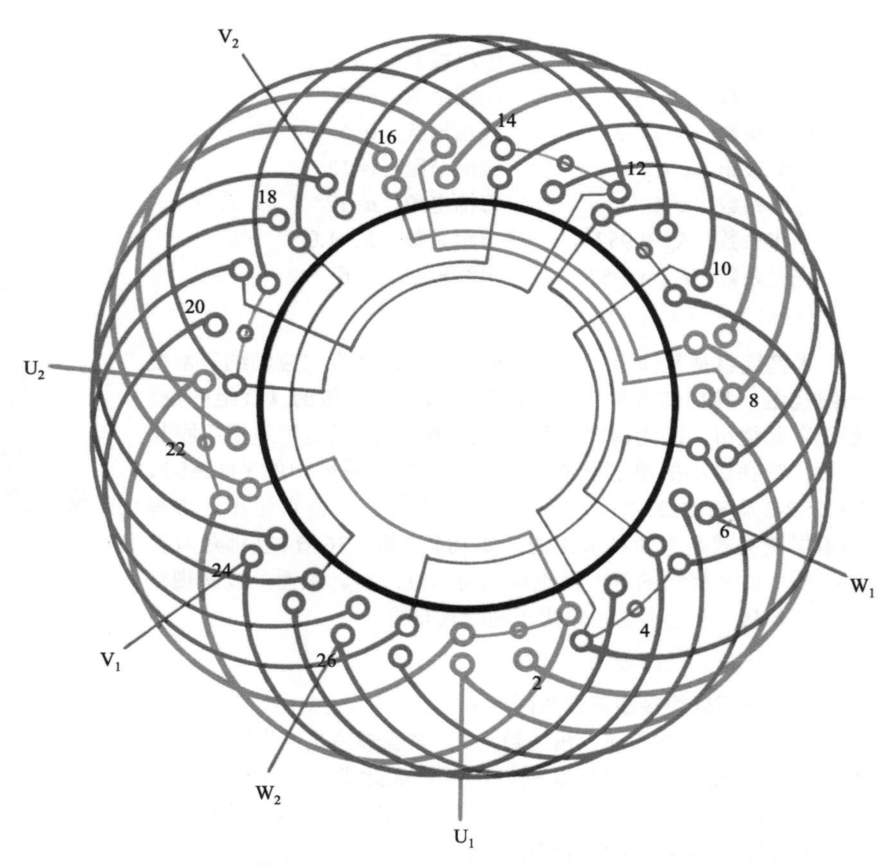

附图2 27槽4极（y=7、a=1）双层叠式布线（分数）绕组

附图3* 30槽2极（y=13、a=1）单层等距交叉式绕组

1. 绕组结构参数

定子槽数	Z=30	电机极数	$2p$=2
总线圈数	Q=15	线圈组数	u=6
每组圈数	S=3、2	极相槽数	q=5
绕组极距	τ=15	线圈节距	y=13
并联路数	a=1	每槽电角	α=12°
分布系数	K_d=0.957	节距系数	K_p=1.0
绕组系数	K_{dp}=0.957	出线根数	c=6

2. 绕组结构特点

本例绕组是某读者接修的一台电动机，其实它应归纳于常规布线绕组，其特别就特别于查遍机工版、化工版的《绕组图集》都没有此绕组。因为国产系列中，30槽绕制2极是用线圈组匝长较短、铜耗更小的单层同心式绕组，如国产系列中的Y112M-2、Y112S2-2及YLB132-2等均系同心式。再者，其特别还在于常规的单层交叉式是有两种节距的，如18槽2极、36槽4极都是双节距线圈；而本绕组的等节距也成为特殊性之一。然而，线圈规格划一，若从工艺上考量也略优于同心式布线。

3. 嵌绕布线与接线要点

本例绕组嵌线接线应注意两点：

① 嵌线采用交叠法，吊边数为5。嵌线顺序是：先嵌入3槽，往后退空2槽嵌2槽，再后退3槽嵌3槽。如此类推，直至嵌满。

② 本绕组属显极布线，同相相邻线圈组极性相反，故接线是尾与尾相接，即同相两组线圈电流方向一正一反。

4. 绕组端面布接线

如附图3所示。

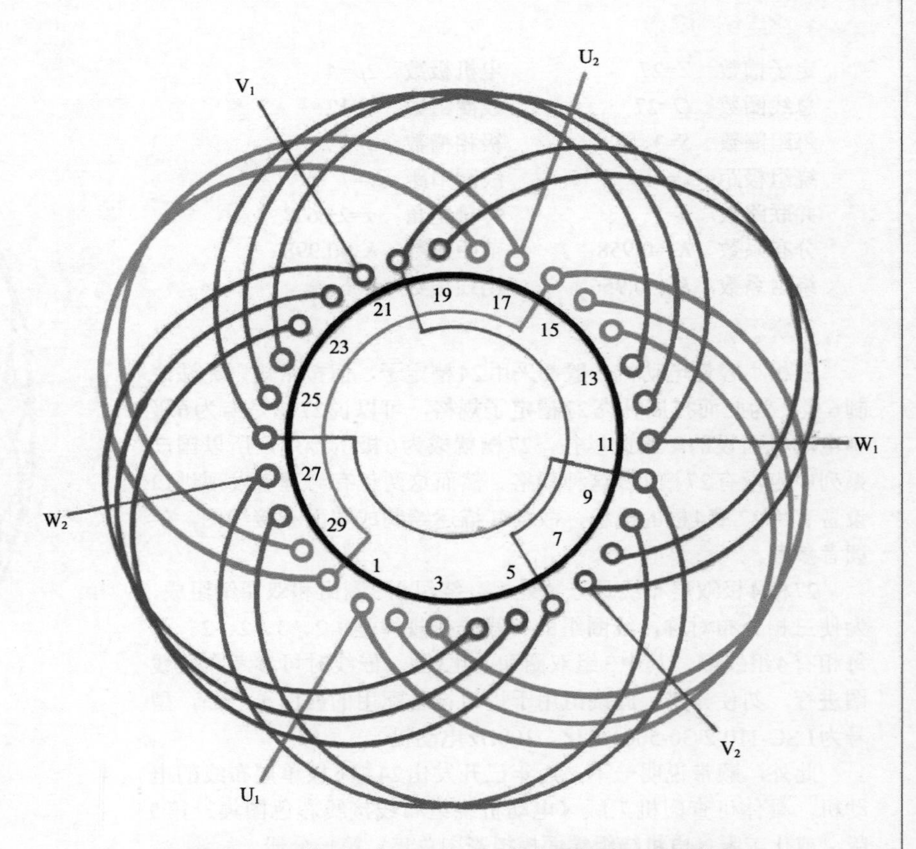

附图3 30槽2极（y=13、a=1）单层等距交叉式绕组

附图4* 36槽10极（y=5、4，a=1）单层（不规则庶极布线）分数圈绕组

1.绕组结构参数

定子槽数	Z=36	电机极数	$2p$=10
总线圈数	Q=18	线圈组数	u=15
每组圈数	S=2、1	极相槽数	q=1.2
绕组极距	τ=3.6	线圈节距	y=5、4
并联路数	a=1	每槽电角	α=50°
分布系数	K_d=0.89	节距系数	K_p=1.0
绕组系数	K_{dp}=0.89	出线根数	c=6

2.绕组结构特点

此绕组是近两年修理者遇到的特殊型式，30槽定子每相占12槽，用单层布线则只有6只线圈，如果按单层庶极则6只线圈构成12极。为使6只线圈产生10极，将12只线圈分成5组，即每相由1个双圈和4个单圈组构成，并采用同相相邻同极性的庶极接法，使5组线圈形成10极的庶极绕组。这时虽然三相结构相同，但每相绕组中有两个特殊结构；即每相有1双圈组；另外，每相还有2只小节距单圈。如何合理安排使之三相绕组对称平衡是不规则绕组设计的难点和特色所在。

3.嵌绕布线与接线要点

本例是庶极绕组，嵌线和接线注意两点：

① 本绕组线圈匝数相同，但除有单圈组和双圈组外，在单圈中还有大小节距线圈。所以嵌线应参照端面布接线图进行嵌入；

② 因是庶极布线，同相相邻极性必须相同，线圈组之间的连接是“尾与头”顺接串联。

4.绕组端面布接线

如附图4所示。

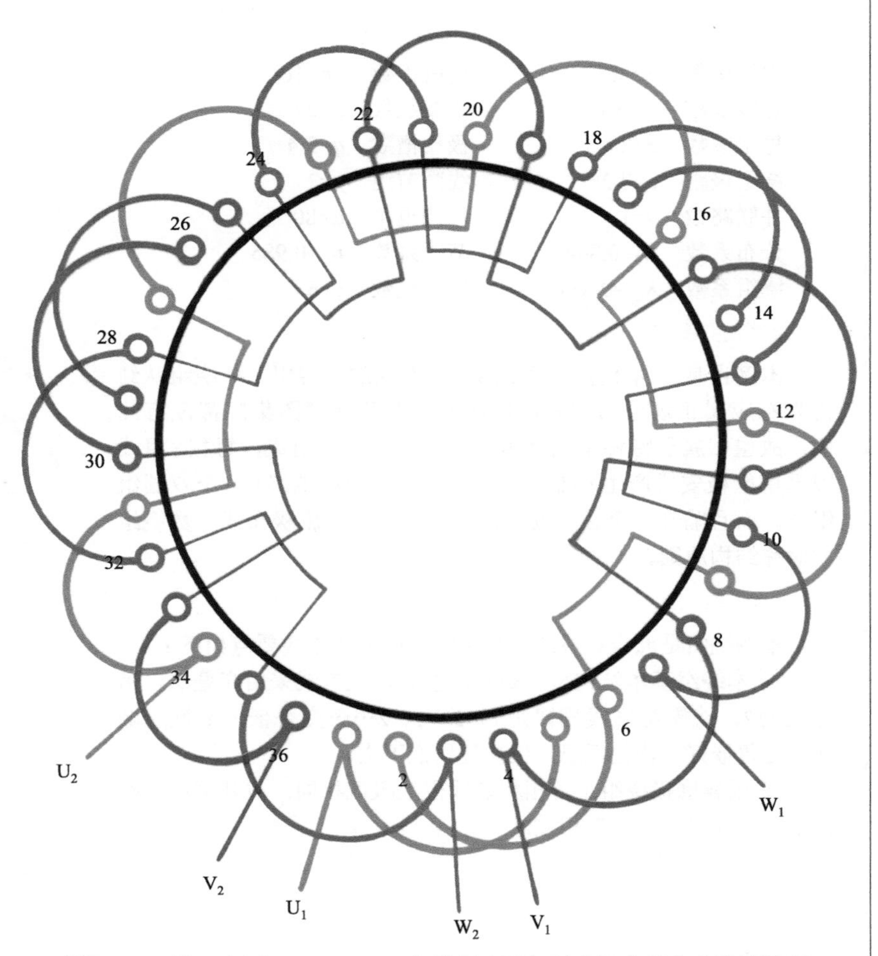

附图4 36槽10极（y=5、4，a=1）单层（不规则庶极布线）分数圈绕组

附图5* 36槽16极（y=2、a=1）双层叠式（庶极布线）分数绕组

1.绕组结构参数

定子槽数	Z=36	电机极数	$2p$=16
总线圈数	Q=36	线圈组数	u=24
每组圈数	S=2、1	极相槽数	q=3/4
绕组极距	τ=2.25	线圈节距	y=2
并联路数	a=1	每槽电角	α=80°
分布系数	K_d=0.844	节距系数	K_p=0.985
绕组系数	K_{dp}=0.831	出线根数	c=6

2.绕组结构特点

本例也是近两年某读者在修理中发现的新绕组。此绕组从结构来看应属正规分布型式，但国产系列和两《图集》都没有此例，故也归属于特种型式绕组。它由单、双圈组成，每相8组线圈采用庶极安排产生16极，而每相中由4个单圈组和4个双圈组组成，而且隔开一个极距安排，故其完全符合庶极布线分数绕组的对称结构原则。

3.嵌绕布线与接线要点

本例绕组是庶极布线的分数绕组。绕组布接线要点如下：

① 本绕组基本结构型式是双层叠式，故嵌线采用交叠法，吊边数为2。线圈组嵌线规律是1、2、1、2……交替嵌入；嵌线顺序则是每嵌好一槽往后退，依次逐槽嵌下去。

② 因属庶极绕组，每相相邻线圈组极性相同，故其接法是顺接串联，即"尾与头"相接。

4.绕组端面布接线

如附图5所示。

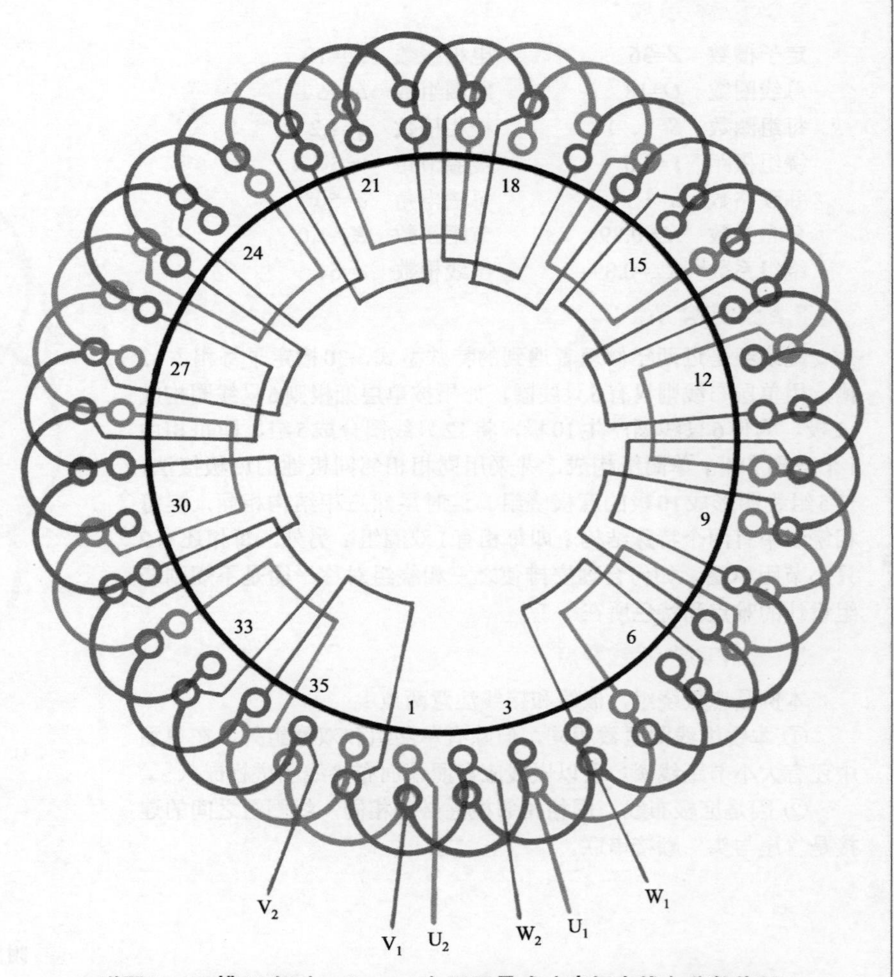

附图5　36槽16极（y=2、a=1）双层叠式（庶极布线）分数绕组

附图6* 45槽6极（y_d=7、a=1）单双层同心式（庶极）绕组

1. 绕组结构参数

定子槽数	Z=45	电机极数	$2p$=6
总线圈数	Q=27	线圈组数	u=9
每组圈数	S=3	极相槽数	$q=2^1/_2$
绕组极距	$\tau=7^1/_2$	线圈节距	y=9、7、5
并联路数	a=1	每槽电角	$\alpha=24°$
分布系数	K_d=0.948	节距系数	K_p=0.995
绕组系数	K_{dp}=0.943	出线根数	c=6

2. 绕组结构特点

本例是进口设备配用电动机，是根据读者修理信息反馈整理设计而成。45槽绕制6极属分数绕组，实际应用并不多，常规都采用双层叠式布线，而本例则安排单双层。每相3组线圈按庶极安排，每组由2只单层线圈和1只双层线圈组成。且是庶极，使整个绕组结构显得简单而接线方便。

其实，单双层是由双层短距绕组演变而来的一种特殊型式。因此，它仍保留着双层短距绕组具有改善磁场波形、降低附加损耗和提高起动性能等特点；同时，将双层变单层之后，也使槽满率得以提高，有利于提高电动机的效率。

3. 嵌绕布线与接线要点

本例是单双层绕组，布接线应注意：

① 绕组虽是庶极布线，但极对数p=奇数，无法整嵌构成双平面结构，故仍需采用交叠法布线；

② 庶极绕组接线规律是：同相相邻组间极性相同，即接线是“尾与头”相接。

4. 绕组端面布接线

如附图6所示。

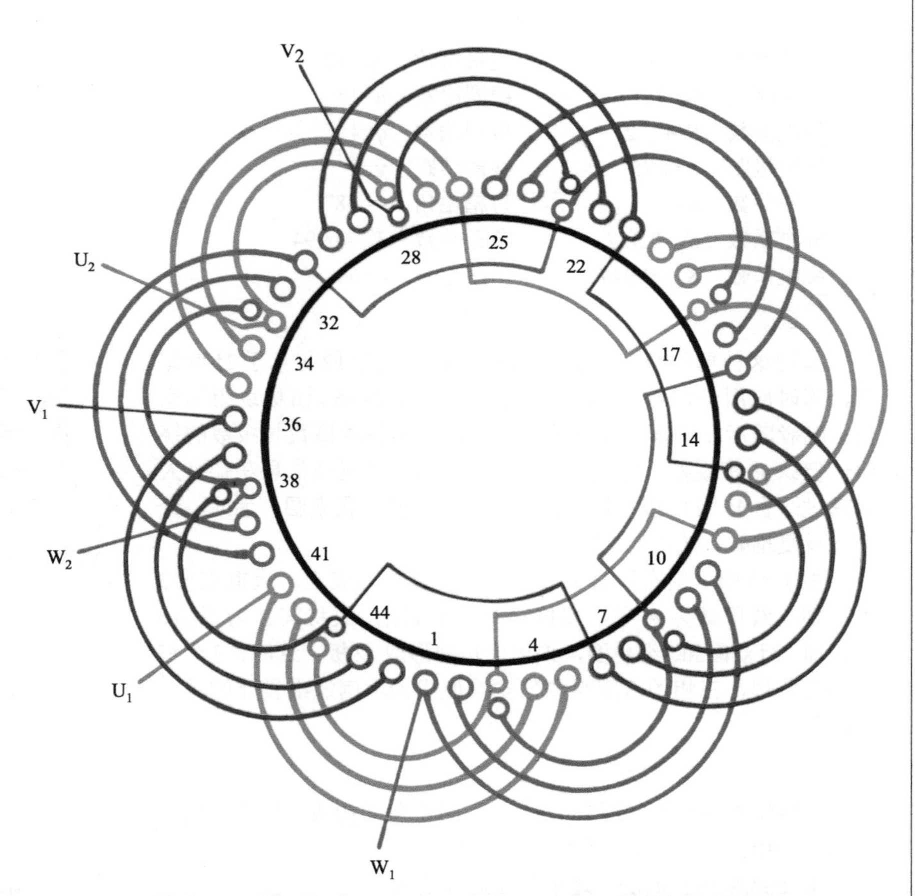

附图6 45槽6极（y_d=7、a=1）单双层同心式（庶极）绕组

附图7* 45槽12极（y=4、a=1）单层叠式（分割布线）特种绕组

1.绕组结构参数

定子槽数	Z=45	电机极数	$2p$=12
总线圈数	Q=21	线圈组数	u=18
每组圈数	S=1、2	极相槽数	$q=1^1/_4$
绕组极距	τ=3.75	线圈节距	y=4
并联路数	a=1	每槽电角	α=48°
分布系数	K_d=0.952	节距系数	K_p=0.994
绕组系数	K_{dp}=0.947	出线根数	c=6

2.绕组结构特点

本例这种单层叠式（分割布线）特种绕组最初见于21世纪初，那时应用于24槽6极，填补了长期以来24槽无6极绕组的空白。笔者随后在编著中收入此例，并扩展到各种槽数与极数的绕组，但缺45槽规格。时至2018年4月，从读者反馈信息获知有人修理过一台45槽12极单层布线的电动机，并向我索图。为此，经多日反复推敲，绘出此绕组。

由于45槽单层布线有22.5个线圈，显然不成立。故拟空出3槽，则总线圈数为21只，即每相有7只线圈，故将其并为每相6组，即1组双圈和5组单圈，采用庶极便形成12极。这时，3个空槽如何布局，三相的双圈组如何安排便成为本例绕组设计的难点和特色。

3.嵌绕布线与接线要点

本例特殊绕组由附图7可见，它由6个单元构成，每单元包含三相各1组线圈。故其布接线应注意两点：

① 嵌线采用整嵌法，逐个单元进行整嵌。

② 因是庶极绕组，故应使同相相邻线圈组极性相同，即顺接串联。三相接线相同，但U、V相从U_1、V_1起接，而W相则从W_2起接，所以W相是反相的。

4.绕组端面布接线

如附图7所示。

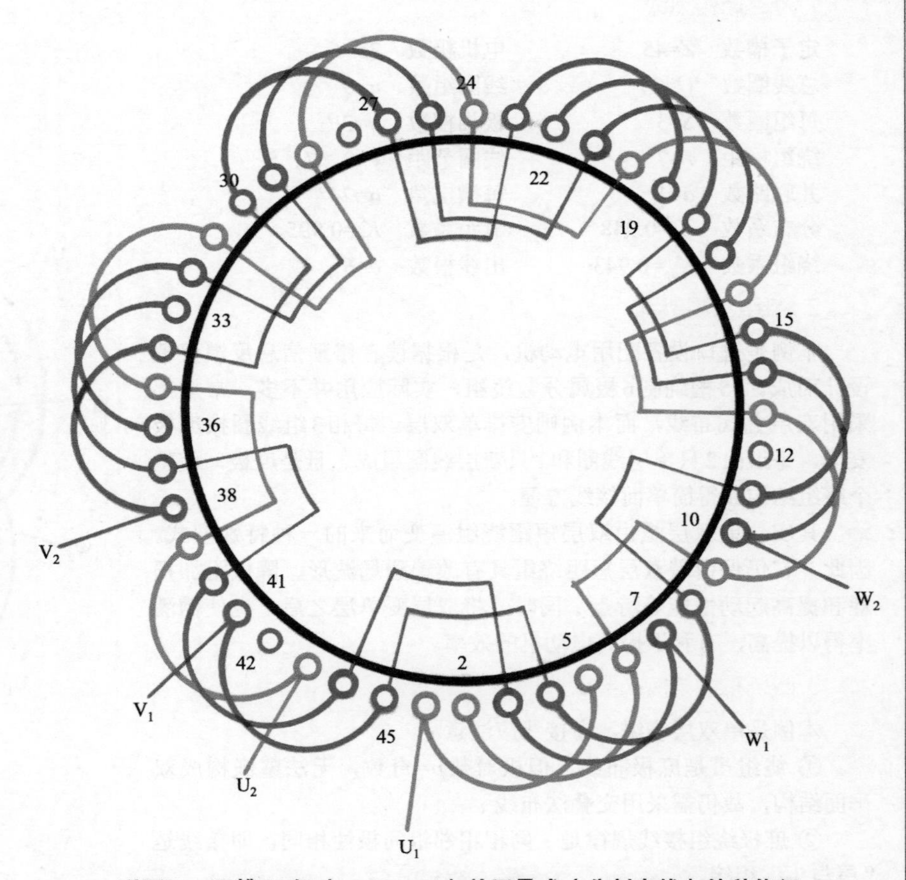

附图7 45槽12极（y=4、a=1）单层叠式（分割布线）特种绕组

附图8* 48槽10极（y=5、4，a=1）单层叠式（不规则庶极布线）分数绕组

1.绕组结构参数

定子槽数	Z=48	电机极数	$2p$=10
总线圈数	Q=24	线圈组数	u=15
每组圈数	S=2、1	极相槽数	$q=1^3/_5$
绕组极距	$\tau=4^4/_5$	线圈节距	y=5、4
并联路数	a=1	每槽电角	$\alpha=20°$
分布系数	K_d=0.968	节距系数	K_p=1.0
绕组系数	K_{dp}=0.968	出线根数	c=6

2.绕组结构特点

国产系列及两《图集》均找不到该规格绕组，就此本例填补了48槽无10极绕组的空白便足以说明其特殊之一。本绕组是分数绕组，线圈组由双圈和单圈组成。全绕组有24个线圈，每相8只线圈中有2个单圈组和3个双圈组；而双圈组又有两种规格，即其中有一组的线圈节距少1槽。这就形成本绕组特殊之二。

然而，如何使三相绕组获得对称是关键，而根据$q=1^3/_5$，由修理手册查得3/5的循环规律是2、2、1、2、1，若将其稍做变换，再把小节距双圈叠中便得2、1、$\dot{2}$、1、2。（上方“•”代表小节距双圈）。从而得到三相分布对称平衡的分数绕组。

3.嵌绕布线与接线要点

本例绕组布接线要点如下：

① 嵌绕不但要注意单双圈交替，还要注意小节距双圈位置，故嵌线时要按2、1、$\dot{2}$、1、2规律循环嵌入；

② 相绕组接线是顺接串联。

4.绕组端面布接线

如附图8所示。

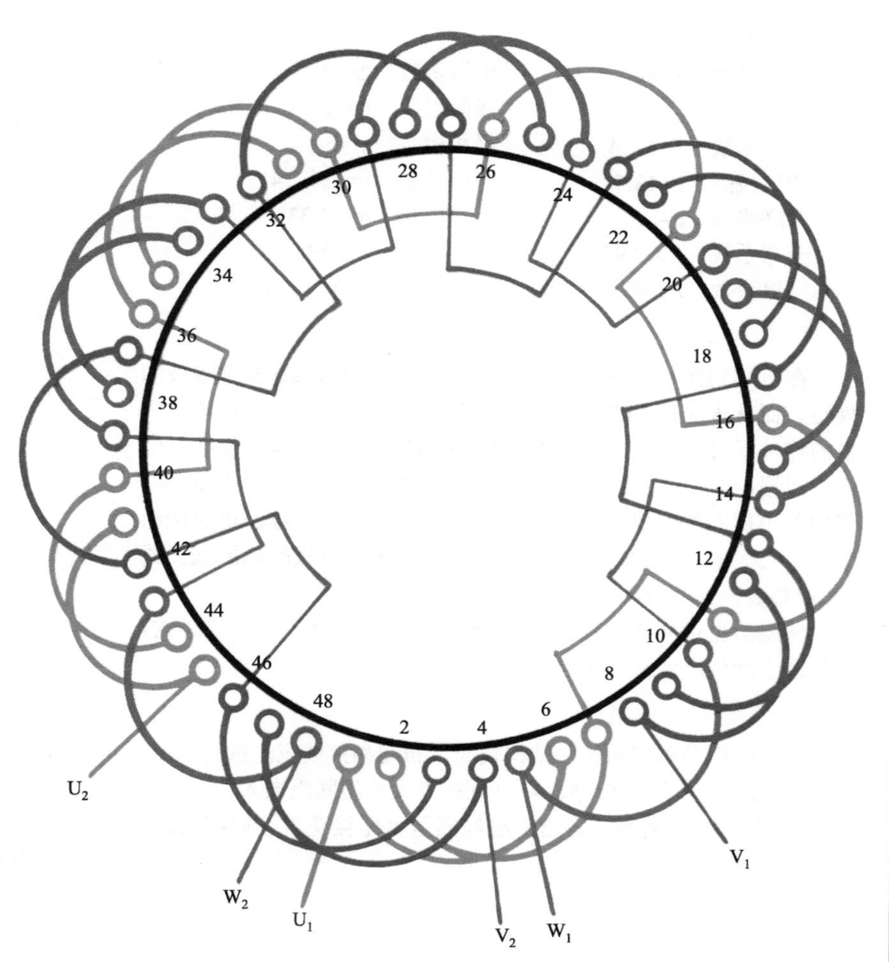

附图8 48槽10极（y=5、4，a=1）单层叠式（不规则庶极布线）分数绕组

附图9* 54槽4极（y=13、14，a=1）单层交叉式（庶极布线）分数绕组

1.绕组结构参数

定子槽数 $Z=54$　　电机极数 $2p=4$

总线圈数 $Q=27$　　线圈组数 $u=12$

每组圈数 S=5、4　　极相槽数 $q=4^1/_2$

绕组极距 $\tau=13.5$　　线圈节距 y=13、14

并联路数 $a=1$　　每槽电角 $\alpha=13.33°$

分布系数 $K_d=0.949$　　节距系数 $K_p=1.0$

绕组系数 $K_{dp}=0.949$　　出线根数 $c=6$

2.绕组结构特点

在单层绕组中，采用常规的布线只有48槽4极、54槽6极的规格。而从未见用54槽绕制单层4极的绕组。所以它也是填补空白的特种型式。此绕组是分数绕组，线圈组由5圈和4圈组成。然而，根据$q=4^1/_2$的分数1/2的线圈组分布循环规律应为5、4、5、4；但用于单层布线，显然无法成立。为了获得三相对称，单层绕组改用5、5、4、4槽分布规律，从而使54槽构成4极的单层交叉式（庶极布线）分数绕组。

此绕组也是从某读者获得修理信息后，应读者所索而设计的，今收录于此供广大读者参考。

3.嵌绕布线与接线要点

本例绕组是单层布线，结构较简，布线和接线应注意两点：

① 布线时依图按5、5、4、4规律将大小线圈组嵌入；

② 因属庶极绕组，同相两组线圈是“尾接头”，确保其极性相同。

4.绕组端面布接线

如附图9所示。

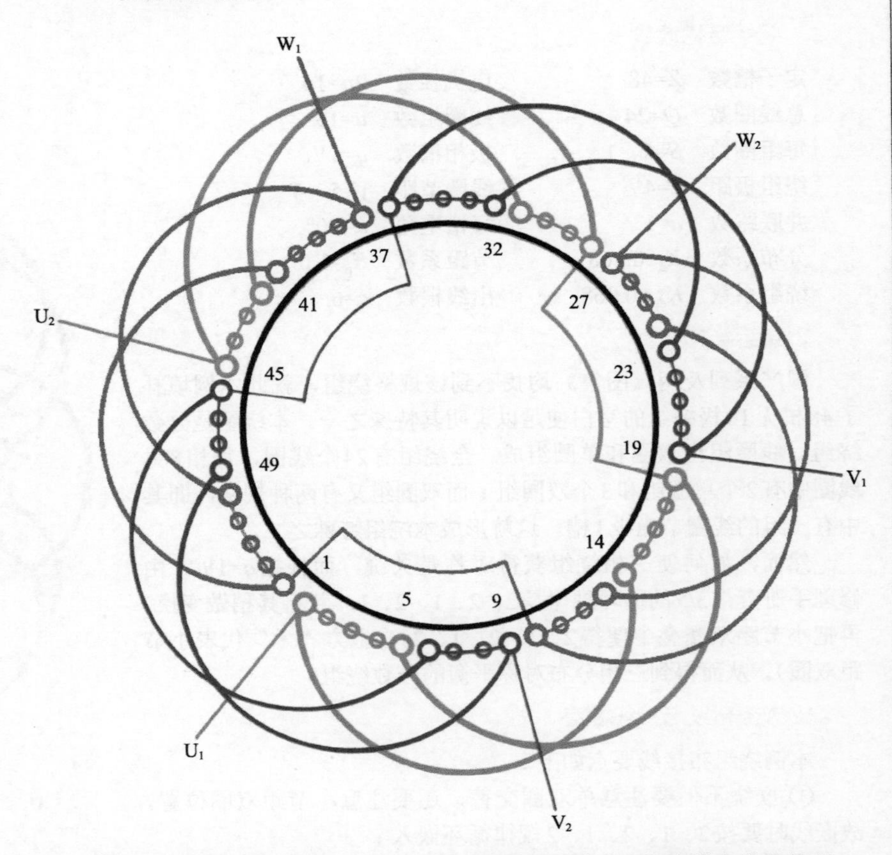

附图9 54槽4极（y=13、14，a=1）单层交叉式（庶极布线）分数绕组

附图10* 54槽12极（y=4、5，a=1）单层庶极交叉式绕组

1. 绕组结构参数

定子槽数	Z=54	电机极数	$2p$=12
总线圈数	Q=27	线圈组数	u=18
每组圈数	S=2、1	极相槽数	q=$1\frac{1}{2}$
绕组极距	τ=4.5	线圈节距	y=4、5
并联路数	a=1	每槽电角	α=40°
分布系数	K_d=0.945	节距系数	K_p=1.0
绕组系数	K_{dp}=0.945	出线根数	c=6

2. 绕组结构特点

本例绕组与附图8相近，也是单层庶极交叉式布线，但绕组结构的细节及分布排列不同，即本例分布规律是2、1、2、1，更接近于常规的单层交叉式布线。此绕组三相结构相同，每相由3组双圈和3组单圈组成，而双圈和单圈交替分布。此外，本绕组也有两种线圈节距，即单圈节距y_1=4，双圈节距y_2=3，正好与显极交叉式相反，亦即与正常布线的庶极交叉式相同。从而填补了54槽12极单层布线的空白。

本绕组也是2018年应修理者索图而设计，发布于此，供读者参考。

3. 嵌绕布线与接线要点

本例属于正常分布的单层庶极交叉式绕组，其布线与接线要点如下：

① 绕组嵌线按2、1、2、1交替嵌入，具体操作是嵌入2槽往后退，空出2槽嵌1槽，再退空出1槽嵌2槽……

② 因是庶极布线，同相相邻同极性，即“尾与头”顺接串联。

4. 绕组端面布接线

如附图10所示。

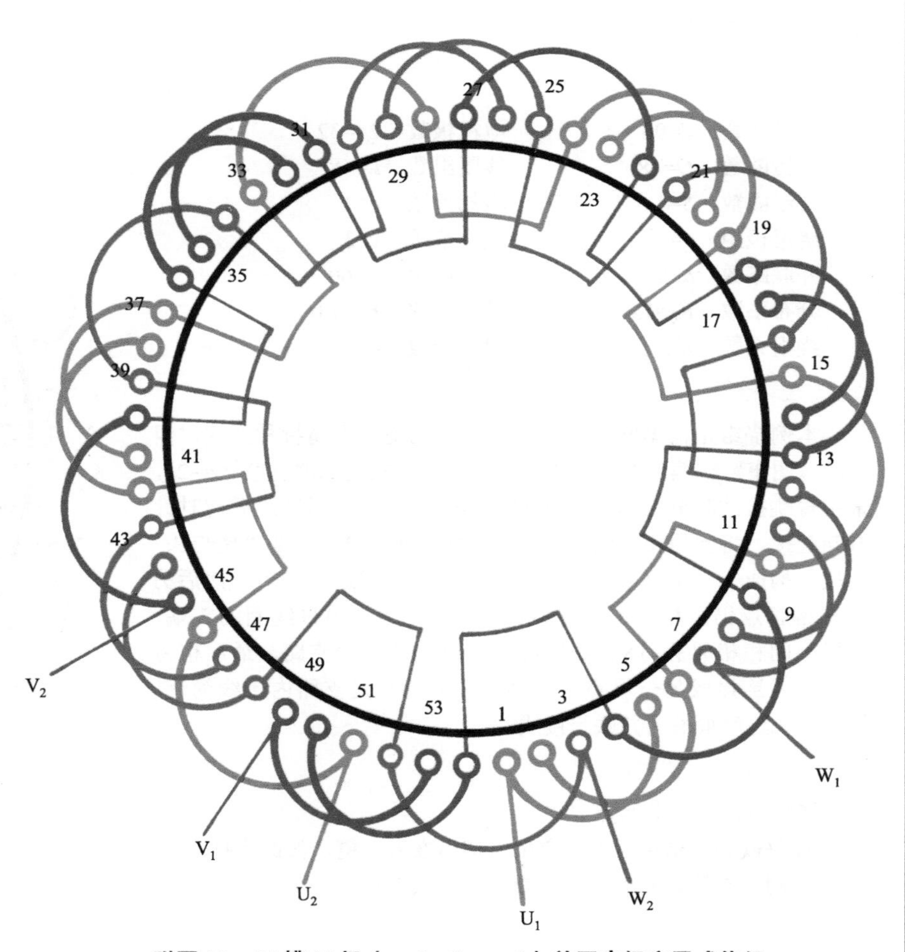

附图10 54槽12极（y=4、5，a=1）单层庶极交叉式绕组

附图11* 96槽32极（y=3、a=2）单层庶极（短跳接线）链式绕组

1.绕组结构参数

定子槽数	Z=96	电机极数	$2p$=32
总线圈数	Q=48	线圈组数	u=48
每组圈数	S=1	极相槽数	q=1
绕组极距	τ=3	线圈节距	y=3
并联路数	a=2	每槽电角	α=60°
分布系数	K_d=1.0	节距系数	K_p=1.0
绕组系数	K_{dp}=1.0	出线根数	c=3

2.绕组结构特点

本例绕组是根据网上求图而设计，此绕组不属特种型式，但查两《图集》缺编而补入。本例单层庶极链式为二路并联（a=2），采用短跳接法时分左右两侧线圈各为一个支路，即进线后逆时针方向起接，将同相相邻的8只线圈（组）顺向串联，即“尾与头”相接，构成一个支路；并将三相一支路的尾线连成星点。然后另一支路起点仍由相头引出并联跨接线，接到第9只线圈的头端，同样把同相相邻的另8只线圈顺向串联构成另一支路，最后也将三相尾线连接成另一星点。短跳接线的特点是支路内接线简练，但有三条跨度很长的并联跨接线。

3.嵌绕布线与接线要点

绕组布接线注意两点：

① 每嵌好一槽往后退，空出一槽后嵌入一槽，如此类推；

② 同一支路是同相相邻线圈“尾与头”接。

4.绕组端面布接线

如附图11所示。

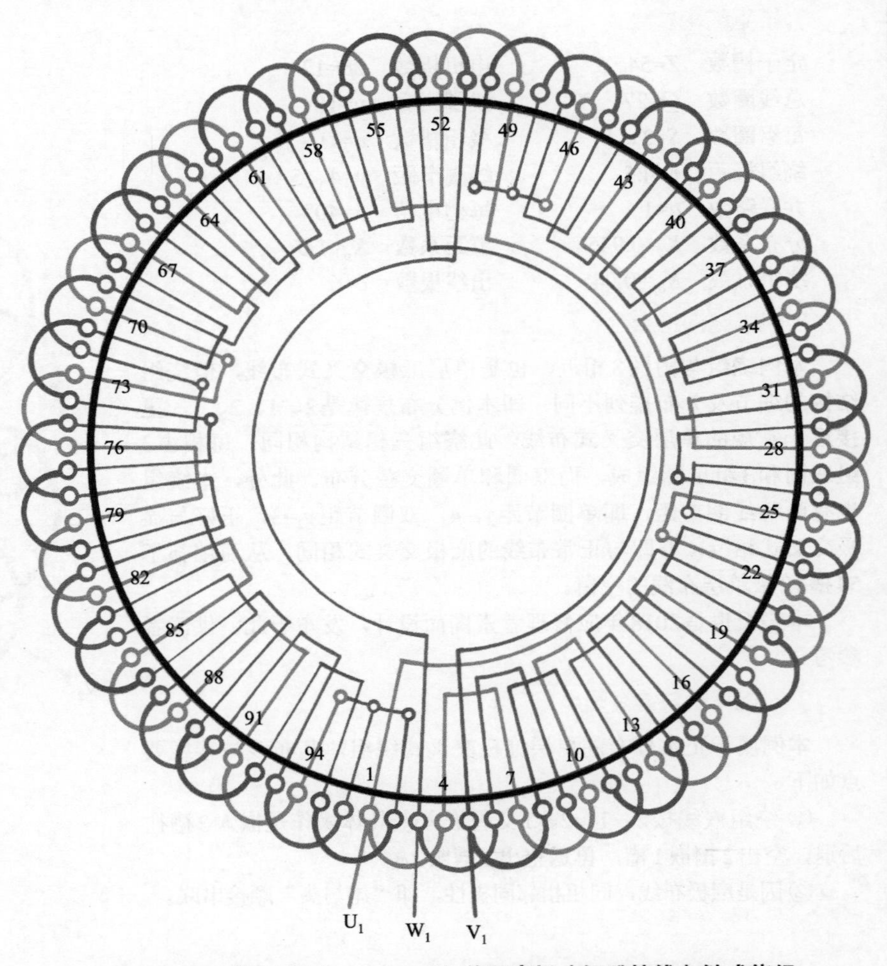

附图11 96槽32极（y=3、a=2）单层庶极（短跳接线）链式绕组

附图12* 96槽32极（y=3、a=2）单层庶极（长跳接线）链式绕组

1. 绕组结构参数

定子槽数	Z=96	电机极数	$2p$=32
总线圈数	Q=48	线圈组数	u=48
每组圈数	S=1	极相槽数	q=1
绕组极距	τ=3	线圈节距	y=3
并联路数	a=2	每槽电角	α=60°
分布系数	K_d=1.0	节距系数	K_p=1.0
绕组系数	K_{dp}=1.0	出线根数	c=3

2. 绕组结构特点

本例绕组与上例是同时设计，故都不属于特种绕组型式。由于上例有3条跨接定子半周的并联接线，虽然不影响电机性能，但从美观上似有不足。为消除这3根长接线，可以采用本例的长跳接线。这种接线是分相之后，将同相的奇数线圈顺次连接构成一支路；再把同相偶数线圈顺次连接构成另一支路。三相绕组结构相同，最后把三相6个支路的尾线接成星点。

3. 嵌绕布线与接线要点

本例是单层庶极链，嵌绕布线与接线要点如下：

① 本例绕组是单层链式，也可以采用整嵌法构成双平面绕组。即嵌完一圈往后退，隔开一圈再嵌一圈，如此类推，嵌完下平面线圈。然后，同理嵌入上平面线圈。

② 因是庶极布线，同相所有线圈极性相同，故隔圈接线时也是顺向连接，即“尾与头”相接。

4. 绕组端面布接线

如附图12所示。

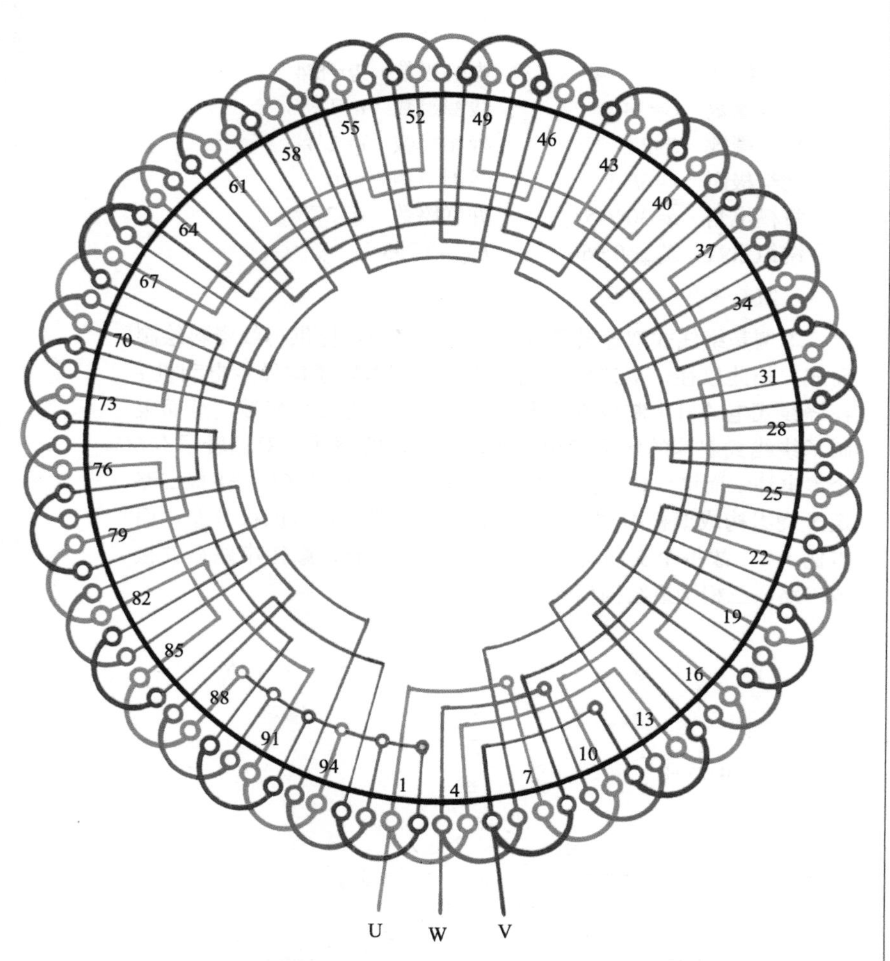

附图12 96槽32极（y=3、a=2）单层庶极（长跳接线）链式绕组

附图13* 48槽8/4极（y=6、a=2）单层叠式（庶极）双速转子绕组

1.绕组结构参数

定/转槽数	Z=—/48	电机极数	$2p$=8/4
总线圈数	Q=24	线圈组数	u=12
每组圈数	S=2	极相槽数	q=2/4
绕组极距	τ=6/12	线圈节距	y=6
每槽电角	α=30°/15°	并联路数	a=2
绕组系数	K_{dp8}=0.966	K_{dp4}=0.793	

2.绕组布接线特点

本例是绕线式双速转子绕组，是由修理者提供拆线资料绘制而成。长此以往，双速电动机只应用于笼型转子的异步电动机；在绕线式电动机中制成双速则其转子也须随之改变极数，从而限制了绕线式双速的实际应用。所以，初期的绕线式双速转子有6个集电环；而这台转子只有3只集电环，其三相转子仍按8极二路定子绕组构成庶极型式。即每相由4组交叠线圈按庶极分布，而本例a=2，故每个支路有二组线圈，对称分布，顺接串联后并接成二路。三相绕组结构相同。

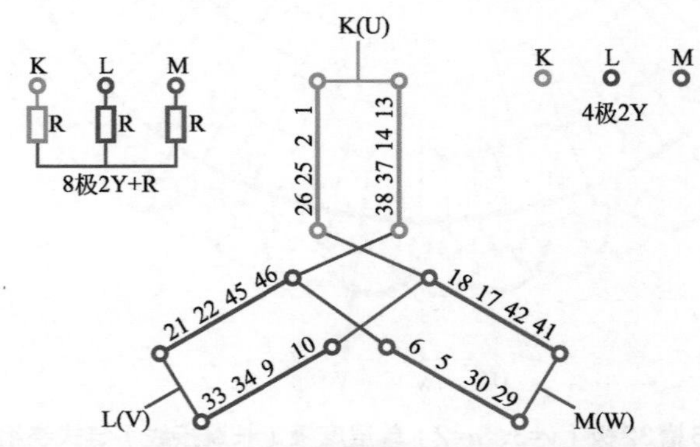

附图13（a） 48槽8/4极单层叠式（庶极）双速转子简化接线图

（注：单层绕组以沉边所在槽数表示圈号。下同）

3.双速变极接法与简化接线图

8/4极绕线式双速转子是以8极为基准，即8极是二路并联，绕组分布结构完全符合常规接线，三相引出线K、L、M分别接入集电环，并通过电刷连接到三相电阻（R），如附图13（a）所示。4极时则不作绕组变极，集电环也不短接，而由转子绕组的二路并联形成类似于笼型的闭合回路，使之产生感应电流进行电枢反应，从而步入4极运行。因此，这种双速只适合于8极正常运行；4极辅助运行的使用场合。

4.8/4极双速转子绕组端面布接线图

如附图13（b）所示。

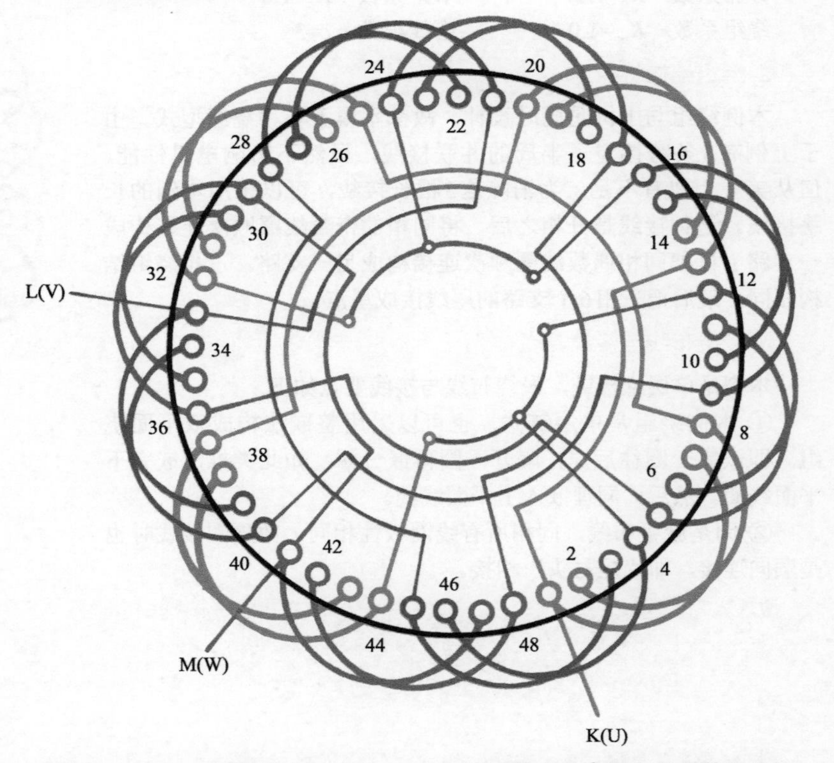

附图13（b） 48槽8/4极（y=6、a=2）单层叠式（庶极）双速转子绕组

附图14* 48槽8/4极（y=6、a=2）双层叠式双速转子绕组

1.绕组结构参数

定/转槽数	Z=—/48	电机极数	$2p$=8/4
总线圈数	Q=48	线圈组数	u=24
每组圈数	S=2	极相槽数	q=2/4
绕组极距	τ=6/12	线圈节距	y=6
每槽电角	α=30°/15°	出线根数	c=3
绕组系数	K_{dp8}=0.966	K_{dp4}=0.561	

2.绕组布接线特点

本例是按照上例单层双速改成一个双层8/4极双速绕组。所以本绕组是由单层庶极演变而来。为了取得相同效果，仍取y=6、a=2。这时绕组属于显极布线，即每相由8组双圈组成，采用长跳接法，将每相同极性的4个线圈组沿同一方向串联起来接入星点，构成一支路；再把另一极性4个线圈组沿另一方向顺向串联接到另一星点，构成另一支路。三相布接线相同；转子三相引出线K、L、M分别接到集电环。此绕组采用双层布线后，节距等于8极整距，绕组系数与上例相同，但4极时其节距系数变小，故绕组系数也较小。

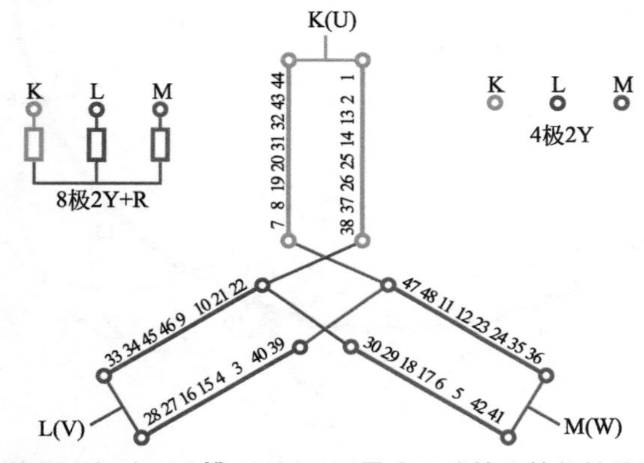

附图14（a） 48槽8/4极双层叠式双速转子简化接线图

此绕组的设计完全符合常规绕组极性分布原则。如果上例单层改绕本例，则此双速转子应能正常运行。但并不代表它可适应任何8/4极转子。因为修理下列8/4极时，曾试过放弃原来接法，另设计一常规绕组，结果无法正常运行。估计原因可能跟定、转子配合，选用节距和并联路数有关联。由于对这种绕线式双速转子并不了解，故修理时务必做好正确的原始记录，以使重绕获得成功。

3.双速变极接法与简化接线图

8/4极绕线式双速转子是以8极为基准设计成二路并联，三相引出线K、L、M分别接入集电环。其余可参照上例，其简化接线如附图14（a）所示。

4. 8/4极双速转子绕组端面布接线图

如附图14（b）所示。

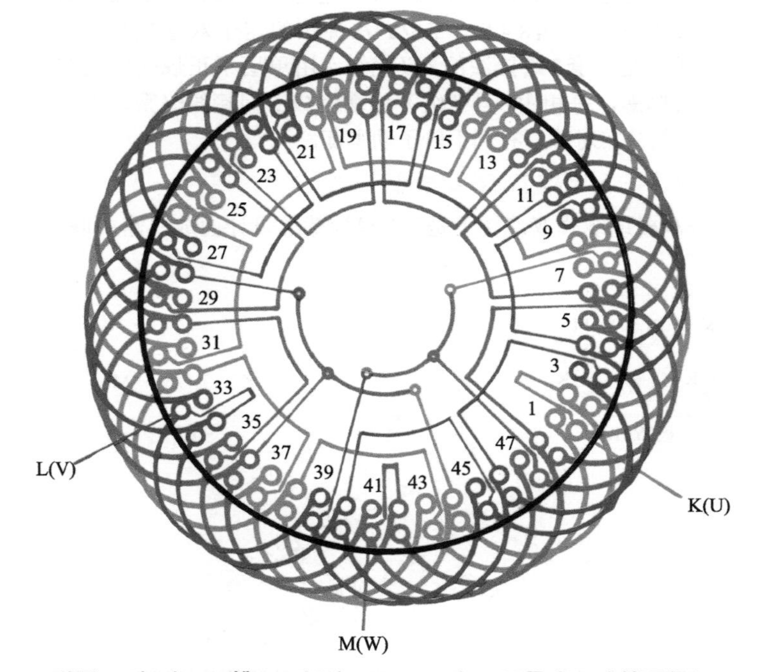

附图14（b） 48槽/8/4极（y=6、a=2）双层叠式双速转子绕组

附图15* 48槽8/4极（y=7、a=2）单层链式布线双速转子绕组

1.绕组结构参数

定/转槽数	Z=60/48	电机极数	$2p$=8/4
总线圈数	Q=24	线圈组数	u=24
每组圈数	S=1	极相槽数	q=2/4
绕组极距	τ=6/12	线圈节距	y=7
每槽电角	α=30°/15°	并联路数	a=2
绕组系数	K_{dp8}=0.966		K_{dp4}=0.496

2.绕组布接线特点

本例绕组是YZRDW225M-8/4极双速电动机的转子绕组，它与本书图3-33的60槽8/4极，Y+2Y/△接法的定子双速配套。此绕组实质上是一套2路接法的8极绕组，用单层不正规的链式布线，每组单圈，每相由8只（组）线圈组成；但接线略繁，不过两组星点能分布对称，有利于转子动平衡。

3.双速变极接法与简化接线图

此8/4极绕线式双速转子是以8极为基准设计而成二路并联，8极时转子与调速电阻R连接，4极则不外接，而利用绕组原有的二路并联构成类似于笼型绕组的自闭合回路，使之产生电枢反应而转动。其简化接线如附图15（a）所示。

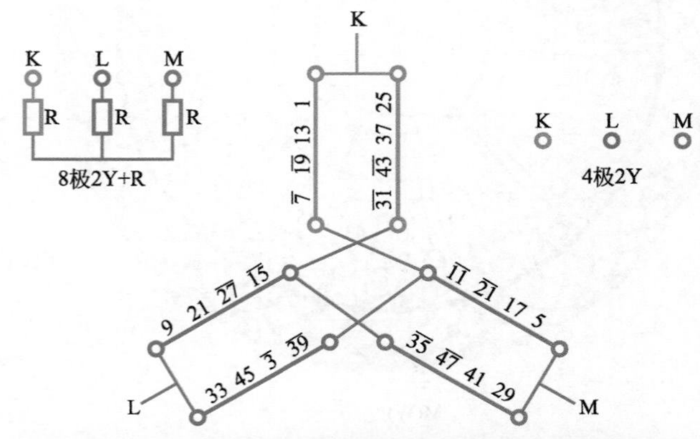

附图15（a） 48槽8/4极单层链式双速转子简化接线图

4. 8/4极双速转子绕组端面布接线图

如附图15（b）所示。

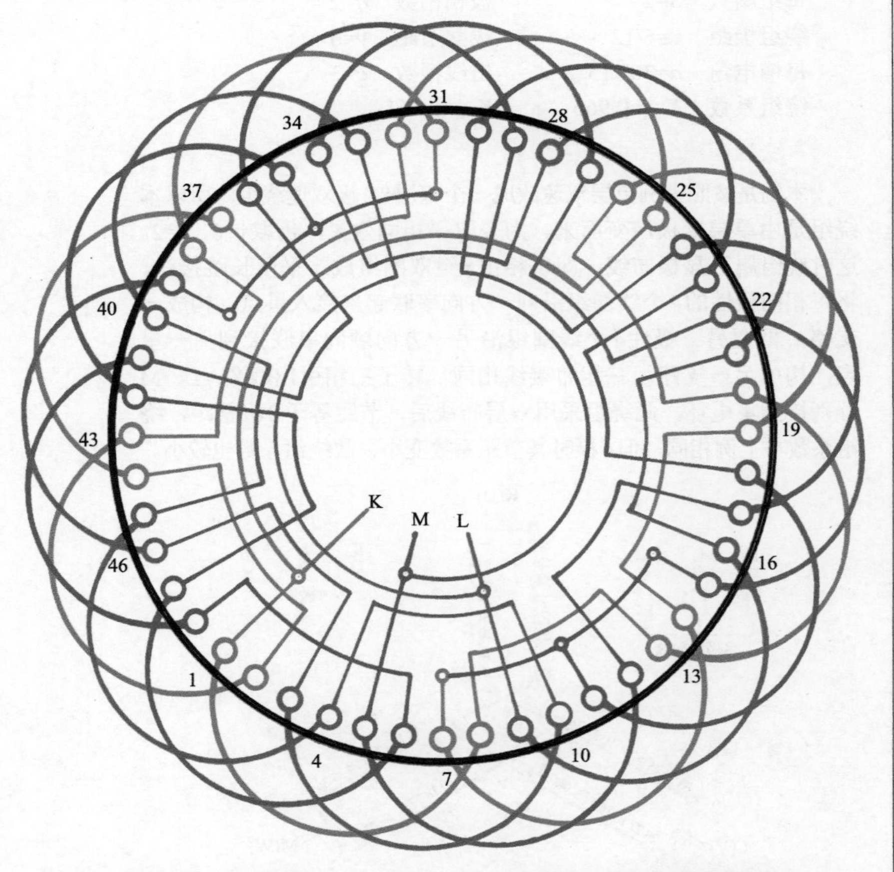

附图15（b） 48槽8/4极（y=7、a=2）单层链式布线双速转子绕组

附图16* 48槽8/4极（y=6、a=2）双层叠式Y形串并联接法双速转子绕组

1.绕组结构参数

定/转槽数	Z=—/48	电机极数	$2p$=8/4
总线圈数	Q=48	线圈组数	u=24
每组圈数	S=2	极相槽数	q=2/4
绕组极距	τ=6/12	线圈节距	y=6
每槽电角	α=30°/15°	并联路数	a=2
绕组系数	K_{dp8}=0.966	K_{dp4}=0.54	

2.绕组布接线特点

本例绕组由双圈组成，其中实线线圈为4根ϕ1.3mm导线绕6匝；虚线线圈是2根ϕ1.3mm导线绕12匝。绕组二路并联于同一公共星点，接入6个线头，而每线头有4根导线，故星点上共接入24根导线。

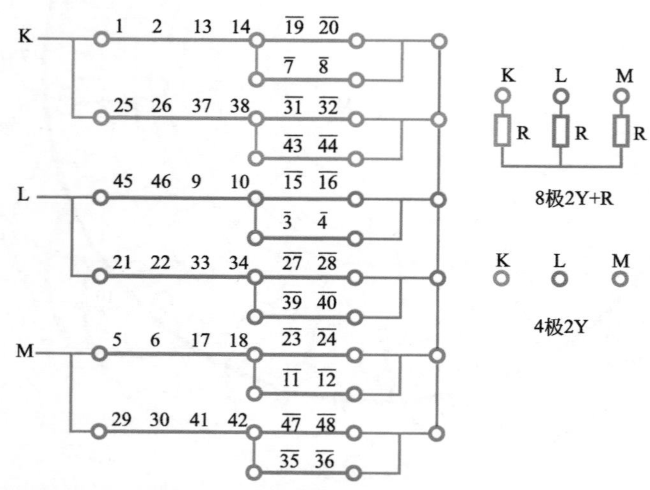

附图16（a） 48槽8/4极双层叠式Y形串并联双速转子简化接线图

3.双速变极接法与简化接线图

本例是国产某电机厂产品。由两种规格线圈交替分布，其接法也较特殊，即以8极为基准设计成2路并联，但每相中采用串并联接线。具体如附图16（a）所示。

4. 8/4极双速转子绕组端面布接线图

如附图16（b）所示。

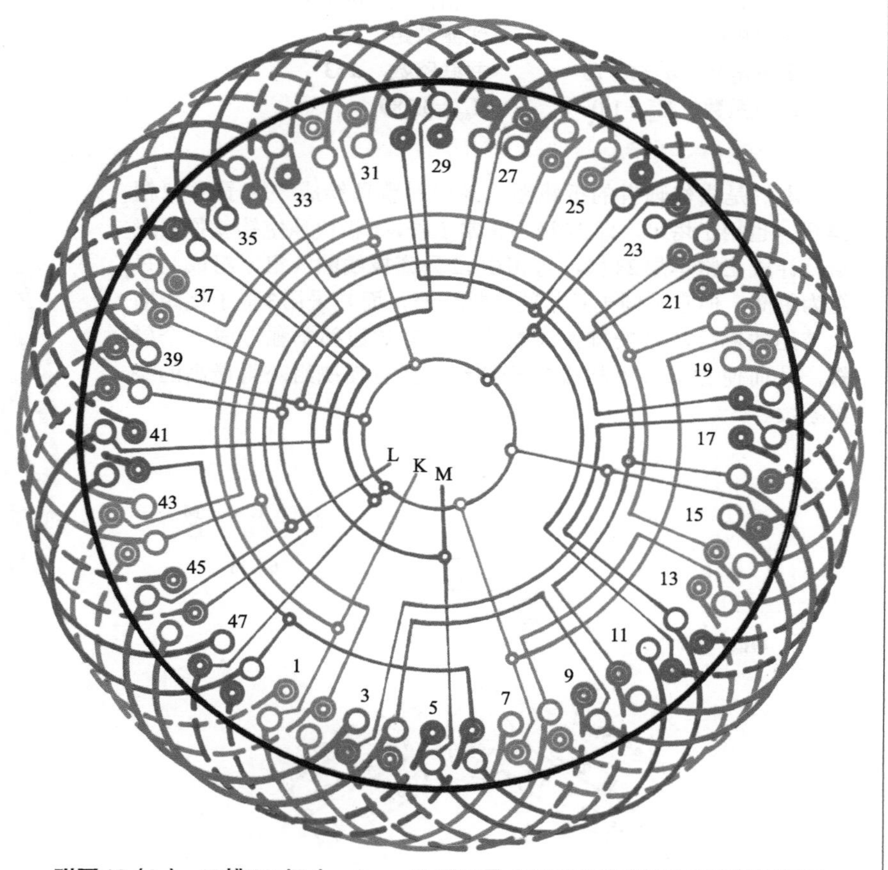

附图16（b） 48槽8/4极（y=6、a=2)双层叠式Y形串并联接法双速转子绕组

附图17* 72槽24/6极（y=9、a=3）单层交叠链式双速转子绕组

1.绕组结构参数

定/转槽数 Z=—/72　　电机极数 $2p$=8/4

总线圈数 Q=36　　线圈组数 u=36

每组圈数 S=1　　极相槽数 q=1/4

绕组极距 τ=3/12　　线圈节距 y=9

每槽电角 α=60°/15°　　并联路数 a=3

绕组系数 K_{dp8}=1.0　　K_{dp4}=0.789

2.绕组布接线特点

本例是由修理者的拆线图记录资料整理绘成。转子是72槽24极，也用于塔吊，即24极为正常工作，6极快速空钩就位。绕组设计成正常单层24极，每相由12只庶极线圈（组）组成；每组为单圈，但它不同于正常的庶极分布，而是采用3倍于极距的大节距线圈，巧妙安排使线圈的每一有效边都单独形成一个磁极，从而使12只线圈构成24极绕组；而且使绕组获得最高的绕组系数。

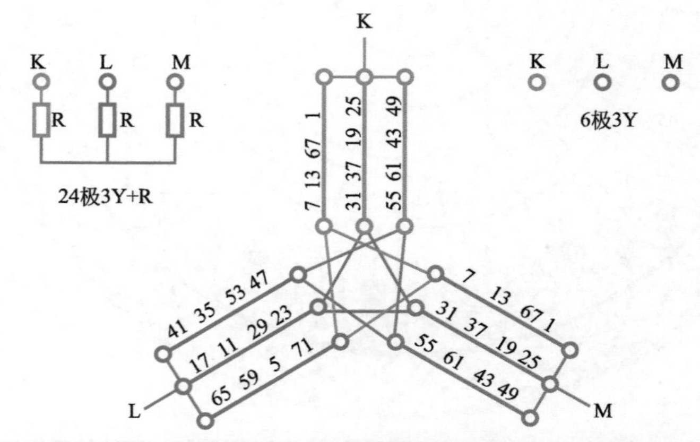

附图17（a） 72槽24/6极单层交叠链式双速转子简化接线图

3.双速变极接法与简化接线图

本例绕线式转子双速绕组是以24极为基准设计成3路并联，24极时三相经滑环与电阻R构成调速电路；6极则使转子引出端滑环空置，而由绕组本身3个并联回路自行闭合，产生电枢反应而转动。其简化接线如附图17（a）所示。

4. 24/6极双速转子绕组端面布接线图

如附图17（b）所示。

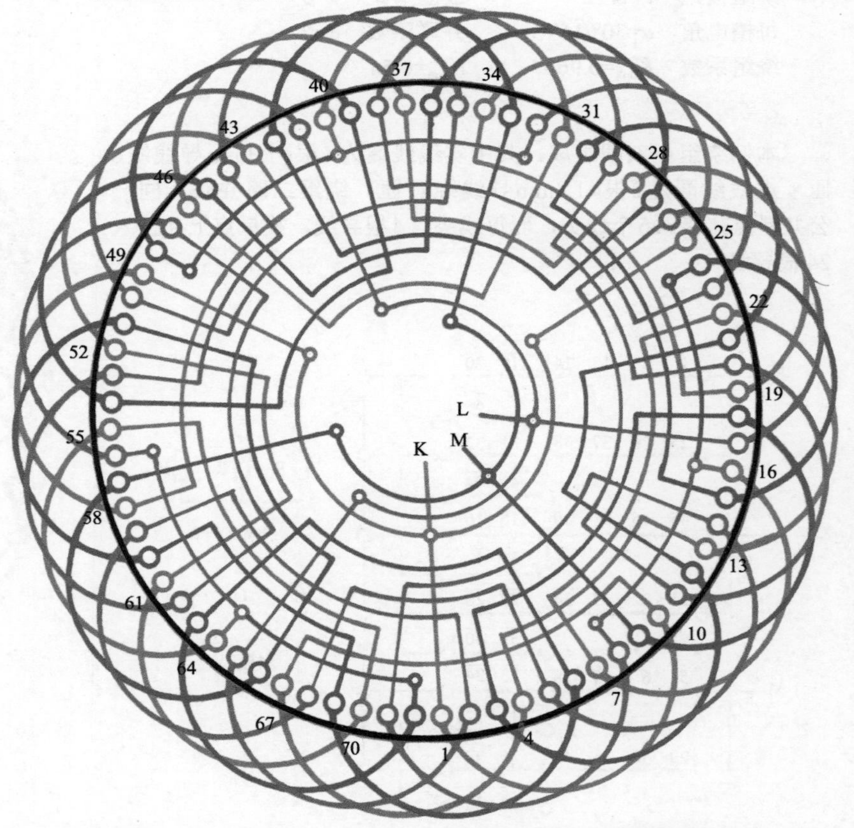

附图17（b） 72槽24/6极（y=9、a=3）单层交叠链式双速转子绕组

附图18* 36槽2极（y=6）△形降压启动、2△全压运行绕组

最近有人修理一台中外合资的压缩机配用电动机，铭牌标示为Y-Y接法，实修显示其真正接法是△-2△，即启动时是△形接法降压启动；运行则是2△形全压运行。

1.绕组结构参数

定子槽数	Z=36	电机极数	$2p$=2
总线圈数	Q=36	线圈组数	u=12
每组圈数	S=3	极相槽数	q=6
绕组极距	τ=18	线圈节距	y=17、15、13
每槽电角	α=10°	绕组接法	△-2△
绕组系数	K_{dp2}=0.923	出线根数	c=6

2.绕组布接线特点

本例绕组其实是一台36槽2极△形接法，y=15双层布线电动机。其简化接线如附图18（a）所示。详见附录前述介绍。

绕组端面布接线如附图18（b）所示。

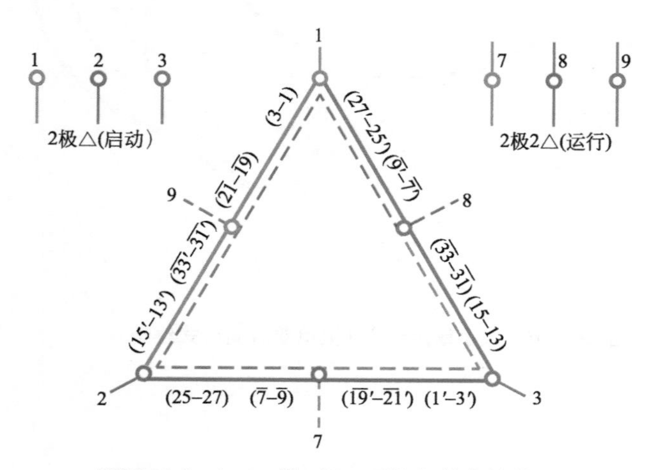

附图18（a） 36槽2极△形绕组简化接线图

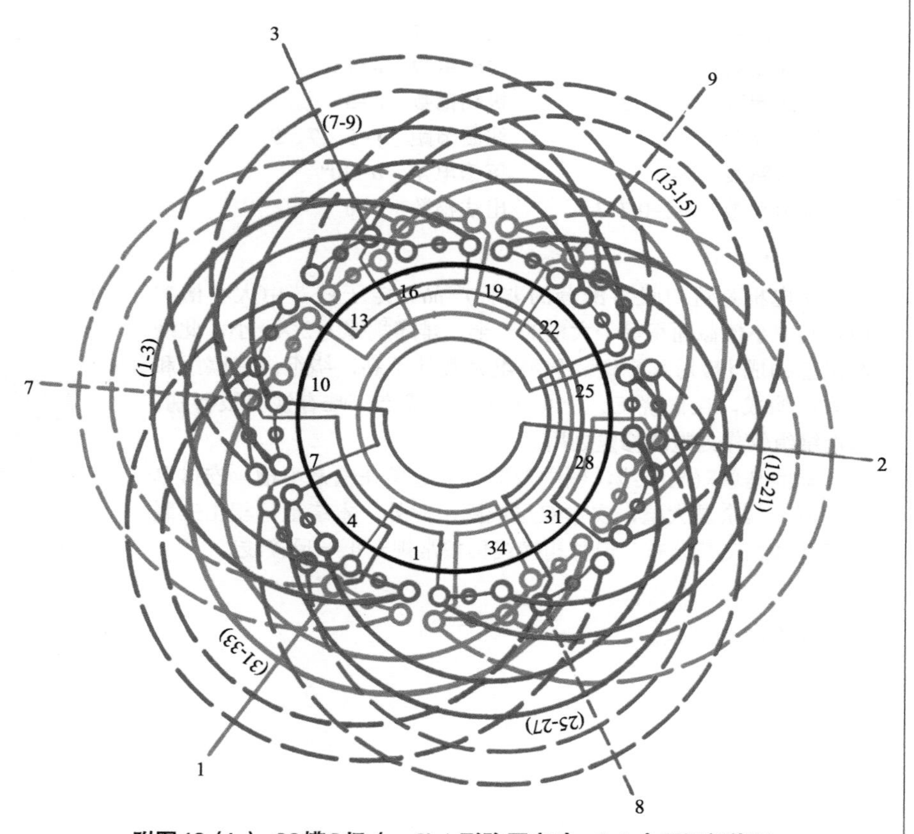

附图18（b） 36槽2极（y=6)△形降压启动、2△全压运行绕组

附图19* 36（大小槽定子）4极单双层同心式绕组

1.绕组结构参数

定子槽数	Z=36	电机极数	$2p$=4
总线圈数	Q=30	线圈组数	u=12
每组圈数	S=3、2	极相槽数	q=3
绕组极距	τ=9	线圈节距	y=5、7、9
并联路线	a=1	每槽电角	α=20°
绕组系数	K_{dp}=0.753	出线根数	c=6

2.绕组结构特点

此电机是进口设备配套的非标产品。定子铁芯由大小槽构成，其中小槽截面积等于大槽的一半，排序规律为2大1小。此绕组虽能构成4极对称平衡，但绕组系数并不高，绕组由三联组和双联组构成，在嵌绕工艺上也无明显的优点，唯有铁芯很特别。本例绕组仅作为重绕修复之用。

本例是单双层布线，图中双圆有效边所在槽是小槽，安排单层线圈；其余是大槽，安排双层线圈。此外，本绕组每相由三联组和双联组交替分布；但每相接线仍按常规一正一反接线。

3.绕组端面布接线

如附图19所示。

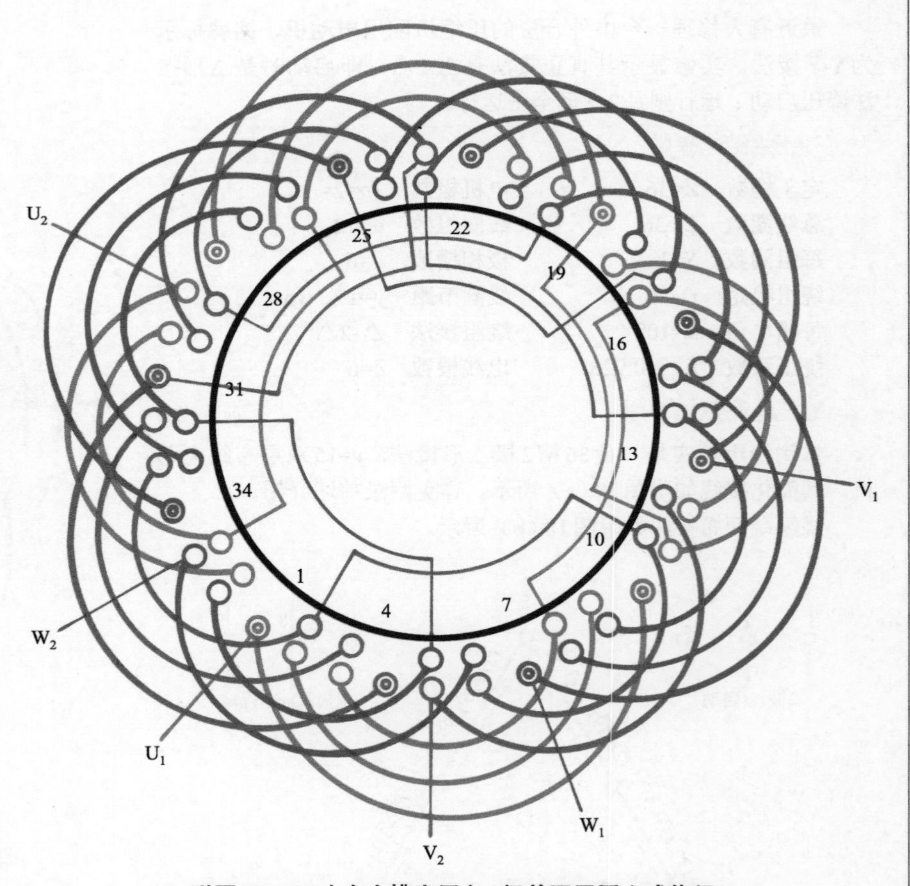

附图19　36（大小槽定子）4极单双层同心式绕组

附图20* 60槽4极（y=11、a=1）1∶3；1∶1；3∶1多抽头延边启动绕组

1. 绕组结构参数

定子槽数 Z=60　　电机极数 $2p$=4

总线圈数 Q=60　　线圈组数 u=12

每组圈数 S=5　　极相槽数 q=5

绕组极距 τ=15　　线圈节距 y=11

并联路线 a=1　　绕组系数 K_{dp}=0.875

抽头比例 β=1∶3；1∶1；3∶1

起动电流 $I_k=0.665I_{KD}$；$0.5I_{KD}$；$0.4I_{KD}$

2. 绕组结构特点

本例是应读者而设计，延边启动有三挡抽头，绕组抽头简化接线如附图20（a）所示。

3. 延边启动绕组端接图

如附图20（b）所示。

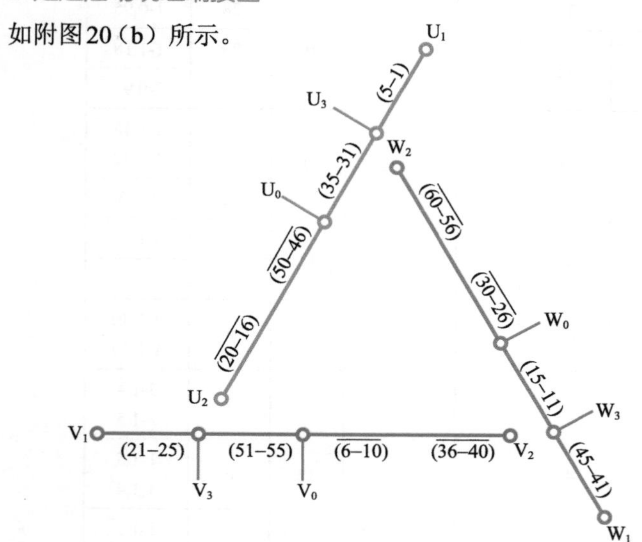

附图20（a） 60槽4极延边启动三挡抽头简化接线图

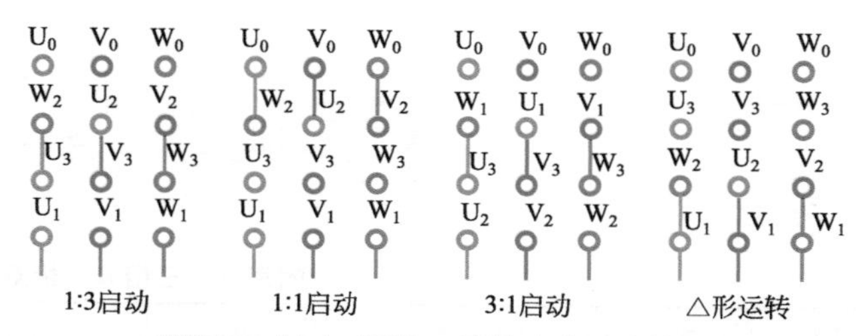

附图20（b） 延边三挡抽头启动端接图

4. 绕组端面布接线

如附图20（c）所示。

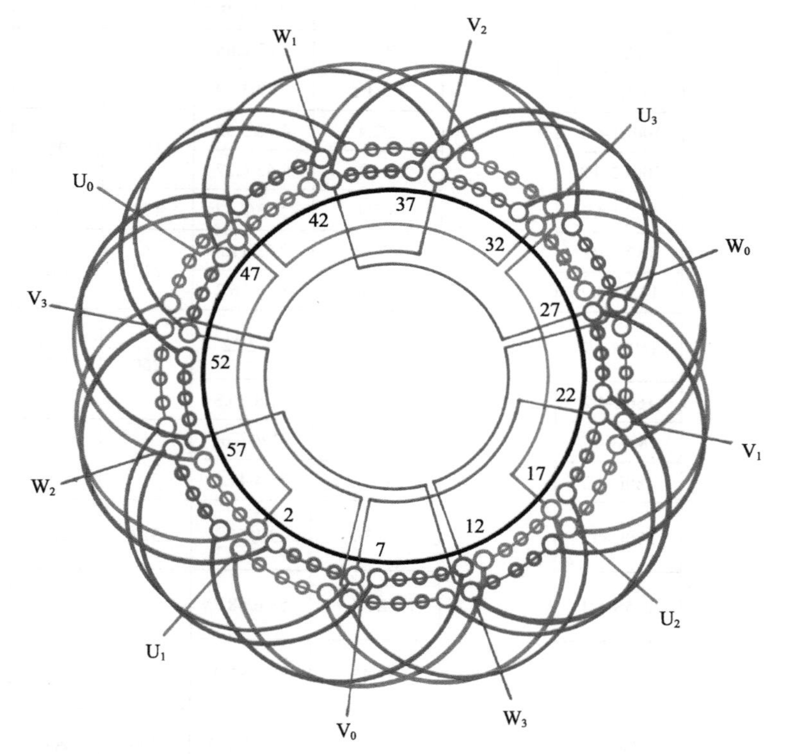

附图20（c） 60槽4极（y=11、a=1）1∶3；1∶1；3∶1多抽头延边启动绕组

附录二　国产新老系列变极电动机修理数据表

附表 1　三相 4/2 极双速电动机铁芯及绕组数据（380V、50Hz）

电动机型号		绕组方案	功率 /kW	电流 /A	定子铁芯 /mm			槽数		绕组型式	变极接法	线圈节距	线圈匝数	线规 n-ϕ /根-mm	备注
系列类别	规格极数				外径	内径	长度	定子	转子						
YD-	801-4/2	120°/60°相带	0.45/0.55	1.37/1.45	120	75	65	24	22	双层叠式	△/2Y	7或6	130	1-0.38	
	802-4/2		0.55/0.75	1.64/1.9			80						105	1-0.42	
	90S-4/2		0.85/1.1	2.27/2.68	130	80	90	24	22			6	83	1-0.47	
	90L-4/2		1.3/1.8	3.29/3.79			120						64	1-0.56	
	100L1-4/2		2/2.4	4.76/5.52	155	98	105	36	32			10	40	1-0.71	
	100L2-4/2		2.4/3	5.42/6.27			135						34	1-0.77	
	112M-4/2		3.3/4	7.33/8.47	175	110	135	36	32			10	28	1-0.95	
	132S-4/2		4.5/5.5	9.63/11.8	210	136	115	36	32				29	1-1.18	
	132M-4/2		6.5/8	13.6/16.2			160						22	2-0.95	
	160M-4/2		9/11	18.2/22	260	170	155	36	26			9	19	1-1.18 1-1.12	
	160L-4/2		11/14	21.8/26.8			195						15	1-1.3	
	180M-4/2		15/18.5	29/36.6	290	187	190	48	44			12	10	3-1.25	
	180L-4/2		18.5/22	35.4/41.5			220						9	4-1.12	
	200L-4/2		26/30	49.1/55.4	327	210	230	48	44			12	8	3-1.40 1-1.30	
	225S-4/2		32/37	59.6/68.7	368	245	235	48	44			12	7	3-1.4 2-1.5	
	225M-4/2		37/45	68.4/82.7			270						6	1-1.5 4-1.4	
	250M-4/2		45/55	83.3/100.3	400	260	240						6	1-1.5 5-1.6	

续表

电动机型号		绕组方案	功率 /kW	电流 /A	定子铁芯 /mm			槽数		绕组型式	变极接法	线圈节距	线圈匝数	线规 n-ϕ /根-mm	备注
系列类别	规格极数				外径	内径	长度	定子	转子						
YD-	280S-4/2	120°/60°相带	60/72	109.8/132	445	300	265	60	50	双层叠式	△/2Y	15	4	6-1.5 4-1.4	
	280M-4/2		72/82	131.2/146.7			325						3.5	12-1.4	
JDO3-	801-4/2		0.5/0.7	1.45/1.82	130	80	75	24	22			7	125	1-0.44	
	802-4/2		0.7/1	1.9/2.46			100						95	1-0.53	
	90S-4/2		1.1/1.5	2.82/3.58	145	90	100	24	22			7	79	1-0.59	
	100S-4/2		1.3/1.7	3.06/3.86	167	104	85	36	26			9	62	1-0.64	
	100L-4/2		2.1/2.8	4.81/6.28			115						45	1-0.77	
	112S-4/2		2.8/3.5	6.18/7.16	188	118	110	36	32			9	40	1-0.86	
	112L-4/2		3.5/4.5	7.49/9.55			140						31	1-1.0	
	140S-4/2		5/7	10/14.9	245	162	120	36	26			9	25	1-1.2	
	140M-4/2		7/10	14/20.8			170						18	2-1.0	
	160S-4/2		9/12	17.8/23.6	280	180	170	36	26			9	16	2-1.25	
	160M-4/2		13/17	25.5/32.6			210						13	2-1.35	
JDO3T-	801-4/2		0.5/0.7	1.45/1.82	130	80	75	24	22			7	125	1-0.44	
	802-4/2		0.7/1.0	1.9/2.64			100						95	1-0.53	
	90S-4/2		1.1/1.5	2.82/3.58	145	90	100	24	22			7	79	1-0.59	
	100S-4/2		1.3/1.7	3.06/3.86	167	104	85	36	26			9	82	1-0.64	
	100L-4/2		2.1/2.8	4.81/6.28			115						45	1-0.77	
	112S-4/2		2.8/3.5	6.18/7.66	188	118	110	36	32			9	40	1-0.86	
	112L-4/2		3.5/4.5	7.49/9.55			140						31	1-1.0	
JDO2-（A 组）	31-4/2		1.25/2.2	3.79/4.98	167	104	95	36	26			9	42	1-0.67	
	32-4/2		2.2/3.0	5.15/6.5			135						32	1-0.77	
	41-4/2		3.3/4	7.17/8.38	210	136	100	36	26			9	32	1-0.93	
	42-4/2		4/5.5	8.63/11.3			125						26	1-1.04	

续表

电动机型号		绕组方案	功率 /kW	电流 /A	定子铁芯 /mm			槽数		绕组型式	变极接法	线圈节距	线圈匝数	线规 n-ϕ /根-mm	备注
系列类别	规格极数				外径	内径	长度	定子	转子						
JDO2-（A组）	51-4/2	120°/60°相带	5.5/7.5	11.7/15.4	245	162	120	36	26	双层叠式	△/2Y	9	24	1-1.3	
	52-4/2		7.5/10	15.4/20.2			160						19	1-1.45	
	61-4/2		10/11	20.5/21.1	280	182	155	36	28			9	17	2-1.12	
	62-4/2		13/15	26.4/28.3			190						14	2-1.25	
JDO2-（B组）	21-4/2		0.45/0.6	1.32/1.5	145	90	70	36	27			9	81	1-0.41	
	22-4/2		0.75/1	2.02/2.38			100						60	1-0.49	
	31-4/2		1.3/1.7	3.15/3.85	167	104	100	36	26			9	53	1-0.69	
	32-4/2		2.1/2.8	4.91/6.2			140						37	1-0.86	
	52-4/2		5.2/7	11.1/14.9	245	150	140	36	26			9	23	1-1.4	
	62-4/2		10/13	21.8/26	280	150	160						18	2-1.45	

附表 2　三相 6/4 极双速电动机铁芯及绕组数据（380V、50Hz）

电动机型号		绕组方案	功率 /kW	电流 /A	定子铁芯 /mm			槽数		绕组型式	变极接法	线圈节距	线圈匝数	线规 n-ϕ /根-mm	备注
系列类别	规格极数				外径	内径	长度	定子	转子						
YD-	90S-6/4	120°/60°相带	0.65/0.85	2.12/2.18	130	86	100	36	32	双层叠式	△/2Y	6/7	76/73	1-0.45/1-0.45	6/4 极线圈节距栏中 6/7 表示此绕组采用 6 槽或 7 槽节距，而线圈匝数及线规栏均与之对应表示
	90L-6/4		0.85/1.1	2.72/2.8			125						63/58	1-0.53/1-0.53	
	100L1-6/4		1.3/1.8	3.8/4.4	155	98	115	36	32			6	50	1-0.63	
	100L2-6/4		1.5/2.2	4.3/5.4			135						43	1-0.69	
	112M-6/4		2.2/2.8	5.7/6.7	175	120	135	36	33			6/7	38/38	1-1.0/1-0.95	
	132S-6/4		3/4	7.7/9.5	210	148	125	36	33			6/7	34/33	1-1.0/1-0.95	
	132M-6/4		4/5	9.8/12.3			180						26/24	1-0.75/1-0.80	

续表

电动机型号		绕组方案	功率 /kW	电流 /A	定子铁芯 /mm			槽数		绕组型式	变极接法	线圈节距	线圈匝数	线规 n-ϕ /根-mm	备注
系列类别	规格极数				外径	内径	长度	定子	转子						
YD-	160M-6/4	120°/60°相带	6.5/8	15.1/17.4	260	180	145	36	33	双层叠式	△/2Y	6/7	24/23	1-1.0/ 1-1.06	6/4 极线圈节距栏中 6/7 表示此绕组采用 6 槽或 7 槽节距，而线圈匝数及线规栏均与之对应表示
	160L-6/4		9/11	20.6/23.4			195						18/17	2-1.18	
	180M-6/4		11/14	25.9/29.8	290	205	200	36	32			6/7	16/15	1-1.25/ 1-1.3	
	180L-6/4		13/16	29.4/33.6			230					7	13	2-1.18	
														1-1.12	
	200L-6/4		18.5/22	40.3/43.8	327	230	230	36	32			7	11	2-1.25 2-1.3	
	225S-6/4		22/28	42.5/54.1	368	260	240	72	58			14	6	3-1.5 2-1.6	
	225M-6/4		26/34	49.7/63			270					14	6	6-1.4	
	250M-6/4		32/42	60.2/76.6	400	285	295					12	5	5-1.4 1-1.3	
	280S-6/4		42/55	80.4/101.9	445	325	295					13	4	9-1.4	
	280M-6/4		55/72	104.8/135.1			327					13	3	12-1.4	
JDO3-	100S-6/4		1.1/1.5	3.22/3.61	167	104	85	36	32			6	66	1-0.64	
	100L-6/4		1.5/2.2	4.22/5.23			115						49	1-0.74	
	112S-6/4		2.2/3	5.7/6.78	188	118	110						42	1-0.83	
	112L-6/4		3/4	7.4/8.72			140						33	1-0.96	
	140S-6/4		3.5/5	7.9/11	245	162	120	36	28				31	1-1.3	
	140M-6/4		4.5/7	10.8/15			170						24	2-1.0	
JDO3T-	100S-6/4		1.1/1.5	3.22/3.61	167	104	85	36	32			6	66	1-0.64	T 代表电梯专用
	100L-6/4		1.5/2.2	4.22/5.23			115						49	1-0.74	
	112S-6/4		2.2/3	5.7/6.78	188	118	110	36	32			6	42	1-0.83	
	112L-6/4		3/4	7.4/8.72			140						40	1-0.93	

续表

电动机型号		绕组方案	功率 /kW	电流 /A	定子铁芯 /mm			槽数		绕组型式	变极接法	线圈节距	线圈匝数	线规 n-ϕ /根-mm	备注
系列类别	规格极数				外径	内径	长度	定子	转子						
JDO2-	21-6/4	120°/60°相带	0.6/0.8	2/2.4	145	94	85	36	33	双层叠式	△/2Y	6	75	1-0.50	
	22-6/4		0.8/1	2.6/2.8			115						58	1-0.57	
	31-6/4		1.3/1.7	4/4.3	167	104	95	36	32				52	1-0.59	
	32-6/4		1.7/2.5	5/6.1			135						38	1-0.69	
	41-6/4		2.8/3	7.5/7.6	210	148	110	36	32				41	1-0.9	
	42-6/4		3.5/4	9.4/10			140						33	1-1.04	
	51-6/4		6/8	13.9/18.7	245	162	160						22	1-1.35	
	52-6/4		7.5/10	18.4/21.5			195						18	2-1.08	
	61-6/4		7.5/10	18.6/22	280	182	155						19	1-1.5	
	62-6/4		10/13	23.8/28.7			190						15	2-1.2	
	71-6/4		13/17	28.4/34.1	327	230	200						14	2-1.56	
	72-6/4		15/19	32.8/40			250						12	3-1.4	
	81-6/4		22/28	46.4/56.7	368	260	240	72	56			13	6	4-1.45	

附表 3　三相 8/4 极双速电动机铁芯及绕组数据（380V、50Hz）

电动机型号		绕组方案	功率 /kW	电流 /A	定子铁芯 /mm			槽数		绕组型式	变极接法	线圈节距	线圈匝数	线规 n-ϕ /根-mm	备注
系列类别	规格极数				外径	内径	长度	定子	转子						
YD-	90L-8/4	120°/60°相带	0.45/0.75	1.89/1.78	130	86	125	36	33	双层叠式	△/2Y	5	84	1-0.42	
	100L-8/4		0.85/1.5	2.98/3.29	155	106	135						57	1-0.56	
	112M-8/4		1.5/2.4	4.97/5.19	175	120	135						47	1-0.71	
	132S-8/4		2.2/3.3	6.76/6.8	210	148	120						42	1-0.85	
	132M-8/4		3/4.5	6.82/9.05			180						30	1-0.67 1-0.71	
	160M-8/4		5/7.5	13.7/15	260	180	145						27	1-0.9 1-1.0	
	160L-8/4		7/11	17.7/21.6			195						20	2-1.12	

续表

电动机型号		绕组方案	功率 /kW	电流 /A	定子铁芯 /mm			槽数		绕组型式	变极接法	线圈节距	线圈匝数	线规 n-ϕ /根-mm	备注
系列类别	规格极数				外径	内径	长度	定子	转子						
YD-	180L-8/4	120°/60°相带	11/17	24.9/31.5	290	205	260	54	58	双层叠式	△/2Y	7	11	2-1.3	
	200L1-8/4		14/22	32.6/41	327	230	220	54	50				10	1-1.18 2-1.25	
	200L2-8/4		17/26	37.5/47.9			270						9	2-1.6	
	225M-8/4		24/34	51.5/65.2	368	260	250	72	58			9	6.5	1-1.4 4-1.5	
	250M-8/4		30/42	61.2/75.1	400	285	295						5.5	2-1.4 3-1.5	
	280S-8/4		40/55	81.9/99.8	445	325	260						5	3-1.5 3-1.6	
	280M-8/4		47/67	94.6/119.1			335						4	8-1.5	
JDO3-	90S-8/4		0.55/1.1	2.39/2.77	140	94	105	36	33			5	80	1-0.53	
	100S-8/4		0.75/1.5	2.82/3.48	167	114	95						74	1-0.59	
	100L-8/4		1.1/2.2	3.48/4.88			130						54	1-0.69	
	112S-8/4		1.5/3	4.82/6.7	188	128	115	36	32			5	52	1-0.80	
	112L-8/4		3.2/3.6	6.44/7.76			150						40	1-0.93	
	140S-8/4		3.2/4.5	7.8/9.8	245	174	120	48	44			6	31	1-1.04	
	140M-8/4		4.5/7	11/15.3			170						22	1-1.25	
	180M1-8/4		11/15	24/28	328	230	175						14	2-1.35	
	180M2-8/4		15/22	32.4/40.7			250						10	3-1.30	
	200M-8/4		22/30	46.4/55.5	368	260	240						9	4-1.35	
	225S-8/4		28/40	62.6/74		245	270						9	6-1.45	
	250S-8/4		40/55	86/100	405	275	320	48	58		2△/4Y	6	13	4-1.56	

续表

电动机型号		绕组方案	功率 /kW	电流 /A	定子铁芯 /mm			槽数		绕组型式	变极接法	线圈节距	线圈匝数	线规 n-ϕ /根-mm	备注
系列类别	规格极数				外径	内径	长度	定子	转子						
JDO3T-	90S-8/4	120°/60° 相带	0.55/1.1	2.39/2.77	145	94	105	36	33	双层叠式	△/2Y	5	80	1-0.53	查实 90S-8/4 型号下是有两种规格
	90S-8/4		0.37/0.75	1.79/1.78			105	36	26				89	1-0.47	
	100S-8/4		0.75/1.5	2.82/3.48	167	114	95	36	33			5	74	1-0.59	
	100L-8/4		1.1/2.2	3.84/4.88			130						54	1-0.69	
	112S-8/4		1.5/3	4.82/6.70	188	128	115	36	33			5	52	1-0.80	
	112L-8/4		2.2/3.6	6.44/7.76			150	36	32				40	1-0.93	
JDO2-（A 组）	12-8/4		0.3/0.6	1.6/1.6	120	75	100	24	22			3	73	1-0.38	
	21-8/4		0.3/0.75	1.7/2	145	94	90	36	26			5	95	1-0.41	
	22-8/4		0.45/0.75	2/1.8			110						78	1-0.49	
	31-8/4		0.9/1.5	3.3/3.8	167	114	95	36	26			5	73	1-0.62	
	32-8/4		1.1/2.2	4.1/5.4			135						53	1-0.72	
	41-8/4		1.8/3	6/6.8	210	148	110					5	46	1-0.86	
	42-8/4		2.5/4	8.3/9			140						37	1-1.0	
	51-8/4		3.5/5.5	10.8/12.5	245	174	130					5	32	1-1.16	
	52-8/4		4.5/7.5	13.9/15.8			170						25	2-0.96	
	61-8/4		7.5/10	21.4/20	280	200	230	54	44			7	15	2-1.04	
	62-8/4		8.5/13	24.2/26.1			230						13	2-1.16	
	71-8/4		11/17	29.8/33.4	327	230	220					7	11	1-1.35 1-1.40	
	72-8/4		15/22	40.4/43.2			250						9	1-1.56 1-1.50	
	91-8/4		40/55	85.4/106	423	300	320	72	56			9	4.5	1-1.40	

续表

电动机型号		绕组方案	功率 /kW	电流 /A	定子铁芯 /mm			槽数		绕组型式	变极接法	线圈节距	线圈匝数	线规 n-ϕ /根-mm	备注
系列类别	规格极数				外径	内径	长度	定子	转子						
JDO2-（B 组）	21-8/4	120°/60°相带	0.25/0.37	1.11/0.9	145	90	70	36	27	双层叠式	△/2Y	5	145	1-0.35	
	21-8/4		0.3/0.75	1.72/1.95		94	90		26				95	1-0.41	
	22-8/4		0.45/0.75	2.04/1.8			110						78	1-0.49	
	32-8/4		0.7/1.2	2.6/2.66	167	104	140		34				68	1-0.62	
	32-8/4		1/1.5	3.4/3.6									60	1-0.64	
	41-8/4		1.5/2.2	5/4.88	210	136	100	48	38			7	46	1-0.77	
	42-8/4		2/3	6.3/6.46			130						35	1-0.90	
	51-8/4		1.5/2.2	4.6/5.9	245	174	80	48	44			6	44	1-0.80	
	52-8/4		2.5/3.5	7.3/7.9			110						31	1-0.96	
	61-8/4		3.5/5	8.8/10.3	280	200	120						28	1-1.16	
	62-8/4		5/7	12.3/14.2			160						21	1-1.35	
	71-8/4		7/10	16/19.2	328	230	125	54	44			7	17	1-1.45	
	72-8/4		10/14	22.6/26.5			175	48	44			6	14	2-1.20	

附表 4　三相 8/2 极双速电动机铁芯及绕组数据（380V、50Hz）

电动机型号		绕组方案	功率 /kW	电流 /A	定子铁芯 /mm			槽数		绕组型式	变极接法	线圈节距	线圈匝数	线规 n-ϕ /根-mm	备注
系列类别	规格极数				外径	内径	长度	定子	转子						
JDO2-	31-8/2	120°/60°相带	0.5/1.5	2.3/3.3	167	104	110	36	26	双层叠式	Y/2Y	15	42	1-0.67	
	42-8/2		1.4/4	5.3/8.9	210	136	140						23	1-1.12	

附表 5　三相 8/6 极双速电动机铁芯及绕组数据（380V、50Hz）

电动机型号		绕组方案	功率 /kW	电流 /A	定子铁芯 /mm			槽数		绕组型式	变极接法	线圈节距	线圈匝数	线规 n-ϕ /根-mm	备注
系列类别	规格极数				外径	内径	长度	定子	转子						
YD-	90S-8/6	120°/60°相带	0.35/0.45	1.54/1.35	130	86	100	36	33	双层叠式	△/2Y	5	104	1-0.4	
	90L-8/6		0.45/0.65	1.87/1.82			120						85	1-0.45	
	100L-8/6		0.75/1.1	2.82/2.84	155	106	135						58	1-0.53	
	112M-8/6		1.3/1.8	4.49/4.53	175	120	135						49	1-0.67	
	132S-8/6		1.8/2.4	5.77/6.22	210	148	110					4	47	1-0.53 1-0.56	
	132M-8/6		2.6/3.7	7.97/9.04			180						31	1-0.67 1-0.71	
	160M-8/6		4.5/6	12.5/14.1	260	180	145						28	2-0.95	
	160L-8/6		6/8	16.6/18.5			195						21	3-0.90	
	180M-8/6		7.5/10	21/23.5	290	205	200	36	32				18	2-1.0 1-0.95	
	180L-8/6		9/12	24.3/27.7			230						16	1-1.30 1-1.25	
	200L1-8/6		12/17	31.2/37.9	327	230	230	36	32			4	14	3-1.30	
	200L2-8/6		15/20	38.5/44.2			270						12	2-1.80 2-1.25	
JDO2-（A 组）	31-8/6		0.8/1.3	3.4/3.5	167	114	95	36	33			5	70	1-0.59	JDO2（B 组）及 JDO3 系列无 8/6 极规格
	32-8/6		1.3/1.8	4.2/4.3			135						53	1-0.72	
	41-8/6		1.8/2.5	5.5/5.9	210	148	110						46	1-0.83	
	42-8/6		2.5/3.5	7.5/8.2			140						38	1-0.93	
	51-8/6		3/4	9.4/9.9	245	174	130	36	33			6	30	1-1.04	
	52-8/6		4.5/6	13.5/13.7			170						28	1-1.35	
	61-8/6		6/8.5	17.9/18.6	280	200	175	36	32			5	22	1-1.50	
	71-8/6		10/15	28.3/32.8	327	230	200						15	2-1.50	
	81-8/6		17/24	45.7/51.9	368	260	240	72	56			9	6	4-1.45	

附表 6 三相 12/6 极双速电动机铁芯及绕组数据（380V、50Hz）

电动机型号		绕组方案	功率 /kW	电流 /A	定子铁芯 /mm			槽数		绕组型式	变极接法	线圈节距	线圈匝数	线规 n-ϕ /根-mm	备注
系列类别	规格极数				外径	内径	长度	定子	转子						
YD-	160M-12/6	120°/60°相带	2.6/5	10.9/11.3	260	180	145	36	33	双层叠式	△/2Y	3	37	1-0.80 1-0.85	
	160L-12/6		3.7/7	15.5/15.6			205						26	1-1.40	
	180L-12/6		5.5/10	19.2/19.8	290	205	230	54	50			5	16	1-1.06 1-1.12	
	200L1-12/6		7.5/13	25/25.8	327	230	220						14	1-1.30 1-1.25	
	200L2-12/6		9/15	28.4/29.5			270						12	3-1.12	
	225M-12/6		12/20	33.9/38.9	368	260	200	72	58			6	11	2-1.50 1-1.40	
	250-12/6		15/24	40.8/45.9	400	285	225						9	1-1.40 2-1.50	
	280S-12/6		20/30	54/57.4	445	325	215						8	4-1.50	
	280M-12/6		24/37	61.1/70			260						7	3-1.40 2-1.50	
JDO3-	160S-12/6		3.5/7	10.7/14.4	280	200	180	54	63		△/Y	5	23	1-1.25	
	160M-12/6		4.5/10	13.6/20.4			240						18	2-1.0	
	1801M-12/6		6.5/11	17.4/22	328	230	175	54	44				16	2-1.08	
	1802M-12/6		9/15	24.3/30			250						11	2-1.30	
	200M-12/6		14/22	36.5/42.5	368	260	260						9	3-1.35	
	225S-12/6		18/28	49/53.3			305	72	58		3△/6Y	6	22	2-1.25	
	250S-12/6		25/40	70.7/75.9	405	275	320						20	1-1.56 1-1.62	
JOB-	T/H-12/6		50/100	184/205	850	590	480	72	86		△/2Y	6	3	2-1.81×6.9	双玻包扁铜线
	T/H-12/6		110/220	269/393	740	540	410				3△/6Y		7	2-2.63×4.7	

续表

电动机型号		绕组方案	功率 /kW	电流 /A	定子铁芯 /mm			槽数		绕组型式	变极接法	线圈节距	线圈匝数	线规 n-ϕ /根-mm	备注
系列类别	规格极数				外径	内径	长度	定子	转子						
JDO2-（A 组）	51-12/6	120°/60°相带	2.2/3.5	7.7/8.3	245	174	130	54	44	双层叠式	△/2Y	5	34	1-0.96	
JDO2-（A 组）	61-12/6	120°/60°相带	3.5/7.5	14.2/16.7	280	200	200	54	58	双层叠式	△/2Y	5	18	1-1.35	
JDO2-（A 组）	72-12/6	120°/60°相带	4/14	13.6/31.3	327	230	250	54	44	双层叠式	△/2Y	5	12	2-1.35	
JDO2-（A 组）	81-12/6	120°/60°相带	12.5/20	35.5/40.6	368	260	260	72	56	双层叠式	△/2Y	6	9	3-1.40	
JDO2-（A 组）	91-12/6	120°/60°相带	19/33	58/67.8	423	300	320	72	56	双层叠式	△/2Y	6	6	6-1.30	
JDO2-（B 组）	61-12/6	120°/60°相带	2/3.5	6.3/7.18	280	200	120	54	63	双层叠式	△/2Y	5	37	1-1.04	
JDO2-（B 组）	62-12/6	120°/60°相带	3/5	9.45/10.25	280	200	160	54	63	双层叠式	△/2Y	5	26	1-1.16	
JDO2-（B 组）	71-12/6	120°/60°相带	4.5/7	13/14.5	328	230	125	54	44	双层叠式	△/2Y	5	25	1-1.2	
JDO2-（B 组）	72-12/6	120°/60°相带	6.5/10	18/20	328	230	175	54	44	双层叠式	△/2Y	5	18	1-1.4	
JDO-	82-12/6	120°/60°相带	9/14	24/28	430	310	120	54	44	双层叠式	△/2Y	5	18	2-1.35	
JDO-	83-12/6	120°/60°相带	12.5/20	32/39	430	310	180	54	44	双层叠式	△/2Y	5	12	2-1.62	
JO-	93-12/6	120°/60°相带	18/28	54.7/57.6	500	360	165	72	58	双层叠式	△/2Y	6	10	3-1.68	
JO-	94-12/6	120°/60°相带	25/40	76/80	500	360	235	72	58	双层叠式	△/2Y	6	7	5-1.56	

附表 7　三相 24/6 极（电梯专用）双速电动机铁芯及绕组数据（380V、50Hz）

电动机型号		绕组方案	功率 /kW	电流 /A	定子铁芯 /mm			槽数		绕组型式	变极接法	线圈节距	线圈匝数	线规 n-ϕ /根-mm	备注
系列类别	规格极数				外径	内径	长度	定子	转子						
JTD-	430-24/6	120°/60°相带	—	—	430	305	100	72	113	庶单链双叠	1Y/3Y	3	40	1-1.35	本栏是双绕组双速电动机
			6.4	21.5								12	20	1-1.45	
JTD-	430-24/6	120°/60°相带	—	—	430	305	125	72	113	庶单链双叠	1Y/3Y	3	32	1-1.56	本栏是双绕组双速电动机
			7.5	23.7								12	16	1-1.56	
JTD-	430-24/6	120°/60°相带	—	—	430	305	165	72	113	庶单链双叠	1Y/3Y	3	24	1-1.81	本栏是双绕组双速电动机
			11.2	35								12	12	1-1.81	
JTD-	560-24/6	120°/60°相带	—	—	560	410	135	72	113	庶单链双叠	1Y/2Y	3	22	1-1.81	本栏是双绕组双速电动机
			15	41.1								12	7	2-1.81	
JTD-	560-24/6	120°/60°相带	—	—	560	410	150	72	113	庶单链双叠	1Y/2Y	3	20	1-2.02	本栏是双绕组双速电动机
			19	51.3								12	6	2-2.02	

续表

电动机型号		绕组方案	功率 /kW	电流 /A	定子铁芯 /mm			槽数		绕组型式	变极接法	线圈节距	线圈匝数	线规 n-ϕ /根-mm	备注
系列类别	规格极数				外径	内径	长度	定子	转子						
JTD-	333-24/6	180°/120° 相带	—/6.4	—/18	340	230	100	72	86	双层叠式	Y/2Y	9	18	1-1.56	本栏是单绕组变极双速电动机
	333-24/6		—/7.5	—/21	340	230	120						16	1-1.62	
	333-24/6		—/11.2	—/30	340	230	175						11	2-1.40	
	430-24/6		—/15	—/41	440	305	145	72	113				11	3-1.62	
	430-24/6		—/19	—/48.6	440	305	165						10	3-1.74	

附表 8 三相 8/6/4 极三速电动机铁芯及绕组数据（380V、50Hz）

电动机型号		功率 /kW	电流 /A	变极接法	定子铁芯 /mm			定 / 转槽数	绕组型式	线圈节距	线圈匝数	线规 n-ϕ /根-mm	备注
系列类别	规格极数				外径	内径	长度						
JDO3-	100S-8/6/4	0.6/0.8/1.1	2.4/2.92/2.63	2Y/2Y/2Y	167	114	90	36/32	双层叠式	5	88	1-0.53	单绕组反向变极三速
	100L-8/6/4	1/1.3/1.7	3.64/4.34/4				125				64	1-0.64	
	112S-8/6/4	1.3/1.5/2	4.37/4.71/4.41		188	128	115			5	60	1-0.74	
	112L-8/6/4	2/2.2/2.8	6.43/6.51/6.05				150				46	1-0.86	
	140S-8/6/4	2/2.8/3.5	6.06/7.9/7.7		245	162	120	36/26		4	48	1-0.90	
	140M-8/6/4	3/4/5	9.1/11.6/10.6				170				35	1-1.04	
	160S-8/6/4	4.5/5.5/7.5	13/14.5/15.8		280	180	170			5	31	1-1.30	
	160M-8/6/4	5.5/7/10	15/17.5/20.5				210				26	1-1.40	
JDO2-	31-8/6/4	0.9/1/1.2	2.9/3.1/3.8		167	114	95	36/33		5	95	1-0.55	
	32-8/6/4	1.3/1.5/1.8	4.2/4.7/4.2				135				61	1-0.67	
	41-8/6/4	2/2.2/2.8	6.6/7.1/6.1		210	148	110			5	53	1-0.77	
	42-8/6/4	2.5/2.8/3.8	7.9/8.4/8.0				140				42	1-0.90	
	51-8/6/4	3.5/3.5/5	10.4/10.2/10.4		245	174	130			5	36	1-1.04	
	52-8/6/4	4.5/5/7	13.4/14.5/14.4				170				28	1-1.16	
	61-8/6/4	5/7/9	14.9/21/19.2		280	200	185			5	24	1-1.35	
	62-8/6/4	8/8/11	23.2/23/21.7				220				19	2-1.16	
	71-8/6/4	10/10/15	28.7/28.4/30.1		327	230	200			5	18	2-1.40	
	72-8/6/4	13/13/19	37/36.5/37.7				250				14	2-1.30 1-1.35	

续表

电动机型号		功率 /kW	电流 /A	变极接法	定子铁芯 /mm			定 / 转槽数	绕组型式	线圈节距	线圈匝数	线规 n-ϕ /根-mm	备注
系列类别	规格极数				外径	内径	长度						
YD-	112M-8/4	0.85/1.5	3.7/3.5	△/2Y	175	120	135	36/33	双叠单链	5	50	1-0.53	双绕组三速
	112M-6	1	3.1	Y						5	46	1-0.56	
	132S-8/4	1.1/1.8	4.1/4	△/2Y	210	148	120	36/33	双叠单链	5	49	1-0.60	
	132S-6	1.5	4.2	Y						5	41	1-0.71	
	132M1-8/4	1.5/2.2	5.2/4.9	△/2Y	210	148	160	36/33	双叠单链	5	39	1-0.67	
	132M1-6	2	5.4	Y						5	32	1-0.85	
	132M2-8/4	1.8/3	6.1/6.5	△/2Y	210	148	180	36/33	双叠单链	5	33	1-0.71	
	132M2-6	2.6	6.8	Y						5	27	1-0.90	
	160M-8/4	3.3/5.5	10.2/11.6	△/2Y	260	180	195	36/33	双叠单链	5	29	2-0.75	
	160M-6	4	9.9	Y							25	2-0.75	
	180L-8/4	7/12	20.2/24.1	△/2Y	290	205	260	54/50	双叠	7	11	2-1.0	
	180L-6	9	20.6	Y						8	5	2-1.12	
	200L-8/4	10/17	24.1/32.1	△/2Y	327	230	270	54/50	双叠	7	10	4-0.80	
	200L-6	13	28	Y						8	4	6-0.80	
	225S-8/4	14/24	33.4/44.5	△/2Y	368	260	240	72/58	双叠	10	7	4-1.25	
	225S-6	18.5	37.6	Y						11	4	3-1.60	
	225M-8/4	17/28	41.6/52.5	△/2Y	368	260	270	72/58	双叠	10	6	2-1.50 1-1.60	
	225M-6	22	42.5	Y						11	3	2-1.40 2-1.50	
	250M-8/4	24/34	54.1/60.8	△/2Y	400	285	335	72/58	双叠	11	5	2-1.25 2-1.40	
	250M-6	26	51.3	Y						11	6.5	2-1.18	
	280S-8/4	30/42	67.4/75.2	△/2Y	445	325	325	72/58	双叠	11	4.5	2-1.18 4-1.25	
	280S-6	34	66.3	Y							2	5-1.25 2-1.30	
	280M-8/4	34/50	75.6/89.5	△/2Y	445	325	375	72/58	双叠	11	4	5-1.18 2-1.25	
	280M-6	37	71.3	Y							5.5	1-1.25 2-1.18	

续表

电动机型号		功率 /kW	电流 /A	变极接法	定子铁芯 /mm			定 / 转槽数	绕组型式	线圈节距	线圈匝数	线规 n-ϕ /根-mm	备注
系列类别	规格极数				外径	内径	长度						
JDO3-	1801M-8/4	7.5/11	17.4/22.2	△/2Y	328	230	175	54/44	双叠	7	13	1-1.35	双绕组三速
	6	10	20	Y							7	2-1.35	
	1802M-8/4	10/15	23/30	△/2Y	328	230	250	54/44	双叠	7	9	2-1.16	
	6	13	25.7	Y							5	3-1.25	
	200M-8/4	15/22	23.8/41.7	△/2Y	368	260	260	54/44	双叠	7	8	2-1.40	
	6	18.5	35.6	Y							4	4-1.30	
	225S-8/4	20/28	45.2/52	△/2Y	368	250	290	72/58	双叠	10	6	4-1.40	
	6	25	48.4	3Y						11	8	2-1.45	
	250S-8/4	28/40	61.5/71.6	△/2Y	405	275	320	72/58	双叠	10	5	5-1.40	
	6	36	68.9	3Y						11	6.5	3-1.35	
JDO2-	51-8/4	1.2/2.1	4.2/5	△/2Y	245	174	80	36/44	双叠	5	61	1-0.72	
	6	1.75	4.87	Y							26	1-0.96	
	62-8/4	3.5/5	9.1/10.5	△/2Y	280	200	150	60/48	双叠	8	21	1-1.0	
	6	4.5	10.2	Y						9	9	1-1.30	
	71-8/4	5/7	12.3/14.7	△/2Y	328	230	125	54/44	双叠	7	20	1-1.12	
	6	6.5	13.8	Y							10	1-1.56	
	72-8/4	7/10	17.3/19.8	△/2Y	328	230	175	54/44	双叠	7	14	1-1.30	
	6	9	18.5	Y							7	2-1.25	
JO-	94-8/4	28/40	68.3/82.5	△/2Y	500	330	235	72/58	双叠	9	6	4-1.56	
	6	36	76.8	3Y						10	8	3-1.40	
JDO-	71-8/4	5/7	12.3/14.7	△/2Y	328	230	125	54/44	双叠	7	10	1-1.12	
	6	6.5	13.8	Y						8	5	1-1.56	
	72-8/4	7/10	17.3/19.8	△/2Y	429	310	120	54/44	双叠	7	6	1-1.40	
	6	9	18.5	Y						8	3	2-1.30	
	82-8/4	10/14	22/29.2	△/2Y	430	310	120	54/44	双叠	7	15	1-1.62	
	6	12.5	25	Y						8	7	2-1.56	
	83-8/4	14/20	30/40	△/2Y	430	310	180	54/44	双叠	7	10	2-1.35	
	6	18	36	Y						8	5	4-1.35	

附表 9　三相 8/4/2 极三速电动机铁芯及绕组数据（380V、50Hz）

电动机型号		功率 /kW	电流 /A	变极接法	定子铁芯 /mm			定 / 转槽数	绕组型式	线圈节距	线圈匝数	线规 n-ϕ /根-mm	备注
系列类别	规格极数				外径	内径	长度						
JDO3-	100S-8/4/2	0.4 1.1/1.5	2.05 2.61/3.34	2Y/2△/2△ 双节距变极	167	104	85	36/32	双层叠式	6/12	120	1-0.47	单绕组三速
	100L-8/4/2	0.6 1.5/2.2	2.76 3.56/5		167	104	115			6/12	92	1-0.53	
	112S-8/4/2	0.8 2.2/3	3.76 4.8/6.5		188	118	110			6/12	75	1-0.64	
	112L-8/4/2	1.3 3/4	5.25 6.4/8.35		188	118	140			6/12	58	1-0.72	
JDO2-（A 组）	32-8/4/2	0.8 2.2/2.5	3.6 5/6.9	2Y/2△/2△	167	104	135	36/26	双层叠式	6	70	1-0.55	
	41-8/4/2	1.3 3/3.5	5.1 6.6/9.1		210	136	110	36/33		6	66	1-0.67	
	42-8/4/2	1.5 4.5/5	5.9 9.9/12.8		210	136	150			6	52	1-0.74	
	51-8/4/2	2.2 5.5/6.6	9.3 12.2/16.5		245	162	140			6	48	1-0.90	
	52-8/4/2	3 6.5/8	10.9 13.7/19.1		245	162	175	36/26		6	39	1-1.04	
JDO2-（B 组）	41-8/4/2	0.5 1.2/1.5	2.66 2.92/3.12	2Y/2△/2△ 双节距变极	210	136	120	36/26	双层叠式	6/12	79	1-0.64	
	42-8/4/2	1.1 1.7/2.2	4.08 4/4.9		210	136	140			6/12	62	1-0.72	
	52-8/4/2	1.8 4/4.5	6.5 9/9.6		245	162	140	36/44		6/12	51	1-0.96	

续表

电动机型号		功率 /kW	电流 /A	变极接法	定子铁芯 /mm			定 / 转槽数	绕组型式	线圈节距	线圈匝数	线规 n-ϕ /根-mm	备注
系列类别	规格极数				外径	内径	长度						
YD—	112M-8/4/2	0.65	2.57	Y	175	110	135	36/32	双层叠式	4	34	1-0.53	双绕组三速
		2/2.4	4.92/5.5	△/2Y						9	31	1-0.60	
	132S-8/4/2	1	3.61	Y	210	136	115			4	31	1-0.75	
		2/3	5.96/6.98	△/2Y						9	32	1-0.75	
	132M-8/4/2	1.3	4.4	Y	210	136	160			4	24	1-0.85	
		3.7/4.5	8.16/9.46	△/2Y						9	24	1-0.85	
	160M-8/4/2	2.2	7.56	Y	260	170	155			4	18	2-0.71	
		5/6	11/12.8	△/2Y						9	20	2-0.75	
	160L-8/4/2	2.8	8.98	Y	260	170	195			4	15	1-1.25	
		7/9	14.9/18.2	△/2Y						9	16	1-1.18	

附表 10 三相 6/4/2 极三速电动机铁芯及绕组数据（380V、50Hz）

电动机型号		功率 /kW	电流 /A	变极接法	定子铁芯 /mm			定 / 转槽数	绕组型式	线圈节距	线圈匝数	线规 n-ϕ /根-mm	备注
系列类别	规格极数				外径	内径	长度						
JDO3-	140S-6/4/2	2.5/3/3.5	6.8/6.5/9.1	3Y/△/△	245	150	120	36/26	双层叠式	6	70	1-0.80	单绕组三速
	140M-6/4/2	3/3.8/4.5	8/8/11.3		245	150	170			6	54	1-0.90	
JDO2-（A 组）	22-6/4/2	0.6/0.8/1.1	2.6/1.9/2.9		145	94	110	36/33		6	100	1-0.41	
	41-6/4/2	1.8/2.2/2.8	6.7/5.2/6.8		210	136	100			6	63	1-0.67	
	51-6/4/2	5/5.5/5.5	12.9/11.6/12.2		245	162	120			6	48	1-0.86	
	52-6/4/2	6/6.5/7.5	15.5/13.1/16.5		245	162	160			6	35	1-1.04	
YD-	100L-6/4/2	0.75	2.51	Y	155	98	135	36/32	单链双叠	5	54	1-0.53	双绕组三速
		1.3/1.8	3.4/4.33	△/2Y						9	34	1-0.53	
	112M-6/4/2	1.1	3.44	Y	175	110	135			5	45	1-0.67	
		2/3.4	4.92/5.5	△/2Y						9	31	1-0.60	
	132S-6/4/2	1.8	4.76	Y	210	136	115	36/22	单链双叠	5	45	1-0.83	
		2.6/3	5.96/6.98	△/2Y						9	32	1-0.80	

续表

电动机型号		功率 /kW	电流 /A	变极接法	定子铁芯 /mm			定 / 转槽数	绕组型式	线圈节距	线圈匝数	线规 n-ϕ /根-mm	备注
系列类别	规格极数				外径	内径	长度						
YD-	132M1-$\frac{6}{4/2}$	2.2	5.82	Y	210	136	140	36/32	单链双叠	5	37	1-0.90	
		3.3/4	7.19/8.34	△/2Y						9	28	1-0.85	
	132M2-$\frac{6}{4/2}$	2.6	6.75	Y	210	136	180	36/32	单链双叠	5	30	2-0.75	
		4/5	8.69/10.2	△/2Y						9	22	1-0.90	
	160M-$\frac{6}{4/2}$	3.7	9.37	Y	260	170	155	36/26	单链双叠	5	27	2-0.90	
		5/6	11/12.8	△/2Y						9	20	2-0.75	
	160L-$\frac{6}{4/2}$	4.5	11.3	Y	260	170	195	36/26	单链双叠	5	22	3-0.80	
		7/9	14.9/18.1	△/2Y						9	16	1-1.18	
JDO3T-	100S-$\frac{6/4}{2}$	0.7/1	2.64/3.1	△/2Y	167	104	85	36/32	双叠单同心	6	64	1-0.47	双绕组三速
		1.3	3	Y						（注）	43	1-0.74	
	100L-$\frac{6/4}{2}$	1/1.3	3.61/3.86	△/2Y	167	104	115	36/32	双叠单同心	6	48	1-0.57	
		2	4.52	Y						（注）	32	1-0.83	
	112S-$\frac{6/4}{2}$	1.3/2	4.05/4.92	△/2Y	188	118	110	36/32	双叠单同心	6	43	1-0.64	
		2.6	5.9	Y						（注）	27	1-0.93	
	112L-$\frac{6/4}{2}$	2/2.6	5.8/6.33	△/2Y	188	118	140	36/32	双叠单同心	6	34	1-0.74	
		3.2	7.1	Y						（注）	22	1-1.0	
JDO2-（A 组）	31-$\frac{6}{4/2}$	0.8	2.93	Y	167	104	115	36/26	双叠	5	53	1-0.57	
		1.1/1.5	3.85/4.35	△/2Y						9	33	1-0.53	
JDO2-（B 组）	31-$\frac{6}{4/2}$	0.6	1.91	Y	167	104	100	36/27	单链双叠	5	80	1-0.55	
		0.75/1	2.1/2.8	△/2Y						9	57	1-0.44	
	32-$\frac{6}{4/2}$	1	2.84	Y	167	104	125	36/27	单链双叠	5	57	1-0.67	
		1.3/1.7	3.4/4.25	△/2Y						9	44	1-0.55	

注：表中单同心是单层同心式之简称，它由 3 只同心线圈组成，线圈节距为 1—18，2—17，3—16。

附表 11　三相 12/8/6/4 极四速电动机铁芯及绕组数据（380V、50Hz）

电动机型号	四速极数	功率 /kW	电流 /A	变极接法	定子铁芯 /mm 外径	内径	长度	定 / 转槽数	绕组型式	线圈节距	线圈匝数	线规 n-ϕ /根-mm	备注
YD-180L-12/8/6/4	12/6	3.5/6.5	12.4/13.3	△/2Y	290	205	260	54/58	双层叠式	5	18	2-0.75	双绕组四速
	8/4	5/9	14.6/17.9							7	12	1-0.80 1-0.75	
YD-200L1-12/8/6/4	12/6	4.5/8	16/16.3		327	230	250	54/50		5	16	2-0.85	
	8/4	7/11	18.6/21.5							7	11	1-1.30	
YD-200L2-12/8/6/4	12/6	5.5/10	19.5/20.3		327	230	270	54/50		5	14	1-0.90 1-0.95	
	8/4	8/13	21.2/25.3							7	10	2-0.95	
YD-225M-12/8/6/4	12/6	7/13	19.6/25.6		368	260	250	72/58		6	12	2-1.18	
	8/4	11/20	26.2/37.8							9	7.5	1-1.40 1-1.50	
YD-250M-12/8/6/4	12/6	9/16	26.2/31.5		400	285	295	72/58		6	9	2-1.25	
	8/4	14/26	32.9/48.3							9	6	2-1.18 1-1.25	
YD-280S-12/8/6/4	12/6	11/20	31.9/39.2		445	325	295	72/58		6	8	2-1.40	
	8/4	18.5/34	41.4/62.7							9	5.5	1-1.40 2-1.50	
YD-280M-12/8/6/4	12/6	13/24	36/46.6		445	325	295	72/58		6	7	1-1.18 2-1.25	
	8/4	22/40	49.7/73.3							9	4.5	1-1.50 2-1.60	
JDO3-140S-12/8/6/4	12/6	1/2.2	3.6/6		245	162	120	36/44		3	57	1-0.74	
	8/4	1.5/3	4.65/7.4							5	39	1-0.80	
JDO3-140M-12/8/6/4	12/6	1.3/3	6/8		245	162	170	36/44		3	45	1-0.93	
	8/4	2.2/4	9/8.4							5	30	1-0.93	
JDO3-160S-12/8/6/4	12/6	2.2/4.5	8/10.4		280	200	180	60/34		5	25	1-1.20	
	8/4	3.5/5.5	10.2/12.5							8	19	1-0.93	
JDO3-160M-12/8/6/4	12/6	2.8/5.5	9.2/12.5		280	200	240	60/34		5	19	1-1.08	
	8/4	4.5/7	12.2/15							7	15	1-1.20	

续表

电动机型号	四速极数	功率 /kW	电流 /A	变极接法	定子铁芯 /mm			定 / 转槽数	绕组型式	线圈节距	线圈匝数	线规 n-ϕ /根-mm	备注
					外径	内径	长度						
JDO3-1801M-12/8/6/4	12/6	5/7.5	14.3/15.4	△/2Y	328	230	175	54/44	双层叠式	5	18	1-1.20	双绕组四速
	8/4	7/10	16.5/20.5							7	13	1-1.30	
JDO3-1802M-12/8/6/4	12/6	6.5/11	18/22.3		328	230	250	54/44		5	13	2-1.0	
	8/4	9/13	22/26.5							7	9	2-1.08	
JDO3-200M-12/8/6/4	12/6	9/15	25/29.7		368	260	260	54/44		5	11	2-1.16	
	8/4	12/18.5	28.6/36.7							7	8	2-1.25	
JDO3-225S-12/8/6/4	12/6	12/20	34.5/37.8		368	250	290	72/58		6	9	3-1.35	
	8/4	17/25	41.4/48							10	6	3-1.35	
JDO3-250S-12/8/6/4	12/6	17/28	44.8/56		405	275	320	72/58		6	8	3-1.56	
	8/4	24/36	57.7/67.8							10	5	4-1.45	
JDO2-61-12/8/6/4	12/6	2.2/4	8/8.9		280	200	175	54/44		5	26	1-0.83	双绕组四速（A 组）
	8/4	3.5/5.5	11/12.5							7	16	1-0.93	
JDO2-62-12/8/6/4	12/6	3/5.5	10.9/11.6		280	200	220	54/44		5	21	1-1.0	
	8/4	5/7.5	14/15.8							7	14	1-1.0	
JDO2-61-12/8/6/4	12/6	1.3/1.5	4.9/5.8		280	200	120	60/34		5	40	1-0.74	双绕组四速（B 组）
	8/4	2/3	5.8/6.9							8	28	1-0.83	
JDO2-62-12/8/6/4	12/6	2/3.5	7.4/8		280	200	160	60/34		5	29	1-0.93	
	8/4	3/4.5	8.1/10							8	21	1-0.96	
JDO2-71-12/8/6/4	12/6	3/5	9.3/11.2		328	230	125	54/44		5	29	1-0.96	
	8/4	4/6.5	10.7/14							7	20	1-1.08	
JDO2-72-12/8/6/4	12/6	4/7	12.4/14.6		328	230	175	54/44		5	21	1-1.12	
	8/4	6/9	15/18.3							7	14	1-1.25	
JDO-82-12/8/6/4	12/6	6/10	18.8/20.2		429	310	120	54/44		5	10.5	1-1.40	双绕组四速
	8/4	8.5/12.5	20.3/24.7							7	7.5	1-1.56	
JDO-83-12/8/6/4	12/6	8.5/14	25.6/27.7		429	310	180	54/44		5	7	2-1.20	
	8/4	11/18	25.6/35.1							7	5	2-1.30	

附表 12　三相 10/8/6/4 极四速电动机铁芯及绕组数据（380V、50Hz）

电动机型号	四速极数	功率 /kW	电流 /A	变极接法	定子铁芯 /mm			定 / 转槽数	绕组型式	线圈节距	线圈匝数	线规 n-ϕ /根-mm	备注
					外径	内径	长度						
JDO2-52-10/8/6/4	10	2.5	7.3	Y	245	174	170	36/33	双层叠式	3	19	1-1.04	双绕组四速
	8/6/4	3/3/4.5	9.5/10.5/9.1	2Y/2Y/2Y						5	30	1-0.93	
JDO2-61-10/8/6/4	10	2.5	9.2	Y	280	200	185			3	15	1-1.08	
	8/6/4	3.5/4/5.5	12/12.4/12.1	2Y/2Y/2Y						5	24	1-1.04	
JDO2-62-10/8/6/4	10	3.5	12.4	Y	280	200	220			3	13	1-1.35	
	8/6/4	5/5.5/7.5	15.7/15.8/16.8	2Y/2Y/2Y						5	22	1-1.12	
JDO2-72-10/8/6/4	10	6.5	21	Y	327	230	250			3	9	2-1.30	
	8/6/4	8.5/10/13	26/30/28	2Y/2Y/2Y						5	15	1-1.56	

参考文献

[1]潘品英.新编电动机绕组布线接线彩色图集.2版.北京：机械工业出版社，2002.
[2]赵家礼.电动机修理手册.3版.北京：机械工业出版社，2003.
[3]傅丰礼.异步电动机设计手册.2版.北京：机械工业出版社，2007.
[4]潘品英.电机修理计算与应用.北京：化学工业出版社，2014.
[5]潘品英.电动机绕组彩图与接线详解.北京：化学工业出版社，2018.
[6]潘品英.电机绕组端面模拟彩图总集：第二分册.北京：化学工业出版社，2016.
[7]潘品英.电动机绕组布线接线彩色图集.5版.北京：机械工业出版社，2013.